东方设计学研究

第四届、第五届东方设计论坛论文集

周武忠 主编

东南大学出版社
SOUTHEAST UNIVERSITY PRESS

内容提要

本书为第四届、第五届东方设计论坛的论文集，分别以探讨如何将中国文化基因植入城镇和乡村建设的设计体系，全面研究地域振兴与东方设计文化传承创新的相互关系以及如何将东西方文化基因进行提取比较和揉捏整合，利用多元文化推动创新设计和产业发展为主题。全书共收入论文66篇，围绕包豪斯与东方设计学、地域振兴与环境设计、用户体验与服务设计，东西方设计比较、设计理论创新、开放的设计教育、体验创新和设计赋能等专题进行研讨。

图书在版编目（CIP）数据

东方设计学研究：第四、第五届东方设计论坛论文集 /
周武忠主编 .-- 南京：东南大学出版社，2020.12

　　ISBN 978-7-5641-9393-5

　　Ⅰ.①东… Ⅱ.①周… Ⅲ.①设计学 – 国际学术会议
– 文集 Ⅳ.① TB21-53

中国版本图书馆 CIP 数据核字（2020）第 269566 号

东方设计学研究：第四、第五届东方设计论坛论文集
Dongfang Shejixue Yanjiu : Disi Diwujie Dongfang Sheji Luntan Lunwenji

主　　编	周武忠		电子邮箱	chenyue58@sohu.com
责任编辑	陈　跃		电　　话	（025）83795627
出版发行	东南大学出版社		出 版 人	江建中
地　　址	南京市四牌楼 2 号		邮　　编	210096
销售电话	（025）83794121/83795801			
网　　址	http://www.seupress.com			
经　　销	全国各地新华书店		印　　刷	江阴金马印刷有限公司
开　　本	787 mm × 1092 mm		印　　张	42
字　　数	996千字			
版 印 次	2020年12月第1版	2020年12月第1次印刷		
书　　号	ISBN 978-7-5641-9393-5			
定　　价	190.00元			

*本社图书若有印装质量问题，请直接与营销部联系。电话：025-83791830。

目　录

第四届东方设计论坛
暨 2018 地域振兴与整体设计国际学术研讨会论文集

地域振兴与整体设计
——2018 第四届东方设计论坛综述 / 徐媛媛　周之澄　孟　乐　周予希 ……………… 003

跨界融合视域下的当代整合创新设计略论 / 于　炜　潘雨婷 …………………………… 010

英国城市家具的文化基因 / 于　超 ……………………………………………………… 019

以"文化创意旅游"促进乡村振兴的几点思考 / 王华彪 ………………………………… 026

新能源背景下共享汽车服务流程设计 / 王妍云　戴力农　闫　妍　杨秀凡　胡俊瑶　王冰菁 034

自然主义在城市公园景观生态设计中的应用
——以纽约泪滴公园为例 / 王　玮　凌继尧 ………………………………………… 045

杭州城市绿地花境可持续景观调查研究 / 王若琳 ……………………………………… 054

智能化发展语境下的城市家具设计 / 王童文 …………………………………………… 081

创意设计之都的城市品牌构建研究 / 王嘉睿　闫　妍 ………………………………… 087

荷兰 Droog 家具设计分析 / 朱雨晴 …………………………………………………… 096

世界设计之都标志设计的经验与启示 / 闫　妍 ………………………………………… 102

对"生活富裕是乡村振兴的根本"的理解和思考 / 肖　玲 …………………………… 109

融入中式置石特色的岩石园置石设计研究 / 张雪霏　刘宏涛　邢　梅　韦红敏 …………… 116

长三角地区典型性特色小镇景观规划设计调查分析 / 邰　杰 ………………………… 125

"天人合一"思想对新型城镇化建设的探索 / 罗　甬 …………………………………… 137

城市传播学视野中的公共艺术研究 / 岳鸿雁　王童文 ………………………………… 146

与上海老街区的对话
　　——上海番禺路城市更新研究 / 金楚凡 …………………………………………… 154

三论东方设计
　　——解析东方设计学建构中的若干关系 / 周武忠 ………………………………… 167

艺术切入与文化重演
　　——地域振兴整体设计的艺术途径 / 单　博 ……………………………………… 180

地域文化在城镇设计中的应用研究
　　——以上海宝山大场镇和奉贤南桥镇公共性墙绘艺术为例 / 赵云鹤　苏金成 …… 192

探讨和实践：苏南地区高密度普通乡村的空间发展策略和文化传承
　　——以苏州盛泽镇沈家村田园乡村改造项目为例 / 胡　玥　孙家腾　肖　佳 …… 202

城市动态可视化装置的表意系统分析 / 胡俊瑶 ………………………………………… 215

新农村生态景观设计研究 / 胥　青 ……………………………………………………… 224

乡村振兴战略下的田园综合体规划建设 / 顾荣蓉 ……………………………………… 234

社会变迁背景下的历史名城品牌化研究
　　——以苏州为例 / 黄　珊 …………………………………………………………… 241

城市公益广告的设计、投放与传播效果研究
　　——以上海市莘庄镇为例 / 萧　冰　刘冬梅 ……………………………………… 251

新媒体公共艺术对城市文化建构以及城市品牌振兴研究 / 萧　冰　陈昕雨 ………… 262

从城市文化角度探讨地下空间视觉导向系统设计
　　——对雄安新区建设的相关建议 / 曹伊洁 ………………………………………… 281

基于五大发展理念的供给侧改革方略
　　——对雄安新区建设的相关建议 / 曹瑞冬 ………………………………………… 288

传统村落转型发展的驱动机制分析
　　——基于中国台湾宜兰县珍珠社区营造的视角 / 董　阳　李婧茹 ……………… 298

中国传统家具造物中天工与人工的意匠 / 程艳萍 ………………………… 306

雄安新区城市家具设计色彩体系研究 / 鲁嘉颖 ………………………… 314

文化在乡村振兴战略中的价值研究 / 童成帅 ………………………… 321

设计理论和实践中的"权威"问题 / 蔡佳俊 ………………………… 327

基于数字技术的景观创作思维探索 / 赵树望 ………………………… 333

第五届东方设计论坛暨 2019 东方设计国际学术研讨会论文集

设计科学：从东方、西方到整体设计

　　——2019 第五届东方设计论坛综述 / 徐媛媛　周之澄　周武忠 ………… 340

基于空间句法的历史街区可步行性分析

　　——以上海老城厢历史文化风貌区为例 / 王若琳 ………………… 349

传播学视角下的东方设计形态研究 / 孔繁强 ………………………… 359

女性精英与家庭布置：民国居室设计的另一条路径 / 邢鹏飞 ………… 368

浅谈传统手工艺的传承及应用 / 朱达黄 ………………………… 378

数字复制时代产业发展中的艺术观念转向 / 刘永亮 ………………… 384

雕塑之法或器用之道？

　　——包豪斯陶瓷工坊的形式原则 / 闫丽丽 ………………………… 391

英国设计教学评析 / 江　滨　张梦姚 ………………………… 407

伦敦里士满自然式园林的审美评析与启示 / 江　滨　周　豪 ………… 416

鱼文化在装置艺术产品设计中的应用 / 杨心怡　崔天剑 ………… 429

创新创业教育下的设计人才工匠精神培养 / 谷万里 ………………… 437

关于中国元素在西方设计应用中的思考 / 谷　莉 ………………… 444

基于人文景观打造的地域振兴研究 / 张羽清　周之澄　周武忠 ……… 453

中国精神与民族文化责任意识下的设计生活观 / 陈贤望　林美婷　黄粱鹏 …… 464

设计中的可持续性：废弃材料的再利用 / 陈　璞 ………………… 472

设计学类专业品牌化建设思路、举措的案例与启示
　　——基于江苏高校品牌专业建设工程一期项目中期报告的成果精粹考察分析
　　　　邰　杰 ··· 483

同构表意
　　——知觉视阈下两宋山水画的四级编码对当代设计的启示／岳鸿雁　李　钢　唐诗毓 493

论新中式景观的审美文化心理／周晖晖 ·· 503

中国传统造物设计的形成与发展脉络研究／宗立成　余隋怀 ······················ 514

基于内容分析法的国内风景园林领域微气候研究进展／侯雅楠　黄显乘 ············· 525

The Comparison Study of Bamboo Used as Garden Plant in China and Britain /Xu Hong ··· 541

东方设计语言的建构、历史与发展研究／萧　冰 ································· 551

大学建筑中学习空间设计评价因素的演变／曹盛盛 ······························ 559

"特色文化小镇建设 +PPP 模式"的运用研究／龚苏宁　陈荣华 ················· 569

Analysis of Design Trend from the Perspective of Oriental Aesthetics/Jiang Hui ··········· 578

由《二十六史·艺术传》探究《考工记》与古代工艺文献的渊源关系／谢九生 ········ 592

民国图案教材中的图案释义／穆　琛 ·· 599

虚拟现实空间场景下的城市景观审美趋向／赵树望 ······························ 618

Oriental Aesthetics and the Design of Longquan Celadon /Dai Yijun ······················· 624

How Gamification Design Influences Motivation for Eco-behaviour during Tourism in
Multicultural Malaysia: Development of Model and Hypotheses
　　Amalia Rosmadi, Siti Salmi Jamali, Zhou Wuzhong ······················· 637

Towards the Open City, An Overview of City GML Used in Brazil
　　Marcus Vinicius Sant'Anna, Ekaterina Tarasenko ·························· 653

第四届东方设计论坛
暨 2018 地域振兴与整体设计
国际学术研讨会论文集

地域振兴与整体设计①
Regional Revitalization and Holistic Design

——2018 第四届东方设计论坛综述
——A Review on the 4th Oriental Design Forum in 2018

徐媛媛　周之澄　孟　乐　周予希

摘　要： 为探讨如何将中国文化基因植入城镇和乡村建设的设计体系，全面研究地域振兴与东方设计文化传承创新的相互关系，2018 年 12 月 22 日至 24 日，由上海交通大学、国际设计科学学会主办的第四届东方设计论坛暨 2018 地域振兴与整体设计国际学术研讨会在上海召开。会议邀请国内外设计领域知名专家学者就主旨内容发表演讲，并在大会报告后召开四个不同议题的平行论坛。本文对此次会议的学术报告和发表论文进行综述，从论坛召开情况、包豪斯与东方设计学、地域振兴与环境设计、用户体验与服务设计这 4 个维度对此次研讨会的研讨内容和研究进展进行总结与阐述。

关键词： 地域振兴；整体设计；东方设计论坛

Abstract: In order to discuss how to insert the Chinese culture gene into the urban and rural planning and study the relationship between regional revitalization and oriental design's inheritance and innovation, the 4th Oriental Design Forum & 2018 International Symposium on Regional Revitalization and Holistic Design, which is held by Shanghai Jiao Tong University and the International Society for Design Science, took place in Shanghai successfully on 22–24 December, 2018. The symposium invited renowned scholars at home and abroad to deliver keynote speeches around the theme and held four parallel forums after the main conference. This paper intends to conclude and summarize the symposium's contents and progress from four

① 基金项目：国家社科基金全国艺术学项目"文化景观遗产的'文化 DNA'提取及其景观艺术表达方式研究"（项目编号：15BG083）阶段性成果之一。

perspectives, which include the forum's introduction, Bauhaus and oriental design theory, regional revitalization & environmental design, and user experience & service design.

Key words: regional revitalization; holistic design; oriental design forum

2018 年 12 月 22 日至 24 日，以"地域振兴与整体设计"为主题的第四届东方设计论坛在上海交通大学学术活动中心举行。来自全国各地高校、设计院和德国、日本、韩国、英国、美国、匈牙利、巴西、马来西亚等国家的 150 余位代表出席会议。

1. 走向国际化和学术化、专业化的东方设计论坛

第四届东方设计论坛暨 2018 地域振兴与整体设计国际学术研讨会是经中华人民共和国教育部批准（教外司际〔2018〕2730 号），由上海交通大学、国际设计科学学会（International Society for Design Science，ISDS）主办，上海交通大学设计学院、上海交通大学创新设计中心承办，中国建筑工业出版社、《中国名城》杂志社、濂溪乡居（上海）文化发展有限公司、中国优质农产品开发服务协会休闲农业与乡村旅游分会合办，上海地产闵虹集团、麦肯锡城市设计研究院（北京）有限公司、赢富仪器科技（上海）有限公司、南京艺术学院上海校友会协办的正式国际会议。

12 月 23 日上午的开幕式由国际设计科学学会主席、上海交通大学创新设计中心主任周武忠教授主持。上海交通大学设计学院党委书记方曦首先代表学院致欢迎词。国际设计科学学会副主席、德国魏玛包豪斯大学设计学院前院长、学术委员会现任主席弗朗克·哈特曼教授，亚洲设计师联盟主席、日本名古屋大学国本桂史教授，国际设计科学学会副主席、韩国产业设计师协会主席、弘益大学车康熙教授，以及中国建筑工业出版社社长助理兼副总编辑胡永旭编审先后致辞，并从各自角度分享对设计、东方设计学、地域振兴和整体设计的理解和看法。

开幕式上还举行了 the GOD-Prize 启动仪式和国际设计科学学会 ISDS-GOD-Prize 优秀论文奖和突出贡献奖颁奖仪式。深圳大学蔡佳俊博士的《设计实践和理论中的"权威"问题》等 10 篇论文获得优秀论文奖。周浩明（清华大学）、孔繁强（上海交通大学）、郑德东（东南大学）由于参与雄安新区管委会委托 ISDS 组织的《雄安新区城市家具导则》编研工作并取得创新成果而获得 ISDS 杰出贡献奖；上海交通大学李鹏程老师则是设计了 ISDS 的标志（Logo）并被采用而获此殊荣。

颁奖仪式后，举行了国际设计科学学会成立 4 个分会授牌仪式。高须贺昌志教授（ISDS 副主席、日本环境艺术学会会长、埼玉大学教授）、国本桂史教授、哈特曼教授、车康熙教授代表 ISDS 分别为拟设立的 ISDS 艺术与科学分会（上海交通大学）、ISDS 环境设计分会（清华大学）、ISDS 工业设计分会（浙江大学）、ISDS 公共艺术设计分会（上

海大学上海美术学院）4个分会授牌。周武忠强调，拟设立的4个分会只准从事非营利的学术活动，请相应的牵头单位和责任人尽快筹建，择时举行成立大会，积极开展设计科学和艺术的研究和交流。

随后举行的两场大会报告特邀浙江大学罗仕鉴教授和华东师范大学顾平教授主持。来自国内外的特邀专家向与会代表分享了8个主题报告，并有4篇获奖论文在大会发表。平行论坛分4个场次进行。平行论坛之一由戴力农主持，以"用户体验与服务设计"为主题，蔡晴晴、马库斯（巴西）、姜慧、罗嘉怡、王嘉睿等分享了研究成果。孔繁强主持的平行论坛之二则聚焦"地域振兴与环境设计"，由冯节（中国美术学院）、王红江（上海视觉艺术学院）、苏金成（上海大学）、胡杰明（东华大学）、闻晓菁（上海交通大学）、胥青（上海交通大学）等发表了高质量的论文。平行论坛之三是南京艺术学院（简称"南艺"）上海校友会组织的"东方尚美艺术沙龙"，南艺在沪高校工作的10多位校友老师交流了艺术、设计、研究、教学经验。平行论坛之四则围绕"城乡景观营造"主题，组织参与中国建筑工业出版社"城乡景观营造丛书"的10多位作者，对乡村振兴、城市更新背景下的景观规划设计、建设和养护管理进行了深度交流。

2. 从包豪斯到东方设计学

德国魏玛包豪斯大学艺术与设计学院前院长、学术委员会现任主席弗朗克·哈特曼教授首先以《功能、传统和秩序：包豪斯——现代设计的门户》为题做了大会报告，他从视觉艺术、媒介演变和产品实例等方面充分诠释了包豪斯的设计理念。首先，哈特曼教授以包豪斯早期的康定斯基的极简风格绘画为美学基础，由赫伯特·拜耶设计的"通用字体"（Universal）带来新的视觉体验，从字体方面阐述了包豪斯的"形式追随功能"是设计哲学的起源之一。随着时代的发展，新的技术、材料、需求对产品设计提出了新的要求，而功能与造型合一的理念则在家具、鼠标等工业产品设计中得到发展，包豪斯理念成为经典设计与现代创新设计的重要理论基础，并在新时代中得以传承与延续。

德国汉堡应用科技大学陈璞博士在其报告《包豪斯在上海的痕迹》中，通过丰富的史料图片，展示中国第一代建筑师在上海留存的历史建筑作品，以此为线索剖析上海现代建筑；并通过梳理圣约翰大学建筑系的发展沿革、教学资料、设计手稿等，引导听众进一步发掘包豪斯在上海的历史痕迹。

优秀论文一等奖获得者、深圳大学艺术设计学院助理教授蔡佳俊博士在《设计实践和理论中的"权威"问题》的报告中指出，很多在西方学术中发展出来的观念和逻辑已经成为绝大多数非西方现代学者头脑中的权威。也可以说，由于西方在学术上的权威性，西方中心主义的观念在各个学科中都十分普遍地存在，并且似乎已经成为许多现代学者的潜意识。就设计领域来说，这造成了大多现代学者和设计师在理论和实践中以西方的理论和实践为标准和典范，而即使有些学者和设计师在尝试重新发现中国传统的设计思想或尝试将设计结合中国的传统的时候，仍不可避免西方中心主义的惯性思维。蔡佳俊认为，东方的儒道传统中的诸多因素则可能为我们提供各种从西式现代化带来的危机中而走出困境的办法。就设计和审美领域来说，西方权威的垄断带来了审美上的问题，并在一定程度上局限了设计理论和实践的良性发展。这些问题都有待于儒道权威的重建。论文就儒道权威重建的必要性、可能性及将要遇到的困难和所需要解决的问题展开讨论。

作为 2018 第四届东方设计论坛主席，周武忠教授做了题为《三论东方设计——解析东方设计学建构中的若干关系》的主旨报告。他认为，东方设计学的构建将运用东方智慧，以设计的途径服务于今人精神和物质层面的需求，继而搭建人与自然、人与社会、人与人之间和谐共生的美好未来，以此助力人类命运共同体的构建。周教授的报告着力于探讨东方设计学在建构过程中涉及的若干关系，包括东方设计学与东方学的关系、东方设计学与东西方文化的关系及其文化立场，以及东方设计学与传统和现代设计之间的联系，从而厘清东方设计学与相关学科间的联系与区别，为东方设计学的设计实践提供理论支持，以利于勾勒出系统化、科学化的学科体系和理论架构。

中国特色镇论坛秘书长、国家行政学院特聘教授薛红星发表了题为《东方设计学视角中的中国特色镇》的大会演讲。他说，东方设计论坛已经成为汇聚智慧、传播思想、创新创意、交流合作的重要平台，极具影响力、品牌力。大中小城市和小城镇协调发展是我国新型城镇化发展的基本原则。地域振兴是区域发展的重要支撑，与新型城镇化、乡村振兴紧密相连。作为率先提出构建中国特色镇学的学者，薛红星认为：周武忠教授倡导的东方设计学及理念给了他重大启发；东方设计学是为特色小镇创新发展注入特色镇基因的重要动力源；东方设计学对于中国特色镇发展具有极为现实的应用价值，对于中国特色镇学也有着重要的借鉴价值。特色小镇、特色镇发展带来了设计的巨大市场需求与空间。他从文化维度、全域维度、美学维度、三生维度、包容维度、产业维度、发展维度等不同角度分析了东方设计学如何为中国特色镇发展提供更多高质量的设计供给。地域有境，设计无境。创新成就未来，设计改变世界。小镇承载大梦想，东方设计新时代。

苏州园林设计院董事长贺风春教授则以《国际语境下的江南园林传承与发展》为题，介绍蕴含中华艺术精华的苏州园林艺术，向世界展示和传播东方设计思想的最佳路径。她以时间轴的方式梳理 14 至 18 世纪中国古典园林对欧洲产生的重大影响，并按照地理区位的划分展示中式园林海外出口的实践案例。贺风春认为，17 至 18 世纪短时期内所碰撞出的一系列"中西合璧"的文化产物，表现出的仅仅是符号化、片段化的中国元素，未深入中国文化核心思想理解的层面。根据习近平总书记所提出的"中华文化是我们提高国家文化软实力最深厚的源泉"，中国传统园林走向国际的时机已经成熟，在输出目的、输出风格与品质、输出形式以及输出市场方面皆有革新的必要性与提升空间。通过造园思想与美学精神的传承以及国际语境和科学进步的发展，中国古典园林"天人合一"的哲学精神与美在意境的美学精神才能在出口的同时真正被世界人民所领略与体会。

3. 地域振兴与环境设计

日本环境艺术学会会长、埼玉大学教授高须贺昌志在题为《日本环境艺术的发展趋势》的报告中着重介绍了日本环境艺术学会的成立初衷、发展愿景、年会展览以及会员作品等，通过会员们的研究与实践，学会旨在重新定义"环境艺术与设计"这一概念，力求解决现代生活中社会发展与环境设计脱节的问题，从而对日本的现代艺术设计领域起到积极的推进作用。

来自德国弗莱贝格工业大学的简·克莱门斯·邦盖斯特教授做了题为《废弃矿区到新区——德国矿区关闭后的修复》的报告。他指出修复废弃矿区具有三项重要的义务：防范废弃矿区对环境和健康造成的危害、对矿区土地的修复与再利用以及水资源的整治。他结合欧洲中部莱茵河地区矿区在不同时期的改造和修复实例，分享了将废弃矿区转变为新区的修复流程。他认为，应将矿区修复纳入采矿计划的考虑范围之内，突破"先采后修"的常规做法，在开采的同时就制定相应的修复方案，即将整体设计应用于矿区的运营与管理之中。

日本名古屋大学人造环境设计研究所所长国本桂史教授在题为《综合知识与多元化·整体设计》的报告中启发听众思考人类该走向怎样的未来，并借鉴诺贝尔经济学奖获得者西蒙的有限理性观点，分享如何通过整体设计满足高龄化病患群体的日常生活与使用需求。

萧冰、陈昕雨发表的《新媒体公共艺术对城市文化建构以及城市品牌振兴研究》一文认为，具有"交互性、参与性、沉浸性"的新媒体公共艺术能够在真实的物理空间中激发公众参与的积极性，更加符合现代大众审美的视觉习惯，能够有效激活城市公共空间，成为提升城市品牌与文化影响力的一种重要手段。基于顾客价值视角，作者选取上海、北京、芝加哥、纽约、费城等国内外的新媒体公共艺术作品作为调研案例，通过问卷调查呈现新媒体公共艺术从业人员与普通公众这两类群体对新媒体公共艺术、城市文化以及城市品牌的认知情况；同时指出，新媒体公共艺术所营造的感官体验与互动体验正是使用一种新的叙事方法使受众的个人记忆演化成为城市文化，在此基础上得以发挥城市品牌振兴的"马太效应"。

4. 用户体验与服务设计

唐硕信息科技有限公司用户体验总监蔡晴晴在大会平行论坛中分享了题为《消费升级背景下的全局化服务体验创新》的报告，她认为在不断叠加的消费场景与多元化的消费渠道下，构建全局化的服务体验设计是服务商转型的重要目标之一。她以美食消费为例，通过构建"分享美食、回忆美食、收藏备忘"的美食消费体验地图，深入剖析顾客在美食消费的全流程中所涉及的体验活动与消费偏好。

来自巴西维索萨联邦大学的马库斯副教授发表的《区块链与地理标志产品》一文解析了区块链背后的运行规则，指明其具有明晰性、安全性和对等性的特征；继而从产业分类角度对区块链生态系统进行整体回顾，并提出将区块链技术应用于地理标志产品从而促进城镇地域振兴的可能性。

赢富仪器科技（上海）有限公司首席执行官姜慧先生围绕《人因与创新设计》一题，结合公司提供的眼动仪、脑电分析设备等案例演示，阐释基于实验室仪器的人因测试数据在创新设计研究中的采集方法、分析模型及其作用和意义。

曾获 2015 年中国用户体验设计大赛（UXDA）二等奖的罗嘉怡在《服务设计 × 农村零售》中分享了其遵循"提升零售效率"和"优化农村消费体验"这两大新零售原则下设计出的一款农村零售手机应用软件。她基于用户调研总结出农村熟人社交的一系列特征，通过实现仓储和物流信息数据化提升零售效率，添加"买手形式""团购形式"等应用选项丰富商品种类、降低商品价格，以此优化农村消费体验，为听众展示了一个将用户体验调研与设计实践完美结合的精彩案例。

华东理工大学于炜等在《跨界融合视域下的当代整合创新设计略论》报告中指出，在万物互联背景下，社会诸多领域间的深度融合与跨界创新使得设计不断突破各个行业旧有观念、学理、技术、模式等壁垒桎梏，因此打破和重组复杂的产品、服务、体系等元素，利用跨维度资源共享实现"科技 + 艺术 + 生态"协同发展的整合设计成为一种必然趋势。从整合设计原理来说，跨界协同性、融合集成性、有机动态性和交互服务性成为整合设计的四大特征，设计者需要遵循天地人合一、社会性统筹、前瞻可持续、反向颠覆性、系统服务性以及优化继承性这六大基本原则。此外，于炜等还罗列和阐释了痛点挖掘法、尺度平衡法、发展跟进法、生态闭环法、品牌文化法等整合设计方法。他认为，多维层面的叠加整合或聚变升华正是整合设计的内在基本原理和创新魅力所在。

5. 结语：地域振兴——"三生"融合的整体设计

在开幕式上，周武忠教授就首先阐明了本届国际会议的选题背景。他指出，近年来，围绕乡村振兴等多项国家战略，地域振兴成为我国社会均衡发展的关键所在，也给设计领域的研究提出了新的课题。事实上，地域振兴不只是我国，也是全人类经济社会发展到一定阶段的必然要求。尽管我们的设计学已经升格为一级学科，设计已经从设计 1.0 发展到设计 4.0；然而，由于地域振兴涉及资源、环境、经济、宗教、政治、文化和社会，传统设计抑或当下的所谓大设计也不能完成地域振兴所要求的设计任务。时代呼唤基于地格的创新设计——地域振兴设计，她是一种以复杂适应系统（Complex Adaptive Systems，简称 CAS）或复杂性科学（Complexity Science）为理论基础的整体设计（Holistic Design）。

周教授进而指出，本次会议的初衷，就是要唤醒设计学人，用 human-centric design 的整体设计思维和生产、生活、生态"三生和谐"的设计理念，加速"设计"与"产业 + 生活 + 环境"的融合创新，建立东方设计学、信息设计学、产业设计学、城乡设计学、环境设计学等新兴、交叉学科，构建健康的世界设计新格局。从这个意义上来说，此次会议作为国际设计科学学会的首届年会，主题就是"地域振兴与整体设计"。通过探索地域振兴设计的理论和方法，为人类社会共同进步和发展贡献设计的力量。

从这次会议的征文情况来看，无论是萧冰的《新媒体公共艺术对城市文化建构以及城市品牌振兴研究》、童成帅的《文化在乡村振兴战略中的价值研究》，还是于炜等撰写的《跨界融合视域下的当代整合创新设计略论》，从 60 多篇论文成果和前述主题演讲内容看，以"地域振兴与整体设计"为主题的第四届东方设计论坛取得了圆满成功。

（徐媛媛，上海交通大学创新设计中心博士生，主要研究方向为旅游规划设计与管理）

跨界融合视域下的当代整合创新设计略论

于　炜　潘雨婷

摘　要：现时代，万物互联背景下，社会诸领域不断深度融合与交互作用，跨界创新已经融汇渗透到社会发展和日常生活的方方面面；这使得设计正在不断突破各个行业旧有观念、学理、技术、模式等等壁垒桎梏，博采众长集成融合地迸发出 1 加 1 大于 2 的系统创新与服务成效。文章从当代跨界融合视域出发，从内涵、特征、原则、方法、路径以及对相关应用案例解析等方面对整合设计进行纲要性略论与浅析，以期从设计观和方法论上归纳出整合设计的基本原理框架或范式。

关键词：整合设计；跨界融合；设计原理；范式

引言

《易经》："天地交而万物通，上下交而其志同。"万物互联，皆可整合。从第一自然到第二自然乃至未来第三自然，其互联整合具有多层结构：宏观上的"天地人（天人合一）"及"古今未（历史辩证）"；中观上的"你我他（命运共同）"及"人事物（和谐共生）"；微观上的"文理艺（整合衍生）"及"产学研（创新协同）"；等等。其中"科技 + 艺术 + 生态"又是这个大跨界、大链接、大融汇、大整合时代的核心元素和内生动力。

一、关于整合设计

（一）整合设计之初始含义

整合设计最早是由 George Teodorescu 教授提出的。其定义即依据产品问题的认识分析判断，针对人类生活质量与社会责任，就市场的独特创新与领导性，对产品整体设计问题提出新颖独特的实际解决方法。对于整合设计的范围并没有明确的定义，一般指不同领域、品牌、风格、功能、形式、时间、空间、文化、经济之间的交叉、融合、创新与超越。整合设计不仅仅是简单的"1+1=2"，而是借鉴于品牌营销、宣传、科技创新等多个环节，或是时间空间等多个维度，实现真正的跨领域、跨维度资源共享。整合设计将复杂的产品、服务、体系打破，再将元素进行重组、创新与超越。

（二）新背景下之时代解读

随着经济全球化的不断推进，技术、管理、服务体系等不断完善，全球范围的产品链也在不断整合，高速运作。全球范围里的跨国合作，跨领域合作屡见不鲜，各国分工有序，使不同的国家能够发挥自身的优势，最终的产品不再是单一国家的特有物，而是多个国家共同生产的产品，使资源高效配置。市场的全球化，使得需求与购买行为日趋统一，产品的整合设计与生产也成为一个必然趋势。

整合设计的兴起到风靡，离不开时代推动的力量。人民日益增长的物质文化需求、对美好生活的渴望，都对文化与科技提出更高的要求。市场的不断发展，吸引了大批资本涌向任何可能发展的领域，从而促进了科技、管理、技术、服务等环节大刀阔斧地革新。新的智慧、新的劳动成果迭现，产业化的道路也愈发多样。以我国为例：2018年上半年，先后有100余家中国企业赴港或赴美实现首次公开募股（IPO），这其中不乏娱乐、影视、游戏、体育等领域的企业。以人工智能领域为例，资本市场敏锐地捕捉到人工智能的商业化前景。纵观2012—2017年中国人工智能（AI）私募投资股权市场，共有多达411家AI企业获投，获投事件总数为704起，投资总额达439.74亿元，570家投资机构参与投资[1]。不仅如此，整合设计在国家政策上也取得了政府的大力引导和支持，我国早在2012年出台的《国家文化科技创新工程纲要》就提及要大力发挥科技创新对文化发展的重要引擎作用。2018年颁布的《国家文化和科技融合示范基地认定管理办法（试行）》，从具体环节规范了国家文化和科技融合示范基地的认定和管理工作，进一步引导和推动了文化与科技的融合发展[2]。

同样，整合设计的发展很大程度上得益于如今科技和文化的碰撞与融合。马克思说："任何神话都是用想象和借助想象以征服自然力，支配自然力，把自然力加以形象化；因而随着这些自然力之实际上被支配，神话也就消失了。"[3]跨界设计整合理念在全球范围的普及得益于科技与文化的碰撞与融合，同样在科技文化的不断融合发展中发展着。整合设计当下的现状得益于经济高速发展所营造的科技和文化的不断碰撞与融合，诺贝尔物理学奖得主李政道曾论述："科学可以因艺术情感的介入使科学更富有创造性，而艺术可以因吸取科学智慧的营养而更加绚丽多彩。"[4]科技、经济、文化在不断交织中推动整合设计不断完善，不断创新。

新时代，随着创新的需求，专业壁垒的不断打破，跨界融合的整合设计愈加受到重视，使设计必然成为系统工程。就设计师而言，整合设计要求他们成为"设计导演"或"综合调度"；从互联网背景下的智能社会角度出发，整合设计打破了社会分工之间的壁垒，使人人都具备了成为设计师的可能。

新时代，整合设计要求设计师不仅从艺术、实用角度看待产品，更要全面地考虑经济、服务等环节，要求设计师用综合、整体、均衡的眼光看待系列问题。

二、整合设计原理略论

（一）整合设计的特征

1. 跨界协同性

整合设计的思维模式是指，充分利用各种技术手段、管理运行模式、营销策略等进行多专业跨领域的有机结合，对产品从设计、生产、营销、售后到再生产各个环节进行多管齐下地设计，是一种产品系统模式。它打破传统的产品各部门之间割裂闭塞的形式，联动多个专业团队协同工作，注重产品的研发中元素的优化重组。

这里我们以 4D 打印为例："由于预期快速增长的市场对主要行业的全球影响，包括空间工程，生物医学设备和生物材料，防御和通信工具作为主要受益者，从研究到制造的过渡正在进入一个新的阶段，其中，复杂的设计纳米尺度上错综复杂的小型三维结构已经走上了一条新的加工和制造之路。跨界不可避免地与合成复杂材料相结合，提供超复杂的设计，这将影响许多部门的工业加工。"[5] 2017 年，麻省理工学院（MIT）与 Stratasys 公司教育研发部门合作研发一种无须打印机器就能让材料快速成型的革命性新技术，即 4D 打印技术。其本质可以理解为可编程的智能材料加 AM 技术（即增材制造技术）。4D 打印技术从实现形式上就是材料学、信息工程、化学、物理等多个学科共同作用的结果，而受益者更是范围巨大。4D 打印的实现，打破了传统制造行业的尺寸约束，在空间、生工、医药、安防和通信等领域都有所突破、应用。（图 1）

图 1　4D 打印的自然变直的埃菲尔铁塔

2. 融合集成性

整合设计的融合集成性具体表现在它的跨越尺度上。整合设计已经向我们展现了其极高的融合集成能力，主要表现在地域、时间、行业三个方面。

以全球化为目标形成的设计链中，各部分的成员可以分散在不同的区域或是国家，这使设计链的产品设计具有分布式协同设计的特点。通过互联网，各个地区的产品设计链进行信息的共享，实现资源的高效、高速地流通和配置。缩短了产品的生产周期，产品成本得以大幅度降低，资源浪费得以减少。

整合设计不仅从地域上有很大的跨度，更能从不同时段上汲取养分。无论是唐宋元明清的古典雅致，还是现代设计开始从萌芽到苗壮再至繁荣发展；无论是新古典运动时期的罗马式浪漫，还是现代设计盛行时期的简约实用；无论是"工艺美术"运动，"装饰艺术"运动，消费时代，后现代主义时期，甚至是未来的展望；无论是巴洛克风格还是波普艺术，现代设计都可以从历史的内容中借鉴，从表达形式中借鉴，从宣传营销中借鉴。例如2018年的Valentino的Pierpaolo Piccioli（图2），设计的灵感来自希腊神话，他成功地融入了17世纪和18世纪的油画元素，甚至还把中世纪盔甲的元素融入其中。

图2　2018年Valentino的
Pierpaolo Piccioli高定时装周照片

3. 有机动态性

设计是永不停止的。产品本身具有生命周期曲线，而整合设计在原先设计的基础上加以改良，筛选过滤出精华的优秀元素，摒弃或改造糟粕，使产品更加适应当下或前瞻性市场。设计是不断进行产品改良而不是凭空地创造，这样的行为使产品的生命周期不断延长。以苹果为例，纵观图3介绍的苹果手机发展历程，苹果公司在基本色调及外观形状上一直秉承着批判地继承理念，推陈出新。除了设计师本人卓越的具有前瞻性的审美品位外，消费者对产品的反应也迅速地反馈到新一轮的研发中。作为一个优秀的设计与营销案例，苹果公司无疑向我们展现了整合设计中的极强的有机动态性。

4. 交互服务性

交互式服务，是指为用户提供向社会公众发布文字、图片、音视频等信息的服务，包括但不限于论坛、社区、贴吧、文字或者音视频聊天室、微博客、博客、即时通信、分享存储、第三方支付、移动应用商店等互联网信息服务。

交互服务性本质上把二元交互设计和多维系统服务设计相关理念加以联系，同时强

图3 苹果手机发展史

化产品的视觉效果和服务体系的设计，在产品的展现形式上以互动的方式，让用户感受全面、最佳的体验。

（二）整合设计的基本原则

1. 天地人合一原则

以往，设计强调以人为中心的原则（人性化原则），即凡是与人相关的设计要素，都属于人性化原则的范畴。主要的内容包括实用性原则，易用性原则，同样也是整合设计需遵循的最基本原则。实用性原则具体体现在产品具备的功能、性能上。产品符合目的性规律性的最基本功能是评判设计优劣的最重要因素。而易用性则指产品和用户的关系是否和谐及和谐程度。作为设计的新模式，整合设计不仅要坚守"以人为本"的设计理念，将出发点定在消费者一方，站在用户的角度进行思考，而且最终落脚点也是用户群体，更要强调"天地人合一"原则——在设计创意时要把"天"（即生态历史性）、"地"（资源环境性）、"人"（多元人因性）等，进行阴阳和万物生的有机融合规划与统筹。绿色设计、服务设计或可持续设计属于这一整合设计原则的有力诠释。

2. 社会性统筹原则

已故大师柳宗理曾提出过"设计是社会问题"，这里对社会问题的理解不仅是对环境主义问题的思考，也是对社会上特殊群体的关怀性问题的思考。优秀的设计节约资源，在材质以及生产回收环节都力求以最少的成本，最小的代价，达到最大的效果，以对环境保护做出贡献；同时设计师在设计过程中应当考虑其他社会问题，例如老年人群体、残障群体等弱势群体，降低产品的"使用门槛"，使设计成果能造福更多群体。

3. 前瞻可持续原则

设计应具有前瞻性。设计不能只顾眼前，而应该放眼未来。具体而言，前瞻领先原则要求设计师具备前瞻性的设计思维，善于分析，把握规律，抓住趋势，对用户的需求与市场的走向有敏锐的嗅觉，做出预判，进而以符合规律性和目的性的方式进行元素融合重组和创新。同时，设计师还需要在社会意识上具有前瞻性。只顾眼前利益而忽略长远发展，这样的设计既是不公平的又是不合理的，无疑是竭泽而渔的行为。领先原则要求设计师在设计行为中审时度势，分析身边的社会环境因素，注重社会伦理，做可持续的设计。

4. 反向颠覆性原则

卖得好的东西未必都是好设计，而好的设计也不一定卖得好，柳宗理大师曾提到过"真正的设计是与流行对抗的"。反向颠覆原则强调设计需要大胆创新，通过研究事物相反方向的颠覆性思考，往往是跨界融合，是整合设计的重大机遇之一。例如最初为了有效杀菌，微生物学家们费尽心机，通过大量的研究试验证明了细菌可以在高温中被杀死，所以食物可以在煮沸后保存。而科学家汤姆逊则逆向思考，推测可以通过低温使细菌停止活动，在深入挖掘后，冷藏技术面世了。反向思考对传统的思维模式是颠覆式的挑战，打破固化的思维僵局，寻求新的解决方案。故此反向颠覆原则的设计往往具有全新的、颠覆传统的创意概念，这本身就是一种超越。

5. 系统服务性原则

设计产品就是在通过系统的方法求出各种功能、结构、形态、人因、环境、科技、经济、文化、安全等传统要素的系统构成或耦合外，更要通过系统分析、过程管理、综合评价等决策，使产品得到服务体系设计上的最优解。

6. 优化继承性原则

优化包括方案的优化、设计参数的优化、总体方案的优化、部分方案的优化，即要求设计者高效、经济、高质量地完成设计工作。继承是指批判地吸收，推陈出新，为我所用，既不能"拿来主义"，也拒绝全盘否定。通过有选择地继承、优化、改进不适应当下整体环境的部分，设计师可以事半功倍地整理产品内在的发展逻辑，从而进行新的创造，不断超越。

（三）整合设计的基本路径

整合设计具有独特的优势，也同样对设计路径具有完整的、综合系统的要求。设计师应从需求入手，产品的呈现——无论个体与集成，无论实体或虚拟，无论物质或事理，无论宏观或微观，其功能以及组织形式乃至持续发展均起源于需求，满足用户不断提出的需求事实上是设计的出发点与入手点。经过大数据信息的汇总，不断思考、推敲、筛选乃至云计算信息，归纳分析，借鉴比较，寻找不同领域与产品的交点，深入挖掘，同时以"复杂性非线性扩散＋收敛"等整体思维方式探索，合理分配比重。不仅注重内容，还需注重组织形式以及经济乃至整个生命周期形式。在整个路径中，需要有机系统，全面整合，持续发展。

（四）整合设计的方法

1. 痛点挖掘法：整合设计作为设计的新形势，为人设计产品、系统或是服务，都需要从人当前或预期的切身需求出发。优秀的设计师善于发现机会，挖掘痛点。整合设计要求设计师不仅从本身的角度出发，更需要跨学科地挖掘既有的问题以及创造潜在的痛点。

2. 尺度平衡法：整合设计是跨领域跨维度的设计，不同的领域之间的融合，过去、现在与未来的融合，不同地域之间的融合，不同体感间的融合，往往是同时或有序进行的。整合设计无疑是复杂综合的，因此，把握好融合的尺度以及各部分之间的结构既是对设计师的重点要求之一，也是设计师掌握跨界融合的秘诀，是设计成功的方法之一。

3. 发展跟进法：随着经济全球化的不断发展与推进，设计的手段和渠道的不断发展，整合设计的展现形式、交互形式都有了更多的选择。不论是需求随着经济文化的发展而不断发生变化，或是高速发展的科技不断给设计提供了新的技术支持，社会的变化日新月异，整合设计将科技与文化融合起来，使多领域多维度交叉贯通，这要求设计师跟进技术的更新，需求的变化，以发展的思维和发展的眼光看待设计，看待生活，在生活中做设计。

4. 生态闭环法：整合设计的理想是形成完善而闭合的产业链与生态链。从创意设计阶段到生产营销，甚至是回收等问题，从元素的跨界融合到整合设计，到形成系列产品，到形成产业链，再到形成完善的产业链，其中每一步都需要大量的积累从而达到质的飞跃。

5. 品牌文化法：虽然当下的文化创意市场处于百花齐放的状态，但仍存在许多元素被无序、随机而不加修饰地胡乱拼凑，这不仅没有体现出整合设计的精髓，而且是"1+1<2"的失败加法。整合设计应在成功的设计之后深化方案，把握规律，提炼设计的亮点，在之前设计的基础上积累良好的口碑与经验，形成独特的品牌文化。

三、整合设计的应用

整合设计通过设计独特的体验给用户带来强烈的冲击感与良好的消费体验。优秀整合设计体现在视觉效果上，一般能给用户以较强的视觉冲击效果，使人印象深刻；而体现在内在结构性的或是其他产品流动环节的整合设计，则可以通过优化产品，提升产品的核心专利技术竞争力。

整合设计在实践的过程中也会受到文化价值观、设计者的知识面及思维模式、固有产品体系结构等因素的影响。

（一）故宫淘宝

提及整合设计与文创产品的结合，其中，文化价值观的因素的制约作用是十分重要的，也无怪诸多欧美大牌为了迎合中国市场而出的中国年系列，却未能达到预期效果。例如 Armani 公司从猴年开始推出新年限量（图4），似乎对中国传统文化的误解颇深且没有经过深入的民意调查，生硬地将中国红，生肖剪影效果的压印拼凑在一起，看起来反而不伦不类。即便依旧有消费者愿意为此买单，但至少从艺术价值上来看无疑是匮乏的。

与之相反，故宫淘宝的案例却是一个美妆业与中国传统文化结合成功的正面教材。

2016 年，故宫淘宝团队推出了原创系列和纸胶带，引发了网友的热议。此后故宫淘宝团队将目光放在了彩妆行业，经过两年的研发，于 2018 年 12 月推出了彩妆系列：仙鹤系列（图 5），螺钿系列，点翠眼影，海水高光单品。短短一天时间，网络上热议不断，好评如潮。仙鹤系列的设计元素来自故宫博物院的珍藏文物，红漆边架缎地绣山水松鹤围屏，整体包装风格统一，采取了立体浮雕烫金设计，外形端庄典雅，毫无廉价感。无论是视觉包装，还是彩妆色调选择，都完美地将古典与现代交融，将中式宫廷古典风格与现代商业风格和谐融洽地糅合在一起。

图 4　Armani 2017 年与 2018 年新年限量版高光粉饼

事实上，早在 2013 年，台北故宫博物院就推出过一款"朕知道了"的胶带迅速走红，至此，故宫周边开始不断地探索将历史与现代生活在各个领域融合的方法，探寻出不同于以往严肃端庄保持古典特色的方式，而是以轻松诙谐或极具现代文化手段的文化创意语言结合古典的内容，在古典文化的基础上加上新的现代的内容，使传统文化在当下市场有新的意义。

（二）圣·约瑟夫喷泉小广场

圣·约瑟夫喷泉小广场是后现代主义的建筑代表，它由后现代主义代表人物查尔斯·摩尔设计，位于新奥尔良市意大利广场。广场的设计一边高低错落，采用古典柱式的古典柱廊和拱门，同时还运用了多种现代建筑材料，建筑造型和色彩也掺入了作者的个人设计思想。设计者自由地运用色彩和造型，而不是一味坚守古典主义的传统手法，这使建筑洋溢着随心而叛逆的独特美感。广场的喷泉也使用了现代主义的设计手法，如氖光灯与不同水流的运用，不锈钢等现代材料的使用等，整座小广场显得十分热情欢快[6]。

图 5　故宫淘宝仙鹤系列

圣·约瑟夫喷泉小广场在建筑史上的价值无疑是非常高的，也被列为后现代主义的代表建筑之一，它除了具有美丽且丰富的外观，具有极强的实用价值和丰富的现代公共空间语义之外，更具有现代和古典融合、不同设计风格相交融的特点，喷泉广场将经典与通俗相融合，历史与当下相结合，是一个优秀的早期跨界融合的案例。

四、结论

未来整合创新设计，就如同对未知的探知，可以始于看似孤立的点，但不能局限于点或碎片，要突破点到线，到面（二维），到体（三维——包括虚拟与现实、主观与客观的三维世界或视界），到四维……以及以上它们的叠加整合（每次递进迭代突破都有机含有以前的元素整合）或聚变升华，这就是整合创新设计的内在基本原理及不断带来的无限创新魅力之所在。

［于炜，国家"十二五""十三五"重点图书出版工程《设计产业蓝皮书：中国创新设计发展报告（2017）》主编、《工业设计蓝皮书：中国工业设计发展报告（2014）》主编（路甬祥副委员长任总顾问并撰写总序言）；华东理工大学艺术设计与传媒学院副院长兼艺术设计系主任，交互与服务设计研究所负责人，研究生导师；上海交通大学博士，城市科学研究院院长特别助理，研究员；山西省绿色发展研究院执行院长；美国 IIT 设计学院（新包豪斯）客座研究员；国家学位评估中心评审专家；上海教育考试院艺术高招评审专家；核心期刊《包装工程》评审专家等；上海Ⅳ类创新学科高峰高原建设城市 IP 文化衍生品设计大师工作室首席专家；基金项目：《上海市设计学Ⅳ类高峰学科研究专项基金项目：城市 IP 建构与系列化开发和推广研究大师工作室》］

参考文献

［1］范周.文化与科技：破壁创新，深度融合，激发产业新动能［J］.产业创新研究，2018（12）：1-3.

［2］周宪.视觉文化的转向［M］.北京：北京大学出版社，2008.

［3］柳沙.设计心理学［M］.上海：上海人民美术出版社，2009.

［4］李四达.交互设计概论［M］.北京：清华大学出版社，2009.

［5］Khare V, Sonkaria S, Lee G Y, et al. From 3D to 4D printing-design, material and fabrication for multi-functional multi-materials［J］. International Journal of Precision Engineering and Manufacturing-green Technology, 2017, 4（3）：291-299.

［6］朱锦雁.建筑与当代公共艺术的跨界设计现象分析［J］.明日风尚，2018（11）：53.

英国城市家具的文化基因
The Cultural Gene of British Urban Furniture

于 超

摘 要： 城市家具是现代城市的重要组成部分，文章通过对英国城市家具发展的研究，尤其是在文化层面的变化，探讨在城市家具设计中文化和人的因素的重要性。如何在实现功能性的同时表达国家、城市的文化特色同时满足人性化的设计要求，是城市家具设计的主要设计目标。英国作为城市家具发展的典范，具有很高的研究价值。

关键词： 英国城市家具；文化特色；人性化；城市文化

Abstract: Urban furniture is an important part of the modern city. This paper discusses the importance of cultural and human factors in the design of urban furniture through the study of the development of British urban furniture, especially in the cultural level. How to express the cultural characteristics of the country and the city while realizing the functionality and meet the requirements of humanized design is the main design goal of urban furniture design. Britain, as a model of urban furniture development, has high research value.

Key words: British urban furniture; cultural features; humanization; urban culture

引言

19世纪60年代，英国产生了城市家具的概念。到了现代，城市家具已经包含了传统的雕塑、艺术装置、各种公共设施等等，涵盖面很广泛，我认为只要是起到了城市装饰的作用都可以被叫作城市家具。但是城市家具在设计上应该体现城市特色和城市文化，没有特色与文化的城市家具是没有灵魂的。城市的公共设施——城市家具，不但是城市社会公共性物质生活的必备工具，也是传达关于人的审美、尊严、智慧及社会认同和秩序的外在表现[1]。

每个城市、每个国家的城市家具都各有不同，因为不同地区的文化背景、历史背景、价值取向等等都各有不同。近年来，世界各大都市均将其城市家具的塑造置于重要位置[2]，英国在家具发展的同时，城市家具也随之发展，英国的设计发展和文化背景深深影响着城市家具的发展变化，英国的城市家具具有英国独特的文化基因。

一、英国城市家具的发展

（一）设计维度

随着社会文化和设计的发展，家具的概念得到了扩充，越来越多的家具开始出现在公共空间中并且取得了很好的表达效果，这些固定下来的公共家具就逐渐演变成了城市家具。可以说，英国的家具设计与城市家具有着千丝万缕的联系，城市家具的设计也脱胎于家具的设计。

根据广东工业大学方海教授的研究，英国最早开始进行现代意义上的家具设计，地理原因让英国在家具设计上受繁琐的装饰影响较少；在文化上，英国吸收了大量的中国家具设计的内容，包括功能主义的设计思想；并且英国率先发生工业革命，产生了很多能够左右时尚的家具设计师。由于英国现代家具设计的发展和对于功能性的重视，城市空间中开始逐渐出现了具有实用性的公共设施。

但是在刚刚诞生城市家具概念的 19 世纪，由于民众素质还没有达到一定的文明程度，英国的一些公共设施都是十分沉重的，比如街道上的垃圾桶、邮箱、座椅等等，如果公共设施太轻，就有被偷盗的风险。通过加大城市公共设施的重量来防止盗窃，一度成为英国人制造公共设施的一个标准[3]。随着英国人民整体素质的提高，城市家具不再担心会被恶意偷盗、损毁。城市家具在设计宗旨上也转变为以消费者为中心，更注重考虑实用性、美观性、文化性。由此可见，城市家具的设计发展是和整个社会的文明程度相联系的。城市家具的设计必须站在消费者的角度来思考以适应用户的需要和喜好，设计师不应该只关注城市家具的功能性和使用者的生理因素，还应该考虑心理、文化、社会和思想因素。

尤其是到了近现代，英国城市家具的设计得到了重新审视，人们对城市空间如何满足休闲生活提出了新的要求，"日常"的城市空间成为研究与实践的重点[4]。新的设计风潮开始流行，以往的城市家具也得到了改良设计。因为城市家具设计场所性和日常性的回归，城市中有了更多吸引居民、游客聚集、娱乐、观光的地点，让整个城市拥有了更多的人文关怀和艺术表达，是城市和国家展示文化的一种直观表达形式。

（二）文化维度

城市家具属于公共艺术，而公共艺术的场所特征在于它不是放之四海而皆准的、普适性的，相反它总是针对特定社区、特定地域和特定的环境的[1]。现在许多国家在设计城市家具的过程中往往忽视了文化的重要性。如果觉得某个城市的一套城市家具的设计很好就照搬，所有的城市都会变得千篇一律，成为一个没有特色的城市，也不会吸引更多的游客到访。城市家具是一种外部的直接表现形式，但是城市的文化却是深藏的，需要去挖掘的，并且需要城市家具来表现这种隐形的文化。装饰城市的过程中文化的元素不可缺少，城市家具要担负起引起人们对城市文化产生联想的责任。一个城市绝不仅是表面的高楼大厦，文化延伸了城市的内涵，让一座城市更加生动具体。

20世纪，英国老工业城市被工业革命的负面影响缠身，面临许多严重的城市病，这些"旧城"需要转型。公共艺术这一兴起于战后，提倡面向公众、公众参与的艺术形式正在被越来越多地采用作为城市转型的切入点[5]。城市的大街小巷、公园、广场出现了各种的公共艺术，这些公共艺术作为一种城市家具体现着该地区的特色和文化。

要了解英国文化及其与城市家具设计的关系，有必要了解英国文化在空间和时间层面与其的关系。如图1所示，空间层可以划分为3个层次：外层、中间层和内部层。内部层次是传统、文化价值、信仰、需求等等隐形的部分；外层是物体、材料等等外在表现，是中间和内部层次的结果，中间层的行为、活动、语言也是内部层次的表现。同时，3个层次是一直在互相影响的，外层影响内层和中间层，中间层也会影响外层和内层。

3个层次的所有元素都是整个文化的组成部分，是独属于当地的独特的文化。因此，无论是田园乡村文化还是英式古典文化，都已经变成英国的文化基因。城市家具的设计作为外部层次的表现，体现着这种内部层次的文化，英国城市家具因此具有了文化的基因。只有具有文化基因的英国城市家具才不会是无根浮萍，有了文化底蕴的城市家具就具有了更多的内涵。

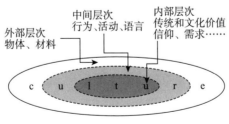

图1　文化的空间维度 [6]

时间维度是文化的纵向维度。不同时间阶段的文化有不同的取向，随着时间的变化，城市家具的设计风格、设计主题等随之变化，比如英式家具根据文化的发展经历了橡木时期、英国摄政时期、胡桃木时期等等，每个时间阶段的设计都各有特色。设计师需要从时间和空间的不同纬度挖掘和提炼具有地方特色的文化元素，并表现在城市家具的设计中。

图 2 为伦敦西敏斯特桥头驾驭战车的布狄卡（Boudicca）。图 3 中的"鲨鱼"是一位当地居民的自我创作，为了表达珍惜和平，反对战争，反对核武器的寓意，如今这条鲨鱼已经成为牛津海丁顿区的标志，吸引着游客的目光，提醒着人们热爱和平。公共艺术的表现形式不再受到拘束，不仅限于传统的雕塑、绘画，在英国城市环境的发展过程中，各种各样的公共艺术渗透在人们的日常生活中，饱含着当地的文化气息，这些公共艺术也是一种城市家具。

图 2　伦敦西敏斯特桥头驾驭
战车的布狄卡（Boudicca）

二、现代英国城市家具

（一）花园城市理论

花园城市的初衷是建设一种可以自给自足的新型城镇，以缓解传统城市日益严重的环境问题和人口压力。它的时代背景是英国城市人口急剧增加，已有的基础设施和公共服务资源难以支撑经济发展所带来的社会膨胀[6]。

英国根据花园城市理论创建新城不光是为了解决原来的一些城市病，更是为了给居民们提供一个更宜居、舒适、有文化气息的城市，居民的公共卫

图 3　牛津海丁顿区的"鲨鱼"标志

生健康、生活环境、教育医疗等等问题得到了重视，人们越发想要亲近自然、享受阳光和空气。具体实践方面，比如米尔顿凯恩斯的覆盖式社区公共资源布局网格、立体人行交通、综合式中心分散式城区的布局方法，在当地取得了较为满意的成果。根据相关调查研究[7]，当地居民的满意度比创建新城之前高了很多。花园城市理论为城市家具的规划提供了一定的科学依据和正面示范。

（二）智慧之城曼彻斯特

曼彻斯特被誉为英国的智慧之城，曼彻斯特自 1999 年成立"城市创意产业发展服务所"以来始终处在现代化城市发展的前沿，"曼彻斯特城市走廊"就是在现代化城市发展中提出的一个虚拟概念。如图 4 所示，曼彻斯特城市走廊在新科技的创新、建筑物的更新、公共设施的智慧化改造等方面都有所成就。同时，曼彻斯特大学、曼彻斯特城市大学

及皮卡迪利花园等建筑和绿地的建设使得曼彻斯特城市可视域结构进一步完善[8]。以城市家具为基础的曼彻斯特让城市的内在得到了更多的表现，城市中的隐形文化得到了更多的外显。曼彻斯特的城市发展符合城市历史文化的发展脉络和城市发展的多方面要求，在发展中也满足了居民与游览者的心理期待，对研究英国城市家具有很好的参考作用。

图 4 曼彻斯特城市走廊

（三）金丝雀码头公共领域

根据 Skidmore, Owings & Merrill LLP（SOM）事务所的官网介绍，SOM 事务所为金丝雀码头规划了城市街道、公共广场和绿地，如图 5 所示，建设了各种公园、广场、喷泉、购物柱廊和滨水人行道，保持当地檐口线、石基和街道公共设施等设计元素的一致。金丝雀码头通过城市家具的设计变为一个高质量的城市公共空间，成为城市乃至全球范围内的经济文化标志地点。

在金丝雀码头的设计中，SOM 事务所整合融入了许多文化的、自然的、历史的要素，比如泰晤士码头、伦敦历史等等，这些要素的运用使得金丝雀码头自然地融入城市当中，没有突兀的感觉。结合其他空间布局上的专业设计，金丝雀码头实现了空间价值的巨大提升，不仅提升了整个城市的活力和文化气息，而且成为经济发展的新热点区域，在各方面都帮助了城市的塑造与发展。

图 5 金丝雀码头公共领域

（四）城市家具的研究与设计模型

在城市家具研究和设计过程中，应该考虑到生理、文化、社会、心理和思想等多方面的因素，基于 Kin Wai Michael Siu 的研究，街道家具的研究与设计模型如图 6 所示。城市家具要结合整个城市的特点来设计，首先考虑到环境背景和功能特性的物理层次特点，其次进行深入研究并逐渐发展出适用于该地区的设计理念，从物质、结构、视觉等等层面表达地区的文化和满足居民的心理期待，设计方案的实现需要反馈和改进并且在实现后需要管理和维护。城市家具的研究和设计是一个整体的过程，每个环节都不可缺失，一个满足了功能需求、具有文化关怀、含有历史元素的完整城市家具设计需要从头到尾的精心雕琢。

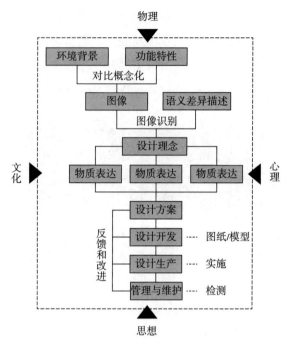

图 6　街道家具的研究和设计模型 [9]

在以往的英国乃至欧洲城市家具设计中，设计师和政府往往只关注了功能、经济等方面的因素而忽视了城市家具中人的因素和文化的因素。在城市建设越来越现代化、智能化、功能化的过程中，更应该利用城市家具来表现城市的文化底蕴，没有文化的城市是没有活力的城市。城市居民们拒绝冰冷无情的城市，他们希望能在城市中获取心理、社会和文化上的乐趣，而城市家具恰恰承担了这些责任。更深入地研究当地的风俗习惯和日常生活，对于城市家具的设计大有好处。

三、结论

通过回顾英国文化的空间和时间维度，我们认识到城市家具的设计不仅与功能性和艺术性的实现有关，更重要的是要能表现城市的文化，城市家具能反映出一个城市的精神风貌和当地居民的精神特质，城市家具和生活息息相关，悄无声息地融入了居民的城市生活。城市家具是应当具有人文关怀的，比如 3D 打印的设计作品往往更加注重几何造型的表现而忽视了情感的因素，在城市家具的设计中也应当吸取这种教训。如今的时代不管是什么设计，大众都更加喜欢具有个性化、文化特色、情感关怀的作品，城市家具在根本上也是面向大众的设计作品，而且由于其公共特性更应该在设计时好好斟酌。

在英国，城市家具使得城市更加现代化和时尚化，而英国一个国家、一个城市的独有的隐性的文化也通过城市家具得到了展示，不仅服务与便捷了本地居民，而且成为城市的一种符号，吸引了更多的人前来观光，城市家具也变成了城市的一张小小文化名片。我们应当对国内已有的城市家具设计中存在的问题进行反思，比如缺少整体设计的意识、缺少必要的人文关怀、缺少设计感等等，并且在往后新的设计中在实现功能性和艺术性的同时，添加该有的文化元素，给城市家具注入文化的基因，也给整个城市注入灵魂。

（于超，上海交通大学设计学院，工业设计工程硕士生）

参考文献

［1］ 张娜娜，崔彦敏.城市家具设计浅谈［J］.城市建设理论研究，2011（36）.

［2］ 郭伟生.现代都市景观环境设计中的街道家具［J］.装饰，2006（5）：102-103.

［3］ 杨叶红."城市家具"——城市公共设施设计研究［D］.成都：西南交通大学，2007.

［4］ 蔡永洁，刘韩昕.空间中的秘密主角——欧洲城市家具的历史溯源［J］.城市设计，2016（4）：44-55.

［5］ 樊焕美.英国城市复兴中的公共艺术——以威尔士斯旺西市为例［J］.大众文艺，2011（24）：143.

［6］ 杜赫.基于花园城市和城市化理论的英国新城公共服务设施规划探讨［J］.建筑与文化，2016（8）：90-91.

［7］ 杜赫.英国新城公共服务设施空间布局对于当下中国新城的借鉴意义——以英国 Milton Keynes 和合肥滨湖新区为例［D］.合肥：合肥工业大学，2016.

［8］ 石国栋.曼彻斯特城市叙事空间研究［D］.长沙：中南大学，2010.

［9］ Siu K W M. Pleasurable products：Public space furniture with userfitness［J］. Journal of Engineering Design, 2005, 16（6）：545-555.

以"文化创意旅游"促进乡村振兴的几点思考

王华彪

引言

党的十九大提出乡村振兴战略[1],大力加强乡村文化生态建设作为一项任重而道远的系统性工程,利在当代,泽惠后世。在乡村振兴战略的发展中,现代文化旅游产业是现代新型朝阳产业形态。而且文化是旅游的灵魂,旅游是文化的载体;文化提升旅游内涵,旅游实现文化价值。坚持以习近平新时代中国特色社会主义文化思想为指引,对大力实施乡村振兴战略,不断增强和提升乡村文化自信,促进一二三产业融合发展,推进新时代乡村"文化＋旅游"振兴具有重要的理论意义和现实意义。

一、发展乡村"文化＋旅游"的重要意义

(一)乡村"文化＋旅游"符合经济发展的一般规律

马克思主义哲学基本原理认为,生产力决定生产关系,生产关系对生产力具有能动的反作用。"文化＋旅游"符合马克思主义的基本原理,符合经济发展的一般规律。从旅游实践的发展历程来看,旅游总是与人们的精神文化生活相联系。二战后,旅游开始走向大众化,并具有精神享受和文化体验的基本属性,实现了经济性与文化性相统一。从马克思主义需要层次理论来看,旅游总是与社会的高层次精神文化需要相契合。马斯洛需要层次理论把人的需要分为3个层次,即生存需要、享受需要、发展需要[2]。旅游作为享受和发展的需要,已经超越了生理或本能的欲望,上升到社会文化层次,具有明显的社会文化意义。从国际社会的一般惯例来看,旅游总是与先进的社会生产力水平相适应。按照国际惯

例，当人均 GDP 达到 1 000 美元，旅游需求开始产生；突破 2 000 美元，大众旅游消费开始形成；达到 3 000 美元以上，旅游需求将会出现"井喷"现象，文化消费在旅游消费中的比例也随之大幅提高。有数据显示，2016 年我国全年人均国内生产总值 53 980 元人民币，更加注重旅游品质、文化内涵的"文化＋旅游"渐成主流。

（二）乡村"文化＋旅游"促进一二三产业融合发展

只有产业的蓬勃发展才能带来农村经济的繁荣，党中央明确提出"要推动文化产业与旅游、体育、信息、物流、建筑等产业融合发展"。作为我国大力扶持发展的第三产业新模式，文化旅游产业是以旅游经营者创造的观赏对象和休闲娱乐方式为消费内容，使旅游者获得富有文化内涵和深度参与旅游体验的旅游活动的集合，具有较高的文化性、创意性、体验性和衍生性，其特征决定了"文化＋旅游"项目可以达到一产农业提质升级，二产文化衍生品制造研发，三产"文化＋旅游"全面植入的产业融合目的，真正将乡村地区以第一产业传统农业为主导、第二产业低端制造业为主导的产业现状转化为以新型创意农业、文化衍生品研发制造、文化旅游产业为主导的新型产业结构，实现乡村产业结构升级、产业集群化、产业绿色化及区域协调分工。

（三）乡村"文化＋旅游"符合区域文化共兴发展需要

当前，京津冀三地区域文化发展正处于实现"两个一百年"奋斗目标的重要节点。推动"文化＋旅游"，实现深度融合、跨越发展，既迎来前所未有的大好机遇，也承担着引领推动经济结构优化、产业转型升级的现实任务。一方面，京津冀协同发展第一次把河北全域纳入国家战略，京津冀地区成为带动全国发展的主要空间载体，这为扩大区域开放、加快"文化＋旅游"融合发展提供了更高更大的平台。环渤海地区合作发展、北京张家口共同举办冬奥会等重大举措，也为培育壮大文化旅游产业提供了重要机遇。另一方面，改革开放以来，京津冀三地区域经济高速增长，同时也积累了产业结构不合理、经济增长动力不足等问题。为突破发展"瓶颈"，当前"文化＋旅游"突破了产业分立的"条条框框"，有利于扩张文化产业边界、提升旅游产业的文化附加值，有利于带动产业结构优化升级，增强可持续发展动力。

（四）乡村"文化＋旅游"符合文化强省建设要求

河北省是文化资源大省也是农业大省，更是具有美丽乡村的大省。加快把文化资源优势转化为产业优势、发展优势，是河北省文化建设的核心任务，也是大力实施乡村振兴战略，实现由文化大省向文化强省发展的必然要求。文化与旅游之间具有天然的耦合性。推动"文化＋旅游"融合发展，既是一个以文化带旅游、以旅游促文化的过程，也是一个优势互补、互惠共赢的过程，也是一个把社会效益放在首位、实现社会效益与经济效益相统一的过程，更是最大程度释放文化资源服务社会、推动发展的基本作用，在融合发展中达到互促共赢，产生叠加放大效应，助推文化产业升级、文化强省建设。

二、实施乡村"文化＋旅游"的基本方略

（一）科学规划，创意驱动

习近平总书记指出："让收藏在博物馆里的文物、陈列在广阔大地上的遗产、书写在古籍里的文字都活起来。"让文化生态建设搭上互联网的"顺风车"，实现传统文化和文化遗产"活"起来。文化成为现代旅游产业中的核心，从深层次挖掘、保护、传承及传播根植于乡村的优秀文化资源，使其具备文化旅游产业吸引效应，实现全面的文化振兴。"文化＋旅游"不是文化和旅游的简单叠加、硬性捆绑，需要顶层设计，科学规划。正确处理政府与市场的关系，积极用好政府宏观调控这只"有形的手"和市场调节这只"无形的手"，重点突破文化旅游在投融资、项目建设等方面的约束限制，让"两只手"各司其职、优势互补。要按照"大文化、大旅游、大产业"的要求，科学编制文化旅游发展战略规划、产业规划、项目规划，建立健全文化旅游规划体系。

1. 坚持"文化＋""＋文化"，加强创意驱动，扩大"乘法效应"

文化与旅游的连结点在于创意，要通过"资源＋创意"，提升旅游品质，实现文化价值。要坚持衍生发展、包容开放，加强整体营销，做大做强市场。广义上说，文化旅游市场也属于文化市场。文化与旅游之间具有天然的耦合性，推动"文化＋旅游"融合发展，既是一个以文化带旅游、以旅游促文化的过程，也是一个优势互补、互惠共赢的过程，更是一个把社会效益放在首位、实现社会效益与经济效益相统一的过程。要尊重市场规律。要积极培育新的文化旅游消费热点，推出更多个性化、特色化的文化旅游产品和服务，不断满足多层次的文化旅游消费需求；要更加突出文化性、创意性和市场性，鼓励文化旅游产品创新创意开发，带动剪纸、宫灯、年画、内画、皮影、石雕、陶瓷等传统工艺创新发展。

2. 坚持"文化＋""＋文化"，加强供给侧结构性改革，找准着力点

重点从政府引导、创意开发、品牌培育、市场拓展四个方面着手，全力推动"文化＋旅游"，促进文化旅游深度融合。党的十八大以来，伴随着"经济新常态""供给侧结构性改革"的深入发展，文化的地位和作用日益凸显，文化建设进入了"文化＋""＋文化"的新阶段。文化是旅游的灵魂，旅游是文化的载体；文化提升旅游内涵，旅游实现文化价值。要延伸产业链条，推动文化旅游产业向价值链高端发展，推动文化与旅游核心层、外围层、相关层和上中下游产业链有机结合，积极适应"互联网＋"时代传媒发展的新特点，借助现代网络技术，探索利用知名文化旅游网络平台、手机 APP、网络视频、电视专题片等多种形式，积极从不同侧面、不同层次宣传展示文化旅游产品，使文化旅游形象更加深入人心。

3. 坚持"文化搭台、文化唱戏",着力打造特色,培育重点品牌

要坚持文化主线、市场导向,挖掘特色文化资源,打造一批特色文化旅游品牌。要用好盘活文物、古迹、名胜、民俗、节庆、地方传说、特色文艺等文化资源,敏锐捕捉其中具有较高文化价值、人们喜闻乐见的元素,将其融入旅游产品的开发设计中,形成文化旅游产品和服务的鲜明特色,做到"人无我有,人有我优,人优我特"。坚持"内容为王",打造精品。要树立精品意识,从历史、现代、民俗、道德伦理等多个层面、多个维度,精心策划、精心设计、精心建设、精心服务、精心管理,打造一批内容丰富、特色鲜明的文化旅游精品。

(二)开发挖掘,完善提炼

实现文化资源精品化、品牌化,需要对乡村文化中的历史文化、革命文化、社会主义先进文化进行深入挖掘,才能实现核心吸引,创造产业化效益。

1. 开发历史文化景点

历史文化旅游是河北省文化旅游的优势。开发打造历史文化景点,重点要在三个方面下功夫:首先,依托"三大文化名片"、四项世界文化遗产等历史文化资源,积极开发文化寻踪、文化体验等特色文化旅游产品。其次,要结合地方历史文化资源实际,从小处着眼,从"深"处着手,以历史故事、动人传说等为切入点,深入阐发中华优秀传统文化"讲仁爱、重民本、守诚信、崇正义、尚和合、求大同"的时代价值。再次,广泛利用舞台艺术、音乐、美术等不同媒介形态,积极运用文字、声音、影像、动画等多种表现手段,让历史文化资源"活起来"。

2. 建设革命文化景点

革命文化旅游是河北省文化旅游的亮点。西柏坡红色旅游系列景区、华北军区烈士陵园等14家单位入选了全国红色旅游经典景区名录。一要大力推动红色旅游和革命文化精品创作结合。围绕西柏坡"最后一个农村指挥所""狼牙山五壮士"等革命历史、英烈故事、红色足迹,打造一批传承优秀革命传统、弘扬革命精神的舞台艺术、实景演出等文艺精品,充实红色旅游的文化内容。二要大力推动革命文化景点与"美丽乡村"、特色小镇旅游产品组合。以西柏坡红色圣地、129师司令部旧址、冀东大钊故里等为依托,促进红色旅游与研学旅游、乡村旅游、生态旅游融合发展,既让游客"望得见山、看得见水、记得住乡愁",又潜移默化地接受革命传统教育。三要大力推动革命文化资源与现代科技手段融合。适应"互联网+"和信息技术快速发展的新特点,将革命文化资源开发与现代网络、舞台、声光电等技术融合起来,增强革命文化旅游产品的感染力、影响力。

3. 维护先进文化景点

现代公共文化服务体系是发展先进文化旅游的重要支撑。要大力推动公共文化服务体系建设供给侧结构性改革,加大公共文化服务设施融合发展力度,进一步完善博物馆、图

书馆、美术馆等公共文化服务设施网络，以弘扬爱国主义为核心的民族精神和以改革创新为核心的时代精神、弘扬社会主义核心价值观为重点，丰富公共文化服务的内容和形式，提高免费开放服务水平，把优秀文化内容渗透其中，以符合现代需求的形式去表现和塑造。

（三）勇于担当，干事创业

习近平总书记指出，当代中国共产党人和中国人民应该而且一定能够担负起新的文化使命，在实践创造中进行文化创造，在历史进步中实现文化进步[1]。这一新文化使命的核心内容，一方面要求我们不能脱离实践，面对波澜壮阔的新时代中国特色社会主义伟大实践，只有坚持扎根人民，深入实践，才能创造出符合实际情况、满足人民需要的文化创造；同时，又要求我们不能脱离时代，新时代中国特色社会主义是中国特色社会主义实践的新阶段。在中华优秀传统文化中，"士不可以不弘毅，任重而道远""天下兴亡，匹夫有责"所体现的担当、尽责精神是传承千年的民族美德。乡村"文化＋旅游"关乎历史、现实与未来，关乎实现中国梦想、实现民族复兴，完成这一任务目标，重在知行合一，重在担当作为。

1. 在"爱"上下功夫

要树立现代管理理念，扑下身子，搞好服务，搞好培训，促进村民员工化，建立稳定的收入机制，全面提高整体镇域农民生活收入、综合素养。文化旅游项目，主要有主题游乐型、景点依托型、"文化＋旅游"小镇型、特色度假型四种主体形态，均可以为当地提供大量工作岗位，使村民都需要接受承包企业的正规员工培训并持证上岗；以市场机制促进人才振兴和脱贫攻坚，以企业管理促进农村人、财、物的转型升级，从而实现提升农民综合素质，补齐农村教育短板；形成农村人才市场化优胜劣汰规则，摒弃固有"靠天收"心态，提高乡村社会文明程度。同时，有助于解决因为外出打工而导致的留守儿童教育、留守夫妻交流、留守老人养老等深层次社会问题，让农民在家门口拥有更加充实、更有保障、更可持续的获得感、幸福感、安全感。

2. 在"引"上下功夫

要结合地方历史文化资源实际，从小处着眼，从"引"处着手，文化旅游产品具有竞争激烈、更新周期短、易模仿复制、易受流行趋势影响等特征，所以文化旅游产业发展的核心是人，在文化旅游资源转化中，人才让资本转化的效率最高、技术手段的运用最恰当、文化元素的展现最充分，并最终实现文化旅游产品的价值最大化；大批"文化＋旅游"人才进入乡村，能够有效地拉动和带动乡村人才发展速度与水平，并实现更多企业"文化＋旅游"智力资源的导入，助力乡村振兴发展。

3. 在"活"上下功夫

坚持"在发展中传承，在开放中保护，在创新中培育，在包容中涵养，在传播中弘扬"。以历史故事、动人传说等为切入点，深入阐发中华优秀传统文化"讲仁爱、重民本、守诚信、崇正义、尚和合、求大同"的时代价值。善于统筹协调、多措并举，达到效率与质量、数量与速度的双平衡；广泛利用舞台艺术、音乐、美术等不同媒介形态，积极运用文字、声音、影像、动画等多种表现手段，让历史文化资源"活起来"。

4. 在"创"上下功夫

脚踏实地的同时，又讲究创新方法，坚持统筹兼顾，做到突出重点、突破难点、打造亮点。大力发展乡村旅游创客基地，形成外来人才吸引机制，提供本地人才发展平台。发起设立河北文化旅游智库等专门研究机构，搭建"文化＋旅游"智库平台，制定和完善"文化＋旅游"智库运行办法；共同组织开展文化旅游创客活动，通过培训、培育、培养的方式，引导、鼓励和支持返乡农民工、大学毕业生、专业技术人员等投身乡村创客活动；共同组织开展文化旅游智力服务，全面提升河北省"文化＋旅游"智力服务水平，引领河北文化旅游产业发展。大力培育国家、省、市三级乡村文化旅游创客基地，大力扶持乡村以众创、孵化为核心服务平台的第三方服务机构，为科技企业、乡村创客提供学习平台、交流平台，出台激励乡村创客的政策，举办如中国乡村文化创新大赛等主题赛事、节庆活动。

5. 在"苦"上下功夫

俗话说，人无远虑，必有近忧，落实如何推进，如何高效推进，需要认真规划，找准关键，提前布置。面对形形色色的"绊脚石""拦路虎"，只能用"不驰于空想，不骛于虚声，而惟以求实的态度做踏实的功夫"这种"钉钉子"的精神，用苦干扛起时代的担当，逢山开路、遇水搭桥，才能把美好的规划蓝图一步步变为现实。

三、乡村"文化＋旅游"振兴需要把握的几个问题

（一）在国际层面上，要主动融入"一带一路"倡议

无论是"丝绸之路经济带"，还是"21世纪海上丝绸之路"，都蕴含着以开放包容为理念、以经济合作为基础、以人文交流为支撑的重要内容。乡村"文化＋旅游"是扩大区域开放的重要形式。"文化＋旅游"兼具文化交流、人员往来两大内容，是激活国际国内"两个市场""两种资源"的"催化剂"，是扩大"一带一路"区域开放的"金钥匙"。乡村"文化＋旅游"是"中华文化走出去"的重要载体。"文化＋旅游"作为文化与经济双核战略结合的重要载体，将在"一带一路"的国家倡议中赢得更大的发展空间，也将在推动"中华文化走出去"中发挥突出作用。乡村"文化＋旅游"是展示河北形象的重要媒介。河北省地处"一带"和"一路"在渤海湾衔接的节点地区，要加强国际、省际文化旅游合作，在"走出去"与"引进来"中，彰显河北特色，树立河北形象。

（二）在国内层面上，要积极适应京津冀协同发展

在京津冀协同发展的各领域中，文化资源是河北省最大的比较优势，旅游市场是极具潜力的消费市场。2016 年 12 月，国务院印发了《"十三五"旅游业发展规划》，强调要"推进京津冀旅游一体化进程，打造世界一流旅游目的地"，为京津冀文化旅游协同发展指明了方向。在资源整合上，北京是国家历史文化名城，文物古迹遗存丰富，天津的民俗文化、地域文化特色鲜明，推进"文化＋旅游"，有利于三地连通文脉，打造区域文化旅游集群，实现"1+1+1>3"的综合效应。在市场分享上，单从入境游来看，2016 年，河北省入境游客数量分别只是京、津两地的 1/3、2/5，存在着很大的提升空间。随着京津冀"1 小时交通圈""四纵四横一环"城际铁路网络的建设完善，依托京津成熟的旅游消费市场和对"周边游"、生态游的庞大需求，将河北文化旅游打造成为京津冀旅游一体化的"第三极"。在借力发展上，京津两地的科技、人才、资金优势明显，通过"文化＋旅游"，进一步承接两地在文化旅游开发运作方面的"溢出效应"，推动河北省文化旅游转型升级、提质增效。

（三）在生态环境保护层面，要注意发展保护与综合利用

通过大力发展乡村文化旅游产业，可以有效治理农村脏乱差的环境，实现村容整洁，使"千村一面""空心化"问题得到有效缓解。但是在规划建设中，生态保护是严守的红线，应当以符合农民增收、保证乡村生态环境为首要原则；在制度上必须严格把控，除必要基础设施用房、公共服务配套用房外，其余征收土地必须用于旅游项目开发，不允许配套住宅出售。因为良好的生态环境是农村最大的优势和宝贵财富，绿水青山就是金山银山，杜绝文化旅游产业项目房地产化，才能推动乡村自然资本加快增值与协同创新产业发展，走一条百姓富、生态美的高质量精准脱贫、可持续发展之路。

（四）在创意发展层面，注意文化旅游产业差异化效应

创造符合乡村地域文化、资源特色鲜明的旅游形态，避免"开倒车"和"千镇一面"。文化是旅游的灵魂，旅游是文化发展的重要途径，二者缺一不可。应当注重乡村文化资源的原生性和差异性保持，通过乡村风貌提升、休闲度假设施建设以及休闲"产业链"延伸等手段，加强规划引导，规范乡村旅游开发建设，保持乡村生态环境和传统特色文化风貌；发展区别于传统文化旅游项目缺乏体验性和深度游览性的现代文化旅游产业业态，强化文化旅游项目的竞争力需将文化与世界级品牌、科技和资本的高效对接，引进、采用情境体验、动漫形象、创意体验、数字游戏、虚拟场景、文创衍生品及丰富演艺等科技手段将文化资源活化，强调深度现代化的乡村文化旅游体验与互动。

四、结论

习近平总书记指出："我的执政理念，概括起来说就是，为人民服务，担当起该担当

的责任。"[3] 责任履行得好不好、融合的程度深不深、效果好不好，一个重要的基本前提就在于对当前形势和发展趋势的认识和把握，一个根本的落脚点是压实各级责任。所以，建立责任体系的目的，就是在进行合理分工的基础上，明确任务和要求，把千头万绪的工作同成千上万的人对应地联系起来，解决好谁来干的问题，从而在实干中体现担当尽责，以实干换实效，以实干出实绩。发展乡村文化创意旅游，就是要以习近平中国特色社会主义文化思想为指导，以"两山"理论为依托，拓展"文化＋旅游"新产业形态，强调围绕社会和经济"两个效益"，发挥市场和创新"两个作用"，优化配置资源和创意"两个要素"，形成文化与旅游业态的"双向融合"。

［王华彪，河北建筑工程学院党委组织部副部长、副教授；研究方向：思想政治工作；河北省第十二届社会科学青年专家，张家口市第三届社会科学青年专家，张家口市第一届智库专家；基金项目：2018 年河北省文化厅规划项目"京津冀协同发展视域下河北文化创意产业人才培养路径研究"（项目编号：HB18-YB072）］

参考文献

［1］ 习近平.决胜全面建成小康社会夺取新时代中国特色社会主义伟大胜利——在中国共产党第十九次全国代表大会上的报告［N］.人民日报，2017-10-28.

［2］ 亚伯拉罕·马斯洛.人类激励理论［M］.北京：科学普及出版社，1943.

［3］ 奋进新时代！习近平引领中国迎春再出发［N/OL］.央视网，2018-02-24. http://www.chinanews.com/gn/2018/02-24/8453585.shtml.

新能源背景下共享汽车服务流程设计
Car-Sharing Service Design Under the Background of New Energy

王妍云　戴力农　闫　妍　杨秀凡　胡俊瑶　王冰菁

摘　要： 随着"互联网＋"时代的到来，越来越多的领域被打散重构，呈现线上线下联动的状态，出行领域也不例外。本文聚焦于新能源共享汽车这一交通方式。共享汽车提升了汽车的使用效率，减少交通流量，同时清洁的新能源不会产生污染物排放，有利于缓解大气污染，具有较好的未来发展前景。该研究过程基于双钻模型，使用了观察法、访谈法、卡片分类等研究方法，重新定义共享汽车的使用方式，试图给未来新能源共享汽车服务流程的体验研究提供一些建议与思考。

关键字： 新能源；共享汽车；用户研究

Abstract: With the advent of the "Internet", more and more fields have been broken up and reorganized, showing the state of online and offline linkage, and the field of travel is no exception. This paper focuses on car-sharing service design. Car-sharing enhances the efficiency of car use and reduces traffic flow. At the same time, clean new energy sources will not produce pollutant emissions, which will help alleviate air pollution and have a better future development prospect. The research process of this paper is based on the double-drilling model. It uses research methods such as observation, interview and card classification to redefine the use of car-sharing, and tries to provide some suggestions and reflections on the experience research of car-sharing services in the future.

Key words: new energy; car-sharing; user research

引言

随着经济的不断发展，共享这一概念在近年多次被提起。通过共享可以合理地优化资源配置，也在一定程度上减少了资源的浪费，各行各业都在研究与共享结合的方式。本文聚焦于出行领域的共享汽车行业。共享汽车作为一种新型的交通方式，最早产生于欧洲，近年来随着互联网产业的发展在国内也有了一定市场，但处于发展的初期，体验上仍有较大的优化空间。

一、研究综述

（一）背景概述

共享汽车是介于私家车与公共交通之间的新型交通方式，可以较大程度地提升汽车的使用效率，减少交通流量。它最早出现于欧洲，近年在"互联网+"的推动下，在国内得到了长足的发展。而随着科技的不断进步，环保意识的增强，新能源产业的应用逐渐走入了大众的视野，其中一块重要的领域就是新能源汽车，它由电池提供动力，能源清洁度高，无污染物排放，有利于缓解大气污染。于是，现阶段的共享汽车多采用新能源汽车的车型。

现今整个新能源共享汽车产业仍处于初期发展阶段，国家监管力度低，许多地方仍处于灰色地带[1]，且在中国的快速发展时间并不长，消费者的认可度、接受度并不高，需要对用户群体进行有效划分[2]；运营成本高，相关设施不完善等原因也阻碍着共享汽车行业的发展[3-5]，且服务体验相关的研究较少；基于此，我们试图探究在新能源背景下共享汽车服务流程的设计与分析。

（二）研究方法与流程

本次研究采用的研究方法有观察法、深入访谈法、卡片分类法等。通过文献、竞品等资料的学习，了解了背景及现状，并运用了访谈法、观察法对用户进行深入的了解，寻找他们在共享汽车使用流程中的需求，并对需求进行梳理及用户分群的分析，使用问卷分析的方法进行验证，最终使用原型、商业画布等方法进行概念设计。

二、数据采集

（一）调研方法与样本

在定性调研阶段，采用观察法及访谈法进行用户研究，深入探寻用户在共享汽车租赁的过程中的需求与痛点。

本次研究通过观察和访谈法[6]，跟随观察用户从预订车辆、寻找车辆，到用车、还车的整个用车流程。对于实地观察的用户，将访谈法穿插于观察法中，即时了解用户在前一操作阶段的想法及问题；对于纯访谈的经验用户，通过对典型经历的回忆，了解用户的用车流程及问题。

本次调研选择在校大学生为主要调研群体。招募对象按是否使用过共享汽车分为新手及经验用户。此次访谈总共实地用车调研5人（5男），非实地用车访谈了4人（3男1女）。访谈对象年龄为19~28岁，地区为上海市闵行区、浦东新区、宝山区等地。

（二）调研提纲与信息录入

调研提纲的设计基于用户预约车辆开始，到还车评价的全流程，为了方便用户操作及观察者的记录，将使用流程分为租车前、租车中、租车后3个阶段，并记录每个步骤的时间、地点、环境、行为等关键信息。在数据录入过程中，将用户的行为以及遇到的问题用文字描述尽可能还原，从中提取需求和痛点，并将需求细分为目的需求与方式需求，更有利于后期的数据分析以及人群细分。

三、数据分析

（一）用户需求与层次

通过卡片分类法，对前期整理出的用户需求进行归纳总结。将整个流程聚类为见车前、取车中、开车中、还车4个阶段，每个阶段的需求分为普适性需求及差异性需求。图1中以见车前阶段为例展示，用户的需求在就近选车、了解车辆信息、快速找到停车点等需求上表现出较大的共性及较强烈的需求，在一些需求上也同时表现了差异化。

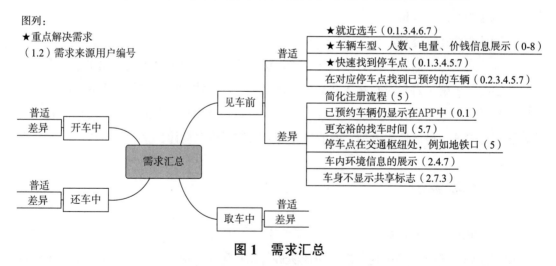

图列：
★重点解决需求
（1.2）需求来源用户编号

图1 需求汇总

除需求汇总外，将租车动机（图2）进行汇总，得出主要的5个动机：省钱、方便、享受较为私密的空间，舒适享受，希望同行人获得好的体验，其中方便是用户最主要的动机，对比公共交通，更加舒适便捷。此外，部分用户提到希望朋友可以有好体验，这与集体文化观念影响有关，用户会考虑非自身的因素。

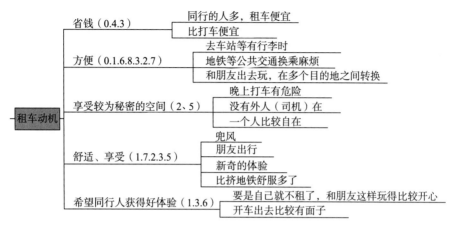

图 2　租车动机

（二）用户旅程及流程

访谈和观察后，使用用户旅程图的形式对于流程进行梳理。本次研究将用户旅程分为见车前、取车中、开车中、还车、特殊情况 5 个部分。从行为评估、情绪想法、问题评估、用户需求、解决方案 5 个方面进行分析。通过旅程图我们可以清晰地看到用户每一阶段的痛点及需求，同时将需求进行分级，分为基本需求、期望需求、魅力需求。图 3 为 4 号用户旅行图示例。

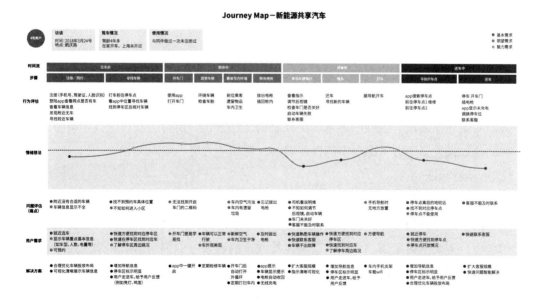

图 3　4 号用户旅程图

（三）用户分群及画像

据之前对用户性格特征以及他们在租车过程中所关注的需求的分析，基于censydiam模型，总结出以自我感受－形象管理和舒适享乐－快捷方便为双维度的修正模型，根据用户的相似需求及价值观进行聚类分析，将无序的用户分组、归类，从归置结果可以得出舒适个性、品质外显、效率自我、平衡方便、社交适应型5类用户群体（图4）。

在纵轴上方，舒适个性型和品质外显型更注重车辆舒适度及整个过程的体验感，区别在于横轴维度，品质外显型通常多为多人出行，在意自己的形象，希望可以给同行者更好的体验，而舒适个性型更多的在意自身的舒适度。在纵轴下方，效率自我型、平衡方便型、社交适应型3种类型更在意整个过程的方便性，不同的在于横轴的维度，平衡方便型（图5）比较均衡，考虑性价比多一些，而社交适应型在多人出行时会较为在意自己的形象，租赁更好品质的车辆，但效率自我型则相反，更多的是满足刚需，让事情快速地办完，不会在乎别人的眼光。

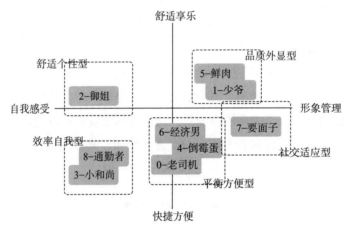

图4　用户分群图

针对5类用户群体进行了对应的画像分析，以平衡方便型为例。这类人群是比较常见的一类人群，在一定程度上会关注他人的看法，但也能够在做重大决策时遵从自己的内心。他们对生活品质没有强烈的追求，更在意的是性价比，出行会安排好大小事务，租车也是如此，如果人多则会考虑更多的性能因素，例如马力足、空间大等。

（四）问卷验证

前期通过定性的用户访谈及实地观察，聚类出5类用户群体并得出了相对应的需求，后期通过问卷的发放与分析，验证定性分析，并为后续的产品设计阶段提供数据支撑。在设计问卷中，主要调研了用户使用共享新能源汽车的场景、原因、需求和未使用平台的用户不使用的原因，以及验证我们之前关于维度的划分。本次问卷的发放范围定于居住地为上海市的用户。此次共回收问卷样本数量为130份，有效问卷126份；其中男、女分别为60、66份，男女比例接近1:1。

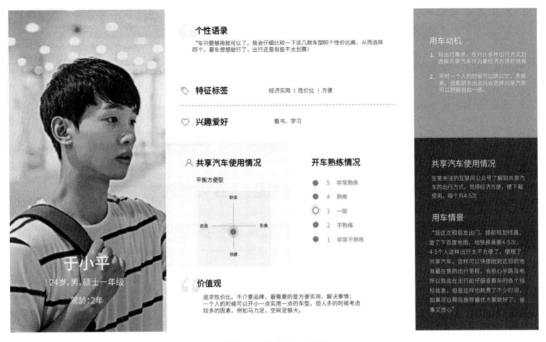

图 5　平衡方便型

为了验证分群的正确性，将定性分析中得出的 5 类人群的典型特性进行描述，用户选择和自己最为符合的类型，依据定性分析及问卷结果绘制图 6，可看到两次结果基本一致，定性分析的用户分群具有一定准确性。

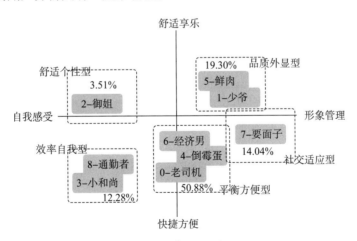

图 6　用户分群验证

针对定性分析中的部分需求，初步拟定了部分可能的功能方向，通过用户的期望程度来验证功能的方向准确与可行性（图 7）。结果显示，用户的期望程度均较高，其中对于无人驾驶体验的兴趣及方案智能推荐的期待程度最高，后续可作为设计的重点。用户对于环保出行相关的功能模块期待程度也较高，后续可以通过相关功能的设置增加用户黏性。

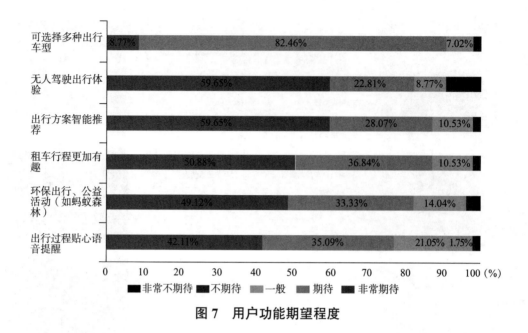

图 7　用户功能期望程度

四、概念设计

（一）产品定位

依据调研分析，产品主要定位于年轻一族，生活节奏追求快捷方便但也会有一些舒适享乐的需求，喜欢和朋友结伴出行，对自我有一定的形象管理要求，依据"6W"分析法对产品进行定位分析，如图 8 所示。

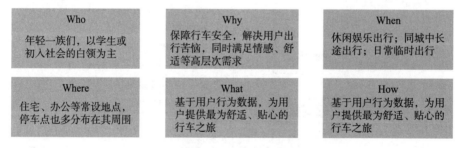

Who	Why	When
年轻一族们，以学生或初入社会的白领为主	保障行车安全，解决用户出行苦恼，同时满足情感、舒适等高层次需求	休闲娱乐出行；同城中长途出行；日常临时出行
Where	**What**	**How**
住宅、办公等常设地点，停车点也多分布在其周围	基于用户行为数据，为用户提供最为舒适、贴心的行车之旅	基于用户行为数据，为用户提供最为舒适、贴心的行车之旅

图 8　产品定位

（二）功能与原型

研究依据用户行车流程，搭建产品功能框架（图 9）。预约车辆板块在传统手动选择模式之上添加了智能推荐方案，根据用户以往的行为习惯数据结合出行需求，给予用户最贴心精准的方案推荐。在行车过程中，增加车内提供的服务，例如车内卫生控制、手机支架等贴心设计，使用户在开车的过程中更加舒适。在停车区设置普通停车区与充电停车区，并将停车区打造为驿站的模式，提供饮品等增值附加服务。

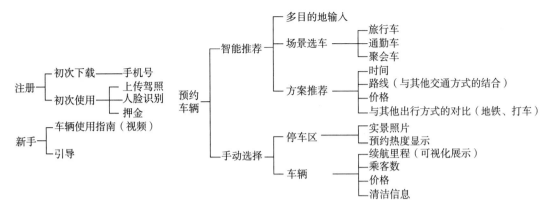

图 9　功能框架（部分）

　　基于产品功能及交互框架，制作了主要界面的交互原型（图10、图11），覆盖了从用户搜索目的地、选择方案到完成旅程的整个过程。

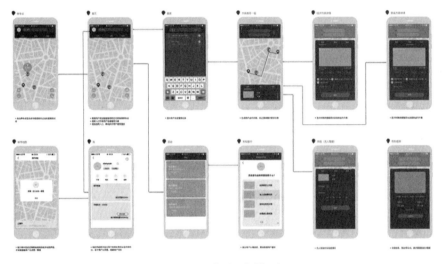

图 10　低保真模型

　　视觉上根据使用人群选取清新亮丽的浅绿和黄色为主色调，搭配凸显年轻科技的蓝色和粉红。整体背景以白色为主，彩色部分多为标签提示以及操作按钮，使用上轻松易操作。

（三）服务蓝图

　　针对提供的全流程服务，制作了对应的共享汽车租赁的服务蓝图（图12）。服务蓝图的横轴为整个服务流程的拆解，而纵轴是针对每一个流程，过程中具体涉及物理接触、人际接触、后台行为以及支持技术。以"选择方案"这一步骤为例，这一操作主要在线上APP中完成，物理接触为手机，人际接触中，驾驶员需要根据自身需要进行驾驶方案的选择，同时同行伙伴的建议也会对驾驶员的决定有一定的参考。与此同时，在后台需要匹配用户的行为数据以便给予用户最优的方案选择，而在背后的支持是用户的行为习惯数据库及与其他交通方式平台的合作系统，如此才可以给用户最便捷贴心的服务方案。

图 11　高保真模型

图 12　服务蓝图

（四）价值流模型

依据产品定位、功能及结构的设置，建立共享汽车租赁的价值流模型（图 13），明确在模型中不同利益相关人所处的位置及相互关系。模型中将不同的利益相关者分为互补性供给品、供应链和使用网络、其他利益相关者三类，并通过商品和服务流、货币流、信息流、无形价值流 4 种联系标明彼此之间的关系。

（五）商业模型

基于前面的用户调研、产品设计，最终确立平台的商业模型，如图 14 所示，从目标用户、营销渠道、定价模型等方面分析产品的各个相关影响因素。

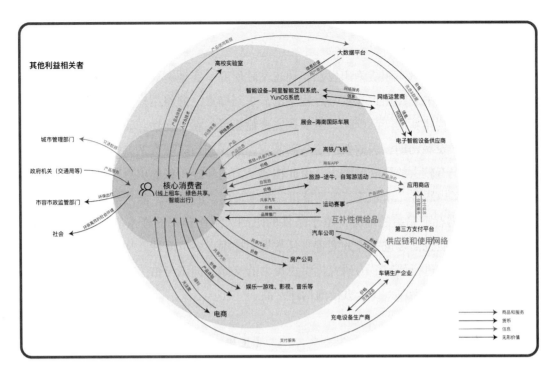

图 13　价值流模型

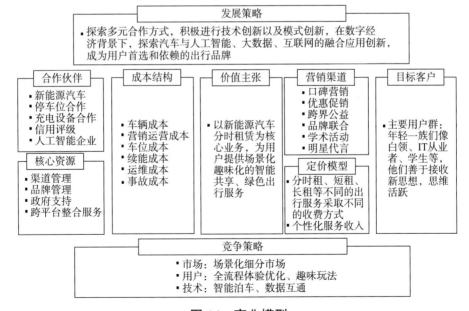

图 14　商业模型

五、总结

本次研究以共享汽车租赁为出发点，通过文献研究、实地调研、用户访谈、问卷、商业模型等方法，归纳总结用户在这一过程中的需求与痛点，并将用户分为5类典型用户群体，以此为基础构建新的产品框架，从而探究智能出行的新可能性。研究发现，共享汽车租赁市场仍处于发展初期，多数仅满足基础需求，而在用户高层次例如情感、社交、娱乐等方面的需求仍有较大的可挖掘潜力，由此构建了面向年轻一族的出行新可能的方案，通过智能推荐、车内服务、未知旅行等功能进一步满足用户的需求，提升全流程的体验。

研究过程仍有不完善的地方，由于条件的限制，定性调研的样本选择集中于学生群体，后期问卷调研也需要进一步的完善，从数据中挖掘更多可能性。在后续的研究中，可以继续扩大样本量进行研究，为研究提供更有力的支撑。尝试与企业的合作，将价值流与商业模型中的思考不断深入，全方位地构建产品。

（王妍云，上海交通大学设计学院硕士生）

参考文献

［1］ 张诗佳，丁福兴.共享汽车和谐发展的SWOT分析［J］.改革与开放，2018（1）：21-22.

［2］ 徐慧亮，康丽.共享汽车在中国发展现状、瓶颈及对策研究［J］.中国市场，2018（4）：23-25.

［3］ 刘兴华.共享汽车发展中的问题与改进研究［J］.无线互联科技，2018（8）：125-126.

［4］ 胡少鹏，郑淑鉴.共享汽车运营管理系统设计研究［J］.公路与汽运，2017（6）：30-33.

［5］ 王丽丽.互联网背景下的汽车共享模式与对策［J］.中国科技论坛，2017（9）：72-77.

［6］ 戴力农.设计调研［M］.北京：电子工业出版社，2014.

自然主义在城市公园景观生态设计中的应用①

——以纽约泪滴公园为例

王　玮　凌继尧

摘　要： 城市公园自然主义景观设计是一个由游憩、生态和历史文化保护三者相结合的公共开放空间系统，是符合生态效益、经济效益和社会效益相统一的可持续发展道路，纽约泪滴公园从自然生态系统的视角探索当代城市公园的景观设计，通过对自然元素的提炼、加工与再呈现，提出城市公园自然主义景观设计理论，从而丰富和完善了城市公园景观设计研究，唤起人们对自然的记忆，为我国城市公园景观设计提供新的发展路径。

关键词： 自然主义；城市公园；纽约泪滴公园；景观设计

纽约泪滴公园（Teardrop Park）在纽约曼哈顿高层建筑包围之中，是面积仅 1.8 英亩（约 728 m²）的社区小公园，设计师通过大胆创新的地形设计、复杂不规则的空间营造及乡土植物的合理运用，使泪滴公园与四周高耸林立的建筑相得益彰。美国景观设计协会（ASLA）评价纽约泪滴公园"是一个真正的都市绿洲。景观设计师在一个几乎不可能的场地上大胆地实践。它提供了私密性的场所，这对公园绿地来说是比较难做到的；它让人忘记了身处的城市和周边的建筑。它老少皆宜"。

---

① 基金项目：2014 年度教育部人文社会科学研究青年基金项目（14YJC760061）我国内涝地区乡村景观的生态研究成果之一；江苏省高校优势学科建设工程资助项目（PAPD）；南京林业大学高学历人才基金项目江苏内涝地区乡村景观的生态研究（GXL2014057）；2015 年江苏省博士后科研资助计划江苏沿淮地区乡村聚落景观的生态设计方法研究（1501044C）；2015 年江苏省高校哲学社会科学研究一般项目苏北沿淮内涝地区乡村景观研究（2015SJB043）；2014 年江苏省林业三新工程项目苏南绿美乡村树种配置与景观构建方法研究与示范（LYSX[2014]19）；2015 年"十二五"村镇建设领域国家科技计划课题田园社区城郊型美丽乡村建设综合技术集成示范（2015BAL01B03）成果之一。本文作者对纽约巴特利公园城（Battery Park City）城市管理部的专员 David Raizman 进行了访谈，与 Jack Ahern 教授一行对纽约泪滴公园（Teardrop Park）进行两次实地调研工作。

一、案例概况

纽约泪滴公园属于纽约巴特利公园城（Battery Park City）的一部分，基地为20世纪80年代对哈德逊河部分岸线围填造陆而成。靠近哈德逊河岸公园，自然条件恶劣，存在地下水位较高、土质不佳、建筑阴影区面积大等众多限制因素。在这块巴掌大的土地上，设计师实现如此多并行不悖的功能，将场地限制变成创造性地解决问题的机会，为场地注入诗意，成为设计亮点。该项目景观设计师从自然生态系统[①]角度出发，采用城市自然主义景观设计理论方法，通过小地形处理手法、高墙隔断、借景和曲折蜿蜒的步道系统设计，完成了一系列空间序列的完美塑造，增加了景观层次，并在照明、石材、土壤、植物、游憩、休闲娱乐等多专业的配合下，将它做成了一个适宜探险和户外活动的儿童游乐空间，除此之外营建出不同的异质性生境区域，形成城市公园整体生物多样性格局，从而创造出一个健康、生机勃勃的城市环境。在这种自然主义理想化的景观环境中，人们得到一种安全、有效、祥和的生活方式（图1）。

图1　泪滴公园鸟瞰及平面图

---

① 自然生态系统是在一定时间和空间范围内，依靠自然调节能力维持的相对稳定的生态系统。如原始森林、海洋等。由于人类的强大作用，绝对未受人类干扰的生态系统已经没有了。自然生态系统可以分为：水生生态系统，以水为基质的生态系统；陆生生态系统，以陆地土壤或母质等为基质的生态系统。

二、自然主义城市公园景观设计理念

自然主义[①]系 19 世纪的哲学名词，后用于文学艺术。自然主义风格出现于 19 世纪末英国工艺美术运动时期，英国工艺美术运动中的艺术家莫里斯主张装饰与结构一致统一，摒弃已有的传统装饰纹样，强调采用一系列以自然为主题的装饰纹样，创作了自然样式、流线型花纹，是一种从大自然植物造型中进行提炼与呈现的过程。在形式上强调藤条、昆虫等自然造型。从设计而言新艺术运动是一个注重设计形式的运动，对景观规划设计产生了深远的影响。20 世纪初的美国，以建筑师赖特为代表的自然主义规划师，他们的一批草原风格的别墅成为当时的主流风格，他们选择自然材质并强调室内外相结合的设计，对自然主义风格进行了重新诠释。

在西方城市景观规划发展中，自然主义在景观规划中已经逐步形成了一套完整的理论体系，从 19 世纪霍华德的"田园城市"思想到麦克哈格（Ian McHarg）的《设计结合自然》（*Design with Nature*，1969），无不体现着设计师尊重自然、保护自然的理念。当今社会人们生活方式的转变，人类对资源消耗的同时对人类生存的地球也造成了严重的生态破坏，"自然主义"强调了人与自然辩证统一的关系，从人与自然和谐相处、共生共存的哲学角度来考虑城市景观规划设计，促使生态设计理念对现代景观设计产生影响和帮助。在喧嚣的城市生活中，让更多的人向往大自然的原生态生活，让人们渴望回归自然的心，能够融入自然，轻松随意且顺乎本性地去生活。因此，自然主义成了人们心中放松与回归的代名词。自然主义的设计理念为泪滴公园提供了思路和方法，与一般城市公园景观设计相比，泪滴公园在贯彻当代自然主义设计理念中，具有许多独有的特征，也为设计带来了多项创新。

三、泪滴公园生态设计创新

（一）历史文化保护的"景观铺装技术创新"

景观铺装是指用各种材料对地面、墙面进行铺砌装饰，在景观设计中包括园路、广场、活动场地等。景观铺装，不仅具有组织交通和引导游览的功能，而且直接创造了优美的地面及墙面景观，给人以美的享受，增强了景观的艺术效果。在自然主义景观设计中，景观铺装色彩上的选择多为纯正天然的颜色，如矿物质的颜色，色彩与周围环境的色调相协调；景观铺装质感在很大程度上靠铺装材料的质地来表现，在自然主义景观设计中景观材料的质地较为粗糙，并表现为明显、纯正的自然肌理。

---

① 《辞海》认为自然主义是文艺创作中的一个流派和思潮。它作为一种创作倾向，着重描写现实生活中的个别现象和琐碎细节，追求事物的外在真实。哲学上的自然主义应属于唯物主义的思想体系，它强调自然科学的客观规律对人类社会的支配作用。

纽约泪滴公园在景观铺装上使用天然的青石块，这些石材来自方圆 900 km 以内的采石场——尽量采用本地或附近地区产的材料，是可持续场地行动计划（SSI）的理念之一。设计师将这些青石块按照 1:1 的模型比例设计组装成倾斜堆砌的泉蚀凹壁造型，分别对每块石材进行编号，拆开运到场地，再按照编号重新组装。每一块青石块保持了它们原有的天然形状、颜色和不规则的表面肌理。除此之外，设计师将青石块缝隙里填满了黑砂浆，使得这些青石块不仅具有耐久性，同时还有较好的承重效果，除去分割空间、增加层次、提供庇护外，青石块石材也是对纽约州地质的一种隐喻和再诠释，成为重要的地域文化象征符号，隐含了纽约市重要的历史文化信息。

泪滴公园依据自然主义理念，为了唤起城市居民对纽约凯兹基尔山脉（Catskill Mountains）自然景观的回忆，设计师又创造性地设计和建造了公园中最重要的景观——一个高 8.2 m、长 51 m 的"冰水墙"（Ice-Water Wall），冰水墙的得名源于一年四季不断从石墙缝中流出的涓涓细流，天气炎热的夏天，覆满苔藓的墙面生机勃勃；冬天天气寒冷，水结成冰，点缀在墙面上，则更增添了些许神秘与阴森，这些青石块石材仿佛一块古老的自然石壁破土而出，令城市居民有归属感，具有尊重历史文化、尊重原有场地、尊重地域本身的特色，使原有的石材既为今天所用，又能体现它的历史文化。泪滴公园依据自然主义理念，采用当地特有的青石块石材作为重要的景观设计元素，是铺装艺术与技术的创新（图 2、图 3）。

随着技术的不断发展，越来越多的材料被应用于景观设计中，这些材料不仅可以满足功能上的需求，同时还可以丰富景观中的铺装艺术。最终，这种铺装艺术形式与土壤、植物、岩石、水等元素形成了完美的公园整体，也实现了景观设计师追求的自然主义景观设计目标。

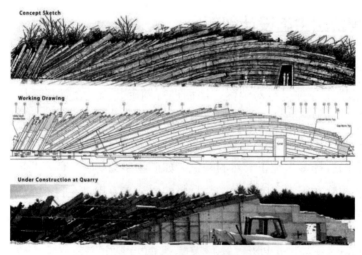

图 2　按照编号进行组装

图3 "冰水墙"实景图

（二）"地形改造创新突破场地限制"的生态设计

纽约泪滴公园通过蜿蜒曲折的景观设计方式挣脱了场地小、环境阴暗及地理位置不佳的束缚，为人们建造了一个回归大自然的庇护所。设计师通过小地形处理、高墙隔断、借景和蜿蜒的步道系统，完成了空间序列的塑造，在错综复杂的不规则地形上创造多变的空间关系，种植茂密的树木、采用天然的石材，构成了公园蜿蜒的设计特色。

泪滴公园由于场地被四栋高层公寓楼包围，日照严重不足，设计师通过详细分析场地的日照情况，将泪滴公园设计成"南低北高"的地形。太阳光照分析表明，由于坐落在公园四周的公寓纵向长度过长，从65~72 m不等，造成大面积阴影（图4、图5）。设计师基于场地北部享有最长日照时间的现状，同时为了保证北部的大面积绿地具有充足的光照时间，因此充分利用日照建造草坪和湿地，设置了两块隔路相对的草坪做草地棒球场，并特意稍向南倾斜以利于更好地接受阳光。其中，区域最大的草坪位于公园北部的山坡上。在南部虽然有很大比例的阴影区，但"冰水墙"的高度、小丘和建筑屏蔽了来自哈德逊河的强冷风，更适合户外活动，主要依靠叠石的设计手法，同时配有沙湾和喷泉区，为儿童游憩活动空间（图6、图7）。依据自然主义景观设计理念使场地设计成山丘与腹地两种微型景观。以"冰水墙"作为划分空间的隔断，使南北两部分场地形成鲜明的对比。整个公园仿佛是凯兹基尔山脉中的一个峡谷，冰水墙以南为地势较高的丘陵地带，象征着山丘墙；以北则为地势较低的腹地，象征峡谷。泪滴公园通过地形改造创新突破场地限制，将自然界的地形浓缩于其中。设计师更多考虑的是景观生态要求，泪滴公园内所需的灌溉水源，也均来自附近一幢获绿色建筑评估体系认证的建筑中水以及公园内地下蓄水管截留的暴雨径流，经过净化后存储到冰水墙内的蓄水箱中满足园区内的灌溉之需，这种废水处理和再利用的雨洪控制手法降低了水处理的成本，提高了水处理效果，节省了造价又改善了小区微气候环境，为民众提供了自然的绿色休闲空间。由此可见，泪滴公园内的青石块、流水以及不断生长的乡土植物，为这里的使用者——人和动物，包括被吸引来的候鸟营造了一块生态绿洲。

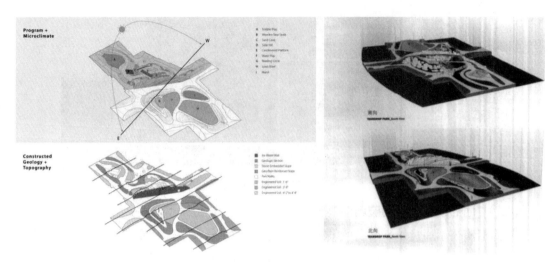

图4 南北光照分析图

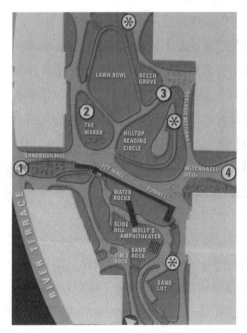

图5 泪滴公园平面布局

图6 泪滴公园北区草坪

图7 泪滴公园南区采用叠石的设计手法

（三）植物在泪滴公园设计中的应用

泪滴公园依据其不同区域的日照时间，娱乐导向的不同，种植了品种繁多的适生植物。公园的北边受来自哈德逊河的强干冷风的影响，土壤冻结，植物难以生长，设计者在北面草坪铺设了大量耐寒喜湿的牧草品种高羊茅和西伯利亚海葱，草坪在纽约极寒的冬季也依然苍绿，并在最前端的北坡种植了北美冬青与各种蕨类，使得植物品种更多样化。公园的南部虽然有大量的阴影区，但高墙、小丘和建筑屏蔽了哈德逊河的冷风，所以被设置成户外游戏区，设计者在这里种植了许多观赏性极高的低矮灌木，并有秀丽高挑的河桦点缀路边，金雨树黄色的花朵在茂密的绿叶间营造出一片清新的氛围。沼泽地是泪滴公园中最具探险意义的区域，所以其中更是种植了大量的植物，从高大的北美冬青到低矮的球子蕨，并有蓝色鸢尾与紫色马利筋等各色花卉，色彩丰富，品种繁多，令人流连其中。藜芦坡、金缕梅谷、唐棣小山和山毛榉林等景象各异，种类不同，批量种植蔚为壮观。

品种丰富的植物，使得泪滴公园一年四季都有不同的景象。春天有粉色的樱花唐棣，夏天有茂密的绿色植被和各色花朵，秋天有叶色变红变黄的漆树冬青，冬天也依然有优雅的金缕梅、水仙等。设计者在公园里大批量种植的蕨类植物，使得公园一年四季都郁郁葱葱（图 8）。

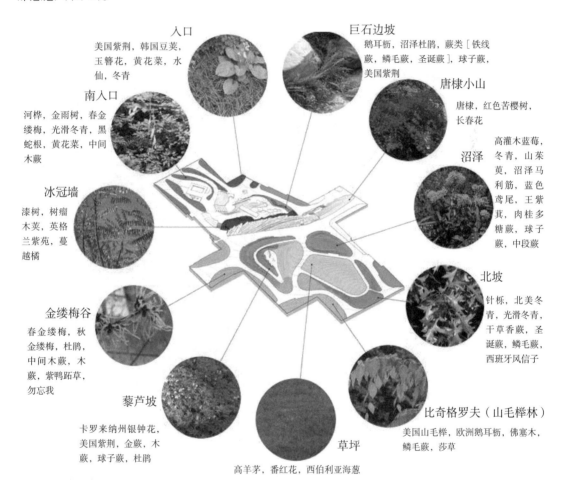

入口
美国紫荆，韩国豆蔻，玉簪花，黄花菜，水仙，冬青

巨石边坡
鹅耳枥，沼泽杜鹃，蕨类［铁线蕨，鳞毛蕨，圣诞蕨］，球子蕨，美国紫荆

唐棣小山
唐棣，红色苦樱树，长春花

南入口
河桦，金雨树，春金缕梅，光滑冬青，黑蛇根，黄花菜，中间木蕨

沼泽
高灌木蓝莓，冬青，山茱萸，沼泽马利筋，蓝色鸢尾，王紫萁，肉桂多糖蕨，球子蕨，中段蕨

冰冠墙
漆树，树瘤木蕨，英格兰紫苑，蔓越橘

北坡
针栎，北美冬青，光滑冬青，干草香蕨，圣诞蕨，鳞毛蕨，西班牙风信子

金缕梅谷
春金缕梅，秋金缕梅，杜鹃，中间木蕨，木蕨，紫鸭跖草，勿忘我

藜芦坡
卡罗来纳州银钟花，美国紫荆，金蕨，木蕨，球子蕨，杜鹃

比奇格罗夫（山毛榉林）
美国山毛榉，欧洲鹅耳枥，佛塞木，鳞毛蕨，莎草

草坪
高羊茅，番红花，西伯利亚海葱

图 8　植物在泪滴公园设计中的分类

（四）"专为儿童设计"的游憩乐园

在纽约曼哈顿城，几乎所有的景观公园都为成年人所设计，而纽约泪滴公园专为儿童设计。这里也是纽约城中为数不多的孩子们可以尽情嬉戏的乐园之一。设计师在泪滴公园南部区域设置了一个长 7.62 m 的滑梯并连接下部的沙湾区。在这个沙湾的东侧设计了一

个下沉的木栈道平台，为儿童提供阅读区和大人照看小孩的驻足空间。在喷水游乐区、滑梯与沙湾区，设计师甚至还设计了围合的小孩学步区，通过丰富的自然环境激发儿童亲近自然、认识自然、学习自然的能力，为儿童提供了不同寻常的娱乐方式。泪滴公园景观设计的创新之处在于设计师通过自然元素创造不同的儿童游乐空间，这也是自然主义景观的活力所在（图9~图13）。

图 9　泪滴公园喷泉区

图 10　儿童滑梯与沙湾区

图 11　儿童艺术创作区

图 12　泪滴公园儿童学步区

图 13　儿童攀岩区

　　泪滴公园北部沼泽地游乐区，也是为儿童设计，面积不大。设计师根据自然主义风格，选用了大量的乡土植物。为维持一定的湿度，湿地周边的坡度和朝向经过精心设计以确保充分利用径流，湿地的土壤也是经过人工调配。沼泽地游乐区草木葱郁、充满野趣，这不仅为候鸟等提供了优越的生境、人造的有机土壤及合理的养护制度，避免了农药、化肥等的使用，而且为儿童的活动提供了良好的生态环境。园区内小径的尺度也是针对儿童设计。总之，泪滴公园是个不仅适合孩子探索发现，也适合小动物栖息繁衍的好地方。

四、小结

纽约泪滴公园通过自然主义城市公园设计理念，创造性地为当地儿童设计了丰富多彩的游憩场所。泪滴公园作为一个城市自然主义景观设计案例，它是都市中心营造自然、舒缓的现代生态环境的成功范例，让厌倦了都市喧嚣生活的人们找到了回归自然的感觉。自然主义城市公园设计理念在城市公园建设、生态城市建设等诸多领域具有应用价值，对于当前处于建设高峰时期的中国提供了借鉴和参考，更希望我国的景观设计师在未来城市公园建设的"本土化实践"中，多一点"全球化思考"。

（王玮，副教授，东南大学艺术学院博士生，研究方向为艺术创意、景观设计；凌继尧，东南大学艺术学院教授，博士生导师，研究方向为艺术学、艺术设计）

参考文献

［1］ Berrizbeitia A. Michael van Valkenburgh Associates: Reconstructing urban landscape ［M］. New Haven: Yale University Press, 2009.

［2］ 严鹤. 纽约泪珠公园［J］. 园林，2014（8）：56-59.

［3］ 杰克·埃亨. 绿道：线性景观的战略性规划［J］. 景观设计学，2009（4）：28.

［4］ 泪珠公园［J］. 城市环境设计，2008（2）：104-105.

杭州城市绿地花境可持续景观调查研究

Investigation of Sustainable Flower Borders in City Greenland of Hangzhou

王若琳

摘　要： 文章以杭州城市绿地花境可持续景观调研为主要内容。第一部分介绍花境发展与内涵的历史背景。第二部分对杭州城市绿地典型花境展开实地调研。通过对 21 处杭州城市花境点的现状调查，确定花境位置与环境关系，总结杭州花境常用植物种类，并分为一二年生花卉、多年生花卉、观赏草、花灌木等类型进行分别阐述。选取重点花境，进行具体案例分析，侧重色彩搭配、立面层次、景观营造与植物配置等方面的评价。第三部分对上海应用较好的 7 处城市花境进行案例调研与对比分析，多层次多维度比较沪杭两地在植物品种、道路花境、公园花境等花境景观上的异同点，以期为杭州花境改进建议提供实践依据。第四部分则为杭州城市花境可持续景观营造的对策研究，通过其核心思想与植物选择的理论阐述，指导今后可持续花境的实际应用。最后讨论杭州城市花境现存问题，并提出相应意见，与对城市花境广阔应用前景的展望。

关键词： 花境；花境植物；可持续景观；植物配置；沪杭地区

Abstract: This dissertation focuses on the sustainable landscape survey of urban green space in Hangzhou.The first part introduces the historical background of the development and connotation of the flower border.The second part is the field survey of the typical green space in Hangzhou. Through the investigation of the status of 21 Hangzhou city flower border points, the relationship between the location of flower border and the environment was determined, and the common plant species in Hangzhou flower border were summed up. They were divided into one or two annual flowers, perennial flowers, ornamental grasses, flower bushes. Select the key flower border for specific case analysis, focusing on color matching, elevation level, landscape construction，and plant configuration evaluation. The third part conducts case study and comparative analysis of the seven well-utilized urban flower scenes in Shanghai, and compares the similarities and differences between Shanghai and Hangzhou in the landscape of plant varieties, road flowers, and park flowers, in order to provide practical basis for the improvement proposal of Hangzhou flower border. Thc fourth part is the research on the sustainable landscape construction of Hangzhou city flower border. Through the theory of its core ideas and plant selection, it guides the practical application of sustainable flower border in the future. Finally, the existing problems of flower border in Hangzhou city are discussed, and corresponding suggestions are put forward, together with the prospect of wide application prospects of urban flower border.

Key words: flower border; flower border plants; sustainable landscape; plant configuration;
Shanghai-Hangzhou area

一、绪论

（一）花境的发展与内涵

花境，英文通常用"flower border"，起源于 19 世纪中叶的英国，古老的私人别墅花园里诞生了花境的雏形。位于英格兰中部牛津地区的阿利庄园（Arley Hall），其最著名的地方就是花园的多年生草本花境。据考证，在 19 世纪 40 年代，阿尔科小道的路旁种植了背靠砖墙、修剪整齐的紫杉树，以红黄色花为主景，布置持续性观赏的草花花境，这就是最早利用多年生草本花境营造花园的例子[1]。当时的维多利亚时代，人们想要不同于过去规整的大规模种植，也不同于混乱粗犷的乡野风格，要重新探寻一种适合的花卉种植方式。彼时刚创建的英国园艺学会（即后来的皇家园艺协会）从国外搜集新的植物材料，庄园主们则负责把较为耐寒，管理简单的宿根花卉随意地种在自家庭院里[2]，这种花卉的应用形式就是最初的花境。

花境诞生的最初，讲求的就是对原生生境的模拟，注重朴素自然的美感，也因此，花境所具备的繁茂热烈、盛大饱满的生命力在历经一个多世纪的发展后，仍然不失其魅力。

19 世纪后期至 20 世纪初是草花花境风靡的时期，在这个时期，园林功能开始更多为公众服务，花园艺术比从前更好地融入平民生活中。这一时期涌现出很多为花境事业发展做出极大贡献的园艺大师，例如 William Robinson，曾在摄政公园负责园艺工作，后从事职业的花园写作，创办《花园》杂志[3]。为了将花园理论更好地付诸实践，他在购置的格拉弗泰庄园里打造了自己的花园，也是将灌木和球根花卉栽植于花境中的先驱者。真正使他闻名的是他在《野生花园》（*The Wild Garden*）一书里提出的野生花园理论，建议植物成组配置，强调植物本身的优美凌驾于设计之上。Gertrude Jekyll 是另一位杰出的花园设计师，她对色彩的喜爱与理解深刻应用到了花境设计中，提倡将花境建立在有限的色彩序列内。除却色彩明丽的特点，Gertrude Jekyll 还使用飘带形种植团块布置植物，在她的花园作品中总能感受到生命的活力与蓬勃的动感。这个时期花境设计者的艺术造诣有了长足的进步，他们关注完美的尺度、优美的色彩及迷人的设计。

20 世纪中期，二战的影响使得低养护的花园风格占据主导。在这一阶段，除了草本花境，混合花境和四季常青的针叶树花境等也得到了发展。如今熟知的"混合花境"（Mixed Border）的概念正是在这一阶段，1957 年由 20 世纪最有影响力的造园家之一 Christophor Lioyd 提出。混合花境的观赏期长，植物选择也更有多样性，运用大量灌木、多年生植物和一二年生草花混合种植，认为"灌木主要提供形式和质感上的坚实骨架，草本植物主要提供色彩"。混合花境的发展适应了时代对自然、生态日趋重视的要求，对花境在园林应用中地位的提升也帮助极大。

时至今日，花境的发展更为多元化，成为现代英国花园造景的支柱，普通家庭园艺中也日趋普遍，被广泛应用在公园、城市绿地、私家庭院等。随着传播方式的发达，旅游业、出版业的繁荣，园艺界国际交流的发展，花境这种花卉应用形式也逐步走向世界，美国、德国、法国、澳大利亚、加拿大、中国等国家的园林景观中都可见其身影。

现代花境的形式不再拘泥于建筑周围的带状布置，出现了独立不规则形的岛式花境、设置在高台的台式花境、利用三脚架立柱等搭建的立式花境、湿生植物为主生长于水体驳岸边的滨水花境等。花境的内涵不断拓展，但总体仍保持了以下特点：植物种类丰富，成组团错落种植；富于立面的层次感，色彩、季相均变化明显；体现植物搭配后的群体美，群落景观稳定；造景手法模拟自然、和谐、生态；适用场景多样，符合节约型园林的要求等。

（二）研究内容与方法

本文主体内容为杭州城市绿地花境景观的调查研究，对现有花境造景与植物材料运用进行实地调研与分析。调研场地主要集中在西湖风景区周边的绿地以及城市重要道路和公园绿地，参考杭州"五一"花境评比参赛案例，共选取 21 个城市花境点，包括杭州植物园、杨公堤北山路路口、望湖楼前、茶叶博物馆、市三医院、紫荆公园等等，涵盖道路花境、公园花境、草坪花境、建筑物前花境等多种场合的应用情况。

同时兼顾同在长三角地区的上海市，参考已有的文献资料，并通过实地考察调研，对上海市中心城区应用较好的部分花境进行比较分析。结合实际情况，选取了包括豫园地铁口百米花境、闵行体育公园、静安公园、闸北公园、清涧公园、上房园艺等在内的 7 个花境点，研究两地花境的共性与差异性，寻找可以学习借鉴之处。

研究内容包括：① 花境位置与场地的关系，花境本身的规模、尺度；② 花境植物材料应用情况，重点推荐应用较多且适应性良好、景观效果优异的植物品种；③ 结合国外优秀花境案例，对不同场地的花境做色彩、立面、平面、季相等景观层面上的具体案例分析，注意整体效果及细节处理；④ 归纳总结沪杭城市绿地花境设计与造景手法上的特点，对杭州城市花境现有的不足提出改进意见。

研究方法主要有文献研究法、实地调研法、访谈法、比较研究法等。在实地调研时，主要分析花境的整体配置手法，包括骨架材料、主要材料、填充材料、花境主题等，对出彩部分则做细节分析，并对花境的营造意境及文化内涵做一些反思。

二、杭州城市花境现状调查

（一）调查点选择

2018 年 4—5 月，笔者实地调研杭州地区春夏花境共计 21 处，主要分布在杭州西湖风景区、城市道路交叉口、公园入口等重要节点处，大多为混合花境。实际调查发现，花境因其丰富的立面效果、靓丽的色彩搭配在城市中总能形成一道行人为之驻足的风景线，若是在风景区更是引得游客频频与其合影留念。通过前期资料的搜集排查，共选择 21 处花境作为本次课题的调研对象，涵盖面较广，集中在西湖区、上城区、下城区、拱墅区这几个中心城区。具体见表 1 和图 1~图 13。

表 1　调查花境列表

序　号	地　点	花境特点
1	杭州植物园玉泉景点	公园草坪、诗词主题花境
2	杨公堤北山路路口	道路转盘、四面观赏
3	赵公堤入口	滨水花境、草花花境
4	郭庄	展览花境、草花为主
5	柳浪闻莺公园	公园花境、草花为主
6	杨公堤南北段分岔口	道路转盘、乔灌木为主
7	望湖宾馆前花境	建筑物前花境、道路花境
8	北山街环城西路路口	草坪花境、混合花境
9	湖滨路庆春路交叉口	路缘花境、混合花境
10	湖滨草花花境	路缘花境、草花花境
11	四公园五公园	公园花境、色彩主题花境
12	环城北路建国北路路口	道路花境、运河主题花境

序　号	地　点	花境特点
13	市三医院门口	道路花境、混合花境
14	万松岭路中河南路交叉口	岛式花境、草木花境
15	俞楼北侧	林缘花境、蓝紫色花境
16	中山北路环城北路路口	道路花境、混合花境
17	绿城桃花源	道路花境、庭院花境
18	茶叶博物馆	建筑物前花境、混合花境
19	大关公园	公园入口花境、混合花境
20	紫荆公园	公园道路花境、草花花境
21	庆春路剧院路交叉口	路缘花境、混合花境

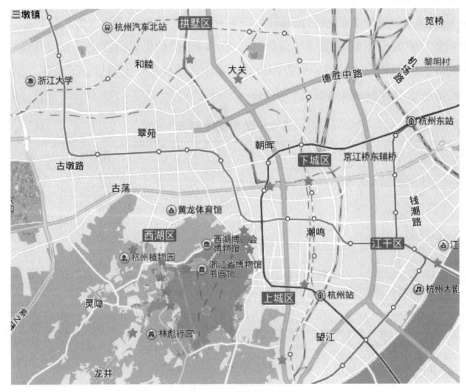

图1　花境调研点分布情况

图 2　杨公堤北山路三角花坛花境

图 3　柳浪闻莺草坪花境

图 4　北山街环城西路路口道路花境

图 5　俞楼北侧蓝紫色花境

图 6　四公园五公园草花花境

图 7　庆春路剧院路路口花境

图 9 大关公园入口花境

图 8 市三医院道路花境

图 11 中山北路环城北路路口花境

图 10 环城北路建国北路路口"彩虹竞渡"

图 13 望湖宾馆前花境

图 12 万松岭路中河南路交通绿岛花境

（二）杭州花境常用植物种类调查

根据实地调研的 21 个花境地点，并走访、询问花境相关设计施工人员，以及结合园林绿化专业人士的意见之后，大致掌握杭州地区城市花境常用的植物材料及其应用情况。花境植物材料是花境设计以及最终景观效果的核心元素，根据植物种类可分为一二年生花卉、多年生花卉、观赏草以及花灌木几大类别。

杭州城市花境植物材料中应用比例最高的为多年生花卉材料，其次为花灌木与一二年生花卉，再次是观赏草，观赏草的品种也日益丰富。植物材料的种类分布特点说明，以多年生花卉为主，花灌木为骨架，再配置一定量的一二年生花卉、观赏草等的混合花境正是杭州城市花境的主要应用形式。

一二年生花卉种类繁多，在绿化应用中具有良好的应时性与灵活性，其花色大多鲜艳丰富，是花境色彩的重要来源。多年生花卉一般为宿根花卉和球根花卉，宿根花卉可应用于园林栽培的种类非常多，适应能力强，养护管理简单，栽培易成活，并且经济成本相对较低，环境效益好，是花境植物材料中最常见的一类。球根花卉同样多开花于春夏季，鳞茎花卉可增强新叶的观赏效果，秋季开花的品种则为盛花期后的景象做了补充。观赏草近几年应用逐渐得到重视，大多作为花境的边饰材料或者过渡材料，更富自然野趣。花灌木则是花境的骨架材料，寿命长、抗逆性强，一般用常绿和落叶灌木混合搭配，既是花境背景，也可独立观赏。

根据每种植物在花境中出现的频率，出现频度最高的科别有禾本科、菊科、唇形科、蔷薇科、百合科、忍冬科、玄参科、马鞭草科、豆科、木犀科、小檗科、鸢尾科等。菊科植物一直是花境中最主要的观花科别，许多菊科花卉具有良好的抗性，花色艳丽、花型多样，观赏价值高，在自然野外分布也很广，乡土地域性浓郁，是应用城市花境的不二之选。禾本科植物近年来观赏草的品类逐渐丰富。唇形科、玄参科、百合科多年生花卉应用的中流砥柱，花型花色都各具特点，往往是花境中引人注目的焦点所在。蔷薇科、忍冬科、小檗科、马鞭草科等则为花境提供观花、观叶、观果的多样效果，丰富花境的立面层次。

具体到单个品种，可得出每个类别中应用频度相对较高的有如下植物材料。多年生花卉中最为常见的有大滨菊、黄金菊、鼠尾草类（深蓝鼠尾草、蓝花鼠尾草、粉萼鼠尾草等）、美女樱、大花飞燕草、羽扇豆、木茼蒿、鸢尾、柳叶马鞭草、紫娇花等，一二年生花卉中最为常见的有金鱼草、毛地黄、矢车菊、万寿菊、醉蝶花、矮牵牛、孔雀草、雏菊、大花马齿苋等，观赏草中蒲苇、花叶芒、细叶芒、狼尾草等应用较多，花灌木中最为常见的则是月季、杜鹃、日本女贞、金边胡颓子、红花檵木、大花六道木、忍冬、火棘、八仙花、南天竹、锦带花、彩叶杞柳、厚皮香、金雀儿、绣线菊等。

与应用成熟的国外花境相比，杭州在植物材料的选用上仍存在着一些可以改进之处。

虽然近年来杭州花境植物品种显著增多，且日益重视园艺品种，使得景观效果活泼许多，但每个花境营造间的差异性还不够明显，高茎类、繁花类、阔叶类植物相对缺乏，与国外花境"次第花开香如故"、色彩高差、水平竖向、叶色叶形皆对比明显的效果相比仍显得单薄。在春夏季节花境常用材料也较为受限。

另外，乡土植物在杭州城市花境中的应用比例并不高，说明本土植物的应用有待挖掘，江南地区大量野生的冬季常绿、花序独特的品种还需得到进一步的开发利用。当然如何让这些野生植物得到驯化，能真正在花境中发挥良好的景观效果，成为体现生态、自然的最佳载体，还需要园艺工作者们持续不断的努力。

（三）花境案例应用分析

在 21 处调研花境点中，根据花境的特点、类型及景观效果，确定几处重点花境，本节将做单个花境的具体分析。

1. 杭州植物园诗词主题小品花境

小品花境通常在立体绿化上会更注重造型，并辅以雕像、廊架小品等弥补单纯依靠植物材料较难凸显文化主题的缺憾[4]。精致而富有文化内涵的小品花境十分能吸引游客的注意，在活动展览、节庆布置中应用较多。

图 14 "醉吟红踯躅"小品花境

1）花境主题。杭州植物园玉泉景点附近布置一处较为亮眼的小品花境，且以意蕴丰富

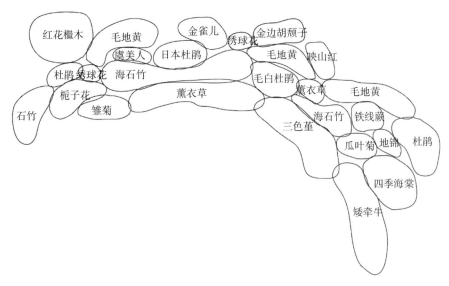

图 15 "醉吟红踯躅"小品花境平面图局部

的诗词为主题，用明丽活泼的草花表现，两者相得益彰，更添风采。一处为入口路缘名为"醉吟红踯躅"的小品花境（图 14、图 15），小品立意于唐代诗人白居易的《玉泉寺南三里涧下多深红踯躅繁艳殊常感惜题诗以示游者》："玉泉南涧花奇怪，不似花丛似火堆。今日多情唯我到，每年无故为谁开。宁辞辛苦行三里，更与留连饮两杯。犹有一般辜负事，不将歌舞管弦来。"白居易，自号醉吟先生，杜鹃又名映山红、踯躅，这正是花境的题名由来。

2）花境周边环境。以翠绿草坪为前景，繁茂林木为大背景，颜色鲜亮的各色草花为主体，辅以冰裂纹木质廊架以及白居易铜质雕像，整体搭配在春天草长莺飞的环境里显得雅致和谐。花卉颜色在绿色背景的衬托下更显丰富，且得到过渡、融合，有油画质感，是此花境的一大特色。

3）主要配置特点。前景以黄色为主，主要运用成团块状的纯黄三色堇，形成视觉上眼前一亮的效果。其他花境镶边地被植物则有中华天胡荽、铁线蕨、栀子花、雏菊、矮牵牛、四季海棠等。中景则以紫红色与蓝紫色为主，主景材料有薰衣草、毛地黄、绣球花、海石竹、大花飞燕草、瓜叶菊、金雀儿、杜鹃等，植物材料高低错落，虽然色彩饱满却不显杂乱。背景则为深绿林木与棕褐色木质廊架，悬挂刻有诗词的竹条，最画龙点睛的一笔是斜卧的白居易雕像，恰恰烘托出春光时节吟诗赏花的风雅意境，"三春万卉皆含笑，装点繁花只一风"。该小品花境巧妙利用乔木下层的立体空间，营造出以小见大之感，引得周遭游人经过时纷纷驻足留影。是以，"花境是锦绣自然的集大成者"这一形容也不足为过了。

2. 赵公堤临水带状花境

1）花境场地特点。赵公堤又名小新堤，是西湖三堤之一，有"夹岸花柳一如苏堤"之美誉，但比起苏堤、白堤幽静了许多。现如今主要是一条迎宾干道，入口处接杨公堤北段主干道，而杨公堤此前是G20峰会活动最重要的道路之一，需营造出清新典雅、花团锦簇的景观效果，因此赵公堤的入口花境要能烘托气氛，点缀景致，且具备优良的季相效果。

2）花境配置手法。花境体量不大，位于水体旁，植物材料的选择遵循少而精的原则，主要观花种类有黄色系的黄金菊、黄晶菊，白色系的白晶菊、木茼蒿，粉色系的美女樱、金鱼草以及红色系的四季海棠等，背景材料则有毛地黄、月季、花叶芦竹、再力花、大花美人蕉等，再搭配上既有色彩、质地的对比，也有高低、层次的错落，疏密有致，简洁但有变化，属于自然式配置手法。花境总体高度不高，是为留出背景水体与建筑的"框景"，有所遮挡，又有所透景，丰富了立面景观并提供远眺视线，引得游人继续前行一探美景。

3）花境季相变化。临水带状花境的特点在于精致典雅，亲和怡人，赵公堤临水带状花境正符合此，与周围"水光潋滟晴方好"的迷人水景相得益彰。同时，据资料显示，赵公堤花境讲求季相景观的变化。春季景观以红、白、黄为主景色，色泽明快鲜亮，进入秋季，则变换成五彩小菊为主角，增添蒲苇、细叶针茅、狼尾草等禾本科植物，蒲苇硕大的银白色花序、狼尾草闪闪发亮、细叶针芒穗花摇曳增添了秋季花境的动感，与春天花繁叶茂的景象各有韵味，展现出临水花境良好的可持续性。

图16　赵公堤入口临水花境

3. 湖滨步行区草花花境

1）花境周边环境。湖滨步行区紧邻西湖，人流量巨大，且多为游客，因此花境营造上更趋于明丽抓人眼球的花色组合，为色彩主题草花花境。同时它属于草坪花境，上层乔木多为悬铃木与香樟，下层则是形状规则的狭长草坪。色系花境设在此处，观赏距离适中，且面积不大，视线通透，适合过往游客四面观赏，增添游玩情趣。

2）主要配置特点。此次调研看到的花境平面呈规则方形或者不规则带状，立面上则中间高两头低，但花境整体高度不高，避免遮挡景观视线。花境按照不同的色系组合分散在块状草坪中，有相似色系花境，也有对比色系花境[5]。相似色系花境如橙红色花境，运用美女樱、黄金菊、非洲菊、木茼蒿、金鱼草、菖蒲等表现亮眼的橙红、橙黄、金黄色，同时搭配金边胡颓子、金边扶芳藤、木槿提供花境骨架，并使整体景观色彩柔和，另外用毛地黄增添竖向的层次感。对比色系则有蓝紫色与黄色对比的花境，如运用飞燕草的蓝紫色和矮牵牛、蓝目菊、羽扇豆的紫红色，薰衣草的紫色形成蓝紫色系，并用勋章菊、黄金菊做亮黄色的对比，形成强烈的视觉冲击，给人以兴奋感。较为不足的是蓝紫色块与黄色块面积相当，没有明显的主次，易产生观感疲劳，但花境运用绿色叶的迷迭香、鸢尾、玉簪，灰白叶的金边扶芳藤、金边胡颓子等作为色系的缓冲，使花境各部分各面得到整体协调的配置。

图 17　湖滨步行区草花花境

虽然主要为草花成团块状布置，每个花境各不相同的植物搭配以及其他丰富的空间元素仍增添了湖滨步行街的游赏价值。悬铃木本身斑驳的树干既为花境框住了"外框"，也丰富了空间层次。造型铁艺架搭配月季，将视觉焦点往上移，填补上层景观的单薄，使花境产生了虚实相间的对比。

湖滨色系草花花境（图 17、图 18）组成材料主要是一二年生花卉与球宿根花卉，花期比较统一，需要季节性换花，植物品种也相对单一，所以只能带来一段时间的缤纷美丽。

4. 紫荆公园路缘混合花境

1）花境周边环境。紫荆公园不同于大关公园入口处的花境，一进公园便能立即映入游人视野，它需游人沿着轴线走到中心湖，再右拐至公园干道才会倏然发现，如此隐蔽的

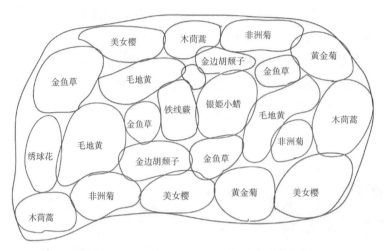

图 18　湖滨步行区草花花境平面图局部

图 19　紫荆公园路缘花境

地理位置让花境本身多了点神秘，也增添惊喜感（图 19）。

　　2）花境植物选择。背景为常绿高大乔木，而非成片的树林，这使得花境的天际线看起来明晰而流畅，有高低错落感。花境骨架材料为常绿落叶灌木，搭配宿根花卉与一二年生花卉，色彩对比明显。花境前景为黄绿色草坡，突出了花境整体的深色，一旁搭配块状

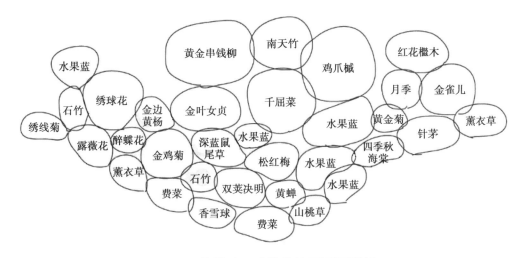

图20　紫荆公园路缘花境平面图局部

置石，模糊了花境边界，也使得草坡与花境更好地结合在一起。花境镶边植物颜色质地、叶形花形多样，观叶类如细叶针茅、矾根、金边玉簪、费菜、佛甲草等，针茅的灰白穗状花序与佛甲草的金黄线形叶形成对比，矾根的深红阔心形叶与玉簪的翠绿卵形宽叶也形成对比。观花类植物则有大滨菊、深蓝鼠尾草、四季海棠、醉蝶花、绣线菊、藿香蓟、山桃草、香雪球、千屈菜、大花金鸡菊、露薇花、石竹、绣球等，以及作为骨架材料的植物有金雀儿、松红梅、溲疏、月季、南天竹、黄蝉、金边黄杨、鸡爪槭等。

3）主要配置手法。由此，上层观叶植物采用色叶的鸡爪槭，酱紫色使得常绿背景显得更加生动活泼，中层灌木则由颜色较为嫩黄的彩叶杞柳、金叶大花六道木、金边黄杨、金雀儿组成，形成了整幅图画的构架；同时松红梅、南天竹、黄蝉、溲疏等能在其中调和过渡灌木与草花植物，形成纯度和层次上的变化。最下层的花卉颜色丰富，但团块均质分布，细碎感明显，没有主色系，亮点不够突出（图20）。

（四）杭州城市花境营造现状与评价

杭州是国内花境应用较早，发展较为成熟的城市，经过实地调研与资料分析，笔者认为杭州城市花境营造现状可做如下总结。

1. 花境展示类型多样，文化内涵逐渐丰富

杭州城市花境以混合花境为主，大多是自然配置的手法，多以花灌木与宿根花卉为主，搭配一二年生花卉与观赏草，营造四时皆有景可观的景象。花境展示类型则多样，存在着带状花境、岛式花境、建筑物前花境、林缘花境、路缘花境等。为避免花境的模式单一化，积极营建主题花境，包括色彩主题、诗词主题、运河主题等，通过植物材料的选择与小品的布置，在展现自然之美的同时，深入挖掘优美古朴的诗词意境与杭州城市浓郁深刻的历史内涵，使得花境的文化含义丰富许多，达到文化教育的效果。

近年来，杭州花境"五一"评比活动也促进了城市绿地花境的营建，使得花境类型推

陈出新，"傲月""叠翠""谷雨歌""碧野春晖""花满楼"等题名既别致诗意，又与花境内容吻合，在具体营造上也不断给人惊喜。但大多数花境仍作为一时的展示，重于春夏季节的景观营造，秋冬季的花境许多会更换为花坛，而不能如英国常用的草本自然式花境，欣赏到植物一年四季的枯荣变化。

2. 重视色彩搭配，但多为团块种植，人工痕迹重

此次调研以色彩为主题的花境有湖滨步行区草花花境及俞楼北侧蓝紫色花境等，总体感受到杭州城市绿地花境的建设对色彩丰富度的重视。许多花境的规模并不大，体量较小，要在有限的空间内营造出缤纷的色彩变化，在搭配上需讲究一定的技巧。例如色块呼应，色彩序列，使得景观空间有节奏韵律感。即使是单一的花色，通过不断重复及强调，就能很好地连接花境的不同段落，强化整体感。同时色彩要丰富却不能杂乱，则需要确定主次色系，使得产生对比而非冲突，几种鲜明色彩间也需要利用灰白、灰绿等饱和度较低的植株进行协调。

总体看下来，杭州花境大多采用团块状种植，由于总体规模不大，色块的体量也较小，有些仅有几株，在局部容易显得细碎凌乱，人工营造的痕迹很重。在远观时也不能达到震撼的视觉效果，反而显得不够大方。所以在花境种植时应规划每类植物的种植面积与形状，追求植物多样性的同时兼顾群体效果的展现。

3. 花境植物材料常用品种重复率高，造成景观相似性

杭州花境主景材料多为高茎类、阔叶类与繁花类等，用高茎线条植物与水平团块的繁花类植物为主要观赏点，结合阔叶类植物，形成立面的层次与平面的变化。竖向线条类植物能很好地撑起花境的构架，因此杭州城市花境运用较多，但通过实地调研发现，其常用品种选择有限，春夏花境表现竖向线条的植物种类局限在毛地黄、醉蝶花、金鱼草、深蓝鼠尾草、大花飞燕草、羽扇豆几类，水平团块植物则多为大滨菊、黄金菊、木茼蒿等，其他植物材料应用较少，花境之间的景观相似性高，观赏多了容易产生视觉疲劳。

4. 尺度把握需结合实际场地与观赏距离

花境观赏效果与观赏距离相关性甚大，杭州城市花境大多布置在草坪中与乔木下，为保护草坪，有些设置矮栅栏阻止行人进入，则使花境被局限在远距离观赏中。但此时若花境的尺度规模不够大，与观赏距离不相配，观赏效果则会大打折扣。

杭州城市花境大多为点缀景观之用，很少成为一块场地的主景，这与花境的尺度以及与周边环境的关系有关。因此，在实地建造时，应以游人的角度去整体把握花境规模，使得景观效果最大化。若是路缘花境，可以设置得相对精巧，以便行人欣赏单叶单花的独特美感，甚至可以触摸到植物质感。若是草坪中央花境，则应设置得更大气简洁些，以给人留下统一和谐的整体印象。

三、上海城市花境案例调查与比较分析

（一）调查点选择

2018 年 4—5 月，笔者共去上海两次，通过资料研究，选取上海市区花境应用较好的 7 处进行实地调研，以期对杭州城市花境的应用进行比较分析。具体调研地点见表 2 和图 21~图 26。

表 2　上海花境调研点列表

序　号	地　点	区　属	花境特点
1	闵行体育公园	闵行区	公园道路花境、长效型混合花境
2	上房园艺·梦花源	闵行区	春季展览花境、庭院园林主题
3	鑫都商业广场屋顶花园	闵行区	屋顶花园自然式花境、草本为主
4	豫园地铁口	黄浦区	百米带状道路花境、花卉为主
5	静安公园门口	静安区	交叉路口花境、混合花境
6	闸北公园	静安区	公园走入式花境、混合花境
7	清涧公园	普陀区	公园入口花境、混合花境、体量大

图 21　豫园地铁口百米道路花境

图 22　闸北公园东门建筑物前花境

图 23　上海调研花境点分布情况

图 24　清涧公园入口花境

图 25　鑫都商业广场屋顶花园花境

图 26　上房园艺·梦花源展览花境

（二）上海花境植物配置分析

通过对上海城市绿地花境的实地调研，结合文献资料，对上海花境植物材料的应用情况有所了解。上海城市花境的骨架材料主要运用木本类植物，即灌木与小乔木等，对花境群落的稳定性起到巨大的作用。选取的灌木材料观赏价值普遍较高，既有花期较长从4月到10月，横跨春夏秋三季，且花色丰富的醉鱼草，也有冬季观叶观果的小丑火棘、宝塔火棘、美人茶、茶梅、密实卫矛等，在秋冬的景观中效果出色，使得冬季景观不至于过分萧条单调。其中，应用最广的为蔷薇科植物，忍冬科、木犀科同样占据重要地位，论单个植物品种，出现较多的有羽毛枫、月季、小丑火棘、金边胡颓子、冬青卫矛、金森女贞、金钟连翘、金雀儿、山茶、茶梅、八仙花、金叶大花六道木等。

多年生花卉通常是花境的主要种类，栽植时间短，景观效果好，一般是花境中最亮眼的部分。上海城市花境应用较多的多年生花卉科别有唇形科、菊科与百合科、鸢尾科等[6]，单个植物品种则常见有宿根类大滨菊、宿根天人菊、黄金菊、金鸡菊、波斯菊、耧斗菜、钓钟柳毛地黄、紫娇花、鼠尾草类、美女樱、石菖蒲、柳叶马鞭草、美国薄荷、银叶菊等，及球根类的鸢尾、石蒜、蛇鞭菊等。

一二年生花卉与观赏草则多为花境的镶边地被植物，一二年生花卉花色艳丽，且随着季节变换更改，为秋冬花境增添了不少亮丽的色彩。上海花境植物主要有孔雀草、矮牵牛、羽衣甘蓝、紫罗兰等，其中应用最多的是菊科植物，推荐品类有金盏菊、桂竹香、紫茉莉、翠菊等。观赏草则极富野趣，花序独特，风姿绰约，灵动飘逸，十分适宜做虚柔性过渡植物，在上海城市花境中应用较为普遍。其主要为禾本科与莎草科植物，品种出现较多的有晨光芒、银边芒、狼尾草、棕红薹草、玉带草、蒲苇等。

总体来说，上海花境植物应用注重多样性，平面立面都取得了不错的景观效果，花境色彩搭配得当，趋向淡雅别致，既体现单株植物的个体美，也展示整体花境的群体美[6]。同时新优花卉表现良好，为上海城市花境的发展做出宝贵的贡献。

与杭州做比较可以发现，杭州以多年生宿根花卉为亮点与特色，草本花卉应用显著高于木本花卉，因此春季景致较为绚烂。上海植物配置中夏秋灌木的种类数量则要高于多年生花卉，春夏一二年生花卉丰富，繁花似锦。两地观赏草应用水平都逐渐提升。季相景观上，上海春夏秋三季表现均衡稳定，但杰出者少见，杭州春秋景观效果突出，但夏季略为逊色。

需要提出的是，上海调研花境的场地有两处都为长效型混合花境，分别是鑫都屋顶花园芳香低碳长效型混合花境与闵行体育公园长效型混合花境[7]。这两处场地在植物选择上也更有策略。鑫都城屋顶花园花境（图27）为达到营造效果与低碳要求，选用的植物苗木主要分为木本芳香景观植物、木本靓丽景观植物、虚柔性过渡植物、芳香多年生花卉、靓丽多年生花卉、木本基部地被、沿口挡脚植物以及木本背景填充植物，一二年生花卉的比例非常低，花境为走入式体验，少见艳丽花色，颇有英国自然式草本花境的素雅感，即使在冬天也别有风味。

图 27　鑫都屋顶花园长效型花境冬春两季景观对比

（三）沪杭花境景观营造之对比借鉴

1. 上海清涧公园与杭州大关公园入口花境之比较

清涧公园与大关公园（图 28、图 29）均为城市区域性公园，两处花境均位于公园 Y 型交叉路口正中，属于岛式花境，有众多相似条件，因此对比分析或许能更直观地展现沪杭城市公园花境的营造异同点。

图 28　大关公园（左）与清涧公园（右）景观效果比较

大关公园的花境背景为雪松、香樟等高大乔木，前景草坪一则保持了合适的观景距离，另则柔化了绿岛边界生硬的线条。植物配置以灌木及宿根花卉为主，上层材料使用酱红色的红花檵木与红枫作色叶，中层则有黄金串钱柳、蒲苇、金叶女贞、月季、金叶大花六道木等散点种植于花境中，成为立面上较为醒目的构图骨架，并且各植物叶片的颜色质地不同，使绿色纯度的变化更丰富。花卉颜色总体较为深沉，运用大滨菊的纯白作亮色，其余则以蓝紫色为主，有蓝目菊、八仙花、深蓝鼠尾草、紫娇花等，搭配观叶植物如南天竹、矾根、沿阶草、菖蒲等。总体无甚亮点，色彩朴素，且整体体量不大。

图 29　清涧公园春（5 月）与冬（12 月）景致对比

相比之下，清涧公园的入口花境则明丽许多，同样以草坪为前景，未设置栅栏，使得花境与人的互动性提升。花境尺度规模较大，因此在植物多样性与色彩丰富度上表现更为出色。背景乔木为无患子、广玉兰、银杏等，落叶与常绿树种结合，秋冬季有色叶树的变化，不至于过分萧瑟，还有如红瑞木、小丑火棘等作为观茎、观果的多类型观赏。为了避免色块的杂乱以致主次不明显，花境采用重复强调的手法，使整体保持统一。亮眼的红色由天竺葵与四季海棠组成，立面上则使用红色月季做点缀呼应，用以调和柔化的灰白色则由银叶菊、银叶蒲苇、金边阔叶麦冬以及作为灌木的水果蓝、小丑火棘、金边胡颓子等提供，两两间隔种植，既使得花境有缤纷绚丽之饱满对比，又有清新梦幻之意境感受。其他运用较好的植物还有忍冬、绣线菊、金丝桃、马缨丹、叶子花、紫叶酢浆草、黄金菊、耧斗菜、萼距花、石竹、大花飞燕草、毛地黄等。两株宝塔形的洒金柏株型饱满，叶色独特，是整个花境的点睛之笔。

对比分析，大关公园花境在植物多样性与季相变化上略为欠缺，植株种植的不紧凑致使覆盖的松木裸露较多，林缘线流畅度减弱，降低了花境的精致感。同时色彩不够明亮，花境的韵律感与节奏感也不明显，细节表现还有加强的空间。

2. 上海静安公园门口道路花境与杭州道路花境之对比分析

上海静安公园位于上海南京西路，地处市中心，位于延安中路与常德路交叉口，同时攘接延安高架路出口，从高架桥处便可俯瞰该道路花境。杭州环城北路建国北路路口花境则位于十字路口交叉口，两者地理位置人流量车流量均较大，都属于双面观赏花境（图 30）。

静安公园入口道路花境林缘线曲折流畅，天际线则高低起伏层次错落。大背景为静安嘉里中心、芮欧百货等现代高层建筑，因此花境力求自然、雅致，衬托出闹市中的静。讲究色彩配置与局部细节，花卉较少大面积团块种植，而采用序列感强烈的丛植，使得整体融洽饱满，不过分亮眼，却值得细细品味。主要植物材料有银叶菊、大滨菊、耧斗菜、飞燕草、蓝目菊、桔梗、玉簪、黄金菊、香雪球、姬小菊、绵毛水苏、虎耳草、朱唇、勋章菊等，突出立面效果。株高较高的植物则有毛地黄、金雀儿、金鱼草、金叶女贞、黄杨、锦带花、绣球、鸢尾、薰衣草、朱蕉、接骨木等，形状既有自然生长式如花叶芦竹，也有修剪规则式如红叶石楠球等。背景乔木种植并不紧密，空间感通透舒朗。

图 30　静安公园门口道路花境（左）与环城北路建国北路路口花境（右）景观对比

与此相比，杭州环城北路建国北路路口花境则在多年生花卉的应用上更显丰富，表现出春花烂漫的美丽景观，也符合"彩虹竞渡"的立意主题，以"运河魂"雕像及京杭大运河为背景，通过红橙黄绿青蓝紫七种色彩丰富的植物布局，表现出古今杭州艮山的欣欣向荣与繁荣昌盛。选用的草花植物较多为竖线条，比如紫娇花、醉蝶花、马鞭草、深蓝鼠尾草、穗花牡荆等，搭配间植大滨菊、马利筋、木茼蒿、蓝羊茅、落新妇、玉簪、绣线菊及金鸡菊等。但花境在立面的层次上有所欠缺，与背景香樟之间相对缺乏过渡，中景则使用较多嫩黄绿色叶，如金叶女贞、金边胡颓子，草花反而显得黯淡。且灌木均呈自然生长球形，高低上没有错落，略为呆板和突兀。

3. 上海闸北公园走入式花境之体验分析

闸北公园共有两处花境，一处为东门建筑物前花境，自 2010 年开始制作，多年来总计种植 260 余种植物，稳定在几年以上的有 50 个左右的品种，占地面积为 1 075 m²。主要植物有红千层、假连翘、紫娇花、千叶蓍、虎耳草等。另一处花境则为走入式，位于公园西北面。

花境在国外一直比较注重植物与人的关系，因此设置为走入式花境的并不少见。但在国内，种种原因使得花境多仅为观赏之用，在杭州地区，许多花境与游人距离较远，并不能直接近距离感受植物叶片、花朵之美，难有触感上的体验。造成花境与人的互动相对匮乏，人们与自然之间有所隔阂，虽然过于频繁的接触会带来维护不便等问题，但人与自然的亲近喜爱是本能。未来，随着养护水平的提升、人们观念的转变，走入式花境的应用或许会得到更多发展 [4]。因此，闸北公园走入式花境的体验值得分析（闸北公园走入式花境种植平面图与实地照片对比见图 31）。

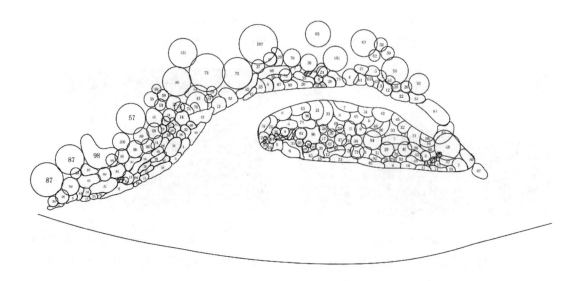

图 31　闸北公园走入式花境种植平面图与实地照片对比

此花境应用的苗木种类共有 102 种，主要为灌木与草本花卉，利用勋章菊、大花耧斗菜、露薇花、珍珠梅、南非菊、玛格丽特、蓝冰柏、美女樱、蓝羊茅、蓝叶忍冬等营造出纷繁梦幻的自然式花境。在设计布局上，利用弧线环绕的方式，并设置草坪分隔花境空间，铺设踏石方便游人行走且不破坏草坪。花境所处环境开阔明朗，背景为排屋建筑、高大水杉及侧柏等，小径蜿蜒没入深处，营造出"一径通幽凉夏至"的意境，花卉春夏时节繁茂锦簇，长势良好。随着所处位置的变化，景观视线随之改变，花境组团也在这一步一换的多变景致中，给人以不断的惊喜体验。

四、杭州城市花境可持续景观的营造对策研究

花境的可持续景观，可从字面上以及深层次去理解。狭义理解为花境中的花卉能连续不断开花，保持景观效果的可持续。但若深究其切实含义，真正的可持续花境应该是由不

同种类的多年生草本、木本灌木等组合，展现出持久蓬勃的生命活力[8]，重在表现花境自然的生命规律，又因艺术结合使景观得到延续，如此四时景象既富有变化又能生生不息。可持续花境通常具备一次栽植多年观赏的特点，符合建设节约型园林的时代要求，满足景观的低维护性，经济效益与生态效益也得到了保障。

通过实地调研，笔者认为杭州城市绿地花境未来要健康发展，关注景观的可持续性是不可缺少的。由此，本节重在探讨可持续景观的营造对策。

（一）可持续花境景观营造的核心思想

花境的可持续性体现在它的长效上，可分为不同层面。对于一年生的景观而言，需要尽量延长观赏时间，选择花期长、观赏期长、观赏特征多样的植物种类，可搭配种植不同季节开花或者具备多种观赏价值（观叶、观果、观茎）的植物，重视花境整体的观赏价值，增添局部细节元素。多年维持的花境需要周年自然更替的延续，形成稳定发展的人工植物群落，兼具可持续景观。由此，选择的多年生花卉与花灌木必然是适应场地生态环境，对当地气候的变化有较好承受度的植物，这样才能保证植物的多年存活与发展。

多年观赏的植物策略研究，或许可以关照自然环境下野生草本的生长模式。根据谢菲尔德大学提出的 CSR 模型，植物分为竞争型植物 C(Competitors)，最大利用环境资源，迅速蔓延，品种竞争强；耐胁迫植物 S（Stresstolerators），充分面对贫瘠不良环境，缓慢生长；杂草型植物 R(Ruderals)，生长快，生命周期短，大量撒播种子开拓新基地。C 型植物可以作为花境的主体材料，优胜劣汰，S 型植物可作为特殊环境下的花境材料，R 型植物则作为花境填充材料，覆盖裸露地面。因此，在营造花境时，根据植物以上的不同特性安排其合适的位置与种植时间，便可以利用植物的自然特征实现人为营造的可持续景观。

除去植物材料，种植形式也是需要关注的。可持续景观重在自然化，也就是群落设计，达到免养护的目的。混合花境应用广泛的原因也正在此处，混合种植与团块化种植结合，最大化发挥每种植物的观赏优势，且对品种包容度高。即使一种植物因不适应环境逐渐消失，周围其他更强势的优良品种也能占领空地，避免空缺。这样一种自然的更新和演替模式，可以减少大量后期养护，植物更换、去除杂草、花后修剪等工作频率降低，大自然成为花境的主导者，可持续性则得以真正实现。

（二）可持续花境景观植物材料选择

在营造可持续景观思想的指导下，对花境植物材料的选择确立筛选标准与原则。材料要能体现乡土地域性。乡土植物包括本土植物往往已经经过长期的驯化、引种，对本地区的环境条件适应良好，水肥消耗低，易成活，因此种植与维护成本较低。同时，乡土植物能体现当地的特色文化与自然风貌，有利于形成独特的植物景观文化。可应用在杭州城市花境的乡土植物有厚皮香、桂花、迎春、石蒜、八角金盘等。

选取植物品种时第一要义是关注植物整体的观赏性，如株型、花叶质感、冬季花后效果等。一般选取株型较为紧凑、不易倒伏的品种，质感则有粗糙与精细之分，根据所需进行搭配；花期过后也能继续观果、观叶、观茎的植物则在冬季较为适宜。再细分成局部的观赏特征，如花、果、叶各自的形态，以及较长的花期。观花要求花序整齐、花形优美，花色明丽或清新；观果要求果序奇特，冬季不凋谢；观叶则要求叶形叶色有特点，观赏价值高。

影响可持续观赏效果的因素还有植物自身的生长状况，即耐寒、热、旱、涝、盐碱等；植株对极端天气如夏季高温、冬季冰寒的适应程度；养护难易，是否需要经常修剪管理；种植后的扩展速度，根茎再生能力的高低；是否容易退化，不至于在生长几年后失去活力等。

完美的材料难寻，这时应有所取舍，通过花境的设计搭配，使植物发挥其优良特点，规避不利因素。

五、存在的问题与展望

（一）杭州花境精品特色化与模式化推广之间的矛盾

笔者实地调研了总共 30 处左右的花境点，欣赏到后来，对于一般的城市绿地花境已经产生"审美疲劳"，似乎很难有效果惊艳或是特点显著的花境出现。当回顾经典，企图从国外花境发展中找出那些杰出作品时，会发现除去花境景观本身极佳之外，优秀的花境都具有"不可复制性"[9]，或许是地理位置的优越或许是苗木配置的特殊，又或许是设计者本身的天赋才华。经典的往往是独特的，独特性意味着单个花境的营造成本将大幅上升。

要在杭州、华东地区甚至全国各地推广应用花境，提升花境的影响力与覆盖度，则要求花境是"可被复制"的，即能模块化程式化地推广，理想程序是景观效果相对优秀的花境简洁清楚地表达在花境配置图中，并能大量复制应用于实际场地中。这造就城市花境常被诟病的一点"花境模式单一"。即便是如前文提到的应用于各色花园的专类花境，也因其场地的局限性很难大规模在城市绿地中推广开来。如何平衡精品特色与"流水线"标准化生产的矛盾，或许是现代花境甚至现代园林都必须面对的问题之一。

（二）花境植物材料多样性与乡土地域性的体现

花境的骨肉就在于植物材料，它是奠定花境基调最不可或缺的要素。花境的设计者往往要深谙各种植物的不同生长特性，对植物的适应性与观赏价值都充分了解，才能进行合理的配置[10]。前文已经详细探讨为营造可持续花境景观，如何选择植物材料的各项原则，其中最重要的即是多样性与乡土地域性。

需要指出的是，经过近十几年的发展历程，国内对花境的科学研究与实际应用已经有了长足的进步，植物种苗的选择余地比起十多年前扩大很多，乡土植物的市场前景也颇为广阔。但比起国外丰富多变的园艺品种来说，国内在这方面的开发还逊色不少。同时，理解美不是数量的叠加，植物多样性不等于花境植物的使用量多。需在考虑经济效益与景观风格的双重前提下，达到既不滥用花境这一形式，又要追求花境艺术之美的效果。

（三）城市使用者与管理者对花境的理解重视程度

城市绿地花境是为城市的使用者服务的，包括城市居民、外来游客等，管理者则是政府与绿化管理部门等，这两类人是推动城市花境发展的主要群体。因此，正确认识花境的概念，推广宣传花境的作用是十分重要的工作。

英国花园的发展繁荣，与花园花卉在民众中极受欢迎关系巨大。如果让花境的起源与概念更普及到城市居民中，使人们真正理解它，发自心底喜爱花、喜爱自然、喜爱植物之美，则花境不止是一种节假日用以点缀的装饰物，还会成为一座城市、一个民族内在的文化，演变成文化传承的重要媒介。

（四）实际设计建造与施工养护各环节的均衡发展

即使是"一次种植多年可赏"的长效型花境，要维持好的景观效果也需要前期设计、现场施工、后期养护各项环节的步步到位。前期设计要求园林设计者不能停留在一味模仿的阶段，而要通过实践项目长年的经验积累，反思总结花境设计的难处与解决办法。同时，配置一组精品花境对现场施工的技术水平也提出较高的要求，恰当的步骤是首要。施工时有几大注意点，一要先大后小，先定植体量较大的乔灌木，再配置体量较小的地被层；二要先放样后栽苗，保证重点苗木的精确定位，以便把握花境全貌；三要先难后易，不易成活的品种先栽，在反季节施工时尤为重要。建造时还需把握科学栽植密度与实际栽植密度的差异平衡。至于后期的养护管理同样不可松懈，对生长较快的品种适时进行间苗，有些品种则进行花后修剪促进二次开花，部分品种还需要定期修剪复壮避免长势变差[9]。因此，杭州花境的稳定发展，其实需要很多"看不见"的付出。

（五）创新花境模式与融入城市生态的持续努力

上海上房园艺、海宁虹越花卉等国内著名园艺公司，在植物引种驯化繁育、生产课题研究、景观工程建造、科普培训活动等方面都提供了高水平的"一条龙"服务，说明花境产业在市场应用上得到了相当程度的重视。如何在现有的发展基础上，创新花境的配置模式与手法，营造更多变的花境景观，使理论研究与实践项目结合得更紧密，是未来城市绿地花境发展的重要任务。

花境的观念要深入人心，则需在城市生态中发挥更重要的作用。不仅要追求自然生态的应用价值，还要在社会生态上取得成果，即花境能融入城市的日常生活中，成为不可或缺之物，在文化生态中，花境也能培养一座城市对自然、植物的热爱与尊重。希冀未来通过政府部门、研究学者、园林工作者等持续不断的努力，花境这一园林应用形式会被赋予更多的含义和历史使命，真正成为杭州城市新的美丽名片。

（王若琳，上海交通大学设计学院硕士生）

参考文献

［1］ 顾颖振.花境的分析借鉴与应用实践研究——以杭州西湖风景区为例［D］.杭州：浙江大学，2006.

［2］ 徐冬梅.哈尔滨地区花境专家系统的研究［D］.哈尔滨：东北林业大学，2004.

［3］ 刘嘉.植物色彩在上海城区绿地花境中应用研究［D］.长沙：中南林业科技大学，2014.

［4］ 刘丹丹.中外园林花境营造比较与发展趋势研究——以杭州为例［D］.杭州：浙江大学，2016.

［5］ 龚稷萍，陈雷.杭州地区色系花境分析［J］.中国园艺文摘，2013（5）：145-146.

［6］ 蔡莹莹.上海街头绿地花境调查与设计策略研究［D］.上海：上海交通大学，2014.

［7］ 张美萍.长效型混合花境应用初探——以上海市闵行体育公园为例［J］.现代农业科技，2010（12）：210-211.

［8］ 夏宜平，苏扬，李白云.次第花开香如故——英国草本花境的自然式可持续景观［J］.中国花卉园艺，2016（13）：30-32.

［9］ 姚一麟.华东地区混合花境应用性研究［J］.中国园艺文摘，2012（10）：72-75.

［10］ 余昌明.杭州地区花境植物材料及其应用研究［D］.杭州.浙江大学，2011.

智能化发展语境下的城市家具设计

王童文

摘　要： 首先对"城市家具"的概念与分类做了阐述，对中国城市家具现状进行剖析，得出结论：国内传统城市家具因脱离时代需求而被废弃，而看似带有智能技术的新型城市家具也未能切实满足公众需求。再结合日前政府会议相关的讨论和报告，基于"实现城市智慧化管理"的时代新定位，总结出我国在打造"智慧城市"的进程中，城市家具发展将显示"智能化"的趋势。再结合智能化产品的概念，列举美国、新加坡等发达国家已有的智能城市家具案例，最后总结智能化发展语境下的城市家具设计应涵盖城市家具产品的产品层、服务层、系统层，并从城市规划的角度，给我国的城市家具发展以启示。

关键词： 城市家具；智能化；智慧城市；信息感知化

一、城市家具设计的定义

对"城市家具"一词的理解可以从字面拆解入手："城市"和"家具"，即将"家具的"概念放到"城市户外空间"这样与"室内空间"相比更为宏观的角度。欧洲在 1960 年首先出现"street furniture""urban furniture"的字眼，可以被直译为"街道的家具""城市家具"，而在日本被称为："步行者街道的家具""道的装置""街具"。一般被普遍接受的定义是"为了提供公众某种服务或某项功能，装置在都市公共空间里的私人或公共物件或设备的统称"。在中国，"城市家具"可以理解为"公共环境设施"，指的是城市中的各种户外环境设施。而关于它的具体分类在前人的研究中，可以按功能分为：市政、交通、安全、信息、环境小品设施等。

二、国内城市家具的现状

传统的"城市家具"以静态城市公共设施为主,譬如公共垃圾桶、电话亭、公交等候亭等等,而如今随着各类技术的飞速发展,原始的城市空间公共设施因公众基本需求的转变或提升而被公众废弃。以首都北京为例,北京国际饭店周边的电话亭几乎失去了存在的意义,而路旁的出租车扬招站,实际被使用的概率也不大。据北京市交通部门早在 2013 年发表的数据显示,北京市为改善公众打车等候环境,在重要商圈、居民区等地建设了 600 多处扬招站,但是随着时代飞速发展,打车 APP 日益普及,原始的出租车扬招站逐渐失去其存在的价值。

根据相关信息,北京城市家具分为 38 个类别,总数量超 500 万件。但在现实使用中,不仅是电话亭、出租车扬招站等较为传统的城市家具逐渐被淘汰,一些较之更有科学技术含量的城市家具也开始被闲置。以北京朝阳门南小街的智能数字公交站亭为例,智能数字公交站比传统公交站增加了预测路况、天气等其他综合信息。但在具体的使用过程中,较多的智能数字公交站的屏幕却长期处于黑屏状态,公众对此也不太关注,看似应用了智能技术的城市家具也因为没有真正满足公众需求而被忽视。

三、"智慧城市"与城市家具"智能化"发展趋势

在全球智能化发展趋势的背景下,我国城镇正逐步从城市化走向现代化。为了应对社会发展过程中可能出现的交通、环境、基础设施等方面的矛盾,"智慧城市"的建设显得尤为重要。在 2018 年的全国两会中,智慧旅游、智慧交通、智慧养老成为本次两会的关注焦点,"百江汇流"的智慧城市总体规划也开始更为清晰。在这样的时代背景下,更多的城市开始着手利用先进的信息技术将城市工商活动、服务、民生、环境保护等方面的信息进行整合,实现城市智慧化运营和管理。

城市家具作为城市日常生活中使用率和普及率较高的产品,在"智慧城市"的建设中会在达到基本使用功能和美化城市空间功能的基础上,发生新的转变。国外已有技术公司开始着手对传统城市家具的改造,城市家具的智能化会是未来发展的趋势。

四、"智能化"城市家具

(一)"智能化"产品

在知网的概念关系知识库中检索"智能",它一开始出现在哲学社科领域,于春梅的《对教育育人的几点认识》中对其描述为"使学生在掌握坚实而广泛的知识的基础上,形

成科学思维，独立工作和有所创造等各种能力"，而随着计算机技术的发展，相关的概念开始应用于工业领域。不管研究内容主体是人还是机器，"智能"都指的是分析、解决、处理各种问题的能力。"智能化"是指产品具有更大范围和更高层次的"智能"。可以借鉴哲学社科领域中的相关概念，将智能理解为产品自己在有一定知识的基础上，具备自行解决问题的能力，即能从感觉到记忆再到思维，具备自主感知、预测、反应和协作等能力。所以智能化产品具有一定的学习记忆并且能根据不同情况给出相对行为反应的能力。总结前人对"智能化"产品的研究，可以将其定义为从"信息感知化"到"行动自主化"，最终能"数据协作化"的产品。

1. 信息感知化

信息感知指的是对事物状态和变化方式的探测和先觉，而信息感知化则指的是以信息感知为工作中心，常以某个体或行为信息为感知对象，当感知对象有所变化的时候，譬如周围环境或使用者行为有所变化，具有信息感知化的产品就会对这个变化做相应反应，属于从产品层面来实现智能化。

因此，实现信息感知化的前提是充分、及时地通过感知器感知物体的性状与变化，信息感知化的产品设计也需要考虑更多引发各种用户行为和周围环境变化的因素和产品，拟将在各种变化中做出何种相应的反馈。

2. 行动自主化

信息感知化属于从产品层面来实现智能化。而在服务层面，它可以被提升到行动自主化的程度，即使产品本身拥有明显的学习记忆、自主决策的能力，这类产品较其他产品在了解用户行为方面的表现明显更突出，它不仅强调对变化做反应，更着重在能通过学习过去的用户行为来预测未来的用户行为，并能够同时结合周围环境因素的变化，提供更为系统化的解决方案。这类产品更能用于解决服务层面的问题，而拥有这种能力的产品需要集合智能硬件记忆学习和大数据处理的智慧。

3. 数据协作化

"协作化"在人文社科领域指的是通过团队的形式进行问题解决的策略，当"协作化"放到数字化背景中，即产生了"数据协作化"，它指产品可以在系统层面进行大数据协同处理，即让数据以"团队的形式进行问题解决的策略"。在这个"数据团队系统"中，智能产品在具备分析处理其自身及其所在系统产生的大数据基础上，更可以与系统中其他产品进行大数据交换，譬如"利用云计算技术将不同系统提供的海量数据协同运算分析，让更为宏观的数据研究分析能够产生新的应用"。

（二）智慧城市与智能化城市家具

1. 智慧城市

2008 年"智慧城市"的概念第一次被提出，从相关的文献中可以看出：来自不同领域的学者因为研究角度不同而对其有不同的定义。但正如前人研究中总结的：可以从狭义、广义上加以理解。狭义上即可以从技术角度来界定，"以物联网为基础，通过物联化、互联化、智能化方式，让城市中各个功能彼此协调运作，以智慧技术高度集成、智慧产业高端发展、智慧服务高效便民为主要特征的城市发展新模式，其本质是更加透彻的感知、更加广泛的连接、更加集中和更有深度的计算，为城市肌理植入智慧基因"。广义上可从社会功能的角度定义，"以发展更科学，管理更高效，社会更和谐，生活更美好为目标，以自上而下、有组织的信息网络体系为基础，整个城市具有较为完善的感知、认知、学习、成长、创新、决策、调控能力和行为意识的一种全新城市形态"。但目前，世界上实际的"智慧城市"发展尚不够成熟，很多实践只是简单停留在数字化信息传递的表层阶段，还未到能拥有数据决策能力的真正"智能化"的阶段。史密斯也指出："当前的智慧城市现实是根本没有一座城市称得上智慧。"但他也坚持认为，如果一个城市运行的最终目标是效率、便利和舒适，那么智能化应该是这个时代的最佳答案。

真正的"智能化"则强调产品从提供服务的一个终端上升到多个终端及其相互关系组成的完整服务体系。所以，智能化城市家具不仅是具有智能能力的户外环境设施单体，更涵盖众多智能设施共同组成的整个服务体系。譬如在"智慧城市"中的"智能信息导向""智能交通服务"等智能化城市家具服务体系，它需要将每个触及的环节都协同起来。正如"智慧城市"目前规划中所追求的那样：不仅要能够向公众提供智能产品，还要追求各个环节中信息整合与数据共享，从产品层、服务层、系统层都能够为公众提供更高质量体验。从宏观的社会角度看，达到系统层面设计的智能化城市家具能够将其在区域内收集的数据编织成完整的宏观信息网，在无形中能实实在在地赋予公众责任的力量，激发公众更积极、更有力的执行力。

2. 信息感知化的城市家具案例

信息感知化的城市家具能够因人的行为选择进行信息反馈，进而为满足公众需求提供更完善的用户体验。

在科学技术飞速发展的美国纽约，设计师设计了在信息层面整合 Rss、Twitter、Foursquare 等信息数据、用户可以在上面进行导航和查店铺等操作的智能路牌。该智能路牌可根据具体需求显示更多内容：包括饭店指南、娱乐指南、新闻、社交平台信息等。当使用者在晚餐时间点击"晚餐"的图示按钮，智能路牌会自动旋转到相应位置，来显示附近较近的饭店方向和直达距离。它的设计基于世界各地大规模采用大屏幕触摸屏的浪潮，根据用户行为提供了专属指示，以更令人愉快的方式提供有价值的信息指示。该项目经理在采访中也提到目前从静止固定标识牌到新的标识牌种类的需求转变。过去通过数字屏幕来呈现数据的方式已经被公众过于熟悉而被忽视。而这样和网络互连的智能路牌，可以根据人的行为变化进行信息收集并及时给出反馈。并且，与之前传统的彻夜常明的路牌相比，这样的智能城市家具能够根据是否有人使用而自行给出更节能的省电方案。

3. 行动自主化的城市家具案例

行动自主化产品不同于自动化产品，真正意义上的行动自主化产品会基于自身已有的知识储备以及所处环境位置做出相关判断与决策，目标是建立起一套完整的思维体系，甚至包括了掌握专业知识。而自动化产品只是根据先前的人为预置指令进行工作。以户外自动化洒水机为例，真正行为自主化的浇灌系统会结合当下的环境因素——温度是否持续变暖、近日是否有降雨等得出即将浇灌的水量。这类行为自主化产品对环境有较高的判断力，在决定是否采取行动时会对外界环境因素加以考虑。

在早已开始普及智能化设备的新加坡，随处可见采用微电脑控制芯片的智能垃圾桶。这些垃圾桶由红外线探测装置、机械传动装置、连杆机构等装置组成。带有自动开关盖的智能垃圾桶能够扫描检测到投扔垃圾的动作，人们可以在不接触垃圾桶的情况下扔垃圾。而带有内置感应器的 CleanCUBE 垃圾桶则对垃圾桶内部进行实时检测，当垃圾装到一定程度时，垃圾桶内部会启动自动压缩装置，解决在城市中心、商场、公园、旅游景点等人口密集地区的垃圾溢出问题。并且在安全方面，感应器也可以感应火苗等危险因素，防止垃圾桶被误投烟头而产生安全事故等。

4. 数据协作化的城市家具案例

数据协作化的城市家具则被赋予了对信息采集、数据处理信息交互能力的高要求。数据协作化的城市家具能让更多城市家具单体设备被有机组合，从而形成了庞大而统一的系统。在这样的系统中，每个单独的智能城市家具产品都可以收集数据并与系统中的其他产品进行数据交换。

同样以新加坡的智能垃圾桶举例，威士马广场的智能垃圾桶除了上文提到的行动自主化以外，也是数据协作化的产品。它可以将内部产生的数据收集，如垃圾的回收频率、垃圾类占比等。当垃圾压缩过仍旧达到一定的满溢程度时，它能连接系统网络，自动通知清洁人员。使用者也可以通过系统查询垃圾桶压缩记录、电池容量等信息，他们还可以用系统中的历史数据，对比各地区垃圾填满的速度，从而调整全市垃圾桶的分布……

五、总结

在物联网高速发展的今天，智能化发展语境不仅大大影响了产品设计等工业设计领域，更对城市空间规划有了从宏观到微观的影响，对城市家具的发展带来了启示，让智能城市家具在某种程度上成为"打造智慧城市"的重要一环成为可能。在我国，传统城市家具逐渐开始脱离时代需求，而带有智能技术的城市家具在满足公众需求方面也急需提升。在新加坡、美国等发达国家的城市中，信息感知化、行动自主化、数据协作化的智能城市家具能给我国的城市家具发展带来更多的启发：在未来，我国的城市家具设计可以借鉴国外已有的成功案例，从产品层面、服务层面、系统层面对我国城市家具产品进行迭代更新。对于城市规划管理者，可以在城市家具规划设计导则中制定更为细致的城市家具智能化标准，结合智能化发展语境，将"智能化"概念进行细分，譬如在"信息感知化"下再细分到"城市微气候等物理指标检测""灾害预防与安全联网智能化"等，在导则中就结合具体的城市家具分类方法等，为我国城市家具设计者的设计策略提出要求，提供启示。

（王童文，上海交通大学设计学院硕士生）

参考文献

［1］ 李昊.地域文化背景下的城市家具设计研究——以重庆磁器口为例［D］.重庆：四川美术学院，2017.

［2］ 杨玲.城市家具设计的策略、方法与实践［J］.包装工程，2016，37（8）：40-43.

［3］ 张九华.关于物联网背景下的产品设计理念分析［J］.电子制作，2016（4）：66.

［4］ 迈克尔·巴蒂，赵怡婷，龙瀛.未来的智慧城市［J］.国际城市规划，2014，29（6）：12-30.

［5］ 吴志强，柏旸.欧洲智慧城市的最新实践［J］.城市规划学刊，2014（5）：15-22.

［6］ 李德仁，姚远，邵振峰.智慧城市中的大数据［J］.武汉大学学报（信息科学版），2014，39（6）：631-640.

［7］ 赵渺希，王世福，李璐颖.信息社会的城市空间策略——智慧城市热潮的冷思考［J］.城市规划，2014，38（1）：91-96.

［8］ 张宇，丁长青.实时信息解构：物联网感知功能的本质［J］.南京邮电大学学报（社会科学版），2013，15（4）：8-13.

［9］ 王宏飞."物联网"背景下的产品设计理念研究［J］.设计，2013（9）：179-180.

［10］ 辜胜阻，王敏.智慧城市建设的理论思考与战略选择［J］.中国人口·资源与环境，2012，22（5）：74-80.

［11］ 张铎.物联网大趋势［J］.物联网技术，2011，1（6）：20-23.

［12］ 黄翔星，李伟.国内外物联网产业现状分析与厦门市的发展思路［J］.厦门科技，2011（1）：4-8.

［13］ 陈准，胡玮.谈城市公共空间中城市家具的设计［J］.工程建设与设计，2008（8）：9-12.

［14］ 李志国.城市家具设计的现状分析［J］.陕西林业科技，2007（1）：79-81.

［15］ 周方旻，沈法.从符号学出发的城市家具设计［J］.宁波大学学报（理工版），2003（2）：172-175.

创意设计之都的城市品牌构建研究

王嘉睿　闫　妍

摘　要： 当下经济指标不再作为单一维度衡量城市竞争力，越来越多的国家和城市意识到创意产业正在创造着越来越多的价值。城市品牌作为跨学科的概念，综合了品牌学、社会学、经济学、设计学等领域的知识，在城市规划与发展方面具有指导意义。构建文化创意型城市品牌可以帮助城市发展创意产业，文中借助联合国创意城市网络的概念，整合品牌创建模型以及创意设计评价模型，提出了基于创意设计的城市品牌评价模型来评估城市的创意产业价值潜力，并针对优势领域进行推广，促进创意设计的大环境构建。针对创意城市网络下的设计之都——上海进行了分析验证，指出城市在多元化发展的进程中如何结合自身优势，在创意设计领域挖掘城市潜力。

关键词： 城市品牌；设计之都；创意产业

一、城市品牌的定义与分类

品牌的概念源自营销学，现如今在各个领域都被广泛使用。它是一种错综复杂的象征，融合了主体物的属性、名称、包装、价格、渠道、风格等等各方面的因素。按照品牌主体物对品牌进行分类，可以区分为个人品牌、企业品牌、活动品牌、组织品牌以及地域品牌和城市品牌等几大门类。其中城市品牌的概念最早是由营销学之父 Keler 在自己的著作《战略品牌管理》一书中提出。他认为"像人和产品一样，地理位置或空间区域也可以成为品牌，即城市可以被品牌化"。他认为城市品牌化就是让人们了解并知晓某一城市并将某种形象和联想与这座城市的存在自然联系在一起，让其精神融入城市的每一座建筑之中，让竞争和生命与这座城市并存 [1]。根据华南理工大学工商管理学院陈建新教授的观

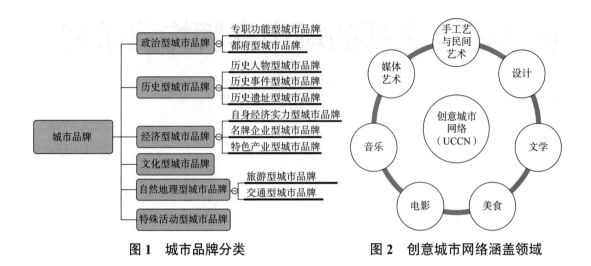

图 1　城市品牌分类　　　　　图 2　创意城市网络涵盖领域

点，可以对城市品牌进行如下分类，见图 1[2]。

其中文化型城市品牌，它依托文化产业而发展，这一概念不止局限于文化，近年来更是与创意结合，形成文化创意产业。联合国教科文组织提出的创意城市的概念，创意城市网络（UCCN）由来自 72 个国家的 180 个成员城市构成，涵盖手工艺与民间艺术、设计、电影、美食、文学、媒体艺术和音乐 7 个领域。这一范围内所创建的城市品牌形象均属于文化型城市品牌，见图 2。

以上的城市分类方法并不是一一映射关系，一座城市可能是首都城市，同时也兼具历史型城市品牌的特征或文化型城市品牌的特征。例如北京作为中国首都，党政机关聚集决定了它是政治型城市品牌，同时北京作为历史古都，兼具历史型城市品牌；而在 2012 年，北京加入创意城市网络，成为设计之都，同样是它自身的品牌标签。本文以设计之都的角度为切入点，重点分析创意设计领域的城市品牌构建。

二、创意城市网络下的设计之都

联合国全球创意城市网络，是联合国教科文组织于 2004 年创立的项目，该项目旨在把以创意和文化作为经济发展最主要元素的各个城市联结起来形成网络。在这个网络的平台上，成员城市互相交流经验、互相支持，帮助网络内各城市的政府和企业面向国内和国际市场进行多元文化产品的推广，扩大国内和国际市场上多元文化产品的推广。加入该网络的城市被分别授予 7 种称号："文学之都""电影之都""音乐之都""设计之都""媒体艺术之都""民间艺术之都""烹饪美食之都"。目前已经超过百余座城市加入了该网络，其中有 23 个城市被命名为"设计之都"，具体名单见表 1。

表 1　联合国教科文组织认定的设计之都

设计之都	所属国家	授予年份
布宜诺斯艾利斯	阿根廷	2005 年 8 月
柏林	德国	2005 年 11 月
蒙特利尔	加拿大	2006 年 5 月
名古屋	日本	2008 年 10 月
神户	日本	2008 年 10 月
深圳	中国	2008 年 11 月
上海	中国	2010 年 2 月
首尔	韩国	2010 年 7 月
圣埃蒂安	法国	2010 年 11 月
格拉茨	奥地利	2011 年 3 月
北京	中国	2012 年 6 月
毕尔巴鄂	西班牙	2014 年 12 月
库里奇巴	巴西	2014 年 12 月
邓迪	英国	2014 年 12 月
赫尔辛基	芬兰	2014 年 12 月
都灵	意大利	2014 年 12 月
万隆	印度尼西亚	2015 年 12 月
新加坡市	新加坡	2015 年 12 月
底特律	美国	2015 年 12 月
普埃布拉	墨西哥	2015 年 12 月
布达佩斯	匈牙利	2015 年 12 月
考纳斯	立陶宛	2015 年 12 月
武汉	中国	2017 年 11 月

资料来源：根据联合国教科文组织官方网站整理，整理时间截至 2017 年 12 月。

三、创意产业与城市品牌领域相关研究

（一）创意产业的 CDI 模型

在文化创意领域的研究中，Creative Design Index（简称 CDI 模型）是用于描述与测量作用于创意增长的相互作用的多种因素的统计框架。与其他指标一样，它通过一个由一系列重要特征组成的指标集合来测量某一现象的表现与品质。目前已有的创意能力评价体系包括香港创意指数、欧洲创意指数、Flemis 指数等。CDI 模型受这些已有的指标的启发，引入了一些与创意设计活动关系更密切的要素，以达到更为确切评价与测量创意设计活动的目的。这些因素包括：创意设计学校教育，创意设计就业岗位，文化供给，文化参与，创意产业的经济贡献。这些指标共分为六类，涉及人力资源、文化环境、开放性与包容度、技术、制度环境、创意产业集群和品牌。如图 3 所示。

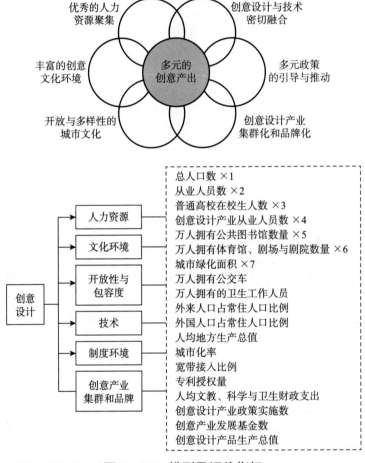

图 3　CDI 模型及评价指标

（二）城市品牌模型

关于城市品牌学方面的研究，2006 年学者 Laakson 曾采用焦点小组座谈法对城市形象进行访谈研究，探索人们心目中对城市形象的主观描述。与大多数研究结论类似，Laakson 认为城市形象的主题围绕自然、建筑环境、文化和工业四方面，并且找到了这四个主题之间的联系，提出了一个"四维（自然、产业、文化、建设环境）和三层（观测层、评估层和环境层）"的概念模型[3]（图 4）。该团队的研究指出，人们不会把城市看作是独立的东西，而是把整个环境简化，形成自己的城市形象。观测层面包括感知所依赖的主题：自然，建筑环境，文化和工业。评估层面揭示了围绕四大要素而感知的相关态度，而环境层表示城市的主观印象，展示了城市形象的相关关注点和发展点。

为了解决城市缺乏吸引力的问题，研究人员提出应该加强城市形象四个主题之间的联系，其中文化方面的建设尤为重要。

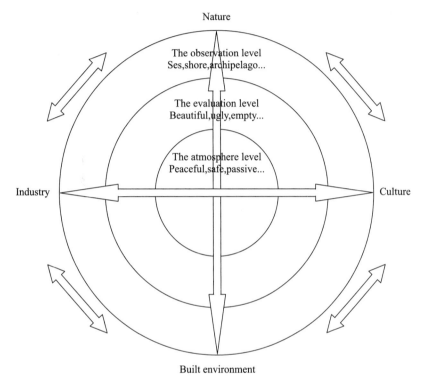

图 4　城市形象感知模型

四、创意设计城市的品牌模型

根据 CDI 模型的指标，可以衡量一个城市创意产业竞争力的高低，因此可以作为创意设计城市品牌构建的一个考核因素，根据指标结果评价城市的创意产业价值潜力，最终针对优势领域进行推广，促进创意设计的大环境构建。至于如何构建创意设计的城市品牌，则涉及宏观的品牌创建模型与城市品牌形象管理模型。基于上述已有的研究及相关模型，本研究构建了针对创意设计城市的城市品牌模型（图 5）—— CDBI（City of Design Brand Index）。该模型分为观测层、价值层与环境层三大层级，流程上遵循四大步骤：从确立城市形象，梳理产业环境，确立品牌内涵到城市宣传推广，进行全流程的创意城市品牌建设过程。

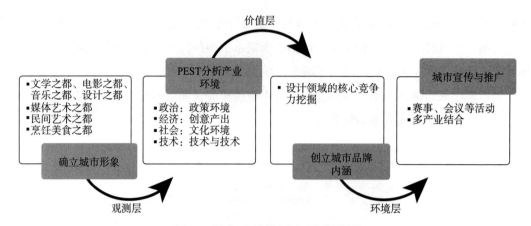

图 5 创意设计的城市品牌模型

（一）确立城市形象

正如联合国教科文组织提出的创意城市概念，它涵盖了文学之都、电影之都、音乐之都、设计之都、媒体艺术之都、民间艺术之都以及烹饪美食之都等等，并不是每一座城市能以设计成为自己的核心竞争力，城市品牌确立的第一步应该是正确选择自己的城市形象。新晋设计之都——武汉，其工程设计产业位列全国第一，在"十二五"时期坚持创新驱动、特色发展，文化产业园区由小到大，由弱到强，逐步实现产业集聚发展。全市共有各类文化产业园区 28 个，重点园区集聚文化企业近 8 000 家，并呈现出差异化发展态势[①]。正因如此，武汉积极申报世界"设计之都"，支持龙头设计企业走向海外，吸引国内外高端工程设计企业到武汉设立总部，争创文化创意型的城市形象。

（二）分析产业环境

北京市 2017 年 1—9 月文化创意产业情况如表 2 所示。

表 2 北京市 2017 年 1—9 月文化创意产业情况[②]

项目	收入合计 / 亿元	同比增长 /%	平均从业人数 / 万人	同比增长 /%
合计	10 744.3	8.9	122.6	−0.6
文化艺术服务	233.9	15.0	5.7	0.4
新闻出版及发行服务	523.2	10.0	7.6	−1.4
广播电视电影服务	596.1	−3.9	5.5	−0.7
软件和信息技术服务	4 523.3	15.7	67.4	−0.2
广告和会展服务	1 372.7	5.4	6.6	−5.2

---

① 资料来源：武汉市文化产业发展"十三五"规划 http://www.whdesign.org/html/shejifuwu/zhengceyanjiu/20170815/1125.html.

② 资料来源：北京市统计局 http://www.bjstats.gov.cn/tjsj/yjdsj/whcy/2017/201710/t20171031_386437.html.

项目	收入合计 / 亿元	同比增长 /%	平均从业人数 / 万人	同比增长 /%
艺术品生产与销售服务	812.7	1.4	1.9	1.0
设计服务	226.5	8.8	8.2	8.7
文化休闲娱乐服务	759.9	−1.4	8.4	−3.2
文化用品设备生产销售及其他辅助	1 696.0	6.5	11.3	−4.5

注：各领域数据按 2011 年国民经济行业分类（GB/T 4754—2011）标准汇总。

确立城市形象之后，需要分析城市当下的产业环境。PEST 分析是较为常见的一种用于梳理宏观环境的分析模型，所谓 PEST，即 Politics, Economy, Society, Technology。从政治、经济、社会、技术四个维度分析外部环境，从而认清发展过程中的优势与劣势，做到扬长避短。以设计之都北京为例，2014 年 2 月，习近平总书记视察北京时，明确指出首都的城市战略定位是"四个中心"，即全国政治中心、文化中心、国际交往中心、科技创新中心。2016 年 9 月，国务院印发实施《北京加强全国科技创新中心建设总体方案》，统筹部署科技创新中心建设的"顶层设计图"，科技创新中心建设上升为国家战略。在国务院科技创新中心建设领导小组框架下，北京市政府和 10 个国家有关部门合力搭建"组织架构图"，成立推进科技创新中心建设北京办公室，设立"一处七办"，合力绘就科技创新中心"施工任务图"，全力推进全国科技创新中心建设。经济与技术方面，2016 年北京市设计产业实现技术合同 4 614 项，成交额 440.5 亿元，输出京外 3 279 项，占设计类技术合同的 71.1%，成交额 339.8 亿元，占设计类技术合同成交额的 77.1%。成立了京津冀设计产业联盟、品牌创意创新中心等一批区域合作推动机构，整合了一批优势设计资源，推动产业跨越式发展[①]。社会环境方面，北京文化创意氛围浓厚，拥有 30 余个文化创意集聚区，以及约 270 个设计创意工作室。2012 年 6 月，北京成为联合国教科文组织创意城市的一员，被授予"设计之都"称号时，其最鲜明的两个特征为"科技创新"与"文化创新"。北京在全球视野下，以文化为生长点、以科技为驱动力、以设计为融合剂、以消费为突破口，促进科技、设计、文化与经济建设、城市发展、市民生活共融共生，赋予城市新的发展优势[②]。

（三）创立城市品牌内涵

从城市形象升级到城市品牌，这一过程需要充分挖掘城市在设计领域的核心竞争力。正如 CDI 模型中涉及的诸多指标，一座城市很难做到广而全。因此深化自己的突出优势才能帮助城市形成自己独特的城市品牌内涵，例如设计之都深圳的品牌形象为设计先锋，

---

① 北京设计产业发展形势与创新战略 .
② 北京"设计之都"建设发展规划纲要 .

立足于市场去发展自身。2016 年，深圳文化创意产业实现增加值 1 949.7 亿元，同比增长 11%，占 GDP 的比重达 10%。预计 2017 年深圳文化创意产业增加值将达 2 149.77 亿元^①。2017 年在德国 iF 设计大奖中，深圳企业揽得 142 项，占中国企业获奖项目的 36%，连续 6 年居全国大中城市首位^②。深圳具有强大的创新能力，被公认为是中国高新技术综合性产业基地之一和知识产权发展重镇之一。每年约 4 万项专利被授予深圳企业，其中半数与创新设计相关。依托比邻港澳的地理位置优势与改革开放的列车，深圳以人才和技术为核心竞争优势，成功塑造了自身"设计之都"的品牌形象。

（四）城市宣传与推广

为了建立设计之都的品牌形象，除了增强城市在设计领域的内在优势之外，对外的推广与宣传同样重要。推广城市品牌一方面是让设计产出走向世界，另一方面也为本地吸引资源，从而形成良性循环。上海举办了许多具有良好声誉的展览和活动，包括上海国际创意产业周，上海设计双年展，上海国际电影节、中国上海国际艺术节等等^③。不仅如此，上海还成立了联合国教科文组织创意城市推广机构，作为负责促进城市设计子网的主要政府组织；通过调动所有相关部门促进产业升级以及规划和政策的实施，支持创意设计产业的国际合作^④。关于创意产业的运行机制，上海形成了政府引导、市场运作、中介服务三位一体的运行机制。政府应以引导产业，调动企业和市场的能力为主要因素，同时，鼓励各中介机构参与创意产业的发展。

五、塑造城市品牌的意义与重要性

城市之间的竞争已经日趋激烈，除了用传统的经济指标衡量其竞争力，越来越多的维度被引入城市评价系统。城市品牌的打造就是借用营销学的理论与营销方法，挖掘城市的商业价值，开发城市的巨大潜力。Keler 认为，城市品牌的力量就是让人们了解和知道某城市并将某种形象和联想与该城市的存在自然联系在一起，将品牌精神融入城市的每一座建筑之中，让竞争与生命和该城市共存[1]。城市面临的转型与发展问题是多元化并且复杂的，引入城市品牌的概念可以帮助城市更好地管理自己的资源体系。对于各个国家的知名城市，自身已经集合了诸多显著优势，城市品牌的搭建可以指导城市如何整合利用这些优势，实现自身特色发展的道路，提升知名度与影响力，并最终巩固自己的核心竞争力。创意产业是第四次信息革命之下经济发展的新趋势，打造设计之都等的文化创意城市品牌与

---

① 2017—2022 年深圳文化创意产业发展前景及投资机会分析报 http://www.askci.com/news/chanye/20171012/175349109532.shtml.
② 深港共建全球创意设计高地 http://www.sznews.com/news/content/2017-07/24/content_16794943.htm.
③ 10thingstoknowaboutShanghaiUNESCOCityofDesign;2011.
④ SHANGHAIUNESCOCityofDesign2013DevelopmentReport.

形象是顺应发展规律的举措。对于城市发展而言，以此为立足点，可以快速提升城市财富总量以及价值转换效率，而这也正是品牌战略的终极目标。

（王嘉睿，闫妍，上海交通大学设计学院硕士生）

参考文献

［1］ Keller. Strategic brand management: Building, measuring and managing brand equity［M］. New Jersey: Prentice Hail, Inc., 1998.

［2］ 陈建新，姜海 . 试论城市品牌［J］. 宁波大学学报（人文科学版），2004，17（2）：77–81.

［3］ Laaksonen P, Laaksonen M, Borisov P, et al. Measuring image of a city: A qualitative approach with case example［J］. Place Branding and Poblic Diplomacy, 2006, 2（3）：210–219.

荷兰 Droog 家具设计分析
Design Analysis of Dutch Droog Furniture

朱雨晴

摘 要： 从 Droog 的设计理念中汲取养分，反思现代家具的设计实践。运用案例分析法，通过实例分析 Droog 家具的设计理念，探讨与社会主导文化同向叠合、满足选择性审美意识、实现体面与尊贵的心理需求的现代家具设计。Droog 的设计理念从人文角度出发可定义为资源、环境和友好。家具设计应当使设计理念与生产实践一致，具有理念与功用协调平衡的现实意义。

关键词： Droog；设计理念；解析；反思

Abstract: Learn from Droog's design concept and inspire the design practice of modern furniture. Using the case analysis, analyze the design concept of Droog through actual cases to further discuss overlap with social dominant culture, the satisfaction of selective aesthetic consciousness, the introspection of the realization of psychological need of honor and dignity upon modern furniture design. From the aspect of humanity, the design concept of Droog could be defined as resources, environment, and friendliness. Furniture design should keep the consistency of design concept and practice and the harmonious equilibrium between concept and utility should be revealed.

Key words: Droog; design concept; analysis; introspection

欧洲设计自包豪斯以来一直在创新中处于国际领军地位，相比于德国与意大利所崇尚的古典民族文化的设计理念，设计大国荷兰则以前卫型与实验性视角日益受到世界关注，并逐渐成为世界设计风向标[1]。荷兰设计应用领域非常宽泛，涵盖平面、家具、建筑、服装等方面，特别是在家具设计领域，以打破传统固有模式，运用艺术形式实现家具功能与造型之间相互转化的设计理念，使其在整个家具设计领域占有重要的位置，Droog 则是其中极具代表性的设计团体。通过分析对 Droog 的现代设计理念，从中获得了具有指导家具设计的经验，具有积极的现实意义。

一、Droog 的设计理念分析

Droog 的荷兰语意为干燥，如果单从这一方面来说，显然是不全的。对文字的理解有两种，一种是单纯字面意义的理解，一种是从文字所蕴涵意义的角度进行抽象意识的理解。在文化现象中，人们对一些特定文字多以第二种方式来理解和解释，而家具设计即是一种文化现象。

荷兰是个低平国家，海拔不到 1 m 的国土占到了全国土地的四分之一，部分地区甚至是围海形成。19 世纪 80 年代以来，世界各国对各种自然资源无节制地开采，导致全球自然环境遭到了严重破坏，全球气温明显上升，温室效应越来越严重。联合国政府间气候变化专门委员会曾经预计 1990—2100 年全球气温将升高 1.4~5.8℃，海平面将上升 127 cm，不少城市与国家将会消失，这种后果对于荷兰这样的低平国家来说意味着灭顶之灾，这使得国家与人民处于极度危机之中。因此，荷兰民众具有强烈的忧患意识，无论在政府管理、经济建设，还是在人们生活中，保护环境都成为优先选项，且无处不在，并转化成了全民的自发行动，上升到了一种全民文化的高度。这种浓郁的环境忧患文化成为 Droog 家具设计理念的文化土壤，并在 Droog 的家具设计中得到了充分的体现。

基于上述客观环境现实，人们在对 Droog 的干燥语意进行抽象意识思维以后，便可清晰地将 Droog 的设计理念定义为资源、环境和友好，即去掉产品里附加的、不必要的设计，重新回归产品价值。Droog 创始人芮妮·雷马克斯以一种设计专业语言进行了高度概括，即反对奢侈华丽的设计，展现简单、清晰、没有虚饰的设计风格 [2]。

二、Droog 团队对家具的设计理念分析

人们对好的设计很难界定统一的标准，但是从设计的最终目标角度分析发现，好的设计通常满足 3 个基本条件：其一是设计理念与社会主导文化相叠合，并能够通过独特的表现形式将理念有效地传递给消费者；其二是必须满足消费者的审美趣味，与消费者产生共鸣并获得消费者认可；其三是能够实现消费者体面与尊贵的心理需求。Droog 的成功就在于将上述 3 个基本条件完美地结合到了一起，并将其凝聚成了一种内在态度，强调了作品的内在价值与社会价值，试图通过不超越材料本质、避免多余装饰、力求简约的构造形式

来彰显资源、环境和友好的设计理念，寻求合理自然存在的含义。

（一）与社会主导文化理念同向叠合

设计理念与社会主导文化的同向叠合是 Droog 设计中极为成功的特征。Droog 通过具体的设计将资源、环境、友好的理念巧妙地融入实际作品中，获得了广泛认同。实际生活中，每个人因受教育程度、审美情趣、社会生活环境等因素的影响[3]，生活理念、生活态度、生活品位均会不同，其中起主导作用的是生活理念。在社会文化中，在环境忧患意识下形成的对环境保护的偏好，在进行消费与审美体验时，会通过其具体消费行为予以体现。家具不仅是生活实用品，而且还是个体生活中不可或缺的艺术性精神调节元素。在现代化生活环境下，可以肯定的是个体对于家具的喜好，不完全在于其实用性是否得到了充分体现，而在于家具本身具有的艺术性与美感是否与个体生活理念同向叠合，这恰是 Droog 设计所追求的。

图 1 为荷兰设计师 Tejo Remy 设计的抽屉柜与碎布椅，Droog 的设计理念彻底颠覆了所有传统的家具设计理念，从资源、环境、友好的设计理念出发，向人们发起感官与审美情趣的冲击，这种看似缺乏传统美感意义的艺术，一般民众很难予以认同，然而对于与Droog 一样具有环保、低碳理念的人来说，则因生活理念的叠合而成为奇妙的艺术品，因此 Droog 的设计理念就在于从人们心理感受出发来实现艺术与生活理念的同向成功叠合。但在这里必须要客观地指出来的是，废旧抽屉柜与碎布椅虽然较好地宣示了 Droog 的设计理念，其艺术性与美感也与消费者的环保、低碳理念高度叠合，却因其过于强调设计理念忽略了对家具实际应用效果的考虑，使得设计理念与实际应用存在一定的偏差。

图 1　荷兰设计师 Tejo Remy 设计的抽屉柜与碎布椅

（二）选择性审美意识的满足

艺术品的魅力在于通过视觉冲击使个体获得一种有价值的、值得反复回忆和玩味的心理审美的愉悦与满足，当这种心理愉悦只可意会而无以准确言表的时候，感受个体则会产生一种较为强烈的获得或消费该艺术品的欲望，而这正是消费者心理满足后产生消费意愿的原动力，Droog 的抽屉柜设计即恰到好处地予以实现：将家具功能、艺术性、生活理念有机地融合到了一起，使消费者不论是从实用、艺术享受还是生活理念都得到了满足。然而，更重要的是 Droog 的家具设计极大地使个体选择性审美意识得到满足。

个体家具消费与审美意识冲动是有选择的。在基本生活状态下家具所展现的是实用性功能和艺术性功能。随着物质财富的不断增加，人们改善生活品质的欲望会越来越强，在此种状态下，消费者对家具的关注会注重于自我精神的满足与生活理念的实现。在已满足基本生活之外的可支配性收入足够多的情况下，当家具本身具有的艺术性能够给消费者带来冲击性的视觉体验的时候，消费者会产生选择性审美意识冲动[4]，即将注意力全部投入对家具的艺术性审美的上面，从而对家具本应具有的实用性功能了以选择性忽略，而产生冲动性消费行为。此时消费者消费的目的不在于家具的实用性功能，而是在于家具展现出来的可以为消费者提供审美愉悦的艺术享受。这种享受在 Droog 的设计中得到了充分的体现，图 2 为荷兰设计师 Marcel Wanders 于 1996 年设计的绳结椅，设计师将平面的线条利用结绳手法形成三维立体的构件，使这把椅子完全超出了纯粹的实用功能范围而成为一件艺术品，颠覆了人们脑海中椅子本应有的样子，让人得到了一种选择性审美意识的满足。

图 2　荷兰设计师 Marcel Wanders 于 1996 年设计的绳结椅 1996

（三）实现体面与尊贵的心理需求

艺术与审美是一种心理现象，对艺术与审美的追求和满足从而获得体面与尊贵也是一种心理现象。Droog 以其完美的设计将上述两种心理现象融合到了一起，这也是 Droog 在极短的时间里迅速崛起，成为世界顶级设计团队的原因之一。

马斯洛心理需求层次理论认为，人的需求由低向高共分为 5 个层次，包括生理、安全、社交、被尊重与自我实现需求[5]。在一定阶段，人的需求是一种需求主导下的多层次需求并存，不同时期的需求结构是处于动态变化形态的。荷兰是全球最发达的国家之一，其社会文明、社会财富与物质文明程度极高，精神需求对人们来说更重要。在这个极其发达的现代化社会，人们对生活的需求已不仅只是物质与实用，而是追求精神层面的体面与尊贵，其物质的功能与社会价值保持一致[6]。当今低碳、节能、环保恰恰是全球主要社会价值的体现，对此的追求与拥趸正是人们尊贵与体面的表现，Droog 恰到好处地推出了资源、环境、友好的设计理念，与人们尊贵与体面的需求高度一致。仍以图 2 绳结椅为例，这件产品运用了传统编织工艺，用内装碳化纤维、外裹芳族聚酰胺编织套的绳子编织出柔软的绳结椅。一方面，通过新材料的应用实现了"双友好"的设计理念；另一方面，产品形态的创新使绳结椅颇有独具一格的视觉美感效果，其产品的视觉表达信息不仅使受众与消费者深感一种简洁高雅的艺术气息，而且与生活理念吻合，满足了消费者体面与尊贵的心理需求。

三、Droog 团队对现代家具设计的反思

（一）设计理念与生产实践的一致性

在 Droog 不少的家具设计作品中，随处可以看到设计师资源、环境、友好设计理念的体现，有的甚至是在强烈的宣示其理念，比如将 20 个旧抽屉用一根亚麻绳索捆绑在一起的抽屉柜，从结构上来看，这个抽屉柜存在严重的瑕疵甚至并不符合家具的结构原理。抽屉之间巨大的间隙，不论绳索如何捆绑，或是使用黏合剂进行黏合，在使用过程中都将会出现松动，以致整个抽屉柜会出现垮塌。虽然这个设计具有极大的思想与理念的宣示性，但是过于艺术化的设计与工业化生产实践却存在较大的距离，只能成为博物馆里的藏品或者展览会上的样品。

设计理念是设计师的一种主观意愿，它是设计师对某一社会现象、社会发展状况在思想意识方面的认识观念 [7]，它代表的是设计师个人的思想，具有极强的个体倾向。家具是一种公共使用的、具有大众功用性的商品，它所体现出来的艺术性特点必须具有与公众审美情趣基本一致的合理性 [8]，以及具有家具与生产结合的实践性。因此，Droog 的设计理念实践启示人们，设计理念应当与生产实践保持一致。

（二）理念与功用的协调平衡

在生活实践中，家具对于消费者而言，不论设计师在表达自己的设计理念时赋予了家具多少艺术性元素，如何将家具理念化，都不能避开家具的功用性功能 [9]。如果在追求理念与艺术化的过程中丢失了家具的功用属性，可以肯定的是，在具有艺术赏析的同时却不具有市场效应，这对于设计师来说应该是一种失败。

在 Droog 的设计作品中，单独来看碎布沙发确实精确地反映了 Droog 资源再生、生命周期延伸的设计理念，具有极强的"行为式"家具艺术。如果将这样一对沙发放置于充满现代化气息的居室中，就会显得不协调。家具除了实用以外，更多的是具有观赏与装饰家庭、满足个体精神需求的饰美性功能 [10]，这种饰美性功能强调的是协调、和谐的舒适感。虽然这个碎布沙发表达出了设计师的设计理念，与具有这种生活理念的前卫型消费者观念叠合，但是显然存在家具的功用性与居室的协调性不一致的弊病，这种理念先行的家具设

计有悖于大众消费者的消费观念，不一定具有持续的生命力。因此，Droog 设计理念实践启示人们，理念应当与功用和艺术融合、协调、平衡。

四、结语

Droog 设计团队由 19 世纪 90 年代荷兰一批从不同设计院校毕业的年轻设计师组成。他们抛弃了那种奢华的设计，以简单清晰、独特新颖的设计思维从设计界迅速崛起，通过不断创新实践而成为全球顶尖设计团队，其设计理念、创新精神对家具设计实践具有非常积极的指导意义。这里通过对 Droog 创立时荷兰乃至全球人文环境的分析，将设计理念定为资源、环境和友好，同时通过实例分析从批判性的角度揭示出 Droog 设计对人们设计实践的现实意义。即基于家具的实用性，在进行家具设计时，应当保持设计理念与生产实践的一致性和理念与功用的协调平衡。

（朱雨晴，上海交通大学设计学院硕士生）

参考文献

[1] 林桂桦. 设计荷兰［M］. 济南：山东画报出版社，2010.

[2] 杨苗. 挑起观念设计运动的荷兰创意品牌 Droog［J］. 装饰，2009，19（3）：56-61.

[3] 李亮之. 世界工业设计史潮［M］. 北京：中国轻工业出版社，2006.

[4] 郑伯森，杨为渝，易晓蜜. 内容消费时代下产品设计特征研究［J］. 南京艺术学院学报（美术与设计版），2013（4）：159-160.

[5] 亚伯拉罕·马斯洛. 人类激励理论［M］. 北京：科学普及出版社，1943.

[6] 邬烈炎. 感受形式的意义［J］. 南京艺术学院学报，2011（1）：173-175.

[7] 吴雪松，赵江洪. 意义导向的产品设计方法研究［J］. 包装工程，2014，35（18）：21-24.

[8] 阿秀. 清新脱俗的"悦竹悦居"竹家具［J］. 家具与室内装饰，2015（9）：102-105.

[9] 蔡军，梁梅. 工业设计史［M］. 哈尔滨：黑龙江科学技术出版社，1996.

[10] 孙光瑞，张亚池. 新中式家具情感化设计研究［J］. 家具与室内装饰，2014（4）：11-13.

世界设计之都标志设计的经验与启示

The Experience and Enlightenment of Logo Design in the World Design Capital

闫　妍

摘　要： 城市标志是传播城市形象的信息简语，是最具有情绪感染力和精神渗透力的城市文明传播形式。世界设计之都作为城市文化发展的先行者与实践者，起到了关键的引领作用。文章通过研究分析世界设计之都的标志设计，发现不同城市的设计之都标志具有明显的差异性，并总结出世界设计之都标志设计的设计经验，为我国城市标志设计提供一定的启示。

关键词： 设计之都；标志设计；城市标志

Abstract: The urban symbol is the information of the communication city image, and it is the most emotional appeal and the spiritual permeation of the city civilization communication form. As the pioneer of the development of city culture and practitioners, world design capital has played a key role in leading. Through researching and analyzing the logo design of the world design capital, this paper found that the design of the logo has obvious differences in different cities, and summarization of logo design experience can provide certain enlightenment for our country's city logo design.

Key words: design capital; logo design; urban symbol

引言

　　城市标志是传播城市形象的信息简语，是最具有情绪感染力和精神渗透力的城市文明传播形式。作为打造城市品牌形象的最直观、最浓缩、最精华的首要媒介的城市标志在国内外越来越多地被设计与应用。设计之都作为城市文化发展的先行者与实践者，起到了关键的引领作用。本文通过研究分析世界设计之都的标志设计，发现不同城市的设计之都标志具有明显的差异性以及显著的特性。目前我国的城市标志设计存在着许多问题亟待解决，世界设计之都标志设计的设计经验将为我国城市标志的设计提供一定的经验与启示。

一、世界设计之都标志设计概况

（一）世界设计之都概况

联合国全球创意城市网络，是联合国教科文组织于 2004 年创立的项目，该项目对应的是联合国《保护和促进文化表现形式多样性公约》《保护非物质文化遗产公约》《保护世界文化和自然遗产公约》共同构成了保护物质和非物质文化遗产、保护世界文化多样性的国际法体系），旨在把以创意和文化作为经济发展最主要元素的各个城市联结起来形成网络。在这个网络的平台上，成员城市互相交流经验、互相支持，帮助网络内各城市的政府和企业面向国内和国际市场进行多元文化产品的推广。加入该网络的城市被分别授予 7 种称号："文学之都""电影之都""音乐之都""设计之都""媒体艺术之都""民间艺术之都""烹饪美食之都"。目前已经有 116 座城市加入了该网络。其中，已经命名的 23 个"设计之都"是：布宜诺斯艾利斯、柏林、蒙特利尔、名古屋、神户、深圳、上海、首尔、圣埃蒂安、格拉茨、北京、毕尔巴鄂、库里奇巴、邓迪、赫尔辛基、都灵、万隆、新加坡市、底特律、普埃布拉、布达佩斯、考纳斯、武汉（根据联合国教科文组织官方网站整理，整理时间截至 2018 年 1 月）。

（二）世界设计之都标志设计概况

世界设计之都的整体标志，是由联合国教科文组织根据城市提供的设计标志，与联合国教科文组织创意城市网络的标志组合而成（图 1）。设计之都标志中会独立出现城市的名称以及城市加入全球创意网络的时间。本研究一共采集到 19 枚设计之都标志，所采集的标志来源于联合国教科文组织的网站，其中布宜诺斯艾利斯、底特律以及布达佩斯三个城市的设计之都标志未被检索到。设计之都的标志设计从属于国家特有的文化，每种文化都会以不同的方式影响各国的设计之都的标志设计。受到这种多元文化的影响，设计之都的标志设计反映了不同的区域特色。不同城市的设计之都的标志具有明显的差异性，无论是在文字色彩的应用还是标志图形元素的选择等方面都具有很大的差异。

图1 世界设计之都标志设计

二、世界设计之都标志设计分析

（一）色彩

在标志使用的色彩方面，已经收集到的设计之都的标志中使用三色以上的占比 37%，墨西哥的普埃布拉在标志的色彩使用上最为丰富，这是由于墨西哥人偏爱浓烈鲜艳的色彩。普埃布拉作为色彩浓烈的陶瓷之都，其五彩缤纷的建筑也给人以更多的色彩冲击，普埃布拉设计之都的标志使用丰富的色彩极为恰当地展现了墨西哥的风情和文化特色。单色标志的占比为 16%，双色标志的占比最高，其中红色在标志色彩上的使用居于第二位，从色彩心理学的角度分析，红色能够有效地引起受众的注意力。我国的三个设计之都武汉、上海、深圳的标志在色彩上都运用到了红色，在色彩运用方面，溯源传统，采用传统文化。红色在中国文化上具有深刻的象征意义和文化内涵，是喜庆、革命的象征；北京、赫尔辛基、柏林、都灵在标志的图案部分都使用具有城市特色的全彩色，标志设计更加协调且醒目。北京设计之都的标志采用了黄色，黄色在中国传统文化中具有重要意义，是古代帝王一直沿用的色彩，象征着无比神圣与尊贵；赫尔辛基三面环海，蓝色是海洋琥珀的象征，所以赫尔辛基在标志上运用了蓝色。在多彩色的使用上，红、蓝、黄、绿色的使用频率更高，也因为这四种颜色的文化内涵，以及积极向上的象征意义。

（二）风格

简约是现代标志设计的一般准则，各个城市加入世界设计之都的年份跨度较大，从 2005 年到 2017 年，世界设计之都的标志设计在设计风格上的倾向发生了明显的变化。从设计师评价标志图形的角度分析，将标志图形归类为复杂、简约、极简三个层次，近年设计之都的标志设计更加简洁明了。印尼万隆的设计之都的标志是英文字母与黑色几何图形的组合，单色，风格极为简约。芬兰的赫尔辛基的标志设计直接采用了城市市徽，设计之都的标志设计保留了原来市徽外观的轮廓并简化了内部的图案，整体视觉效果更为清爽。随着时间的推移，设计之都的标志设计简约化风格更为显著，以更加简洁单纯的方式表现丰富的视觉内涵。

（三）表现形式

按照具象、抽象、文字、具象抽象结合进行分类，设计之都的标志设计使用公众熟悉和广泛认可的具象意义的标志的占比 16%，中国北京、韩国首尔、德国柏林设计之都的标志使用了带有公众熟悉和广泛认可的具象意义的标志——具有代表性的标志性建筑。使用抽象图形标志的占比 32%，圣埃里安、毕尔巴鄂、新加坡、库里蒂巴等设计之都的标志图案都使用了抽象的图形标志，图形简洁但内涵更为丰富。新加坡市的设计之都标志采用了理性的几何形态，意大利的都灵则是使用了更为活泼的自由形态。使用文字的占比 53%，考纳斯、上海等设计之都的标志均使用了字母的简单变形，考纳斯的字母变形的表现形式十分富有韵律感。我国的武汉、深圳设计之都的标志均使用汉字作为标志的基本造型，汉字被认为是表形和表意文字的典范，现用汉字是从甲骨文、金文演变而来的，在形体上逐渐由图形变为笔画，象形变为象征，复杂变为简洁，在造字原则上从表形、表意到形声，单个汉字的信息量、意义的丰富性和明确性方面显然超过了表音的拉丁字母。

三、我国城市标志设计面临的主要问题

工业社会的发展和城市化水平的不断提高，给现代社会带来了能源危机、生态危机以及相应的精神危机、文化危机和社会危机。我国的城市面临着城市特色丧失的危机。在城市标志设计方面更是盲目模仿成功范例，忽视城市自身个性和内涵，根本无法达到城市文化传播的效果。符号叠加、理念重复、表现手法陈旧的问题普遍存在。有些城市是以旅游业著称，在设计城市标志的时候更多会把名胜古迹等视觉元素叠加或重复使用，有的则过于简单，直接用市花、市树、城市名代替标志，而在设计过程当中表现手法也是难有突破，最常见的就是用圆图章式样或是为了突出传统文化生硬地加上毛笔笔触。还有一些直接搬用原有的行政标志，保守刻板的视觉感受使应用范围非常局限，无法满足打造现代化城市视觉系统的要求。

四、世界设计之都标志设计的经验与启示

（一）标志设计高度契合城市的品牌定位

我国城市标志设计应该高度符合城市的品牌定位，城市的品牌定位即是一个城市的特色所在，特色是可贵的。设计之都的标志设计暗示城市气质、文化格调，突出了城市的魅力。城市品牌定位是城市标志设计的切入点和依据，城市标志的设计要强化和突出这种差异，通过概括、提炼、抽象设计等手法将其转换成城市视觉符号。设计之都的标志设计与城市的品牌定位是高度契合的。作为法国"设计之城"，圣埃蒂安的设计理念渗透到了生活的每处细节，超前的思考、冒险的尝试，让这座城市始终坚持着包容和鼓励创新的传统。圣埃蒂安致力于向世界传达包容、创新、超前、活力十足的城市形象，因而在设计之都的标志设计上，鲜艳色彩的使用、抽象的图形元素张力十足与圣埃蒂安里的城市形象契合度都十分高。首尔立志于将"硬城市"打造成"软城市"，因而在标志设计中使用了具象的建筑文化元素，体现"以人为本"的设计理念，生动地传达了城市追求软性价值。

（二）标志设计重视城市特色文化元素

设计之都的标志设计重视城市独特文化要素的体现，强调历史性与人文性。中国北京、韩国首尔、德国柏林设计之都的标志使用了带有公众熟悉和广泛认可的具象意义的标志——具有代表性的标志性建筑，这种文化印记已经渗透到城市的文化基因中。如德国柏林的标志使用了勃兰登堡门，作为柏林在世界上最有辨识度和知名度的地标，勃兰登堡门不仅是柏林的象征，也逐渐发展成德国国家的标志。韩国首尔的标志使用了景福宫的建筑轮廓。北京的设计之都标志图案使用了华表，华表是一种中国古代传统建筑形式，富有深厚的中国传统文化内涵，向世界传达着中国传统文化的精神、气质、神韵，标志采用的黄色更是中国古代帝王沿用的色彩，代表神圣与尊贵。作为设计之都中历史悠久的文明所在地，柏林、首尔、北京都选择使用了文化类元素，这可能是由于强烈的文化自豪感。

如习总书记所说，"五千多年文明史，源远流长。而且我们是没有断流的文化"。我们中华民族是最有理由拥有文化自信的，在城市特色文化元素的挖掘上，需要对城市进行深入调研和实地考察，将最具有共识性的城市代表性文化元素作为城市标志设计的灵感来源。从具象的物质元素进行分析，城市的建筑、景观、地貌这些直观的元素本身就是城市个性特征的外显符号，但不能一味地生硬化使用。当下互联网时代，标志设计表现能力空前扩展，表现手法更自由，更具有人性化，除了提取具有城市文化特性的外显符号，还可以用色彩来表现城市独特的文化元素，墨西哥的普埃布拉就是一个典型的案例，丰富鲜艳的色彩使用折射了普埃布拉沉淀多年的陶瓷文化风情。我国的城市标志设计应该重视城市文化元素的创新性体现，对城市标志的内涵与作用进行深入地理解和把握。

（三）标志设计重视全球化的影响力和理解力

我国的城市标志设计应该将文化交融的设计理念纳入考虑范围，设计之都的标志设计重视文化交融的体现。以我国的武汉设计之都标志为例，武汉设计之都的标志以能够代表中华文化的"汉字"为原型，并融入"武汉"两字开头第一个英文字母"W"与"H"，以传统汉字融入现代几何扁平化的表现形式体现武汉的多元文化与活力。上海设计之都的标志设计上简洁巧妙地应用上海的拼音，"hi"传达出上海活力开放的城市形象。我国城市的标志设计应该在全球化的视野下，加强传播的针对性及有效性，突出城市标志设计在国际传播中的符号作用。

五、结语

城市标志作为最具有情绪感染力和精神渗透力的城市文明传播形式，对于城市形象的传播有着至关重要的意义。世界设计之都作为城市文化发展的先行者与实践者，起到了关键的引领作用。不同城市的设计之都的标志具有明显的差异性以及显著的特性。目前，我国的城市标志设计存在着许多问题亟待解决，世界设计之都标志设计的设计经验对我国城市标志的设计具有一定的借鉴意义。

（闫妍，上海交通大学设计学院硕士生）

参考文献

［1］ 萧冰 . "一带一路"国家与城市形象标志设计研究［C］// 第三届东方设计论坛 . 上海：上海交通大学出版社，2018.

［2］ 凯文·林奇 . 城市的印象［M］. 项秉仁，译 . 北京：中国建筑工业出版社，1990.

［3］ 王超 . 城市品牌化背景下的城市标志设计研究［D］. 杭州：浙江理工大学，2012.

［4］ Lans R V D, Cote J A, Cole C A, et al. Cross-national logo evaluation analysis: An Individual-level approach［J］. Marketing Science, 2009, 28（5）：968−985.

［5］ Woo Jun J, Lee H S. Cultural differences in brand designs and tagline appeals［J］. International Marketing Review, 2007, 24（4）：474−491.

［6］ Kilic O, Miller D W, Vollmers S M. A comparative study of American and Japanese company brand icons［J］. Journal of Brand Management, 2011, 18（8）：583−596.

［7］ Machado J C, Carvalho L V, Torres A, et al. Brand Logo design: examining consumer response to naturalness［J］. Journal of Product and Brand Management, 2015, 24（1）：78−87.

［8］ Alves P. Strategies for sustainable development of the UNESCO creative cities: conclusions from the XI UCCN annual meeting［C］// 6 Conference Greative Cities, 2018.

［9］ 张立群.世界设计之都建设与发展:经验与启示［J］.全球化,2013（9）:59-74.

［10］ 管家庆,张超.论韩国首尔城市形象设计的经验与启示［J］.美术教育研究，2015（15）:90-91.

对"生活富裕是乡村振兴的根本"的理解和思考

Understanding and Thinking of "Richness of Life is the Fundamental of Revitalization of Rural Areas"

肖 玲

摘 要：党的十九大报告提出"实施乡村振兴战略""培育新型农业经营主体"，目的是让农业变成有奔头的产业，让农村变成安居乐业的美丽家园。而新疆作为农牧业大区和脱贫攻坚战的主线，机遇和挑战并存，实施乡村振兴战略不仅能够提高农民收入，而且有利于实现新疆社会稳定和长治久安的总目标。本文将从乡村振兴战略提出的原因、新疆乡村发展的现状以及如何更好地开展振兴新疆乡村战略三个方面来阐述生活富裕是乡村振兴的根本。

关键词：乡村振兴；新疆乡村建设；生活富裕

Abstract: The report of the Nineteenth National Congress of the Communist Party of China put forward "implementing the strategy of rejuvenating the countryside" and "cultivating the main body of new-type agricultural management", in order to make the peasants become the leading industries and make the countryside a beautiful home for living and working in peace and contentment. As the main line of agriculture and animal husbandry in Xinjiang, opportunities and challenges coexist. Implementing the strategy of Rural Revitalization not only improves farmers'income, but also helps achieve the overall goal of social stability and long-term stability in Xinjiang. This article will elaborate that the prosperity of life is the foundation of Rural Revitalization from three aspects: the reasons for the strategy of rural revitalization, the current situation of rural development in Xinjiang and how to better carry out the strategy of Rural Revitalization in Xinjiang.

Key words: rural revitalization; rural construction in Xinjiang; well-off life

一、乡村振兴战略提出的原因

十九大报告提出乡村振兴战略，主要是推进农业、农村、农民现代化建设，这是新时代对城乡关系发展的深刻认识以及准确把握，也是新时代下三农工作的行动纲领。

（一）乡村振兴战略有利于应对社会主要矛盾

十九大报告指出中国特色社会主义进入新时代，我国社会主要矛盾已经转化为"人民日益增长的美好生活需要和不平衡不充分的发展之间的矛盾"。但是，就目前的发展状况来看，城乡发展仍然不平衡，城乡二元制结构还没有完全解决，农村的发展仍然处于落后的局面。所以，在这一矛盾中，农民已经成为中国社会不能满足人民对美好生活需要矛盾的主要方面。因此，十九大报告进一步要求实施乡村振兴战略，坚持三农的优先发展，这样就以城乡全面的发展来破解不平衡不充分的问题。

（二）乡村振兴战略有利于解决中国城镇时代难题

改革开放以来，党中央一直把三农问题作为工作的首要任务，党中央持续15年发布与农业相关的中央一号文件。2004年起就下发了14个三农一号文件，持续出台了一系列惠农政策，不断强化农业作为国民经济重要的地位。中国在推进工业化的同时，也解决了用不到世界7%的土地养活了占世界22%的人口这个时代难题，创造了工业化奇迹[1]。2016年常住人口城镇化率达到了57.4%，表明由乡村中国进入了城镇中国的新时代。但在进入城镇化时也出现了乡村空心化、空巢村、留守儿童村等。不能忽视乡村的中心地位以及城乡地位平等的关系，将乡村振兴作为政府的重要工作，这样才能把握中国现代化的战略方向。

（三）乡村振兴战略有助于推进农业农村现代化建设

在中国全面推进现代化建设的进程中，乡村建设处于核心的地位。从长远来看，振兴乡村的本质就是回归乡土中国，人类回归大自然、回归乡村是必然趋势。在西方资本主义国家中，大多数企业都在乡村小镇。所以，乡村不仅仅只是提供农副产品，而是从文化、生态等方面来满足人们的美好生活。因此，十九大提出将三农工作放到乡村振兴战略中，以乡村为着力点，推进农业农村现代化建设，推动乡村建设的不断发展与优化。

二、新疆乡村发展现状

改革开放40年来，新疆的发展取得令人瞩目的成就，新疆人民的物质生活与精神文化水平有了极大的提高。习近平在第二次中央新疆工作座谈会上发表重要讲话指出"要将新疆的发展落实到改善民生上，要让新疆各族人民感受到党和国家的关怀，并且要坚持就业第一"。所以在民生发展方面，由之前"通过财政和援疆资金改善生活条件"转变为

"突出就业第一位、坚持教育优先、精准扶贫"。乡村振兴战略的提出，为新疆乡村的发展带来了挑战和机遇。虽然人们的温饱问题得到了解决，但在乡村发展方面仍然有很多问题需要解决。

（一）农业产业优化发展相对落后

新疆的农业发展在国民经济中的比例相对较大。但农业生产的总体水平比较落后，一二三产业融合发展能力较弱，仍为粗放型生产。主要原因有：① 生产资料匮乏，土地的质量不高，调查表明大多数农户户均耕地面积较少，耕地破碎分散，82% 以上的贫困农业户户均占有耕地不足 10 亩 [2]。土地的有机质含量较低，土壤不肥沃。② 农业基础设施不健全，农产品产业结构不合理。③ 农民文化水平较低，对农业技术的掌握程度不够。最终导致农民压力增大，收益较低。

（二）乡村旅游业发展相对落后

新疆拥有着丰富的旅游资源，改革开放以来，新疆旅游业的发展也为新疆的经济发展做出了不小的贡献。在十九大召开之后，新疆乡村旅游业的发展更是略胜一筹，因此，也成为促进精准扶贫的重要抓手之一。新疆乡村旅游业在开发各类资源，持续丰富大众休闲生活的同时，也出现了问题。首先，在乡村旅游发展战略的长远性上有所缺失，出现了资源丰富性与资源开发层次不匹配的现象 [3]。其次，要振兴新疆乡村旅游业的发展与创新需要大量的人才，但就目前情况来看，人才的数量和质量都是远远不够的并且存在着大量的人才流失问题。最后，新疆乡村旅游业刚发展不久，在宣传力度上不够，大多数游客只知道新疆著名的旅游景点，对新疆乡村的旅游文化了解甚微，最终导致新疆乡村旅游业发展不是很理想。

（三）乡村文化建设相对落后

乡村文化的建设关系到新疆社会稳定与长治久安，加强新疆乡村文化的建设有利于民族团结，促进乡村的精神文明建设。2016 年新疆维吾尔自治区文明委印发《关于以美丽乡村为主题进一步提升农村精神文明建设水平的指导意见》的通知，要求开展美丽乡村建设要切实做好八项工作："去极端化"宣传教育，进一步加强民族团结工作，深入开展文明村镇创建活动，深化星级文明户创建活动，强化农村未成年人思想道德建设，丰富农牧民群众文化生活，持续改善人居环境。并且，也出现了乡村文艺精品，例如，哈萨克族刺绣、新疆曲子、维吾尔族传统乐舞艺术等等。虽然乡村文化建设取得了一定成绩，但是，文化的建设与经济的快速发展不相适应，仍然有些地区对乡村文化的建设投入不够，人们的文化水平仍比较低。主要原因是，首先，一些干部对文化建设的重要性认识不够充分。在村一级，基本上没有专职的文化干部，都是兼职，干部很难有更多的精力抓文化建设 [4]。其次，由于资金投入不足，阅览室、图书馆、文化宫等基础性建设缺乏，缺少可供农民学习的场所，进而影响着农民的文化素养。最后，农民喜闻乐见的文艺活动较少，农民放松的形式大多就是在家看电视或者找朋友聊天，文艺汇演、体育比赛等活动少之又少，不能满足农民的精神文化生活需求。

三、振兴新疆乡村战略以达到生活富裕的对策

生活富裕是乡村振兴的根本，但农业产业优化发展相对落后，乡村旅游发展相对滞后，乡村文化建设资金投入的不足等原因，严重阻碍了乡村经济的发展。由此可见，必须采取相应的对策，振兴新疆乡村经济的发展，带动新疆各族人民共同富裕，奋力谱写新疆乡村全面振兴的新篇章。

（一）坚持精准扶贫方略，坚决打好打赢精准脱贫攻坚战

乡村振兴，摆脱贫困是前提。必须要将脱贫攻坚战和乡村振兴战略相结合，对于北疆来说，南疆的贫困人口相对较多。所以还是要继续坚持以南疆四地州为主线，将聚焦22个贫困县、1 962个深度贫困村和162.75万深度贫困人口。要紧紧围绕"两不愁、三保障"，既不降低标准，影响质量，也不调高标准，吊高胃口。我们新疆要紧跟着国家的步伐，既不抢跑，也不拖延，确保在2020年现行标准下的农村贫困人口全部脱贫、消除绝对的贫困，确保我们新疆的贫困县全部摘掉贫困帽，解决区域性整体贫困。首先，要坚持我们新疆负总的责任，每一个市县抓落实，五级书记一起抓，实行各级党政主要负责同志"双组长"制。作为新疆高校的一名学生，能深刻体会到新疆人民为精准扶贫做了很多工作，高校老师下乡结亲，一对一进行扶贫；各中小学教师定期去结亲对象家进行同吃同住，准确了解少数民族的家庭状况以及思想动态，各高职高专院校采取学生一对一结亲，新疆所有高校及高职高专院校采取民汉合宿等。其次，坚持严格考核监督，落实最严格的考核评估制度，要让过程扎实、结果满意、经得起实践和历史的检验，确保新疆与全国一道全面建成小康社会，为实现乡村振兴战略打下坚实的基础。

（二）加快农牧业供给侧改革，打造新疆特色农产品品牌

乡村振兴，产业兴旺是重点。陈全国书记在调研新疆果业集团时强调："要认真学习贯彻落实党的十九大和十九届二中、三中全会精神，贯彻新发展理念，聚焦新疆工作总目标，积极推进农业供给侧结构性改革，培育龙头，打造品牌，发挥优势，带动发展，提升农业产业化水平，提高农业发展的质量和效益，更好地造福全区各族农牧民。"新疆是发展农牧业的大区，解决好农业、农村、农民问题关系到新疆的社会稳定和长治久安，没有农业农村的现代化就没有新疆的现代化，要努力推进实现现代农业的脱贫攻坚，促进农业农村经济的持续健康发展。

一方面，加快农牧业供给侧改革。《优化供给侧结构释放全区农业发展新动能——自治区党委农村工作会议解读之二》指出："去年，粮食总产量达1 535万吨，肉类是285

万吨，禽蛋是 62 万吨，水产品产量增长 5.8%，全区农产品供应量在稳步提升，但因农业结构不优产生供给失衡，农民的压力持续增生，调优产品结构成为农业供给侧改革的最终目的。"目前在农业扶贫方面主要是种植业和养殖业。首先，优化种植业产业结构，例如引导新疆贫困县的低产量棉花和低产量粮食退出，探索出适合各乡村的农作物，实行标准化种植模式，培育出特色农产品。其次，加快畜牧业的供给侧改革，将奶制品、绒山羊、蜜蜂等特色养殖业均衡发展。例如，特克斯县齐勒乌泽克镇巴喀克牧业村是一个传统的畜牧养殖村，一般养殖牛羊。但将养殖牛羊和养蜂的家庭对比之后，发现养蜂的牧民要比养牛羊的牧民收益足足多了一万元，并即将发展成为"蜜蜂小镇"，同时也带动了旅游业的发展。最后，根据各乡村的地理位置进行花卉的栽培，林果业的培育，大力培育红枣、核桃、苹果、香梨、葡萄等具有新疆特色的水果干果，使贫困县的花卉业、林果业形成科学的管理模式，形成产业园基地。

另一方面，实施新疆农业可持续发展，要建设新疆特色农产品品牌。在 20 世纪中后期，新疆就构建起了品牌农业战略，形成了新疆瓜果、优质棉花、特色粮油、现代畜牧等四大优势产业，基本上满足了国内外的需求。但是就目前的新疆特色农产品品牌建设来说，优质的水果在下降，特色产品失去了特色，市场竞争力下降。首先，要科学规划，把握新疆特色农产品的国内外需求量，根据市场的需求来制定品牌农业发展规划。其次，要发展绿色品牌农业，打造健康的营养产品，用产品的特质赢得品牌认知度。最后，要加快品牌传播，比如，政府加大在广告宣传上的资金投入，让世界各地的人们了解新疆特色农产品，或者举办大型文艺汇演，带动起人们的消费，从而来影响消费市场。

（三）坚持旅游业的可持续发展，打造特色乡村旅游模式

乡村振兴，生态宜居是关键。要保护好新疆的绿水青山，建设好天蓝地绿水清的乡村旅游事业。新疆目前的乡村旅游发展除了国内共性的七种模式特征外，还有两种地域特色模式。第一个是牧家乐旅游模式，指牧民利用自己的庭院、草场、农畜产品以及周围的自然风光吸引游客前来吃、喝、玩、购等，比如森林草原观光牧家乐，草原民宿文化牧家乐等。第二个是兵团农牧团场旅游模式，即新疆生产建设兵团各农牧团场利用各自的屯垦戍边历史文化遗产，现代化和规模化大农业场景风光、现代化规模化养殖基地场景、兵团城镇化建设风貌，以及各自拥有的沙漠、高山、森林、水域等旅游资源作为旅游吸引物，例如兵团民俗风情旅游，农业科普及军垦红色教育旅游 [5]，这两个地域特色模式，为新疆乡村旅游业的发展扩大了视野。

解决新疆乡村旅游战略发展的长远性，必须要探索出符合新疆乡村旅游发展的新模式。首先，应该充分利用新疆丰富的乡村文化、生态景观等旅游资源，将新疆特色的乡村旅游向差异化方向发展。例如，推广新疆特色民宿、乡村酒店、生态园林、民族风苑等全新旅游业态 [5]。其次，要加强管理，提高进入的门槛，使新疆乡村旅游业组织化，大量培

养研究和管理乡村旅游业的人才，因此必须要走"发现人才，培养本土人才，提高自身管理水平"之路，为管理旅游的人才营造良好的服务环境，最大限度发挥人才的积极性和创造性。最后，大力宣传新疆乡村旅游业，各个地区可以根据自身的民俗文化，房屋建设等特色条件，创建自身的特色化乡村宣传手册、量身打造的宣传片、大型的文艺演出等，来宣传新疆乡村旅游业。

（四）加强基础设施建设，开展喜闻乐见的乡村文化活动

乡村振兴，乡风文明是保障。中国文化的本质是乡土文化，其文化根脉在乡村，将新疆本土文化和现代的文明理念相结合，创造新疆特色的乡风文明，进而提升农民的综合素质和乡村文明建设。

首先，要加强基础设施的建设，完善公共服务。政府要大力支持县、乡、村的基础设施建设，投入财力、物力、人力的支持，确保各个县、乡、村都有文化活动场所。例如，克州在"十二五"期间就为全州农村家庭安装近 49 000 套直播卫星村村通设备，基本实现了全村覆盖。据《克州零距离》介绍，"为了满足群众的精神文化需求，中央和自治区财政安排专项资金，支持乡镇综合文化站每站每年 5 万元、乡镇村（社区）文化室每室每年 1 万元，用于举办各类文化、体育活动"。根据群众的需求，为乡村赠送不同种类的文化物资，真正发挥了文化惠民的政策。其次，硬件设施的齐全只是脱贫的起点，要想形成文明健康的好习惯、好风气，还需要开展村民喜闻乐见的群众性文化活动。按照一切从实际出发的原则，切合农民的接受力，利用节假日、农闲的时间举行文艺晚会，并让农民参与节目会演。创办篮球联赛，在各个乡各个村举行篮球比赛。据《克州零距离》介绍，文艺进乡村，孩子应该当主角，不仅丰富了儿童的课余生活，而且带动了村民的热情。最后，要大力发展农村的教育事业。农民不仅是农业生产的主体，也是乡村文化建设的主体，要想发展乡村文化，最关键的就是要提高广大农民的思想道德修养和科学文化素质，这也是关系到新疆社会稳定的关键。要以毛泽东思想、邓小平理论、"三个代表"思想和习近平新时代中国特色社会主义重要思想为指导，全面宣传和贯彻科学发展观，不断对农民加强思想政治教育，让农民尊重科学、懂得科学、运用科学。在进行思想政治教育宣传时，宣传者或者基层干部要把自己和农民放在平等的位置上，多听农民的心声，多采纳农民的意见或建议，做到真正为人民服务，走进农民心里。

（五）坚持人民为中心的思想，不断提高农村民生保障水平

乡村振兴，生活富裕是根本。新疆要坚持既尽力而为又量力而行，紧紧围绕各族群众安居乐业，扎实推进以就业、教育、医疗、社保等为重点的民生工程。最主要的就是实施南疆的剩余劳动力转移就业计划，增加农民的收入，让其收入增速快于城镇居民。首先，加强推行普通话，让我们每一个孩子都能说普通话，讲普通话。在教育这一块，新疆下了很大的功夫，在农村地区扩建幼儿园，让每一个适龄儿童都能上得起幼儿园并且上得了好

幼儿园。南疆高中实行了免费政策，为一大批家庭解决了上学困难的问题，这同时也解决了新疆大学生就业问题。其次，持续开展全面健康体检，提高基层医疗机构服务能力和质量，有效预防控制重大疾病，使农民看得上病、看得起病、看得好病。最后，要完善新疆农村最低生活保障制度，实现应保尽保，推进"五保户"集中供养、孤儿集中收养，做好农村社会保障兜底工作。

四、结论

新疆是全国脱贫攻坚的主战场，特别是南疆四地州为全国"三区三州"深度贫困地区之一，贫困程度深并且复杂而特殊。但是，在新疆维吾尔自治区党委、人民政府的坚持下，走出了一条具有新疆特色的脱贫攻坚之路。所以，要想实现生活的富裕，就要调整优化农牧业供给侧结构改革来增加农民收入；发展创新乡村旅游事业带动农村相关产品的发展；解决了农村剩余劳动力的问题，大力推进乡村文化的建设不仅加强了农民的素质，更是丰富了农民的精神文化生活。我们有信心，在新疆维吾尔自治区党委的领导下，新疆乡村建设会取得令人瞩目的成绩；到 2050 年，乡村全面振兴，农业强、农村美、农民富全面得到实现。

（肖　玲，新疆师范大学硕士生）

参考文献

［1］ 户泽 . 为什么要提出乡村振兴战略［EB/OL］［2017-12-17］. http://www.chinathinks.org.cn/content/detail/id/3032816.

［2］ 王英平 . 新疆农业扶贫现状、问题及对策［J］. 新疆农垦经济，2017（9）：70-74.

［3］ 马幸 . 新疆地区旅游发展战略的思考［J］. 现代商贸工业，2018（11）：25-26.

［4］ 董西彩 . 新疆农村文化建设与社会稳定［J］. 学理论，2014（14）：101-102.

［5］ 陈惠民 . 新疆乡村旅游发展模式浅析（五）［EB/OL］［2016-10-24］. http://tour.onpku.com.

融入中式置石特色的岩石园置石设计研究

Research on the Design of Rock Elements Integrated into Chinese Rock Placement Characteristics in Rock Gardens

张雪霏　刘宏涛　邢　梅　韦红敏

摘　要： 岩石园是起源于西方的一类专类园，假山园是起源于中国的一类山水园，二者的主要景观元素相同。为提升西方岩石园的景观内涵，将中式置石设计的特色融入西方岩石园的置石设计中，通过文献研究的方法，对二者的置石设计进行了分析；通过建立西方岩石园置石设计手法与中国假山园置石设计手法之间的联系，最终得到兼具景观特色和文化意蕴的岩石园置石设计新方法，从而提升了西方岩石园传统置石营造手法。

关键词： 岩石园；置石；假山园；意境

Abstract: The rock garden is a kind of special garden originated in the West. The rockery garden is a kind of landscape garden originated in China. The main landscape elements that make up them are the same. In order to enhance the landscape connotation of western rock gardens, to integrate the characteristics of the Chinese stone placement design into the stone design of the western rock garden, through the method of literature research, the stone design of the two is analyzed. Therefore by establishing the connection between the design methods of rock placement in the western rock garden and in the Chinese rockery garden, a new design method of rock placement with both landscape characteristics and cultural implication is finally obtained, which can promote the traditional rock construction methods in western rock gardens.

Key words: rock garden; rock; Chinese rockery garden; artistic conception

引言

  岩石园起源于 16 世纪，最早是由英国倡举并取名为 "rock garden"[1]，当时是想借此对高山植物驯化培植，从而丰富园林观赏植物的种类[2]。17 世纪中叶，欧洲一些植物学家为引种阿尔卑斯山上丰富多彩的高山植物而修建了高山园[3]。为了提高植物成活率，人们尽量模仿其原生境对其生长环境进行布置，采用自然式布局，将植物与岩石有机地结合在一起[4]。现在看来，高山园即为现代岩石园的前身。18 世纪，在 "回到自然" 的思想引导下，自然中花色艳丽的高山植物，裸露的岩石以及岩石上、石缝间植物形成的独特景观，引起了园艺家、造园家极大的兴趣，岩石园就是从这时开始在西方世界兴起的。经过不断的总结、实践、提高，19 世纪 40 年代，岩石园这一专类园的创造才大形初成。20 世纪开始，岩石园逐渐在世界各国发展起来[5]，其中，1871 年英国爱丁堡皇家植物园建立了世界第一个岩石园；1916 年，美国建起了本国第一个岩石园——布鲁克林植物园；1911 年，日本首次建成了以植物园形式建造的岩石园；1934 年，胡先骕、秦仁昌、陈封怀先生在庐山创建了中国第一个岩石园。

  关于岩石园的含义，岩石园被英国皇家园艺协会认定为是一堆大小不同的岩石按审美观点排列，细小、耐贫瘠的植物在石缝中生长的景观形式①。国内学者苏雪痕、吴涤新、赵世伟等学者或相关部门也对岩石园的定义进行了研究、概括。他们认为：岩石园是将岩石与岩生植物作为主体，因地制宜地选择合适的植物进行种植，结合其他背景植物及水体、峰峦等地貌，以展示陡坡悬崖、高山植被、峰峦溪流等一系列自然的景观。它是自然山石景观在人工园林中的再现[6-9]。因此，通过结合各位学者对岩石园的见解，可将岩石园定义为一类以展示岩生植物或者岩生生境为主题的专类园，通过岩石砌叠、植物造景等来模拟还原岩生植物的特殊生境景观，具有科研、游览、科普或生态修复等功能。

  根据以上研究可知，岩石园的构造主要由置石堆砌、植物造景构成，通过对岩石园的进一步了解，对世界知名岩石园的研究、对国内岩石园的调研，可发现当前岩石园的建造形式较为简单，主要通过搭建不同类型的置石形式，从而起到分隔空间、形成种植池的作用。国内岩石园因起步较晚，基本是直接模仿国外岩石园的置石设计，缺乏中国特色。因此，为了使岩石园的建造融入地域特色、具有创新性，可借鉴、学习与岩石园景观元素构成相同的中国假山园的置石设计手法，通过综合东西方置石设计手法，将意蕴特色融入西方岩石园的基础置石设计

---

① Royal Horticulture Society. "Rock Gardening: plants" [EB/OL]（2016）[2017] https://www.rhs.org.uk/advice/profile?PID=838

中，使创新后的岩石园可以展示特殊的生境景观，同时依据置石、植物的配置以及空间位置的变换传达不同的意境。

置石是构成岩石园的基本骨架，当前国内外对于岩石园置石元素的研究各有偏重。其中，国外注重对于岩石种类及基质和置石工艺的研究。在岩石种类方面，国外石材多样且丰富，关于用石种类，通过研究、实践和总结，主要归纳为6种，即石灰岩、砂岩、花岗岩、板岩、凝灰岩、磷酸岩[10-11]。基质类型方面总结有砾石、卵石、沙子、砂砾、碎石、人工材料、腐叶土[11-12]、园土、泥炭藓①。因此，综合案例和文献可知，在岩石园中应用过的岩石类型有：砾岩、砂岩、石灰岩、玄武岩熔岩、玄武岩。在置石工艺方面，国外的岩石堆叠形式较为多样，对应的工艺也各不相同。常见样式有：倾斜露头式、平床露头式、路面式、坡式梯田式、悬崖或断崖式、峡谷式、岩屑堆和冰碛石型、墙园型、裂缝型[10-12]。也有根据形态、工艺、手法的不同，划分而成的9种类型：护坡型、冰碛石和碎石堆型、裂缝型、干沙床型、自然露头型、矮生针叶林和木本植物型、仙人掌和多肉植物型、石灰石型以及平床型[11]。

国内关于岩石园置石元素的研究偏重岩石的空间关系的研究。当前在基于岩石园规划设计的理论研究基础上，有学者探究了岩石与植物、水体、建筑小品的关系以及相结合造景的方法[13]；也有学者就岩石园的空间塑造手法表达了岩石园中岩石的堆叠搭配起到的空间分隔作用，提出岩石布置应疏密有致、主次分明[14]。此外，还有学者以环秀山庄假山与查茨沃斯庄园岩石园作为研究对象，对岩石在同一时间不同文化背景下的不同造景方式进行了对比研究，最终得出结论：中国的环秀山庄通过山石堆叠、植物搭配，注重渲染"意境"；查茨沃斯庄园的岩石园强调与自然景观和谐共融，追求自然[15]。

因此，根据国内外置石元素的研究内容，可以总结得到关于岩石园置石方面石材种类和置石工艺的相关要点。简要概括为在石材选用方面，可以参考两个原则：其一是可以维持岩生植物的正常生长，石材的石隙应具有一定的贮水的能力，透气并可吸收湿气。其二，具有一定的艺术观赏价值，石材纹理应富有变化，外形不宜圆润，应大小参差、厚实自然。通过对文献的研究和总结，可用于我国岩石园的主要的石材有砂岩、石灰岩、凝灰岩以及砾岩。在置石工艺方面，置石设计形式可按照形态、工艺、目的等划分为多种形式，与生境景观契合度较大的为护坡型、冰碛石和碎石堆型、裂缝型、干沙床型；置石工艺在实践中可参考以下4点：① 充分考虑排水[16]；② 保证基底稳固；③ 叠石手法尽量符合自

---

① Valleybrook Gardens Inc.English rock gardens. [EB/OL]（2007）[2017] http://www.rockstarplants.com/englishrockgardens.html

然风貌特征；④ 大部分石材宜平卧。

一、西方岩石园置石设计类型

根据文献基础，同时结合岩石园以模仿高山原生环境风貌特点的历史渊源，总结得到西方岩石园中的置石设计主要有以下 5 种方式，即护坡型、冰碛石和碎石堆型、裂缝型、干沙床型、墙园型。这几种置石类型各有特色，或与原生境或与栽植植物具有紧密联系。在构形的同时，也充分考虑了工程要点和植物生长需求，具有排水良好、环境适宜的特点。

（一）护坡型

护坡型置石方式（图 1）主要针对陡峭斜坡和地面有突出岩石的地形，生长植物以小灌木和多年生植物为主。堆砌建造时，将岩石以一种交错的、没有规律的、不连续的形式在具有一定坡度的土丘立面上堆叠，起到压实疏松土壤的作用。在种植植物后，为了使其更加自然化，可将不同比例不同大小的同种卵石、小碎石混合，用来覆盖土壤表面。护坡式的坡度使其具有良好的排水功能，兼具横向排水和纵向排水的疏导功能可以保护植物根部免受雨水侵蚀而腐烂。

图 1　护坡型置石方式

（二）冰碛石和碎石堆型

冰碛石和碎石堆型置石方式（图 2）主要模仿高山苔原具有的冰碛石和碎石堆地貌。此类型主要由以下几个要素构成：土、管道、砾石。人工建造时，因地制宜地选择适当的

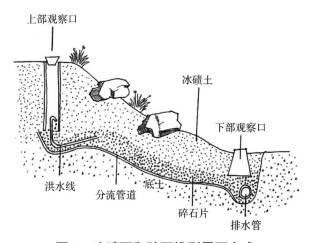

图 2　冰碛石和碎石堆型置石方式

场地范围，用土壤筑坡，然后在坡底安置进水口和排水通道，通过人工给水来模拟自然环境中积雪、冰川融化的过程。底部基础应为不透水岩石层，水滴入斜坡顶部的砂砾，流经斜坡底部的排水管道，在砾石顶部的种植土壤，通过毛细作用将水收集起来，供植物使用。为了实时观察水流流速和流量，坡顶和坡底分别挖掘不同的深度，安置上部观察口和下部观察口。在安置好管道、冰碛土、底土、砾石后，在表面覆盖种植土以种植植物。

（三）裂缝型

此类型应用较为广泛，最早起源于捷克的园丁。因为这种形式的岩石园可以为植物提供最天然的、接近高山植物带的环境条件，所以渐渐流传下来，主要种植生长在裸露出地面的岩石石缝中的植物。

裂缝型岩石园不仅在形式上比较贴近自然环境，而且因为大量岩石的作用，夏季可以保持土壤冷凉，可为植物提供适宜的生长环境，其良好的排水功能也可防止烂根。裂缝型有分层式和无层式两种结构（图3、图4）。

分层式的结构建造时需挑选有倾斜角度的岩石。用宽广而平整的薄层砂岩来构筑结构。从底部开始，将选好的岩石进行堆砌，使大块岩石的角度与土堆角度相一致。将岩石沿着坡度，像堆积梯级一样顺次叠放起来，直至岩石堆砌至坡顶，最终形成一条清晰的、笔直的"山脊线"。在岩石筑形后，用土壤填充夯实。最终达到岩石表面大部分位于土壤中，只有部分表面和边角露出地面。

无层式结构建造时使用少量的岩石，模拟自然的岩石露出地面的地貌。将岩石细小的部分堆叠成倒"V"形，模仿岩石破碎部分堆叠而成的岩屑堆。无层式结构主要种植攀爬植物。

图3　裂缝型 - 分层式置石方式　　　　图4　裂缝型 - 无层式置石方式

（四）干沙床型

干沙床型置石方式（图5）主要模仿草原、荒地、沙地、岩石坡、冰川等的岩生环境，在这些自然环境中，显著的特征就是植物稀少、气候干旱、地表多砂石。因此，在这类自然环境中提取地貌特点，应用在岩石园中，即形成了干沙床型。

干沙床型结构简单，只有一层沙子置于种植土之上，作为表层土，植物种植在泥土中。地面上可以放置一些岩石，起到装饰作用。

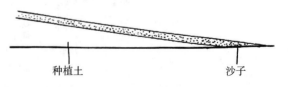

种植土　　　　　　　沙子

图5　干沙床型置石方式

干沙床型建造较为简单，只需选择阳光充足而坡度不太陡峭的地方，建造一定的坡度，铺满细沙即可。为了防止表层沙子移动，可以用石块构筑矮墙围绕在沙床四周，以起到固定砂石的作用。此外还可以在沙床表面堆叠石块，以增加美感。适合种植在干沙床上的植物大多为耐旱种类。

（五）墙园

墙园是一种用石或砖搭建而成的矮墙、用于岩生植物种植的置石类型。在岩石园中出现频率较高。墙园可以分为两种类型，其中一种是干石墙，另一种是凸式种植床。

干石墙一般使用石灰石或砂石，建造方法是将表面平坦的大块岩石结合在一起，缝隙用土填满，种植植物。在建造时，把大块、平坦的石头放置在最底层；在坡度上，以10°为宜，在石块缝隙间、分层间填充种植土，植物在石墙顶部和缝隙中种植。

凸式种植床建造材料主要是砖、石头、枕木。种植墙的空间更为多样，分为上部空间或各层形成一系列空间以供植物生长，在种植墙顶部种植植物时，可在土壤层上用碎石片覆盖。凸式种植床具有简单、经济、空间占用少的特点。

以上即为西方岩石园中的5种置石方式，使用这些置石方式，不仅可以为植物提供适宜的生长环境，同时也可在一定程度上展示自然界中的岩生生境景观风貌特点，使岩石园更加具有科学意义和科普价值。

二、中国假山园置石设计手法探究

对中国假山园进行研究剖析，中国古典园林假山园中常用的置石种类以太湖石、黄石两大类为主。石块外形以不平整、不规则为主，以"瘦、漏、透、皱"为美。当前中国对于石的传统处理手法主要有9种，分别是：孤置、对置、散置、群置、踏跺、粉壁理石、云梯、镶隅、抱角。其中，独景石置石形式为孤置、对置、散置、群置。与建筑相结合的置石形式为踏跺、粉壁理石、云梯、镶隅、抱角。

中国假山园除了置石赏石，还有掇山赏景。除了石体自身的美感和韵味，中国假山园在堆叠置石时，关于位置经营，还引入了"三远"的概念进行设计，即指山的"高远、深远、平远"。"三远"不仅使石景观具有形态美，同时也充分表达了意境美，这是独属于中国园林的东方特色。

结合园林空间艺术构图中的方法，"三远"在掇山中的应用主要体现在营造视景条件，可总结如下：在体现"高远"类型的设计中，"高远"主要反映的是山峰的巍峨险峻，气势逼人。在视景营造上仰视高远，一般认为视景仰角大于45°、60°、80°时，由于视线的消失程度加大，分别产生高大感、宏伟感、崇高感，因此在筑山时通过控制假山高度、设计观景点相对位置，实现仰视望山，高远悠长。

在体现"深远"类型的设计中,"深远"主要反映的是山与山之间山重水复、重叠明灭的关系,在视景营造上俯视深远,园林中常利用地形或人工造景,创造制高点以供人俯视。俯视也有远视、中视、近视的不同效果,一般俯视角为10°、30°、45°时,则分别产生深远、深渊、凌空感。

在体现"平远"类型的设计中,"平远"主要反映的是在一山看另一山的感觉,是一种视野开阔、心旷神怡之感。在视景营造上,中视平远。以视平线为中心的30°夹角视场,可向远方平视,给人以广阔平静,坦荡开朗的感觉。因此,园林中常要制造开阔的环境以实现远望[17]。

三、西方岩石园置石设计和中国假山园置石设计的联合

通过以上西方岩石园和中国假山园的置石设计进行的研究可知:国外置石设计重视营造适宜植物生活的环境,以"造境"为主;中国假山园的置石设计重点在于人的观感,以"造景"为主。因此,通过将东西方岩石园各自置石的特点相结合,将中式置石特色融入西方岩石园的置石设计形式,从而使"造境"与"造景"相结合,优化了西方园林景观的表现手法,在写实的同时兼具写意,提升岩石园的景观内涵。

因此,为将西方岩石园的"造境"与中国假山园的"造景"相结合,首先需建立西方岩石园与中国假山园置石设计手法之间的联系。

中国假山园的"三远"法筑山设计除可营造视景条件外,同时根据内涵还可对岩石园岩石堆叠的高度、位置进行把握。例如表达"高远"的意境,要在纵向上进行高度控制,保证此处的叠石为岩石园的全园制高点。可穿插跌水的设计来模拟高山飞瀑的景象,从而在心理上暗示游者山峰的险峻巍峨,达到山峰"高远"之意蕴。表达"深远"的意境,可借用园林中"障景"的手法,使置石彼此间具有联系,给人以"山重水复疑无路"之感。置石间的高度在纵向上应不同,有高有低,横向上应有前有后,从而达到山峰"深远"之意蕴。在表达"平远"的意境时,在纵向上置石高度应为3种类型中的最低高度,但置石间还应高度参差不齐,位置有前有后,景色相互衬托,要点是要注意视野的开阔和留白空间的运用,从而更好地表达山峰"平远"之意蕴。

结合西方岩石园不同置石类型的坡度、高度、模拟的自然环境特点,可建立西方岩石园与中国假山园置石设计手法之间的联系,如表1所示。

即用西方岩石园置石手法的"实"来表现中国古典园林假山园中的"虚",以西方岩石园置石的"境"来衬托中国古典园林假山园中的"意"。此外,岩石园在借鉴中国假山园的意蕴表达手法时,还可采用虚实结合的方法,给人以丰富的空间体验;通过置石远近、有无对比、岩石与水体的对比、实景与倒影的对比来表现虚实关系。

表1　西方岩石园与中国假山园置石设计手法的联系

假山筑山设计手法	西方岩石园置石手法
高远	护坡型、裂缝型－分层式、冰碛石和碎石堆型
深远	护坡型、裂缝型－分层式、冰碛石和碎石堆型
平远	裂缝型－无层式、干沙床型

四、结论："造境"＋"造景"的岩石园置石设计方法

在岩石园置石设计时，为了结合"东西方特色"，在外部堆叠形式和工艺上可借鉴西方岩石园的置石手法，在空间关系上可借鉴中国假山筑山设计手法。通过以上建立的设计手法的对应关系，可确定岩石园置石设计类型，但同时，置石堆叠筑造后形成的小空间在整个岩石园如何排布也影响着全局的美观与意蕴的形成。因此，着眼于岩石园全局，在总体空间分布上，根据物体竖向高度和人的视线之间的关系，绘制了空间关系图，见图6。

图6中，竖向高度 H 和视线距离 L 之间的关系反映了不同的空间关系和视角尺度。在视线距离 L 等于高度 H 时，在这个范围内，人的感受是处于私密空间中，适宜观察的是物体的细部；在视线距离 L 等于 $2H$ 时，在这个范围内，人的感受是处于半私密半开放空间，适宜观察物体的整体形象；在视线距离等于 $3H$ 时，在这个范围内，人的感受是处于开敞空间，适宜观察的除了物体还有物体的背景。

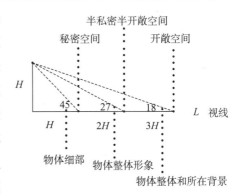

图6　空间关系图

因此，结合总体空间布局上要表达、形成的意境，在空间上，"平远"型设计宜安置在 $3H$ 范围内，"高远"型、"深远"型设计宜安置在 $2H$ 范围内，H 范围内适合安置"留白"型设计。各种类型设计之间间距不宜过密，可用植物隔断，以达到虚实结合的作用。

表2　融入中式特色的岩石园置石设计手法

置石手法	空间范围	表达意蕴
护坡型、裂缝型－分层式、冰碛石和碎石堆型	$2H$ 以内	高远
护坡型、裂缝型－分层式、冰碛石和碎石堆型	$2H$ 以内	深远
裂缝型－无层式、干沙床型	$3H$ 以内	平远

通过建立西方岩石园置石设计手法与中国古典园林假山园的筑山设计手法之间的联系，将"造境"与"造景"初步对应在一起；将岩石园作为一个整体考虑，通过进一步探

讨岩石园中置石设计的空间排布，使置石在空间分布上具有深层次的联系，真正将西方岩石园的"造境"与中国园林中山石元素的"造景"结合在一起。

通过这种方法建造的岩石园不仅为植物提供了适宜的生长环境、反映了自然风貌特点，同时也给人以意味深长之感。通过将中国假山园的置石设计特色融入西方岩石园中，提升优化了岩石园置石设计手法与景观价值；融入地域性的特点使岩石园更适宜在中国可持续发展，为建设美丽中国而不断发力。

（张雪霏，中国科学院武汉植物园硕士生，研究方向为生态景观工程；刘宏涛，中国科学院武汉植物园研究员，研究方向为植物引种栽培、景观规划设计与工程技术）

参考文献

［1］ 余树勋.园中石［M］.北京：中国建筑工业出版社，2004.

［2］ 汤珏.中外岩石园比较及案例研究［D］.杭州：浙江大学，2006.

［3］ 李明胜.岩生植物造景研究——以上海辰山植物园岩石园植物配置为例［J］.安徽农业科学，2008，36（22）：9480-9481.

［4］ 黄亦工.岩生植物引种、选择与造景研究［J］.中国园林，1993（3）：55-59.

［5］ 汤珏，包志毅.从国外岩石园的发展看具有中国特色岩石园的建设［J］.华中建筑，2008，26（8）：102-106.

［6］ 苏雪痕.植物造景［M］.北京：中国林业出版社，1994.

［7］ 吴涤新.花卉应用与设计：修订本［M］.北京：中国农业出版社，1999.

［8］ 赵世伟，张佐双.园林植物景观设计与营造［M］.北京：中国城市出版社，2001.

［9］ 中华人民共和国建设部.园林基本术语标准：CJJ/T 91—2002［S］.北京：中国建筑工业出版社，2002.

［10］ Hessayon D G. The rock & water garden expert［M］. London: Random House, 2000.

［11］ Mcgary M J. Rock Garden design and construction［M］. Portland: Timber Press, 2003.

［12］ Joseph Tychonievich. Rock gardening［M］. Portland: Timber Press, 2016.

［13］ 王海龙，徐忠.岩石园设计［J］.西昌学院学报：自然科学版，2004（3）：100-102.

［14］ 刘玮，李佳怿，李雄.岩石园植物造景浅析——以山西晋中森林植物园岩石园设计为例［J］.建筑与文化，2015（7）：165-166.

［15］ 李凤仪，邱彩琳，李雄.19世纪中前期中英山石造景手法比较研究——以环秀山庄假山与查茨沃斯庄园山水园为例［J］.建筑与文化，2015（4）：144-145.

［16］ Mike Lawrence.景园石材艺术［M］.于永双，吴瑱玥，白昕旸，译.沈阳：辽宁科学技术出版社，2002.

［17］ 胡长龙.园林规划设计［M］.第3版.北京：中国农业出版社，2010.

长三角地区典型性特色小镇景观规划设计调查分析

Research on the Landscape Design of Featured Towns: A Survey and Analysis of Landscape Planning Examples of the Typical Towns in Jiangsu, Zhejiang and Shanghai

邰　杰

摘　要： 聚焦于特色小镇景观规划设计维度的国家政策体系梳理、江浙沪特色小镇景观风貌的问题分析和 3 个规划案例分析，侧重于典型性特色小镇的景观规划设计方法引导，强调了"特色小镇"空间（生态）、产业（生产）、文化（生活）等方面的多元融合规划以及"生态·业态·活态"之"三态融合"的景观规划设计模式，以期为将来全国的特色小镇景观设计创作提供有益的启示。

关键词： 特色小镇；景观风貌；政策体系；规划案例

Abstract: Focused on the combed national policy system of featured towns landscape planning and design dimension, the problem analyzing of landscape morphology features of typical towns in Jiangsu, Zhejiang, and Shanghai and three planning case studies. The landscape planning and design methods of typical towns have been further stressed in order to provide a useful inspiration for the design and creation of the town landscape in the future. At the same time, the article has also emphasized multivariate integration planning of space(ecological), industry(production), culture(life), and other aspects in featured towns to lead to a kind of landscape planning design pattern on the "three-state integration" of "ecological, industrial, and living" condition.

Key words: featured town; landscape morphology; policy system; planning case

引言

　　特色小镇是指某一特色产业或特色因素（如地域特色、生态特色、文化特色等）打造的具有明确产业定位、文化内涵、旅游特征和一定社会功能的综合开发小镇。2016 年，发展特色小镇上升到国家层面，成为一种市场化主导的创新创业发展的新模式，其本质是产城融合发展理念下的产业集聚、升级和培育问题，不同点在于特色小镇的文化 IP 营造，实现产业、文化、旅游、生活的融合发展。由于我国地域辽阔，各地经济背景、自然资源迥异，故特色小镇在不同省份的界定方式与发展模式也有所不同[1]。而且，"特色小镇"已经成为中国经济发展的新引擎之一，作为新型城乡一体化发展中的"特种兵"，特色小镇的成功建设对全面建成小康社会和促进绿色可持续发展具有十分重要的战略意义。同时，特色小镇在"因地制宜、彰显特色、产业驱动、资源循环"的内生建构与空间裂变过程中，需要充分发挥产业市场在特色小镇空间形态塑造中的主体作用，积极促进小镇特色经济的转型升级，构建生态型景观规划设计与建设的理念。这就是落实"创新、协调、绿色、开放、共享"发展理念的当代景观设计实践，亦是加快推进"绿水青山就是金山银山"生态文明建设理念的重要板块之一。

2016 年 7 月 1 日，住建部、国家发改委、财政部联合发布通知，决定在全国范围开展特色小镇培育工作，提出到 2020 年培育 1 000 个左右各具特色、富有活力的休闲旅游、商贸物流、现代制造、教育科技、传统文化、美丽宜居等特色小镇。2016 年 10 月 14 日，住建部公布了 127 家第一批中国特色小镇名单，其中，浙江省以 8 席位居第一，江苏省占据 7 席，上海市占据 3 席。2017 年 7 月 27 日，住建部公布了第二批 276 个全国特色小镇，江苏省和浙江省各有 15 个小镇入选，上海市有 6 个小镇入选。然而，随着城镇化进程的持续推进，传统村镇的生产、生活空间被不断挤压，生态环境问题日益突出，且传统村镇的历史文化亦严重被割裂，这就关系到特色小镇的景观形态重构与设计文化的激活问题，即特色小镇景观形态建构必须在建筑保护、景观系统、人文空间及生态环境等方面均要体现各自唯一性的"特"，而且地方性的民俗、民艺等文化遗产则必须形成鲜明统一的、可辨识度高的"设计元素"渗透至特色小镇的景观风貌之中，亦必须通过"文创"的设计思维模式、总体规划理念及运作机制去营造符合现代城镇居民审美特征、精神需求以及文化认同的特色小镇景观形态。

一、江浙沪特色小镇景观风貌的问题分析

2017 年 8 月 22 日，《专家组对第二批全国特色小镇的评审意见》[2]对江浙沪 2 省 1 市的部分特色小镇景观风貌规划质性提升、进一步保持和彰显特色小镇特色则集中性地提出了如表 1 所示的具体改进要求。

长三角地区典型性特色小镇景观规划设计调查分析
Research on the Landscape Design of Featured Towns: A Survey and Analysis of
Landscape Planning Examples of the Typical Towns in Jiangsu, Zhejiang and Shanghai

从表 1 中可以发现，江浙沪地区特色小镇在景观风貌现状、风貌存在的典型性、共同性问题主要包括以下 5 个层面：

（1）特色小镇的规划体系和规划编制精度尚需完善，包括特色小镇总体发展规划与景观风貌保护规划，以及绿色生态、历史古建、地域特色、地域文化等各类专项子系统规划；

（2）特色小镇的历史文化资源保护、古建筑群原始风貌保护、新镇区与老镇区的协调发展、宜人空间尺度建构、景观风貌管控等小镇地域特色与文脉延续方面必须注重均衡的城镇结构体系建构；

（3）特色小镇在生态环境保护层面，必须树立生态优先发展的理念。应从土地集约、绿色建筑、绿色交通、清洁能源、生态环境、水资源系统、固废利用和低碳产业等多方面，建立特色小镇生态环境约束指标；

（4）特色小镇在总体建设过程中必须严格控制房地产开发比例，并加强大都市周边特色小镇城乡一体化发展模式的探索，着力从景观生态资源复育入手，以构建新型的"田园城市"空间系统；

（5）特色小镇在现有镇区的景观风貌提升层面往往缺乏整体性，必须从文化性、地方性、历史性的小镇既有资源凝练中梳理出一根"景观设计主线"，并将特色小镇的景观要素有秩序性地组构在这一根主线上。

表 1   江浙沪国家级特色小镇情况汇总

省市	2016 年 第一批	2017 年第二批	专家组对第二批全国特色小镇 景观风貌提升方面的评审意见
江苏省	南京市 高淳区 桠溪镇	无锡市江阴市新桥镇	
		徐州市邳州市碾庄镇	1. 拓展银杏旅游产业链，发挥更大效益和带动作用 2. 尽快修编规划，提升镇区风貌，保持尺度宜人的空间特色
	无锡市 宜兴市 丁蜀镇	扬州市广陵区杭集镇	1. 加强老镇区的保护，促进新老镇区协调发展 2. 提升规划编制质量
		苏州市昆山市陆家镇	1. 加强生态环境保护，尽快改善水环境 2. 加强规划设计，将"童趣"应用到城镇风貌塑造中
	徐州市 邳州市 碾庄镇	镇江市扬中市新坝镇	整治镇区环境，打造风貌特色鲜明、尺度宜人的特色小镇
		盐城市盐都区 大纵湖镇	1. 发展工业旅游业，以丰富特色产业的内容，延长特色产业链 2. 整治镇区环境，塑造特色风貌

省市	2016 年第一批	2017 年第二批	专家组对第二批全国特色小镇景观风貌提升方面的评审意见
江苏省	苏州市吴中区甪直镇	苏州市常熟市海虞镇	1. 加强规划引导，整治镇区环境，塑造特色风貌 2. 加大生态环境保护力度
		无锡市惠山区阳山镇	加强规划引导，建设镇区特色空间，塑造尺度宜人、特色鲜明的小镇风貌
	苏州市吴江区震泽镇	南通市如东县栟茶镇	1. 加大产业挖掘力度，促进产业、文化、生态相结合，扩大产业内涵，增强产业生命力 2. 整治镇区环境，进一步提升整体风貌特色
		泰州市兴化市戴南镇	加强规划引导，传承镇区风貌，保持良好的镇域风貌
	盐城市东台市安丰镇	泰州市泰兴市黄桥镇	新镇区建设应保持和彰显江南水乡特色，注重与老镇区的协调发展
		常州市新北区孟河镇	开展镇区环境整治，提升整体风貌
		南通市如皋市搬经镇	提供高规划质量，提升镇区风貌特色
	泰州市姜堰区溱潼镇	无锡市锡山区东港镇	1. 促进新老镇区的协调发展 2. 保护历史文化资源，不要拆除老房子、砍伐老树以及破坏具有历史印记的地物
		苏州市吴江区七都镇	
浙江省	杭州市桐庐县分水镇	嘉兴市嘉善县西塘镇	继续加强规划建设管理，保持和彰显小镇特色
		宁波市江北区慈城镇	1. 提升规划质量，合理控制规划用地规模 2. 加强镇区环境整治，重点提升老镇区风貌
	温州市乐清市柳市镇	湖州市安吉县孝丰镇	1. 加强镇区环境整治，提升整体风貌特色，在小镇空间塑造中加入孝文化元素 2. 尽快修编规划，提升编制质量
		绍兴市越城区东浦镇	1. 处理好小镇发展与越城区的关系，明确小镇定位 2. 尽快编制小镇规划
	嘉兴市桐乡市濮院镇	宁波市宁海县西店镇	加强规划设计，结合当地历史文化和自然地貌设计、塑造小镇风貌
		宁波市余姚市梁弄镇	尽快修编小镇规划，统筹规划产业发展和小镇建设
	湖州市德清县莫干山镇	金华市义乌市佛堂镇	新建区域的高层建筑偏多，应加强规划引导，避免建设与整体环境不协调的高层或大体量建筑，促进新建风貌与传统风貌的协调

长三角地区典型性特色小镇景观规划设计调查分析
Research on the Landscape Design of Featured Towns: A Survey and Analysis of
Landscape Planning Examples of the Typical Towns in Jiangsu, Zhejiang and Shanghai

续表

省市	2016 年 第一批	2017 年第二批	专家组对第二批全国特色小镇 景观风貌提升方面的评审意见
浙江省	绍兴市 诸暨市 大唐镇 金华市 东阳市 横店镇 丽水市 莲都区 大港头镇 丽水市 龙泉市 上垟镇	衢州市衢江区莲花镇	提升规划编制质量，保持和延续小镇肌理，彰显特色文化和风貌特色
		杭州市桐庐县 富春江镇	1. 提升规划质量，注重保护、利用地形地貌和河流水系 2. 加强镇区环境整治，提升建筑风貌
		嘉兴市秀洲区王店镇	优化规划方案，增加小镇格局和风貌管控要求
		金华市浦江县郑宅镇	
		杭州市建德市寿昌镇	小镇风貌塑造应与当地环境和文化特色相衔接
		台州市仙居县白塔镇	1. 镇区与景区相对脱离，应加强镇区与景区的融合发展，加强镇区的旅游服务功能 2. 小城镇建设应保持尺度宜人的空间，避免盲目照搬城市模式
		衢州市江山市 廿八都镇	1. 建筑风格应保持和延续本土文化传统，不盲目搬袭外来文化 2. 新建住区应延续传统肌理，避免照搬城市居住小区模式
		台州市三门县健跳镇	制定岸线设计和古城保护发展的有关专项规划
上海市	金山区 枫泾镇 松江区 车墩镇 青浦区 朱家角镇	浦东新区新场镇	1. 严格控制房地产开发比例，避免过度房地产化 2. 保护好小镇古建筑群原始风貌
		闵行区吴泾镇	加强大都市周边特色小镇发展模式的探索，加大引领示范作用
		崇明区东平镇	1. 加大生态环境保护力度，严禁挖山填湖、破坏水系 2. 加强规划引导，提升小镇空间特色和整体风貌
		嘉定区安亭镇	1. 注重传统文化保护和传承，弘扬中国文化和江南水乡文化 2. 加大镇域内村庄的人居环境改善力度，加强规划建设管理
		宝山区罗泾镇	1. 提高规划质量，优化镇区规划功能布局 2. 充分结合当地历史、文化特色，整治镇区环境，保护和延续现状风貌
		奉贤区庄行镇	尽快修编规划，提升镇区风貌，体现尺度宜人的空间特色

二、江浙沪特色小镇景观风貌现状的 3 个规划案例分析

（一）江苏省无锡市惠山区阳山镇

阳山镇位于主城区西南部与常州市武进区相邻，总面积 42.80 km²，下辖 12 个行政村及 2 个社区居委会。阳山镇域内的典型性自然环境包括狮子山、长腰山、大阳山、小阳山与北部万亩湿地，且阳山镇 2 万余亩的桃林与远近闻名的水蜜桃成为无锡市独具特色的农业产业资源，因此，其总体规划的立意构思点是以"桃文化"为内涵的长三角乡村旅游特色镇，以"山水田园"为特色的无锡市城郊宜居生态镇。七大规划原则包括：① 多规融合，坚持多规合一，上下衔接，统筹完善城乡规划体系；② 城乡统筹，统筹空间要素，全域覆盖，真正落实城乡统筹规划；③ 紧凑节约，总量严控、增量递减、存量优化、流量高效、质量提升；④ 旅游导向，强化休闲旅游，全域规划，实现与城乡统筹合二为一；⑤ 差别引导，塑造空间特色，因地制宜，引导"人、住、田、村、路"；⑥ 多方参与，力推公众参与，全程贯穿，提高规划的科学性与可操作性；⑦ 公共政策，制定公共政策，辅助支撑，提高规划方案的可实施性（如图 1 所示）。同时，阳山镇也构建了镇级产业平台流转型、村级产业平台流转型、公司化运作型、个体承包型、居住进镇农村资产保留入股型等多种土地流转模式，以多元途径保障农民发展权益（如图 2 所示），例如阳山镇引入的城市农业进入特色小镇建设的一个经典案例即"农业特色小镇——无锡阳山田园东方"，该乡村田园综合体项目包含现代农业、休闲文旅、田园社区三大板块，主要规划有乡村旅游主力项目集群、田园主题乐园、健康养生建筑群、农业产业项目集群、田园小镇群、主题酒店及文化博览等，已成为阳山镇全面走向农业现代化小镇的驱动力之一（如图 3 所示），其中，在"现代农业板块"共规划"一中心"（综合管理服务中心）、"三区"（苗木育苗区、休闲农业观光示范区、果品加工物流园区）、"四园"（蔬果水产种养示范园、水蜜桃生产示范园、有机农场示范园、果品设施栽培示范园），并优化提升阳山镇既有农

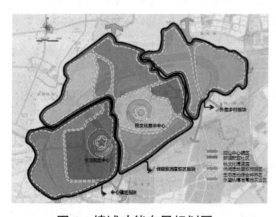

图 1　镇域功能布局规划图

图 2　镇域农田土地流转规划图

（图片来源：http://www.sohu.com/a/132366893_654278）

长三角地区典型性特色小镇景观规划设计调查分析
Research on the Landscape Design of Featured Towns: A Survey and Analysis of
Landscape Planning Examples of the Typical Towns in Jiangsu, Zhejiang and Shanghai

业资源在现代农业产业链上的优势特质，开拓了无锡市现代城市农业景观系统建构的新方向，开辟了阳山镇"田园城市"的景观新风貌（如图 4 所示）[3]。

图 3 "田园东方"规划总平面图　　图 4 "田园东方"规划鸟瞰图

（图片来源：http://www.sohu.com/a/132489366_696028；http://www.sohu.com/a/151990592_796243）

（二）浙江省丽水市龙泉市上垟镇

"世界青瓷看龙泉，上垟青瓷远名扬"。2012 年 11 月，浙江省龙泉市上垟镇被中国工艺美术协会授予"中国青瓷小镇"的称号；2013 年顺利通过国家 4A 级旅游景区验收；2015 年荣获"2015 年度中国人居环境奖"，并成为浙江省唯一入选的"中国十大最美小镇"；2015 年又被列入浙江省省级首批特色小镇创建名单[4]。浙江省龙泉青瓷小镇凭借青瓷制作历史经典产业着力于打造集文化传承基地、青瓷产业园区、文化旅游胜地为一体的青瓷主题小镇。"中国青瓷小镇"的规划总体格局为"三组团、一核心"（如图 5 和图 6 所示），其核心区地处浙闽边境龙泉市西部，位于上垟镇，山水资源优越、瓷土资源丰富、民间制瓷盛行，历百年不衰。上垟作为现代龙泉青瓷发祥地，亦见证了现代龙泉青瓷发展的历史。由此，上垟镇景观风貌呈现了一种独特的"深山小镇的瓷风古韵"和"悠久流长的历史痕迹烙印"，其景观建筑保护性再生设计原则即"旧屋翻新"——对龙窑、倒焰窑、上垟国营瓷厂办公大楼、青瓷研究所、专家宿舍、工业厂房、大烟囱等进行青瓷文化历史元素的景观保护性重构改造（如图 7 所示）。其中，青瓷文化园是青瓷小镇项目的重中之重，深度保留了原国营龙泉瓷厂风貌，并设置青瓷手工坊、青瓷名家馆、青瓷传统技艺展示厅等各种青瓷艺术休闲体验区，为独一无二的青瓷文化历史增加了新的景观体验[5]。

（三）上海市松江区车墩镇

《上海市城市总体规划（2017—2035 年）》"第 68 条 乡野景观风貌"中特别指出："特色镇村：保护中国历史文化名镇与名村、风貌特色镇与特色村，提升枫泾、车墩、朱家角等中国特色小镇的环境品质，培育在历史文化和风貌格局方面有特色传承的特色小镇和村落。发掘文化特色鲜明、风貌格局独特的特色小镇和村落，在保护传承历史文化

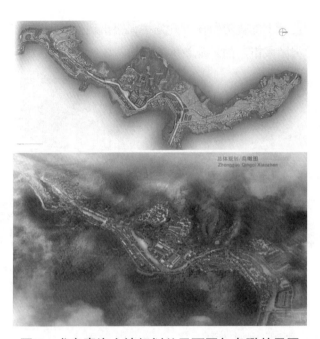

图 5　龙泉青瓷小镇规划总平面图与鸟瞰效果图

（图片来源：http://down6.zhulong.com/tech/detailprof31056158yl.htm）

图 6　青瓷文化广场的 2 个方案效果图

（图片来源：http://down6.zhulong.com/tech/detailprof31056158yl.htm）

图 7　龙泉青瓷小镇景观设计与保护现状照片

长三角地区典型性特色小镇景观规划设计调查分析
Research on the Landscape Design of Featured Towns: A Survey and Analysis of
Landscape Planning Examples of the Typical Towns in Jiangsu, Zhejiang and Shanghai

特色、重塑乡村风貌过程中推陈出新"[6]。2007 年的《上海松江车墩镇生态新农村总体规划》规划区域位于松江区车墩镇南部，规划面积 40 km^2，距离松江区中心约 4 km，距离车墩镇中心约 4 km，距离松江新城约 7 km。其规划最终目标：打造具有完善基础设施的、合理商业布局的、综合工业园区优先资源的、提供良好中心配套服务的新农村、新社区（如图 8 所示）。2009 年的《上海松江区车墩镇总体规划》的规划面积为 29.7 km^2，车墩镇位于上海市松江区东南部，距离上海市区大约 45 km，与虹桥机场和浦东机场分别相距 35 km 和 50 km，并有黄浦江和沪杭高速两条通道与市区相连。镇区东面是国家级闵行经济技术开发区，南面是黄浦江母亲河，西面是国家级出口加工区和市级松江工业区，北面是沪杭高速公路，处于一个对于发展极其有利的地理位置上（如图 9 所示）。松江车墩镇特色小镇的创建定位于"影视特色小镇"[7]，而且上海影视乐园落户车墩镇近 20 年（如图 10 所示）——"30 年代南京路""上海里弄民居"，还有欧式标准庭院、苏州河驳岸、浙江路钢桥、有轨电车……作为中国十大影视基地之一，上海影视乐园以其独有的老上海风貌，每天吸引多个影视剧组在这里同时取景拍摄[8]。根据松江区 G60 科创走廊"一廊九区"规划，该区将打造"一核两翼"的科技影都，推动影视与科技融合发展，车墩镇就是其中"一核"。上海市"文创 50 条"提出形成"1+3+X"影视产业体系，其中"1"指的就是松江科技影都，打造科技制胜的全球影视创制中心。目前，车墩镇已融入全新理念，打造集办公、旅游、购物、娱乐、休闲为一体的主题式创意园——叁零 SHANGHAI 创意产业园[9]。在城市生态复育层面，车墩镇打造的位于黄浦江上游的松南郊野公园是上海市最先试点的五大郊野公园之一，且《上海市松南郊野单元（郊野公园）规划》于 2014 年正式获批——公园规划占地 23.7 km^2，西起大涨泾，东至女儿泾和沈海高速，北接北松公路，南临黄浦江，申嘉湖高速从中穿过，设有游客服务中心、大涨泾生态岛、米市渡小镇等 22 处功能性区域，分三期进行建设，预计 2018 年年底开园。这一"水、林、田、村"嵌入式的滨江涵养林立体生态系统有效地建构了上海市绿色基底板块（如图 11 所示）。

（四）案例解析

（1）江苏省无锡市惠山区阳山镇是"中国四大传统产桃区之一"，其特色小镇规划的显著特征体现在"特色农业引导城乡区域共同振兴的景观都市主义"，阳山水蜜桃科技园作为其规划的核心区块，旨在打造以桃文化博览园为中心的集生产、科研、旅游、休闲为一体的特色农业示范片区，即全面提升园区水蜜桃设施化、科技化水平，加强果园水利设施建设，实现水蜜桃喷灌设施全覆盖，加强水蜜桃群体质量栽培体系建设，提高园区科技含量，集成推广生物农业技术与产品，缩小桃农之间的技术差异[10]。

（2）浙江省丽水市龙泉市上垟镇在物质生产历史遗址与非物质工艺文化遗产两个维度，共同凸显了其特色小镇的"历史工艺文化内生的景观资源唯一性建构"，龙泉青瓷更

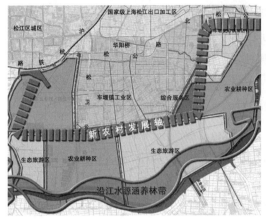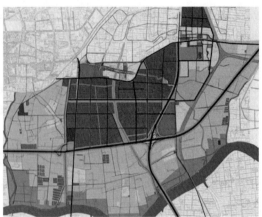

图 8 车墩镇生态新农村总体规划图 **图 9 上海松江区车墩镇总体规划**

（图片来源：http://ndri.cssc.net.cn）

图 10 上海影视乐园

（图片来源：http://www.dzwww.com/xinwen/shehuixinwen/201804/t20180404_17222576.htm）

图 11 松南郊野公园分期规划图

（图片来源：http://www.sohu.com/a/217290661_534424）

长三角地区典型性特色小镇景观规划设计调查分析
Research on the Landscape Design of Featured Towns: A Survey and Analysis of
Landscape Planning Examples of the Typical Towns in Jiangsu, Zhejiang and Shanghai

是入选了"全球人类非物质文化遗产名录"而成为全球第一也是唯一入选的陶瓷类项目，因此，在历史资源丰厚的特色小镇景观规划设计中必须彰显其"有根有魂"的文化氛围，在遗址保护与景观建构之间仍然存在着基于历史文脉有机生长的景观重构之道。

（3）上海市松江区车墩镇在建构特色小镇的思路上聚焦于"影视文化与郊野生态双轮驱动的景观形态重构"，尤其在生态景观建构中体现出了上海的国际化规划水准。上海城市功能不断提升的同时，也面临着土地资源紧张和生态游憩空间缺乏等多重压力。郊野公园建设的重要意义体现在：生态优先，注重郊区功能发展，切实推进城乡发展战略转变；以人为本，聚焦都市游憩需求，塑造上海特色郊野活动空间；增绿添彩，稳定城市增长边界，优化城市总体空间结构布局；整合资源，发挥综合效应，加快实现城乡土地使用方式转变[11]。

三、结语

"特色小镇"这一独特的、新型的和科学性的城镇发展模式和城乡一体化建设理论不仅适用于江浙沪地区，而且在全国范围均具有强大的适应性和发展弹性，具有普适性和重大的推广价值；在江苏、上海等省市的城乡规划、特色小镇建设与产业转型升级等诸多层面均取得了一系列的理论探索成果和实践建设样板。"特色小镇"景观规划设计的研究价值在于"特色小镇"本质"特"的上面，要在"特"上做足文章，不仅要标新立异，更要坚持和突出小镇的历史文化特色和产业结构特质，必须防止景观风貌的千篇一律，应实现小镇的个性化持续发展。此外，特色小镇的总体规划要站位高，必须进行高起点的规划和设计，要有前瞻性和可行性，找准发展定位，及时抢占市场制高点，将人文美与自然美有机统一、将历史底蕴与生态资源有机统一、将产业结构与景观结构有机统一。其规划重点需将特色小镇景观规划设计导入增强特色小镇的可持续发展能力之中。因此，"特色小镇"作为新常态下转变经济发展方式的一种新探索，是推进新型城镇化战略的一种新实践，具有十分重要的社会价值和指导意义。"江浙沪特色小镇的景观调查与规划设计研究"这一课题也可以为全国的"特色小镇"在空间（生态）、产业（生产）、文化（生活）等多元融合规划以及"生态·业态·活态"之"三态融合"的景观规划设计模式等方面提供相关决策性建议。

（邰　杰，江苏理工学院艺术设计学院副教授，博士，研究方向：景观设计与园林艺术）

参考文献

［1］ 前瞻产业研究院.什么是特色小镇［EB/OL］.［2018-03-11］. https://f.qianzhan.com/tesexiaozhen/.

［2］ 中华人民共和国住房和城乡建设部.住房城乡建设部关于公布第二批全国特色小镇名单的通知［EB/OL］.（2017-08-22）［2018-03-10］.http://www.mohurd.gov.cn/wjfb/201708/t20170828_233078.html.

［3］ 吴烨，鲁晓军，李建华，等.城乡统筹思想下的苏南小城镇总体规划编制探索——以《无锡市惠山区阳山镇总体规划（2013—2030）》为例［J］.江苏城市规划，2015（9）：6-8.

［4］ 科学24小时.龙泉青瓷小镇：夺得千峰青翠来［EB/OL］.［2018-04-16］.http://www.sohu.com/a/112291529_355112.

［5］ 前瞻产业研究院.浙江十大特色示范小镇（成功案例）［EB/OL］.［2018-04-16］.https://f.qianzhan.com/tesexiaozhen/detail/170904-b4987aec.html.

［6］ 上海市政府.上海市城市总体规划（2017—2035年）［EB/OL］.［2018-04-16］.http://www.shanghai.gov.cn/nw2/nw2314/nw2315/nw38613/u21aw1279999.html.

［7］ 中船第九设计研究院工程有限公司.上海松江车墩镇生态新农村总体规划［EB/OL］.［2018-04-16］.http://ndri.cssc.net.cn/compay_mod_file/news_detail.php?id=406&cart=7.

［8］ 东方网.春游季，与上海"国字号"特色小镇来场美丽邂逅［EB/OL］.［2018-04-16］.http://www.dzwww.com/xinwen/shehuixinwen/201804/t20180404_17222576.htm.

［9］ 上观新闻.上海9个国家级特色小镇，能否借风景兴起新经济［EB/OL］.［2018-04-16］.http://www.cnr.cn/shanghai/tt/20180401/t20180401_524183662.shtml,2018-04-16.

［10］ 农业部.江苏省无锡市国家现代农业示范区总体规划（2012—2015年）［EB/OL］.［2018-04-24］.http://www.moa.gov.cn/ztzl/xdnysfq/fzgh/201301/t20130117_3201071.htm.

［11］ 上海市规划和国土资源管理局.郊野公园［EB/OL］.［2018-04-25］.http://www.shgtj.gov.cn/gtzyzw/xmyzj/zxgz/jygy/.

"天人合一"思想对新型城镇化建设的探索

The Thought of "Harmony between the Heaven and Human" on the Construction of New Urbanization Exploration

罗　甬

摘　要： 充分理解新型城镇化的概念是建设新型城镇化的先决条件。文章在剖析、借鉴发达国家城镇化发展理论和经验的基础上，总结出我国新型城镇化的建设模式应当主要围绕"城"的建设、"市"的培育、"人"的需求3个要素，而中国传统文化中的精髓"天人合一"为新型城镇化建设提供了思维借鉴、系统支撑和理论指导依据，进而得出新型城镇化建设在现实中的表达方式，并有助于加快"以人为本"的城镇化的新型城镇发展模式。

关键词： 新型城镇化；天人合一；建设模式；探索之路

Abstract: Fully understanding the concept of new urbanization is the precondition for building new urbanization. On the basis of analyzing and drawing lessons from the concepts and experience of urbanization in developed countries, this paper concludes that the construction mode of new-type urbanization in China should mainly focus on the construction of "urban", the cultivation of "city", and the need of "human". The traditional Chinese culture of "heaven and human" provides a reference and theoretical basis for the new urban construction, and then obtains the expression of new urban construction in reality, which helps to speed up the new urban development mode of "people-oriented".

Key words: new urbanization; heaven and human; construction mode; the way to explore

引言

习近平总书记在中共十九大会议中，对什么是"新型城镇化"提出了自己的见解：即城镇的演化与发展是自然与人类相互作用的历史过程，也是我国小康社会建成必须经历的过程，其核心是以人为本，而城镇人口的素质与居民生活质量是主要提高的方面，即在城镇文化的转型中实现城镇居民稳定就业与常住人口有序市民化。

新型城镇化的概念，是在国家新型城镇化规划（2014—2020年）落实过程中对城市以外的乡镇建设部分，其中也涵盖乡镇建设过程中对所管辖的农村规划。众所周知，最高级的"新型城镇化"理论复合概念包含的多层次的意义与统摄的多种不同类型的亚理论，如若对复合概念层面的"新型城镇化"进行解构，可知"新型""城""镇""化"这4个元概念。对这些元概念研究的不同侧重点形成了如多种不同的"新型城镇化"亚理论的研究，在相对于"传统城镇化"的"新型城镇化"的整体研究中强调"新"的特征、"新型城市化"、"新型城市社区"等。在这些亚层面理论的范畴中，"新型镇化"占据了极为重要的部分。在中国特色的新型城镇化理论发展与地方具体落实建设的过程中，"新型镇化"又可分为不同类型，如"工业镇模式""港口镇模式""旅游镇模式""生态镇模式"等等。

"新型城镇化"中丰富的内容、多元化的方式无一不是应以人为本，尤其是在实现"市民化"中蕴含了特定城镇文化的因子，新型城镇化的过程同时反映着市民生活方式的具体改变，强调了被新型城镇化居民的社会生活文化转型的核心意义。

所谓新型城镇化，是指坚持以人为本，以新型工业化为动力，以统筹兼顾为原则，推动城市现代化、城市集群化、城市生态化、农村城镇化，全面提升城镇化质量和水平，走科学发展、集约高效、功能完善、环境友好、社会和谐、个性鲜明、城乡一体、大中小城市和小城镇协调发展的城镇化建设路子。新型城镇化的"新"就是要由过去片面注重追求城市规模扩大、空间扩张，改变为以提升城市的文化、公共服务等内涵为中心，真正使我们的城镇成为具有较高品质的适宜人居之所。与传统提法相比，新型城镇化更加注重内在质量的全面提升，即推动城镇化由偏重数量规模增加向注重质量内涵提升转变。

一、国内外城镇建设模式探究与启示

1. 新城镇运动理论。新城镇运动的萌芽始于田园城市的形成。在霍华德的田园城市理念的观点中，城镇是在自然环境的基础上形成的社会机构功能的共同体，能够提供城镇居民的就业机会，满足生态环境需求的同时也拥有休闲与娱乐的场所。1902 年，第一座田园城市诞生于英国伦敦郊外的 Letchworth 地区，规划用地 1 840 hm²，人口 3.5 万。1919 年建造的第二座田园城市韦林，距伦敦 27 km，规划用地 970 hm²，人口 5 万。1946 年，英国"新城法案"（New Towns Act）中第一次提出的"新城"（New Town）概念。该理论的目的是用发展中小城市与乡镇的方式来缓解、解决工业化后期大城市的问题，是一次将理想城市设想与社区设计在新城城市设计加以具体化的成功尝试，同时也是英国在工业社会时期用以缓解城市生活拥挤不堪问题的最佳解决途径。

2. 马克思主义城镇思想理论。关于城镇的产生、演变以及欧洲资本主义城市化的发展规律，马克思在《政治经济学批判》中提出，城市的产生与发展依赖于本土的社会经济形态变革的观点。马克思认为，传统的城镇都是人类生活聚集地，是生产方式、社会分工和军事防御结合的产物，而近现代的城镇发展更多是乡村城市化，是在生产方式与社会分工不断演变的推动下进行的。马克思主义历史地、全面地论证了城镇作为一种"有机体"在人类文明发展、社会文明进步中所起到的推动作用，在近代城市的发展与新城镇的产生方面，恩格斯做出了更深层次的研究。恩格斯认为，近代城市化的前期是由资本主义工业化需求生产原材料以及廉价劳动力导致的人口从农村向城市转移，而后资本主义大工业的不断扩张和节约成本的需求又导致产业不断从城市向农村乡镇转移，因此乡村不断变大，向小城镇发展。

3. 费孝通的小城镇理论。从社会学领域出发，在对中国乡镇建设的探索中，费孝通的"小城镇理论"是一座里程碑。20 世纪 20 年代，费孝通关注改革开放浪潮中的中国城市化发展和小城镇建设，认为小城镇的功能区别于乡村的农业生产，在生态环境、行政、经济、人口、文化上的职能更为高级，但又建立在农村经济文化社会发展的基础之上。在乡村与城镇之间的人口流动方面，提出了中国乡土特色的"离土不离乡，离乡不背井"的观点，即整体乡村、乡镇居民的就业、生活的发展方向更多趋向于本地城镇，即使暂时外出务工也会最终回归家园。

4. 集聚扩散理论。集聚扩散理论，分为集聚效应和扩散效应，也是城市空间发展的结构和动力。集聚效应是指社会经济的规模化必然带来空间资源的吸引，促成多元化的生产力要素在一定空间范围内的互补现象，空间集聚可以产生创新。而扩散效应是集聚到一个程度，超越了城市发展的容量后出现空间集聚负效应，产生了空间扩散。集聚效应和扩散效应是城镇发展整体中的两个部分，两者并不是互相绝缘的，而是集聚中有扩散，扩散中有集聚。

5. 中国特色新型城镇化理论。"以人为核心"是中国新型城镇化规划中的关键。我国是传统的农业大国，具有历史悠久的农业文明和庞大的农村人口基数，谋求中国城镇建设中农村转移人口的全面发展是新型城镇化的根本目的。在保证农村长久发展的前提下，以城镇为推进主体，使之与现代工业、信息化的发展相匹配。"新型城镇化理论"的概念认为，城镇化不仅仅是表面上人口从农村迁移到城镇的数字变化，它的本质是以中国传统农业文明为依托的生活文化向现代城镇以城市工业文明为依托的生活文化的转型。现有关于中国新型城镇化的学术研究领域较多，从国际到国内，从中央到地方省份、城市，涵盖了对不同层次、不同地区的城镇化研究，既有理论上对中国新型城镇化政策的解读，又有从现实出发对目前中国新型城镇化推行后出现的问题进行反馈以及提出解决措施等方面的研究。

上述 5 种理论模式从不同时代、不同环境、不同角度对城镇的发展进行了探索，与西方发达国家有显著不同的是，我国作为一个历史悠久的农耕大国，虽然城市化进程在不断加快，但农村人口占人口基数的比重高达 50.32%，因此中国的城市化道路将面临更多复杂的局面。真正含义上的城乡一体化应是对城乡政治、经济、社会、人口、文化、生态、环境、技术、信息、住房和土地空间等进行综合整体性规划，形成类似于田园城市的点线面的结构形式。同时，也必须借鉴民国乡村文化建设运动过程中所倡导的文化传统的延续和维护，以提升人的感受作为建设成功与否的标准。

新型小城镇建设发展的一切出发点，都应当围绕着人，都应当围绕着当地居民现阶段的需求，包括人们对美好生活的向往、对个人才能发挥的需求、对生活状态提升的渴望、对历史文化传统复兴的希冀。在发展理念上，坚持"要地要人要产业、见物见人见文化"的原则，在建设发展过程中让小城镇居民真正融入城市，成为城市市民；在发展方式上，要集约发展、节约发展、环境友好，避免粗放地利用资源；在功能品质提升上，要提高建设品位、功能和管理水平，要做精品。

新型城镇化建设模式应当主要围绕着"城"的建设、"市"的培育、"人"的需求三个要素，我们需要时刻保持整体、全面、动态的发展观，与当地整体城市、乡镇的发展融为一个整体，和全国新型城镇化发展的整体节奏趋势保持一致，符合社会主义核心价值观、与可持续性发展要求一致。

二、新型城镇化建设模式的构成要素

（一）理想中的新型小城镇图景

在国内外建设模式的借鉴与启示基础上，本人认为新型城镇化的精髓在于"以人为本"的城镇化。因此，理想中的新型小城镇的评判也应当围绕着与之相关的人来进行。它应当具有以下几个特点：具有适当的规模，完备便捷的内外路网、水电通信和网络体系等基础设施条件，生产生活条件和完善的城市服务体系；投资环境、社会治安、道德风气良好，保持与大中城市同步的信息、生活和消费理念。气质上是安静、悠闲、舒展、慢生活、生态环境友好的，同时又能够分享现代文明进步的成果。能够从大中城市反向吸附较高端的社会精英阶层，及其主导的信息、教育、通信、科研等新兴产业的入驻，为小城镇提供持续发展和产业升级的动力。随着新兴产业的入驻和商业、服务业的发展，能够为当地居民和失地村民创造新的创新型就业机会，使他们能够安心留居。能够以多样化的就业机会和良好的生活环境，吸引外来农民工真正落户，并成为新市民融入本地的生活。

在这样的情况下，新型小城镇才能够形成新的社会结构形态：在产业结构上升级换代，多业兴旺；在生活形态上区别于大城市的快节奏，形成悠闲舒适的慢生活状态；在文化上，传承当地深厚的历史文化传统，并在基础上逐步完善小城镇的自治机构，形成当地自给自足的整体图景。

（二）新型小城镇建设期望达到的愿景

在新型小城镇建设过程中，应当以小城镇建设为主要载体，通过对发展理念、发展方式和功能品质等方面的控制，达到改变小城镇自身定位，提升全民生活水平的目的，并使小城镇成为联结中心城市与乡村的纽带。因此，新型小城镇的建设和发展，要在投资和居住环境、工业化产业建设、商业服务业提升、生活品质提升等方面同时着力，而不仅仅是进行新一轮的小城镇房地产开发。应当同时达到以下几个目的：一是它应当满足本镇改变老旧生活模式、全面提升生活品质的需求，以适当的工作、高品质的居住，悠闲舒适的慢生活节奏，丰富的购物、休闲、聚会、节庆场所等，使小镇成为他们心目中的栖居家园，使他们安定于本镇的幸福生活，避免人员外流形成空心村镇。二是要以其充分的就业需求、完善的设施和良好的环境，吸引周边村镇居民、外来务工新人口的入住和消费，促进本镇繁荣，并同时以此提升周边农村居民的生活水平。三是要以其田园特色、便利的交通设施及与大城市同步的生活理念，吸引附近大中型中心城市的部分精英人群回归，形成人口反向吸附，减轻大城市人口压力的同时改善本地人口结构，并带来新兴产业。四是要在继续发展工业化的同时，大力发展城镇化带来的商业和服务业，以这二者创造的新就业机会来解决当地居民和新居民的就业问题，并能尽可能多地安置失地农民。五是政府通过各项保障性和导向性的政策，促进社会保障、改善投资环境，在推动工商业经济繁荣的同时，产生全面的连带发展效应，吸引人财物向小城镇的集中。六是希望通过小城镇的复兴，能够承接具有各地特色的文化成长脉络和历史积淀，彰显中国传统文化的魅力，成为我们这一代继承的宝贵的精神财富。

三、天人合一思想为新型城镇建设提供理论依据

中国传统文化一向注重从整体思维把控，从事物发展的全面性来考虑处理各方面的关

系。思维贯穿于思考与行动的全过程之中。在思维过程中，人的行为必然在一定思想的指导下进行，而实践的过程往往又完善、充实着思想理论。理论指导实践，实践又作用于理论。在新型城镇建设的营造中亦是如此，其形成发展过程中的思想理论是重要的一部分。

（一）为新型城镇化建设提供思维借鉴

中国传统文化思想是有机的生态思想。天人关系一直是中国人思维领域中的一个重要问题，"究天人之际，通古今之变，成一家之言。""天人合一"就是把人置于自然之中，感知、顺应与自然合一，认为人与自然是不可分割的一个整体，人类对自然环境具有很强的依赖性，没有自然环境给人类提供物质基础，人类的生存和发展就无从谈起。

整个中华文化的重要特色就是自始至终坚定不移地把自己的物质创造活动和精神创造活动与自然紧密联系起来。尊崇自然、注重现实人生，是中华民族在漫长的历史演进过程中形成的价值定位，重现实、不追求彼岸世界是中华民族的性格基调，由社会生活出发，引发对自然环境的思考，进而把对自然本质的认知和体察作为人类安身立命的价值依据。认识自然，依靠自然，讴歌自然，始终如一地与自然为邻为友，相感相通，和谐相处。从某种程度而言，整个中华文化正是在这一价值和道德基础上衍生出来的。道家的这种生态观十分人性化，符合现代发展观的要求，为新型城镇化建设提供了宝贵的思维借鉴。

（二）为新型城镇化建设提供系统支撑

新型城镇化建设任重而道远，内容包含生态平衡、环境保护、自然资源利用和经济增长等多方面，学科覆盖生态学、经济学、社会学、法学、哲学等多学科，领域涉及自然科学和社会科学，是一套完整的理论和方法体系。"天人合一"从朴素、直观的角度揭示了人是自然的一部分。在认识自然和改造自然的过程中既要发挥人的主观能动性，又要尊重客观规律，要自觉合理地保护人类的生存环境，以达到人和自然的和谐统一。自然环境对人类社会的生存和发展起着决定性的作用。人的真正自觉的能动性发挥，应当是以对受动性的认识为条件的。孟子认为事在人为，"福祸无不自己求之者"，充分肯定了人的主体能动性。从思维方式看，古代先哲们对人的主体能动性的认识，有利于人类对于自然界的总体把握。在人类认识客观世界的过程中经常陷入认识的误区，在很多情况下正是因为没有从系统论角度看系统，真可谓"不识庐山真面目，只缘身在此山中"。另外，对人的能动性认识从生态伦理意义上来说，在一定程度上赋予了人对于自然界的责任感，强化了人的责任意识。生态环境的危机就是人与自然矛盾的尖锐化。现代生态环境问题所具有的综合性的特点说明，人类解决生态环境问题，协调人和自然的关系应采用辩证综合的方法。事实使人们认识到，只有辩证综合的方式才能帮助我们找到解决生态问题的出路，只有以辩证综合方法为导向的人类活动才可以与自然相协调。中国古代儒、道等主要学派都明确地意识到了辩证方法在协调人与自然关系中的重要作用，这是古代的辩证思维在生态伦理问题上的集中体现。

要贯彻这一理论，实现这一目标，需要有相关的物质基础，也要有相应的精神基础，而道家的天人合一思想则是在可持续发展体系中的精神基础方面给予了可持续发展理论有利的系统支撑，同时也有力地促进了物质基础的积累。

（三）为新型城镇化建设实践提供思想指导

天人合一思想打破了人类中心论的观念，深化了人对大自然的认识，提高了人的生态观和道德水平，提升了人的思想境界。人是从自然界繁衍而来，与自然的关系与生俱来，密不可分。天人合一思想也是基于这一出发点，提倡一种整体发展、平等发展、和谐发展的新思维方式。这一思想体系激发了人对自然的亲近和热爱，从而对自然产生珍视，从内心认识到要保护自然。天人合一思想为新型城镇化建设提供了思想指导。

四、新型城镇化建设在现实中的表达方式

新型城镇化建设模式要站在超越本镇当前经济发展现实需求的高度，更长远地从整体上考虑建设和发展。新型城镇化绝不仅仅是建一些商场和住宅小区那么简单，而应当在全面实现城市应有优质资源配置的同时，体现出自身的特色。

在现实中新型小城镇的特点可以通过以下几个方面表达：

（一）在指导思想上

无论是政府还是参与的建设者，必须清楚地明确，新型城镇化最重要的是人的城镇化，而不是居住的城镇化。因此，无论在政策突破还是远景规划上，都应当从小城镇居民未来新的生活模式角度出发。同时，新型城镇化的实施也不仅仅是像当初的"四万亿"一样，全部通过政府投资来拉动当地的国内生产总值（GDP），而应当在政府主导下集聚社会各方面的资源，让更优质和专业的企业参与到这一过程中来。除了推动经济的发展，还应改变环境面貌，突出文化传统和地方特色，打破"千城一面"的情况，打造有温度的城镇。

（二）在具体规划上

无论是在原有城镇上改建，还是保留原有城镇异地新建，都需要政府制订一个整体的具有当地特色的统一规划，避免无序发展和千城一面的现象，突出城镇建设的个性，打造城镇建设的个性名片。小城镇的规划应当有别于大城市，特别是在街道、小区的规模和尺度上要以宜人、适合步行、以"慢生活""舒适""愉悦"为原则。在外部2小时车行圈的基础上，内部一定要以500 m步行圈和5 km生活工作圈安排各项工作、生活、服务设施，解决交通上最后一千米的问题。在更小的尺度上，必须从小镇居民的需求角度出发，规划与大城市的商场不同的开放的、让人感觉轻松悠闲的商业街区，还应当增设一些可供节庆聚集的场所，预留可以闲逛的街道和驻留的空间。

（三）在建筑设计上

需要引导各个参与开发建设的企业，以较为现代的适合业态功能、适合当地审美的建筑形式进行住宅和商业体的建设。不同的小城镇可以结合当地历史传统和审美取向的差别，因地制宜，多彩纷呈。但要尽力避免重复大城市高楼耸立的压迫感，而代之以舒缓、休闲、与自然更亲近的表现形式。以与自然更为亲近，更休闲宜人的方式建设住宅，改变当地居民的生活居住模式。以排屋、洋房等低密度住宅为主，面向反向吸附的大中城市精英和改善性需求的当地居民，以部分高中密度高层住宅面向当地新增刚性需求和外来务工落户者。在严格控制成本的同时，做适宜当地的精品。并以适合当地的怀旧风格进行规划设计，形成时尚、怀旧、舒适并存的居住氛围。

（四）在商业规划上

小城镇的商业中心要以适合当地消费水平并略有提升的丰富业态为基调，配置完整合理但不是大而全。同时，多规划当地有特色的商业，以吸引中心城市人口的专程消费。当初《阿凡达》在日本上映时，东京没有巨幕电影（IMAX）影院，东京人需要到邻近的小城川崎才能看上 IMAX 电影就是一个小城镇商业特色化发展的著名案例。政府应要求参与的开发商在商业项目销售后仍然统一管理的模式，必须以大部分持有统一经营、租售结合的方式保持业态稳定。业态选择上要求为小城镇各个层面的人群提供一个独立完整的购物和休闲环境，让餐饮、超市、儿童、休闲、娱乐等当地有需求类型的所有业态进驻，提供一站式消费和休闲所需要的业态，同时也可以其特色辐射周边乡镇，成为区域的中心场所。

（五）在文化提升上

在中国，我们的小镇有其源远流长的成长脉络和文化积淀，有其富有各自特色的建筑街巷和风俗传统。这些小镇的文化和传统是我们这一代人继承的宝贵的精神财富。在新型城镇化过程中，应珍视这些文化和传统，及其所蕴含的邻里的相互守望、乡亲的共同记忆，传承它、保护它、提升它、彰显它，把它作为各个小镇建设和发展的基础与方向。

具体建设中可根据当地小镇的特点，建设以教堂、庙宇、祠堂等建筑形式体现的精神集聚中心来丰富城镇和乡村居民在精神层面的生活；建设集市场所、街心广场等世俗聚乐中心，提供日常聚会、商业集市的载体；建设舞台、社戏台、纪念馆、文化馆等文化特色中心，形成特色文化旅游资源；建设文化收藏场所、个人或企业博物馆等文化气息浓厚的特色场所。这将是一个怀旧小镇传承历史传统，有别于大城市的重要特征。

五、结论

新型城镇化建设是一项复杂、艰难、长期的系统工程，需要从社会、经济、地理、文化等多角度、多维度进行综合性、全面性的思考，来推动城市现代化、集群化、生态化、农村城镇化，全面提升城镇化质量。对新型小城镇建设的探索和实践有利于解决目前我国城乡二元分立的问题，有利于解决大量失地农民的出路和大城市病共存的问题，有利于乡镇居民共享现代化成果，实现共同进步，同时也是对传承和发扬我国乡镇传统文化的有益尝试。

（罗　甬，中国商用飞机有限责任公司高级主管、工程师，主要研究方向：工业设计、品牌战略研究、品牌策略分析、品牌传播、市场推广）

城市传播学视野中的公共艺术研究

Research of Public Art in the View of Urban Communication

岳鸿雁　王童文

摘　要： 随着中国城市化进程的发展，越来越多的艺术作品通过在公共空间的呈现来美化城市环境，塑造和展现城市特性，融汇城市文化和精神。文章以上海金山区和深圳坪山区的公共艺术设计为例，关注公共艺术如何在设计过程中提取地域文化，并与现代媒介、日常生活相结合，推动城市发展；如何在地方重塑和城市传播中发挥作用，促进多元交流与沟通。

关键词： 视觉符号；城市传播；公共艺术；地方重塑

Abstract: With the development of urbanization, more and more public art is created in public space, to beautify the urban environment, shape the identity of city and urban culture. Taking the example of Shanghai Jinshan District and Shenzhen Pingshan District, this paper focuses on how public art can extract regional culture in the design process and integrate it with modern media and daily life to put forward the development of city. Further more, this article studies the role of public art in urban communication and local revitalization for promoting the pluralistic communication.

Key words: vissual symbol; urban communication; public art; local revitalization

引言

　　20 世纪 90 年代后，随着全球化浪潮的发展，千城一面的现象，不仅出现在建筑界、设计界、也出现在公共艺术界，城与城之间越来越相似，地区与地区之间越来越难以区分。对于城市主政者与城市规划设计师来说，如何复兴地域文化和资源，如何创造鲜明的城市形象，形成具有辨识度的城市品牌，进行有效的城市传播，以促进地域经济发展，并维持地域文化的有序传承以吸引人力资源、社会财富、国家投资向其倾斜，形成良性循环发展，成为越来越值得思考的问题。

在公共艺术领域，学者对公共艺术的功能、意义和艺术表现形式多有论述，但是从城市传播的角度分析其作为一种城市传播的媒介形态，还鲜有论述。本文试图从城市传播的理论出发，解读公共艺术在地域文化振兴过程中作为城市传播的一个载体，如何形成有效的传播效果；关注公共艺术作为一种视觉符号和传播媒介，如何在设计过程中提取地域文化，并与现代媒介、日常生活相结合，推动城市发展；如何在地方重塑和城市传播中发挥作用，如何积极介入地方文化建设，促进多元交流与沟通。

一、振兴地域文化：公共艺术作为城市传播的载体

"独具特色的地域文化是文化人类学研究关注的重点，而全球化所带来的文化单一化与长期历史积淀所形成的地域文化特性之间相互碰撞的动态过程为文化人类学带来了许多新的发现。作为地域文化重要组成部分的地域艺术文化不仅仅是社会结构、审美意识、宗教信仰的结晶，更是隐性文化构造与特性的具象化，为深入文化研究提供了独特的切入点。"[1] 基于地域文化和特色的地域振兴也越来越成为对抗全球化浪潮的理性选择。"矫枉现代化及全球化进程中的弊端，后现代的特征之一就是'地方性'求异。"[2]

作为地域艺术文化的重要载体，公共艺术是在现代民主政治的大背景下，以美化、改善公共环境为目的，经由雕塑、建筑、城市规划以及行为科学、文化人类学、社会心理学等多种学科的交叉培育，由艺术家创作，鼓励公众欣赏、参与，设置于公共空间、公共场所的艺术作品。由于公共艺术和环境艺术、景观艺术关系密切，又被称作环境艺术、景观艺术[3]。在进行区域经济转型、文化定位上，以公共艺术介入地域振兴成为许多城市主政者和设计师们的重要路径和策略之一。

与此同时，在传播学领域，越来越多的学者将城市空间作为一种传播媒介进行研究，探讨其特点和规律。"城市传播要立足于文化差异传播。城市传播以城市文化为内核，以地域文化为主体，找到属于自己的'DNA'，进行差异化和个性化诉求，才能在城市传播同质化竞争中脱颖而出。"[4]

二、打造城市品牌：公共艺术作为城市传播的媒介

从视觉传达符号学的角度来看，城市品牌的传播以视觉符号展现。城市品牌的传播是

通过视觉载体与社会公众进行沟通的，通过对视觉形象赋义、赋值的过程转换，使之成为在视觉上易于感知和识别的具有某种特殊含义的形象化视觉符号[5]。而公共艺术，"由艺术家为公共空间所创作的具有公共性的作品或设计"，正是一种内涵与外延同样丰富的视觉符号。"公共艺术作为城市名片，它是城市居民对于生活观念的物质化表达，体现了公众的审美追求，是城市地方文化的呈现载体，也是人类文化与城市物质形态联系的纽带。"（白慧芳. 浅谈公共艺术. 西江文艺，2017年12期）

近年来，随着学界和艺术界对公共艺术的不断研究与实践，我国的公共艺术日渐受到政府的关注，其艺术手段和表现方式也更加丰富。地景艺术、建构物艺术、光艺术、行为艺术、影像艺术、网络虚拟艺术等丰富的语言和方式被运用到公共艺术的设计中，多样性的公共空间特性与功能不断拓展，特别强调公众的参与和互动。

从传播学角度看，公共艺术是一种传播媒介。从创作公共艺术的艺术家到与公共艺术作品产生互动的公众，就是一个传播的过程，传播的是艺术理念，也是其中蕴含的精神理念。城市传播把城市本身作为重要的传播媒介和传播主体，形成了城市实体、城市中现代传媒形成的虚拟空间以及二者相互结合的3个传播空间[6]。而公共艺术表现手段的不断丰富也为城市传播中3个传播空间的相互连接提供了可能。

日本新县越后妻有大地艺术节艺术家从当地保存较完整、覆盖面积最大的自然风景"里山"和梯田景观寻找创意灵感，进而兼顾促进当地传统产业再生，最大限度地发掘地方资源，以艺术的形式唤醒地区活力[7]，被媒体广泛报道后，在世界范围内形成了较大的影响，可以说是地域传播的一个非常好的案例。

深圳市坪山区的国际雕塑展可以说是公共艺术作为城市传播的一次有益尝试。作为客家民系重要聚居地的深圳坪山新区曾经长期处于深圳的边缘位置，在近几年则成为新兴移民城市深圳"东进战略"的重要区域，也因此面临着全新的发展机遇。2017年、2018年，坪山新区连续举行了深圳（坪山）国际雕塑展，借力公共艺术，助推坪山突进，以期为城市建设插上文化的翅膀。该展览利用坪山雕塑艺术创意园整个园区空间进行策展，设计师韩湛宁邀请著名的雕塑家、院校师生从城市精神、空间跨界、观念突进和雕塑坪山几个方面进行展示，以丰富城市人文艺术景观，探索坪山的城市精神。

作为拥有厚实产业基础、充裕土地空间和丰富生态文化的坪山区，直到2017年初才正式成立。用什么样的方式形成城区特色，提升城区品质，一直是当地政府思考的问题。2017年11月，在当地政府的支持下，坪山举办了国际雕塑展，开展了26场系列活动，参展国内外艺术家和专家50余位，累计接待境内外观众2.5万人，有60余家媒体给予了报道。更为可贵的是，有多位艺术家在挖掘坪山在地文化的基础上进行了创作。知名艺术家盛姗姗不仅带来了其代表作品《算盘》《编钟》，而且为坪山创作了《百花齐放》，寓意坪山的新发展，以及不同文化与国际商业的交流互动。中央美院的秦璞教授带来了《大地的乐章》和《海韵明珠》，塑造一种向上的生命形态，象征坪山发展创新的精神力量。清华大学的董书兵创作了《潮涌》，以表达海潮无限循环，生生不息之意。这些都为打造具有鲜明特色的坪山城市品牌打下了良好基础。策展人韩湛宁表示，国际雕塑展的主题"突进"，既展现了坪山区跨越式发展的新态势，也表达了雕塑艺术在城市化进程中不可替代的"突进"作用。

三、推动多维传播：公共艺术作为城市传播的社会功能

公共艺术不仅是一种文化艺术载体，而且是一种传播媒介，具有传播功能，连接了本地居民与外地游客，政府与公众，物质与精神，传统与现代，私领域与公共空间。传播学的先驱哈罗德·拉斯维尔曾指出传播有三个社会功能：一是环境监视，二是使社会各个不同部分相关联以适应环境，三是使社会遗产代代相传。查尔斯·赖特在《大众传播：功能的探讨》一书中，在拉斯维尔的 3 个范畴之外又增加了娱乐功能。这些功能中每个功能都有内向和外向两个方面[8]。如果我们按照这个思路理解公共艺术，也可以发现它的传播特性（见表 1）。

表 1　公共艺术传播特性

序号	一般社会功能	传播功能	外向方面	内向方面	公共艺术
1	关于社会规范作用等的信息，接受或拒绝	社会雷达	寻求和传播信息	接收信息	城市地标表现城市精神
2	协调公众的认知和意愿，行使社会控制	操纵/决定/管理	劝说，指挥	解释，决定	促进社区建设，推动公众参与
3	向社会新成员传递社会规范和习俗的传递	指导	寻求知识，传授	学习	传承城市记忆
4	娱乐（消遣活动，摆脱工作和现实问题，附带的学习和社会化）	娱乐	娱乐	享受	娱乐互动

（一）雷达功能

一方面公共艺术可以成为城市地标，传递城市精神，丰富地方特性，能够增加对游客的吸引力，比如"我爱纽约"的标志、芝加哥千禧公园的《云门》、深圳园岭社区的《深圳人的一天》、渥太华的《大蜘蛛》、日内瓦的《断椅》等等。

在深圳（坪山）国际雕塑展上，清华大学的陈辉创作的《圆融》是对城市精神的一种解读，以抽象的表现形式，用大圆套小圆的构成方式，表现了深圳包容和大度的气概。

（二）沟通功能

另一方面，公共艺术可以美化环境，提高环境质量，让公共空间更适宜居民生活，推动公众参与并促进社区建设。而且，公众有权利自由出入公共空间并与艺术作品互动，公共艺术可以提高地方居民的自豪感与归属感。

（三）传承功能

此外，公共艺术也可以保存城市记忆，展现城市文脉，与公众实现精神层面的对话。可以说，公共艺术有助于地区整体价值的提升。

在深圳（坪山）国际雕塑展上，来自广西艺术学院的张燕根教授创作的《絮语》则是传承城市记忆的一个典型案例。它以简约抽象的造型，与传统的客家围屋大万世居相辅相成，仿佛诉说着历史的过往，絮语万千。自由的形态、唯美的情态，与古老的建筑、吵吵嚷嚷的街景形成强烈的对比，给人以大美不言之感。

（四）娱乐功能

借助形式多样的媒介语言，如多媒体、网络虚拟、景观方式，公共艺术正在越来越强调公众的参与和互动。不仅体现在公共艺术被纳入城市总体规划，市民通过选择、投票得以参与其中，而且在欣赏公共艺术的过程中，也强调其服务性和参与性。

四、塑造文化符号：公共艺术作为城市传播的一种导向

地方重塑是 2013 年"国际公共艺术奖"的主题。作为公共艺术的永恒主题、出发点和归宿点，地方重塑是由公共艺术的属性所决定的。汪大伟[9]指出，公共艺术从各个角度引导了城市生活与地域文化等方面的思考与探索，公共环境里的艺术作品和艺术形式也越来越反映出与生活和公众的联系，强调关注现实与精神等的社会问题，更以"地方重塑"的内容与形式重新拾起城市失落的灵魂。

公共艺术所运用的艺术符号，最终指向的是不同公众的潜在心理和个人意识，这就决定了对于艺术符号的合理性运用需要与公众发生良性的互动关系，而且要基于当地文脉进行合理创作。

上海交通大学设计学院的项目团队在金山的公共艺术设计实践是基于文化符号进行城市传播的一次积极探索。曾经是老工业区的上海金山区作为上海整体发展的重要组成，面对土地、环境资源的限制，选择经济转型升级、内涵发展和生态环境保护。昔日的"生产岸线"开始了重塑，全面转向"生态岸线""生活岸线"。2017 年，上海交通大学设计学院的项目团队从这道海岸线出发，根据金山立志要打造上海唯一的国家级海洋公园的目标，选址在鹦鹉洲公园及其沿线的滨海地区进行公共艺术介入，在地方性原则、环境协调原则、可识别原则、通俗性原则、创新性原则的基础上，提取海洋文化和"鱼"主题，进行

公共艺术设计，以期成为"海洋金山"的重要组成部分，作为金山地域振兴的一部分。

项目团队对金山进行了多次考察，提出了基于海洋文化的设计方案。金山新城濒临杭州湾，是金山区政治、经济、文化中心，是上海市的唯一滨海新城，也是环杭州湾北岸发展轴的核心节点城市。作为上海城市整体规划的重要构成，金山在滨海地区规划中坚持生态底线思维，发挥好滨海区位优势，做好海洋文章，突出滨海城市特色，以生态促城市转型，以旅游助城市升级。新一轮规划将滨海地区定位为具有上海"全球城市"高度的国际滨海休闲旅游度假区、具有领先示范意义的滨海生态花园城和带领金山转型发展的创新培育基地。有数据统计显示，五年来，金山嘴渔村年游客量增长达 20%，乘坐动车到金山卫站换乘抵达的游客占总量的 50%。2016 年，金山全区游客数达 650 万人次，同比增长 18%，旅游综合收入 38 亿元，同比增长 10%。

在金山，有俊逸秀美的海洋民俗文化、源远流长的海洋宗教信仰文化、山明水秀的海洋景观文化、精美独特的海洋盐业文化、中外交融的海洋商贸文化，还有富含海洋特色的渔业文化。为了挖掘金山地区独特而丰富的文化内涵，延续历史文脉，重塑地区形象，项目团队选择以"鱼"为主题进行公共艺术设计，同时，让"鱼"象征一切海洋生物，选择类似鱼等海洋生物形象以及类似鱼的流线造型的曲线感进行现代化的公共艺术作品设计，以此激发地区创新创造活力，提升地区软实力和吸引力；以"鱼"为主题的现代公共艺术设计也可以彰显自然、传统和现代有机交融，东西方文化相得益彰的特色。项目团队在以下 6 个原则基础上，进行了公共艺术的设计构想。

（一）地方性原则

公共艺术主题立意以体现金山地区的文化、气候、风情风俗等特色为目标，从深层次挖掘城市历史、文化传承和城市特色，以着力表现金山地区特有的滨海地区特色为主旨。以滨海屏风为例，设计师将中国屏风和"鱼"主题的自然曲线感结合，融合"障景""框景"的概念，给景区带来视觉上的独特体验，并且有引导视廊等作用，类似波浪的感觉体现滨海特色。

（二）环境协调性原则

综合考虑公共艺术所处的环境特色，广义涉及整个城市大环境氛围，狭义则考虑公共艺术所处场地自然山海环境和周边建筑的特点，处理好公共艺术与场所的节奏序列关系，从多角度、多方位全面考虑公共艺术作品所呈现的不同感官体验。在进行公共艺术附属景观环境设计时，还应强调景观环境的立意与公共艺术作品主题的关联性，以凸显公共艺术所在公共区域精神与视觉上的性格指向。以鱼骨架形等候区、海浪长椅、鱼尾长凳等为例，设计师将普通的户外长椅进行改造设计，加入模块化的设计思维，让躺椅的表面可以灵活转动和变化，具有类似海面的波浪感，内部空间还可以储物。放置在滨海地区，除了和滨海气氛协调，更能够给沙滩排球、海边救护用品等提供储物空间。与主题"鱼"进行结合设计出"鱼骨"造型结构的等候区，让景区附近的人们可以一眼就感受到地区鲜明的主题。通过对海鱼尾巴的简约变形，制造出鱼尾的自然下摆，形成一种动感，将鱼的主题自然地融入景观中，游客坐在鱼尾长凳上，自然而然地能够对金山的鱼文化产生一种亲近。

（三）可识别性原则

公共艺术应创意独特、直击主题，具有鲜明的可识别性，突出标志性效果和强视觉冲击力，强调作为代表滨海地区的主题雕塑所应具有的形式感和图案性效果，后期可以考虑作品从立体形态母题转化为平面城市徽章的可行性。

（四）功能性原则

注重人与公共艺术作品的互动关系，考虑公共艺术作品除审美功能以外的其他使用功能的介入，如观光塔、座椅或者其他水平或竖向媒介，以改变游客或市民的观景视野，增加互动的乐趣。以鱼形视窗为例，是采用了鱼的外轮廓作为造型基础，鱼的身体为彩色透明亚克力板。游客可以通过鱼的身体看到加上颜色滤镜的大海，也可以用相机记录下丰富多彩的海景。

（五）通俗性原则

注意造型语言的通俗性，强调作品表现形式的雅俗共赏，具体表现手法上，应以彻底的开放精神从广大市民和游客的大众视角，去考虑城市主题的公共艺术属性所应具有的可及性与参与性。

（六）创新性原则

鼓励新材料、新形式的使用，力求把新思想、新形式、新材料运用于本次滨海景区的主题公共艺术设计中，以强化作品所能够辐射的，代表整个金山地区未来所应具有的活力特征和时代美感。以"海上生明月"的景观和双人吊椅装置为例，该设计为景观灯设计，整体造型为球形，通过表面涂层的遮盖，展现灯光的明暗对比，从而达到月球的观赏效果，营造"海上生明月"的愉悦气氛。同时还可以通过电子升降设备控制模拟月球的上升过程，真正做到让游客一起看月亮爬上来，一起赏月。立方体金属框架与双人吊椅的结合，为游客创造了相对私密的个人空间，可以跟自己的亲密之人共同分享美景，交流感情。同时该设计方案还与模拟月球相配合，真正做到"海上生明月，天涯共此时"。

五、结语

随着中国城市化进程的发展，越来越多的艺术作品通过在公共空间的呈现，来美化城市环境，塑造和展现城市特性，融汇城市文化和精神。而以"地方重塑"为主题的公共艺术，"旨在从不同角度关注和诠释城市生活与地域文化，关注人文、历史脉络与公众日常生活，体现出公共艺术对社区再造及重塑市民文化生态的意义"。深圳的坪山和上海的金山从两个路径为公共艺术介入地域振兴实践，为进行有效的城市传播提出了可参考的方向：一个是向外传播，借助节庆和活动品牌，借助外力助推本地文化突进；一个是向内传播，直接对地域文化本身进行挖掘，进行在地性设计，以期吸引游客，振兴本地经济。本文以上海金山区和深圳坪山区的公共艺术设计为例，从传播城市学视角出发，将公共艺术作为一种视觉符号和传播媒介，推动城市传播。公共艺术在传播功能上实现社会雷达、沟通、传承和娱乐功能，在设计过程中提取地域文化进行文化符号的价值转化，与现代媒介、日常生活相结合，推动城市发展，在地方重塑和城市传播中发挥作用，并积极介入地方文化建设，以促进多元交流与沟通。

（岳鸿雁，上海交通大学传媒学院博士生；王童文，上海交通大学设计学院硕士生）

参考文献

［1］侯越.文化人类学视野中的现代日本地域艺术文化研究：以蕨座剧团为个案［M］.北京：中国传媒大学出版社，2013.

［2］王海龙.导读一：对阐释人类学的阐释.地方性知识——阐释人类学论文集［M］.北京：中央编译出版社，2000.

［3］荣跃明.文学与文化理论前沿［M］.上海：上海社会科学院出版社，2016.

［4］周妍.城市传播理念与路径研究［J］.当代传播，2012（3）：115-116.

［5］孙湘明，宋月华.城市品牌的符号学解析［J］.郑州轻工业学院学报（社会科学版），2009（6）：3-7.

［6］孙立.大数据时代的城市传播［J］.新闻研究导刊，2016，7（12）：25-36.

［7］冯正龙.公共艺术的地方重塑研究——以中国莫干山镇和日本越后妻有地区为例［J］.美与时代（上），2018（5）：14-19.

［8］威尔伯·施拉姆，威廉·波特.传播学概论［M］.北京：中国人民大学出版社，2010.

［9］汪大伟.地方重塑——公共艺术的永恒主题［J］.装饰，2013（9）：16-21.

与上海老街区的对话
Dialogue With Shanghai Old Street District

——上海番禺路城市更新研究
——A Study of Urban Renewal of Shanghai Panyu Road

金楚凡

摘　要： 在存量规划的大背景下，提升历史街区活力、挖掘城市公共空间潜力成为城市更新的重点内容。文章选择番禺路及周边区域作为设计对象，以"与上海老街区的对话"为主题，探讨历史风貌保护框架下城市更新的可行路径。文章首先介绍了城市更新的相关背景与研究现状，确定了研究的目的与意义，并引入"城市针灸"理论的相关概念，以期基于对"城市针灸"设计策略进行系统的分析与研究，探寻可借鉴的历史街区再生策略。其次研究分析了设计对象的背景资料，包括区位、功能、交通等分析和各个节点的实际调研情况分析，得出了设计对象的问题所在。最后对上述分析提出设计策略，将"城市针灸"理论应用于设计实践中。对每个"穴位"给予重新定位，并对其进行了景观、建筑方向的详细设计，以解决所存在的问题。

关键词： 城市更新；城市针灸；历史街区；历史建筑

Abstract: Under the background of stock planning, the vitality of the historic district and the potential of urban public space have become the key elements of urban renewal. This project selected Panyu Road and its surrounding areas as its design objects, with the theme of "Dialogue with Shanghai Old Street Distict" as its theme, and discussed the feasible path of urban renewal under the framework of historical landscape protection. This article first introduced the related background and research status of urban renewal, determined the purpose and significance of the research, and introduced the concept of "City Acupuncture" theory, with a view to systematically analyze and research the "City Acupuncture" design strategy. Learn from the history of district regeneration strategy. Then the second chapter analyzes and researchs the background data of this design object, including analysis of location, function, traffic, etc., and analysis of the actual research of each node, and summarizes the problems of the design object. The third chapter proposes a design strategy for the above analysis and applies the "City Acupuncture" theory to design practice. In this chapter, each "point" is given a new position in the city, and they have detailed design of the landscape and architectural direction to solve the problems raised in the analysis above. Finally, the conclusion part summarizes the conclusion of this design study.

Key words: urban renewal; urban acupuncture; historic district; historical building

一、绪论

（一）研究背景

随着经济发展和社会进步，城市的形态也在不断地进行更新变化。改革开放后，随着我国城市经济的迅猛发展以及土地有偿使用政策的全面实施，我国的城市建设活动在全国范围内全面铺开：建设规模的日益扩大导致城市用地的紧缩；新城的开发与旧城的更新改造如火如荼地展开，城市面貌发生翻天覆地的变化。

（二）研究目的与意义

通过对于"城市针灸"理论应用于历史街区的更新进行研究和探索，能够有效地为我国城市更新提供一种新的思路，同时对于如何协调城市的现代化发展需求与历史文脉的传承二者之间的关系有一定的指导意义。

随着我国城市化进程的加速推进，作为集多种矛盾为一体的历史街区的更新成为目前亟待解决的问题。本文在多学科研究成果的基础上，提出"城市针灸"这种小而灵活的设计策略，研究对象具体且具有很强的可操作性，研究成果可直接用于解决实际问题。

（三）研究现状

西方国家对历史街区更新的探索始于 1883 年英国第一个"历史建筑保护案"的通过。1931 年，第一个历史街区在南卡罗来纳州的查尔斯顿成立，一举改变了历史遗产博物馆式保存的概念。包含城市生活的新型历史遗产已开始受到关注，并在美国逐渐得到推广。二战结束后，西方国家经济萧条，百废待兴，一些大城市中心区走向衰落，面对这种情况，许多西方国家纷纷推动了一系列大规模的城市更新运动。主要表现为大规模拆迁重建，预期城市经济将迅速复苏，城市住房短缺将得到缓解。但结果不尽如人意，导致简单的刚性功能划分，城市交通混乱，城市特征丧失以及社会矛盾激化。20 世纪 60 年代后，经历了之前的失败，许多西方学者开始从不同立场、不同角度，对大规模重建和重建城市更新方法的尖锐批评和深刻反思已从简单的物质更新转向考虑到社会综合效益的城市更新战略。城市更新计划也已从大规模拆迁和建设内容狭窄的单一目标转变为具有广泛目标和丰富内容的小规模增量更新。在这个时候，随着人们思想和价值观的变化，整个国际范围开始关注历史街区的保护和再利用。各国还就历史街区的更新达成了一些共识，并通过了一系列决议和条例。

受城市化进程和政治、经济等条件的制约，与西方国家相比，中国历史街区更新的理论研究和实践起步较晚，尚处于初步发展阶段。中国的历史街区更新始于中华人民共和国成立后。因此，在发展轨迹上存在一定的相似性，但同时它也有其自身的特殊性。

在中华人民共和国成立初期，工作重点从农村转移到城市，但建设工作集中在新城的开发建设上，造成了旧城区的更新。在 20 世纪 60 年代，旧城改造的范围仅限于修复破旧的房屋和棚户区以及增加市政基础设施以解决居民最基本的生活和安全问题。从 20 世纪80 年代到 90 年代初，大量的盲目转型活动忽视了城市发展规律，破坏了大规模的重建。20 世纪 90 年代以后，随着中国历史文化名城体系的建立，城市保护体系开始形成一个保护文物和古文化的双层保护体系。

虽然此时我国已经拥有相对完善的城市保护制度和法规，历史街区的保护实践工作也取得了较大的进展，但同时也存在一些较为突出的问题：一方面，由于过度强调历史街区保护和旅游业发展的商业利益，许多地方的商业供需失衡；另一方面，由于在开发再利用过程中缺乏对原住居民生活需求的系统把握，造成街区内原有社会网络和邻里关系的消退。

"城市针灸"理论首先由西班牙城市建筑师 Manuel de Sola Morales 提出。他认为城市环境是一个有组织的，可以提供能量的皮肤："皮肤不是内层覆盖物，而是组织的基本结构，它清楚地显示出其特征，通过皮肤来分布能量。城市纹理的表皮允许我们转换其组织的内在代谢。"该理论主张在城市中植入点状的公共空间，通过逐步改变该点状空间及其周围元素的外部属性，形成促进城市发展的整体激活效应，使城市逐步实现可持续创新。1982 年，莫拉莱斯开始实施"城市针灸"计划，以应对巴塞罗那市中心的衰落。在短时间内以点式切入的手法成功创造出了 400 多个小型的开放空间，提高了城市空间环境的质量，增强了城市形象，并成为享誉世界的"巴塞罗那模式"。

（四）研究内容与方法

历史街区在长期发展过程中展现了城市的发展，它结合了一定的城市功能和城市生活内容，可以更真实地反映城市的历史。而一定规模的城市电影，可以反映城市的历史和文化价值。历史街区作为城市文化遗产的重要组成部分，应具有以下特点：

（1）风貌的典型性和完整性。也就是说，历史街区必须具有典型且相对完整的历史风格，这可以反映一个或多个历史时期的城市特征。典型性强调鲜明的地方特色，以区别不同地方的特色文化，完整性是指历史街区必须具备相当的规模，块的架构形式和功能也应该具有很大的相关性和相似性。当然，这种完整性不一定要求街区内必须具有多少的历史文物建筑，更多的是现在规模成片的邻里风格在形式和功能方面的完整性和视觉连续性。

（2）历史遗存的原真性。也就是说，历史古迹必须保留载有真实历史信息的历史文物，不得为古代或后代建造的其他新建筑。一些地区为了发展旅游业而大量建造的仿古街区，虽然在外观上模仿了某个特定历史时期的建筑风貌，但它永远不会被称为历史街区，而古董和伪造品绝不能成为历史街区的保护手段。

（3）社会生活的真实性。城市环境的载体不是一些受历史保护的建筑物或受保护的历史街区，而是代代相传。最真实的社会生活由种族、血统和信仰联系在一起。目前开发商主导的历史街区改造，为了实现经济效益的最大化，将原住居民赶出街区，替代以舞台式表演的历史场景。虽然在对待历史遗存的态度上，越来越多的开发商意识到保留历史遗存原真性的重要性，拒绝伪造"假古董"，采取更老式的更新方法。但这种将原住居民赶走的方式只能让历史街区成为一具没有灵魂的空壳，即使再华丽的外观也都是空虚无力的，只有居民的现实生活才是历史街区生命力的源泉。

历史建筑、历史街区和周边具有一定规模的空间环境是城市历史文化的载体。它展示了一定时期城市的典型风格，记录了城市历史的发展轨迹，是城市重要的文化资源。联合国专家斯里兰卡教科文组织专员德席尔瓦曾说过："建筑是文化的产物，作为文化遗产，必须保护其真实性，保存原来的历史风貌……在发展的时候，首先是保存过去的。"中国建设部副主任叶如珍也指出："现在的城市改造，不少反映着城市历史的街区和建筑被成片拆除，其中许多是有价值的。由于事先没有提出保护要求，没有办法阻止，很是可惜！"可以看出，在历史街区中保留真实的历史记忆，对于历史文化的继承具有重要作用。

本文的研究方法有：

① 文献整理法　通过收集和整理国内外相关文献资料，梳理了国内外"城市针灸"理论和历史街道再生的理论基础和实践案例，为我们的研究课题提供了坚实的理论支持。

② 多学科交叉研究法　本文突破了现有城市规划和建筑的局限性。结合城市公共管理、社会学、历史、生态学、环境心理学和经济学等相关领域的研究成果，从不同角度充分论证了该学科的研究意义和社会价值。

③ 实地调研法　结合对上海番禺路街区进行实地调研，对片区目前的地理区位、功能现状、交通结构、空间肌理、建筑风貌及基础设施等进行全方位的观察。

④ 理论与实践相结合　通过对国内外相关理论与案例进行系统的归纳分析，以上海市番禺路街区再生项目作为实例，结合对实地调研所获取的第一手资料，寻求一条适合我国目前现实情况的历史街区再生的新思路和新模式。

二、设计背景——上海番禺路街区现状研究

（一）项目概述

番禺路为一条城市支路，道路两侧用地功能复合，既有多处文物和历史保护建筑，又有已植入新功能的城市空间，是一条在上海城市更新方面极具代表性的道路。现状番禺路及其周边街坊以居住、办公、商业和教育科研为主；其中有孙科别墅、哥伦比亚乡村俱乐部、邬达克故居、大境别墅等优秀历史建筑；有承载老上海人记忆的"上海影城"；也有具有时代特征，亟待改善居民居住条件的老旧住宅"红庄小区"。番禺路及其周边街坊有着深厚的历史积淀、综合的城市功能；另一方面现状有多处待更新用地亟须新功能注入，多处公共空间节点尚未形成系统；这使得番禺路及其周边街坊在城市更新、公共空间挖掘方面有着非常巨大的潜力。

1. 区位介绍

番禺路延安高架路－淮海西路段位于长宁区内环内，既串联了多个历史建筑和文保单位，又有多种类型的公共空间，在城市更新的实践上具有代表性。本次竞赛范围为番禺路延安高架－淮海西路段及其周边街坊，沿线现状有原上海生物制品研究所（上生所）、邬达克故居、大境别墅、幸福里、上海影城、红庄小区等多处重要节点，长度约 1 km（图 1）。

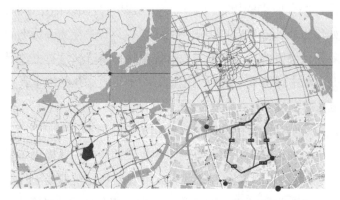

图 1　番禺路延安高架路－淮海西路段区位图

2. 用地情况

根据《长宁区新华社区控制性详细规划》，原上海生物制品研究所为教育科研用地（C6）；邬达克故居及其周边地块中，西侧地块为教育科研用地（C6），容积率为 1.5，建筑高度为 24 m，东侧地块为商务办公用地（C8），容积率为 3.0，建筑高度为 50 m；上海影城为文化娱乐用地（C3）；"红庄小区"为一类居住用地（R1）。

整个街区中大面积的黄色代表了居住用地的所占比例十分高，其中西南面的别墅区是地块中比较有法租界历史代表性的，番禺路沿路的红庄小区也具有悠久的历史，是国内早期社区的代表。这个街区中上海本地居民占多数，生活模式十分具有传统上海的风情。

第二大面积是教育科研用地，具有代表性的有上生所原址、邬达克别墅及周边旅游学校，上海交大法华校区，华东政法大学附属小学等。其中，上生所区域现状属于被封闭的废弃园区，但值得关注的是，园区内有几幢保存完好的历史建筑。海军俱乐部、哥伦比亚乡村俱乐部、孙科别墅，这些历史建筑虽然被保存但是并未被开发利用，无法起到宣传历史文化的作用，也使这大片区域处于废弃状态而使整片街区西北区域如同一潭死水，未免可惜。

番禺路周边最大的商业区域要数和文化娱乐结合起来的上海影城周边了，上海影城的存在带动了周边餐饮业的发展，作为上海数一数二的大型电影院，人流量非常大，使停车需求远超于几十年前的规划，停车问题导致影城入口广场杂乱无章。上海影城也是一年一度的上海电影节的主要举办场所，所以有一个临时性的活动场地的要求。

场地中的绿化区域只有华山绿地一块，绿地作为城市中公共开放空间可以激活它的周边区域，促进其他区域之间的交流，使城市更有活力。但是目前场地中的绿化面积明显不足以满足整个番禺路街区，而且它的位置非常靠边，贴着华山路这条主干道，也减少了与路对面的区域交流。

3. 交通现状

番禺路北接延安高架，南接淮海西路，街区的东面是华山路，西面是定西路。其中，华山路和延安路是城市主干道，其他几条是城市次干道，番禺路属于城市支路，地块中穿过它的还有新华路和法华镇路两条东西向的城市支路。从机动车与非机动车道分离情况来看，番禺路和周围几条路大都进行了划分，除了延安高架和法华镇路。番禺路作为主要研究对象，它的人行道宽度却是这些路中最窄的，而且机动车道拥堵情况也比较严重。番禺路的道路绿化率是这些路中最高的，两边的梧桐茂密遮天，是一条天然的林荫漫步道，可是它的步行条件却不佳，周围是狭窄的人行道，杂乱的街面，封闭单调的小区高墙。（图2）

住宅组团
教育科研
商业金融
办公
文化娱乐
医疗卫生
绿化
其他

图2　番禺路及其周围现状

（二）现状调研与问题提出

番禺路街区现状分析如图3所示。

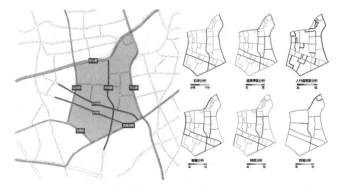

图3　番禺路街区现状分析

1. 上生所调研

原上海生物制品研究所是新中国成立后一直封闭的生产生物制品的厂区，内部虽有两处著名的优秀历史建筑，公众却一直难以进入。随着生产功能的外迁，厂区的生产已经停止。由于上生所占地面积非常大，周边地块有住宅、学校、商业、文化等多种功能，它可以起到一个连接贯通的作用，但是因封闭废弃，使得周边各功能之间都脱了节。上生所的东面是一片围着铁围栏的花园绿地，围栏外的公交站占用了人行道的区域，所以这个站只有一个指示牌，人们只能站在围栏边上等公交。围起来的绿地是这个区域里少有的大片绿化，却不能服务于大众。

2. 邬达克故居调研

邬达克故居位于番禺路129号，现作为"邬达克纪念馆"使用。邬达克故居南侧现为上海现代职业技术学校国旅校部，校区内南侧有约0.5 hm² 空地；另上海现代职业技术学校国旅校部西侧有约0.5 hm² 为办公用地。

邬达克故居现位于街坊深处，场地局促，可达性弱，由于前来参观的游客稀少，其公共空间的功能未得到充分的利用。地块范围内有较大面积的空白用地，为未来的城市功能提供了空间。

3. 上海影城调研

上海影城建于1991年，是沪上首家五星级影院，作为历届上海国际电影节的主会场，是集电影放映、会议、餐饮、娱乐、书屋、广告、展览为一体的大型文化企业。上海影城的前方有一片抬高的入口广场，上面有几个卖花和食品的小摊，但是大量的面积都被车辆占有了，显得非常杂乱，难以应付巨大的客流量。影城侧面是整排的花坛将入口广场与人行道割裂，不利于行人到达。

4. 红庄小区调研

"红庄小区"，建于1937—1948年，为新式里弄，共有5排多层砖木结构公房。存在设施老旧、居住空间狭小，公共空间不连续、公共功能未能充分发挥等问题。从外立面来看，红庄小区临街立面显得单调陈旧，临街的入口带着铁门，但实际这些铁门平日里都开着并没有起到隔离外人的作用，反而疏远了城市与社区的交流。从小区内部来看，依然是几十年前的格局，用整面的实墙分割了两排楼之间的道路和后院，割裂了空间的交流。

5. 幸福里调研

　　幸福里是番禺路的支路上一处比较新的商业步行街，东西连接了番禺路和幸福路，街上主要是一些餐饮店。幸福里作为番禺路上商业比较集中的区域却并不能聚集人气，主要是它藏于深弄之中，入口在番禺路这条本来就不算宽的路上显得很不起眼，缺少开敞入口空间。入口的右边是经过规划的门面整齐的店铺，店铺上方是一些较高的楼，对比幸福里的入口就像一道深深的峡谷，缺乏过渡，比较生硬。

　　幸福里马路对面有一块不规则的空地，没有和商业街形成整体的关系，却是具有发展潜力的区域。连接在这块空地左侧的则是成排的餐饮店，这些店都在外面搭了露台，使本来就窄的人行道显得非常局促，特别是当这里停满了共享单车时，行人走路便成了问题。这些店铺与幸福里的商业形式非常贴合，现在却居于两个不同的体系中，如果把它们连接起来将有助于促进城市的活力。

三、设计实践——上海番禺路城市更新设计

（一）设计策略与方法

　　通过上述对番禺路的现状特征与存在问题的分析，本次设计决定以"城市针灸"为主要的设计手法，城市针灸可以通过对小穴位的治疗激活穴位的周边地区。在一片区域中只要找到关键的几个穴位，对他们进行小范围的设计改造，即可影响到周围其他的地区，当这些穴位的影响相互覆盖时，可以产生连锁反应，激活穴位覆盖的一整片区域。

　　通过调研分析可知，在番禺路覆盖的区域中上生所、邬达克故居、上海影城、红庄小区、幸福里这些地区具有很高的代表性，覆盖了从文化到商业到住宅的各种地块，如果将这几片区域重新改造设计，将它们首先激活，势必将带动周边地区，并且这几个地区的分布从南到北比较平均，互相之间都会发生影响，对番禺路的一整条路及其发散出去的部分支路都将产生很大的影响，将原本缺乏活力的历史老街区重新激活。（图4）

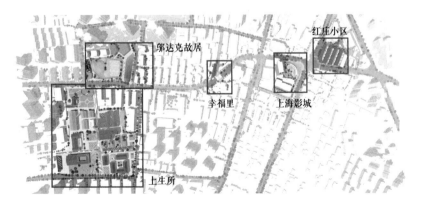

图4　上海番禺路代表性区域分布

（二）上海生物制药研究所原址设计

1. 设计定位

上生所区域周边以住宅和学校为主，南侧就是上海交大法华校区和华东政法附小，根据控规要求，这块地是文化科研用地，所以改造后的定位将是一片科创园区，而原来的历史文化建筑将改造成创意展览馆，将周边想要创业的年轻人聚集过来，不仅可以是附近学校的科创教育基地，也可以是附近居民休闲看展的好去处。

2. 平面布置推导

首先将场地原来的废弃建筑清空，留下两幢历史建筑在整片场地的西北侧。根据周边的道路情况，定下四面的出入口，园区边界基本开放，特别是东面的围栏都将拆除。根据几个车行入口形成一个中心十字轴，穿过两幢历史建筑，将场地分为4块。轴线南侧的建筑为科创基地北侧，多是为居民、办公人群服务的休闲活动场地，有展览中心、活动广场、商业活动等区域。东西各有一块入口绿地，东面作为入口公园，西面则是可进入式草坪。为了方便交流，在办公楼之间设计了一些空中连廊，有些还可以通到屋顶花园（图5）。

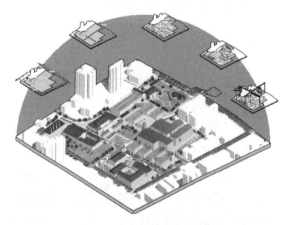

图5 上生所平面布置

3. 中心轴线与公共活动区设计

中心轴线贯穿了这个园区，它连接了4个出入口，是园区的主轴，可人行和车行，铺地由几个不同颜色拼接而成，不同的方向配色也不同，指示几个公共活动区，活动区的颜色与轴线上的色块呼应，公共活动区由不同色彩的铺地与白色斜线组成，部分斜线是坐具，这些区域是科创园区的上班者日常户外交流的主要场所，也是活动举办点（图6）。

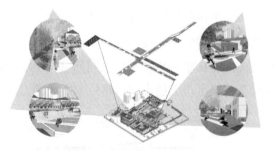

图6 上生所中心轴线与公共活动区设计示意图

4. 入口处街道与公交站改造

对比原来的东面入口，改造后将围栏打开，形成入口公园，拓宽入口处的人行道宽度，为公交车站留出了空间。由于改造后的区域激活，原本的公交站势必满足不了客流量，需要重建更大的候车亭。马路对面原本是封闭的小区，改造后保留了楼前私密的花园

部分，其他则打开为公共花园。沿街围墙则加上绿化设计。（图7）

（三）邬达克故居周边设计

1. 设计定位

邬达克故居南面原来是旅游学校及其操场，再往南是废弃已拆除地区，所以改造范围包括了邬达克故居及其周边的一些区域。这片场地与上生所隔街相望，邬达克故居作为历史建筑具有很好的文化价值，场地的南面空地则作为周边居民活动的街心广场。为了产生更好的影响，其与上生所的设计相互呼应。

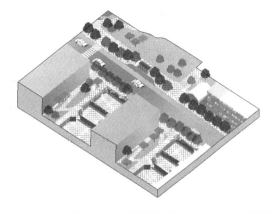

图7　上生所入口处街道与公交站改造设计图

2. 可进入式草坡与游客中心设计

邬达克故居作为比较具有时代地域特色的建筑，周边小学常会组织学生前来参观写生，参观者需要一个较好的观赏位，所以在它面前设计了一个草坡，游客可以站在上面欣赏建筑，获得更高的视野。草坡下方则是一个下沉的游客中心，不仅是游客休息的地方，也是旅游学校学生课余生活的好去处（图8）。

图8　可进入式草坡与游客中心设计图

3. 运动场所设计

作为街心活动广场，这里有下沉的广场可以进行滑板、舞蹈等活动；中间是篮球场，保留了为旅游学校服务的功能，同时也开放给居民；球场周围是一圈慢跑道，跑道上可以观察到邬达克故居，也可以欣赏其他运动的进行（图9）。

4. 过街天桥设计

天桥由3个环构成，中间的环用于过街，在邬达克故居边上的环则可以用于观赏建筑，可以俯视建筑，上生所边上的环则可以用于观赏入口公园。

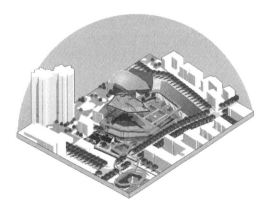

图9　街心运动场所设计图

（四）上海影城前广场设计

1. 露天影院设计

利用影院抬高的平台，在沿街加建一个商业售卖空间，将广场上的店铺集中到内部。这个空间上方高起的区域作为可进入式草坪，将影院建筑突出的部分改造成 360 度的环形屏幕，与草坡结合形成露天影院。与人行道连接的地方则做了斜坡设计，增加了抬高平台的可达性（图 10）。

图 10 露天影院设计

2. 屋顶花园设计

影城楼上建设屋顶花园，临街的地方硬质铺地可以眺望城市，内部则是银星花园，不同的节点放置当红的电影相关人像雕塑，供观众拍照游玩。

（五）红庄小区设计

1. 内部围墙设计

为了保留传统小区的特色，保留了内部的围墙，但是为了打破封闭，从不同的透明度不同的功能出发，对围墙做了不同的模块设计，有供儿童玩乐的滑梯，可以坐着聊天的坐具，也有可以观赏的绿植等。几个弄堂可以采用不同的配比，以增加小区内部的娱乐模式，供小区居民日常游憩（图 11）。

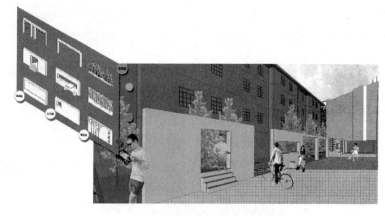

图 11 红庄小区内部围墙设计

2. 外立面设计

对于单调封闭的小区外立面与局促的入口空间，本次设计中首先为立面重新做了外表皮，采用本地化的红砖做材料，通过不同角度的旋转，产生了不同大小的缝隙。进行一系列变化后，形成了不同透明度的区域，内部对应的地方则开窗，这些半透的表皮既增加了采光也保留了临街面的隐私（图12）。

原本临街的矮房作为商铺，做了后退设计，退出的部分形成了一个个入口小广场空间，矮房的楼上阳台处在梧桐树荫下，是不错的休闲场所，在楼下店铺里沏壶茶可以在阳台上坐上一下午，看看报，听听鸟叫。

图12 红庄小区外立面设计

（六）幸福里入口设计

从上文调研分析可知，幸福里作为番禺路上商业比较集中的区域却并不能聚集很多人气，主要是它藏于深弄之中，入口在番禺路这条本来就不算宽的路上显得很不起眼。设计中，幸福里入口处做了不同的铺地设计以引导人们进入这条商业街，利用入口斑马线斜坡抬起设计连接了幸福里和对面的空地小广场，形成一片完整的入口前广场。（图13）

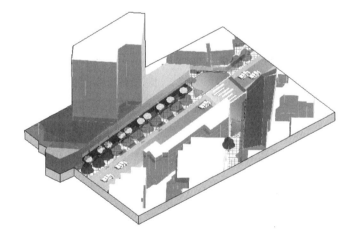

图13 幸福里入口设计

入口右边的高楼二楼阳台做了餐饮空间设计，对面的整排餐饮店铺做后退处理，留了更多的空间给露台，拓宽了人行道。在行道树间设计了为自行车停车用的区域，优化了整体的步行空间。

四、结语

历史街区作为城市的重要组成部分，不仅反映了一座城市的发展脉络和历史文脉，同时具有巨大的历史文化价值，是人类社会物质文明与精神文明的共同结晶。然而伴随着我国城市化进程的快速推进，大规模盲目"推倒重建"式城市更新活动正以空前的规模和速度在全国各大城市展开，城市中的历史街区面临着空前的破坏危机：大规模以商业开发为目的的历史街区更新活动仅仅看重历史街区巨大的土地利用价值，因而更多的是打着保护历史遗产的旗号，对作为物质实体的建筑形态加以保护与恢复，但对历史街区所依附的空间环境和人文环境却视而不见并对其加以毁灭性破坏。基于此背景，本文将"城市针灸"引入历史街区更新中，并结合上海番禺路进行设计实践。通过对项目现状进行全方位的调研和解读，挖掘其具备的"城市针灸"应用潜质，提出该项目的设计定位和预设目标。从实证的角度再次验证了以"城市针灸"为导向的历史街区再生策略的可行性和合理性。

（金楚凡，上海交通大学设计学院硕士生）

参考文献

［1］ 简·雅各布斯.美国大城市的死与生［M］.金衡山，译.南京：译林出版社，2005.

［2］ 刘易斯·芒福德.城市发展史：起源、演变和前景［M］. 倪文彦，宋俊岭，译.北京：中国建筑工业出版社，2005.

［3］ 凯文·林奇.城市意象［M］.方益萍，等译.北京：华夏出版社，2001.

［4］ 凯文·林奇.城市形态［M］.林庆怡，等译.北京：华夏出版社，2001.

［5］ 扬·盖尔.交往与空间［M］.第4版.何人可，译.北京：中国建筑工业出版社，2002.

［6］ C.亚历山大，等.建筑模式语言［M］.王听度，周序鸿，译.北京：知识产权出版社，2002.

［7］ 史蒂文·蒂耶斯德尔·蒂姆·西斯.城市历史街区的复兴［M］.北京：中国建筑工业出版社，2006.

［8］ 爱德华·库格尔著.项琳斐，译.城市的都市针灸［J］.世界建筑，2006（10）：56-58.

［9］ 陈曦.论历史街区保护与再生的原则和手段［J］.江南大学学报（人文社会科学版），2008，7（4）：125-128.

［10］ 褚冬竹.城市针灸——"建筑·交通一体化"观念下的建筑策略初探［J］.新建筑，2011（3）：39-44.

三论东方设计 ①
On Oriental Design (III)

——解析东方设计学建构中的若干关系
——Analysis of Some Relations in the construction of Oriental Design

摘　要： 东方设计学是一门立足于东方文化和东方哲学，吸取东西方文化之精髓，秉持多元文化兼容并蓄的态度，以传承和创新的角度从传统设计中汲取营养，充分结合现代设计的先进技术、先进理念的设计学科。东方设计学的构建将运用东方智慧以设计的途径服务于今人精神和物质层面的需求，继而搭建人与自然、人与社会、人与人之间和谐共生的美好未来，以此助力人类命运共同体的构建。文中着力于探讨东方设计学在建构过程中涉及的若干关系，包括东方设计学与东方学的关系、东方设计学与东西方文化的关系及其文化立场，以及东方设计学与传统和现代设计之间的联系，从而厘清东方设计学与相关学科间的联系与区别，为东方设计学的设计实践提供理论支持，以利于勾勒出系统化、科学化的学科体系和理论架构。

关键词： 东方设计学；东方学；东西方文化；东方传统设计；现代设计

Abstract: The Oriental Design has been developed on the basis of oriental culture and philosophy. This discipline has integrated the cultural essence of East and West, and derived from exploitation of traditional design with inherited and creative perspective. A consideration of the systematic theory construction of Oriental Design enriches the communicating of the traditional and the modern design and elucidates the conception of building a community of shared future. This article focuses on some relative structures of building Oriental Design and explains how to deal with the relationship

---

① 基金项目：国家社科基金全国艺术学项目"文化景观遗产的'文化 DNA'提取及其景观艺术表达方式研究"（项目编号：15BG083）阶段性成果之一。

between Oriental studies, the East and West culture, and the contact between traditional and modern design. This article seeks to elucidate the influence that based on the construction of Oriental Design for the design practices.

Key words: theory of oriental design; oriental studies; eastern and western culture; oriental traditional design; modern design

自 1991 年我国在扬州设立东方园艺事业机构（包括扬州市东方园林规划设计研究所，中国风景园林学会团体会员证见图 1）到现在组建的东方设计集团，东方设计凭借其对于东方文化和东方哲学的深度理解和认知，得到设计业界乃至整个社会的广泛关注[1]。及至近年系统提出东方设计学，应用现代设计的手法，通过对设计传统的继承和创新，立足现代人的精神和物质需求，将东方文化和东方哲学融入现代生活，以文化传播、审美享受的方式打破国与国、东方与西方的地域壁垒，站在人类发展的高度将文化作为桥梁和纽带，加强"一带一路"沿线各国乃至世界各国间的交流与沟通，已经引起国内外学术界的浓厚兴趣[2]。随着研究成果的日渐增多，对东方设计和东方设计学的理解也愈发多样化，这是学术发展的必然。

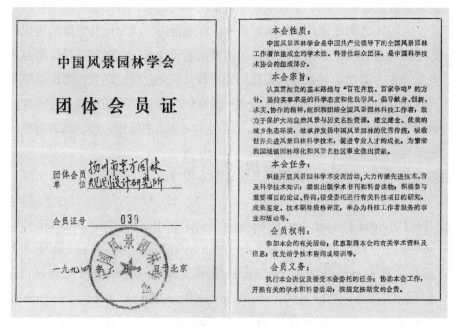

图 1　中国风景园林学会团体会员证（扬州市东方园林规划设计研究所）

笔者曾撰文深度探讨东方设计，论述建构东方设计学的必要性和紧迫性，认为系统化、科学化的建设东方设计学将有助于凝练和传承东方优秀传统文化、加强不同文化的交流和对话、提升当代中国创新能力，对于"一带一路"倡议的实施、构建人类命运共同体、搭建良好的跨文化交流平台都有着积极的现实意义 [3]。在思考东方设计学建构的过程中，笔者意识到有必要厘清东方设计学与东方学的关系、东方设计学的文化立场，以及东方设计学与传统和现代设计之间的联系，从而进一步明晰学科体系和架构，及其与相关学科间的联系与区别。

一、东方设计学与东方学：立足中国的"东方"

东方设计学中首要关键的概念当属"东方"。对于"东方"的界定，笔者于《再论东方设计——东方设计学的概念、内容及其研究意义》一文中曾有过论述。"'东方设计学'中'东方'的概念则更接近社会文化意义上的'东方'，即与东方文化、东方哲学相关联，一种基于东方文化的思考。"[4] 然而，作为一门系统的学科，立足于现代社会语境下的东方设计学仍需进一步对"东方"的界定加以详述，尤其需要透过其他相关学科领域的研究成果，辩证地看待"东方"概念从过去到现在的变化与发展，进一步明晰"东方设计学"的立场和视域。

长期以来，在政治经济、文化艺术等众多领域中，关于"东方"和"西方"的概念从来就不单纯是地理意义上的划分，它包含着历史积淀、政治立场、思想意识形态以及话语权等诸多要素。"东方学"作为专注于研究"东方"问题的学科，它对于"东方"的界定生动地反映出东西方话语权、意识形态等方面的变化历程。近代西方诞生的"东方学"发展至今已经历漫长的演变历程。16世纪末，欧洲大学开设近东语言课程；历经两个多世纪的发展，19世纪"东方学"得以确立并举办第一届国际东方学会议；再到20世纪吸引东方国家学者投入东方学研究，开启广泛的研究合作，拓展更多的研究视域。现今的东方学已经构成了一个较为完整的学科群体。作为一门文化学科，其主要的研究对象涉及亚洲和非洲（北非）地区的历史、语言、艺术、宗教、哲学、经济、社会等诸多内容。然而，在东西方不同研究者、研究视角以及理论和实践中，"东方学"对于东方的认识和观点却有着截然不同的立场和态度。

（一）西方"东方学"的源起及局限性

源起于西方的东方学追溯其历史可至古希腊希罗多德。从古希腊至中世纪再到文艺复兴、18世纪启蒙时期、19世纪的黑格尔、20世纪的美国，西方国家的"东方学"研究从未停止，它的研究中心伴随着世界格局的转变从欧洲转向当代美国，研究领域也从一开始的人文艺术拓展至政治、经济、社会、军事等多重领域。必须肯定，西方的"东方学"研究的确取得了丰硕的成果，奠定了许多学科领域的研究基础，整理和积累了大量庞杂的文字和口头资料，运用严谨的科学方法展开对东方的探索和思考。在语言文字研究领域，西方的东方学家对埃及象形文字、印度古典语言、波斯语等东方文字的释义和解读就取得了令人瞩目的研究成果，进一步加深了对这些东方文字所代表的东方文化的认识和理解。同时，一批东方文化经典文献经由西方的东方学研究者整理和保护获得了重生，通过他们的翻译、推介使欧洲人也能读到东方的经典著述，他们的研究对东西方文化交流作出了重要贡献。

然而，基于西方立场的东方学研究也有着不可回避的先天不足与缺陷。相当数量的西方学者对东方的研究和认识是基于战争、殖民、文物抢夺等不正当意图并带有不可弥补的破坏性。英国考古学家斯坦因于 1907 年、1914 年两次进入敦煌，盗取大量珍贵文物。1914 年，俄国东方学家谢尔盖·奥多诺维奇·奥登堡骗购敦煌的约 500 件经书残卷。这些西方的东方学学者对于中国敦煌的研究的确取得了重大的成果，但他们对于珍贵文物的破坏却也是不可忽视的。同时，西方的东方学研究还存在研究立场的偏见，以及"西方中心论"导致的研究视域的局限性。自工业革命后，西方诸国经济得到快速发展。与之相较，当时的东方却显得落后和贫弱。此时，基于殖民扩张意图的西方"东方学"研究侧重将"东方"渲染成一个相对于"文明"西方的落后"他者"，这一时期"东方学"研究受到"西方中心论"和"东方主义"的严重影响，所呈现的"东方"已经被解构成碎片化的片段，不论是政治、经济、文化都呈现出区别于西方的落后、丑陋和愚昧。萨义德的《东方学》明确批判西方的"东方主义"存在的问题和片面。萨义德"将东方学作为一种话语来考察，从而得出'东方学是西方用以控制、重建和君临东方的一种方式'"[5]。当然，他的批判同样存在二元对立的问题[6]。此外，"西方中心论"导致过度的夸大东西方之间的差异，部分西方的东方学研究者未能通过其研究增进东西方间的互通和理解。相反，他们消极的言论使东西方间的壁垒和隔阂日益加深。东方的文明不是一成不变的，伴随着时代的发展和进步，东方也在悄然发生变化。然而，部分西方的东方学研究未能看到现代东方的进步，对东方的认知停留于古代。

（二）中国"东方学"的发展与立场

"东方学"的研究不仅存在于西方。以中国为代表的东方各国均有"东方学"研究的历史。正如王向远所述："有西方的东方学，有东方的东方学，也有中国的东方学。中国的东方学近百年来早已形成了一种学术传统。体现了中国学者独到研究的中国'东方学'，既是'国学'研究的自然延伸，也自然具有了国学的品格，成为广义上的、开放性的'国学'的重要组成部分。"[7]中国自古就有研究周边各国的历史和传统，大量记述东方各国的文本、典籍流传至今。在文本资料的积累上，历史上的文本积累为中国的"东方学"研究提供丰富的古代文献资料。司马迁《史记》以张骞出使西域所得资料为基础，详述中亚、西亚各国的政治经济、民俗民风。直至今日，该文记述的各国风貌仍是学者研究的重要史料之一。自近代以来，五四前后延续数十年的东西方文化学术论争促成中国的"东方学"真正成型。在这场如何看待西方文化、如何看待中国文化的思想大讨论中，代表新旧文化的文人学者展开对东西文化多角度、多领域的思辨，从东方历史、东方政治、东方哲学，再到东方宗教、东方艺术，讨论所取得的成果标志着中国的东方学的确立。改革开放后，中国的东方学研究伴随着高校相关课程的开设和研究机构的建立进入到发展的繁荣期。系统化、专门化的研究培养了一批在"东方学"领域颇有见地的学者，也带来了一系列有深度的研究著述。

中国的"东方学"研究在研究视角、立场上明显区别于西方的"东方学"。立足于中国社会坏境、历史积淀和文化语境是中国的"东方学"研究的基础和立场；有意识地以批判的眼光看待西方的"东方学"研究，试图消解东西方的"二元对立"，重塑长期以来东方的"他者"身份，重新建立东西方交流对话的平台是中国"东方学"研究始终努力的方向。至今日，中国的东方学研究已形成带有中国文化特点的研究体系和学科架构，它将中国文化作为研究的首要对象，充分探讨从古至今中国与西方、中国与东方诸国间的政治、经济、文化、艺术等多方面的交流与冲突、融合与对抗，以文化为桥梁推动当今中国与西方、其他东方国家之间的交流互动。当然，随着中国的"东方学"研究的深入和影响力的扩大，一些研究中的不足也显现出来。中国的东方学研究分散于多个学科领域，未能将各个领域的成果进行很好的整合梳理。随着时代的发展，中国的东方学研究缺少对新现象、新领域、新学科的涉及，在实践领域则更少问津。在一些学科领域中，中国的"东方学"缺乏系统化、科学化的体系架构。设计领域中，中国"东方学"存在的不足表现得尤为突出。比如，理论研究层面，中国"东方学"的研究甚少单独涉及东方设计的梳理和挖掘；设计实践层面，东方设计多以单个国家、个别设计师的形式展开，系统化、规模化不足，中国"东方学"未能站在理论高度指导设计实践；此外，学科建设层面，设计学科架构仍延续西方设计学科的思路和框架，不能将"东方文化""东方哲学"融入学科体系中。因而，以中国的"东方学"话语体系建构东方设计学就显得尤为急迫。

经过对东方学在西方、中国不同的发展概况的梳理，可以看到今日我们所要建构的"东方设计学"应当是基于中国的"东方学"研究在设计学科领域中搭建的系统化、科学化的话语体系。此处对"东方"的界定是站在文化角度，兼具地理、历史、政治、经济等多方面内涵的范畴。参考季羡林先生对世界文化体系的划分，结合当前中国的"东方学"涉及的内容，东方设计学中"东方"涵盖除欧洲文化体系之外的中国文化体系、印度文化体系、波斯及阿拉伯伊斯兰文化体系。因而，东方设计学也必然是立足于这三大文化体系，以中国文化为核心的理论研究，以及着眼于当代中国的社会文化语境所展开的实践探索。

二、东方设计学中的文化：传承与借鉴

"设计"为何物？我们可以简单地理解为人类造物的活动。在历史的进程中，设计的

概念存在所指范畴、所指对象、所用视角等方面的变化。但是，人类造物活动中"文化"占据的核心地位一直没有改变。当下，我们谈及"东方设计学"，不可避免地要思考"文化"在学科建设中的位置与作用。尤其作为一门立足于东方哲学和东方文化语境的设计学科，其兼具对传统的传承和对现代的思考。在文化立场上，深刻的挖掘以中国文化为代表的东方文化精髓是"东方设计学"的文化基础，以批判和学习的眼光看待西方文化则是"东方设计学"适应时代发展的必要途径 [8]。

（一）东方设计学的文化立场

基于当前中国"东方学"的研究，以中国文化为代表的东方文化是"东方设计学"的文化内核。在思索东方设计学的文化内核的过程中，若简单地分割东西方文化、彻底地否定西方文化，将不利于学科文化基础的建设。纵观东西方文化发展史，文化间的交流和互动从未间断 [9]。如季羡林先生所述："一种文化既有其民族性，又有时代性。一个民族自己创造文化，并不断发展，成为传统文化，这是文化的民族性。一个民族创造了文化，同时在发展过程中它又必然接受别的民族的文化，要进行文化交流，这就是文化的时代性。民族性与时代性有矛盾，但又统一，缺一不可。继承传统文化，就是保持文化的民族性；吸收外国文化，进行文化交流，就是保持文化的时代性。" [10] 因而，我们在思考东方设计学的文化内核时，切不可因立足于东方文化而将东西方文化割裂开，透彻了解东西方文化的特质，追溯东西方文化交流的历程以及相互的影响，将有助于明晰东方设计学的文化立场。

必须承认东西方文化间存在鲜明的差异，这不仅是文化的差异，也是思维模式的差异。东西方的文化差异正是东方设计学与西方设计学之间存在的最根本差异。"把（东方文化）这种整体概念，普遍联系的思维方式称为'综合的思维'。与此相对立的是西方的'分析的思维'。这两种不同的对立的思维方式或者思维模式，正是东西方文化的基础。" [11] 西方的思维方式侧重于将物质与精神拆分开来进行挖掘，将人与自然对立的西方思维是一种二元论的思维方式；东方的思维则完全相反，从整体性上把握事物，思考万物间的联系与变化，这种思维方式将人与天地万物进行有机结合，从而掌握事物发展的规律 [12]。

进入近现代以来，西方文化伴随着西方政治、经济、军事等方面的强盛，在相当长的时间里掌握着话语权，深刻地影响着人们的思想和行为。但是，文化的发展是一个起伏变化的过程。进入 20 世纪后，西方文化已初现相对衰落之势，尽管在现今的很多文化领域中"西方文化"仍具有一定的优势。不过，一系列直接或间接由西方文化而引发的问题和困境已然呈现于世人眼前，例如过度消费带来的资源浪费、环境破坏，缺乏深层的人文关怀带来的精神空虚，等等。面对此，西方学者已经展开对自身文化的反思，并试图从东方找寻解决问题的答案。心理学家荣格在《东洋冥想的心理学：从易经到禅》中谈到：应该转换西方人已经偏执化的心灵，学习整体性领悟世界的东方智慧。季羡林先生也认为，西方文化的诸多弊端和问题已经显现，东方文化或文明必然要取而代之，不过，这并不是取而代之，而更加近似一种在借鉴和学习的基础上的提升和发展。"我之所谓'代'，并不是完全地取代，更不是把西方文化消灭。那是不可能的，也是完全没有必要的。……在西方文化已经取得的成就的基础上，矫正其弊病，继承它的一切有用的东西。用综合思维逐渐代替分析思维，向宇宙间一切事物进行更深入的探讨，把人类文明提高到一个崭新的阶段。"[13] 故此，我们有必要将东西方文化进行剖析，通过解析二者的特征，明确东方设计学如何对东西方文化进行传承与借鉴。

（二）西方文化中的"二元对立"

哲学思想对文化的表现和特质有着根本的影响。古希腊哲学是西方文化的基础，它的首要特点就是对科学精神的重视和强调。西方哲学的早期一直致力于以科学的方式解释世间万事万物的规律和特点。进入中世纪之后，基督教推崇的神学统治着欧洲各国，但是科学的精神仍未彻底消亡。发生于 14 世纪到 16 世纪的文艺复兴通过学习和复兴古希腊罗马时期的哲学和文化来解放思想，这一时期对科学精神的重塑以及在科学领域中的成就十分令人瞩目。如文艺复兴时期以科学的态度对人体结构展开探索和研究，不仅推动绘画、雕塑领域对人体认知的深入，带来一系列生动逼真的艺术作品，也极大地推进医学、解剖学等自然学科的发展。自文艺复兴之始，西方自然科学领域不断取得进展，人们对科学的重视和关注与日俱增。在这一背景下，17 至 19 世纪形成的西方近代哲学自然而然地侧重倡导理性、科学和自由的精神，这也进一步带动西方自然科学领域的发展。近现代以来，西方社会的思想体系和文明内核均深受近代西方哲学"理性、科学和自由精神"的影响。对理性的强调带来西方文化的又一特点，即主客二元对立。二元对立的思维方式自柏拉图时代起已初显端倪，至笛卡尔提出"我思故我在"这句典型的二元论主张后，西方哲学、西方文化的二元对立思维得以鲜明地呈现于世人眼前。

二元论强调以"我"为核心主体，客观世界的万事万物对于"我"而言都是客体，是"我"的对立面，也是"我"需要去把握和探究的。这一思维方式有着值得借鉴和学习的优势。其一，西方哲学和西方文化对知识和真理的追求表现出极强的专注精神和思辨精神。这一特质使得西方人面对任何事物都有着"打破砂锅问到底"的精神，也有着不惧权威、敢于探索的勇气。其二，西方文化对主体"我"（即，人）的重视，促成了对人的自由意志的尊重。其三，理性和科学的精神带动哲学思辨和逻辑思维的发展，对世间规律的强调是西方哲学的特质，体现在西方文化乃至西方社会对于逻辑、规则的重视。当然，西方文化的"理性与科学精神"也带来了不可回避的问题和局限性。过度地强调"人"的作用、过度地关注"我"的主体地位，必然带来二元对立的局面，造成人与人、人与自然、个体与社会之间关系的日益紧张，有害于人类长期的和谐发展。比如，西方社会推崇的先进科学技术在短时间内的确表现出对人类生活的改善和提高，但是，对物质生活的过度追求以及对自然界的无度索取和利用也制约着人类发展的步伐。现如今全球日益严峻的环境问题不能不说一定程度上源自西方文化的二元对立。

对于东方设计学而言，在辨析了西方文化的特质，尤其是二元对立的哲学观点之后，我们应当有选择地、辩证地学习和借鉴西方文化。东方设计学所要研究的是有关造物的问题，其中不仅有对于造物历史的思考，也有对现当代造物实践的探索。这就不可避免地要学习、借鉴并充分利用好先进的科学技术，使其为设计实践服务，造福于我们的设计对象。其中当然包括西方先进的科学技术。同时，西方的理性思维、逻辑思维也是东方设计学在探索设计方法、设计过程中值得学习的部分。但是，东方设计学也要有意识地避免西方文化"二元对立"观点的影响，切不可将人与自然、人与社会之间视为主客体对立的关系，从而忽视对自然规律、多元文化、社会多样性的认识和尊重。

（三）东方文化中的"天人合一"

以中国传统哲学和文化为核心的东方文化与西方文化截然不同。面对世间万物，中国传统思维更侧重在个体的思维和情感与万物之间形成沟通和对话。正如"天人合一"代表的思维方式，中国传统哲学视野中人与自然之间不存在主客体的对立关系，是一种和谐共生的局面。庄子在《齐物论》中谈人与天地间的关系："天地与我并生，而万物与我为一。既已为一矣，且得有言乎？既已谓之一矣，且得无言乎？一与言为二，二与一为三。自此以往，巧历不能得，而况其凡乎！故自无适有以至于三，而况自有适有乎！无适焉，因是已。"在他看来，天地万物与我一体，顺应事物本来的规律才是真正与天地共生的方式。

中国传统哲学试图建构的是"天人合一"的境界，这一境界也被钱穆先生称为"中国文化对人类最大的贡献。"它反映出中国传统哲学的精髓在于对"天、地、人"之间搭建和谐关系的思考，而非割裂三者间的关系[14]。遵循"天人合一"的思想内核，首先，在中国传统哲学的视野中，世间万物是一个不断变化发展的有机整体，富有生命力的运动是世间的普遍规律，人与自然的关系不是一成不变，更不是相互对立的。以运动和发展的眼光看待世界，中国传统哲学看到了宇宙万物之中存在的普遍联系和生生不息的动态关系。其二，以整体和联系的视角看待人、天、地间的关系，使得中国传统哲学对待万事万物始终赋予情感的共鸣以及对天地的敬畏。把握人与天、地间的依存关系，中国传统哲学推崇从精神层面达到与天地的沟通，对万物抱有同理心，坚持以平等、尊重的态度对待自然。其三，因看到永恒运动、不断变化的规律，中国传统哲学着力于通过把握"道"来认识和感悟世界。所谓"道生一，一生二，二生三，三生万物。万物负阴而抱阳，冲气以为和。"宇宙万物的根源来自"道"，万物由"道"而生。这是一元论的宇宙观，看到矛盾双方的对立与统一，把握矛盾双方变化发展的内在规律，遵循万物发展的自然规律。其四，中国传统哲学"天人合一"的主张，强调人与自然的和谐共生，注重对个体自我修养的提升。以知行合一的方式将理论与实践相结合，通过不断审视、修炼自身，达到物质与精神层面的自由。

由此可见，东方设计学作为一门理论与实践相结合、探索设计规律和设计方法的学科，以中国传统哲学和传统文化为代表的东方智慧为这一学科奠定了建构人与自然、社会和谐共生的哲学基础。在东方设计学的建构过程中，东方智慧将使其始终以平等、尊重的态度将世间万物视为和谐共存的整体，顺应自然的规律，在矛盾与对立中寻找共性，达到"天人合一"。同样，这一立场促使东方设计学在面对不同民族、不同文化时具有兼容并蓄的胸怀。东方智慧传达的人文情怀也赋予东方设计学在对待人、物时的人文精神。尊重生命、追求精神境界的自由，以平等、宽容的胸怀探寻人与自然、社会间的平衡和可持续发展。

三、融合传统与现代的东方设计学

"东方设计"是基于东方文化传统和哲学思想，与现代设计之精华相融合，应用东方设计理念，恰当使用新材料、新技术、新方法，使具有悠久历史的东方设计传统在新时代获得新的生命力，使设计作品具有东方韵味和东方文化内涵，以此满足现代人的精神、物质层面的需求[4]。依据对"东方设计"的界定，东方设计学的建构过程不可避免地要厘清它与东方传统设计、现代设计之间的联系与区别，继而为学科理论研究以及设计实践确立方向。（图2）

图2　2015年启动的东方设计论坛，迄今已成功举办4届

前文所述，东方设计学中"东方"着力于文化层面的概念，涵盖除欧洲文化体系之外的中国文化体系、印度文化体系、波斯及阿拉伯伊斯兰文化体系。其中，中国文化体系是东方设计学最核心的文化基础。对东方传统设计中的精华进行积极的挖掘和传承是东方设计学必须要肩负的责任。但是，东方设计学又是一个立足于现当代语境进行切实的设计实践和经验总结的学科。仅仅满足于对东方传统设计的传承显然不符合东方设计学的建构初衷和目标，也不符合当前时代赋予东方设计学的期待和要求。对现代设计的理念、方法和技术的吸取，以及对当代人精神和物质需求的深度剖析，同样也是东方设计学致力于探索的部分。那么，这就提出了一系列相关问题，比如，东方设计学面对东方传统设计除了传承还有哪些可以做的？东方设计学如何在坚持其自身文化立场的同时，恰当运用现代设计方法、技术？东方设计学又将以何种方式满足现代人的物质和精神需求？等等。对此的解答，我们将先从明晰东方传统设计和现代设计的界限展开。

（一）东方设计学与东方传统设计

在中国设计史的书写中，对于古代部分的描述常常以"手工艺"加以称呼，甚至将其划归工艺美术史的论述中，较少以"设计"的眼光看待中国古代的造物活动。然而，不论是古代造物活动展现出的设计理念，或是传承至今大量有关造物的文本记述，中国古代造物活动都已具备以"设计"角度进行研究和考察的条件[15]。因而，自东方的原始先民们第一次开启造物活动之时，直至工业革命给东方造物带来生产方式、生产技术等方面的巨变，我们可以将以传统手工艺生产为代表的发展阶段称之为"东方传统设计"。进入近代以来的造物活动因有了鲜明的工业化生产特征，故可将其称之为"现代设计"。当然，对于东方其他的国家、地区而言，它们各自的"传统设计"与"现代设计"的发展脉络存在一定的差异和不同。

以"传统设计"的概念看待古代造物活动将极大地拓展和深化我们对于传统造物的认知，也将促使东方设计学不再以简单的"符号提取"的方式呈现传统造物的精髓[16]。追溯传统设计的历史，挖掘传统造物活动的设计思想、设计方法、设计流程，把握传统设计中东方文化和东方哲学是如何影响造物活动，又是如何在"物"中体现东方智慧的。东方设计学需要思考的是传统设计中的设计理念和设计方法，将其浓缩于现当代设计实践之中，使所设计之物不仅仅是浮于表面的、浅显的表现东方文化符号，而是从精神到内在、从外观到功能都具备东方文化气质[17]。反观现当代的中国设计，在相当长的时间里之所以缺乏鲜明的文化特色，缺乏足够的创造力和竞争力，亦步亦趋地跟随西方设计的步伐，其中很重要的问题之一就是中国设计对中国传统文化、传统哲学的传承只是将某些传统造物中的符号、图案拿来简单拼贴或是直接"粗暴"地呈现，设计作品缺乏充足的文化底蕴支撑，难以满足现当代受众的物质和精神需求。

从设计哲学和设计理念的角度看待东方传统设计，则将给予我们更多的启示和灵感。以中国历史早期的夏商周为例，在设计史、工艺美术史的论述中常常将目光投注于这一时期灿烂的青铜艺术。研究者们解读青铜器的造型纹样，挖掘图腾符号的演进脉络和所指含义，探讨铸造青铜器的工艺水平。在以往的认知中，夏商周的青铜器只是中国传统手工艺发展起点的杰出代表，它们表现出令人赞叹的手工技艺以及美轮美奂的图案纹样。很多现代设计作品只看到了青铜器的造型和纹样，却没有研究其背后更深层的文化、哲学内涵。这些现代设计作品，一部分依然延续传统青铜器的造型、功能，一定程度上可以将其视作是古代青铜器的现代仿品；一部分则简单地将古代器物的造型、纹样进行嫁接，所呈现的设计作品非古非今，缺乏文化深度和精神境界。实际上，夏商周的青铜器可被视作中国传统设计的开端，从生产到使用的所有环节均受到当时中国的社会文化背景以及思想意识形态的影响。夏商周的青铜器具有的礼器功能来自当时思想观念以及社会结构的特征。脱胎于原始陶器的青铜器在阶级社会中弱化它们最初的日用功能，成为能够代表阶层身份、精神境界的象征物。如，鼎的器型变化就是如此。从最初烹煮肉的器具，鼎在夏商周时期脱离实用功能，成为身份等级的象征。周代以"天子九鼎，诸侯七鼎，卿大夫五鼎，元士三鼎"对不同阶层使用鼎的数量进行规范，从而明确阶层之间的差别。可见，社会结构、文化环境以及思想意识极大地影响着青铜器的器型、纹样、功能所代表的含义。再看青铜器的生产流程，反映出当时严格规范、流程化、系统化的制作过程。据《考工记》记载，青铜器铸造过程中材质的配比有着严格的要求：金有六齐（剂）。六分其金而锡居其一，谓之钟、鼎之齐；五分其金而锡居一，谓斧斤之齐。四分其金而锡居一，谓之戈戟之齐。三分其金而锡居一，谓之大刃之齐。五分其金而锡居二，谓之削杀矢之齐。金锡半，谓之鉴燧之齐[18]。为了使青铜器达到最佳的硬度和最美观的效果，铜和锡的配比必然是经过有意识的调配试验，并以类似"公式"的形式运用于实践。由此可见，夏商周时期青铜器的发展变化既受到思想仪式、社会阶层变化的推动，也有着生产工艺、生产流程的进化和演变。不仅是青铜器，如瓷器、漆器、家具、建筑等等传统造物均存在同样的演进特点。此外，以《考工记》为代表的记述中国传统造物工艺的著作为例，传统造物中系统化、流程化的设计过程和生产管理还反映出中国传统哲学智慧的影响。比如，"天有时，地有气，材有美，工有巧，合此四者，然后可以为良"。所体现的就是中国传统设计倡导的系统化造物观，是从整体上把握自然规律，顺应自然规律，追求天人合一境界的哲学思考。由此可见，东方设计学从东方传统设计中需要学习的不应该仅仅是造型、纹样，更应该把握传统造物的精神内涵、系统化和整体化的设计理念以及"天人合一""道法自然"的东方设计哲学。

（二）东方设计学与现代设计

那么，现代设计对于东方设计学又有何种意义？东方设计学的建构是期望能够通过理论研究指导实践，服务于现代社会，推动人与自然、社会的和谐共生。因此，我们不可能回避现代社会的发展与进步（图 3）。科技在发展，人类的生活水平在提高，人对于设计的要求也有着越来越高的期待，刻板的固守传统设计只能将传统带向逐渐消亡的境地，只有寻找到传统与现代的契合点，以符合现代人精神和物质发展水平的方式展开设计，才能够使东方文化和东方哲学在现代语境中获得生命力[19]。比如，现如今的人工智能技术对现代设计已产生划时代意义的巨变。人工智能是使机器代替人类实现认知、识别、分析、决策等功能，其本质是为了让机器帮助人类解决问题。这一技术的出现彻底变革了设计中分析问题、解决问题的方式方法，也改变了传统意义上人们对设计、"造物"的理解。人工智能时代的设计，设计过程将大量依靠云数据提供基础资料，设计产品也不再是一种具象的"物"，而是一种体验、一种服务，

图 3　2018 年启动的国际设计科学学会（ISDS）东方设计大奖赛

甚至是一种感受。东方设计学应当积极地学习和适应现代设计中的新变化、吸纳现代设计中的优势和所长，为设计找寻更多的可能性，由此令东方文化和东方哲学通过设计融入现代人的生活[20]。我们欣喜地看到当下有很多凝聚深厚东方文化底蕴的文创产品已逐步展现在世人眼前，这些产品充分考虑现代人的物质需求和审美特点，利用新材料、新技术、新设计手法，结合中国传统设计中的思想内涵和设计哲学，令传统与现代很好地融合。

四、结语

习近平总书记曾在《携手建设更加美好的世界》中谈到："中华民族历来讲求'天下一家'，主张民胞物与、协和万邦、天下大同，憧憬'大道之行，天下为公'的美好世界。""世界各国人民应该秉持'天下一家'理念，张开怀抱，彼此理解，求同存异，共同为构建人类命运共同体而努力。""天下一家"观念凝结着中华优秀传统文化的精髓，体现了对中国传统"和"文化的深刻理解。面对多元化、多样化世界环境，人们应以"和而不同"的胸怀，求同存异，携手共进，谋求共赢和发展，构建人类命运共同体，共筑"天下一家"的美好世界。正因如此，东方设计学站在设计的角度通过立足以中国为代表的东方文化和东方哲学，吸取东西方文化之精髓，秉持多元文化兼容并蓄的态度，以传承和创新的角度从东方传统设计中汲取营养，充分结合现代设计的先进技术、先进理念，将东方智慧融入设计之中，从而满足现代人精神和物质层面的需求，继而搭建起人与自然、人与社会、人与人之间和谐共生的美好未来，以此助力人类命运共同体的构建。

（周武忠，上海交通大学创新设计中心教授、首席专家）

参考文献

［1］ Zhou Z C, Xu Y Y, Zhou W Z. On the theory of oriental design in the context of China［J］. Acta Hortic, 2017（1189）: 25-30.

［2］ 周武忠. 论东方设计［J］. 中国名城, 2016（4）: 4-10.

［3］ 周武忠. 中国设计学，更"东方"才能更"世界"［N］. 人民日报（海外版），2018-04-07（8）.

［4］ 周武忠. 再论东方设计——东方设计学的概念、内容及其研究意义［J］. 中国名城, 2017（9）: 4-10.

［5］ 爱德华·萨义德. 东方学［M］. 王宇根，译. 北京：生活·读书·新知三联书店，2007: 4.

［6］ 张西平. 如何理解作为西方东方学一部分的汉学——评萨义德《东方学》［J］. 国际汉学, 2017（4）: 5-13.

［7］ 王向远.被误解的"东方学"［N］.社会科学报，2015-02-05（5）.

［8］ 周武忠，华章，孟乐.东方设计，中国设计学可持续发展之路——2016东方文化与设计哲学国际研讨会综述［J］.中国名城，2016（6）：91-92.

［9］ 田辰山.新时代东方文化传承与走向［J］.中央社会主义学院学报，2018（4）：24-32.

［10］ 季羡林.东学西渐与"东化"［J］.美术，2005（3）：32-33.

［11］ 季羡林.漫谈东西文化［J］.中华文化论坛，1994（1）：1.

［12］ 王向远.比较文明论四大形态与"东方－西方"的消解整合［J］.北方工业大学学报，2018（1）：1-14.

［13］ 季羡林.东方文化与东方文学［J］.文艺争鸣，1992（4）：4-6.

［14］ 张汝伦.中国哲学与当代世界［J］.哲学研究，2017（1）：91-100.

［15］ 王佐.中国艺术文献丛刊：新增格古要论［M］.杭州：浙江人民美术出版社，2011.

［16］ 武旭.简论原研哉设计理念中的东方美学传统［J］.艺海，2011（10）：96-97.

［17］ 文震亨，屠隆.长物志 考槃余事［M］.杭州：浙江人民美术出版社，2011.

［18］ 戴吾三.考工记图说［M］.济南：山东画报出版社，2003.

［19］ 王艳，杨文妍.关于中国设计境界说的美学思考［J］.包装工程，2018（16）：233-235.

［20］ 漆炫烨.探析东方美学对现代设计的影响［J］.家具与室内装饰，2017（8）：70-71.

艺术切入与文化重演
Image Entry and Cultural Reenactment

——地域振兴整体设计的艺术途径
——An Artistic Approach to the Overall Design of Regions' Rejuvenating

单　博

摘　要： 如何实现乡村振兴和地域振兴以及各区域之间、经济与文化之间的整体设计问题成为中国当前发展的重要命题。对此，西方的欧美国家和东方的日本等都提供了可资借鉴的经验。同时，中国从民国时期到社会主义建设以及改革开放新时期都一直在探索乡村经济文化的建设，并积累了宝贵的实践经验。结合中国目前的发展现实，将文化建设和经济发展加以有机融合，进行整体设计，使之成为有效的自足系统，是一个比较理想的选择方案，而以艺术切入环境外观形成静态文化重现，以及以景观、行为和情境虚拟方式对历史文化进行活化的动态重演，是这一自足系统的可控起点，将会把碎片化的乡村建设和地域振兴方式予以串联起来，形成有效的经济——文化的系统性共振效应。

关键词： 地域振兴；整体设计；艺术切入；文化重演；活化保存；自足系统

Abstract: How to achieve the revitalization of the countryside and the revitalization of the region and the overall design between regions and between the economy and culture has become an important proposition for China's current development. In this regard, Western European and American countries and Eastern Japan have provided experiences for reference. Meanwhile, China has been exploring the construction of rural economy and culture from the republic of China to socialist construction and the new period of reform and opening up, and has accumulated valuable practical experience. In the light of the current development reality, it is an ideal option to integrate cultural construction and economic development into an integrated design so as to make it an effective self-contained system, and to create a static cultural reproduction by cutting into the appearance of the environment by art. And the dynamic re-enactment of historical culture in the form of landscape, behavior, and situational virtualization is the controllable starting point of this self-contained system, which will link fragmented rural construction and regional revitalization, forming an effective economic-cultural systemic resonance effect.

Key words: regional revitalization; overall design art; image entry cultural reenactment; activate preservation; self-contained systems

引言

    城乡与地域之间发展的不平衡是任何国家在发展进程中都会遇到的现实问题。中国在实现经济的腾飞之后，城乡之间、东西部地域之间发展的不平衡，也同样成为影响中国发展整体质量的瓶颈。同时，中国还存在"人民日益增长的美好生活需要和不平衡不充分的发展之间的矛盾"，也即经济与文化、物质与精神需求之间的发展不平衡。为此，如何实现乡村振兴和地域振兴以及各区域之间、经济与文化之间的整体设计问题成为中国当前发展的重要命题。随着全球性的城市化、工业化和老龄化问题的凸显，因此造成的区域发展不平衡的加剧使这一命题更具有当下性和时代性意义。

    世界各国对此命题都做过有益的探索，其中的宝贵经验都是解决这一问题的重要借鉴。日本在20世纪50—60年代经济腾飞之后，也面临着大量农村人口转化为产业工人涌入城市的现象，并因此造成城市负担加重，农村人口大量流失、地方经济萎缩的问题。根据日本的现实状况，日本政府针对这些人口锐减、老龄化、经济衰退的"过疏地域"提出了"城乡互动"的策略，这一策略主要针对城市人口的故土情节，提出了"故乡休假村""故乡会员制度""故乡物资交流"等多种形式，聚焦于乡村观光业和乡村与城市的互补关系进行整体设计，取得了良好效果。日本千叶大学的宫崎清教授20世纪50—60年代就提出了社区营造要以"人、景、文、地、产"为核心，主张居民的生活、生活环境、艺术文化活动、地方特色和产业活动整体设计协调发展的理念[1]。

    中国随着城镇化进程的迅速推进，农村人口的流失，原有的乡村经济和乡村文化也逐渐萎缩，造成城乡、区域发展不平衡。近年来我国政府提出了"美丽乡村"和"乡村振兴"的概念，走环境保护和乡村经济振兴和乡村文化振兴的整体设计框架下的可持续发展的道路。其中也产生了城镇化和旅游开发对乡村文化是振兴还是破坏、是还原原生态还是现代化改造、是重建还是保护等现实问题。对此，在乡村振兴的探索过程中，出现了诸多解决方案，比如民俗旅游、民宿改造、乡村文化改造与重构、旅游活化利用、特色田园乡村建设、传统农耕文化及非物质文化遗产保护等，并体现出较强的区域性特征。

综合现有经验，以图像和历史文化重演为基本切入点，通过整体化设计，形成以农耕文化基因和乡愁记忆情结为基础的理论依据和精神内涵，以深入研究和活化保存民族历史文化为目的，从区域化和片段化的振兴方案逐渐走向形成多元综合的自足闭环体系，是一个值得深入研究的问题。

一、中国当前乡村地域振兴的现状、方案和问题

（一）历史文化重现——影视基地建设的外延

作为影视行业对历史文化的重现，带来的外延建设效应，是乡村建设和区域振兴的一种重要方式。较为典型的是横店影视城（图1）、无锡影视基地（图2）以及上海车墩影视基地（图3）的建设。横店影视城主要依托自然风光资源，进行以影视产业为目的的历史文化再现方案。形成影视旅游、度假、休闲、观光等综合性旅游区。建设了秦王宫、华夏文化园、明清宫苑、屏岩洞府、明清民居博览城、梦幻谷、清明上河图、大智禅寺等影视拍摄景观，投资高达30亿元，对当地经济的振兴产生了明显的带动作用。无锡影视基地依托《水浒传》《三国演义》等名著电影的拍摄，以及太湖的优质自然景观资源，也实现了区域经济的带动效应。上海车墩影视基地属于城市周边区域的振兴方案，主要针对上海民国时期的建筑实行复原再现，也融合了影视、旅游、地产等功能为一体，形成地域特色经济。

图1　浙江东阳横店影视基地

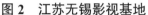
图 2　江苏无锡影视基地　　　　　图 3　上海松江车墩影视基地

　　这种方案的特点是，投资大、运转周期长、专业化和产业化明显，对地域经济带动较大，对历史文化的活性保存力度大。缺点是运转所需条件高，不利于大面积推广，没有形成闭环自足系统，产业依赖性强，对历史文化的研究短期商业性特点显著，长期研究的深度和广度不够，对历史文化的保存价值不够明显，需要进行整体设计以使其价值最大化。

（二）保留修复——文化景观旅游

　　中国存在大量历史建筑村落遗存，像安徽歙县（图 4）、平遥古城（图 5）等都保留了具有历史价值的民居建筑群落。丽江、大理等西南的少数民族的特色民居也都极具历史文化和旅游经济的多重价值。对这些古村群落及传统民居建筑，在保留其原貌的基础上，进行适度修复，成为保存历史文化的重要方式。这些方式对历史文化遗存的活化保存价值较高，但同样商业的短期因素，使得在修复和活化保存上，出现商业性过重，缺乏深入、专业的历史文化研究和专业的团队，从而影响真正的历史文化的保存等问题。原生历史文化艺术遗存受到自然侵蚀、人为破坏等因素影响在逐渐消亡，破坏性的修复比比皆是，修旧如新的错误方式以及修复人员的素质低下，都对遗存形成不可挽回的破坏。需要以修旧如旧的方式真实还原其历史面貌，并在专业的历史研究和技术制作下实现。中国的乡村建筑因为材料、民众意识等原因，历史建筑几乎很难留存下来，这与西方的情形产生巨大反差，因此西方的文化情境是连续的，中国则产生诸多断层，特别在乡村地域。需要真实还原历史建筑，复原文化情境。

图 4　安徽歙县许村古建筑群落　　　　　　　图 5　山西平遥古城

（三）现代化改造——民宿旅游

1. 日本民宿

日本对乡村的现代化改造早在 20 世纪 60 年代的"造乡运动"就开始了，并显示出其整体设计的思路。通过"一村借一品扬名"[2]，避免了地域间的恶性竞争，使各地域保持自身发展特色的基础上，形成整体设计的建构。受此影响，我国台湾地区也于 20 世纪 90 年代发起了"社区总体营造"的运动，取得了类似的效果。这种重建不仅仅是简单的建筑改造和文化保存，更重要的是在整体设计关照下的环境和人文甚至是道德的重建。

乡村人文的重建和环境的改造带动了以民宿旅游为主要形式的旅游业的发展。日本的民宿旅游经营样式和主题繁多，以体验为特色，不仅有效利用了原有的文化遗存及文化传承，如浅羽的温泉旅馆将温泉文化和 14 世纪室町时代形成的文化形式——能剧相结合作为文化体验项目（图 6），还囊括了农作业或地方生活技术及资源等主题，除了农业体验、林业体验、渔业体验、牧业体验等体验之外，还有民俗体验、手工艺体验、加工体验、自然体验、运动体验等诸多形式，对乡村区域旅游业的振兴效果显著（图 7）。

图 6　日本浅羽温泉旅馆能剧水上舞台　　　　图 7　日本农家民宿的体验项目

2. 中国民宿

近年来随着旅游的发展，丰富的自然景观资源和现有的乡村文化资源，使得中国的民宿得到迅速发展。这些民宿因地制宜，以当地的材料及人文特色为主题，结合现代设计理念，形态各异，迥然异趣，有效带动了当地的经济发展，成为兴村建设和区域振兴的较好方案。浙江杭州的桐庐（图8、图9），毗邻富春江，自然景观资源优越，设计师在自然风光中加入人工设计，形成宜居宜观的现代乡村景观。

图 8　浙江桐庐水喜民宿

图 9　浙江桐庐莪山民宿

相较于发展较早的日本和我国台湾地区，中国大陆近几年的民宿旅游可以说发展迅速，在建筑景观以及配套的餐饮文化上已经达到了较高水准。但从整体设计的角度来审视，对当地文化的文化特性发掘和人文重建仍有一定欠缺。

（四）文化图像切入——壁画村

1. 文化图像的切入，一直以来都是乡村文化建设的重要途径。绘画与建筑的结合，是乡村文化景观和人文重建的古老而重要的方式之一。德国巴伐利亚州的上阿莫高村（Oberammergau），早在18世纪即已经开始在乡村建设中引入艺术图像，采取湿壁画技术在墙壁上绘制大量圣经故事（图10），不仅提升了乡村文化的精神内涵，还产生美轮美奂的视觉效果，每年吸引大量游客前往，是较为成功的视觉旅游设计。

文化艺术对人的影响从墨西哥伊达尔戈州帕丘卡的"Las Palmitas"山街区改造工程中可见一斑（图11）。该区一直以来是墨西哥最混乱的地区之一，暴力冲突事件持续不断，政府邀请艺术家对街区进行了设计和图绘，创作了

图 10　德国巴伐利亚上阿莫高村壁画

大量壁画。富于绚丽色彩的壁画建立起美好而充满活力的情境，身居其中的人们的灵魂得以安抚和净化，暴力事件逐渐绝迹，该区成为著名的旅游景点之一。意大利博洛尼亚

（Bologna）附近的小城多扎（Dozza），更是被誉为"壁画中的城市"，成为当地重要的文化旅游资源。（图12）

图11　墨西哥伊达尔戈州帕丘卡"Las Palmitas"山街区壁画改造工程　　**图12　意大利博洛尼亚小镇多扎街区壁画**

2. 中国在乡村改造中也做了大量尝试，如浙江舟山定海区干览镇的南洞艺谷基地、上海金山区吕巷镇和平村民居壁画等，但仍存在缺乏整体设计的统一性，画面水平参差不齐，整体色彩形式不够统一，文化介入程度低等问题。中国需要从中国本土深厚的传统文化中去寻找可供挖掘的因素，真正实现艺术文化对乡村环境的精神内涵的提升效能。近年来，我国运用壁画的艺术形式对现有农村旧房舍进行外观改造，形成了一定规模的文化景观，产生了文化旅游的经济效应。中国美院以民俗为主题，融入舟山农耕文化、海洋文化、风俗民俗，对舟山渔村进行了壁画村的改造（图13、图14）。

图13　浙江舟山嵊泗岛五龙乡田　　**图14　浙江舟山嵊泗岛五龙乡田岙村的东海渔村**
岙村的东海渔村壁画（一）　　　　　　**壁画（二）**

然而这种外部切入式的壁画村形式对本地文化的影响近年来一直存在争议。如黄震方、何黄睿即提出了旅游和文化开发对乡村文化负面影响的警示，并提出应在"乡村性""真实性"的前提下"保护为先"，"多元发展"[3]。因此，我们应该对已具有丰富原生态文化的乡村，尽量保持其原生文化的独立性。但就那些缺乏原生文化资源的乡村而言，日本对乡村文化的艺术切入和重建的做法提供了有益的启示。如日本新潟越后妻有地区从 2000 年起就引入了"大地艺术三年展"，通过将车站改造成艺术展厅的方式，对乡村文化进一步进行深度艺术切入和文化重建，从而进一步无中生有地造打出国际化的文化旅游资源 [4]。这也为我们对于那些本身文化资源缺乏的乡村的文化挖掘，提供了一个重要的文化建设思路。

（五）环境的保护与改造——绿色旅游与农业景观

乡村的重建离不开对环境的改造，艺术对环境景观的直接介入往往更具有体验的直观性。英国 17 世纪即已经出现"麦地怪圈"这一景观艺术，尽管假托外星人的杰作，形成轰动性的话题效应，但从每年大量游客涌向"麦地怪圈"，当地农民因此增加收入来看，这一景观的存在客观上提振了乡村经济，并形成一种文化现象。20 世纪 60 年代，欧美兴起"大地艺术"，美国艺术家罗伯特·史密森（Robert Smithson，1938—1973）的作品《螺旋形的防波堤》(Spiral Jetty)，是在美国犹他州一个盐湖中堆砌出螺旋形的防波堤（图15）。保加利亚艺术家克里斯托（Christo，1935—   ）的作品《被环绕的岛》(Surrounded Islands)，则用粉红色的材料包围了迈阿密海的 11 个岛屿（图 16）。这些都成为人类对自然的艺术切入的典型案例。德国艺术家约瑟夫·博伊斯 (Joseph Beuys，1921—1986) 的作品《7000 棵橡树，城市造林替代城市管理》(7000 Eichen–Stadt-verwaldung statt Stadt-verwaltung)，开始以艺术的方式触及景观中的环保概念。

图 15　螺旋形的防波堤

图 16　被环绕的岛
（克里斯托，1962）

这些大地艺术和行为艺术家的探索，为艺术切入乡村景观提供了良好的启示，被作为乡村经济文化振兴的一种途径。中国南京市溧水的郭兴庄园和郭兴大地艺术景观（图 17、图 18），是通过蹈田与大地艺术相结合，形成艺术人文自然的综合景观，并围绕艺术农田景观建设艺术沙龙、自然教育、餐饮、书吧等配套设施，发展出旅游、户外运动、商业摄影、食宿等商业外延，形成以田园文化为核心的乡村的整体化设计方案。

图 17　南京溧水郭兴大地艺术景观　　**图 18　南京溧水郭兴庄园农家体验项目**

（六）民俗与传统手工艺的活化保存

　　除了一些文化资源缺乏的乡村和区域，中国许多乡村地区有着丰富的民俗文化传统和手工艺资源。随着农村人口的流失，工业文明的影响，这些民俗和传统手工艺都存在消失的危险。近年来中国政府在保护非物质文化遗产方面做了大量努力，商业机构也都纷纷挖掘民俗和传统乡村文化的经济价值。在贵州、湘西等少数民族聚居的区域，发展出苗家民俗文化表演等民俗文化旅游模式，是民俗文化活性保存的重要方式之一（图 19）。这些艺术文化遗存与艺术文化样本都得到一定程度的活化保存。但这种活化保存需要进一步深化，现有的模式商业化较重，仅限于商业表演，而传统手工艺也面临着深入挖掘的问题，急需与文化研究机构进行深入合作，对民俗文化和传统手工艺进行深入研究，在尊重气质韵味的前提下进行有限度的设计和创新，形成与现代社会的通道。非物质文化的情境错位，使得传统工艺逐渐脱离原先的情境形成的历史韵味，走向低俗的商品性。必须建立拟境的文化样本，恢复非物质文化的本来面目。高质量的活化保存，才会起到应有的价值。

图 19　贵州苗族传统民族舞蹈资源

　　这就要求我们对文化遗存进行有质量的文化重演，在商业性、历史原貌、文化真实和艺术水准中进行良好的平衡和协调，使之成为区域振兴的整体设计中的一个重要环节。

（七）整体框架下的一体化设计

　　从以上多种区域整形模式来看，中国当下乡村建设和区域振兴的诸多方案，积累了宝贵的实践经验，并取得了显著的局域效果。但是区域振兴是一个综合的多向度多元素方案。在研究中应注意了解当地的区域特点，认识各种资源关系，有效利用外部因素，考虑资源平衡以及建立社区联系等因素[5]。在具有行业、区域、主题特色的同时，却缺乏整体框架下的一体化设计，这造成在一定程度上的资源浪费，并且无法形成宏观文化建构和民族精神培育的历史使命。中国的文化自信植根于中国民族精神的确立，建立于天人合一的有机系统之上的中国传统文化。在文化的空间载体——建筑发生改变之后，这一系统产生了崩塌，建筑形成的文化场境不复存在，依附于其上的文化艺术则成为无本之木，民族精神随之式微，文化自信也无从谈起。因此区域的振兴是一个系统问题，必须通过由艺术文化路径切入，形成整体设计，才能恢复崩塌的人文生态和形成区域活力。

二、乡村建设和区域振兴整体文化改造的框架

（一）乡村建筑与景观体系

乡村建筑是乡村文化的现实载体，不仅形成与自然环境相统一的场境气息，还是人文历史的典型样本。在建设过程中可分为修复重现保护和改造完善重构方式，在尊重历史建筑的原貌的基础上，有限地对景观进行适当规划，使之在宜居性上得到提升，并不破坏其原有的历史有机形态，防止过度设计。中国传统的风水系统和景观构造，某种程度上非常科学，是中国天人哲学系统的体现，能使人与自然产生遵循宇宙节奏的互动，从而产生人与自然之间的和谐，建筑即是这种和谐的实在反映。另一方面，也可根据古建筑和景观的研究资料，复原再现历史性建筑和景观规划，作为建筑史的活化保存，同时为历史人文和民俗的活化再现提供相配套的场境，为反映历史的艺术创作提供可视而真实的景观素材（图20）。

图20　乡村建设和区域振兴整体文化改造框架图

（二）乡村生活方式的重演体系

乡村生活方式和民俗文化，包括生产劳动方式及传统手工艺，可以通过历史文化的重演手段，来达到活性保存的目的。包括历史服装的设计与活化，生活用具、劳动工具及相应设施的再现，生活礼仪、风俗的活化，甚至是古语言的研究与活化，形成完整有机统一的生活方式的历史情境重演体系。对乡村艺术文化遗存的体验，规划古代私塾学校、地方戏曲、传统手工艺及文化活动等的复原活化和重演，形成乡村传统文化体验体系，从而实现对非物质文化的良性继承。

（三）乡村艺术文化遗存的研究体系

在乡村建立乡村文化研究所、小型历史文化博物馆、古建筑研究设计系统等专业研究体系，作为文化研究体系的补充和实践点，并负责将研究成果迅速转化成对乡村规划和建筑以及文化和生活方式的活化保存之中，使历史文化的再现和重演具有切实的学术价值，使乡村由文化的真空带转为文化的发生地。将文化研究的成果进行产业化，转化为文创及衍生产品，实现文化振兴，同时实现经济振兴。

（四）乡村文化体验体系

采用壁画及装置的形式进行乡村软装，通过展示乡村文化历史的壁画图像，提升乡村文化内涵和文化教谕功能，通过乡村研究系统的成果，重现历史的农业种植和耕作方式，实现对历史人文农业的活化，重建有机绿色农业系统，成为历史文化体验体系的重要组成部分。

发展历史情境体验、绿色历史人文农业体验、民俗文化体验、自然景观体验等综合体验旅游模式，形成乡村文化的输出体系，成为与文化产业相联系的出口，从而实现乡村经济的振兴。

以上几种体系，是构成中国区域振兴的重要构件，在整体设计理念的观照下，几大体系进行有机的结合，形成良性的功能互动，才能真正形成完整的可循环发展的良性自足文化生态，发挥出其在区域振兴中的重要作用。

三、结论

艺术文化对社会具有广泛的文化教谕功能和普世性。中国历史上的汉唐盛世，不仅仅因为经济和军事力量的强大，更因为创造了灿烂辉煌的文化，足以彰炳千古，声名远播，对其他世界各国文化产生较为深远的影响。区域振兴的关键在于区域文化的重建，而区域文化的重建不仅仅是一个单向度的孤立设计，而是由多个体系共同构成的复合文化体系。其中涉及自然与人的诸多相关因素。因此，由乡村建筑景观体系、乡村生活方式的重演体系、乡村艺术文化遗存的研究体系、乡村文化体验体系共同构成的中国乡村建设和区域振兴中的艺术切入和文化重演路径，应和了以天人合一哲学思想为基础的中国社会的有机整体。因此而建立起来的整体设计的框架，形成这一体系的闭环自足系统，将是实现经济文化振兴的关键。同时，与各区域特色以及未来发展状况相结合，这也将是一个开放的可持续发展的体系。可以想见，与具体实践结合，艺术切入与文化重演将成为一个有效避免低效低质的重复和竞争，实现高端的商业化和文化产业输出，富有活力和操作性的地域振兴的整体设计方案。

（单　博，上海应用技术大学艺术与设计学院副教授）

参考文献

［1］ 赵婧贤，张益修，庄惟敏.日本乡村建设案例调查——城乡互动、产业复兴的川场村［J］.世界建筑，2017（4）：102-105.

［2］ 张燕.经济的追求和文化的维护同样重要——日本"造乡运动"和中国台湾"社区营造"的启迪［J］.装饰，1996（1）：50-53.

［3］ 黄震方，黄睿.城镇化与旅游发展背景下的乡村文化研究：学术争鸣与研究方向［J］.地理研究，2018（2）：233-249.

［4］ 李柯臻.艺术使乡村充满活力——记2015日本新潟大地艺术三年展［J］.艺术科技，2016，29（9）：236.

［5］ Uwasu M, Fuchigami Y, Ohno T, et al. On the valuation of community resources: The case of a rural area in Japan［J］. Environmental Development, 2018, 26: 3-11.

地域文化在城镇设计中的应用研究

Research on the Application of Regional Culture in Urban Design

——以上海宝山大场镇和奉贤南桥镇公共性墙绘艺术为例

——Taking the Public Wall Painting Art of Dachang Town in Baoshan and Nanqiao Town in Fengxian as Examples

赵云鹤　　苏金成

摘　要： 地域文化是城镇建设发展中不可割舍的关键部分，它连接着城市的过去和未来。城镇设计对展示一个城市的历史文脉、传统文化、人文风俗、未来发展等方面有着重要作用，是城镇地域振兴和品牌打造的重要渠道。文中以城镇设计中的公共性墙绘艺术为文理，分析了墙绘艺术的起源发展以及在城市公共空间中的视觉观赏性、信息开放性、公众参与性和地域文化性，又结合作者切身参与的公共性墙绘艺术实践，分别对在上海宝山大场镇和奉贤南桥镇的几个案例进行分析，最后提出了墙绘艺术在城镇建设中应做到结合地域生态文化资源、实现地域文化的人本化，并在体现地域历史文化的同时进行创新性的地域表达的思考建议，总结了我国地域化的城镇设计与地域振兴相互促进的关系。

关键词： 城镇设计；地域文化；墙绘艺术；城市景观

Abstract: Regional culture is a key part of the development of urban construction, which connects the past and future of the city. Urban design plays an important role in displaying a city's historical context, traditional culture, humanities and customs, and future development. It is an important channel for urban revitalization and brand building. This paper takes the public wall painting art and culture in urban design and analyzes the origin and development of wall painting art and the visual ornamental, information openness, public participation and regional culture in the urban public space, combined with the author's personal participation. The practice of public wall painting art, respectively, analyzes several cases in Dachang Town of Baoshan, Shanghai and Nanqiao Town of Fengxian, and finally proposes that wall painting art should combine regional ecological and cultural resources and realize regional culture in urban construction. The humanization, and the innovative regional expression of thinking while embodying the regional history and culture, summed up the relationship between the regionalized urban design and regional revitalization in China.

Key words: urban design; regional culture; wall painting art; urban landscape

引言

  近年来，我国大多数地区经济效益有着显著提升，然而生活理念日益更新，具有特殊性、民族性的地域文化以及中国历来传统的地方习俗也出现了被现代化和时尚取代的迹象，城镇设计逐步趋同。事实上，地域振兴不仅仅是经济上的发展，还有对地方特色的保护与传承，对日渐埋没的地域文化的振兴。这就需要在今天的城镇设计上体现出独特的地域性，呈现有文化内涵的城市景观，在城市历史文脉的基础上扬弃创新，如此方能实现城镇建设的可持续发展，保护中国文化的多样性。

  随着城市精神文明建设的深入，公共艺术因其展示地方特色的功能而被越来越多地运用到城镇设计中。公共空间中的墙绘艺术是公共艺术的一种形式，近年来也逐渐走入人们的视野，成为城镇设计的一个重要部分。它融合了文化传播、视觉传达与环境设计，形成了彰显地域文化的城市景观。浙师大人文学院龚剑锋教授认为，"一个城市的手绘文化墙，首先应该立于这个城市多年的文化底蕴这个坚实的基石之上，这包含了这个城市的传统文化、发展历史、名人印记、独特的地理风貌，以及城市的一些现代色彩等多种元素。具有传统文化色彩的文化墙使城市增添了几分厚重，文化流淌于城市的历史，散落于城市的街巷，浸润于城市的民俗，这才是一个文化墙的存在意义和代表价值"[1]。本文将结合笔者在上海市宝山区大场镇和奉贤区南桥镇亲身参与的公共性墙绘项目，探讨地域文化在我国城镇设计中的应用以及城镇设计对地域振兴建设的影响。

一、公共性墙绘艺术概述

（一）墙绘艺术的起源与发展

  墙绘艺术即墙体彩绘艺术，是以天然或人工墙壁为载体、采用手绘或喷绘等方式进行的绘画艺术。墙绘艺术可追溯到原始社会时期洞穴中的壁画，主要用于装饰和记录事件。20世纪60年代末，在美国部分地区开始出现了现代涂鸦艺术，社会底层的涂鸦者们以反叛的姿态进行着地下艺术活动，并逐步影响了欧洲、亚洲等地，至今成为时尚文化的标榜。直到 80 年代改革开放后，西方的涂鸦文化才涌入北京、上海、广州等发达城市。近年来，越来越多的墙绘作品出现在大小城市的大小街巷。与早期的西方涂鸦宣泄个人情绪不同的是，我国现在的墙绘艺术大多受企业或政府支持，事先经过设计和筹划，体现着社会文化生活的主流。

（二）公共性墙绘艺术的特点

公共性墙绘艺术是在城市公共空间中实现的，作为公共艺术以城市中所有公共市民为对象，具有视觉观赏性、信息开放性、公众参与性、地域文化性等特点。

随着城镇化建设的发展，出现了大量新修建筑、工地、废弃建筑、社区街道等的空白墙壁，而人们生活节奏的加快和生活水平的提高，对周围环境的要求也越来越高。公共性墙绘艺术作为一种二维视觉艺术，是构成城市景观的重要组成部分，对城市环境以及城市中人们的生产、休息以及生活体验都产生着直接影响。墙绘艺术有着一定的表现力和视觉感染力，好的墙绘艺术可运用图像、色彩、文字等元素，美化城市户外环境，使公众从中体验视觉美感和内心愉悦感，并营造良好舒适的人文环境。

城市公共性墙绘不但起到装饰、美化环境的作用，作为一种户外媒体还承载着大量信息。墙体位于城市开放的公共空间，向所有公众开放，信息展示极其简单直接，其受众对象无法主动回避对信息的接收，如像电视、手机可选择关闭或更换内容。并且只要墙体不被重新粉刷或摧毁，大众就会反复接收墙绘作品所传达的信息。

公众的参与互动是公共艺术的一项重要属性，也是公共性墙绘艺术的特点之一，主要体现在市民在墙绘进行中以及完成后与艺术家的交流互动和对作品的思考感悟。作品本身并不是公共艺术的全部，而只是其中的一个构建，真正的公共艺术是由这个作品引发的一种公共行为，能让参与进来的人形成个人的生活经验[2]。公众作为公共性墙绘艺术的受众主体，会对其进行评判、干预、体验、反馈等活动，这样的参与是与艺术作品、艺术家的交流，也是与城市空间管理者的交流，调动了市民参与城市公共艺术的积极性，体现以人为本的理念。

文化是城市公共艺术的核心，也是公共性墙绘艺术需表现的内在。当代城市中的墙绘艺术大多有着各自的特色，反映着不同的地域文化特征、物质成果和民族精神。而墙绘艺术创作者作为城市空间中的个体，对不同的环境场域所做出的评估和体验也有所差异，因此表达的艺术内容也是不同的。如图 1 所示，

图 1　日本浅草寺街道墙绘艺术 [5]

日本街道中的墙绘艺术强烈体现了日本的传统艺术风格和民族特色，浅草寺街道中的墙绘艺术就集结了现代文化气息与东方古典韵味，即使是涂鸦也依旧井然有序，彰显了日本大和民族的严谨性和团体意识。

二、上海市宝山区大场镇与奉贤区南桥镇墙绘艺术设计项目分析

笔者于上海市宝山区和奉贤区曾多次参与公共性墙绘实践项目，有着深刻的体会和感悟，本章节将选取几个典型案例进行研究分析。与高楼林立、国际化的上海市区中心不同，宝山区与奉贤区属于上海边缘城镇，分别位于上海的北部及南部，生活节奏较慢，有着各自的文化特色。

上海市宝山区位于上海市北郊，大场镇属宝山区下辖镇，内含 10 个行政村及 60 个社区，境内河道纵横，遍及城乡。大场镇境域成陆于南朝梁天监年间（公元 502—519 年），历史上是商业重镇和水陆交通枢纽。民国时期成为淞沪抗战的主战场，并建立大场纪念坊。民国二十一年（1932 年），教育家陶行知先生在大场建立了新型学校——山海工学团，推行小先生制，进行教育改革。1983 年，陶行知纪念馆在大场镇兴建。如今的大场镇现代化建设稳步前进，成为宝山区的城市化新镇，人们的精神文明水平也显著提高。

上海市奉贤区位于上海南部，距离上海市中心 42 km，正在修建区域内第一条地铁。此处具有 31.6 km 长的海岸线，是上海内陆部分气候和空气质量最佳的地区。历史上，相传孔子的高徒子游曾来此地传道讲学，清雍正四年（1726 年）设县时就以"敬奉贤人"之意，取名"奉贤"，古城、老街、皮影、风筝、沪剧等是历代奉贤人的集体记忆。近年来奉贤正逐步摆脱外界"偏远、郊区、农村"的印象迎接城镇化建设，打造时尚浪漫的"海滨城市"品牌，提出建成"杭州湾北岸综合性服务型核心城市、上海南部中心城市"的新目标。南桥镇隶属奉贤，是区政府所在地、奉贤区的政治经济及文化信息中心。

（一）案例一：宝山区大场镇中南大路社区墙绘艺术设计

2018 年 5 月，笔者与团队在导师的带领下，接受了大场镇政府位于南大路的墙绘艺术绘制工作。该地空白墙壁位于一条河道两侧的路边，每侧长约 200 m，设有绿化带，且紧邻一片老旧社区。此处人口密度不高，大多为社区居民或附近村民步行或骑行经过，年龄多在 40 岁以上、15 岁以下，南大路墙绘位于大场镇临近社区和道路中面积较大的河段，对于整个城镇的景观有着重要影响。绘制墙绘的目的在于"改善水生态环境"，为居民打造优美和谐的城市氛围，而"场所感的营造可以促进城市公共领域的形成和发展，满足人们的心理、生理、精神、视觉等方面的需求，使空间成为有吸引力的、特征鲜明、内涵丰富的场所"[4]。为了将地方环境和置身于环境中的人紧密连接起来，团队经沟通决定设计以色彩协调明快、淳朴秀丽的田园意境为主的图画稿，以配合该地域自然人文景观，

并符合主要受众人群的审美经验和视觉心理（图 2）。

图 2　大场镇墙绘艺术完成图

图 3　清洁工人参与墙绘创作

由于墙体分割的面数较多，且每隔一面就贴有文明标语，为此团队首先规划了需要绘制的墙面，按一定规律节奏进行留白，避免观者对同类型作品产生视觉疲劳，使每面墙能够更有效地传达信息。在笔者绘画的过程中，路过此处的行人多会稍做停留进行观看，有些发表了自己的见解，其一是对绘画者的肯定，其二是认为开展墙绘工作使这片区域"变好看了"、赋予了生机。可见大多数群众十分关心自己所在空间的景观质量，对改变后的环境也产生了情感认同。在 3 天的工作中，附近几名常住居民多次前来观看，并主动提供清洁水源和存储工具间，对此次墙绘项目表现出了极大的兴趣和配合度。而当笔者团队鼓励一位多次路过的清洁工人也参与简单绘画时，这位工人接过工具，在我们的帮助下也开始使用颜料在墙上涂抹，并展示出自己的绘画气质，从中得到了新鲜感和满足感（图 3）。由此可以看出，将地域文化融入公共性墙绘艺术中，得到了大众的认可，并且调动地方群众参与城镇建设的积极性，产生对艺术的思考，这对提高居民的艺术素养和打造反映社会公众意志的城市景观有着重要作用，是对地域振兴的推动。

（二）案例二：宝山区大场镇中环地区墙绘艺术设计

2018 年 6 月，笔者参与了大场镇中环地区墙绘艺术项目的图稿设计环节，该项目由大场镇政府与百安居（沪太店）共同发起，以展现大场镇历史、文化、现代化建设和百安居理念为主旨。墙体位于大场镇沪太路路段，属中环交通枢纽区域，墙体高 7 m 左右，长约 50 m，邻近立交桥、大场镇政府、百安居以及宜家家居等大型家居城。

在设计图稿前，笔者搜集了大量有关大场镇及百安居的文字、图片资料，并走访了淞沪抗战纪念馆和陶行知纪念馆等。由于此处过往人群以私家车和公交车乘客、家居城顾客为主，具有极大的流动性，而不同特性的人群在城市不同活动空间出现的频率也有差异，受众的流动、异质性和城市墙绘本身的静止性决定了其信息传播的不确定性，因此画面内容必须简洁明快、信息突出，便于行进中的人流在瞬间快速获取传播的信息内容[3]。于是笔者按墙体自有的分隔绘制了 9 面墙绘图稿，选取大场人文建筑、淞沪抗战、陶行知山海工学团、大场现代化建设成果和百安居内部场景为主题分别绘制，每幅图画力求提高人物、场景的辨识度，使主要信息清晰明确。色彩对比鲜明，但 9 幅画面要整体和谐，风格统一，避免突兀。例如图 4，笔者参考了淞沪抗战纪念馆中所展示的士兵服装、武器，背景描绘了滚滚战火硝烟和昏暗的天空，烘托战争的残酷惨烈。前景与后景在色彩上运用绿色与红色对比，区分层次，又保持色调和谐，不失历史的沧桑感。再如图 5，笔者还原陶行知在山海工学团授课育人的场景，抓住造型和气质特点表现人物的身份，对人物位置的安排和适当的留白使陶行知的形象位于画面视觉焦点。古朴素雅的颜色搭配，更加符合画面主题。从总体上看，在设计图稿前要对当地地域文化进行调查了解，并需规划整组图画选题、元素、构图、色彩等方面内容，将艺术与历史文化融合起来，使画面既能带来视觉美感又可有效传达信息，使人们在行走观看中加深对地域文化的认识。

（三）案例三：奉贤区南桥镇墙绘艺术设计案例

图 4　墙绘设计稿：淞沪抗战主题　　　　图 5　墙绘设计稿：陶行知主题

2018 年 9 月，笔者参加了由奉贤区精神文明建设委员会协同奉贤区文化传播影视管理局、奉贤南桥新城建设发展有限公司共同主办的"2018 涂圃上海国际涂鸦艺术节"，该艺术节邀请了 5 位国际涂鸦艺术家及 15 位国内青年艺术家，以"文明之城，美在奉贤"为主题进行创作，并同时开展"亲子涂鸦"活动，意在以节日庆典的方式为奉贤市民提供更多体验艺术的空间，展示奉贤城市的文化和发展。墙体主要位于南桥镇市民公园外，总长超过 300 m，此外公园内还搭建临时墙板以供绘画。该区域是南桥镇的商业中心，是市民休闲、集聚、消费的重要场所，且靠近公交车站，人流量较大，群体差异也较大。而涂鸦节的开展能够为受众带来极大的视觉冲击和吸引力，涂鸦的娱乐功能和时尚气息也使行人体会到快乐和激情，增添了商业中心的个性与活力。

这次墙绘艺术活动虽称"涂鸦节"，但笔者和艺术家们的图稿都经过奉贤区精神文明建设委员会的严格审查并参考其意见进行修改，以保证切合主题，宣扬城市形象，保护传统文化。例如图6中的艺术家，选取了滚灯、言子、黄桃、皮影戏、沪剧等具有奉贤特色的传统元素，内容丰富，色彩明亮，用热情饱满、富有内涵的画面展示奉贤的样貌。再如图7笔者的作品，采用古代传统壁画构图，贯穿"海滨之城"的城市形象，融入了奉贤地方的"神爵""奉城""都市""岚霭""风筝"等名胜古迹、现代建筑、自然景观和民间风俗，并用榜题的形式标出。线条及造型偏于时尚，力图在传统中寻找现代的创新，亲和今天的观众。此艺术节还有一大特点是多位艺术家的集群式创作，呈现多元化的墙绘艺术（图8）。单个墙绘景观给人的感染力远不如群体大，这不仅由于群体的体量大，更重要的是因为群体中的各个成员之间互相衬托而形成了集群效应，将许多单个的视觉创意集结起来，又可增加个体感染力[5]。

此外，艺术节还鼓励普通市民亲身体验涂鸦艺术，提供绘画工具和空白墙面，让群众在城市中留下自己的创作（图9），增强对城市的归属感和认同感，提高对艺术的兴趣和理解。其中一位参与"亲子涂鸦"的妈妈李惠琴表示，"对孩子来说，这就是文化教育和

图6　艺术家使用丙烯作画　　　　图7　笔者在涂鸦艺术节中的作品

图8　"2018涂圃上海国际涂鸦艺术节"现场　　图9　群众参与涂鸦艺术节

图片来源："2018涂圃上海国际涂鸦艺术节"组委会提供

美术修养提升的最好样本"[6]。可见公共性墙绘艺术对于提升人文素养有着一定的推动作用，而一个地区群众素质的提高也必定会带动整个地域的精神文明建设。

三、地域文化运用在公共性墙绘艺术设计中的思考

以上公共性墙绘艺术案例绘制地点的地域环境和文化氛围不同，所面对的受众、传达的信息以及画面的视觉效果也有所不同，需具体问题具体分析。但通过以上绘制过程和群众反映仍可看到诸多共性，结合其他地区的案例，可以就地域文化在公共性墙绘艺术设计中的运用提供以下几点参考建议。

（一）结合地域生态环境，实现整体景观和谐

生态环境是一个城镇地域文化的组成部分，公共性墙绘艺术作为城市中的人文景观，需在设计阶段就做出科学合理的规划，结合当地生态文化方能融入城市环境中，达到整体和谐的效果。自然物体所建构的秩序和形式是人类形态设计的主要演化资源，必须对它所处的微观物理空间进行比较全面的分析，人为造物活动才有自然性、民族性、地域性[7]，设计者要充分考虑城市景观的整体设计，使墙绘与所处的自然环境、人文环境达到和谐统一，实现可持续发展。并非所有地点都适合墙绘，也并非所有风格的墙绘都可随意采用，要综合周围的水体、植被、地形等因素，选择适当的画面风格、色彩表达、形态内容、材质工具，否则只是追求单幅画面的美感而忽略整个空间，会扰乱景观层次，打破原有的意境。如图10中的墙绘位于浙江丽水市壶镇陇东村，陇东村依山傍水，以农林业为主。创作者运用3D立体画的表现方式绘制了村民喜闻乐见的乡村记忆，动物栩栩如生，画面与河岸巧妙地融为一体，令人感觉像从石壁中窥探到的景象，与该地的生态环境相得益彰，使村庄更加生机勃勃。

图 10　缙云壶镇陇东村墙绘艺术

图片来源：来源于中国缙云新闻网（http://jynews.zjol.com.cn/jynews/system/2018/05/02/030862106.shtml）

（二）以受众为主体，实现地域文化人本化

城市公共空间集聚了市民的物质生活和情感生活，其主体是人。"以人为本"是公共性墙绘艺术设计的基本理念，是利用城镇设计传承地域文化的前提。首先要符合大众的审

美，建立与群众的情感交流。这要求创作者综合分析该空间中群众的身份、经验、心理、走动频率等因素，灵活处理画面内容。满足大众的生活和心理需求的墙绘艺术，能在提供视觉享受的同时使其得到情感释放，展现人文关怀。例如上海 M50 创意园区，受众以创意工作者和其他从事艺术或对艺术感兴趣的参观者为主，园区内大量个性化、时尚前卫的墙体涂鸦营造出了浓厚的艺术氛围和创意环境，符合该空间内大多观者的审美心理，并会使其因此迸发激情、获取灵感。但倘若将此风格运用到宁静质朴的乡村之中，不仅不会引发共鸣，反而会为村民带来"视觉污染"。再者，应充分运用城市墙绘艺术的"公共性"，鼓励市民参与和交流，体验文化艺术，表达他们对城市的情感。同时，公众的反馈也可为城市墙绘艺术发展和城镇建设提供参考。

（三）挖掘历史文化，实现创新地域表达

中国文化有着悠久的历史和深厚的底蕴，在城市现代化发展中绝不可被遗弃。公共性墙绘艺术是一个城市的皮肤和名片，因此应深入挖掘地域历史文化内涵，展现民族特色，不能一味追求时尚潮流、照抄照搬而摒弃原有的历史文脉。这要求设计者清晰城市定位，提炼特色的名胜古迹、文化名人、历史典故、传统习俗等地域文化资源，并结合现代设计形成独特的造型语言和表达方式，打造城市品牌形象。好的城市墙绘设计既能使生活于其中的人群找到熟悉的文化环境，产生地域归属感和民族自豪感，又能区别于其他城市，展现地域个性。如上文中在奉贤举办的涂鸦艺术节，创作者们紧扣"文明之城，美在奉贤"的主题，将当地的地域文化内涵用墙绘艺术表现出来，是独一无二的视觉景观。艺术家们运用丙烯、喷漆等现代墙绘手法，将地方传统文化用全新的形态表达出来，或借鉴时尚涂鸦，或结合创意卡通，同时也彰显了奉贤开放、创新的现代城市理念和发展方向。

四、结语

城镇化建设发展到今天，钢筋水泥、高楼大厦使越来越多的城市看上去千篇一律，而人文景观不仅要给予城市居民自然环境下的生理功能感受，也要给予人文艺术方面的心理审美感受，这在现代都市的整体城市规划和未来城市发展潜力上十分重要[5]。综上所述，地域振兴使城镇经济快速发展，人们生活水平提高，对人文环境的要求也随之提高，更加向往有归属感的生活环境，进而逐渐加强了对城镇设计和人文艺术的关注。另一方面，我国特色、传统的地域文化为城镇设计提供了丰富的内涵和富于个性的表现，使城镇设计中为市民提供接触城市历史文化的方式，对地方特色和传统文化有着一定的保护和传承意义，带动整个城市文明建设的发展以及人文素养的提升。如此地域化的城镇设计，给予了城市建设向前推进的精神支柱，推动地域振兴可持续地发展下去。

（赵云鹤，上海大学上海美术学院美术学专业硕士生，研究领域为插画、设计等；苏金成，上海大学上海美术学院博士生导师、东方智库专家委员，学术研究范围涉及书画史论、美术考古、宗教美术、民间美术、近现代美术、公共艺术、设计艺术及艺术批评等领域）

参考文献

［1］ 汪蕾.城市文化墙：让文化流淌于历史，散落于街巷［EB/OL］.［2016-06-23］.http://www.jhnews.com.cn/2016/0623/658281.shtml.

［2］ 王婷.公共艺术主要是一种参与行为——张宝贵访谈［J］.公共艺术，2011（4）：61-63.

［3］ 黄贞.城市文化墙的信息传播功能解读——以杭州城市文化墙为例［D］.杭州：浙江大学，2008.

［4］ 诺伯格·舒尔兹.场所精神——迈向建筑现象学［M］.施植明，译.台北：田园城市文化事业有限公司，1980.

［5］ 尤洋.涂鸦与城市景观［M］.大连：大连理工大学出版社，2013.

［6］ 孙燕，潘丹云.涂鸦高手齐聚奉贤艺术派对市民共享［EB/OL］.［2018-09-19］.http://www.fengxian.gov.cn/shfx/subywzx/20180919/002002_69804208-5f76-42de-b972-33a1540ed83b.htm.

［7］ 江佩，陈圆.从"天人合一"看城市墙绘设计［J］.城乡建设，2013（11）：49-51.

探讨和实践：苏南地区高密度普通乡村的空间发展策略和文化传承

Discussion and Practice: Spatial and Cultural Development Tactics of High-density Village in South Jiangsu

——以苏州盛泽镇沈家村田园乡村改造项目为例

——A Case Study of Renovation of Shenjia Village in Shengze, Suzhou

胡　玥　孙家腾　肖　佳

摘　要： 以江苏苏州沈家村田园乡村项目为例，探讨在乡村振兴、城乡融合、江苏特色田园乡村建设背景下，发达地区乡村改造提升的一般策略。文章提出了"发展规划引导＋空间体系规划＋点状建设激活"的规划模式以及三大发展策略：① 产业体系引导与综合发展策略；② 产业与村庄空间融合的发展策略；③ 公共空间塑造营造村庄文化载体策略。沈家村的"城镇远郊高密度普通乡村"的特点在苏南地区具有典型性和一般性，文章力图通过沈家村项目找到适合苏南普通乡村的规划路径。

关键词： 乡村振兴；乡村建设；城镇远郊高密度普通乡村；产村共融

Abstract: Taking Shenjia Village as an example, this paper discusses general strategies of rural renovation in developed areas under the background of Rural Revitalization.This paper puts forward the planning mode of "development guidance + spatial system planning + punctiform activation" as well as the three major development strategies: 1. Industry comprehensive development strategies; 2. fusion strategies of industry and village; 3. improving public space as cultural carrier. Shenjia Village is a typical representative of most outerysuburb villages in south Jiangsu which has high-density constructions. Through this case, the paper tries to find a planning path suitable for ordinary villages in south Jiangsu Province.

Key words: rural revitalization; rural construction; high-density village in ouer suburbs; fusion of industry and village

引言

2017 年 10 月 18 日，习近平同志在党的十九大报告中提出"实施乡村振兴战略"。2018 年 1 月，《中共中央国务院关于实施乡村振兴战略的意见》发布。意见提出了实施乡村振兴战略的总体要求："产业兴旺、生态宜居、乡风文明、治理有效、生活富裕"。相比于之前的"三农政策"，"乡村振兴战略"有两个重要特点，"一是管全面，二是管长远"[1]。

"乡村振兴是以农村经济发展为基础，包括农村文化、治理、民生、生态在内的乡村发展水平的整体性提升，是乡村全面的振兴。"同时，"乡村振兴战略"是一场长期的历史任务。国家明确了乡村振兴的 3 个阶段目标："到 2020 年，乡村振兴取得重要进展，制度框架和政策体系基本形成；到 2035 年，乡村振兴取得决定性进展，农业农村现代化基本实现；到 2050 年，乡村全面振兴，农业强、农村美、农民富全面实现。"

为响应乡村振兴战略，江苏省于 2017 年 7 月全面启动"江苏省特色田园乡村建设"。在乡村振兴的战略要求基础上结合江苏地域特征，坚持创新、协调、绿色、开放、共享的规划理念，立足乡村实际，进一步优化山水、田园、村落等空间要素。特色田园乡村要求打造"特色产业、特色生态、特色文化"，实现"生态优、村庄美、产业特、农民富、集体强、乡风好"的总体目标[2]。

一、项目背景

（一）江苏"特色田园乡村"行动

江苏省"特色田园乡村"行动是"乡村振兴战略"在城市化高度发展地区的一次实践。是江苏省"推进农业供给侧结构改革""率先实现农业现代化""传承乡村文化、留住乡愁"的新探索。其特色是强调产业、空间和文化的共同发展。

从全国层面上看，江苏省是城乡差距较小、城乡一体化程度较高的地区。近年来的美丽乡村建设取得了卓有成效的成就。乡村的基础设施得到改善、公共服务得到增强、农民收入渠道也得到全方位的拓宽。但从总体来看，乡村仍然是江苏现代化进程的突出短板。全省大部分乡村仍面临着资源外流、人口老化、空心化等问题。乡村的生态环境面临挑战，乡土特色、乡村记忆逐渐消失。基于此，江苏省提出"特色田园乡村"行动，以期为新时期城乡融合找到新的发展路径。

江苏省特色田园乡村采用试点推行化制度，首批制定省级试点 33 个，包含 5 个试点县，8 个试点组团和 20 个试点村。同时各个地级市和区也配套推出了相应的市级田园乡村试点村和区级田园乡村试点村。苏州市吴江区也在这次行动中，推出了 20 个试点村。盛泽镇沈家村作为区级试点，为本次探讨和实践提供了非常有意义的样本。

（二）苏南农村分类研究和分类

吴江区属于典型的苏南水乡风貌地区，全境水网纵横，地形起伏很小。同时吴江区毗邻上海、苏州、湖州等重要经济中心城市，路网密布，交通便利。因此该地不同于全国大部分的乡村，苏南乡村发展具有特殊性和典型性 [3]。这一特殊性主要体现在苏南乡村的产业特征和农民的收入结构上。得益于苏南连绵的密集都市带以及"苏南模式"的乡村工业化道路，苏南农村的产业结构呈现多元化，第二产业的比重高于第一产业，第三产业比重也在近年来逐步上升 [4]。农业收入也不是苏南农民的主要经济来源。苏南农村户籍人口从事非农产业的比重已经高达 83.1% [3]。

为更好地引导苏南乡村的发展，有必要对苏南乡村进行分类研究。综合近年来多位学者对苏南乡村的分类研究，我们主要将苏南乡村分为 4 类：

1. 特色村。指自然资源以及人文历史丰富或村庄建筑与布局（古村、古民居）等方面有特色价值的村庄。这类村庄资源禀赋明显，应充分挖掘自身优势条件，发展农业、乡村旅游业、服务业等。

2. 城镇远郊普通乡村。这类乡村远离城镇，但与城镇有较好的交通连接，有一定的农业现代化基础。劳动力异地就业趋势明显，但仍保留较大的居住功能需求。这类乡村应优化居住、交通功能，引导强化现代农业发展。

3. 城郊型乡村。这类乡村处于城市拓展方向，与城市发展紧密，应逐步形成与城镇一体化的生活社区。

4. 归并型乡村。这类乡村的产业基础较差、离城镇的距离远、交通可达性差，人口流出严重。这类乡村已无发展潜力，应逐步撤并。

其中第一类特色村保护较为完好，文化旅游资源丰富，经过多年经营已经初具田园乡村风格，改造难度较低；第四类乡村研究意义不大，本文不做讨论。第二类和第三类乡村在苏南农村占有相当大的比重，是苏南乡村经济的支柱。沈家村即属于第二类乡村。

（三）沈家村——城镇远郊高密度普通乡村

沈家村隶属于苏州吴江区盛泽镇，是盛泽的西大门。盛泽镇作为吴江区两个主城区之一，是吴江高度城镇化的区域。作为中国最重要的丝绸纺织品生产基地和产品集散地，盛泽镇 GDP 高达 400 亿元，是 2018 年度全国综合实力千强镇第十名。盛泽镇全域村庄都面临严重的城市化和非农产业化问题，而沈家村得益于良好的滨水环境，还保留着相对完整的空间肌理和苗圃种植产业。

作为"城镇远郊普通乡村"的典型代表，沈家村具有如下特征：

A. 位于城镇远郊，但交通便利，能便捷地到达城市区域。沈家村离盛泽镇镇区

17 km、离吴江市区 45 km。依托盛八线可在 10 min 内到达盛泽镇区，50 min 内到达吴江市区（图 1）。

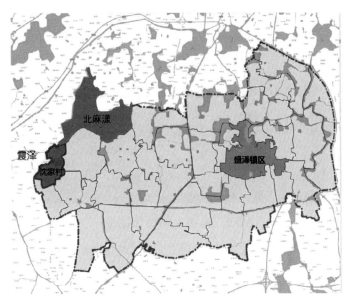

图 1　沈家村区位分析

农业人口以非农产业为主要职业，且以"在乡村居住，到城镇务工"的两栖人口为主，乡村的居住功能大于生产功能。

乡村呈老龄化趋势，但没有呈现"空心化"。沈家村总人口 1 809 人，65 岁以上老年人口占比 21%。日间乡村以老人及儿童群体为主（图 2）。

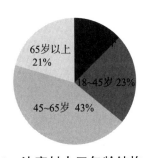

图 2　沈家村人口年龄结构

农业产业有一定的基础，以规模种植的苗木业为主，具有一定的产业特色。全村有近 1 800 亩在册土地作为苗木基地，其经营主体是外来的苗木企业，村集体通过土地流转、租赁的形式获得集体收益。

村庄整体生态环境良好，但无序高密度的村庄建设逐渐侵蚀了乡村原有的田园特色。虽然村庄苗木业为主的产业特征奠定了村庄良好的生态基底，但高密度的村庄建设使人无法体验乡村的田园景色（图 3）。

图3 高密度的村庄建设

未能有效利用乡村用地，存在建筑废弃以及自留地抛荒的现象。部分原有乡村工业厂房、设施用房废弃。由于村民并不依赖农地收入，部分村民房前屋后自留地处于闲置废弃状态。

沈家村作为苏南城镇远郊普通乡村，其特征具有一定的普遍性。总结下来，其关键词包括"远郊""两栖生活""居住功能""高密度""有利的农业现代化条件"。它地处城镇远郊，意味着不会像近郊农村一样发展成为城市的一部分。它周边良好的交通基础设施意味着"城里上班，回村居住"的两栖生活方式得以实现，这类乡村有较大的居住功能属性。苏南较高人均 GDP 意味着村民有更大的动力扩建自己的房屋，形成高密度"拟城镇化"的乡村生活空间。不以农业作为主要收入来源的村民收入结构，有利于土地流转形成规模农业。苏南良好的基础设施条件结合规模农业构成了有利的农业现代化条件。

二、规划思路

沈家村城市远郊普通乡村的特点使其有别于以自然田园或人文历史为主要特色的田园乡村。这也要求我们建立更适合沈家村发展的乡村建设模式。

针对沈家村，我们建立了"发展规划引导＋空间体系规划＋点状建设激活"的乡村规划模式。这种模式主要通过三方面的要素实现：

（一）产业体系的明确和综合发展引导

1. 多元化的产业发展路径

沈家村的产业以苗木种植为主，近年来，通过城市资本引入以及土地流转，沈家村的苗木产业逐步规模化、设备化，形成了初具规模的现代农业模式。其合作经营的苗木公司，为江苏省唯一的苗木出口企业，有较强的科研背景。

对沈家村的产业的未来发展，村支书与企业经营者提出了两条发展策略：引入研发机构，发展精品苗木研发、培育；延伸产业链，结合苗木观赏发展乡村休闲产业。两条发展策略清晰明确，符合近年来提倡的现代农业多元化发展的路径。苗木研发、培育可依托现有苗木公司的科研背景，但苗木观赏、休闲的第三产业却缺乏现实的基础。

首先，沈家村并不具有旅游休闲的比较优势。相比于周边有丰富历史文化底蕴的村落、古镇，如同为吴江田园乡村试点的黄家溪、震泽古镇，沈家村的旅游资源较差。其次，沈家村现有苗木的观赏性较差。现有苗木虽以"槭树"这一特色树种为主，但矩阵式规则化的种植既单调也缺乏体验性。延伸发展第三产业，吸引什么人和如何吸引人成为主要问题。

2. 产村共融的产业策略

乡村产业的发展不应仅仅立足于村庄本身，特别是在目前"城乡融合"的大背景下，如何调动城市资源进入乡村是乡村产业发展的立足点。

中国的城市中产阶级日益壮大，他们的共性体现在热衷于环境保护、重视食品安全以及强调历史传承等特点。乡村产业的提升应立足于此，调整生产策略和影响策略[5]。

沈家村虽缺乏特色的历史文化积淀和突出的山水环境，但发挥其独有的"乡村的家园价值"[6]，成为城市人群体验"田园乡土文化"，感受"春去秋来、万物生长"，学习"亲近自然、尊重自然"的教育基地，是其发展第三产业的一条可行策略。

基于上述论断，我们提出"产村共融"的产业发展策略：

a. "枫情水乡"——融产品于村的品牌打造策略

产村融合意味着不仅仅以产业用地作为苗木观光、休闲产业的基础，而是将整个村庄作为观光的基础。沈家村现有苗木的特色产品为槭树，其色叶景观有较强的观赏性，大规模种植形成的秋色景观可成为巨大的吸引点。

在产村融合中，以槭树，特别是枫树，作为村庄景观塑造的主要特色。形成"十里枫海""枫情水乡"的特色景观，也作为村庄产业的特色品牌。

b. "枫情游赏"结合"田园乡土"的多元休闲产品

槭树、枫林游赏是塑造特色景观，吸引周边城市休闲人群，打造乡村休闲产业的起点。"田园乡土"特色则是乡村休闲体验的核心。结合"枫情""田园水乡"两大特点，植入传统农业科普、乡土生活体验、自然体验教育等进一步延伸乡村休闲产品。

c. 多元共赢的产村合作模式

发展产村共融的策略，不仅仅是延伸苗木产业的产业链，提升整体产品品牌的知名度，同时也是实现产业和村民共赢的合作模式。首先，"枫情水乡"的打造提升了村庄的整体风貌、完善了村民生活、休闲的设施。其次，乡村休闲产业的发展能带来村民收入的提高。村民可通过经营乡土特色餐饮、手工艺、提供田园民宿等产品获得实在的收益。

（二）结合产业体系发展建立空间发展策略

1. 分类保护与提升，塑造田园水乡的生态基底（图4）

梳理沈家村现有的水绿基底，将沈家村现有的绿地分为四大类型：苗木产业林地、村庄外围绿地、村庄公共绿地以及房前屋后绿地。针对这四类产业用地，我们提出了不同的保护及提升策略：

苗木产业林地。现有的产业林地大部分已流转为企业经营的林地，小部分为村民种植的林地。针对现有产业林地，一方面，要对林地使用农药加以控制，减少对乡村水土的污染。另一方面，要对林地种植进行引导。

村庄外围绿地。村庄外围绿地多为基本农田属性。在规划中，逐步清除其上违章建筑，恢复部分苗圃为菜畦，重塑特色田园风貌。

村庄公共绿地。梳理村庄现有公共空间，清理现状废弃构筑物以及抛荒自留地，整理村民共享的生活空间。公共绿地内以槭树、枫树作为主要的景观树，以菜园或其他乡土植物为景观基底，形成鲜明的乡村景观风貌。

房前屋后绿地。对村民房前屋后绿地进行整理，通过花篱、矮墙明确空间。鼓励村民进行蔬菜或其他乡土植物种植。

外围绿地：保护现状产业，划定用地范围

周围绿地：利用村庄的基本农田用地属性，清理部分违章建筑，恢复部分苗圃为菜畦，形成田园风貌

公共绿地：划定公共空间和绿地范围，在范围内建立统一的景观风貌；确保公共绿地的视线连续性；鼓励公共空间范围内的住户进行立面改造，使住宅风貌和绿化与周边绿地相协调

房前屋后绿地：利用块石矮墙，蔷薇花篱等设施，为住宅用地划定明确的界限，给村民建立归属感。内部用地鼓励居民减少硬化路面和违章建筑，进行蔬菜种植和绿化提升

图4　生态基底分类保护

2. 点状提升，打造"枫情水乡"特色风貌带（图5）

沈家村村庄建设密度较高，原有村庄公共空间主要为滨水两岸及桥头，空间狭长、开间小、缺乏停留点与设施。基于沈家村这样的高密度的乡村社区，我们提出"点状提升、以点带线"的空间提升策略。

第一步，拆除违章建筑、废弃设施构筑物，利用村内废弃厂房、抛荒自留地，逐步梳理出可用点状空间。第二步，通过小节点塑造、植物景观提升，为村民提供休憩、交流、亲子游戏等交流空间、弹性空间。第三步，提升滨水岸线景观，形成完整的景观游线，游线连接所有特色公共空间节点。整条游线以槭树、枫树风貌为主要景观特色，形成枫海田园—枫情水岸—多彩苗圃—园艺花圃的"枫情水乡"景观风情带。

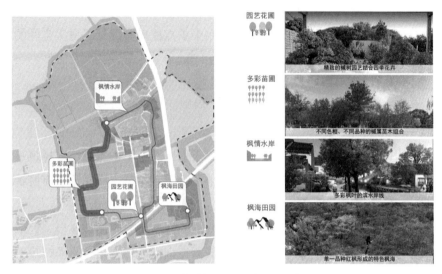

图5 枫情水乡特色风貌带

3. 建立复合功能的公共空间

不同于一般以城市休闲游客为核心的乡村休闲产品，我们认为乡村公共空间既是村民的生活空间也是城市市民的田园体验空间。一定意义上，这是空间层面的城乡共融。一方面，城市居民与村民共享田园景观，体验田园生活。同时，也因为城市居民的融入，书吧、茶吧、儿童游乐、科普花园等设施也植入村庄的公共功能内。

（三）通过公共空间的营造建设文化的传承载体

公共空间的营造则是乡土文化的传承载体。公共空间为村民邻里交流提供了场所，成为村民文化集会的核心空间，如戏曲下乡、村民大会。公共空间也是城市市民体验田园生活的最直接的场所。在公共空间可以展现特色的田园风貌，植入传统农业生活展示、体验参与传统手工业制作过程。此外，其也可成为新老民俗节庆活动的举办场所，如举办"枫情节""中秋赏灯节"等。

在具体的乡村建设下，我们对构成村落特色景观的三大要素进行重点设计，主要包括：实用性要素、俗文化要素、雅文化要素[7]。

实用性要素中，滨水岸线是沈家村这类滨水村庄的特色公共空间。村庄沿河起源，村民的生活也沿河展开。恢复滨水空间的活力，一是提升滨水空间的景观，打造适宜步行的慢行环境。二是充分利用桥头空间、沿路的开阔空间，打造适宜村民停留、休憩的场地或亭廊设施。

村庄的俗文化要素主要指村民的娱乐空间。传统的村民游娱的场所主要有听书、看戏的茶馆和戏台等空间。针对村庄的发展需求，适当的亲子活动空间也是目前村内急需的娱乐空间。利用现有村庄的设施，规划计划改造现有的废弃建筑及其周边场地为茶社和农事体验游乐空间。

村庄的雅文化要素主要指村民集会的场所，这类场所集中在村头空间。村头空间是村庄文化、组织集会的核心场地，故在本次规划中重点梳理并设计了村头空间的景观。同时，提升村头空间的景观风貌，可展现村庄的新形象。

三、场地实践

乡建实践的过程中，政府的强主导力量是苏南地区的一个特点。沈家村也不例外。这个项目的核心建设力量是盛泽镇政府。作为一个镇级行政单位，盛泽镇政府展示出了坚定的建设决心，并提供了强大的经济和政策支持。

建设按照规划策略，先期实施村庄沿对外公路的两条主要界面和 8 个主要节点，旨在为村庄树立良好的第一形象，同时为村民提供舒适安全的活动空间。盛泽镇政府在规划之外，还主动配套了雨污分流工程和三线入地工程，切实从改善村民居住环境出发，落实乡村建设。

（一）公共空间的植入和设计

在规划体系当中，公共空间的建设是乡村设计介入的重要战略抓手。公共空间的设计承载着 3 个方面的任务：① 优化景观风貌，树立田园乡村的形象品牌；② 提升公共空间品质，建立村民交流活动和文化传承的空间载体；③ 建立乡村旅游线，为外界人才和资本进入乡村提供接口。

针对乡村建设用地紧张的现状，设计制定了以"点—线—面"为结构的实施方案，最终将一期实施内容控制在 82 600 m² 的条带状范围内。同时，实施方案以节点设计为导向，具有一定的优势：① 每个节点设计内容相对独立，修改某一个设计内容不影响其他内容的实施。② 如果需要增加或减少设计内容，也不会影响整体设计施工的进度。

一期建设以三大节点为核心：

（1）村庄南入口节点。设计内容包含绿化整理改造提升、趣味菜地景观设计、道路铺装提升、村庄标示牌、村头木牌坊设计等（图6）。

（2）村民活动中心节点。桥头西侧有两座较老建筑，条件良好，可计划进行建筑改造。营造旧而新的空间效果，并可用作田园书吧，村民活动室。绿化进行整体休整提升，设计特色菜地景观。宅前做较矮的毛石景墙，设置乡土景观小品，塑造精致的空间效果（图7）。

图 6 南入口改造意向

图 7 村民活动中心改造意向图

（3）安民桥节点。村北游园现状条件尚可，但需进行景观及绿化提升。另外，场地有一处旧建筑可以加以利用，考虑村中原有酿酒酒坊，因此可在这个建筑中做一些酿造展示及零售。改造内容包括道路铺装改造、绿化提升、景观小品设计、建筑立面改造、建筑环境设计等（图8）。

改造前

改造后

图 8 安民桥改造前后对比

（二）村民的参与和支持

由于盛泽镇政府在以前开展的美丽乡村活动当中工作实施得比较到位，村庄本身对本次田园乡村的建设工作采取了比较宽容和相对支持的态度。

1. 村部发挥的作用

基层的乡村行政组织单位在乡村建设过程中起到了至关重要的作用。规划师同村民的沟通和交流大部分通过村部实现，同时村部在设计和施工时也起到了沟通协调的作用。同时，村部提供了人口统计、村史、村内主要产业等重要信息。

2. 村民的参与

村民的参与仍然处于比较被动的状态。在项目实施的初期，村民对田园乡村的建设理解仍然停留在美丽乡村建设阶段，甚至认为项目实施会破坏原有生活空间，损害自身的利益。因此在改善乡村形态和整理生活空间时应首先充分考虑村民使用的需求进行人性化设计，而非只看重景观界面、视觉效果，忽略实际使用感受。这将有助于让村民们理解建设田园乡村的工作，便于项目的推进。

（三）几个主要问题

1. 空间发展管理的问题。在沈家村特色田园乡村建设之前，村庄内经历过若干轮规划设计。规划设计都停留在游线组织和节点方案阶段，与村庄的整体融合度不高，而规划方向和理念也不统一。另外，村民住宅的建设也处于自由无序的状态，建筑的体量、形式、色彩和外立面完全没有任何引导和限制，四层大体量的乡村民居随处可见，外立面各色风格相对混杂。因此该场地最突出的问题在于空间发展处于完全无秩序的状态。整理和重新引导乡村生活空间的有序发展涉及改变乡村居民的居住理念，这将是一个长期的过程。但是在这长期的工作之前，及时出台政策，敦促乡村进行前瞻性空间规划，建立空间导则，引导未来建筑和空间发展，落实"一张蓝图画到底"的思想，是一项刻不容缓的工作。

2. 过量机动车和乡村空间的冲突。作为产业主导的普通乡村，最大问题是高密度居住带来的大量机动车与乡村空间的冲突。主要集中在：① 机动车导致乡村道路宽度拓展，破坏乡村原有的尺度感和肌理；② 机动车行驶增加道路危险系数，使乡村宜居度下降；③ 机动车停放挤占大量空间，破坏田园乡村美感。规划的方案是增加村庄与外界的接入口，使机动车能够实现在外围绕行的同时尽量保证入户可达性，从而保持村庄内部的步行安全。

四、结语

乡村发展的契机，首先在于和城市发展的错位和差异：乡村的核心吸引力在于乡村"恬静惬意的田园生活、带有传承性的风俗体验和精美的乡村文创产品"。然而大量的实践和研究表明，"其中任何单一的功能，都不能产生足够持续的吸引力；而可持续吸引力和农业产业发展的核心竞争力在于融合发展，但目前中国的乡村，普遍缺乏满足这类新需求的整合供给能力"。

通过沈家村的项目，我们对苏南地区的乡村现状和田园乡村建设均产生了更深层次的认知。统观中国乡村，苏南地区的大部分乡村在风貌上的吸引力并不算突出，而且同质化比较明显；而苏南农村的另一方面特征是产业发展较好，村庄密度过高，城市化程度过高。在这种情况下，强行通过挖掘文化或者其他资源来吸引游客、走乡村旅游发展路线非常困难。

相当一部分乡村实际上已经在时代发展之中选择了更适合自己的产业和发展方向。这些产业可能并不是我们想象的那么带有复古的田园色彩，有时也会带有一些第二产业的特征，如羊毛衫加工、丝绵被加工、苗圃种植等；然而这些产业却切实解决了农民的生活问题，为城市分流掉大量的劳动力，同时也使村庄充满了活力。这部分乡村在空间的表现上，通常反映出3个主要的问题：① 乡村的宜居环境被现代生活方式冲击，空间非常紧张。表现出来的是过多的机动车辆拥挤在狭窄的村道上，以及过大和过度装饰的乡村住宅建设，过多的硬质路面侵占了农用地。② 乡村产业发展能够满足乡村的需求，但是配套发展体系缺失，整体产业呈现一种作坊式的形式，缺乏对外交流场所，外来资金和人才难以找到介入点。③ 乡村的文脉弱化和消失。传统的祠堂、戏台这种文化载体随着乡村生活方式的改变和人口结构的变化逐渐没落。整个乡村极度缺乏公共空间，从而陷入城乡结合的一种混乱状态。这些问题往往使规划师和景观设计者望而却步，认为这种乡村严重缺乏田园色彩，不适合进行"田园乡村"的规划。

通过对沈家村的深入研究，我们发现"高密度普通乡村"实际上代表了以产业为主导的乡村发展中坚力量。这种发展模式从经济上来讲，其实是带有稳定而有力的先天优势。规划师的工作不是要在村庄上附加一个"田园"的标签和装饰，而是要在产业、宜居和发展之间找到新的平衡，主动通过产业创造风景，从而引导产业向宜居方向发展。

（胡　玥，注册城乡规划师，高级工程师；孙家腾，城乡规划师；肖　佳，建筑师；工作单位：苏州园林设计院有限公司）

参考文献

［1］韩俊.新时代乡村振兴的政策蓝图［EB/OL］.［2018-04-16］. http://ex.cssn.cn/jjx/jjx_gd/201802/t20180205_3839955. shtml.

［2］江苏省省委办公厅.江苏省特色田园乡村建设行动计划［Z］.2017.

［3］徐辰，杨槿.乡村发展特征、政策与引导——以苏南地区为例［C］// 2017 城市发展与规划大

会论文集 . 海口，2017：715-720.

　[4]　赵丹，罗震东，耿磊 . 苏南地区乡村发展演进及其复兴战略研究——以常州市为例 [C] // 多元与包容——2012 中国城市规划年会论文集 . 昆明，2012：507-517.

　[5]　中国市场协会，小城镇发展专业委员会，阡陌智库，等 . 解码乡村振兴 [M]. 北京：中国农业出版社，2018.

　[6]　申明锐，沈建法，张京祥，等 . 比较视野下中国乡村认知地再辨析：当代价值与乡村复兴 [J]. 人文地理，2015（6）：53-59.

　[7]　潘谷西 . 江南理景艺术 [M]. 南京：东南大学出版社，2001.

城市动态可视化装置的表意系统分析

胡俊瑶

摘　要： 随着信息技术以及数据科学的发展，计算机等硬件的迅速普及，信息在全球互联，世界也趋于扁平化。如何充分利用挖掘现有数据，不断深入智慧城市建设是现今城市发展所面临的一个问题。面向公众的动态信息可视化装置则成为一个很好的载体，它可以改变公开数据的呈现方式，提高城市公开数据的共享程度，增加城市居民对城市生活的参与感、归属感，同时也增加了居民了解挖掘城市数据的新渠道。本文从公共区域的信息可视化互动装置出发，探究城市数据的创意利用和表达方式。

关键词： 实体可视化；信息可视化装置；表意系统

一、研究背景

信息动态可视化的城市装置包括数据雕塑，城市互动装置，是以城市数据流为起点的，包含城市信息公开功能的传达装置，其具备艺术性，同时兼具科学性，是城市公开领域数据与民众沟通的良好载体。十分有利于智慧城市构建。

如果将该研究领域划分为四等份，横轴为艺术性－功能性，纵轴为虚拟层面－实体层面这两个维度，数据装置领域处在右上角（图1）。相对于传统雕塑的艺术性，它更偏向于功能性；相对于虚拟化的信息可视化和传达艺术，它偏向于

图 1　领域象限

实体化，跟实体交互界面为一个象限，包含信息可视化、媒体艺术、交互设计等。由于需要对数据流进行动态展现，其样貌多呈现为动态媒体装置，如以数据为基础的灯光秀。

数据装置的一个特点就是实体可视化（physical visualizations），实体化是相对于虚拟的平面化而来的概念。在当代社会中，大量信息充斥在我们周围，越来越多的信息局限于大大小小的屏幕和传统平面媒体，使人们的视觉感官和认知能力趋于饱和。我们对视觉不断增长的关注，使信息在视觉层面形成的竞争越来越激烈，许多信息难以占领一席之地，甚至成为视觉垃圾。人们也不断追求以更加直观的，便于记忆理解的方式传递信息。人类天生倾向通过物质实体来理解现实世界。相对虚拟平面的视觉化，实体更符合人们的认知特点。其互动方式也更趋于自然，符合人性。如任天堂的 Labo 套装（图 2），通过纸板制作的交互操纵实体配合 switch 本身相关的软硬件（游戏机和游戏软件），达到联结现实 – 虚拟的互动体验。

图 2　任天堂的 Labo 套装

实体可视化由此重新被重视，回到人们的视野。最为人所知的早期数据实体化便是结绳记事，最古老的结绳文字约在 4 600 年以前。直到 16 世纪末期，秘鲁人仍使用结绳文字（图 3），但古罗马时期天主教会将其视为"邪恶的产物"，并将其大部分损毁。实体可视化将数据转变为实实在在的"物"，占有一定的空间质量，除了对视觉的调动，还可以调动触觉、听觉等感官。

二、　城市数据

城市数据是多种类型的数据集合，较为常见的数据类型主要包括地图与兴趣点数据，GPS 数据，客流数据，手

图 3　结绳文字

机数据，LBS（Location Based Service）位置服务数据，视频监控数据，环境与气象数据，社会活动数据。

兴趣点数据是城市各功能单元的基本信息，基于地图位置的兴趣点，是其他数据在空间锚点数据，GPS 数据主要为城市交通工具的位置采样，客流数据则有利于城区功能分析、人口流动监测、城市交通系统评估、城区功能分析、人口流动监测。手机数据则在反映个人特质喜好方面具有极大的潜力。LBS 位置服务是移动互联网时代一种新兴的网络服务方式，其收集到的数据带有明确的地理位置信息，有利于理解城市的运行。视频监控遍布城市角落，记录公共领域每个人的动态，可以再现较完整的生活细节。环境和气象数据也是和居民日常生活密切相关，对居民健康有较大的影响，如空气质量数据，水体污染数据，公开后有利于保障居民的信息知情权。这些数据依据其不同的特点，都具备极大的挖掘价值。

三、信息实体可视化模型

信息实体可视化模型是 Zhao 等[2] 提出的，将抽象数据和实体表现相联系的系统，并称这种关系为"体现"（embodiment），而隐喻（metaphor）是"体现"的一个促成因素，可以通过隐喻与数据的距离以及隐喻与现实的距离，这两个距离来衡量。

信息实体可视化模型有其意义系统和实体交互系统，意义系统具有 3 种形式：象征、索引、图标。象征指意符与被指事物不相似，属于约定俗成的规范，需要后天习得，如语言、数字、交通信号。索引指意符与所指的含义直接相关，不需要通过约定便符合所有人的经验，如烟意味着火，血意味着受伤和死亡。图标指意符与所指事物相似或是对其模仿，具有相似特质。如对其动态的模仿，采用相同声效，肖像描摹等。

实体交互系统则具备 3 个特点，一是具有唯一的心智图像，为了使隐喻易于互动理解，装置必须仅有单一的心智图像，即具有唯一的解释。如"椅子"具有单一的心智图像（代表性的形象为四条腿支撑，用来坐，有靠背），但对于"家具"则比较主观，人们会想到各种不同的家具，不会唤起特定类型的家具形象。二是使能，使能是物体所具有的物理特性让我们知道如何与其互动，如按键和摇杆就具备不同的使能，人们不会用操纵摇杆的方式操纵按键，最主要的核心概念是物体的特性决定了行为的可能性。三是直觉，符合直觉，人们都熟悉的并可以理解，而不是依赖特定专业领域的知识和教育。如：绿植与喷气式引擎。这些特点都有利于面向大众准确传达信息。

在其系统评估标准中，Zhao 等研究者规定了含义系统的隐喻（装置传达的意义）与数据（意义）对应的距离，由其采用的表现手法决定。象征对应的"隐喻－数据"距离最远，图标适中，索引最近。这意味着索引能够更加清晰地对应数据信息。

在隐喻与现实的距离中，反映的是装置是否反应以及符合观众对真实的认知和体验。体现其表现方式与真实经验的关联性。

四、其他相关符号学理论

（一）索绪尔符号学理论

索绪尔是现代语言之父，符号学的先驱。他提出了"意符（signifier）"与"意指（signified）"这两个概念，"意符"是指声音、图画、形态等外在表现，依靠人们的感官感受。"意指"是指心理范畴对"意符"的理解，如对于语言，"意符"是指声音，"意指"是指通过该声音表达的意义和概念。而媒体是表达信息的物理工具，眼、鼻、口、舌、手都可以称为媒体，对于媒体互动装置来说，"意符"就是媒体带来的声音、光效、动态等。所指则是其所表现的内涵和寓意。符号则是由"意符"与"意指"两部分组成。这也意味着，清晰的概念传达需要"意符"与"意指"的唯一对应。

而"意符"与"意指"的对应关系，也只有在集体共同认可下才能形成，是长期以来文化、历史、习俗的产物。不具有本质、必然的联系而是随意的。所以即使在同一个文化系统中，人们面对同一个"意符"，不一定对应唯一的"意指"，面对同一"意指"时，也不会联系到同一"意符"。这就使媒体互动装置的传达具有了随机与不确定性。但由于其通常包含多种媒体，多种表达模式，在多个"意符"不断地重复、强调、相互约束、互为补充的关系下，其内在的意义会趋于清晰。

上文提到的信息实体可视化模型，从符号传达方面，针对数据雕塑，为"意符"与"意指"的对应关系提供了很好的评估体系，也为实践提供了参考。

（二）巴尔特符号学理论

罗兰·巴尔特是索绪尔的一个最强解释者，是20世纪法国著名的文学批评家、文学家、社会学家、哲学家和符号学家。对结构主义、符号学和后结构主义等学派的发展作出了贡献。他将语言结构与言语的概念扩展到语言学之外的领域，使其针对所有的意指系统，如饮食、服饰系统。通过对种种系统的破译，巴尔特将我们置身其中的世界解构成了符号和表意的集成，人类在其中的作用是穿梭往返于各个系统之中，不断地进行编码和解码，发挥着符号传递的独特功能。将"意符"与"意指"合二为一的行为结果就是符号。

五、具体案例分析

本义选取了10个动态信息可视化案例（表1），其中半数来自英国，主要来自文献[8]中所提到的案例，而其他的案例来源于日本、美国以及其他欧洲国家。主要来源于实体可视化清单这个网站，该网站约有 300 件实体可视化作品，我选择偏向公共数据，在公共空间所展出的装置。发现相关案例并不多，可以研究和实践的空间还非常大。根据上文提到的相关理论将对其进行分析，主要回答以下几个问题：通常选择何种数据作为表现对象（自然、人口或者其他信息）？采取怎样的表现形式？传达是否有效？

表 1　统计表格

类型	序号	装置名称	隐喻		距离	交互系统满足特点
			数据（意指）	体现（意符）		
环境指标	1	warning	全球城市空气质量数据	内置 LED 发光的云	远	无
	2	garden of Eden	城市污染水平（对应密封盒内的臭氧含量）	密封玻璃盒里的 8 棵生菜	近	直觉
气象现象	3	surface tension	泰晤士河附近的风速/风向	LED 灯光动效模拟的涟漪	远	无
	4	pixel cloud	外部自然光照	LED 小球的灯光颜色	适中	直觉
	5	ecloud	外部天气（晴天、雾、降雨大小等）	发光片状 LED 组成的阵列	适中	无
自然周期	6	tidal memory	每小时的潮汐水位	24 根水柱	近	直觉，唯一心智模型
城市数据	7	chaotic-flow	自行车车流量	管子中的水流	适中	无
	8	prism	风速，空气质量，交通状况，使用中的自行车数量，首相官邸的能源消耗	图案变化	适中	无
情感数据	9	emoto	伦敦奥运期间全球对赛事回应的情感数据（推特）	如山峦起伏的情绪地图	适中	无
	10	energy of the nation	伦敦奥运期间英国人情感数据（推特）	伦敦眼上的灯光变化	远	无

从数据来源上来看，这 10 个动态信息可视化案例中有 6 个是描述自然的数据，如环境指标（空气质量、污染程度），气象现象（风、天气、光照），自然周期变化（潮汐）等。其他 2 个关注的为人群情感数据，余下 2 个为交通等城市数据。基本上囊括了之前提到的城市数据的几个大类，涵盖了环境与气象数据和社会活动数据。除了手机数据等不适合作为公开数据源的数据，其他数据大多可以用于公众领域。公开数据是可视化领域长期

以来讨论的概念之一，并无统一标准。德鲁认为"公开数据"的核心是让数据变得更加透明，并让更多人获得数据权利。而这些数据有利于人们了解周围的生活环境，保障人们的知情权。

但其位置坐标数据，如地图与兴趣点数据、GPS数据、LBS位置服务数据通常与地图联系，如果并非强调地图形态，在动态信息可视化装置上就会相对弱化。由于装置本身作为实体存在，在物理空间就有一个定位点的限制，而其定位点的选择有两种方式，一种为媒体物理位置与所指的信息地理位置重合，另一种是媒体物理位置与所指的信息地理位置不重合。而通常出现的是后者，它也被称为定位媒体。当数据和另一个地理位置联系起来时，它会展开空间体验的新维度，你的感受在此地，跨越空间甚至时间的障碍感受到另一地的信息变化。数据波动，可以和其他人的感受体验重叠、呼应甚至冲突，是一种很新的交流方式。如潮水的记忆（Tidal Memory）（图4），这个装置包含24个玻璃柱体，每一根柱体可以定格那个时间段的水位，潮汐记忆以完整的时段显示每天潮汐的变化。从西半球最古老的潮汐站接收实时数据，24个充满水的玻璃柱充当潮汐钟，同时也是24小时雕塑档案馆，记录了从午夜开始的全天每小时潮位。借助信息实体可视化模型，水柱是对柱状数据图的模拟，意义系统属于图标，能够较为准确地反映潮位数据，隐喻与数据的距离适中。而在隐喻与现实的距离中，设计者采用水这一相同的载体，表现潮位，在意符和意指的对应，符合人们的直觉，在认知上几乎没有距离。24根水柱的数量选取，一天被划分为24小时，也符合人们日常的时间认知习惯。与人们的真实经验十分接近，观感类似于水位计与时钟的重叠。意符是24根水柱，意指西半球的潮汐状态，形成了极其巧妙的对应。还有一个特点是模糊数据的方式，虽然水柱的表现是非常精确的，但该装置并没有标示刻度。模糊数据也是大多数装置所采用的方式，其可视化的原则是在"意符"与"意指"清晰对应的情况下，人们能够清晰生动地了解信息内涵，并能够极快地把握总体趋势。相对单个具体数据，数据集群和变化也就是横向或纵向的比较更有价值。

图4　潮水的记忆

相比之下，另一个装置的表面张力（surface tension），同样涉及水位涨落的意象，但将水位涨落作为意符，风速和方向作为意指。通过涟漪的大小和波动方向表现实时风速、风向的变化（见图5），但其方式更加抽象，因为具有两个阶段的"隐喻"方式，风向与涟漪的对应是采取索引的办法，与人的直觉经验直接相关。通过图案化排布的发光二极管（LED）灯依据涟漪变化进行动态模拟，抽象的圆点与人们的实际经验相差较远，数据加工程度较大，所以隐喻和数据与现实的距离都较远，整个装置形态也更接近抽象雕塑，艺术性更强，数据传达较弱。

图 5　表面张力

对于情感信息的表达，通常与大型的社会事件相关联，如 Emoto 奥运情绪的实时数据雕塑（图6），收集的是伦敦2012年奥运会期间，推特上展现的全球人们对赛事的回应，由两部分组成，为网络平台实时的数据可视化和线下的实体雕塑。实体雕塑采用实体和灯光投影相结合的办法，将每天的情绪定格。实体雕塑为柱状图的集合体，形成类似山峦的起伏，意符为数据雕塑，意指为情绪。虽然意符和意指之间的差距较大，基本上没有直观的联系，但采用象征的手法忠实表达了数据变化，使人们可以直观地观看数据，能够较快速地把握情绪的高潮和低谷。

图 6　Emoto

情绪变化通常难以直接模拟，所以多借助象征和符号手法，利用光效、动态、形态对数据趋势进行再表现，并不得不事先对其对应的颜色、动效、速度等进行约定说明。所以传达性会打折扣。

图 7 中的四个象限里，两个距离较近的通常在数据表达上更接近实际数值，如水位对应潮位。而现实体验上则通常模仿意符或选择直接相关的元素，以产生直观联系，如用植物枯萎程度对应污染程度，或直接采用意符，如水代表潮水。

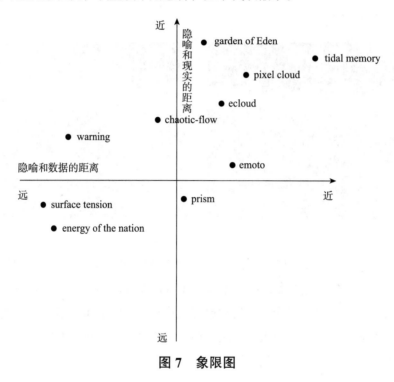

图 7　象限图

六、启示与建议

城市可视化装置通常放置在公共空间，需要具备一定的功能作用，而不只是在艺术画廊里供人欣赏。但同时也需要考虑其美学价值，好的可视化装置甚至可以作为地标装点城市。设计师需要对其意指和意符的对应关系进行准确的拿捏，过多的数据加工和手法处理会带来距离的增加，不利于大众对信息的把握。过于直接的表达数据，又不利于将抽象数据具象化。

中国作为一个互联网与物联网快速发展的大国，拥有良好的大数据基础资源，其城市化的进程中，也需要多方的数据展示，如空气质量、噪声程度、人流量等等。而这些数据通常不主动对民众进行公开和告知，也有告知，但其方式往往简单粗糙，如采用 LED 告示牌、滚动屏等。故此，信息可视化具有极大的发展空间。而以上的表意理论分析和评估标准值得在实践中借鉴。

（胡俊瑶，上海交通大学硕士生）

参考文献

［1］ 王静远，李超，熊璋，等.以数据为中心的智慧城市研究综述［J］.计算机研究与发展，2014（2）：239-259.

［2］ Zhao J, Moere A V. Embodiment in data sculpture: A model of the physical visualization of information［C］//Paper presented at the Proceedings of the 3rd international conference on Digital Interactive Media in Entertainment and Arts, 2008：343-350.

［3］ 费尔迪南·德·索绪尔.普通语言学教程［M］.高名凯，译.北京：商务印书馆，1980.

［4］ 陈文举.罗兰·巴尔特的传播符号学思想研究［D］.武汉：武汉大学，2005.

［5］ 胡壮麟.社会符号学研究中的多模态化［J］.语言教学与研究，2007（1）：1-10.

［6］ 李胜清.新媒体艺术的公共性表意［J］.中南大学学报（社会科学版），2014（20）：97-101.

［7］ 实体可视化清单网站［EB/OL］.［2018-04-18］. http://dataphys.org/list/.

［8］ 龙心如，周姜杉.信息可视化的艺术：信息可视化在英国［M］.北京：机械工业出版社，2014.

新农村生态景观设计研究

Study on Ecological Landscape Design of New Countryside

胥 青

摘　要：21 世纪是个日新月异的时代，无论是在中国的城市还是在中国的乡村，都发生了翻天覆地的变化。经济方面，中国建立起了全面物质保障系统。国际地位方面，中国在国际事务中担当更为重要的角色。但是，中国在国内生产总值不断增长的背后也付出了沉重的代价：雾霾，地表水量减少，水污染严重，工业废气废物都在威胁着我们的生存。在这种情况下，中国新农村建设中的生态环境问题就被提上了议程。农村中面临的生态环境问题主要是水源污染和大气污染两个方面，造成这种问题的原因也是多方面的：大量工业重污染企业转向农村，农村中单纯地追求经济利益而带来的负面效应，旅游业的蓬勃发展导致乡村中生态旅游异化，农业生产过程中过度依靠化肥农药，等等，都加重了农村生态环境的负担。但是，在新农村的建设中，要遵循生态景观设计的原则，因地制宜、循序渐进地开发农村生产潜力，做到尊重人文、尊重历史、突出重点、改进生态环境，争取做到自然优先，持续共生。

关键词：农村生态环境；生态意识；生态景观设计

Abstract: Twenty-first century is an age of change. Whether it's in Chinese cities or in areas, great changes have taken place. On the economic front, a comprehensive material security system has been established. In terms of international status, China has played a more important role in international affairs. But, behind the increasing growth of GDP, it has paid a heavy price: haze, reduced surface water, serious water pollution, industrial waste are threatening our survival. Under such circumstances, the ecological environment of China's new rural construction has been put on the agenda. The ecological environment problems in rural areas are mainly two aspects: water pollution and air pollution. There are many reasons for this problem. A large number of industrial heavy polluting enterprises have turned to rural areas. The negative effects of the mere pursuit of economic interests in the rural areas, the vigorous development of tourism leading to the alienation of ecotourism in rural areas，excessive reliance on fertilizers, pesticides in the process of agricultural production, and so on，have increased the burden of rural ecological environment. However, in the construction of new countryside, we should follow the principle of ecological landscape architecture design. Adjust measures to local conditions and develop rural production potential step by step. Respect for humanity and history, stress the key points, improve the ecological environment, and strive for natural priority and sustainable symbiosis.

Key words: rural ecological environment; ecological consciousness; ecological landscape design

引言

生态景观设计是在全球生态环境恶化的情况下兴起的一种环境艺术设计方式。作为一种旨在改善生活质量的设计活动，它不仅贯穿于我们日常生活之中，也作用于我们的思想道德以及对待生态环境的态度方面，以至于影响我们的生活方式。中国农村的很多地方虽然有丰富的人文旅游资源，但由于其生态环境方面的不足而难以进行更好的开发。所以，希望通过生态景观设计的研究来初步探索适合我们国家的生态景观设计方式，让生态景观更好地改变我们生活的环境，提高生活品质。

一、课题设计的背景

（一）中国农村人口分布状况

2016 年的人口普查结果显示，中国大陆总人口达 13 亿 8 271 万人（包括 31 个省、自治区、直辖市和中国人民解放军现役军人，不包括香港、澳门、台湾以及海外华侨人数）[1]，在这其中，城镇常住人口 7 亿 9 298 万人，比 2015 年末增加 2 182 万人，而乡村常住人口 5 亿 8 973 万人，比 2015 年减少 1 373 万人。中国的贫困人口主要还是在农村，估计在 1~2 亿之间。看了这么多人口统计专家小组的数据报道，也无法真实地了解现在中国的流动人口究竟是多少。但是，这种农村人转移到大城市的趋势是不可能一直持续下去的，目前城市的承载压力已经接近顶点，因此，国家也必然将发展的目光多凝聚在有巨大潜力的农村，打造更加宜居、健康富饶的新乡村，让原本属于这里的人们继续守护在这片土地上。

（二）国家关于改善农村人居环境的指导意见

近些年来，在人口不断增长以及经济快速增长的压力之下，农村的环境问题在进一步恶化，山清水秀的农村环境已经离我们越来越远。尤其是随着科技新成果的不断涌现，农民的生产生活方式都在被迫改变，农民与生态环境的矛盾在进一步激化。但是，首先应该肯定的是中国在农村的环保问题上已经取得了一些成就，比如绿色食品，生态农业模式的形成，针对环保问题相关条例的出台，针对农村环境问题环保科技的应用，以及通过国家的大力宣传，环保意识已经在农村的各个方面得到体现。但是，这些都还远远不够，生态恶化不是一朝一夕形成的，也绝不可能只靠一时的努力化解。针对我国农村目前的发展现状与实际情况，应制定一套适用于我国国情的农村生态环境整治方案，全社会各个专业的人才都要献计献策，把我国的社会主义新农村建设成为真正宜居的新乡村。

二、农村面临的生态环境问题

（一）水源的污染

农村环境恶化的趋势仍然在继续，虽然一直在持续地治理，但是治理的速度远远赶不上恶化的速度。并且，农村生态环境的污染源已经有由点污染向面污染发展的趋势，由于未能得到彻底有效的全部整治，原本极小区域的问题已经成为影响面极大的污染区域。

在农村生态问题中，水资源的大幅度减少以及大面积的污染是最首要也是最重要的问题。填湖造陆，围湖修建在过去的十年二十年里是一个很常见的现象。中国乡村中湖泊数量至少已经减少了一半，这种情况所引起的水资源短缺、生物量的减少、大气环境的恶化已经切切实实影响到了人们的生活。现在，国家已经明令禁止填湖造陆的行为。但是，水资源的污染却仍在继续，工业工程大量地从城市转移到农村，污水废水涌入当地河流。虽然国家已经出台严格的惩治措施，但仍然有很多企业并不以为然，存在侥幸心理。无论是在报纸上还是在电视报道中，工厂偷偷向当地河道排污水的现象屡见不鲜。并且，在造成水体富营养化的诸多因素中，生活污水的影响最大，其次是工业废水，农业肥料是排在第三位的因素。中国科学院对我国北方14个县镇所做的调查研究报告显示，地下饮用水中硝酸盐含量超标率达到50%，说明我国乡村河道的水污染已经影响人们的日常生活用水，大量的乡村河道已经成为既不长水生植物，也没有水生生物存在的一潭只有恶臭气味的"死水"。

（二）大气的污染

近些年来，我国的雾霾问题极其严重，在新闻报道中有关北京地区冬季的雾霾问题可以说是触动了国人对环境问题的敏感神经，也意识到了我国大气问题的严重程度。其实雾霾在全国大部分的城市中都存在，只是浓度以及持续时间的长短不同而已。并且，不只是在人口密集的城市，在中国乡村也有雾霾的现象。印象中的乡村还是孩童时绿树成荫、天蓝地青、鸟语花香的模样，但是现实中却是村庄里的工厂在不断地向空中排放有毒气体，道路上疾驰而过的汽车只留下尾气，树木成排成排地倒下，大量的农田变为工业用地，二氧化碳过量排放。读到"炊烟默默衡门寂，寒日昏昏倦鸟还"都不会再首先联想到晚归做饭的温馨场景，而是楼房上油烟机嗡嗡作响排放油烟的场景。

三、造成我国农村生态环境问题的原因

（一）大量工业重污染企业转向农村

在我国城镇化、现代化大规模的进程中，许多排放标准严重超标、对生态环境造成严重破坏的化工企业从城市中悄然转向农村，并且由于农村的环境监测系统和环保机构较城镇落后，所以乡村中环境管理疏漏以及工业企业投机取巧现象时有发生，一些污染事故无人处理，让农村的环境恶化进一步加剧。

（二）农村追求经济效益的负效应

中国农村几百年来都是以贫穷示人，好像农村两个字就同经济落后画上了等号一般。因此，农村村民渴望摆脱贫困处境，政府官员为追求政绩，就这样不谋而合，农村经济发展就开始了一场只论发展速度而不考虑生态效益的马拉松。让美丽乡村、生态乡村、淳朴乡村渐行渐远。乡村公路上宝马奔驰已不再稀有，洋房别墅也不再是幻想。乡村中看似整洁干净的水泥大道、柏油马路背后隐藏着的是严重的生态问题。

（三）乡村中生态旅游异化

近些年来，乡村生态旅游成为一个热词，也成了许多偏远山村发展自身旅游业的重要手段。但是，国内许多的生态旅游并没有诠释其本质意义。生态旅游其实是一种小众化的旅游方式，以深入到生态环境相当有代表性的地区来深刻感受大自然，体味大自然，注重于大自然的保护和对旅游者的环境教育，与中国趋之若鹜大众式的旅游方式并不同，这样的旅游方式也仅仅是观光型的，根本没有对生态环境的深刻体验，更谈不上什么体味了。许多农村为了能够赶上生态旅游这趟班车，纷纷将森林公园，自然保护区等珍贵资源推向大众，并且在其中大肆修建大型缆车、道路、服务设施及豪华酒店，已将真正的野生环境搞得面目全非，生态旅游地区变得过度商业化，早已没有了本来的自然面貌。

（四）农业生产过度依靠化肥农药

在农村，对农作物过量使用化肥农药是一个极其普遍的现象，经过雨水的冲刷以及化学药品自然的蒸发，会导致严重的水体污染、耕地土壤污染、大气污染、持久性的有

机物污染等诸多问题。并且形成恶性循环，农产品依附的水源、土壤遭到破坏，所产出的产品品质就一定会下降，以及通过食物链给人畜等都带来巨大的危害。据相关部门统计，我国化肥的年使用量达到 4 412 万 t，有机肥用量仅占肥料总量的 25%，并且化肥的利用效率仅仅维持在 35% 左右的较低水平。我国每亩耕地平均使用化肥量为 26.7 kg，已经远远超过了发达国家制定的 15 kg 的上限。由于长期以来过量施用化肥，以及在农业灌溉过程中大量使用污水，土壤中的污染物大量残留，直接影响到了土壤结构和功能，对我国的水体、土壤、大气、食品安全与卫生方面都造成了巨大的威胁。除此之外，随着我国畜禽养殖业的发展，污水、粪便和其他废弃物也在进一步增加，共同威胁着农村的生态环境。

四、生态景观设计策略初探

（一）生态景观设计的定义及其重要性

自进入 21 世纪以来，中国人的物质生活得到了极大的丰富和满足，在心理认知上也发生了深刻的变化。人们不再只关注如何吃得饱，更关心如何吃得好，活得好。作为一名环境设计专业的学生，我也感受到景观设计在随着时代、社会、人们思想观念的转变而转变。不再仅仅是关注其单纯的美观，在审视时也开始关注其内在的生态学思想。对于生态景观设计最通俗易懂的解释就是设计师在进行景观设计的过程中充分地考虑当地的生态环境，使景观设计不仅带来视觉上的美感，更具有潜在的生态价值。既要与人舒适，更要与自然和谐 [2]。生态学融入景观设计中无疑会给景观艺术设计师们带来更多对社会可持续发展的责任感以及创新的源泉。景观就是在与自然、与土地之间的不断互动中产生的。所以说，生态景观设计与自然环境之间有着密不可分的联系。并且，生态学走进景观设计中，对于中国目前的生态环境现状是一剂良药。人们必然要抛开从前只注重形式而忽略本质内容的审美态度。与此同时，生态学融入景观设计也是景观设计走向成熟的标志。

（二）生态景观设计的历史

在我国，生态景观设计还处于起步阶段，但是在国外，像美国、英国、德国等，由于早早进入了工业革命，面对人口激增、环境破坏的社会难题时，就开始了针对解决这些问题的生态景观设计。所以，我们要学习国外的设计经验，以免重蹈覆辙。

下面介绍一下英国的生态景观设计历史：

在 1960 年以前，英国并没有真正的生态景观设计历史，其庄园也只是供贵族游览。并且，当时的英国以改造自然存在形式作为彰显自己权力的象征，体现人类对景观的改造能力。由于罗马帝国以及斯堪的纳维亚人的入侵，英国一直就是比较多元化的国家，既有罗马城市规划的缩影，也有日耳曼人的防御工事，还包括那些从世界各地搜集来的奇花异果的新古典主义庄园。在 20 世纪中叶，随着工业革命的加速，富人们开始厌倦那浑浊的水沟、脏乱的街道、熏臭的空气，同时也开始意识到，这不堪的现状将对人类健康产生巨大的影响。纷纷开始搬离污染严重的城市，政府也意识到必须改变这样的现状。于是，政府开始着手整治环境，在城市中建设城市公园、城市绿肺。这些公园都制定了严格的开发条例，为的是达到全民健康的目的，不仅要保护当地人们的生活方式，也要给市民提供一个无污染、原生态、可供人们休闲放松的自然景观。

1960 年开始，人们意识到健康的生态环境对生存的重要性，英国也出现了新型的景观设计原则，既要关注当前的现状，也要展望未来的生态环境。当时的生态设计理论认为，绿化是一种外部环境的有机组成部分，应该在真正需要的地方，在最短的时间内植树成林，并且要最大限度地满足使用者的需求，在后期的维护中成本最低，并且不能对本身生态环境造成破坏。这一原则的提出对英国的生态景观设计具有重要影响并且沿用至今。目前的中国也面临许多环境问题，倘若也能够用一种展望未来、立足当下的态度去进行生态景观设计，那么绿水青山、蓝天白云也绝不再是奢求。

（三）生态意识对设计的意义

生态意识，是 20 世纪 90 年代开始兴起的一种新的设计思维方式，生态意识也是在生态技术的发展过程中培养起来的。在 20 世纪中叶，西方发达国家发生了一系列"公害事件"，不仅危害到环境，也制约了社会和生产的发展。为了解决这些棘手的问题，生态技术应运而生。包括生态设计在内的生态技术是生态意识与当代科学技术成就结合而形成的一种新的技术形式。生态意识与不同手段的结合对社会的发展产生可持续的效果。生态意识对于设计而言更是具有特别的意义[3]。

1. 从实践形态到理想形态

生态意识首先设计的是人与自然的相互作用关系。将人放在生物圈中研究其在自然中的地位，人具有生物本性，服从生物学规律。而人作为感性的主体，是一个有自己能动意识的生物体。生态学原理指导设计以满足人类作为生物圈一部分的自身基本需求。通过设计将生态学原理付诸实践，做到人与自然的和谐，这也是一种理想的意识形态。

2. 生态意识的整体性

生态学认为世界是具有整体性的复合生态系统，包括人、动物、植物以及微生物，就好像人身体的各种组织系统一样，是一个整体性的存在。生态意识在设计中的整体性表现为：

（1）和谐性。景观设计是与自然关系最密切的设计艺术，与自然的自身规律最相符的景观设计无疑也会是最和谐的。

（2）有序性。人吃牛，牛吃草，草要吸收太阳光，自然界本身就是一个有自己运行程序的组织结构，将生态学引入设计，让设计也遵循最基本的运行规律。

（3）动态性。自然界中的一切事物都是在不断变幻着的，设计也要面对不同的问题，给出新的解决方案。

3. 生态意识的前沿性

生态哲学是以生态学理论为基础，产生于人们对当代生态环境危机以及现代设计中的问题的一种哲学性的反思。如对"有计划的废止制度""一次性消费"等。首次将设计与可持续发展结合起来，具有先进的前沿意义。

设计不再只单纯追求视觉冲击力，设计师也不再仅仅追求经济利益，而是将设计置于人与自然和谐相处的关系中，以真正解决问题、造福人类为目的。

（四）生态景观设计的代表人物及经典案例分析

面对全球范围内严峻的生态环境问题以及城市摊大饼式的扩建现状，作为一名设计者，俞孔坚应该是我们这个时代重要的中国景观设计师之一。他的许多代表作品针对目前人口激增、城市扩建以及环境生态问题指出了一条极高效且富有创新意义的途径。作为景观设计师，他的设计与美国的奥姆斯特德具有不同的设计特点。奥姆斯特德的景观设计，是在工业革命方兴未艾时期，社会物质生活极大丰富，人们终于不用再为面包发愁，而开始注意自己的精神世界，渴望能够出现一些作品，告诉世人自然是可以被掌握和控制的。所以，奥姆斯特德的公园一般都是几何形，有明显的修建痕迹，刻意制造出与原来自然状态不一样的形态，也形成了奥姆斯特德原则。而俞孔坚考虑最多的是景观的生态效应，他力图跨尺度进行生态设计，带领着他的土人公司成为国际上举足轻重的设计团队。

有人觉得俞孔坚的设计太过保守，也有人认为他的设计很激进，这是为什么呢？俞孔坚倡导在景观设计中回归中国古代传统，但是不能简单回归，最重要的问题是如何运用现代的技术来管理土地[4]。我们在设计的过程中要遵循古人天人合一的规划思想，必须要顺应自然，创造更好的条件让土地发挥更大的效应。否则必将招来灾害。所以，保守是因为他对传统的继承，而他的激进也正是因为始终将这种观点贯穿在他的实际作品之中。

俞孔坚的杂芜之美、大脚美学、生产性景观正是体现了他对乡村质朴景观的热爱。他将传统中国园林和装饰性的现代城市园林斥为"小脚美学"，就像古代少女裹脚以求嫁入豪门。小脚只有自认为的视觉上的美感，没有任何的实际效益。在城市的马路中间，随处可见栽种的异地花草只有视觉上的美感，却不是这个城市真正需要的东西。"小脚美学"不仅在城市中是平庸的设计方案，也导致了严重的环境恶化。化妆术凌驾于功能需求之上，城市代替乡村，以至于让人们忘记了该如何安全健康地生存。并且，"小脚美学"景观是昂贵的、装饰的和需要高成本维护的，并不是建设美丽城市所真正需要的东西。相比之下，大脚美学、生产性景观提出了一个美丽的愿景，其理念根植于农业和生态、庄稼地和稻田、湿地和鱼塘、河流和森林，这些景观可以生产食物，净化水，提供生物栖息地，并且同时提供文化和生态服务[5]。与眼前规整的和装饰性的景观针锋相对，俞孔坚设计的沈阳建筑大学校园景观，其稻田农业景观就展示了如何让生产性景观成为整体环境景观的一部分，如何让人们在生产性景观之中体味到田野地头的文化认同感。沈阳建筑大学稻田地块原址土地质量优良，但需要新的灌溉系统，因此，俞孔坚结合水景设计了雨水储蓄池。池塘是一道迷人的风景，富有特色的乡土野草在水边生长，几乎不需要人工维护。这个设计是多产的，中国拥有世界上10%的耕地，却要养活世界上20%的人口。中国人均耕地面积大约是世界平均水平的40%，全国正徘徊在土地和粮食危机的边缘。丰产的景观创造了新的审美价值，没有功能的漂亮景观似乎变得丑陋了，而最实用的景观变得十分美丽[6]。

（五）适合中国新农村的生态景观设计原则及方法

1. 因地制宜，循序渐进

对于中国的农民来说，因地制宜可以说是一项基本的技能，以现在的现状来看，有丰富传统乡土景观资源的地区都成了游客趋之若鹜的旅游胜地，因为这些地方向很多已经远离乡土大地几年甚至几十年的人们展示了供养人类生存的农产品自然的生长过程。但是现在在许多大城市中，因地制宜这一原则已经逐渐被淡忘，只要是建设需要，任何事情都有可能发生。如果这里的景观工程需要一座山，那这座山就会平地而起；如果是需要一汪湖，就能挖出一汪湖泊。乡村自然的生长模式已经与城市发生了激烈的碰撞。但是，乡村生产中因地制宜的理念必须一直坚持，这也代表了中国人浓浓的乡土情结。新农村建设是一项长期的工作，从平遥古城到海南小镇，从苏州园林到藏族民居，每个村都有自己独特的生活方式和建筑形式，不能一概而论。中国乡村的旅游资源非常丰富，但是并不代表可以无节制地开发，更不能为了经济效益破坏当地的生态环境。设计是千秋大业，绝不能因一时的利益造成长久的遗憾[7]。相信只要因地制宜，循序渐进地开发中国乡村，一定会建成一座座迷人的小镇。

2. 尊重人文，尊重历史

现在中国城市同质化的情况非常严重，走在大街上，如果不看街道名字，可能都分不出到底是在哪个城市。而现在中国乡村的建设也开始出现这种趋势。柏油马路、水泥大道、统一的居民楼，这一切好像都成了标配。除了内蒙古、西藏、新疆等地区的少数民族还保留着独特而又质朴的生活方式外，其他地区都渐渐抛弃了自己原来的乡土模样。这是一种很可怕的现象。中华文明上下五千年，每一个城市都有自己与众不同的风俗和建筑形式，在生态景观设计中，一定要尽力保留这些珍贵的记忆。中国历代朝野变幻，近代历史也充满动荡变迁，不同文化、不同地域、不同的历史时期，通过文化的变迁、碰撞、冲突所形成的传统民居、民俗风物、人文历史，在当地的旅游业开发过程中均应得到应用。旅游是一个人体验环境、结识不同文化、重新认识自我、认识他人的一个过程。因此，保持旅游地景观文化的独特性、差异性，也是旅游地能够长久具有吸引力的重要条件之一[8]。

3. 突出重点，改进生态

改进生态环境所涉及的方面很多，应对措施应从多方面下手。首先是应该提倡勤俭节约的生活方式，在没有特别必要的情况下，缓步代车，而不是以车代步。现在城市共享单车随处可见，自行车之风重新风靡带来了绿色健康的生活方式。另外，生态环境的改善更是需要政府部门的大力行动，一些不法企业钻空子，排污现象屡见不鲜，要做到加强监管，严格考核机制，责任落实到位。要大力发展循环性经济，物尽其用。但是，中国地域辽阔，生态环境由北到南也各有不同。对北方地区要针对改善空气环境问题下功夫，采取绿化、植树造林、退耕还林等生态措施。而对于南方地区，夏季的强暴雨一直是一个头疼的问题，每年都有发生洪涝灾害的地方，枯水季水源短缺，梅雨季暴雨倾盆，所以，对于南方地区，应该加强对海绵城市的研究，这是一种有效的生态措施。

4. 自然优先，持续共生

原始社会，人类在自然面前完全处于被支配的状态，但是，经历了工业革命，人类科学技术不断发展，科技手段越来越先进，人类以为已完全掌控了自然，可以随心所欲地改造自然。然而，越来越多的突发性灾难和全球生态气候变化的数据表明，人类与自然的关系不是支配与被支配，而是应该和谐共生。能够让自然自己做工的部分，人们就要尽力给自然创造最好的条件，让自然调节能力充分发挥，这才是最科学最环保的设计方式[9]。作为设计师，对每一项工程项目，都要在心里进行衡量，自己的设计到底是否有利于自然环境。设计师是一项尽力满足大众需求的工作，不能为一己私利而牺牲掉社会的共同利益。贝聿铭说：设计是一项千秋大业，现在最重要的就是要顺应自然，与自然共生，促进社会的可持续发展。

五、结论

在中国经济快速发展的大背景下，将生态环境问题提上日程是十分有必要的，盲目地开采和开发的严重后果已经显现。本文提到的造成我国农村生态环境问题的 4 个原因是目前农村的普遍现象，尤其是新兴起的农村生态旅游业，在当地旅游业发展的背后，是以生态环境严重破坏为代价的。人们越来越清楚地认识到，在开发设计的过程中只要严格遵循生态景观设计的因地制宜、循序渐进、尊重人文、尊重历史、自然优先、持续共生等原则，重建乡村最清澈见底的河道、绿树成荫的森林、蜿蜒曲折的小径、没有雾霾的天空都会成为现实。

社会经济的发展不是以牺牲掉绿水青山为代价。中国农村生态环境面临诸多问题，但不是没有办法解决，关键是要有面对困难的勇气和解决问题的决心。生态景观设计无疑为改善环境问题开辟了一条行之有效的道路。

（胥　青，上海交通大学媒体与设计学院工业设计工程专业研究生）

参考文献

［1］　中国流动人口发展报告2013［R/OL］.国家卫生计划委流动人口计划生育服务管理.

［2］　约翰·O.西蒙兹.景观设计学：场地规划与设计手册［M］.俞孔坚，等译.北京：中国建筑工业出版社，2000.

［3］　李砚祖.艺术设计概论［M］.武汉：湖北美术出版社，2009.

［4］　威廉·S.桑德斯.设计生态学：俞孔坚的景观［M］.北京：中国建筑工业出版社，2013.

［5］　北京大学景观规划设计中心，北京土人景观规划设计研究所.足下文化与野草之美［M］.北京：中国建筑工业出版社，2003.

［6］　彼得·沃克.看不见的花园［M］.北京：中国建筑工业出版社，2009.

［7］　彼得·沃克.极简主义庭园［M］.北京：中国建筑工业出版社，2003.

［8］　俞孔坚.生存的艺术：定位当代景观设计学［M］.北京：建筑工业出版社，2006.

［9］　诺曼·K.布思.风景园林设计要素［M］.曹礼昆，曹德鲲，译.北京：北京科学技术出版社，2015.

乡村振兴战略下的田园综合体规划建设

Planning and Construction of Rural Complex under the Strategy of Rural Rejuvenation

顾荣蓉

摘　要： 当今，田园综合体正以其独有的产业基础、产业特色、产业潜力在国内外得到迅速发展。田园综合体以产业为核心，开辟农村发展的崭新模式，促进中国乡村振兴。文章从乡村振兴的战略视角下深度解读田园综合体，结合田园综合体规划建设案例，针对建设中存在的问题对未来的田园综合体规划建设提出建议。

关键词： 乡村振兴；田园综合体；农业 +

Abstract: Today, rural complex is rapidly developing both at home and abroad, with its unique industrial base, industrial characteristics, and industrial potential. Rural complex takes the industry as the core and opens up a new model of rural development to promote the revitalization of the Chinese village. The paper deeply interprets rural complex from the strategic perspective of rural revitalization. Based on the cases of the rural complex planning and construction, the paper proposes suggestions for the future rural complex planning and construction in view of the problems existing in the construction.

Key words: pural complex; rural revitalization; agriculture +

引言

在社会经济高速发展的新时代背景下，我国乡村建设已经基本实现现代化。为更好地推动城乡一体化进程，党中央在新形势下对我国农村的发展做出了重大政策创新。2017 年中央一号文件明确指出"支持有条件的乡村建设以农民合作社为主要载体、让农民充分参加和受益，集循环农业、创意农业、农事体验于一体的田园综合体"。在党的十九大报告中,习近平总书记首次提出了"实施乡村振兴战略"。2017 年 5 月财政部发布了《关于开展田园综合体建设试点工作的通知》(财办〔2017〕29 号)、《关于做好 2017 年田园综合体试点工作的意见》(财办〔2017〕71 号)、《关于开展田园综合体建设试点工作的补充通知》(国农办〔2017〕18 号),在 18 个省份开展田园综合体建设试点工作。本文首先提出田园综合体的概念和建设意义,其次结合城市规划设计理论提出在建设过程中需要遵循的规划要点,分析国内外田园综合体建设的案例,从多方面对如何"构建和谐共生的乡村环境,打造多种产业融合的田园综合体发展模式"提出建议,为未来的田园综合体的建设提供参考依据。

一、田园综合体的概念

田园综合体是以农民利益为核心,以农业、农村用地为载体,以新型农业、娱乐休闲、科研办公和生活服务等功能为集合的有机的地域经济综合体[1]。党中央提倡建设田园综合体,是为了顺应农业供给侧结构性改革和乡村生态环境可持续发展。

二、田园综合体的建设意义

(一)国内外关于城乡关系的研究

在西方,马克思、恩格斯从社会辩证视角探讨了城乡关系的阶段特征与演变机制[2]。马克思指出:"城乡关系一改变,整个社会也跟着改变。"霍华德提出的"田园城市"的核心思想是城乡一体化,把"一切最生动活泼的城市生活的优点和美丽、愉快的乡村环境"和谐地组合在一起。他所描述的田园城市实质上是城市和乡村的结合体[3]。著名城市学家刘易斯·芒福德指出:"村庄向城市的过渡绝不仅仅是规模大小的变化,虽然也包括规模变化在内;相反,这种过渡首先是方向和目的上的变化。"[4] 研究城乡关系的有:Douglass 的区域网络模型、Tacoli 的"城乡连续体"、Lynch 的"城乡动力学"等理论均成为城乡关系研究的经典理论[5]。

国内,费孝通先生在《乡土重建》中指出:一方面,中国城市的繁荣离不开乡村的"支持",城市对农村进行了"双重"反哺[6];另一方面,近百年来的城市兴起和乡村衰落可看作是一件事的两面[7]。赵群毅认为我国城乡关系经历了"强制性'以乡促城'(1949—1978 年)—市场化'以乡促城'(1978—2000 年)—国家战略下'以城促乡'(2000—2013 年)"3 个阶段[7]。目前我国正向"城乡互动"时期演进,城乡充分互动中的一体化发展被认为是城乡关系演进的最高阶段[8]。

（二）田园综合体建设对城乡关系的意义

我国目前正处于城乡一体化快速发展时期。向农业农村流动的社会资本呈现逐渐增加的态势。建设田园综合体是党中央为实施乡村振兴战略提出的创新政策。乡村振兴的关键是产业振兴。田园综合体通过一二三产业的渗透和重组，实现了产业的融合，推动乡村经济快速发展。

其建设意义主要体现在以下方面：

（1）优化农村资源配置。合理划分农村建设用地，整治现有村庄，为其他产业的发展提供土地存量。

（2）提高农业附加值。积极发展休闲旅游、医疗养老、科技研发等产业，营造宜人的生态居住和旅游观光环境，建设美丽乡村。

（3）推动城乡一体化发展。以乡村振兴为目标，实现城市和乡村的和谐发展。以乡村滋养城市，以城市反哺乡村。建设田园综合体是新型城镇化和新型农业发展的重要途径。

三、田园综合体的规划要点

田园综合体是以挖掘乡村特色资源、以乡村自然资源为基础，以休闲旅游、健康养老等产业为元素，以"以农为本"为原则进行的综合开发。以构建"农业＋"新型农业产业体系为目标，围绕产业特色，采取"农业＋文旅＋地产"，重点建设"五区"。

（1）建设新型农业产业区。发展特色农业，划分不同品种的农业展示区，周边设置配套的农产品销售区。

（2）营造生活居住区。合理规划用地，通过市场定位因地制宜地配置高端住宅区、拆迁安置区、旅游度假村三种住宅模式，以满足人们不同层次的需求，创建美丽宜人的乡村居住环境。

（3）打造文化景观区。深度挖掘规划区的传统特色文化，通过策划将传统文化内涵注入农业生产、文化展示活动中，为游客带来深切的感官体验，体现田园综合体的文化价值。

（4）发展休闲聚集区。利用城市设计、建筑设计手法，打造地标性休闲娱乐建筑或者旅游集散广场，创造田园综合体的品牌形象。

（5）提供综合服务区。综合服务区主要提供公共服务，如教育、医疗、邮政、电信、商业、金融、办公等，这些是为综合体各项功能正常运行提供保障的功能区域。

四、国外田园综合体的规划案例

（一）法国的"乡村旅游"

20 世纪 50 年代，为保护具有传统风格的民居住宅免受损坏，法国政府启动了以繁荣乡村小镇，克服乡村空心化的"农村家庭式接待服务微型企业"计划[9]。政府启动繁荣小镇计划，保护传统民居，鼓励当地居民成为小镇改造计划的主体。法国政府为了宣传当地的旅游，成立了专门的会议机构。在乡村建设中，重视保护环境，保持乡村原有风貌，实现了农业、旅游与文化的融合。

（二）美国的"市民农园"

美国以"农场＋社区"组织形式的市民农园促进城乡一体化发展。农场服务农产品生产，为市民提供优质的农产品，提供完善的基础设施和乡村服务。美国拥有比较完善的农业相关法律法规，成立了美国国家旅行与旅游管理局及乡村旅游基金。在市民农园的发展中，美国重视片区发展模式，采用"综合服务镇＋农业特色镇＋主体游线"的策略，重点打造农业资源。园区内的农业生产区、商业区和观光区等，各自承担不同的服务功能。

（三）韩国"活的网格"都市农业公园

该项目的设计目的在于把农业生产性农田转变成社会性开发空间。城市滨水区、示范性稻田、国际展示花园、湿地、森林这五种景观为人们提供了新的城市体验。滨水区包含广场、公共散步场所和文化设施。示范性稻田现场保存了传统水稻的生产方式。国际展示花园展示本地原生植物。湿地用来创建永久性池塘，为候鸟提供自然保护区和栖息地。森林由种植园和果园组成。

（四）韩国 Ecorium 国家生态工程

该项目位于韩国舒川 Ecoplex 生态园，是一个政府主导的地区和自然环境保护区，用以保护、收集、研究和展示韩国各种生态物种。其"自然奇幻之旅"概念设计，各个气候区的线性关联设计和展示路线设计为游客提供各种各样的气候经验。

（五）加拿大 Krause 莓果农场

Krause 莓果农场以莓果种植起家，探索了莓果产业价值链的延伸。该项目以莓果为农场主题，同时也引进其他农产品，提供烹饪学校和莓果酒庄这两项产品和服务。项目构建的多样化产品体系满足了不同市场群体的需求，成功吸引了大批的游客。

五、国内田园综合体的发展及经验

（一）中国台湾的"精致农业"

"精致农业"的口号源于 20 世纪 80 年代中国台湾。精致农业作为台湾六大新兴产业之一，目前已经发展成了健康农业、卓越农业、乐活农户体系。精致农业的精髓在于积极挖掘农业生活、生态功能，重视技术运用和产业融合，建立广泛的农业服务体系。

（二）无锡阳山田园东方

出于对乡村社会形态、乡村风貌的特别关注，2012年田园东方创始人张诚结合北大光华高级管理人员工商管理硕士（EMBA）课题，发表了论文《田园综合体模式研究》，并在无锡市惠山区阳山镇和社会各界的大力支持下于"中国水蜜桃之乡"的阳山镇落地实践了第一个田园综合体项目——无锡田园东方。项目位于无锡市的惠山区阳山镇，规划总面积约为6246亩。该项目是国内首个田园综合体标杆项目。

（三）南京溪田田园综合体

南京溪田位于丘陵地区，盛产茶叶。该田园综合体项目以当地传统的茶产业为切入点，带动一二三产业融合发展。在总体规划上，溪田田园综合体以生态循环为主轴，围绕七仙大福村园区和溪田生态农业园两大核心内容，突显7个自然村和吴峰新社区。同时，为了让农民们积极参与到乡村建设并且从中受益，项目成立土地股份合作社，鼓励农民创业创新。

（四）宿迁汇源"桃花溪田"田园综合体

汇源集团以"享美好生活"为立足点，响应企业的"绿色、健康、共享美好生活"的品牌战略。在田园综合体主题的选取上，以市场占有的主体产品"桃汁饮料"为综合体的文化主题。综合体以农产品种植、休闲、养生为核心产业；以新型农业技术研发、农产品加工销售为支撑产业；以民俗文化为衍生产业。

六、推进田园综合体建设的关键问题

（一）以农业、农村为根本宗旨

习总书记曾说过，要将乡村建设成"看得见山，望得见水，记得住乡愁"的美丽乡镇。在田园综合体中，乡愁是以古建村落和田园风光等为代表的乡村文化，是乡村居民在乡村环境中创造出来的独一无二的文化符号，是乡村延续的核心要素[10]。田园综合体的建设目标是为当地农民建设宜人的生产生活空间。为农民提供就业机会，让农民充分参与和受益，利用农业合作社等组织机构调动农民创新创业的积极性。拟发展的田园综合体的产业要以当地现有资源为基础，进行优化升级。保护好乡村传统文化遗产，防止开发过程中过度的改造。保护乡村生态环境，在发展乡村经济的同时要合理建设，杜绝房地产的变相开发。处理好政府、企业和农民三者的利益关系，使乡村得到发展、企业得到效益、农民得到福利。

（二）实现三产的融合发展

田园综合体是对一二三产业链的整合与创新，在建设中应以农业为核心产业，以农产品销售、农产品加工、农产品研发为支撑产业，以餐饮住宿、生态旅游、生态地产为配套产业，鼓励发展文化创意产业作为衍生产业。发扬中央1号文件精神和党的十九大精神，重点推进产业融合和发展。从以下3个方面着手：① 搭建田园综合体发展平台。加强基础设施建设，健全道路交通和水电路建设。展现优良的乡村风貌。② 培养新型农业主体，搞好农民培训。③ 建设田园综合体的服务体系，建设适应市场消费需求的服务平台。

（三）发挥政府和市场机制作用

田园综合体的建设需要资金、土地、科技等要素，采取政府和市场共同作用的方针，发挥政府的指导作用，调动市场积极性，激发田园综合体的内动力和创新力。① 政府、企业、农民共同参与建设，政府颁布政策指导建设开发活动，企业和乡村集体组织按照规划设计内容进行建设和推进。② 运用经济手段，支持规划田园综合体的发展，采取的措施有改进财政资金投入方式、调整财政资金投入结构等。③ 创新性地开发土地，利用合作社这类新型经营主体及乡村现有的资源条件，解决建设用地方面的问题。④ 通过加大科技资金投入力度，优化农业技术服务体系结构等方式，发挥政府作用，使田园综合体建设良性发展。

七、结语

本文通过阐述田园综合体的相关理论，总结田园综合体的建设思路，为未来田园综合体的建设提供一些建议。建设田园综合体是我国新型城乡关系转型的创新，是对国家实施乡村振兴战略的响应，是城市企业、地方政府、村民等共同参与的过程。在建设过程中，紧紧围绕一二三产业，牢牢抓住"农村、文化、旅游"三方面，实现乡村产业创新和乡村福利的良性发展，走上具有中国特色的城乡一体化道路。

（顾荣蓉，上海交通大学设计学院硕士生）

参考文献

［1］ 财政部关于开展田园综合体建设试点工作的通知（财办〔2017〕29号）［Z］. 2017年5月24日印发 .

［2］ 马克思 . 马克思恩格斯全集（第1卷）［M］. 北京：人民出版社，1956.

［3］ 埃比尼泽·霍华德 . 明日的田园城市［M］. 金经元，译 . 北京：商务印书馆，2010.

［4］ 刘易斯·芒福德 . 城市发展史：起源、演变和前景［M］. 宋俊岭，倪文彦，译 . 北京：中国

建筑工业出版社，2005.

　　［5］ 张沛，张中华，孙海军.城乡一体化研究的国际进展及典型国家发展经验［J］.国际城市规划，2014（1）：42-49.

　　［6］ 费孝通.中国城乡发展的道路［M］.上海：上海人民出版社，2006.

　　［7］ 赵群毅.城乡关系的战略转型与新时期城乡一体化规划探讨［J］.城市规划学刊，2009（6）：47-52.

　　［8］ 赵民，陈晨，周晔，等.论城乡关系的历史演进及我国先发地区的政策选择——对苏州城乡一体化实践的研究［J］.城市规划学刊，2016（6）：22-30.

　　［9］ 娄在凤.法国乡村休闲旅游发展的背景、特征及经验［J］.世界农业，2015（5）：147-150.

　　［10］ 杨吉华.乡村振兴战略背景下的文化自信与提升路径［J］.中共石家庄市委党校学报，2018（1）：24-27.

社会变迁背景下的历史名城品牌化研究

——以苏州为例

黄　珊

摘　要： 苏州作为长三角地区经济快速发展的历史名城，其城市品牌的塑造面临挑战和机遇。文章从社会变迁的视角，采用问卷调查和深度访谈的研究方法，尝试从不同年代背景的受访者角度，研究不同时期的苏州城市品牌形象，分析目前苏州城市品牌形象所遇到的问题，并提出创造性的策略和思考。

关键词： 城市形象；城市品牌；社会变迁

随着经济全球化发展的进一步深入，各国城市化的进程也在逐渐加快。在这一历史过程中，各个城市之间的竞争日趋激烈，但钢筋水泥、车水马龙的城市同质化问题日益凸显。一个城市想要长期繁荣发展，就必须要树立良好的形象。因此，如何牢牢把握城市的自然资源、社会资源，从现代物质文明中寻找与城市精神文明的结合点，打造城市独特的品牌形象成为各地高度重视的问题。

一、城市形象和城市品牌

城市形象是城市外在宏观物质形象和内在微观精神形象的总和[1]，是在城市的自然条件、历史沿革、文化渊源等背景下，通过城市生产、生活和人际互动等社会活动逐渐形成的，它是城市历史文化底蕴的凝聚和体现。

城市品牌是城市形象的提炼和升华，是对城市的历史底蕴、精神特质的抽象概括，比如巴黎和"时尚之都"，威尼斯和"水城"，维也纳和"音乐之都"等等。美国杜克大学富奎商学院 Kevin Lane Keller 教授在他所著的《战略品牌管理》一书中对城市品牌下的定义：像产品和人一样，地理位置或某一空间区域也可以成为品牌。城市品牌化的力量就是让人们了解和知道某一区域，并将这种想象和联想与这个城市的存在自然联系在一起，让它的精神融入城市的每一座建筑之中，让竞争与生命和这个城市共存[2]。

城市品牌在城市形象确立的基础上，立足于本土文化，充分挖掘城市的各种资源，以高度凝练的形式，集一座城市的自然资源和人文创作精华于一身，体现城市的个性和灵魂。城市品牌是城市珍贵的无形资产，可以提高市民对城市的归属感、自豪感，可以提高城市的社会知名度、美誉度和城市的核心竞争力。随着中国对外开放的发展，越来越多的城市逐渐意识到城市品牌对城市发展的重要性，并积极打造自己的城市品牌。"像经营一个品牌一样，经营一个城市"已成为社会的共识。

苏州地处长江三角洲，是著名的历史文化名城，风景秀美，气候宜人，素有"人间天堂"的美称，以其占总面积42%的水域和城内纵横交错的河网，被誉为"东方威尼斯"。苏州城中除了数不胜数的座座桥梁，还有集假山、小桥、流水等艺术手法为一体的艺术园林。它曾被授予联合国最佳人居范例奖、国家环保模范城市、中国优秀旅游城市、园林城市等荣誉称号，使苏州城市品牌形象得到较大提升。

二、社会变迁对苏州城市品牌的影响

在社会学研究范畴里，社会变迁是指社会各组成部分及社会系统发生的变化。就宏观来说，包含社会形态、阶层结构、职业结构、社会组织等方面的变化；就微观个体来说，包含行为方式、价值观念、生活方式等方面的变化。本文采用网络问卷调查和深度访谈相结合的研究方法，尝试从不同年龄层的受访者中获得他们对苏州城市品牌的印象，以时间维度进行纵向分析，从而来印证社会变迁对苏州城市品牌的影响。

本次研究采集到有效网络问卷104份，深度访谈4位代表人士（分别为：A——常住苏州的本地人，B——暂住苏州的外地人，C——常住上海的苏州籍人士，D——常住上海的非苏州籍人士）。

美国著名品牌管理专家大卫·艾克(D. Aaker)在1991年提出了品牌资产的"五星"概念模型，即认为品牌资产是由品牌知名度(Brand Awareness)、品牌认知度(Perceived Brand Quality)、品牌联想度(Brand Association)、品牌忠诚度(Brand Loyalty)和其他品牌专有资产五部分所组成。在本研究中，选取上述模型中的品牌知名度、品牌认知度和品牌联想度三方面进行研究。

（一）苏州城市品牌知名度（Brand Awareness）

品牌知名度是指品牌为消费者所知晓的程度，也称品牌知晓度，它反映的是品牌的影响范围或影响广度。城市品牌知名度之间的比较，能说明不同城市为人们知晓的程度。如图1所示，在东部沿海10个城市的品牌知名度对比中，苏州处于整体中等偏下水平。

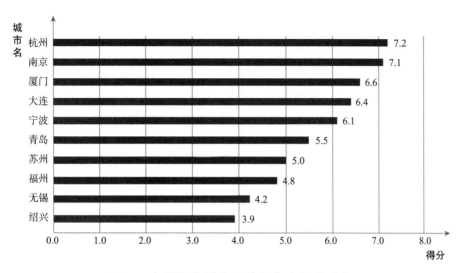

图1　东部沿海城市品牌知名度得分对比

Q：假设苏州的城市知名度为5分，那么这些其他城市的知名度您打几分？

　　"我是土生土长的苏州人，感觉苏州的名气没有以前那么大了。以前有句老话，叫'破是破，苏州货'，这句话的意思是以前的苏州货牌子响、名气大，哪怕是破的，也好歹是苏州货，不太容易贬值。相比较杭州、南京、宁波，以前名气差不多，但近些年感觉苏州的名气没有那些城市大了。"

——深访者A- 常住苏州的本地人

　　如果和受访者的年龄层次相结合进行分析，如图2所示，就会发现生于20世纪50年代的受访者对苏州的城市品牌知名度打分明显高于90年代出生者。究其原因，主要是当时旅游目的地匮乏，国企单位将苏州选为春游、秋游等集体活动必去之地，加之"文革"时期的"串联"活动，大部分50年代的受访者都去过苏州，对这个城市印象深刻。而90年代的年轻人旅游目的地非常丰富，苏州不再是唯一选项。因此，职业结构、社会组织以及旅游方式的变更，对城市品牌知名度产生了明显的冲击。

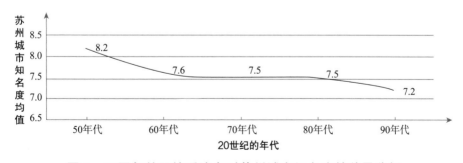

图2　不同年龄层的受访者对苏州城市知名度的差异分析

Q：假设最高分为10分，请您在1~10分的区间里，为苏州的城市品牌知名度打分

（二）苏州城市品牌认知度 (Perceived Brand Quality)

在传统消费领域，品牌认知度代表消费者对品牌的了解程度，关系到消费者体验的深度，是消费者在长期接受品牌传播并使用该品牌的产品和服务后，逐渐形成的对品牌的认识。而城市品牌的认知度，体现在把抽象的城市精神与城市信息，通过静态或动态的方式，浓缩为典型的城市形象符号被受众识别与认知，比如自由女神像和纽约，东方明珠塔和上海，埃菲尔铁塔和巴黎，等等。

如图 3 所示，问及最能代表苏州城市特色的事物排序时，苏州园林是各个年龄层基本能共同接受的代表，但除此以外的事物呈现出较大差异，表现出鲜明的社会变迁特征。五六十年代出生的受访者，对评弹、昆曲、刺绣等传统文化比较认同；七八十年代的受访者，开始对玉雕、旗袍、金鸡湖等事物比较认同；到了 90 年代的受访者，呈现出更大的差异，他们认为俗称"大裤衩"的苏州中心建筑更能代表苏州形象，同时对金鸡湖、圆融等城市新地标高度认同，对各种苏州美食更感兴趣。

"我觉得江南水乡、园林之类的特征，并不是苏州所特有的，我去周庄、甪直、西塘、同里等水乡古镇旅游，发现基本和苏州园林差不多，现在已经想不起来各个景点之间的差异了，对我们非园林设计行业的外行人来说，这些都没有明显差异点。但是，大裤衩——就是那个苏州中心，高高地屹立在金鸡湖边，我觉得那个就是苏州的象征，独一无二。"

——深访者 B- 暂住苏州的外地人

在苏州工业园区金鸡湖畔，竖立着刻有"圆融"两字的现代雕塑，它是苏州社会变迁的鲜明标志，表达了"传统与现代、科技与人文的互融和共生"的深刻含义，表达了苏州是一个传统与现代交汇相融的城市。随着苏州城市品牌的建立，很多人认为这是苏州城市精神的很好阐释。

"一看到东方明珠的 Logo，会立即想到上海，但如果看到一座亭台楼阁、一座假山或者一个洞门的符号，我知道是江南园林，但不会立即想到苏州，这就说明苏州还缺乏一个明显的城市符号。"

——深访者 C- 常住上海的苏州籍人士

（三）苏州城市品牌联想度（Brand Association）

品牌联想是消费者看到某特定品牌时，从他的记忆中所能引发出对该品牌的任何想法，包括感觉、经验、评价、品牌定位等，而这些想法可能是来自日常生活中的各个层面，例如：本身的经历、朋友的口耳相传、广告信息以及市面上的各种营销方式等。对城市品牌来说，上述各个不同的来源，均可能在人们的心中竖立起对这座城市根深蒂固的品牌形象。

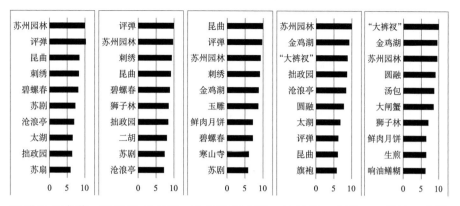

20 世纪 50 年代　20 世纪 60 年代　20 世纪 70 年代　20 世纪 80 年代　20 世纪 90 年代

图 3　不同年龄层的受访者对苏州城市特色代表事物的排序

Q：最能代表苏州城市特色的事物排序

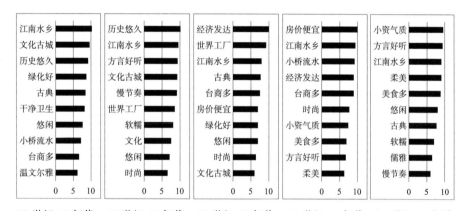

20 世纪 50 年代　20 世纪 60 年代　20 世纪 70 年代　20 世纪 80 年代　20 世纪 90 年代

图 4　不同年龄层的受访者对苏州印象关联词的排序

Q：谈及"苏州"，第一个联想到的词语是什么？

如图 4 所示，当问及一看到"苏州"这个城市名称，脑海中闪过的第一个相关词语或短语是什么时，除了"江南水乡"是各个年龄层受访者的共识，其他词语表现出较大差异。五六十年代的受访者联想到绿化好、干净卫生的环境和悠闲的生活状态，七八十年代的受访者联想到世界工厂、经济发达、房价便宜等经济情况，而 90 年代的受访者关注小资气质、美食等娱乐休闲状况。

"苏州，对上海人来说，主要有几个印象，一个是每年扫墓必去之地，家族墓地都在苏州；一个是房价便宜，不到上海的三分之一，很多上海人去苏州炒房子，像昆山啊花桥啊很多楼盘都是上海人买的；还有印象就是苏州话很好听，糯糯的，'宁跟苏州人吵架，不和宁波人说话'。"

——深访者 D- 常住上海的非苏州籍人士

三、苏州城市品牌化的现状和问题

品牌之于城市，犹如个性之于人。人有气质、性格、能力、兴趣、习惯、信仰等，或活泼开朗，或沉着稳重，或能言善辩，或沉默寡言。品牌个性则是一种拟人化的形容，即赋予品牌人格化的特征。品牌的个性为没有生命的品牌注入了血肉和灵魂，使品牌能够在激烈的市场角逐中脱颖而出，并在消费者心目中占据特殊而宝贵的位置[3]。而城市品牌的个性，可以将城市从同质化的迷雾中区分出来，它既是形成千差万别的城市品牌形象的出发点，又是城市品牌形象建设的核心，是品牌形象中最充满独特性、最具吸引力、最活跃灵动、最体现生命魅力的部分。

2000 年 1 月，国务院批复同意《苏州市城市总体规划（1996—2010 年）》的同时，进一步确定苏州城市功能定位为"国家历史文化名城和重要的风景旅游城市，以及长三角的重要中心城市之一"。这个功能性的定位比以前增加了"长三角的重要中心城市之一"这项内容，说明了苏州这座历史文化名城的现代地位和价值得到了充分肯定，为苏州城市品牌形象的定位提供了指导性的方向。在新一轮的城市总体规划中，2003 年确定了规划的五大策略：构建大交通、实施西部发展，打响"东方水城"牌、提升古城形象、强化城市功能。2006 年 12 月，苏州确定城市精神为"崇文、融合、创新、致远"。崇文：苏州是全国首批 24 个历史文化名城之一，是名副其实的人文荟萃之地。融合：是指博采众长、协调发展。创新：苏州走出了一条大发展大变革的创新之路。致远：受吴地文化影响，苏州一直在探寻和追求"宁静致远、内敛不张扬"的境界[4]。

但毋庸讳言，苏州的城市品牌化也存在以下一些问题。

1. 城市品牌定位较为模糊，识别度低

江苏作为文化大省，拥有丰富的吴地文化资源，各个城市都积极挖掘属于自己城市的文化资源，从客观上说，不可避免地会出现文化的趋同性，如南京"厚德载物，刚健文明"，徐州"龙吟虎啸帝王州，旧是东南最上游"，常州"勤学习、重诚信、敢拼搏、勇创业"等。可以看出，"尚德""崇文""创业"和"创新"分别被多个城市作为城市品牌，因此苏州的"崇文、融和、创新、致远"的城市精神，缺乏明显的区分度和辨识度。在访谈中，问及"崇文是哪个城市的口号"时，4 位受访者竟无一人能回答正确。

苏州的城市文化特色和主体意识也正面临被全球化话语冲淡的威胁。在第四届亚洲建筑国际交流会上，就有专家指出：全球化对中国的城市与建筑带来的最大影响就是，城市化的快速发展与城市规划以及建筑设计领域内国际建筑师的参与，中小城市在城市化过程中逐渐失去了特色，在城市空间尺度和形态上模仿大城市[5]。

2. 城市品牌的对外传播渠道较为单一

传统的大众媒介目前依然是苏州城市品牌对外传播的主流渠道。如图 5 所示，44% 的受访者是通过大街小巷张贴悬挂的城市标语获知苏州城市品牌形象的，33%的受访者通过当地的电视台和报纸知道苏州城市品牌形象。这点和绝大部分中国城市一样，具有鲜明的中国特色，"搞宣传就是挂横幅、搞活动就是贴海报"，很多政府部门宣传机构的工作思路还停留在传统方式，于是闹市区、建筑工地外墙、各种社区活动现场都悬挂着政府部门制作的横幅。但是，新媒介的高速发展，使得单纯依赖传统媒体进行传播并不能满足实际的传播需求。

消费者对于品牌的接触形式越来越多样化，受众的异质性与多元性决定了在选择传播媒介和传播方式时需要纳入差异化理念，加强受众细分，形成多层次的传播态势。实现精准传播，要以受众为主体，深度研究受众的行为特征、生活方式等，按照受众的需求、兴趣、偏好等要素，选择传播内容和渠道的品牌传播。强化受众细分，实行精准传播也是实现"充分挖掘城市品牌内容，紧抓受众注意"的重要保证。

单一的渠道传播已经不适应现在的城市文化品牌传播的需要，调查中发现仅有7%的受众是从微博、微信等新媒体渠道获得城市品牌相关信息。新媒介的介入和有针对性的有效传播将大大提升城市的知名度，有利于打造城市的文化品牌。

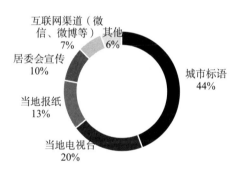

■ 城市标语 ■ 当地电视台 ■ 当地报纸 ■ 居委会宣传 ■ 互联网渠道（微信、微博等） ■ 其他

图5 苏州城市品牌传播渠道分析

Q：您主要通过何种渠道知晓苏州城市品牌概念？

3. 城市品牌的符号设计缺乏整体规划和稳定性

品牌就是符号。城市文化品牌的基本外化形式就是城市文化品牌的符号。人们提及城市文化品牌，首先反射的就是城市文化品牌的符号。成功的城市文化品牌系统，是城市文化品牌精神和文化品牌价值的集中折射。在对城市文化品牌的理解中，所表现出来的就是城市文化品牌和消费者之间的关系。

在苏州城市品牌形象的塑造中，如何克服城市建设的趋同性，使苏州在日益激烈的竞争中脱颖而出，成为城市发展中亟待解决的问题。在传统的城市形象塑造中，各级政府习惯于使用花卉、植物、雕塑、象征物等来作为城市品牌形象的标识，例如大连的象征是足球、深圳的标志是拓荒牛、洛阳是牡丹花、上海是白玉兰。在以前特定的历史时期，这些标识物可以从体育、政治和自然环境特色的角度，折射出城市的某种精神和风貌，但如今已承载不了城市的经济发展战略和市场竞争的重任，不能从本质上反映和代表一个城市的品牌。

很多原始的标志和象征物普遍缺乏一个科学而全面的实施系统，形象标志比较单一，缺乏相配套的字体、色彩和标准组合应用。以苏州为例，苏州市民卡的标志（Logo）部分是以虎丘塔的图形与文字的组合，形成具有一定现代感的标识设计，因而在市民卡的卡面图案上，虎丘塔也会被当作主要视觉元素不断出现，但在卡面的设计运用上，虎丘塔这一视觉元素出现的形式相对单一，大多是以实景的方式呈现，没有更多的衍生运用，显得单调，视觉感染力和冲击力都十分弱。

城市品牌塑造是一个长期而艰巨的过程，并不能在短时间内完成，需要一个系统的规划。虽然苏州在品牌形象的传播上下了功夫，但在传播系统性、稳定性上还有很多事情要做。各种活动设计了各种不同的 Logo 符号，但用完即扔，有"三分钟热度"现象，因此要摆脱"一任领导一个样"的局面，要保持对品牌管理的战略性眼光。

四、苏州城市品牌化的建议和对策

（一）准确定位苏州城市品牌，充分体现城市综合实力

城市品牌定位的作用，是确保城市按既定的方向逐步塑造成一个对于目标市场具有独特优势的特色品牌城市，以吸引游客、投资者和定居者。这是城市品牌定位的最终价值追求[6]。

在为苏州城市品牌形象定位的过程中，应当摒弃以往的仅仅为了反映城市的某一个特色优势，而应注重向提升城市综合实力的方向迈进，即既要考虑发展城市旅游产业，优化城市建设规划，又要注重提升城市经济实力，推动城市科技创新。力求做到不过分夸大城市特征，确保城市品牌形象定位的准确性。

在社会变迁的过程中，每一个独特的个体都会有自己对城市品牌的观点和视角，无论是五六十年代生人渲染"姑苏城外寒山寺"的那种静寂与空灵，还是 90 后"吃货一族"对苏州美食的赞叹，我们要在不同的群体间寻求最大公约数。现如今的苏州已不再是 2 500 年前那个巴掌大的老城区了，随着工业园区、新区的相继建成，苏州比过去那种江南园林的自然典雅、清淡秀美多了一些科技和工业味，从一个江南园林小城发展成为全球九大新兴科技城市之一，苏州经历了前所未有的蜕变。苏州紧邻中国最大的现代化都市上海，正处于上海 100 km 都市圈的范围内，苏州明确地理上和上海"互补"，错位式地发展，更是提出了"工作在上海、生活在苏州"的新思路，这就需要我们重新来认识和定位苏州的城市品牌，要充分体现苏州的城市综合实力。

（二）整合与提升苏州城市品牌形象的视觉运用，建立完整、统一的视觉形象系统

一个城市所处的独特地理位置，可以成为城市独一无二的特征和资源。城市独特的地理特征是城市品牌形象的代表性符号之一，在宣传城市品牌时，可以将这些可观可感的特征作为素材，映射抽象的城市内涵。但是，城市的独特之处，不仅体现在一个城市的地理特征上，而且体现在历史文化、城市精神和发展理念上。

在自然地理资源方面，苏州水网密布、湖库繁翠，具有深厚的水文化积淀与底蕴，可以充分利用城市与水相伴的地理特征，以水文化、水路交通来隐喻城市形象，将城市与环保相连，凸显城市的生态之美，体现出天人合一、人与自然和谐相处的东方生态价值观。

在人文景观方面，城市的历史文化、人物故事是能代表城市形象的文化符号。充分、有效地利用这些文化符号，不仅可以快速地向受众传达信息，帮助其识别城市特征，而且更具亲和力，审美和宣传效果更佳。苏州人杰地灵，先辈们在这里留下了丰厚的文化遗产，遍及物质形态、非物质形态的许多方面，整个苏州就是一个精美的园林、一个拥有深厚历史的博物馆、一个满目生辉的文化宝库。

自然地理资源和人文景观两方面拥有丰富的品牌素材，客观上也造成了视觉运用的紊乱，因此统一城市品牌宣传的形象标识十分重要。比如中国苏州政务网、苏州旅游网、新浪苏州等网站的首页，要有统一的苏州品牌形象化 Logo、形象宣传片以及各类苏州特有的人文元素，而不是各家自成一派，以免造成视觉冲突和资源浪费，增强品牌的识别度，也有助于形成"品牌"的合力。还可以聘请苏州城市品牌形象代言人，要优雅、精致、秀丽、有内涵和古典美。

（三）充分利用新媒体渠道，打造全方位的城市品牌传播体系

城市品牌形象的推广过程也是城市品牌形象的建设与形成过程。现代城市的竞争主要是综合实力的竞争，城市综合实力竞争的产物即城市品牌形象，在城市化的进程中，为了使城市得到可持续发展，对内注重强化城市品牌形象的规划、建设与管理，对外积极组织开展城市品牌形象的宣传活动，完善城市品牌形象管理与推广，是城市发展理念和提高城市竞争力的纽带。

在移动互联网高度发达的今天，不能再局限于横幅、海报、墙画、传单，要充分利用微信、微博等社会化网络媒体，运用增强现实（AR）、虚拟现实（VR）等新媒体技术，使用城市品牌宣传片、小视频、超文本标记语言（HTML）5 移动端页面等多种载体来进行宣传推广。城市形象片已然成为城市文化的一个部分，并且构成了城市以及国家对外传播的一个重要方面，如 2011 年"中国名片"之城市形象片系列，就在有"世界的十字路口"之称的美国纽约时代广场大屏幕播出，作为中国国家对外传播的一个重要举措。城市形象片既是媒介技术的产物，媒介变迁必然是影响城市形象片的重要因素。以上海为例，2016 年就出现了首部 4K 分辨率加 VR 技术的城市形象片《我们的上海》，用这个新技术

拍摄城市形象片的风潮也在世界蔓延，网络上流传的《50部手机拍摄旋转的纽约》，就是一种城市形象片使用新技术的尝试，这些都很值得苏州学习。

五、结语

城市品牌也是一种生产力，主要体现在它能以一个统一的价值方向来协同城市建设、经济发展、产业布局、文化事业、公共服务等多领域的进步，进而达到聚焦优势、聚集要素、聚合人气的效果，最终赢得投资者、创业者和海内外游客青睐，又为城市发展注入生机、带来活力。

苏州城市品牌的核心应该是"世界文化名城"。今后较长一段时间，苏州应聚精会神，着力打造一个以强大经济实力为支撑的、以典型水乡生态为底蕴的、以独特历史文化为禀赋的、以法治社会与和谐社会为保障的世界文化名城。

（黄 珊，上海交通大学设计学院硕士生）

参考文献

［1］ 冯向东.城市形象与塑造对策的理性思考——消除城市建筑"方块风"［J］.规划师，1997（3）：28-32.

［2］ 余明阳，姜炜.城市品牌的价值［J］.公关世界，2005（3）：26-27.

［3］ 王昕.品牌形象设计教程［M］.杭州：浙江人民美术出版社，2008.

［4］ 李怀亮，任锦鸾，刘志强."东方水城"：苏州城市形象的成功传播［J］.宁波经济（财经视点），2010（5）：26-27.

［5］ 武廷海，鹿勤，卜华.全球化时代苏州城市发展的文化思考［J］.城市规划，2003（8）：61-63.

［6］ 孙湘明.城市品牌形象系统研究［M］.北京：人民出版社，2012.

城市公益广告的设计、投放与传播效果研究

A Research on Urban Public Service Advertising Design, Distribution and Communication Effect

——以上海市莘庄镇为例

Taking Xinzhuang Town in Shanghai as an Example

萧　冰　　刘冬梅

摘　要： 选择上海市莘庄镇为对象，展开城市公益广告的设计、投放与传播效果的调研。针对公益广告的主题做了内容分析，并同时通过问卷调查以及针对不同人群的眼动仪追踪实验，调研了莘庄镇居民及工作人群的公益广告接触情况。研究者选择莘庄镇具有代表性的大型社区和学校，共计发放问卷 250 份，回收有效问卷 217 份，覆盖人群包括年轻人、普通白领以及退休人员等。分析了城市公益广告的投放与传播特点、主题分布情况，以及城市居民对公益广告的认知、视觉传播效果差异，比较了城市公益广告针对不同年龄段人群的传播效果差异等，并对城市公益广告的投放策略与传播策略提出了相应的建议。

关键词： 公益广告；广告设计；传播效果

Abstract: In this study, Xinzhuang, Shanghai, was selected as the object of study to investigate the effect of urban public service advertising. This research uses content analysis on the theme of public service advertising, and investigates the public service advertising contacts of residents and workers in Xinzhuang Town through a questionnaire survey and eye tracking experiments for different groups of people. Researchers selected representative large-scale communities and schools in Xinzhuang Town. A total of 250 questionnaires were distributed and 217 valid questionnaires were collected, covering young people, ordinary white-collar workers and retirees. This paper analyses the characteristics of the public service advertisements in cities, the distribution of their themes, and the differences in perception and visual communication effects of public service advertisements among urban residents. Last, this paper puts forward corresponding suggestions on the strategy and communication strategy of urban public service advertising.

Key words: public service advertising; advertising design; communication effect

引言

公益广告是不以营利为目的，为社会公众切身利益和社会风尚服务的广告形式。相对于商业广告而言，公益广告不仅具有社会的效益性、主题的现实性和表现的号召性，还能有效倡导社会主旋律、引导文明新风尚、传播向上正能量。因此，公益广告是社会文明进步的催化剂，是当下我国精神文明建设的重点工作之一。为配合创建全国文明城市工作，有效解决城市品牌建设及公益广告传播中的痛点和难点问题，研究者选择了上海市莘庄镇展开调研，对在全镇范围内公开发布的85张公益广告做了针对主题的内容分析，并同时通过问卷调查以及眼动仪追踪实验，调研莘庄镇居民及工作人群的公益广告接触情况与传播效果，以打开公益广告传播认知的"黑箱"[1]。研究者选择莘庄镇的大型社区和学校，共计发放问卷250份，回收有效问卷217份，覆盖人群包括年轻人、普通白领以及退休人员等。

上海市莘庄镇于2016年开始在镇域范围内逐步进行公益广告布点，主要通过平面宣传版面、墙面手绘、立体雕塑等形式进行呈现。据统计，莘庄镇域范围内有各式宣传版面约5 000块（其中包括绿化插牌1 500块，机非隔离栏宣传版面1 500块，围墙造型版面2 000块），墙面大幅喷绘总计约3 000 m²，手绘墙面约1 500 m²，雕塑10处。

一、城市公益广告的投放与传播特点

（一）公益广告布点广泛，但略显粗放

1. 点：指商场、超市、公园等大型公共空间。此类型城市空间人口密度高、人流量大，此类空间内主要采用了绿化插牌、墙面广告、海报等形式，具有广告展面大、形式多样的特点，可以满足同时让更多公众看到的空间需求。

2. 线：指街面沿线的建筑墙面、候车亭、绿化地带等公共空间。在此类空间中主要采用了大幅墙面广告、招风旗、绿化插牌、雕塑型公益广告等，由于街面人流量大、停留时间短，所以广告以快速抓住人的视线为主。

3. 面：指居民小区内的公共空间。此处主要采用宣传栏、绿化插牌、海报、电子显

示屏等形式，由于人群相对稳定，因此以提示提醒为主要目的。

公益广告布点广泛，基本分布做到点、线、面结合，多方位立体化投放。但在实际工作中，对于点、线、面布局与广告内容的组合还缺乏有针对性的安排，尚未能根据城市空间的特点以及人群特征合理安排广告内容与形式。

（二）公益广告普及率高，但传播策略缺乏层次性

研究发现，莘庄镇公益广告在重点商圈及重要主干道周围，进行了公益广告的集中宣传，然而由于部分地区商业广告密度大，公益广告的传播效果会被稀释。根据"注意力视窗理论"，注意力是一种会流失的资源，媒介周边环境会与媒介产生对注意力的竞争。尤其是对处于商务区的公益广告来说，周边环境对注意的竞争力要远远大于公益广告，因此，公益广告若想取得效果就必须采取不同于其他区域的传播策略。

调研发现，城市居民区的公益广告常常投放在容易被居民忽视的一些地方，甚至有时候成为一种环境的点缀，这个说明在形式审美上已经做到了与环境的融合，但是如何更好地突出内容，起到良好宣传效果，有待改进。

（三）公益广告形式多样，传播力度大，但画面内容重复

城市广告形式丰富多样，包括立体雕塑、墙面、灯箱、隔离栏、地贴、门贴、插牌、吊旗、海报、大型户外广告牌等形式，合理充分利用公共空间，多元媒介结合。内容主要围绕社会主义核心价值观、传统美德等展开，所选用广告画面符合莘庄镇居民的审美，居民对广告画面与内容的认同度较高。调查表明，89%的居民表示经常能看到公益广告，并且能说出公益广告的主题内容。

但是，由于广告画面内容多有重复，当相同或相近的内容在小区、街面、公园等多次看到，则会使居民感到广告内容雷同，重复浪费。所在区域的市民提出，应该增加公益广告内容的丰富性、多样性，而非文字的简单重复。寻找居民接触信息的新方法是公益广告传播，乃至城市品牌形象传播中非常重要的方面。居民对当前公益广告的形式已经是非常熟悉，难以产生兴趣点，在保持现有公益广告主题的情况下急需在广告形式上创新突破，这样才能有效引发居民的关注。形式的突破创新既可以是画面视觉语言的变化，也可以是立体造型语言的创新，用构思巧妙的画面以及新颖生动的雕塑、公共空间艺术等弘扬社会正能量。

二、城市公益广告的主题分布情况

针对公益广告主题的内容分析，发现广告主题涉及社会主义核心价值观、传统美德、十九大精神学习、环境保护、动物保护、交通安全、关心弱势群体等7个类型的主题。公益广告的投放效果较好，居民达到率较高，绝大多数人都有较高的公益广告认知意识，并熟知身边公益广告的主题内容。在广告主题方面，符合国家的宣传需要和精神号召，主要

是宣扬社会主义核心价值观，以弘扬主旋律为主。其中社会主义核心价值观类广告占比16.7%，中国梦与精神文明建设类占比41.7%，社会公德与美德类占比21.7%，环境保护类占比8.3%，交通安全类占比10%。

调查结果表明，被调查的居民对这些投放的公益广告有较高的认知度，具有家国天下的情怀，对环境问题、社会问题、国家未来等主题都非常关注，在希望增加投放的公益广告中，保护环境类广告占比45.5%、交通安全类广告占比27.6%、中国梦与精神文明建设类广告占比16.6%、社会主义核心价值观类广告占比6%。见图1。

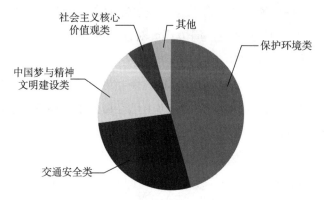

图1 公益广告的主题分布

在调研中发现，被调查的所在辖区的居民对社会主义核心价值观、传统美德与精神文明建设这三大主题都较为熟悉，表示经常看到，在形式与内容上非常熟悉。除此之外，交通安全与七不规范类的公益广告宣传也非常受到居民的喜爱，但也有部分居民指出，希望看到更多与教育、生活、青少年教育、未成年人健康等相关的主题，这些与日常生活比较贴近的主题不够丰富。因此可见，莘庄镇公益广告整体关注点较为全面，但在贴近人民生活的健康、教育等方面关注较少。受众对信息的卷入度不同，其认知加工的路径也不同，会对与自身相关的信息给予更多关注[2]。因此，建议在不减少社会主义核心价值观宣传的前提下，增加更多让人民群众觉得贴近生活、喜闻乐见、朗朗上口的公益广告，应是下个阶段的工作中心所在。

三、城市居民对公益广告的认知

（一）城市公益广告的居民到达率较高

被调查与访问的居民中，约有89.2%（非常同意＋同意）经常看到关于社会主义核心价值观、中国梦以及精神文明建设主题的公益广告。但同时调查发现，居民对公益广告的记忆和认度不够强。居民对生活中能看到的公益广告内容印象深刻的仅为55.4%（非常同意＋同意）。调研对象表示，一方面有过于雷同引起的视觉疲劳，导致印象不深刻；另一方面，在一些宣传中，画面与文字之间存在不协调性，较难引起共鸣。

主要原因是：① 公益广告内容上感觉全国都差不多，没有突出上海尤其是莘庄镇的特色；② 设计元素相对单一，画面形式缺乏变化，缺乏有创意的广告；③ 在设计风格上广告诉求形式以文字标题为主，图文信息缺乏对应关系，难以让居民有效记住广告内容。

（二）城市公益广告信息传播效果

总体而言，城市公益广告信息清楚明了，简单易懂，能够顾及不同年龄段以及教育水平的认知差异。问卷调查表明，莘庄镇区域内发布的公益广告内容清晰易懂，照顾到各类人群的阅读能力、理解能力、视力水平，无论是学龄儿童、青少年还是离退休人员，阅读大多数公益广告的内容都没有明显困难。但个别广告存在辅助文字与背景色彩的明视度不足的问题，文字难以识别。

另一方面，调查表明虽然公益广告的受众接受度广泛，认知度也较高，但是传播效果并不佳。调查发现，仅有 57.3% 的被调查者"觉得身边能看到的公益广告宣传是有效的"。然后，在调研中也发现，绝大多数受访者表示对某几个公益广告印象深刻，一个是"交通安全的系列主题广告"，另一个是"七不行为规范"系列公益广告。主要原因是因为交通安全系列的公益广告在配图上具有视觉震撼力，能够吸引到走过的居民，留下深刻的印象；"七不"系列内容实在，与居民日常生活息息相关，也具有较好的宣传效果。

从传播内容与形式的角度来看，传播效果不佳的主要原因包括下面几个方面：① 部分广告语口号化。如："修身养德、齐家守道"等，仅仅是向公众宣示这样一组词汇，没有对公众明确的诉求与呼吁，没有表明应当如何修身养德，如何才是齐家守道，因而难以引起观者的回应与共鸣。② 过于熟悉的内容导致"熟视无睹"。对于"眼"熟能详的广告信息，观众只需要扫一眼就知道广告主题是什么、了解还没有看到的文字会是什么，因而缺少进一步阅读的兴趣。尤其是当社会主义核心价值观等类别的公益广告广泛出现在居民工作、生活的各个场所，对于这一类只有"已知信息"而没有"未知信息"的广告，这种"熟视无睹"的效应就更加明显。③ 广告信息以自我展示为主。如社会主义核心价值观系列的广告中，不少只是将这 24 个字陈列于广告牌上，既缺乏对核心价值观的深入挖掘，又缺乏与公众的互动，故而观众缺乏进一步了解信息的主观愿望。④ 广告中蕴涵的情态较低。部分广告不能自如地运用视觉语言，广告画面营造出的情态较低，使观众感觉如同隔岸观火、雾里看花，无法将心神投入到广告当中。

在眼动仪追踪实验中，例如图 2 这幅公益广告的平均观看时间仅为 4.808 秒（最长观看时间 13.324 秒，最短 1.62 秒，分布集中于用时较短的一端），其中绝大部分时间用于阅读广告语，其余画面仅仅扫视一眼便不再关注。而广告语所提供的信息仅表明闵行要创建文明城区，但对于如何创建、需要居民怎么做等方面并没有提及。因此，实验结束后被试者对此广告普遍缺乏印象。

图 2　公益广告的眼动追踪热力图

（三）城市公益广告的视觉传播效果

上海市莘庄镇所使用的公益广告图片素材主要源于中国文明网，是经过中国文明网评比筛选与审核之后的公益广告作品，整体设计制作水平较高。但在网络化程度越来越高的今天，公众的审美水平日益提高，对公益广告的设计水平也提出了更高的要求。

然而，研究发现城市公益广告在设计上还存在不足。① 广告艺术形式尚显单一，平面广告画面元素重复使用。② 广告画面多取自民间艺术、摄影、漫画等素材，缺少有针对性的广告创意画面。③ 立体广告往往为了采用立体的形式而特意为之，形式单一、缺乏艺术性，广告内容与艺术形式脱节。④ 部分广告信息易读性低，在受众卷入度低的情况下，难以达到良好的传播效果[3]。

例如图 3 这则立体公益广告，仅是将社会主义核心价值观的 24 字摆放在一件立体雕塑的不同侧面上，但雕塑形式与主题并未显示出明确的关联性，显然观众也不会因为熟悉的内容经折叠错乱地摆放就被激发出阅读的兴趣。眼动仪实验表明，被试者观看这则立体公益广告的平均时间仅为 3.15 秒（最长 12.318 秒，最短 0 秒），短于相同主题的 24 字平面公益广告（平均 3.845 秒）。而在这短短的 3 秒内，还是有不少视线被旁边的绿化及远处的商业广告所吸引。

图 3　公益广告的眼动视觉追踪图

在图4左侧这张公益广告的眼动仪调查中，被试的目光更多停留在文字与图像的那个交界处，说明他们在寻找图像与文字之间的关联点。而右侧这张公益广告，由于配图更加有趣，具有卡通特色，更多的人将目光投在了配图上。在调查中，超过半数的受访者指出，绿色的配图背景比较亮，因此视觉上感觉阅读起来有障碍，绿底白字的配色让人看不清楚，因此在配色上也要注意对远近不同距离的受众都能够有抓住眼球的效果。

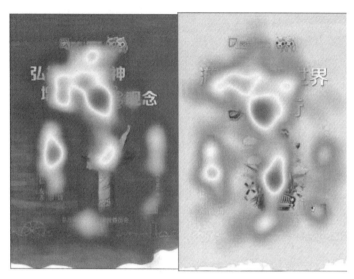

图4 公益广告样本的眼动仪实验热力图对比

四、城市公益广告针对不同年龄段的传播效果存在差异

通过观看过公益广告样本的眼动仪实验结合对被试者的访谈，研究者发现，不同年龄段的居民对公益广告的关注重点与兴趣点都不相同。总体来说，中老年人与小学生对本辖区内公益广告的满意度和达到率比年轻人和中年人要高，这可能与他们平时在社区所逗留的时间也有一定关联。在广告偏好上，调研发现，青年人更注重广告画面的视觉感受，喜欢观看以图形为主，特别是有创意的图形广告。图5这组公益广告都因在图形创意方面比较突出，而受到年轻人尤其是学生群体的广泛好评。

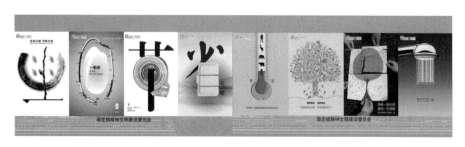

图5 年轻人群体更加偏好的城市公益广告样本

与青年人不同的是，中老年人更加注重公益广告的效果。中老年人更关注身边的事，希望看到公益广告能够有效影响到人们的言行，使行为举止更文明。如图 6 中这组"七不规范"的广告更多地受到老年人的赞许。

图 6　中老年群体更加偏好的城市公益广告样本

中老年人对公益广告中他们所熟悉的形象、包含情感的形象更加关注。图 7 中的广告元素由于包含情感因素，并且在电视中曾经看到过，故而被中老年人格外关注。在采访中，很多受访者提到，这个胖娃娃在电视上经常见到，而且笑容可掬，觉得特别喜爱，因此也会多看几眼。这一点在眼动仪的热力图中也有体现，基本上参加实验的成员的目光都投向了胖娃娃的脸部，视觉在文字上只是做了简单逗留。而在右侧这张图中，由于这张公益广告的配图与文字相关度很低，而且难以理解，不能有效抓住受众的目光，导致视觉上基本没有太多关注力。

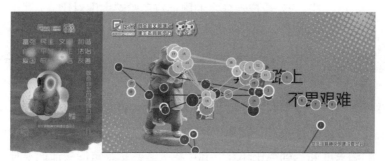

图 7　中老年群体样本观看城市公益广告样本的眼动追踪和热力图

五、城市公益广告传播策略建议

（一）依据城市公共空间分布，细化公益广告布局

公益广告宣传工作中不能胡子眉毛一把抓，应当避免平均用力。将城市公共空间按照恰当的标准划分为几个层次与维度，便于寻找到工作抓手。例如，可以按照人流量与居民生活活跃度划分为：重点和一般两个层次以及点线面 3 个维度的社区与公共空间，合理分配公益广告投入。其中，重点区域指居住人口密度高、人流量大的核心片区，此类区域内媒介的到达率高，但另一方面由于充斥商业广告，会对公益广告形成稀释作用。所以对于

重点层次的商业广场、公园等城市空间节点应当加大公益广告投放。

对于点线面 3 个维度来说，广告布局也应当各有侧重。点是城市的焦点，信息富集交换节奏快；面是居民静谧生活空间与繁忙都市之间的缓冲地带，信息流平缓；线是串联点与面的通道，信息接触时间短暂。工作中应当以点带面、以线连点，三者既呈现差异化又相互呼应，形成点线面联动的格局。

（二）依据城市公共空间的环境特征与人流特征，合理安排广告形态

依据人流特征，重新定义城市公益广告内容与广告诉求方式，细化广告布局形态。例如，公益广告根据内容的不同宜选择相应的诉求方式：理性诉求与感性诉求。理性诉求广告常以说理为主要方式，摆事实、讲道理，以缜密的数据或科学的观点来说服受众，通常需要将大量的信息展示出来，便于受众仔细阅读[4]。针对理性进行诉求的公益广告，就需要采用平面广告的形式，投放在适宜居民停下脚步耐心阅读的地点，如居民小区、公园、候车亭等场所。而感性诉求的广告常以动人的故事、具有冲击力的视觉形态等瞬间抓住观者的视线，引起观者的心理共鸣，因此适用于商业广场、超市等人员流动较快的大型公共空间。在广告形态上也可采用影视广告、雕塑、大幅海报、交互式公共艺术等形态。

（三）深化公益广告内涵挖掘，寻找到故事进行讲述，而非单纯依附口号宣传

建立在深入理解社会主义核心价值观以及中国梦的基础上，深挖公益广告内涵，避免流于表面地将文字信息摆放出来，而是真切地将价值理念通过广告创意展现出来。做广告就像是讲故事，要将故事讲得吸引人、打动人，就需要广告创作者会听故事，能够深入群众，发掘出故事中的闪光点。同时还需要会讲故事，能够讲好故事，避免标语式、看图说话式公益广告，使公益广告能够真切地感动人。

发掘城市居民眼中的社会主义核心价值观、中国梦、社会美德故事。在弘扬主旋律主题的公益广告中，可以寻找用自己的故事讲述对公益广告理解和阐释的市民，他们用自己的视角与叙述来讲述社会主义核心价值观或者精神文明建设、社会美德这一类的公益广告，会具有更加生动的效果。发掘受众关心的公益广告主题，鼓励对关心的公益主题提出建议，鼓励参与公益广告的创作，经选拔之后的作品可在居民社区发布，既能激发对公益广告的关注，又能鼓励更多人参与到城市公益广告创作之中。

（四）优化公益广告的设计管理工作

公益广告不同于商业广告，它关注的是社会大众的福祉与切身利益，反映的是人民生活中切切实实的问题。它的受众群体是最广泛的，可谓涉及千家万户中的每一个人。因此，公益广告的设计、制作与发布应当有完善的设计管理。

1. 设计主题的管理。前期即规划好公益广告主题的层次与范畴，既有站在宏观视角展现社会主义核心价值观、中国梦的广告，又有从中观视角倡导精神文明的广告，还有从微观角度反映居民身边事的广告。

2. 设计风格的管理。在设计风格上应当充分反映文化的多样性，避免单调。此项工作可以从两方面着手：一是使公益广告来源多元化。目前公益广告主要选自中国文明网，但艺术风格难免呈现出评审者的倾向性，扩大公益广告的选择范围可避免这一影响。二是可以与高校及设计机构合作，进行自主公益广告的创作与选拔，有针对性地设计城市公益广告。

3. 设计要素的管理。中国文明网中的公益广告是面向全国范围，较少有面对上海或者某一城市的公益广告，居民难免会觉得"画面感觉全国都差不多""北方的画面元素放在南方不是很合适"。可以合理选择广告画面素材，以能够代表特定城市的建筑、故事、典型人物、文化符号等元素进行创作。同时也可以选择城市居民讲述的核心价值观故事以及自主创作的公益广告进行再加工，以居民的身边事打动人心。

（五）丰富公益广告的艺术形态

打破当前平面公益广告中的大标题＋辅助配图的固定套路，以多元化的艺术面貌吸引居民的关注。需充分考虑广告目标人群的生理、心理、认知能力以及审美等多方面的差异，结合广告媒介所处的城市公共空间特点，合理加以运用。

在城市平面广告中，可充分借鉴国内外广告节优秀获奖作品，以图形创意、文字图形化、图文结合等形式，加强广告的创意创新程度以及视觉冲击力，使公益广告真正能够抓住观者的视线、荡涤观者的心灵。由于平面媒介具有广泛的适应性，所以平面公益广告可在各类公共空间中使用。

在雕塑类的公益广告选择中，展现公益主题的雕塑一般出现在广场与街头公共空间，常被用于纪念著名人物、事件或弘扬精神，它们以独特的形状、材质、色彩等造型元素的特别设计，感染、震撼着公众。设置在广场的大型雕塑往往是整个公共空间的核心与焦点，公众也愿意主动观看、品味雕塑，从而收到良好的艺术宣传效果，如武汉首义广场群雕"走向共和"。优秀的雕塑作品甚至能够成为著名文化地标，提升城市品牌形象。如芝加哥千禧广场的"云门"、布拉格"心灵的外衣"等著名雕塑。但此类雕塑更多依赖于艺术家的创作，在公益信息传播方面有较多不确定性。

对于街边绿化空间内的公益广告来说，应当避免因过分吸引驾驶者的视线而影响行车安全，所以在视觉上不能过分强化，应以能够迅速理解其主旨的雕塑为主要形式。但目前所采用的以文字立体化为主要形式的立体雕塑广告在艺术性与传播效果方面均有所不足，需要寻找更合适的表达形式。

此外，带有交互性的城市公共空间艺术是新兴的艺术形态，能够吸引公众进行长时间的互动，具有强烈地聚集人气与吸引注意力的功能。无论是在传递信息、传播文化，还是提升城市形象方面都具有突出作用，可以布置在重点城市空间节点，如奥拉弗·埃利亚松装置作品"气象计划"。交互式公共空间艺术由于具有新媒体艺术的特性，有较高的自由度与可塑性，既可以是大型公共艺术，也可以是街头艺术小品，都可以因地制宜地采用。

综上所述，公益广告在精神文明建设、树立城市品牌等方面具有重要作用，它关注的是社会公众的福祉。其广告受众非常广泛，但是不同的细分群体又各具特点，应当细致深入地在媒介投放、内容、诉求及形式等方面有针对性地制定传播策略，使公益广告传播效力最大化。

（萧　冰，上海交通大学设计学院副教授，中国城市治理研究院双聘研究员，研究方向：视觉传播、新媒体艺术传播；刘冬梅，上海交通大学设计学院硕士生）

参考文献

［1］葛岩，秦裕林.行为—心理研究范式从"黑箱"移至"灰箱"［N］.中国社会科学报，2012-08-27（A08）.

［2］李晓静.社交媒体用户的信息加工与信任判断——基于眼动追踪的实验研究［J］.新闻与传播研究，2017，24（10）：49-67.

［3］金志成，周象贤.受众卷入及其对广告传播效果的影响［J］.心理科学进展，2007（1）：154-162.

［4］萧冰，王茜.广告的力量［M］.上海：上海交通大学出版社，2016.

新媒体公共艺术对城市文化建构以及城市品牌振兴研究

A Research on How New Media Public Arts Construct Urban Culture and City Brand Revitalization

萧　冰　陈昕雨

摘　要：公共艺术激活城市公共空间，彰显城市文化魅力，已经成为提升城市品牌与文化影响力的一种重要手段。对比传统公共艺术，新媒体公共艺术具有交互、参与、沉浸的特性，更适应当今城市文化传播和品牌振兴的需求。文章分析了新媒体公共艺术的定义和特质，讨论了新媒体公共艺术对城市品牌建构和文化传播的重要影响，通过调查问卷分析了城市新媒体公共艺术是否可以影响公众对城市品牌与文化的认知与理解，并对新媒体公共艺术如何助力城市文化与品牌建构与振兴提出系列策略与建议。

关键词：城市品牌；新媒体公共艺术；城市文化

Abstract: Public art activates urban public space and highlights the charm of urban culture, which has become an important way to enhance the influence of urban brands and culture. Compared with traditional public art, the new media public art has the characteristics of interaction, participation and immersion, and meets the needs of today's urban cultural communication and brand revitalization. This study analyzes the definition and characteristics of new media public art, discusses the influence of new media public art on urban brand construction and cultural communication, and analyzes whether urban public media public art can influence cognition and understanding of city brand and culture. The study also proposes a series of strategies and suggestions on how to help construct urban culture and enhance city brand.

Key words: city brand; new media public art; urban culture

随着人类历史的发展和科学技术的进步，人与城市的共处方式一直在改变，城市公共空间的美化和利用是经久不衰的重要议题。21 世纪城市数字化的快速发展渗透进艺术领域。同时，越来越多利用电子数码技术并带有交互性设计的创作也开始介入公共艺术领域。面向信息、电子、艺术、文化与科技交织高速旋转的未来，将人、公共艺术、城市视为一个完整的共同体，研究新媒体公共艺术提升城市品牌建构和传播的策略是十分有价值的。以公共艺术的形式来塑造城市视觉文化品牌，将公共艺术凝练成城市的文化符号是当代城市建设的一种趋势[1]。传统的公共艺术主要以静态的壁画、雕塑、建筑为代表，可以营造具有人文关怀的城市公共空间环境，反映城市居民的公共生活，展示城市独特的文化特征，传播城市品牌形象，推动城市品牌营销。

科技媒介的力量改变了人类认知世界的方式，人类解读世界、沟通自然以及自身交流的能力比以往更加综合和丰富[2]。随着数字化进程和文化语境的变迁，媒介传播趋势已经从"被动的单向接受"转变为"主动参与和互动"，公众审美习惯呈现出"碎片化"和"感官体验多样化"的趋势。传统的公共艺术手法已经不能完全满足我国现代城市文化品牌传播和营销的需要，如何充分利用新媒体公共艺术参与性、交互性和强化沉浸体验的特点，提升城市品牌形象塑造、沟通和营销的效果，如何使用贴合时代发展趋势的艺术语言和形式，吸引城市品牌相关利益者参与品牌价值共创，扩大城市品牌影响力，是城市品牌管理者和公共艺术创作者共同面临的问题。

城市空间实质上是一个多层面的整体，经济、社会、文化在人造的工艺景观和自然生态环境中相互交织，构成城市的全貌。城市品牌的传播和营销离不开对城市全貌的叙述和表达。在数字化背景下，城市品牌对建构和传播需要适应当代数字化发展的表达策略和方法。相较以雕塑和壁画为代表的传统公共艺术作品，以新媒体艺术的创作手法和材料更加综合多变，极其强调"互动性"和"参与感"，通过电子和高科技技术的运用，营造沉浸式体验，让观众参与到艺术作品的表达中。新媒体公共艺术的表达方式贴合城市品牌建构和城市作为文化名片振兴的需要，了解新媒体公共艺术如何影响，如何演绎城市文化，推动城市品牌的发展有着理论和现实的双重意义。

一、城市公共艺术与数字新媒体艺术的发展特征

（一）城市公共艺术与数字新媒体技术的融合
公共艺术是一个内涵极其丰富，动态发展的概念，关于公共艺术的定义、概念范围和

特性的探讨从未停止。这些探讨涉及哲学观念、社会价值、城市形象、都市文化、艺术观念、产业经济等诸多问题。

西方世界对于公共艺术的探讨较早，20 世纪 60 年代，随着社会民主化进程，以及后现代主义文化和大众文化的兴起，社会公共问题开始成为大众关注的焦点，艺术创作方式和思维也产生了变化，公共艺术由此开始蓬勃发展。西方学者一般将美国国家艺术基金会启动"公共艺术计划"作为公共艺术基本概念的形成和公共艺术大规模实施的标志 [3]。直到 20 世纪 90 年代，公共艺术才开始成为中国艺术界研究讨论的热点 [4]。中国当代公共艺术的研究经历了从艺术作品到环境艺术，从象牙塔走向生活，从艺术作品走向艺术事件的过程 [5]。如今公共艺术不仅仅局限于物质性的概念，其观念和形式都在不断拓展。

近年来，国内外越来越多的学者注意到新技术、新媒体的出现对公共艺术创作和审美的影响。关于新媒体公共艺术的研究主要存在 4 个方向。一是研究数字化时代下社会精神的艺术化表达。尼葛洛庞帝的《数字化生存》、马歇尔·麦克卢汉《理解媒介——论人的延伸》、米切尔的《比特之城：空间·场所·信息高速公路》这些经典的研究成果，是研究数字化公共艺术的理论依据和基础思路。二是着重关注技术形式层面的发展，将数字技术视为公共艺术在形式和观念上的拓展。童芳在《新媒体艺术》中梳理了数字技术发展的脉络，阐述了基于远程通信技术和数字信息系统与计算机的新媒体艺术如何逐渐介入公共空间，帮助人们认知世界 [6]。三是集中阐述数字技术与文化的出现如何构成新的艺术审美系统。蔡顺兴《数字公共艺术的场性研究》借鉴舒尔兹"场所"理论以及本雅明"光晕"概念，论述了数字公共艺术"场"性的异质混合空间特性，论证数字公共艺术"场"性的审美嬗变 [7]。四是通过研究新媒体公共艺术的形式类型和美学特征，预测交互媒体在公共艺术中的发展趋势。例如《新技术背景下的公共艺术互动研究》中，王峰将互动分为机械式互动、体验式互动和创作式互动，并认为数字化引入是一个大趋势，更强的互动性、虚拟性、公共性、实效性甚至是流行性成为公共艺术在数字化背景下日益突显的重要特征，而这正是未来艺术的发展趋势与潮流 [8]。

综上所述，新媒体技术与公共艺术的融合体现了数字化传媒整合的物质载体的流变特性，对传统展示方式颠覆和延伸的倾向导致了审美形式的多元化。未来公共艺术的发展是开放和无界的。

（二）新媒体公共艺术的起源

艺术最大的功能就是联结彼此，它为所有人而存在。城市公共艺术，是设立于公共场所，提供并任由社会公众自由介入、参与和观赏的艺术 [9]。交互的概念来自 1960 年代发展起来的环境行为学和认知心理学，原是指人与空间环境之间的相互作用产生的认识与行为交互关系 [10]。Bill Moggridge 和 Bill Verplank 在 20 世纪 80 年代末提出了"交互设计"的概念，指出交互设计的对象是一个随着时间变化的、使用的过程。这个过程中，用户根据自身的需求和对即时情境的判定发出使用行为，产品接受用户行为的操控、运行相应的内容并给出具体形式的反馈，用户再根据反馈和对新的情境的判断，发出下一个行为，如此循环形成了一个行为的序列和使用的过程[11]。艺术创作中，创作者和观众之间的相互作用也是一种交互。城市公共艺术作为普通大众接触最多的一种重要艺术形式，公共艺术以互动和参与体验为特点出现在公众场合中是一个趋势，这类交互艺术体验主要以数字新媒体技术实现，包括数字影像艺术装置，数控混合艺术装置，数字虚拟现实艺术等。这是数字化的时代背景下必然出现的趋势。数字化技术影响下，城市公共艺术的功能从原来简单的美化和展示，逐渐转向深层次的交互和体验，其表现力和影响力发生了极大的变化。

对于这种以交互为重要特征的数字新媒体艺术，黄鸣奋在《新媒体与西方数码艺术理论》中给出了两种定义。一是数码技术用作创造传统艺术作品的工具，另一种是致力于开发数码技术的媒体特性（交互性与参与性）[12]。数字媒体以数字化、动态化、交互性、虚拟现实等为特征，结合声、光、电等介质而呈现。

新媒体公共艺术是一个利用多感官手段传递信息的媒介，他是一种新媒体，一种传播手段，一种代表城市讲故事的手段。观众与作品的交互可以影响作品，但不能决定作品。艺术家是作品的主导者，在一件作品中创造多种表达效果，赋予作品一个表达目标。所以"交互"在本文的语境中主要指：观众参与互动，促使艺术品从初始状态出发，触发被艺术家设计好的各种表达效果，自主抵达表达目标。观众化身为艺术的组成部分，帮助公共艺术完成完整的表达。

新媒体公共艺术之所以有别于传统公共艺术，原因在于它不是艺术品的展示和陈列，而是糅合一系列的感官语言，创造一个沉浸式（immersive）的体验。交互型公共艺术除了会调动艺术欣赏所需的最基本的视觉和听觉，还会触发触觉和嗅觉反应，有些作品甚至可以唤起观众的味觉和知觉。这些感官语言相互交织渗透，向公众输出一种想法、意见、理念和价值观。感知对象直接与人体多感官发生互动，人们可以更大程度地把握对象。在真实的物理空间中，以交互性激发公众参与是提高参与感的积极手段，对场所和社群的认同来自个体对环境真实的介入感[13]。

（三）新媒体公共艺术与设计的基本特征

对于公共艺术特征的探讨是一个不断完善发展的过程。从 18 世纪社会学"公共领域"的形成到近代对"文化景观"的讨论，各界对公共艺术所反映和承载的政治、文化、经济意义都进行了深入而全面的探索。艺术从根源出发，是完成它对人与作品的联结。本文从观众审美体验和行为出发，探讨交互型公共艺术在实际呈现时的交互互动、参与和沉浸的三大特征。

1. 交互互动性

新媒体公共艺术不是传统观看型的单向传播，而是人与作品共同变化互相影响的双向交互。英国媒体艺术先锋罗伊·阿斯科特曾提出 5 个审美阶段：联结、融合、互动、转化、出现 [14]。互动促成作品转化和演变，最终达成人与作品的联结。互动过程中，作品和人的意识同时产生转化，新的图像、体验、关系和思维随之诞生。参与者可以通过各种各样的方式来引发作品的转化，例如触摸、移动、发声等，无论作品的交互界面是精密的计算机还是物理界面，观众与作品之间的核心关系都是交互性质的。这种交互特性体现在多方面，包括艺术家与观众、艺术家与作品、观众与观众、观众与作品之间。

2. 参与性

参与性是公共艺术最基本的特征之一，而新媒体公共艺术中的参与除了参与决策和评判环节，更多地体现在作品的创作和呈现过程里。观众可以作为作品的一部分，直接推动作品的完整呈现。公共艺术本身具有空间和观赏的开放性，它置身于城市开放空间，面向所有人开放，接受所有居民的观赏和审美。而在新媒体公共艺术的呈现过程中，向公众提供平等的交流平台，实现信息和体验的共享。通过受众共享艺术解读的愉悦过程，提高大众文化的消费和传播的参与度。公众参与作品创作而产生的艺术符号贴合当下语境，有利于艺术介入公众社会议题。

3. 沉浸性

根据知觉心理学原理，沉浸体验须依据感知系统，包括人的五感：视觉、听觉、触觉、嗅觉和味觉。沉浸是交互型公共艺术的重要特征，通过综合运用多种艺术设计手段，激活观众的五感，使观众在体验空间中形成沉浸式的互动感受。新媒体艺术通过数字技术创造虚拟感知系统和虚拟环境，受众仿佛在体验和真实一致的场景。在这个场景中，观众暂时与现实环境分离，沉浸结束，观众重新回到现实环境，但沉浸的体验并不会消失，而是在受众心里停留和发酵，随着现实的介入，在沉浸体验中引发的心理活动会内化、转移、重塑，引发受众更深层次的思考。新媒体公共艺术将城市公共空间塑造成一个沉浸空间，不同的个体在这个空间内会产生不同的心理体验和认知，为公共议题提供多元的思考角度。

二、城市新媒体公共艺术如何发展与振兴城市品牌

（一）关于城市品牌的概念界定

英国学者莱斯利·德·彻纳东尼对品牌的定义是：一个可辨认的产品、服务、个人或场所，以某种方式增加自身的意义，使得买方或用户察觉到相关的、独特的、可持续的附加价值，这些附加价值最可能满足他们的需要 [15]。城市竞争促生了城市品牌这一研究领域的兴起和发展，城市文化品牌影响力也已成为评价城市发展的重要标准之一。同时，城市品牌逐渐成为城市综合竞争力的重要组成部分。学界普遍认为城市品牌的概念源自

Kevin Lane Keller 的《战略品牌管理》，他认为"如同产品和人一样，地理位置也可以品牌化。城市品牌化的力量使人们了解某一区域，并将某种形象和联想与这个城市的存在自然联系在一起，将自己融入城市生活汇总，于城市建立自然的联系，让竞争与生命和这个城市共存"[16]。

（二）城市品牌建设与公共艺术发展的相关研究脉络

研究者各式各样的理论背景带来了丰富的研究视角。西方的相关研究中，许多学者对比研究了城市品牌和企业品牌，他们认为两者在复杂性和广泛的利益相关者方面有很多相似之处。这种复杂性主要来自形形色色的目标受众。任何城市品牌都针对多样化的受众，诸如旅游者[17]、运动爱好者[18]、时尚消费者[19]以及现有和未来潜在居民[20-21]。近年来西方研究成果中值得关注的是创意城市（creative city）概念的提出，Florida认为吸引"创意阶层（包括科学家、建筑师、作家、艺术家以及其他创造新理念、技术和内容的人士）"成为城市居民，有利于刺激当地经济的发展[22]。由此，部分学者认为，在打造城市品牌的过程中，生机勃勃的文化生活是吸引创意阶层的一个先决条件，在这一方面，一些城市已经开始致力于推动文化生活的发展[23-24]。

国内学者对城市品牌的研究内容十分广泛，研究体系也在日益扩展，主要从以下五个方面展开：（1）城市品牌内部观，即城市品牌构建需要管理该城市内部所有的产品、服务、个人和组织品牌。张锐等指出城市内部品牌多数都可以成为"城市名片"，对城市品牌塑造具有很强的带动效应[25]。（2）城市品牌受众观，即城市品牌的形成离不开城市内外部利益相关者共同的影响。姜海等认为，城市品牌的生成给予市民和观者的心理需要，城市品牌是城市的物质内容与市民和观众的心理内容相融合，在特定的传播机制中生成的[26]。（3）城市品牌营销观，城市品牌的塑造就是针对目标市场进行一系列的营销活动。踪家峰认为城市品牌离不开城市整体推销CIS战略[27]。左仁淑等认为，城市营销就是以充分发挥城市知名度和美誉度，从而满足政府、企业和公众需求的社会管理活动和过程的总称[28]。（4）城市品牌的形象观念，即城市形象是城市给予人们的综合印象，即城市这一客观事物在人们头脑中的反映[29]。张鸿雁关注城市中各群体的行为，将城市形象系统归纳为城市形象理念系统、城市行为系统和城市视觉系统[30]。（5）城市品牌文化观，即城市形象塑造必须注意"文化思考"和"文化规划"，从意识形态和文化发展的高度来思考城市形象问题[31]。很多艺术学界的研究者开始意识到塑造富有地域特色和文化意蕴的视觉文化品牌离不开公共艺术。例如，陈高明认为公共艺术不仅是美化环境的工具，更是形成身份认同感、归属感，塑造城市视觉文化品牌的必要手段和策略[32]。另一位学者吴萍则从城市文化与公共空间艺术关系的角度，阐述现代城市公共艺术空间的拓展如何塑造具有生命力的城市品牌[33]。

（三）公众对城市品牌感知与评估相关理论

城市品牌的评估不是孤立的感知和判断，城市品牌的评估指标需要在竞争和比较中综合考虑各种因素而形成。城市品牌指标体系是构成城市的各种因素之总和在城市公众心目中的总体印象和实际评价，是城市性质、功能和文明的外在表现。城市品牌要素指标体系则是指导品牌建设工作的基本框架和评价城市品牌状况的基础依据。国内外不同学者都对城市品牌评价指标体系做了一系列理论研究和实证研究。例如，Mihalis Kavaratzi 和 Ashworth G.J. 的理论研究构建在品牌结构理论的基础上，提出城市品牌是一个多维度的结构模型，这个模型中最重要的两部分是城市行为和顾客感知，并提倡从顾客价值视角看待城市品牌，认为城市品牌更多的是顾客对城市的体验与理解[34]。Teodoro Luque-Martinez 开发了针对城市品牌感知的量表，从城市品牌整体形象和城市品牌感知质量两个维度评价城市品牌感知效果[35]。

（四）城市新媒体艺术发展与振兴城市品牌的相关研究

过去一些研究探讨了在新媒体语境下，新技术的运用对公共艺术发展的影响，承认新媒体公共艺术对城市形象和品牌建构的影响。例如，彭惠在《城市形象塑造中新媒体艺术应用策略研究》中参考符号学和城市意象等理论，从城市的视觉识别系统、空间环境系统、城市文化系统三个方面阐述新媒体艺术介入城市形象塑造过程中的策略方向[36]。还有学者基于城市空间考虑，研究数字技术如何改变原有的人与空间的关系，论证数字化城市中互动型公共艺术发展的必然趋势。李文嘉等在《品牌提升：新媒体艺术在城市公共空间的运用》中阐述了新媒体艺术介入城市公共空间的必要性，分析了当前新媒体艺术在城市空间的运用，指出新媒体艺术具有互动性、趣味性和功能性的优势特点，其先进的表现手法更突出城市公共空间的特色，表现更具体全面深刻的城市品牌新形象，可以从历史文化认同性展示、地域特色传递性表现和社会与秩序品牌性引导三方面提升和重塑城市品牌[37]。有学者已经意识到新媒体公共艺术介入城市品牌塑造的趋势，并从新媒体公共艺术设计与城市品牌视觉形象定位等多方面进行研究。

（五）公共艺术发展与城市振兴

随着数字智能化技术逐渐开始应用在城市生活的方方面面，人们的审美习惯也随之发生了改变。数字技术使审美情境、审美主体、审美客体与审美情状、审美心理、审美创造接受惯例发生了全方位的变化。一方面，艺术审美不再是精英的专属，人人都可以参与到艺术的体验和享受中，成功的公共艺术作品必然获得普通大众的认可和喜爱。另一方面，数字时代的审美注重参与和互动，观众不只可以静观，交互能带给观众更大的审美空间。"即兴"与"随机"的艺术效果带来"碎片"式的审美体验[38]。

符合大众审美的视觉习惯会变成公众文化[37]，从而影响生产和消费。西英格兰大学文化研究院 Lister Martin 提到新媒体技术产生新的媒体生产模式、传播与消费方式；新媒体环境下产生新的以交互性、超文本为特性的新文本类型将带来新的文本体验；计算机游戏、超文本、数字电影特效等带来媒体消费新模式；沉浸性虚拟环境、基于屏幕等交互性多媒体带来呈现世界等新方式[39]。

未来城市的发展不可阻挡地朝着数字化和智能化迈进，而智慧城市是人类进入信息社会后城市发展的终极目标。全面感知、深度融合、智能协同是智慧城市运行方式的基本特征[40]。智慧城市不仅是城市基础设施和城市管理系统的升级，更是城市灵性和人文关怀的体现。未来智慧城市中城市品牌的发展将越来越依赖数字科技的加持。通过新媒体艺术参与城市品牌形象的塑造来展现城市内涵与特征，是城市品牌更新的崭新手段之一[36]。

三、研究问题与研究方法

（一）研究问题

新媒体公共艺术与城市品牌的宣传口号、标语、标志同属城市品牌视觉形象的重要组成部分，也是构成城市文化的重要因素。城市新媒体公共艺术给人们带来最直接的观感，形成城市文化与品牌的初步印象，承载着城市品牌的定位、特色和城市文化。因此，本研究提出以下几个问题：

（1）城市新媒体公共艺术如何建构城市文化与城市品牌？

（2）城市新媒体公共艺术是否影响到公众对城市生活环境、经济实力、政治发展、旅游资源、文化传统、文化服务和整体规划的认知？

（3）城市新媒体公共艺术是否促进了公众对城市品牌形象、个性、精神、内涵、底蕴以及文化价值的理解？

（4）城市新媒体公共艺术能否通过提供感官体验，使城市文化、城市品牌与公众的心理期待产生共鸣？

（二）研究方法：问卷调查法

本研究以国内外具有代表性的城市新媒体公共艺术作为案例，对公共艺术的特征与城市文化、城市品牌发展之间进行多方面的探讨和评析，探讨新媒体公共艺术设计的特点。从时代发展背景、公共艺术发展方向、城市空间规划、用户行为体验等多个角度阐述和分析案例。

在问卷调查所选择的案例方面，研究参考了 2018 年 11 月发布的 GaWC（Globalization and World Cities Study Group and Network）世界城市名册，评定的城市等级分为 Alpha（一线城市）、Beta（二线城市）、Gamma（三线城市）、Sufficiency（四线城市）4 类，下设 2~4 个 +/- 评级，表明城市在全球化经济中的位置及融入度。如表 1 所示，本研究选取了 4 个世界一线城市和 1 个世界二线城市为对象，借以调查新媒体公共艺术对城市文化建构的影响。

表 1　调研案例选择与概况摘要

城市	城市评级	装置名称	落成时间	装置所在环境
芝加哥	Alpha++（准一线）	皇冠喷泉	2004	千禧公园
纽约	Alpha++（特等）	心跳	2014	时代广场
费城	Beta（二线）	脉搏	2018	市政广场
上海	Alpha++（强一线）	外国建筑群投影灯光秀	2011	外滩建筑群
北京	Alpha++（强一线）	北京－记忆	2013	南锣鼓巷地铁站

本研究主要采用调查问卷法，调查新媒体公共艺术从业人员以及普通公众对城市新媒体公共艺术和城市文化、城市品牌的认知情况。一方面，调查了受访者对自身居住城市的公共艺术认知与文化品牌理解；另一方面，分析了城市新媒体公共艺术在促进城市文化建构与品牌振兴方面的意义与价值。

四、研究发现：新媒体公共艺术对城市文化与品牌的建构

（一）调查对象基本信息

本调查问卷的参与者男女比例分布均匀，49.78% 有效填写人为男性，50.22% 为女性。学历程度以本科为主，54.98% 的填写人教育程度为本科，研究生及以上占 17.32%。调查的参与者区域较广，覆盖中国 19 个省市自治区，且收到海外城市问卷 3 份（来自英国、澳大利亚和日本）。来自上海的参与者最多（46.97%），其次是江苏（12.77%）（表 2、图 1）。

表 2　调查对象基本情况

样本特征	分类标准	样本	
		数量 / 人	占比 /%
性别	男	230	49.78
	女	232	50.22
学历	研究生及以上	80	17.32
	本科	254	54.98
学历	大专	72	15.58
	高中或中专	38	8.23
	初中及以下	19	4.11

续表

样本特征	分类标准	样本	
		数量 / 人	占比 /%
年龄分布	18 岁以下	15	3.25
	18~25 岁	81	17.53
	26~30 岁	153	33.12
	31~40 岁	97	21
	41~50 岁	70	15.15
	51~60 岁	31	6.71
	60 岁以上	15	3.25

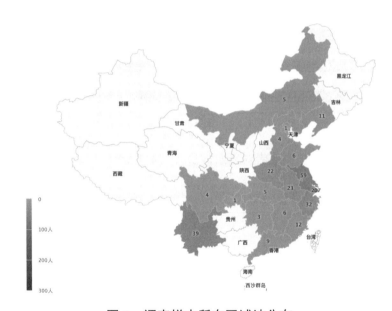

图 1　调查样本所在区域地分布

（二）被调查者对城市新媒体公共艺术的认知

超过半数的人认为自己对城市公共艺术有一定了解（图 2）。当被问及是否对新媒体公共艺术有一定了解时，36.58% 和 36.36% 的填卷人分别选择了"同意"和"很同意"（图 3）。

对调查选取的 7 件代表性的城市新媒体公共艺术，调查受访者呈现出较高的了解水平。上海外滩万国建筑群投影灯光秀了解度最高，这和参与者所在城市有关。受访者对阿姆斯特丹灯光艺术节的了解情况也较好，有 40.04% 的受访者选择"非常了解"这个选项（表 3）。

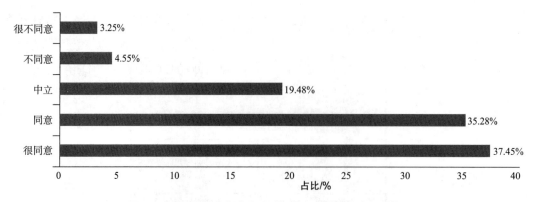

图 2　被调查者对城市公共艺术的整体认知状况

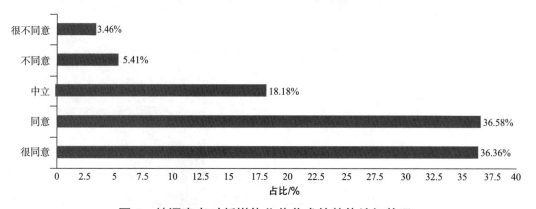

图 3　被调查者对新媒体公共艺术的整体认知状况

表 3　被调查者对代表性新媒体公共艺术的了解状况

装置名称	平均分	完全不了解	不了解	一般	了解	很了解
芝加哥皇冠喷泉	3.89	5.41%	6.49%	16.88%	34.85%	36.36%
纽约心形装置	3.87	5.41%	8.66%	14.29%	36.58%	35.06%
上海外滩投影灯光秀	3.94	6.49%	6.49%	11.9%	36.8%	38.31%
北京"北京－记忆"装置	3.86	7.36%	7.14%	13.2%	36.8%	35.5%
杭州"金塔传奇"	3.90	6.71%	7.36%	12.34%	36.36%	37.23%
阿姆斯特丹灯光艺术节	3.94	6.06%	7.79%	11.9%	34.2%	40.04%
奥地利林茨电子艺术节	3.86	8.44%	7.79%	10.39%	36.15%	37.23%
广州国际灯光节	3.87	6.49%	9.74%	11.69%	34.2%	37.88%

（三）城市新媒体公共艺术对城市文化与城市品牌认知的影响

总体来看，新媒体公共艺术促进公众的城市文化与品牌认知。38.96% 的参与者非常同意新媒体公共艺术可以帮助他们知晓城市品牌（表 4）。其中，新媒体公共艺术对于城市标志的认知影响最大。新媒体公共艺术对城市品牌文化也有很大的影响，公共艺术是城市文化的载体之一。新媒体公共艺术生动和直观的表现形式，有助于公众知晓城市品牌与文化。

表 4　公众对城市品牌的认知情况

城市品牌认知情况	平均分	很不同意	不同意	中立	同意	非常同意
知晓城市品牌	3.94	4.76%	9.31%	11.90%	35.06%	38.96%
知晓城市品牌宣传口号	3.89	6.06%	6.93%	14.72%	36.15%	36.15%
知晓城市品牌标语	3.94	5.63%	8.01%	11.90%	35.93%	38.53%
知晓品牌标志 logo	4.01	5.84%	6.06%	10.39%	36.36%	41.34%
知晓城市品牌定位	3.95	5.41%	6.06%	11.90%	41.13%	35.50%
知晓城市品牌特色	3.98	4.33%	5.84%	12.99%	40.69%	36.15%
知晓城市品牌文化	4.05	4.55%	4.89%	11.69%	38.96%	39.83%

针对新媒体公共艺术是否有助于公众了解城市各类职能情况的调查发现，城市文化服务平均分最高，为4.05分（表5）。而新媒体公共艺术在促进公众对城市品牌理解方面较为明显，超过40%的受访者认可新媒体公共艺术帮助其了解城市品牌形象和价值，其次是城市品牌底蕴、个性和内涵（表6）。

表 5　新媒体公共艺术对公众城市职能理解的影响

城市职能理解情况	平均分	很不同意	不同意	中立	同意	很同意
了解城市生活环境	3.97	4.76%	5.84%	12.12%	41.99%	35.28%
了解城市经济实力	4.00	4.76%	6.49%	12.34%	36.36%	40.04%
了解城市政治发展	3.96	7.58%	6.06%	8.01%	39.39%	38.86%
了解城市旅游资源	4.01	5.63%	5.84%	9.31%	40.04%	39.18%
了解城市文化传统	3.99	3.46%	7.79%	14.5%	34.42%	39.83%
了解城市文化服务	4.05	4.55%	5.63%	11.69%	36.58%	41.56%
了解城市整体规划	4.00	4.11%	6.06%	14.29%	37.23%	38.31%

表 6　新媒体公共艺术对公众城市品牌理解的影响

城市品牌理解情况	平均分	很不同意	不同意	中立	同意	很同意
了解品牌形象	4.03	3.90%	6.93%	11.69%	37.45	40.04%
了解品牌个性	3.96	4.11%	7.14%	14.07%	37.66	37.01%

城市品牌理解情况	平均分	很不同意	不同意	中立	同意	很同意
了解品牌精神	3.93	7.36%	5.19%	12.12%	38.10%	37.23%
了解品牌内涵	3.95	4.76%	7.58%	12.77%	37.66%	37.23%
了解品牌底蕴	3.97	4.55%	5.41%	16.45%	35.28%	38.31%
了解品牌价值	4.03	4.33%	5.19%	14.07%	36.36%	40.04%

　　针对公众是否受新媒体公共艺术影响到其品牌认知与行为方面的调查发现，新媒体公共艺术可以明显提升城市顾客对城市品牌的好感，38.10% 的受访者表示同意新媒体公共艺术提升城市品牌好感。因此，新媒体公共艺术显著增加城市品牌的情感共鸣和认同，并从一定程度上提升了对城市满意度、居住舒适度和体验愉悦性，城市的旅游和定居意愿也相应增加。调查显示，有 78.14% 的受访者愿意向朋友推荐有新媒体公共艺术的城市（表 7）。

表 7　新媒体公共艺术对公众城市品牌认知与行为的影响

城市品牌行为情况	平均分	很不同意	不同意	中立	同意	很同意
增加对该城市品牌的好感	4.04	4.98%	5.19%	11.26%	38.10%	40.48%
激发对该城市的情感共鸣	4.00	4.98%	6.28%	12.55%	35.83%	40.26%
增加对该城市品牌的认同	3.98	5.19%	6.28%	14.29%	33.33%	40.91%
提升对该城市的满意度	3.94	5.41%	7.36%	13.85%	35.06%	38.31%
增加在该城市居住的舒适度	3.95	5.63%	7.14%	12.99%	35.28%	38.96%
提升在该城市体验的愉悦性	4.02	4.55%	6.71%	14.07%	31.82%	42.86%
增加在该城市旅游或定居的意愿	3.95	5.63%	4.67%	16.45%	35.06%	38.10%
促使向朋友推荐该城市	4.05	4.33%	4.76%	12.77%	37.88%	40.26%

（四）受访者对居住地新媒体公共艺术与城市品牌的认知

　　针对受访者对居住地新媒体公共艺术和城市品牌的认知状况的调查，结果显示超过三分之二的填卷人（73.38%）认为其居住地有鲜明的城市品牌形象。其中，40.04% 的受访者认为他们很理解所生活城市的品牌文化，34.42% 的受访者表示了解所居住地城市品牌与文化（表 8）。

表 8　受访者对所居住地城市品牌认知情况

居住地城市品牌认知情况	平均分	很不同意	不同意	中立	同意	很同意
我所生活的城市有鲜明的城市品牌形象	3.9	6.49%	6.49%	13.64%	36.15%	37.23%
我了解所生活城市的品牌文化	3.96	5.63%	7.36%	12.55%	34.42	40.04%

当问及受访者其生活居住地是否有新媒体公共艺术，91.13% 的受访者表示有新媒体公共艺术，37.77% 的受访者表示了解所在城市的新媒体公共艺术，78.15% 和 79.33% 的受访者分别认可和欣赏其所在城市的新媒体公共艺术。75.75% 的受访者表示，如果其居住地有新媒体公共艺术，可以提升对城市文化与品牌的认知和理解（表 9）。

表 9　受访者对所居住地新媒体公共艺术认知和态度情况

居住地新媒体公共艺术认知和态度情况	平均分	很不同意	不同意	中立	同意	很同意
了解所在城市的新媒体公共艺术	4.08	3.33%	4.99%	12.59%	41.33%	37.77%
认可所在城市的新媒体公共艺术	4.07	4.99%	2.85%	14.01%	35.87%	42.28%
欣赏所在城市的新媒体公共艺术	4.00	4.28%	4.04%	12.35%	38.95%	40.38%

五、新媒体公共艺术提升城市文化与品牌策略探讨

（一）利用新媒体公共艺术营造感官体验，提升公众参与度

数字技术的发展给公众的参与行为带来了变化，由被动的接受者转变为参与者、创造者甚至是决策者。城市管理者通过新技术，更新交流平台，聆听城市居民的需求。以互联网为基础的电子传播媒介虽然拥有广泛的信息触达性，虽能极大地满足公众的参与性，但难以提供丰富和独特的真实体验。城市公共空间面向所有人开放，城市公共空间中的新媒体互动公共艺术可以在吸引公众参与的同时，调动感官体验，满足公众精神和心理的需求。

新媒体公共艺术增加了城市空间的趣味性，完善城市公共空间的体验，提升公众的文化认同感和忠诚度，有助于城市品牌实现从共享到共创的突破。城市顾客在参与、体验和沉浸的时刻将人文情感和精神内涵注入城市品牌价值的共创过程中。城市管理者系统地整合各种传播媒介，通过与公众之间的持续沟通和反馈，达到城市品牌价值与公众心理体验的有效融合。

（二）利用新媒体公共艺术创造互动体验，增强城市文化传播

城市品牌传播的表现内容主要是城市核心价值观和文化底蕴，城市品牌的传播是在与受众沟通的过程中，实现品牌形象的建立、认知和认同。城市品牌与城市顾客之间良好的沟通是城市品牌传播的关键环节，新媒体公共艺术为城市品牌的沟通提供了一个有效的方式。根据城市品牌问卷结果显示，公众认可新媒体公共艺术会影响他们对于城市品牌的认知、理解，并最终改变他们的行为。在今天的城市品牌传播实践中，能给受众留下深刻印象的传播内容需要激起受众的正向心理反应，选择传播效果最佳的传播方式进行组合可以强化此效果。为达到此目标，需要社会各界的共同努力。

一方面，对于城市管理者，需要调动资源鼓励新兴艺术形式的发展，在发展中注重收

集和分析城市顾客的真实反馈，利用新媒体艺术的特性，在城市公共空间中搭建一个隐性的媒介平台，吸引社会各阶层参与表达。在新媒体公共艺术的互动体验中，鼓励人与人、人与空间、人与城市之间的表达。另一方面，对于艺术创作者，则需要了解新材料，新技术，扩充艺术表达形式，思考在数字化城市中如何创作出符合现代人审美习惯的作品，并加强人与人、人与城市、人与作品之间的联系。利用新媒体公共艺术互动、参与和沉浸体验的特性，让城市顾客参与到作品的表达和创作中，拉近大众和艺术的距离，把作品的真实感情通过直接的感官体验传递给尽可能多的受众。

（三）利用新媒体公共艺术发挥城市品牌振兴的"马太效应"

马太效应是指好的愈好，坏的愈坏，多的愈多，少的愈少的一种现象。巴特罗之家和米拉之家是"马太效应"的一个证明，这些受到公众关注的地方会吸引更多的注意，因为它们有积累优势，它们是首先出现在游客脑海中的城市印象。而新媒体艺术的运用更体现了马太效应的影响，它帮助那些本已经享受知名度的地标吸引更多的注意，赢得更高的声望。而且这种关注不只来自游客，也来自本地居民。

新媒体公共艺术可以帮助在城市品牌竞争中，形成极具辨识度的记忆点；巧妙利用新媒体表现手法，对现有标志或艺术成品进行再创作，产生品牌形象宣传的叠加效果。这样做比完全打造新作品成本低，原有作品的常变常新使其在原有累积的关注度上，引发新的期待，吸引更广泛的关注。对已有作品和环境的重新评估，融合科技与艺术，通过沉浸式体验，产生品牌形象宣传的叠加效果，提升城市品牌形象，同时加深了城市品牌忠诚度。

新媒体艺术提供了一个动态的眼光，审视什么是已经存在的，什么是在变化的，为城市形象注入新的能量，同城市形象一起成长。实践运用中，可以使用两种思路利用新媒体艺术，一是利用叠加效果发挥城市形象特色的"马太效应"；二是利用创新的体验唤醒沉睡的城市空间，为遗落的城市建筑或地标注入生机，使其重新成为公众关注的对象。无论哪种操作方法，新媒体艺术都可以激活城市空间与文化。

六、结论

科技的迅猛发展承载着城市居民对城市美好生活的想象。在未来城市里，人与城市空间将通过数字化的方式紧密相连。城市品牌的建设需要跟上时代发展的步伐，积极融合"科技＋文化"，利用新科技手段提升城市品牌的竞争力和影响力。未来数字化技术的运用不仅体现在城市品牌战略规划和媒体传播层面，也将更多地体现在城市空间中，甚至直接体现在基础设施和公共艺术上。

城市品牌传播将会越来越关注城市空间与人的关系，人如何感知空间以及如何以自身的存在影响空间是居民获得归属感和认同感的关键。城市品牌不仅仅是一张图片，城市品牌需要创造一个既包含个体，又包含集体的概念。新媒体装置作品在城市空间中营造了提供一个平等共享的审美体验，人们通过交互、参与和沉浸的体验，了解到城市是可以被探讨的，这意味着参与或者不参与对城市空间的塑造来说是有区别的，这个共创的过程就是消解个人概念与集体概念对立的过程。

传统公共艺术是一个以艺术作品为中心，艺术家单一视角创造的封闭确定的必然世界，而新媒体公共艺术是一个以环境和观察者为导向，观众的多重视角驱动的开放未定义的世界。新媒体介入城市文化品牌塑造过程是时代趋势和文化审美发展的必然结果。新媒体公共艺术有助于重塑城市景观，营造城市文化氛围，建立生动的城市品牌形象。新媒体公共艺术还可以作为"艺术媒介"与城市相关利益者沟通，使城市品牌传播更有感染力和影响力。从消费者体验的角度来看，新媒体公共艺术创造了一个可以被感知的城市空间，触发消费者的感官体验，从而影响消费者对城市品牌的评价和认同。

城市文化提升与品牌振兴需要挖掘城市现有文化资源，激活城市空间，创造文化氛围。城市文化中的社会共识，城市生活中的社会秩序，城市环境中的社会审美，城市道德中的社会情感，皆有新媒体艺术的介入，更具传达力量和互动效果[37]。新媒体公共艺术从城市文化形象角度，为城市品牌提升与重构提供了符合时代趋势和审美发展的思路和方法。

城市建设是庞大复杂的工程，公共艺术只是城市有机体系统中的一小部分。在有限的体量和空间中，新媒体艺术手段比传统艺术形式更能吸引人们关注，引起心灵震撼，重塑对空间的感知和记忆。公共艺术与城市的关系有多元化的表现，优秀的公共艺术是城市文化和城市精神的物质载体，也是城市空间与人沟通的媒介，传播着城市品牌的核心价值观、态度、行为和个性。公共性是公共艺术的核心，它体现在公共艺术的策划和实施过程中公众的广泛参与和共同研讨，公共性也需要在公共艺术中呈现过程，即在公众、空间、城市文化之间的相互作用中得到实现。新媒体公共艺术放大和强化了公共艺术作品呈现时的交互行为和效果，有效和直接地传递城市文化信息，有助于公众形成对城市品牌深刻的记忆。

新科技往往给人的印象是冰冷的，然而人类拥有寻求真实情感的本能。正如约翰·奈斯比特曾说："无论何处都需要有补偿性的高情感，我们社会里的高技术越多，我们就越希望创造高感情的环境，用技术的软性一面来平衡硬性的一面。"[41] 一件作品被公众接受、理解和喜爱依赖的是公众直接的亲身反应和感受。这需要公众和作品产生联系，发生共鸣。公共艺术不同于馆藏的架上艺术，它需要与所处的景观环境发生联系。这种联系在传统公共艺术中大多只是"看与被看"的视觉联系，而新媒体艺术是一个数字信息系统，涉及数字化信息的编码和转码。在信息转化流动的过程中，新媒体公共艺术承担的是一个媒介的功能，艺术化的传递城市信息，潜移默化地形成城市品牌印象。

城市记忆与城市文化传承是城市品牌的基础，新媒体艺术用新的叙事方法使个人的记忆成为城市的文化,让城市品牌更有感染力和吸引力。公共艺术需要讲述城市故事,满足城市人群的行为需求。新媒体艺术的新鲜体验和视觉冲击,以其注重交互和参与的媒介优势让受众更容易接受和感知。

人们习惯于用博物馆、展览和剧院的数量来简单判断一座城市是否"艺术"。但是城市艺术不是简单的一件艺术品、一个美术馆或者一个名家展览,城市艺术是综合的城市文化景观,而公共艺术是构成城市文化景观的重要元素。新媒体公共艺术是城市文化品牌塑造中的重要元素,承担着促进公众与城市管理者沟通,提升城市品牌认知,增强文化认同,促进城市文化繁荣等使命。新媒体公共艺术的蓬勃发展必然有助于城市品牌的建构和文化传播,打响城市文化品牌,提升城市品牌价值与影响力。

(萧　冰,上海交通大学设计学院副教授,中国城市治理研究院双聘研究员,研究方向为视觉传播、新媒体艺术传播;陈昕雨,上海交大—南加州大学文化创意产业学院硕士生)

参考文献

[1]　陈高明.生活空间艺术与城市视觉文化品牌的塑造[J].文艺争鸣,2011(2),24-25.

[2]　金江波.当代新媒体艺术特征[M].北京:清华大学出版社,2016.

[3]　董雅,睢建环.公共艺术生存和发展的当代背景[J].雕塑,2004(3):21-23.

[4]　李鹤.公共艺术中"公共性概念"界定——中国公共艺术话语研究[J].装饰,2017(2):70-72.

[5]　王东辉.中国当代公共艺术的现状、问题与对策[D].北京:中国艺术研究院,2012.

[6]　童芳.新媒体艺术[M].南京:东南大学出版社,2006.

[7]　蔡顺兴.数字公共艺术的"场"性研究[D].上海:上海大学,2011.

[8]　王峰.新技术背景下的公共艺术互动探究[J].南京艺术学院学报(美术与设计版),2010(1):146-148.

[9]　王峰.数字化背景下的城市公共艺术及其交互设计研究[D].无锡:江南大学,2010.

[10]　Altman I, Christensen K. Environment and behavior studies: emergence of intellectual traditions [M]. Boston, MA: Springer US, 1990.

[11]　Grinham J, Ku K. 4D Environments and Design: Towards an Appliance Architecture Paradigm, Digital Aptitudes + Other Openings[C] // Proceedings of the 100th ACSA Annual Meeting Conference. Boston, MA, 2012.

[12]　黄鸣奋.新媒体与西方数码艺术理论[M].上海:学林出版社,2009.

[13]　张帆,陈冉,刘万里.真实的虚像:交互式建筑的社交化倾向研究,数字技术·建筑全生命周期[C] // 2018年全国建筑院系建筑数字技术教学与研究学术研讨会论文集.西安,2018:285-289.

[14]　罗伊·阿斯科特.未来就是现在——艺术,技术和意识[M].北京:金城出版社,2012.

［15］ 莱斯利·德·彻纳东尼.品牌制胜——从品牌展望到品牌评估［M］.北京：中信出版社，2002.

［16］ 凯文·莱恩·凯勒.战略品牌管理［M］.李乃和，译.北京：中国人民大学出版社，2003.

［17］ Bickford-Smith V. Creating a city of the tourist imagination: The case of Cape Town, "The Fairest Cape of Them All"［J］. Urban Studies, 2009, 46（9）: 1763-1785.

［18］ Chalip L, Costa C A. Sport event tourism and the destination brand: Towards a general theory［J］. Sport in Society, 2005, 8（2）: 218-237.

［19］ Martinez J G. Selling avant-garde. How Antwerp became a fashion capital（1990—2002）［J］. Urban Studies, 2007, 44（12）: 2449-2464.

［20］ Greenberg M. Branding cities: A social history of the urban lifestyle magazine［J］. Urban Affairs Review, 2000, 36（2）: 228-263.

［21］ Zenker S. Who's your target? The creative class as a target group for place branding［J］. Journal of Place Management and Development, 2009, 2（1）: 23-32.

［22］ Florida R. The Rise of the Creative Class: And How it's transforming Work, Leisure, Community and Everyday Life［M］. New York: Basic Books, 2003.

［23］ Chang T C. Renaissance revisited: Singapore as a"Global City for the Arts"［J］. International Journal of Urban and Regional Research, 2000, 24（4）: 818-831.

［24］ Peel D, Lloyd G. New communicative challenges: Dundee, place branding and the reconstruction of a city image［J］. Town Planning Review, 2008, 79（5）: 507-532.

［25］ 张锐，张燚.重庆城市品牌塑造的现状、问题及对策建议：2006 年重庆蓝皮书［M］.重庆：重庆出版社，2007.

［26］ 姜海，陈建新.论城市品牌生成机制［J］.华南理工大学学报（社会科学版），2004, 6（2）: 21-27.

［27］ 踪家峰，郝寿义，黄楠.城市治理分析［J］.河北学刊，2001（6）: 30-34.

［28］ 左仁淑，崔磊.城市营销误区剖析与城市营销实施思路［J］.四川大学学报（哲学社会科学版），2003（3）: 41-44.

［29］ 张宏.世纪之交的大连城市形象建设［J］.大连大学学报，1999（1）: 39-43.

［30］ 张鸿雁.论城市形象建设与城市品牌战略创新——南京城市综合竞争力的品牌战略研究［J］.南京社会科学，2002（S1）: 327-338.

［31］ 颜如春.城市形象塑造要强化文化意识［J］.行政论坛，2002（5）:74-75.

［32］ 陈高明.生活空间艺术与城市视觉文化品牌的塑造［J］.文艺争鸣，2011（1）: 24-25.

［33］ 吴萍.城市文化中公共艺术空间的拓展［J］.包装工程，2015, 36（6）: 17-20.

［34］ Kavaratzi M, Ashworth G J. City branding: An effective assertion of identity or a transitory marketing trick?［J］. Journal of P1ace Branding, 2006（3）: 183–194.

［35］ Luque-Martínez T, S del Barrio-Garcías, Ibáňze-zapata J Á, et al. Modeling a city's image: The case of Granada［J］. Cities, 2007, 24（5）: 335–352.

［36］ 彭惠. 城市形象塑造中新媒体艺术应用策略研究［D］.广州：暨南大学，2016.

［37］ 李文嘉，李紫薇.品牌提升：新媒体艺术在城市公共空间的运用［J］.创意与设计，2017（6）: 63–67.

［38］ 孙为，交互式媒体叙事研究［D］.南京：南京艺术学院，2011.

［39］ Lister Martin. New media: A critical introduction［M］. London and New York: Routledge, 2003.

［40］ 赵大鹏.中国智慧城市建设问题研究［D］.长春：吉林大学，2013.

［41］ 易薇，周呈思.受众认知在品牌沟通中的运用［J］.新闻前哨，2007（7）: 108.

从城市文化角度探讨地下空间视觉导向系统设计

Discussion on the Design of Visual Guidance System in Underground Space-Relevant from the Perspective of Urban Culture

——对雄安新区建设的相关建议
——Suggestions to the Construction of Xiong'an New Region

曹伊洁

摘　要： 地下空间的建设是城市发展的必然结果，但是目前的地下空间建设中，对于人文环境建设的忽视，导致许多城市的文化特点在地下被模糊、弱化，各个城市之间的地下空间风格相似性过高，无法区分。地下空间的长期文化缺失将会导致空间使用者对于城市归属感、认同感的丧失。在地下空间中，视觉导向系统是最常被注视的信息载体，也是地下空间中运用最广泛的视觉系统，是地下空间中城市文化表达的重要载体。可以通过将城市文化凝练成图形、色彩、材质，为标识系统增添文化特色，提升地下空间的可识别性。文章主要通过对各个案例的分析，为雄安新区的建设提出相关建议。

关键词： 地下空间；城市文化；视觉导向系统

Abstract: The construction of underground space is an inevitable outcome of urban development. However, in the construction of underground space today, the neglect of humanistic environmental construction results in the blurred and weakened cultural characteristics of underground space in many cities. It is known that the styles of underground space in many cities have much in common and can't be distinguished from one another. Therefore, the absence of culture in the underground space over a long period of time will contribute to the deprivation of city belongings and sense of identity. In the underground space, visual guidance system is the carrier of information which is most frequently paid attention to. Regarded as the visual system that is most widely applied, visual guidance system is the most important vehicle that expresses urban culture in underground space. To condense the urban culture and turn it into pictures, color and material, it is possible to add cultural characteristics to application system and improve the identifiability of underground space. This article will provide relevant suggestions to the construction of Xiong'an New Region based on the analysis of each case.

Key word: underground space; urban culture; visual guidance system

引言

在雄安新区的建设计划中，探索人口密集地区开发新模式，优化城市布局和空间结构是建设的一大重要目标，地下空间的探索与研究正是解决这一目标的重要途径。对于地下空间的基础建设与规划已经有大量研究文献，但是对于城市文化在其中的具体表现研究与分析还较少，所以如何在城市空间的发展中保留城市文化特色，将城市文化元素运用在地下空间的视觉导向设计中是本文的研究目的。

一、概述

（一）城市地下空间的发展

早期城市地下的开发主要用于排水、排污，随着科技和人类需求的发展、城市规模扩大、土地资源的减少，地下空间开始被开发用于人类活动，世界上第一个能真正称为地下空间的是建于 1863 年的伦敦地铁通道[1]，随后其他类型的地下空间也逐渐发展起来。1933 年，现代国际建筑协会发表的《雅典宪章》中写道：居住、工作、休闲、游玩是城市的四大功能，而这些同样是城市地下空间所能够具备的功能。

目前地下空间开发最为完善的城市是蒙特利尔，在经过几轮发展与规划，将地铁、地下停车场、室内公共广场等空间连接成庞大的地下网络系统，成功建立了一个系统的地下城市。未来，地下空间的体系发展将会越来越完整、庞大。

（二）地下空间国内研究背景

在国内，七八十年代学术界就开始关注地下空间的发展，学者徐思淑在 1982 年提出对地上和地下相结合的城市新模式探讨[2]，Pierre Duffau 与汤世均在 1981 年研究了法国与欧洲地下空间的利用[3]，这些研究最终都表明地下空间建设对于城市发展是有极大益处的，并且是未来城市的走向，近些年的地下交通迅速发展也印证了这一点。

（三）地下空间的文化缺失

地下空间的发展是人类发展的必然结果，但是由于地下的空间隔绝特点，地面上的独特地理环境、气候特征无法在地下体现，而在目前的地下空间建设中，对于人文环境建设的忽视，导致许多城市的文化特点在地下被模糊、弱化。目前，地下空间主要用于流通性较强的轨道交通，地下城市文化缺失这一弊端还不是很明显。而在未来，如果越来越多的地下空间用于居住、工作，成为人类生活中必不可少的部分时，长期文化缺失将会导致空间使用者对于城市归属感、认同感的丧失。

近些年，学者们也对于这一问题做了相关的研究。袁红等在 2013 年探讨地下空间文化的发展的重要性[4]，冯明兵从城市文化角度探讨了地铁文化的价值[5]。这些研究都提到了城市文化在地下空间中表达的重要性，不可忽视。孙永君等学者就以北京地铁为例，对地下空间中国传统元素的视觉应用进行了相关研究[6]，他们认为在众多的文化表现形式中，视觉效果上的表达是最为直接和有效的，而在地下空间中，人容易迷失方向，视觉导向是最常被注视的信息载体，也是地下空间中运用最广泛的视觉系统，是地下空间中城市文化表达的重要载体。

二、城市文化在地下空间视觉导向中的表达

（一）城市文化在视觉标识中的应用

图形化是将城市文化的具象特色进行凝练、简化和抽象的表现方式。在地下空间，人们最常接触到的就是地铁的入口标识，同样也是地铁交通的形象符号（图 1）。通过对国内目前地铁标识的资料搜集，不难发现大部分都采用英文缩写与地铁形象的结合，在色彩和形象上高度相似，难以区分。作为标识，在保证信息准确传递的基础上，也应该将城市文化特色融入其中，打造一个更容易区分、有文化特色的地下空间标识，为地下空间的整体视觉形象奠定基础。

常州地铁　　　合肥轨道　　　上海地铁　　　沈阳地铁　　　杭州地铁

图 1　部分城市地铁标识

相比之下，郑州地铁与西安地铁的标识（图 2）设计就兼具了信息和文化传递的功能。郑州地铁标识采用黄河的色彩，运用的是汉字"中"的变形，代表郑州从古至今都是华夏的中原，郑州同时也是商代早期青铜器的发源地，所以在标识中将青铜饕餮纹的元素融入其中，形成具有城市特色的标识。而西安地铁标识则运用了印章元素，城墙形象与地铁隧道代表历史文化与现代科技的结合。

雄安新区的特点是水文化，水文化中所包含的不只是城市的自然特色，还具有历史内

图2　郑州地铁、西安地铁标识

涵。在古代，雄安地区的白洋淀、大清河起到了航运交通的作用，可以将水纹、船锚等元素运用在地下空间的标识设计中。雄安新区的古战道也是文化特色之一，而古战道的拱形与地铁隧道的形态相似，可以将其与现代的地铁交通进行元素上的结合，体现雄安从古至今的地下空间发展。

（二）城市文化色彩的提取与应用

色彩是标识系统的重要组成部分，受生活习惯、宗教信仰、地域文化等原因的影响，色彩会让人产生相关的联想和抽象的情感共鸣。不同的城市有不同的文化色彩，合理地运用色彩体现和区分地域特征，不同且鲜明的色彩也能增强地下空间各个系统之间的识别性。

那么如何提炼城市色彩呢？从武汉地铁的建设规划中可以得到一定的启示。武汉地铁2号线色彩为梅花红，是从武汉市市花中提炼出来的，这个色彩和名称对于武汉的市民来说是非常熟悉和亲切的，也能让游客更快地了解这个城市的特色（图3）。

图3　武汉地铁2号线色彩——梅花红

武汉地铁3号线经过武汉市的著名景点——归元寺，是武汉市比较出名的景点，所以其线路色彩提取了归元寺的主色调，是代表稳定、平和、智慧的佛教色彩（图4）。

除了从具体的城市景观、特色中提取色彩，也可以从城市品牌理念中抽象出颜色。武汉地铁1号线采用蓝色，想传递科技、智慧城市的理念；4号线采用的颜色是芳草绿，是想传达对生态城市的理念。其他还有凤凰橙、古琴褐、云鹤黄等等色彩，充满中国传统文化韵味、古色古香的名称让人能够很自然地联想到背后的城市文化符号，同时也便于记忆[7]。

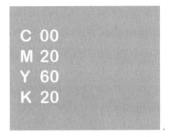

图4 武汉地铁3号线色彩——归元金

不同于江南水乡温婉秀丽的特点，雄安新区的北国水乡民俗文化与自然风光更为贴近，雄安的著名景点白洋淀，有"一淀水一锭银，一寸芦苇一寸金"的说法。水银色、芦苇金同样也可以作为色彩提取的元素，用于地下空间的导向色彩中（图5）。除去自然文脉的特色，城市的历史色彩也可以通过具象的事物来提炼。雄安在安州有一座烈士塔，塔体庄严的灰色体现着烈士们坚韧的精神以及这座城市对烈士们的怀念之情。在提取时要考虑到地下环境的采光特点，注意色彩之间的区分以及纯度和亮度（图6）。

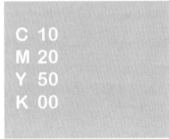

图5 白洋淀——芦苇金色彩提取建议

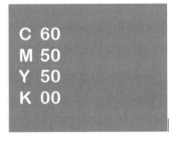

图6 烈士塔——英雄灰色彩提取建议

（三）材质纹理中的城市文化

材质是文化的印记，具有承载历史文化的功能，将其作为导向标志的载体，能为其增添城市文化色彩。目前常见的标识有金属、化工板等现代材质，而中国古文化景点往往采用木质板，导向的展现形式多种多样，并不一定要与牌子结合，也可以墙面作为载体。

伦敦地铁在地铁导视系统中就在墙面上运用了具有文化特色的红砖材质（图7），其材质效果仿造的是东伦敦的砖巷街。它是英国流行文化的代表，象征了多元、复古和潮流。将其作为标志的载体，可以将地上文化氛围带入地下空间中。

图7　英国文化材质——红砖

图8　雄安古战道

雄安在历史上存在过古战道（图8），距今已有1 400余年。不同于英国的红砖，雄安的砖块为青绿色，其长宽比与排列方式也与英国完全不同，具有独特的文化特征和浓厚的历史底蕴，其材质纹理效果也可作为地下空间导视系统的载体，将历史文化与现代技术结合，诉说雄安的历史文脉。

三、结论

随着未来科技的发展，地下空间资源将会逐渐被发掘，人们在地下空间进行交通出行、休闲娱乐甚至是工作的时间可能会越来越多，但由于地下空间封闭性的特点，缺少地上长期的历史文化发展留下的印记，需要人为地将城市文化迁移到地下空间的设计中，所以地下空间导视系统不仅需要具有基本的功能性，更需要成为城市地上文化的载体，通过视觉系统中的图形、色彩、纹理等特征将城市文化扎根地下，让人不迷路的同时也不会迷失对城市文化的归属感。

（曹伊洁，上海交通大学设计学院硕士生）

参考文献

［1］ 邵继中 . 人类开发利用地下空间的历史发展概要［J］. 城市，2015（8）：35-41.

［2］ 徐思淑 . 地上和地下相结合的城市新模式探讨［J］. 重庆建筑工程学院学报，1982（4）：72-79.

［3］ Pierre Duffaut，汤世均 . 法国与欧洲地下空间利用的过去与未来［J］. 地下空间，1981（2）：40-48.

［4］ 袁红，赵世晨，戴志中 . 论地下空间的城市空间属性及本质意义［J］. 城市规划学刊，2013（1）：85-89.

［5］ 冯明兵 . 以城市文化为视角论地铁文化的价值［J］. 城市轨道交通研究，2012（10）：31-33.

［6］ 孙永君，李泽洋 . 史上最全的中国城市地铁标志大全［DB/OL］. http://blog.logo123.net/1748.

［7］ 武汉地铁 1~8 号线颜色及相关含义详解［DB/OL］. http://wh.bendibao.com/traffic/20151014/74607.shtm.

基于五大发展理念的供给侧改革方略
Reform Strategy of Supply Side Based on the Five Development Idears

——对雄安新区建设的相关建议
——Suggestions to the construction of Xiong' an New Region

曹瑞冬

摘　要： 我国现代化进程已进入全面深化改革的关键时期，各种经济社会矛盾不断凸显，因此我国将寻求经济增长的路径转向供给侧改革，以期满足变化中的社会和人民需求。而供给侧改革与需求侧紧密对接，并与"创新、协调、绿色、开放、共享"五大发展理念相互适应和联系。文章就"创新、协调、绿色、开放、共享"五大发展理念与供给侧改革的联系和对其产生的影响展开论述，探讨基于五大发展理念，供给侧改革方略的实施路径。

关键词： 供给侧；改革；五大发展理念

Abstract: The modernization of our country has entered a critical period of deepening reform, various economic, and social contradictions prominent. Therefore, China will develop the economy to supply side reforms, in order to meet the changing needs of society and the people. The supply side and the demand side of the reform are closely, with the "innovation, coordination, green, open, sharing" the five major development concepts of mutual adaptation and contact. The article launches the "innovation, coordination, green, open, the development" of the five major development and supply side reforms and relations to the discussion of the five development based on the concept, implementation path of supply side reform strategy.

Key words: supply side; reform; the five major development idears

　　"十三五"是我国全面建成小康社会的关键时期，但我国经济存在着十分突出的结构性问题，经济社会呈现出不协调、不平衡的发展态势。为此，我国在"十三五"规划中提出一系列理念和战略措施，如牢固树立并切实贯彻"创新、协调、绿色、开放、共享"五大发展理念和推进实施以"去产能、去库存、去杠杆、降成本、补短板"为重点的供给侧结构性改革方略。供给侧改革以制度改革为重点，调整供需关系中的结构性失衡，从而促进经济增长趋于平稳，增长动力趋于多元，体现了新时期下发展理念的转变。

供给侧改革是我国促进经济持续健康发展的必由之路，是我国建构平稳发展环境的关键路径，而我们必须坚持以"创新、协调、绿色、开放、共享"五大发展理念引领战略实施，在结构性改革的具体推进中贯彻落实新理念和新思想。该文围绕五大发展理念和供给侧改革，具体分析各理念与供给侧改革之间的联系与影响，寻求中国改革新方向。

一、创新：制度优化与大数据

改革的智慧在于通过"扬弃"发扬长处，规避短处，从而在发现、理解和解决问题的过程中寻找到正确路径。而创新作为"扬弃"的集中体现，其作用是在探索新模式、新路径、新理念的过程中实现更优目标，一方面是前进动力，另一方面是改革手段。因此，创新必须摆在改革的核心位置上，不仅仅作为国人解放思想的工具，更应作为我国前进发展的驱动力。

我国改革遭遇的瓶颈是各式各样的，涉及政治、经济、文化、社会建设的方方面面，而这些问题的根源是经济发展的不平衡性，尤其凸显在结构上的不平衡。供需关系的结构性失衡主要体现在两个方面：① 过剩产能阻碍中国经济增长提速；② 中低端产品过剩，高端产品供给不足。我国一直强调人民日益增长的物质文化需求同落后的社会生存之间的矛盾是主要矛盾，但长期以来依赖"投资、消费、出口"三驾马车拉动经济，致使投资形成"泡沫"，消费面临僵局，出口演变成倾销，而需求侧相配套的供给侧表现出创新能力不强、廉价劳动力丰富、土地利用不足、资本融入不够等劣势，从而呈现出与需求侧之间的失衡。

供给与需求在数量和质量上的配套失衡是我国长期以来夸大需求侧对经济增长作用的结果，当人民对中低端产品的需求趋于饱和和对高端产品需求不断扩大时，两者之间的矛盾便由此凸显，从而导致产能过剩、经济低迷和人民的需求无法满足。因此，供给侧改革主要在于从质量和数量上扩大有效供给，提高供给结构对需求变化的适应性和灵活性。实现供给侧与需求侧的失衡向平衡状态转型，关键落脚点是制度的优化与变革。由于供给侧改革是国家宏观调控政策，它不可能立足于微观企业与个人诉求，所针对的是我国当前宏观背景下供给与需求的失衡问题，所以其改革必须着重于最简单有效的做法——制度，并且我们希冀看到的制度创新的结果是优化。制度是政府干预市场经济"看不见的手"，对经济发展所产生的作用具有正反性，所以我国通过强化制度管理、填补制度漏洞和创新优越制度等途径规范经济秩序，指导企业做好在新时期下的调整转型。

制度优化的作用体现在规范和促进两方面，一方面作为工具或手段达到可以衡量的经济目标，另一方面在供给领域作为驱动生产的动力。供给侧改革的制度创新受政府主导，目的是为了建立有序的市场环境，保证微观企业的管理创新、技术创新、产品创新。因此，企业经营状况也是检验供给侧改革的目标，其中创新能力应作为企业发展水平的核心评判因素。主体供给企业在进行供给侧改革时应以市场需求为核心，结合企业自身条件制定合理经营目标，而产品创新、技术创新、管理创新则是是否与市场接轨并达成目标[1]。同时，我们关注的企业发展应是动态的过程而不是结果。我国目前正逐步简放政权，积极引导微观企业提升自主创新能力，提高供给质量，从而开辟新的供给空间。其中，我国正逐步引导传统企业与"互联网+"、大数据等新思维结合起来，从而促进产业结构的优化和产品的升级。

"互联网+"、大数据等一系列新兴词汇在政府推动下走进我们的生活。与此同时，国家大力提倡"大众创业、万众创新"等建设创新型社会、培养创新型人才的主张。劳动力和企业在供给侧改革的宏观背景下积极响应政府号召，并充分结合互联网的时代特点——大数据，给产业升级和产品质量提高注入新的动力。将物联网、大数据、3D打印等新兴技术创新性融入产业，通过创新引导制造业的柔性化、智能化、精细化，推动服务业向价值链高端延伸，提高农业现代化水平；创新生产要素配置方式和组织方式，矫正要素配置扭曲，有助于去产能、去库存、去杠杆、降成本，提升优势产业供给效率，扩大有效供给；通过创新推动量子通信、深海与升空探测、"互联网+"等新兴产业、新兴业态发展，形成新的经济增长点，加快新供给新兴产业的成长[2]。然而，大数据和"互联网+"作为新理念与新手段，当传统企业与其以融合的方式进行创新时，我们主张的企业改革并不完全是互联网因素的全部进入和强制改变，此时同样面临取长补短、优势互补的机遇与挑战，既要警惕互联网对企业和社会造成的不利影响，如因技术革新导致失业率增加和互联网漏洞引发的欺诈活动，又要积极引导相关地区和企业注重改革的过程，并非结果。而且，还应不受大数据等主流创新模式的影响而忽略本企业的实际情况，要及时抓政策机遇，走本企业的自主创新道路。

我国改革运用制度等多种手段，激发潜在活力动力，驱动生产方式的变革，从而达到优化生产的目标。而供给侧改革不仅通过制度优化为企业构建鼓励创新、促进创新的社会背景，还向人民传递重要信息，那就是"大众创业、万众创新"等建设创新型社会、培养创新型人才的目标，这也体现了中国从"制造大国"向"创造强国"的转型。改革创新的时代精神在供给侧改革这一宏观政策中得到了充分体现。

二、协调：结构调整与新常态

矛盾的凸显要求我们具体问题具体分析，然后采取合理有效的方式解决问题，如创新这类做法将新旧因素区分开来，取长补短，既扬又弃，在旧事物的基础上促成新事物的诞生。所以说创新是在批判的基础上进行扬弃，是解决问题的常规途径。掩盖会使问题激化，但创新也会使矛盾激化，所以，供给侧改革中协调理念的贯彻落实向全社会传递了重要信息——平衡，而我国一直强调的建设社会主义和谐社会归根结底是一个"稳中求进"的过程。

供需关系的结构性失衡是我国主要矛盾中较为突出的一个方面，既不能否定主要矛盾中其他方面的问题，也不能忽略因上述问题引发的其他问题。供需关系的失衡从宏观上打乱了中国的经济结构，从而引发了许多结构性问题，比如产业结构上"三高"行业比重偏高，区域结构上人口的区域分布不合理，投入结构主要依靠廉价劳动力，排放结构中资源环境压力较大，动力结构过度依赖投资，分配结构上城乡收入差距、行业收入差距、居民贫富差距都比较大。而这些经济结构问题通过社会渠道细化到人民的身上，又引发了许多复杂的社会问题，

社会问题进而对政治、文化和生态文明建设产生不良影响。供需关系的结构性失衡就像多米诺骨牌，加剧了我国长期以来忽略的政治、经济、文化、社会和生态文明建设中的不平衡问题，所以，供给侧改革的重心在于提高供给质量，扩大有效供给适应需求侧改革，但此方略推进实施过程中解决的问题并不局限于此，所应用的领域涉及社会改革的方方面面。

检验供给侧改革效果在于通过宏观经济目标研究它是否能够协调我国在产业结构、区域结构、投入结构、排放结构、动力结构和分配结构上存在的不平衡现状，而结构调整的目标在于从宏观层面建立平稳发展的国内环境。这意味着供给侧改革将从供需结构关系的调整开始，逐步统筹兼顾国内各行业、各地区于经济发展新常态，而协调在供给侧结构调整中扮演关键角色。协调区别于创新，它讲究平衡状态，这种平衡状态并不是同步，而是把差距控制在社会实际容许的范围内，这样就能创造相对公平的发展环境并提高人民的生产积极性。马克思主义认为，人类社会是一个由各种因素交互作用、密不可分的"有机体"，"这样就有无数互相交错的力量，有无数个力的平行四边形，而由此就产生出一个总的结果，即历史事实"[3]。而协调在供给侧改革中承担着补齐短板的作用，并牢牢把握政治、经济、文化、社会和生态文明"五位一体"的总布局，此时协调发挥整体效能，不断增强发展的整体性，实现整体功能的最大化。

全面深化改革是"十三五"规划中的关键路线，而供给侧改革是此条关键路线的关键战略。城乡结构、分配结构、区域结构等体制结构的调整需要依赖创新思维，调整比例，

增进后发优势，培植发展后劲，寻求平衡状态，这标志着中国已进入经济发展的第二阶段，即新常态。新常态下的供给侧改革目标是发展新型的知识密集型经济，不需要大规模的剩余劳动力。宏观上，经济社会的供给侧由技术、资本和劳动力三要素构成，其中，技术又通常由人力资本或知识资本决定。正如前文所指出的，理论上，人均产量的提高有两种途径：① 发展资本密集型经济；② 发展知识密集型经济，不再以劳动密集型经济为主要组成[4]。新常态下知识或资本密集型经济的发展既需要在供给侧改革中优化产业布局，着力发展新兴产业和第三产业，又需要调整其他结构，以便让城乡、区域、分配和人民适应转变中的产业结构。经济新常态和供给侧改革都着重强调战略布局的统一性和整体性。当中国经济出现结构性问题，我国便调整结构以期实现经济转型，但中国社会是一个由各种因素交互作用、密不可分的"有机体"，供给侧改革牵一发而动全身，全面深化的改革应是各项改革相互适应与协调的过程。

所以说，供给侧改革并不孤立于需求侧改革中。相反地，它既是我国经济发展新常态的一部分，又是"五位一体"总布局的一部分，更是"四个全面"的一部分，而它与各个领域、多个维度的制度和人民有机结合，优化供给侧的体制机制，形成改革制度框架科学、制度基础扎实、制度激励有效、制度特色鲜明、制度优势突出的多维制度体系，从而整体提升制度供给质量。协调是一种多维度的制度创新，更侧重制度的整体实力，不仅达到取长补短的多重效果，而且尽可能地降低了创新带来的对立和同化风险，力求实现一种多维平衡。无数互相交错的力量统一于中国改革开放的伟大实践中，并以社会主义和谐社会的姿态呈现。

三、绿色：产业升级的可持续

发展的道路是曲折的，前途是光明的，而道路的曲折性就体现在失衡的状态下，不同效率会产生不同结果，致使发展付出的代价相当沉重，甚至会造成无法挽回的后果。所以，提高效率，少走弯路是我国经济又好又快发展的体现，既需要整体发展环境的稳定平衡，又需要具体产业精益求精，走可持续发展的新路。绿色理念之所以重要，是因为它能直接反映我国的经济发展是健康持续的。

绿色理念对人民群众是生活品质，对产业升级是基本要求，对国家进步是根本大计，而此理念自 21 世纪以来就作为我国经济发展的重要要求。对中国和中国人民而言，低碳、环保、可持续等绿色发展的概念深入人心，但人民的不理性、不环保消费致使我国的产业布局呈现出不合理状态，也让供给领域出现了中低端产品过剩和高端产品供给不足等问题。比如我国在钢铁、煤炭、水泥、玻璃、石油、石化、铁矿石、有色金属等几大行业产能过剩严重，而一些高新技术产品的供给严重不足，传统产业与新兴产业分别存在效率过高和效率有待提高的问题。这一方面是由于我国政府对于重金属行业的供给制度缺乏有效规范，另一方面是由于我国对于知识密集型产业的支持和保护缺少有效引导。我国低附加值产业、高消耗、高污染、高排放产业的比重偏高，而高附加值产业、绿色低碳产业、具有国际竞争力产业的比重偏低，与产业结构对接的排放结构不合理，并对资源环境的压力很大，主要体现在对污染排放缺乏有效的制度管理。

供给侧改革着重于制度方面的宏观调控，并通过市场机制，发挥市场在资源配置中的决定性作用，从而提高生产要素的配置效率。而产业升级并不完全是与大数据等互联网融合创新的产物，更多的是在市场机制作用下实现供给与需求方面的平衡。比如农业供给侧改革，针对农产品的结构性过剩、库存量较大、高成本、高价格等问题，必须确立绿色农业就是保护生态的理念，加快形成资源利用高效、生态系统稳定、产地环境良好、产品质量安全的农业发展新格局。以绿色供给推动绿色消费，生态农产品质量好、安全度高、价格优，能够适应城市中、高端消费者的需求，潜在市场空间大，又可以使农民获得可观的经济回报[5]。从这点来看，供给侧的关键节点落在需求侧上，而改革的关键在于通过有效供给促使需求符合国内实际状况。而在绿色理念引领下的供给侧改革有助于消费者建立健全绿色消费的理念，并贯彻落实在消费行为里，最后再通过市场的需求机制促进产业的升级与完善。在此过程中，政府占据主导地位，以供给侧的结构改革来推动需求侧的总量改革。

产业升级带来的不仅仅是供给需求要素的重新配置，还有更关键的社会效益，带来和谐社会强调的可持续发展。提高供给质量是供给侧改革的要求，这会在产业升级过程中形成"供给—需求—供给"的良性循环，从而在市场机制的建立健全中保证企业的健康发展，进而促进各行业、各领域、各地区的有序发展。此方略不仅能缓解资源环境压力，还能在全社会树立起一面可持续发展的绿色旗帜。生态是我们最大的财富、最大的品牌，需要牢固树立绿色、循环、低碳发展理念，努力形成节约资源和保护环境的空间格局，让绿水青山化为金山银山，走出一条生态与经济良性互动、人与自然和谐相处的发展新路[6]。中国若想实现可持续发展，必须从供给侧改革中的产业升级入手，立足于供给作用于需求，从而使产业和人民的发展趋向于合理、有效和可持续。

绿色是发展理念，可持续是发展目标，它们共同反映了我国新时期下节约资源和保护环境的基本国策。而供给侧改革正是自上而下，从宏观到微观，从结构制度到道德意志的各领域、多维度改革，将人民最基本的生活需求与国家政策紧密结合，从而根据需求提高生产效率，优化资源配置。对中国乃至全世界而言，坚持走生态可持续发展道路是一个国家由表及里的综合国力，它直接关系着国家是否进步和民族是否自强。

四、开放：外贸转型与全球化

危与机在一定条件下是可以相互转化的，所以必须防范风险，应对挑战，抓住机遇。而在这些转危为机的过程中形成的经验、模式与路径积淀为我们的财富，当新危机到来时，站在这些财富上我们便能看得更高更远，以更加智慧的方式促进发展。推动转化过程的实现需要从起点开始就认清现实，找准劣势与不足，并及时把握时代的风向坐标，做好优势互补。当我国进行自我反思与批判，并以包容的心态积极吸纳人类一切民族的优秀文明成果时，我国便由此确立了开放的发展理念。从这点来看，开放是改革的重要内容，改革是开放的必要准备和必然归宿。

改革开放是我国十一届三中全会确立下来的社会主义初级阶段的总路线，"十三五"中的全面建成小康社会依旧是沿着此路线全面深化改革，而中国改革自始至终是为了统筹国内国际两个大局。中国作为世界经济整体的一部分，其供给侧改革也会因此对世界经济的发展产生影响，所以，坚持以开放理念指导供给侧改革，将有利于中国开放型经济的建设和优化升级，同时反馈给全世界可观的经济回报。我国长期以来以投资、消费、出口来促进经济增长。目前，我国的外贸出口量居世界第一位，但对外贸易所面临的形势依旧严峻和复杂，主要体现在国内廉价和剩余劳动力较多，加工产品以中低端产品为主，价格低，成本高，外贸结构亟待优化，等等。但在可观的外贸进出口量面前，各国纷纷对中国提高贸易壁垒，增强安全监管和质量检测，并多次反对中国产品的倾销问题。中国在对外贸易的产品结构、输出总量和经济回报上的不合理结构问题，引来其他国家对中国贸易的不满，甚至将国际经济、贸易问题政治化，并就贸易摩擦问题和反倾销问题过于夸大。对此，我国必须主张：贸易就是贸易，不要用政治掺和，一把国际经济、国际贸易的问题政治化，就不好处理了，就没有客观标准了，因为政治是各个国家各说各话，贸易规则、国际经济规则那是确定的、是客观存在的 [7]。

我国的经济结构既不合理，也不平衡，并在过分扩大出口拉动经济增长的作用中加剧了外贸结构的失衡。供给侧改革服务于经济的均衡性和整体性发展，满足国内人民的有效性需求，但国内国外作为优势互补、战略共赢、经济合作、政治互助和文化交融的有机统一体，改革所聚焦的也应包括外贸产业的转型升级、加工出口产品的对外需求和全球化下外国对中国经济的刺激作用，注重协调好国内国际两大市场的关系。同样地，基于开放理念的供给侧改革需要立足于制度创新，主要体现在外贸转型上，应积极调整产业结构、产品结构，以期适应发达国家高新技术产品的需要。比如上海的供给侧改革，立足于全球化开放战略：以制度创新供给，建立高标准高水平的自贸试验区；以创新动力供给，建立具有全球影响力的科创中心；以国际化资本要素供给，打造具有国际影响力的全球金融中心；以国际化市场体系供给，创新国际贸易中心和国际航运中心功能；以开放软实力供给，建设具有全球影响力的文化大都市[8]。全球化开放战略必须以我国的国情现状作为基准，针对我国在结构、领域、产业等各方面存在的优势劣势，在全球化竞争与合作的过程中实现外贸转型、产品更新和贸易融通。同时，供给侧改革也有助于市场机制的完善，有利于中国在全球化竞争合作中运用规则、制度、法律来捍卫权益，以便更好地解决国际贸易和经济纠纷。

全球化下的竞争与合作是开放型经济建设对我国提出的新命题，当全球化以严苛高效的经济贸易呈现给中国时，原有的依赖进出口总量的"走出去"和"引进来"便无法适应发达国家精细化的生产模式，丰富的廉价劳动力在全球化竞争中由此转化成劣势。"一带一路"倡议要求我们把握战略机遇，应对风险挑战，从国民的普遍认知开始，进而协助本国企业尽快树立危机意识，在激烈的全球化竞争中打造品牌，并建立良好的企业形象。在对外战略中，机遇与挑战并存，这说明此战略并不完满，却能够激励各国人民在敢于冒险、敢于创新的氛围中创造新价值。供给侧改革同样如此，让我们分清在当前现实中的机遇挑战、优势劣势，并以开放包容的心态消化先进的管理模式和生产经验，进而探索出自主创新的道路。

五、共享：改革深化与现代化

当今世界的特点是瞬息万变。中国能否在"变局"中找到发展的答案，仍是一个未知数，但中国发展的一个重要特点是在探索的过程里开辟新路，与其说是坚持中国特色社会主义道路，倒不如说是我们在前进道路上始终保证社会主义旗帜昂扬。但今日不是过往，我们在努力探索中国道路时，越发觉得"路"更难走了，大概是时代将中国置于"变局"里。当面对改革的"中转站"时，中国人民会从供给侧改革方略中察觉到风向的转变，其中对人民而言最深刻的变化是改革发展成果由全体人民共享。而中国的现代化道路也由此从"物之道"向"人之道"转变。

当中国遭遇发展困局和人民面对生存危机的时候，中国共产党总能领导中国人民根据具体问题采取具体的解决对策，而这些对策往往以供给侧改革之类的国家宏观战略推进实施。中国特色社会主义道路就是在曲折中不断前进，并在前进中寻求平衡状态。供给侧改革针对中国道路的"变局"而采取有效路径，着重解决当下凸显的供需关系和结构性问题，但其侧重的不仅仅是健康、有序、活力、合理、高效的中国经济发展，还有更深层的意义，那就是促进社会公平，发展成果共享和提高人民的生活水平。供给侧改革下制度优化、结构调整、产业升级和外贸转型等做法带有促进经济增长、完善市场秩序和实现经济转型等目标，同时也对和人民生活密切相关的政治、文化、社会和生态文明建设产生重大影响。所以，为更好地引领供给侧改革实现供给等目标，我国当下提出

"创新、协调、绿色、开放、共享"五大发展理念指导和引领改革的全面深化过程，尤其着重于经济和结构改革，使其作为其他领域改革的重要指引。

深化改革的主要目标是解决问题，剔除不利于中国发展的因素，大抵是将中国从各领域、各维度的不平衡状态调整到均衡状态，以期使中国特色社会主义建设符合和谐的特征。这是因为我国的现代化道路在长期发展过程中出现了异化。纵观中国现代化的百年历史和成就，可以说，这就是马克思主义唯物史观在中国成功实践的结果。然而，在中国现代化过程中"物之道"日益凸显，发展生产力、"发展是硬道理""科技是第一生产力""时间就是金钱，效率就是生命"等等成为社会普遍认可的口号。人的发展包括人的精神文化和道德水平的发展，但是社会公平或共同富裕等目标被大部分人抛到脑后了。总之，"人之道"被"物之道"所压抑、所淹没、所消解[9]。共享是社会公平的直接体现，是"五位一体"总布局的根本理念，也是全面建成小康社会的重要准则，我国追求的现代化道路始终以人民利益为核心，努力实现人民当家做主、经济改革成果由人民共享、培养大众喜闻乐见的精神文化、形成全社会公平竞争的有效格局、提高人民的绿色生活品质。

我们对于供给侧改革方略的实施效果需要有准确的评价，而广大人民的生活水平是最客观的评判标准。我国现代化道路的理想状态是共享，而实现这一切的力量是协调，中国模式具备的最大特色就是我们不是以资本家为主，而是以国家的力量为主，所以可以推进实施供给侧改革方略。但我们在道路的探索中将利益分配给少部分人，而凭借剩余的力量仍能对不合理的结构做全面深化改革。

在新的发展阶段，面对新的矛盾，要从历史发展趋势的角度深入研究，统筹规划下一步的全面改革。这是当前关乎发展全局的重大现实问题。加快思想解放进程，抓住机遇，适应阶段变化、矛盾变化和环境变化，深化全面改革，就可以为科学发展、和谐社会奠定最重要、最坚实的制度基础[10]。全面深化改革既是为了解决当下的问题和矛盾，又是在此过程中形成建设中国特色社会主义的成功经验和失败教训，从而为中国式的现代化道路指引方向，而五大发展理念正是在改革开放三十多年的伟大实践中形成的发展思路和目标，将会引领和指导供给侧又好又快地实现改革目标。

（曹瑞冬，温州大学人文学院硕士生）

参考文献

［1］黄剑.论创新驱动理念下的供给侧改革［J］.中国流通经济，2016，30（5）：83-88.

［2］王廷惠，黄晓凤.以"五大发展理念"引领供给侧结构改革［N］.光明日报，2016-01-02（6）.

［3］马克思，恩格斯.马克思恩格斯选集（第4卷）［M］.北京：人民出版社，1995.

［4］龚刚.论新常态下的供给侧改革［J］.南开学报（哲学社会科学版），2016（2）：13-20.

［5］ 许经勇.农业供给侧改革与提高要素生产率［J］.吉首大学学报，2016（3）：25-30.

［6］ 张雪楠.贯彻五大发展新理念加快推进供给侧改革［N］.图们江报，2016-03-07（1）.

［7］ 龙永图.反倾销问题对中国对外贸易的影响很有限［N］.网易财经，2016-07-30.

［8］ 肖林.供给侧结构性改革视角的上海全球化开放战略［J］.科学发展，2016（6）：11-17.

［9］ 高德步.现代化之道：从异化到回归［J］.政治经济学评论，2016（5）：17-27.

［10］ 迟福林.建言中国改革［M］.北京：中国经济出版社，2008.

传统村落转型发展的驱动机制分析

——基于中国台湾宜兰县珍珠社区营造的视角

董　阳　李婧茹

摘　要： 传统村落是透视社会转型与发展的一个窗口，村落的社区文化在传统村落转型发展的过程中扮演着不可或缺的角色。基于宜兰县珍珠社区的个案分析，可以得知，中国台湾的社区总体营造往往是发端于内在诉求，在社区组织的动员下，不同的主体实现整合，社区精英能够充分发掘行政当局（台湾地区）和市场的资源，将社区内的文化要素进行转译，形成社区文化创意元素；与此同时，社区公众也得以广泛参与，不断提炼社区的地方性知识，并对文化创意元素进行建构。台湾社区总体营造因循着"文化元素—文化产业—文化体验—文化认同"的演化路径：文化创意元素能够衍生出社区产业，并基于体验式的消费方式将消费者也纳入社区文化的建构中，从而形成了一个更大范围的社区营造共同体。

关键词： 社区总体营造；社区文化创新；驱动机制

一、中国台湾社区总体营造

中国台湾的社区总体营造起始于 1993 年，作为一种传统村落转型发展的典型形式，是台湾社会变迁过程中不可或缺的一个组成部分。

受到了日本造町运动的影响，台湾"文化建设委员会"着力推动社区总体营造，其初衷是希望"以文化艺术形式作为切入点"来营造社区的新生机，以"建立社区文化、凝聚社区共识、建构社区生命共同体的概念，来作为一类文化行政的新思维与政策"，以"社区共同体"的存在和意识作为前提，整合了"人、文、地、景、产"等五个社区发展的维度，"强调由下而上、社区自主、民主参与、永续经营等原则，鼓励社区发掘社区资源，借由营造社区生活空间、发展社区产业等议题，以充实社区文化软硬件设施，鼓励民众借由文艺活动增加人际互动，以凝聚共识，并激发民众爱护乡土，重视关心社区资源及公共事务，以提升社区生活内涵"，在岛内蔚为风潮[1]。

无论是从主导的行政部门来看，还是就政策的中心议题而言，台湾的社区总体营造中最重要的一个理念就是"社区文化"，并希望借助于文化的建设与创新来实现社区产业、环境等多个向度的共同发展。

然而，村落的社区文化作为一种隐性的要素，究竟是如何在社区总体营造中发挥驱动作用的？通过什么机制来整合、盘活各种资源，进而以社区的居民为核心，并将国家、市场以及知识精英等不同的外在主体纳入社区建设中来？村落的社区文化在与其他要素的互动过程中，是如何被形塑和建构的？又是通过何种形式予以传递和表达？村落的社区文化又是如何凝聚社区居民的共识、回应社区民众的期望，实现永续经营？这些问题是考察台湾社区总体营造，继而透过这一现象观察台湾整体性社会变迁的重要视角。

二、村落社区文化创新在台湾社区总体营造中的作用

社区总体营造是要"建立人与人、人与环境、人与历史、环境与历史间，彼此的新关系；是营造一个可以在其中工作、生活、学习的'好所在'以及建立新的生活价值观，营造新的人与建构新的社会；是在写社区的历史、塑造在地文化、营造新故乡"[2]。社区总体营造的微观运作模式，关键在于形成"以活动诱发行动，以行动强化活动"的动员模式，并逐渐形成"社区日"与"社区音乐会"等节庆型的社区活动[3]。台湾地区行政当局提出"社区总体营造"这一政策的目的，就是希望借由文化艺术的方案推动，以凝聚社区意识，改善社区的生活环境，并建立社区的文化特色。其最终目的，则是希望通过社区营造运动，将台湾建成一个现代的"公民社会"[4]。台湾地区文建部门在社区总体营造中所扮演的关键角色，包括出台《新故乡社区营造》《社区营造条例草案》等政策，以及"通过定期举办文艺季活动以发掘和强化具有地方特色的文化艺术资源，达成'文化地方自治化'的目的"。不断强调由地方历史记忆、文化特质、空间结构、人口属性等"内发性"资源所衍生而出的产业模式，进而既能够推动地方的发展，又能够唤起"民众自我身份的认同，有效地增强了民众的归属感，调动了民众参与社区建设的积极性"[5]。

三、村落社区文化创新驱动的社区总体营造：珍珠社区①模式

珍珠社区古称"珍珠里简"，是一个典型的传统村落，位于宜兰县的冬山河中游，社区内自然资源丰富，社区产业以水稻种植为主，种植面积达 1.36 hm^2（图 1）。20 世纪 80

① 本案例根据 2014 年 7 月 17 日在珍珠社区的访谈整理而成。

年代，由于当地几乎没有工业或在地产业能够提供持续就业，珍珠社区也面临着年轻一代为寻求工作机会或深造学业大批涌向城市的情况，使得社区发展进入了一个瓶颈期。

图1　珍珠社区水稻田

（一）内生发展诉求推动文化创意元素衍生

由于社区在 20 世纪八九十年代面临全台湾乡村的共性问题，即青壮年劳动力的流失，因而亟待转型。台湾地区行政当局为了本地区的发展，开始大量鼓励、动员青年群体回乡。年轻人回到社区以后，需要整合资源，以便开展相关工作，然而村长和村干事把持社区的事务和资源，对工作的开展构成阻碍。为此，台湾地区行政当局于 1989 年为社区委员会的成立提供资金，并在 1994 年正式注册成立珍珠社区发展协会，在社区发展中逐渐发挥了重要的作用。

社区发展协会现有会员和志工若干人，正式工作人员 7 人，正式工作人员的薪水由产业收入支付。对于日常工作事务，协会往往采用合议制的方式来进行决策，日常工作经费来源则是宜兰县政府社会处所划拨的事务费，而专项经费则是用社区发展协会以项目的形式向政府申请。

针对社区发展遭遇的瓶颈，社区发展协会成立之后，第一项重要的任务就是要谋求社区产业的转型，实现社区的发展。但是，珍珠社区作为水稻主产区，面对市场粮食价格较低的局面，而本身又不具备农产品深度加工的条件，难以寻找到自身转型与发展的契机。此时，社区精英人物的作用就得以体现。社区发展协会总干事发挥了至关重要的作用，尝试着将稻草这一农业生产中的废弃物"变废为宝"，充分挖掘其内在的文化元素，并发展相关产业。

作为社区精英，社区发展协会的总干事既能够准确地发掘出社区的本土资源——稻草，又能够依据自身的阅历和特长，将一些理念、灵感加载于其中，从而建构出独具特色的文化创意元素——稻草面具（图 2）。经历了多次尝试，珍珠社区的稻草面具应运而生。并且，他专门提出一句广告语，来对稻草面具这一产品的内涵加以诠释，"戴上面具，别人不认识我们，因此让人可以真实呈现，情绪发泄，情绪表达后，就能活在当下"。在当时的社会语境下，稻草面具在市场上一亮相，便大受欢迎，"触发了人们内心回归本真的愿望"（珍珠社区发展协会总干事 T，20140717）。

图 2　稻草面具（左）与稻草画作（右）

当稻草面具进入市场并广受好评之后，为社区居民提供了更多的就业机会，吸引了越来越多的居民参与，成了当地重要的生计方式。而且，稻草编织本身就是一项根植于乡土社会的传统技艺，能够获得社区居民的普遍认同感，唤起社区的集体记忆，吸引更多的人参与其中。由于社区居民的广泛参与，也会对文化创意元素的建构起到一定的积极作用。社区居民长期在当地生活，具有丰富的生产生活经验，而这种经验往往能够构成地方性知识。

在社区组织和社区精英的倡导下，社区居民开始广泛参与社区事务，并开始发挥较为重要的作用。诸如"稻草加温变色"这样的地方性知识，正是形成于本社区居民的日常生产生活之中，通过不断地积累而提炼出来，并触发社区精英的灵感，参与文化创意元素的建构。而当这样看似平常的生活常识作为一种理念融入文创元素的建构过程中，则可能赋予文创元素以新的内涵及表征，并形成了产业链延伸的一个重要契机。

（二）围绕产业链建构而产生的总体营造

当珍珠社区基于本土资源提炼文化创意元素的尝试获得成功之后，社区发展协会便决定将稻草产业确立为本社区的特色产业，并向有关部门申请政策资源的支持，如"劳委会"的"永续就业工程计划""多元就业开发方案"，"农委会"的"城乡新风貌"计划，"文建会"的"闲置空间再利用计划""地方文化馆计划"，都对珍珠社区的发展有莫大的助益。

由于地方性知识的充分挖掘，稻草的色彩工艺得以解决，社区发展协会组织社区居民继续对稻草进一步深加工，产品也不再仅仅局限于稻草面具，而是扩展到其他工艺品的制作。特别是将稻草作为工艺素材，融入宗教、艺术、生活等元素，衍生出独具地方特色的稻草画、稻草童玩等产品，并再次获得了较高的市场知名度和社会美誉度。并且，尝试编制大型立体雕塑，并试图运用巧妙的构思，将稻草借由技法、创意编织成为融入生活的现代艺术品。就文化创意产业的深度而言，可以分为4个层次，即生产、加工、体验、美学。以面具制作作为社区文化创意产业发展的一个源头，不断推动产业链的延伸，尤其是发展三级产业——服务与体验为核心的产业文化，建构以生态为基础的休闲农业文化社区。

随着稻草文化创意产业成为珍珠社区的一张名片之后，越来越多的观光客慕名前来，带动了当地餐饮、民宿等各项产业的发展。社区组织和社区精英开始尝试建构多元化的产业链，将观光体验产业作为社区发展的重点。然而，他们却十分清醒地认识到，社区观光体验的核心还是在于社区自身的文化，因而文化创意元素的持续生产与建构，依旧应居于社区产业发展的主导地位。而观光、服务以及行销等其他产业形态，都应当围绕文化产业本身而展开。

在这样的"主人翁心态"的引领之下，社区的观光业发展也是建立在社区的文化创意之上，例如，社区的稻草DIY、彩绘草垛、农田认养、插秧割草、农田水漂等一系列体验式活动纷纷被开发出来，并成为社区的重要产业（图3~图6）。为了强化稻草面具等品牌产品，社区发展了以稻草面具为特色的剧团，作为重要的行销方式，期盼建立新文化产业。此时，社区发展协会进行社区产业形态的新一轮升级，把"服务与体验"作为产业

图3　社区发展协会公共展区

图4　冬山河景区

图5　田野迷宫

图6　制作紫色年糕

的核心定位，从而将观光客也纳入社区发展的共同体中来，形成一个"社区发展协会—居民—观光客"三方互动建构的产业链。基于台湾地区的米食传统和农耕特色，以及当地的稻草产业，社区融入了很多故事性的元素，唤起了居民甚至是观光客的共同记忆，使社区成为本土居民情感皈依的有形载体，建构了一个"我群"的集合形态。

于是，社区将"稻米"这一元素进行包装和诠释，辅之以体验和行销等经营方式，诸如麻糬制作等米食体验项目，包括以行为艺术的方式开展米食体验活动，如"搞年糕体验，传承古早味"，希望"借由活动让年轻人能了解老人家的生活"，将米食工艺传承下来，并且融入创意，添加紫色地瓜，制成紫色年糕，"由于紫色地瓜俗称芋头番薯，也有族群融合的意思"（珍珠社区发展协会总干事 T，20140717）。名为"稻田里的餐桌计划"的快闪活动，"与其说是吃一顿饭，不如说是一场以食为主，以大地为舞台的'行动剧'"，只为"一起找回自己的农村 DNA"[6]。通过各种文化元素的叠加与融合，以及交互式行销策略的形构下，"稻米"逐渐成为珍珠社区产业发展的另一张名片，而"体验"则成了社区产业经营的核心特色，进而打造出社区产业的品牌效应。不仅实现了多元化经营，同时也对第一产业的发展起到了较好的反哺与促动作用，社区生产的珍珠米、年糕等农产品变得畅销，品牌附加值也有所提升，实现了产业链的整体升级。同时，为保存和恢复兰阳平原特色建筑——竹围的风貌，经由"农委会"指导和补助，积极推动"农村新风貌——竹围聚落计划"，以传统建筑景观发展民宿产业。竹围民宿的发展，让居民的家户环境更加用心经营，生活品质相对提升。

这样的社区营造模式，在产业链建构的同时，珍珠社区也在多元目标上实现了多元化的发展，二者主要得益于社区发展协会的运作。作为一个在地组织，协会将其自身的工作动机概括为情感和责任两个方面，将文化创意产业作为社区再造的主轴，并以此带动社区各项事务的发展。在经济发展方面，以稻草为基点，融入文化创意元素，产业链不断延伸，形成了"水稻种植（第一产业）—工艺品制作（第二产业）—体验式休闲农业（第三产业）"的三级产业链格局，从而有效地提升了社区的产值。在公众参与方面，社区通过产业链的建构，将更多的居民吸纳到社区产业中来，从而给予了居民自主参与的机会。居民可以充分发挥自身的优势，总结劳动生产中的在地经验，形成较为系统的地方性知识。而此类地方性知识往往会成为重要的文化创意元素，被纳入产业中，进而起到改进、完善产业链的作用。在文化塑造方面，社区在产业发展的过程中，逐渐形成了自身独特的稻草文化。在环境改造方面也产生了重大效益，由于稻草产业的发展，原先被视为废弃物的稻草得到了充分的利用，避免了秸秆焚烧所带来的负面效应。同时，随着产业升级的需求，休闲农业需要创造一种在地式的体验，因而社区生态环境的改善成了当务之急。所以，在产业升级的带动下，社区环境也随之得到改造。

（三）小结

由此可见，珍珠社区的特质表现为：内生源动力驱动，并以文化创意产业发展为主导的社区再造路径。在自身经济社会条件发展遭遇瓶颈的节点上，社区谋求自身的转型，以文化产业发展为突破口和主线，带动社区再造的开展，从而实现经济发展、环境改造、公众参与和文化塑造等多方面的效应。

四、结语

社区作为人类社会的最基本结构单元，承载了社会变迁的重要信息，构成了整个社会发展的一个重要环节，是透视国家制度变革与整体社会变迁的一个不可或缺的视角[7]。台湾的社区总体营造，俨然可以视为台湾社会转型与发展的一个缩影。社区文化的创新成为社区总体营造的一个重要驱动机制，同时，也在与其他要素互动的过程中，不断地被建构和诠释，实现协同发展。而这样的社区发展模式也值得大陆借鉴：

一是在地组织的整合。此类组织往往是在政府支持下，由社区居民自发倡议并联合组织而成的，往往采取自愿加入、合议决策的模式来开展社区相关公共事务，使社区居民能够在社区内形成一定的共识，创造集体意识，强化在地社群的联结与对共同利益的认同，培育社区内的共同体文化。

二是社区精英的转译。在社区总体营造中，转译机制其实也发挥着极其重要的作用，而能够承担这种"转译者"角色的就是社区精英，透过在地知识的挖掘，以及文化创意元素的建构，形成了社区发展的总体目标与系统架构。

三是社区居民的参与。台湾社区总体营造之所以能够实现持续性的发展，在某种程度上，是依赖于社区居民广泛而深入的参与，形成"分享—协同—集体行动"的机制，居民能够对于同样的社区文化元素进行分享，并基于个体的特质，形成分布式协同，赋予其个性化的创意元素，不断在"做中学"，从而使社区文化创意产业充分地融入了多元化的个体智慧，进而凝结成一个较为成熟的产业。

四是在地知识的挖掘。社区总体营造必然是应当具有地方性特色的，而这种特色的培育，则有赖于在地知识的挖掘。伴随着全球化的进程，社区在地知识的保存和传承，不断遇到瓶颈。我们应从社区传统脉络和现实的生产生活经验中提取出有价值的在地知识，并使之体系化、建制化。

五是文创元素的融入。以在地知识为代表的无形的社区文化资源，能够透过不断建构和诠释实现增值。而能够赋予其全新内涵的，就是文化创意元素。在不同的社区总体营造模式中，文化创意元素都发挥着十分重要的作用，成为一种"润滑剂"，对于社区总体营造的各个构面的融合与创新，乃至于整体升级，都是不可或缺的。

六是共同记忆的培育。社区总体营造需要有效的规划，而"规划"其实就是"归化"。归化就是本土化，了解寻找社区的过去，理清社区的肌理和脉络，需要因循社区的发展轨迹，找出社群的共同记忆。共同记忆就是社区总体营造中的"黏合剂"，是凝聚社区共同体文化认同的基本要素。

七是社区产业的发展。社区总体营造的可持续发展，往往离不开社区产业的发展，以提供社区自给自足的动力来源，尤其是农村的乡土社区，面临着城镇化的强烈诉求，产业发展与升级是一个必不可少的环节。如何基于社区特色，发展出较为完善的产业链，是社区总体营造中不得不考虑的一个问题。

（董　阳，中国科协创新战略研究院博士后、助理研究员；李婧茹，中国葛洲坝集团投资控股有限公司项目专员）

参考文献

［1］谈志林.台湾的社造运动与我国社区再造的路径选择［J］.中国行政管理，2006（10）：83-86.

［2］陈亮全.近年台湾社区总体营造之开展［J］.住宅学报，2000（1）：61-77.

［3］刘雨菡.中国台湾地区社区总体营造及其借鉴［J］.规划师，2014（S5）：200-204.

［4］陈明竺.新世代田园经济的崛起——结合科技、观光、文化与生活资源的绿色产业革命［J］.城市发展研究，2006（5）：113-121.

［5］林颖，吴鼎铭.文化政治学视域下的"地方文化产业"政策变迁：台湾经验与启示［J］.福建师范大学学报（哲学社会科学版），2015（3）：38-43.

［6］王思涵.稻田里的餐桌·请赤脚入场，吃顿与大地合一的飨宴［J］.远见杂志，2013（4）：14-17.

［7］肖林."'社区'研究"与"社区研究"——近年来我国城市社区研究述评［J］.社会学研究，2011（4）：185-208.

中国传统家具造物中天工与人工的意匠

Nature and the Artificial Creation of Chinese Traditional Furniture Manufacture

程艳萍

摘　要： 从中国传统家具造物崇尚天人合一的造物观切入，分析了造物中工匠们因材致用，因材取形，无论家具是简洁大方还是精致典雅，都是材质美感的真实反映和工匠们意匠的表达；阐述了中国传统家具造物把自然的物性与能工巧匠的独具匠心融为一体，充分展现出一种"自然天成，天作人合"的美妙境界。

关键词： 天人合一；传统家具；造物；意匠

Abstract: From creation of traditional Chinese furniture advocating the harmony between man and nature perspectives, analysis the craftsmen's creation for use and shape depended on individuality characteristic, regardless of the furniture succinct or elegant, they are expression of sensuous materials and craftsmen artistic conception, describes the natural properties of the traditional Chinese furniture creation intergrade with the skillful craftsman's design originality, fully demonstrated a "the natural formation, natural creation and the artificial creation be made one" wonderful realm.

Key words: the harmony between man and nature; traditional furniture; creation; artistic creation

引言

中国传统家具造物受到传统文化"天人合一"观念的深刻影响。家具造物在尊重自然和顺应自然的同时，又充分发挥人本身的能动性，表现出人与自然之间的协调互动关系。一方面，要充分挖掘材料的自身特性，将自然的材料之美运用得淋漓尽致；另一方面，需要从人自身需求的角度去设计制作家具，寻求致用的功能和工艺之美。

一、家具造物强调对家具材料物性的把握

《考工记》开篇讲道："审曲面势，以饬五材，以辨民器，谓之百工。"[1] 这里所讲的"审曲面势"是指察看材料的形状、纹理曲直、阴阳向背等特点。"以饬五材"指的是治理各种物质材料，"以辨民器"即制作筹办人们日常生活所需的器物。这里体现了因地制宜、因材施艺的造物原则。

中国传统家具的用材得于自然，非常注重在造物过程中对自然材料物性、物理的把握，不违背物性，顺应自然。木材是传统家具的主要用材，明中期以后，传统家具多采用较为贵重的优质木材。如黄花梨、紫檀、铁力木、乌木、鸡翅木、酸枝木、瘿木、楠木、榉木、黄杨木等。这些木材，木性稳定，木质坚硬，适合制作复杂精细的榫卯，可以雕刻各种装饰线条和纹饰。如物理性能优良的紫檀，它内应力小，不易变形，木纤维非常致密，很适合雕刻（图1）。即便在木材的横断面上雕刻也极为顺畅，可以竖向、横向任意角度走刀。紫檀非常适合精细的雕刻，能够无处不雕。其雕刻的纹饰经过打磨后具有一种模压感。清式家具装饰注重细节表现，繁缛富丽，而紫檀的特性很符合这类家具的要求，与清宫的审美取向相契合。黄花梨的木材特性也是内应力很小，不变形，木性稳定，也适合雕刻。可以任意切断其纤维，不会产生连带的断裂。即使木头纤维全部被切断了，还可以继续雕刻。此乃黄花梨的独特木性特征（图2）[2]。

图1　（明）紫檀有束腰几形画桌雕刻　　　　图2　黄花梨雕刻

善于利用材料间的物理、化学性能来获得应用材料的使用特征是中国传统家具造物的一大特点，如漆的使用。中国是最早使用天然漆的国家。中国的原生漆（又称生漆、大漆）是纯天然物质，不含任何有毒物质，是最自然环保的涂料之一。几千年以来，中华民

族一直在使用生漆所制造的各种器具而繁衍至今。

韩非子《十过篇》云:"虞舜做食具,流漆墨其上。禹做祭器,黑漆其外而朱画其内。"漆不但有保护器物的功能,还具有装饰功能。禹的时代,人们开始以朱色漆在广口漆器内壁描绘纹样。生漆自身色泽深沉,各色颜料一经入漆,容易被大漆原色所侵。因此,唐宋以前,漆器最主要的基本色是红色和黑色。人们直接用生漆,先是熬制成半透明的漆液,再加入铁粉使之产生化学反应,变成黑亮的黑推光漆漆器。后来加朱砂粉入漆,用来髹涂器物内壁并描绘图案(图3)。自古以来可以被入漆的颜料有银朱、铁红、石黄、松烟、蓝靛等数种。其中矿物颜料分量重,出色率高,永不褪色。染料也能入漆,例如水溶性染料对木质纤维的渗透力强,主要是用来改变木材本身的天然颜色,在保持木材自然纹理的同时使其呈现出鲜艳透明的光泽。

图3 汉墓出土漆案

春秋战国时期,髹漆工艺最为精湛的是楚式家具,其髹漆工艺的成就是以大漆为前提基础的。楚国加油精制漆和脱水精制漆的制造,可以说是中国古代漆化学的萌芽,尤其是油漆并用工艺的诞生,它标志着原始涂料工业从单一材料向复合材料的进步,这是古代髹漆工艺的重大飞跃[3]。从出土的漆器残片来看髹漆的过程,包括了打底、上漆和彩绘3个步骤。彩绘花纹在脱水精制漆髹成的面漆上多采用加油精制漆描绘。用脱水精制漆髹成的面漆庄严、纯正、深沉,常常和加油精制漆绘制出的鲜艳、明亮的花纹形成对比,获得很好的装饰效果。有时采用含油量大,含漆量小的配方是为了得到某种浅淡鲜艳的色漆,楚国的这种色漆制作工艺一直到汉代仍被沿用[4]。漆工艺发展到明清时期已非常发达,各种技法齐全,并在家具髹饰上广泛使用,形成或五彩缤纷、绚丽夺目,或单色纯正的装饰效果。漆饰主要有:彩漆、素漆、雕填、雕漆、罩漆、骨石镶嵌、描金、款彩、戗金、金银平脱以及剔犀等多种髹饰手法。清式家具还用玉石、陶瓷、大理石、贝壳、瘿木、珐琅、金属、黄杨木、竹子等进行镶嵌,其中以镶嵌贝壳和大理石最为常见。这些质地不同、色泽不一的装饰材料和精湛高超的镶嵌技艺,让清式家具在装饰上添加了瑰丽的色彩。

中国传统家具制作中有一种烫蜡饰材的工艺。它是中国传统工艺品如木雕、纸张、青铜器等表面进行防腐处理的技术。烫蜡技术在明清时期被作为木材表面处理的修饰工艺应用于家具表面的防护上。明清时期，木质坚致，纹理优美的硬木家具一般都采用蜡饰工艺（蜡一般多为蜂蜡）。融化的蜡液趁势浸入被烘烤木材的导管、棕眼之内，经擦抹后，木材透出一种柔和含蓄的光泽，木材本身的天然纹理，或如行云流水，变化无穷，或如重山叠嶂，天然活泼。这样蜡饰的家具，表面会形成一层保护膜，光亮如镜，又可以凸显木材的自然美。如紫檀，在蜡饰之后，经过一定角度光线的照射，会显现出一种如丝绸般的柔和美妙的色泽。而黄花梨经过蜡饰，则具有透明的琥珀般的视觉效果。中国古代工匠充分发掘材料本身的美感，尊重木材材性，这是明清家具的一大髹饰特色与优秀传统。

运用自然材料间的物性关系来获取最终器物的使用功能与审美功能，一方面是得益于造物者在实践中所获得的实践经验，另一方面源于当时并不发达的科技水平。但是这一造物行为始终遵循着自然界的各种生态法则，是可以最大程度消解人类造物活动对生态环境的破坏的有效方式。对于当下已不堪重负的生态自然环境，其宝贵的生态价值是值得我们重视和反思的。

二、家具造物顺应自然，天工与人工融为一体

（一）对天工之美的崇尚

在传统造物活动中，材美主要是取决于自然条件。原初的材料受到自然环境因素的影响重大，且在造物过程中对最终物的形态也会有直接影响。

《考工记》中云："燕之角，荆之干，妢胡之笴，吴粤之金锡，此材之美者也。"说的是燕这个地方的牛角、荆州产的弓干，妢胡的箭杆、吴粤产的铜锡这些上等的材料。因为天有的时候助万物生长，又有时使得万物凋零，石有时顺其脉理而解裂，水有时化为雨露，有时凝固，而有质量的变化，草木有时生机勃勃，有时枯萎零落，都是因为天时的作用 [5]。紫檀、黄花梨等明清家具所使用的优良木材，大部分来自南洋各国，我国云南、海南、广西、广东也有少量出产，正是在当地那样的气候条件下、那样的自然环境里才能长成那样的美材。漆树非常适合在中国的自然地理环境中生长，中国南北的许多省份广布漆树，目前，全世界总漆树资源的 80% 左右在中国，且中国的原生漆品质也是最好的。正因如此，中国传统漆器才会有如此的辉煌 [6]。

"材美"这一因素是传统家具造物非常强调的。这种注重材料自然美的审美观和古人崇尚的"天人合一"的文化传统不无关系（图4）。老子认为，美在自然，在于自然而然。《淮南子》则强调美的客观性，它传承了道家崇尚自然的思想，认为自然美是任何一种技艺都无法比拟的，"美者"是因"天地所包，雨露所濡，阴阳所呴，化生万物"而成，"翡翠玳瑁，瑶碧玉珠，润泽若濡，文彩明朗，摩而不玩，久而不渝，鲁班不能造，奚仲不能旅，此之谓大巧" [7]。材料的自然美是其自身的结构特征、物理特性、触觉感受、视觉效

果、味觉特征的综合体现，人在心理上会对材料产生一定的情感对应。陶制家具给人以自然质朴的感觉，铜、锡合金的青铜则给人以庄严、华贵、冷峻的感受，髹漆家具让我们看到了漆耐热、耐腐蚀的特性，它的色彩和光泽以及散发香味的自身的"美"。竹制家具清新自然，使用黄花梨、紫檀、铁力木、鸡翅木、酸枝木、乌木、楠木、榉木等色泽优雅、纹理优美、质地细腻的优质木材制作家具，体现出一种天然去雕饰的自然美。这种选择是源于中华民族审美理想和审美趣味，而不是源于材料的坚固耐用。中国人热衷于在自然之中找寻和发现美的因素，崇尚与自然的融合。他们追求"不事雕琢，天然成趣"的审美意境，常常以自然对象来表征和比附自己的人生理想和民族价值观念。

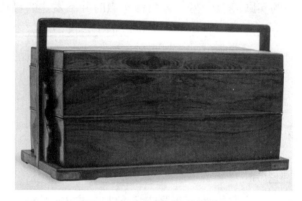

图 4 （明）黄花梨提盒

（二）对人工之美的追求

传统家具造物中的"工巧"是强调人自身的主观能动性，重视技术之美。注重造物者的技艺创造，特别强调在种种客观条件限制下充分挖掘造物者的意匠能力（图 5）。《说文解字》里也说："工，巧也，匠也，善其事也。凡执艺事成器物以利用，皆谓之工。"又说："工，巧饰也。""工"的意义在于"巧"。《考工记》把百工称为"巧者"。《释名》云："巧者，合异类共成一体也。"由此可知，作为造物主体的人将材料通过各种技术制作成合目的性的美的器物即谓"工巧"。在造物过程中，工匠一方面要受到天、地、材等因素的影响，表现出对自然规律的顺应。另一方面要极尽所能地发挥主体创造性，符合礼制，合乎需求，对已有的各种限定予以协调与突破。"工巧"是对装饰和造型的审美判断。道家强调"大巧若拙"，道家要求"真正的巧并不是违背自然规律去卖弄自己的聪明，而是处处顺应自然规律，在顺应之中自然而然地使自己的目的得以实现。"[8]追求"自然天成""大巧似拙""巧夺天工"，在"无为而无不为"的原则之下顺应自然。这种不着痕迹的技巧，是一种观念也是一种境界。

人们常常用"鬼斧神工"一词来比喻制作工艺的精湛与巧妙，以此来形容中国传统家具非常贴切。中国传统家具的辉煌乃是天工与人工的合璧而成就的。那精密坚固的榫卯结构，那精炼利落的线脚变化，那精细巧密的"攒边"技术，那舒展优雅的造型，那多彩丰富的髹饰技艺，那或简约或浓华的雕饰工艺以及线与面、曲与直的有机结合，无不彰显着古代工匠们卓越的技艺，对"工巧之美"的追求。无论是陶制家具、青铜家具或髹漆家具，我们从一件件精美的家具中可以感受到一种物化了的造物者的睿智。

如先秦的青铜器，在那一时期铸造工艺已十分先进，可以说是精巧绝伦（图6）。在世界各地的青铜文化中，中国的青铜器享有特殊的地位。

图 5 （清代）天然木椅、几　　　　　图 6 （战国中期）龙凤方案

其形制之复杂，造型之优美，花纹之精妙，处处展现出古代工匠们巧夺天工的构思。青铜器的装饰方法也很丰富，主要有嵌绿松石、镶嵌红铜、包金银、金银错、贴金、鎏金、镀锡、髹漆、镀铬等。金银错、嵌玉石、错嵌红铜都是依据装饰图案的需要，预先在青铜器的表面雕刻出或留出一定的凹槽，然后再以红铜、金银丝或名贵的玉石镶嵌在凹槽中，最后将其表面磨光打平，使得整个青铜器看上去色彩斑斓，富丽堂皇。

（三）天工与人工的意匠

注重材美与工巧是中国传统家具造物的一大特色，强调天工与人工合而为一。这是自然美与技术美的统一，艺术与技术的统一，情与理的统一。这里所说的"天工"不仅是指自然界造物的奇妙，还指大自然自身的运行规律。利用自然界中的有用之物，顺应自然，通过人工开发，设计制造出有价值的器物，这正是"天工开物"的真谛。

在传统家具中，明式家具可以说是材美工巧，天工与人工合为一体的典范。采用木架构造形式是明式家具的主要特点，形成了别具一格的形态特征，造型凝练素简、淡雅纯朴、结构合理。此外，明式家具充分利用了木材的纹理和色泽的自然之美，家具略加雕饰，制作上讲求精巧的榫卯结构与工艺的精湛，使明式家具显得简练、圆浑、空灵、沉穆、妍秀、淳朴、挺拔、柔婉。明式家具整体上造型简洁而流畅。造型手法以"线脚"为主要元素，强调家具的线条美感，突出了"线"和"面"的有机结合。在视觉上注意线形的变化和形体的收分起伏，朴素的直线结合柔美的曲线，动静相宜。线脚的曲直、阴阳的细微转变，增加了家具的精致感和柔和感。明式家具的设计非常注重按照一定的美学比例进行分割，强调整体造型的比例关系。明式家具中的许多结构部件，如帐、卡子花、牙子、托泥、矮老等，它们不但增加了家具的力学强度，而且被美化设计，作为家具的结构装饰融于整个家具中，恰到好处。可以说，明式家具作为有机设计的典范（图7）对于西方家具设计也有着特别深远的影响。

图7 （明）夹头榫翘头案

三、结论

古人把造物活动看作是自然的一部分，非常注重人与自然的和谐，强调一种系统的、整体的、相互制约的美。就像李砚祖教授说的，这一思想"反映了当时社会'天人合一'哲学思想的影响和人的宇宙观，因而在设计上反映出与'天人合一'相一致的合乎天道、物顺自然的思想观念。从自然到人工，不但两者组合，且互为表里，以自然为尚，以人工为本。创物犹如万物之声息，自然而如意"[9]。对当时以农为本的中国来说，注重天时、地气、材美、工巧的造物思想，在造物领域产生过积极的推动作用。有效地利用材料的特性，尊重自然，充分发挥人的主观创造力，这种造物伦理精神，即使在科学技术飞速发展的当下，它仍然对现代造物活动有着良好的指导意义，而且可以长久地发展下去。

（程艳萍，博士，上海商学院艺术设计学院副教授，主要研究方向为家具设计及理论）

参考文献

[1] 闻人军.考工记导读［M］.北京：中国国际广播出版社，2011.

[2] 马未都.马未都说收藏·家具篇［M］.北京：中华书局，2008.

[3] 后德俊.楚国科学技术史稿［M］.武汉：湖北科学技术出版社，1990.

[4] 张正明，萧兵.楚文艺论集［M］.长沙：湖北美术出版社，1991.

[5] 杭间.中国工艺美学思想史［M］.太原：北岳文艺出版社，1994.

[6] 王琥.漆艺术的传延［D］.南京：南京艺术学院，2003.

［7］　李泽厚，刘纲纪 . 中国美学史（第一卷）［M］. 北京：中国社会科学出版社，1984.

［8］　李砚祖 . 工艺美术概论［M］. 济南：山东教育出版社，2002.

［9］　王世襄 . 明式家具研究［M］. 北京：生活·读书·新知三联书店，2007.

雄安新区城市家具设计色彩体系研究

Research on Color System of Urban Furniture Design in Xiong'an New Region

鲁嘉颖

摘　要： 文章基于色彩理论的三要素，运用色彩地理学对城市家具设计色彩体系进行研究。从城市自然环境色彩特征的明度、纯度等条件出发，为雄安新区寻找对标城市。通过研究对标城市的优秀色彩规划及城市家具设计色彩体系，总结设计原则作为雄安新区城市家具设计色彩体系研究的参考依据。

关键词： 色彩三要素；色彩地理学；环境色彩特征

Abstract: This paper starts from the three elements of color theory, and uses color geography to study the color system of urban furniture design. Based on the brightness and purity of the color characteristics of the city's natural environment, we will find a benchmark city for the Xiong'an New Region. By studying the excellent color planning and urban furniture design color system of the standard city, it provides reference suggestions for the urban furniture design color system of Xiong'an New Region.

Key words: three elements of color; color geography; environmental color characteristics

引言

　　"城市"是由于聚集的人群而产生的，是丰富建筑形式的空间组合，具有良好设施并且适宜于生活和工作[1]。城市家具是城市公共空间的必备设施之一，泛指城市公共环境与场所构成的一切人的活动领地领域所必需的物质。城市家具设计可以使建筑物的室内空间产生具体使用价值。其设计符合人们心理和生理需求，营造城市的文化氛围，有利于保持城市的独特性[2]。构成城市家具设计的完整形象包括造型、色彩、光、空间等要素，其中色彩可以说是认识事物的第一要素，往往比形态更容易受到感知。

色彩的理论研究有基本的三要素，色相、明度、纯度，这三者不同的组合可以用来表示不同的色彩属性[3]。色相是色彩感知的质的区别，色相通过明度和纯度来进行描述。由于城市家具设计与城市色彩、建筑色彩联系紧密，因此需要在色彩三要素的理论基础上结合法国色彩学家让·菲利普·朗克洛提出的色彩地理学，在城市色彩的基础上研究城市家具色彩设计。一些国外城市色彩保持着和谐的面貌，主要是因为很好地保护并秉承了传统建筑和景观。随着中国改革开放以来城市化建设飞速发展，城市的面貌在经济的快速发展中被迅速改变。传统的城市环境色彩被新建筑群所淹没，而新的色彩秩序还未能建立起来。目前很多城市意识到了城市色彩规划的重要性，但在城市家具设计上还未受到足够重视，色彩设计也没有形成一定的规范。2017 年中共中央、国务院决定在雄安设立国家级新区，是继深圳经济特区和上海浦东新区之后又一具有全国意义的新区。本文依托上海交通大学课题项目，对雄安新区城市家具设计色彩体系进行研究，这将改善城市色彩混乱的现状，对美化城市环境、提高人居环境质量、保护地区文化和历史传统起到重要的作用，为市政色彩管理提供参考依据。

一、城市家具设计色彩的三要素

（一）明度

自然色彩是城市色彩的基础。"色彩是光之子，光是色之母"，是约翰内斯·伊顿在光与色的关系上的论述。色彩地理学理论认为不同纬度、不同地理环境的自然光照条件不同，在很大程度上决定了不同地域具有不同的色彩特质[4]。通过王京红先生在《城市色彩：表述城市精神》一书中绘制的中国理想天空色彩分布图可以看到[5]，按照不同自然光条件分类城市色彩，光照条件决定了城市的明度。明度决定了城市色彩的变化节奏和空间结构关系，并继而影响了城市精神气质。根据示意图，可以判断雄安新区的地理位置属于中等亮光的城市。基于此可以寻找中等光亮的优秀城市家具色彩设计作为对标城市参考。

巴黎、罗马、纽约和北京是典型的中等光亮城市代表，中等光亮城市都有至少 3 个明度层次，并且各明度层次可以均匀从容地过渡。另一个至关重要的视觉感知要素是材料的质感，通过建筑材料质感不同的粗糙度和反射率表现和谐的明度关系。巴黎、罗马和纽约，虽然城市色彩面貌截然不同，但都能感知到明度均匀变化的旋律中色相与纯度的共鸣，其建筑材料反映出了良好的明度关系。而当代北京很多住宅建筑的色彩明度缺少中间层次，明度差异过大，容易显得生硬死板，在城市色彩表达上略显不足。因此雄安新区可

图 1　巴黎

图 2　罗马

图 3　纽约

图 4　雄安新区

以选择巴黎、罗马、纽约等中等光亮城市作为参考城市，学习其城市色彩设计体系（图1～图4）。

光照对于人的感知影响毋庸置疑，对城市居民而言，自然色彩中特定的明度关系就成为城市色彩给居民"愉悦感"的依据之一。在自然色彩提供的明度框架下，各地人文历史、时代风尚演绎出不同的城市色彩面貌。

（二）典型色相

典型色相决定城市的特质，是视觉最容易捕捉到的环境色彩特征，通常能够反映城市个性的特征。

首先需要确定城市色彩的冷暖色，典型色通常来自大地，因为这是当地居民土生土长下最常看到的色彩，人们对于土壤大地往往有着来自骨血的感情。从中国土壤色彩示意图可以得知雄安新区的典型色[5]。通过典型色确定主色调，拓展标志色。从图5中可以看到雄安新区地理位置主要是色彩偏黄、棕等彩色土壤，虽然城市化的进程使得人们很难看到大面积的真实土壤，但城市扎根于土壤的独特性依然不能被忽视。此外，从图7的雄安新区俯瞰图可以看到白洋淀区水陆两地，由于当地的芦苇、农作物等植被呈现大面积的黄褐色色彩。结合土壤典型色和植被标志色，可以确定雄安新区的典型色相是偏暖的黄、褐色相。

自然地理特征给色彩设计提供一个基础，但最终呈现的样貌，还是由历史、时代的人文因素决定的。

以与雄安新区光亮程度、典型色相近的巴黎为例，1980年代，法国巴黎市政府对城市进行色彩规划并列入正式法例。新老城区采用了不同方式的规划色彩设计。老城区里充

图 5　雄安新区俯瞰图

满了历经数千年的历史建筑，除了个别像埃菲尔铁塔等后建建筑物外，主要建筑物墙体都被涂上了一层淡淡的奶酪色，并用深灰色涂抹房顶。例如香榭丽舍大街就是用浅色的奶酪色和深灰色加以点缀，成为老城区色彩设计的典范。同时将金色的点缀作为了色彩规划上的一个醒目的特点，比如卢浮宫和凡尔赛宫的门栏等，这种金色点缀极好地凸显了巴黎的历史风貌，并且金色与深灰色形成很好的匹配。

老城区的城市家具色彩设计与建筑色彩有较强的呼应，同样由奶酪色、深灰色和金色搭配组成，并赋予了金属、石材、玻璃等更丰富的材质应用。例如巴黎市区街心花坛其色彩与周围奶酪色建筑和谐；塞纳河畔的休息空间运用奶酪色石材，兼具围栏和休息的功能；巴黎某小区信息牌使用了暗金色的金属与黑色结合；公交车候车室则搭配使用黑色金属和透明玻璃；在一些公共设施指示牌中使用了明亮的黄色以传达愉悦的情绪。

巴黎的新城为20世纪80年代所建，新城建设极大地缓解了原有城市各功能的局促情况，城市的居住交通等都有了极大改善，城市中处处展示着工业时代的特征，多是金属、玻璃幕墙、钢筋混凝土构成的摩天大楼，色彩是明朗冷峻的灰色色相。这类城市环境在色彩上给予点缀色更多自由发挥的空间，且环境对天空色有更多的反射，可以表现变化的色彩。

新城区的城市家具色彩设计发挥自由度很大，秉持中明度、中彩度的原则在色相上没有使用限制，搭配现代艺术的设计表达，中和了建筑色彩中工业感的冰冷。例如印花的五彩格子墙装饰着凯旋门前的台阶，还有五彩现代雕塑和大红拱桥，甚至还有迷彩色的椭圆建筑物。新城区的活泼城市家具色彩设计，体现出与老区不同的色彩设计理念。

（三）纯度

色彩的纯度表现了城市重要的内涵信息，是城市外在空间色彩丰富性的指标。

自然界的大背景决定了城市色彩纯度的总体水平，即纯度范围，也揭示了产生纯度对比的可能性。城市色彩的纯度主要受光照和植被色彩影响。结合中国植被典型色示意

图 [5]，以及光照情况与城市色彩纯度范围的关系，可以发现雄安新区接近中等纯度城市。

　　色彩样貌的多样源于悠久的历史沉淀，人文色彩逐渐从物质发展到精神。我国已有学者对中国的文化地理做出划分和界定，学者王会昌早在 20 世纪 90 年代就提出了中国文化地理区划方案，雄安新区属于典型的农业文化地区。追本溯源，找到城市所在地理文化分区，深入研究其人文色彩，将有效避免城市表现出的文化趋同甚至缺失。

　　雄安有着悠久的历史文化，在中华文明绵延数千年的历史长河中，遗留下无数的瑰宝。这里是两个世纪前的燕赵大地，燕南长城、南阳遗址是其在漫漫历史长河中遗留下来的瑰宝。一个世纪前，这里是宋辽的边关地带，当时在雄州等地留下的边关遗址，是我国历史上少见的军事历史博物馆。近百年来，这个地区又是革命根据地，有着优秀的红色基因，小兵张嘎的故事人人皆知，敌后抗日雁翎队的事迹家喻户晓；鹰爪翻子拳，特色鲜明的雄县古乐、安新县圈头村音乐会等民间艺术……这些最具有当地特色和历史色彩的传统民俗，刻画了雄安独特的历史文化气息。雄安地区的历史文化主要分为几类：丰厚的历史文化资源、慷慨仗义的精神遗产、精湛的工匠技艺、人与自然和谐的生态文化、荷花淀派红色文化遗产。

　　受自然环境影响，不同土壤烧制出来的建筑材料色彩也大不相同。雄安地区的古历史建筑如南阳遗址、宋辽边关地道等，都为浅黄褐色的建筑砖土外墙，与土壤色彩相近。屋顶大多是深灰系的色彩。一些建筑采用了大面积红墙搭配灰色的涂装色彩，中明度、低彩度的色彩体系传达出中国传统文化内涵。因此，中明度、低彩度，黄、褐色相为主，灰色相为辅的色彩体系可以作为雄安新区城市色彩的典型色，同样可以作为城市家具设计的典型色。

　　保护历史文化遗产是雄安新区的一项基本工作内容，习总书记曾寄语雄安新区，希望营造一个绿色交织、清新亮丽、水与城市和谐交融的生态城市，不负白洋淀"华北之肾"的美誉。雄安地区文化中的船艺、苇编等民俗风物，是其独特的文化变现要素。除了木、芦苇等自然色彩材质外，面塑、剪纸等非物质文化遗产充分传达了热闹喜庆的民俗风情。因此，中明度、中彩度的丰富色彩可以在城市家具设计中作为标志色进行灵活应用。

二、城市家具色彩设计原则

（一）整体性

国内目前的城市家具色彩设计缺乏美感的现象普遍存在，很大原因就是脱离了城市色彩与建筑色彩规划，导致色彩规划缺乏整体性。作为一个有效的直观视觉语言，城市家具色彩设计应考虑它们在街景中的效果，控制色彩设计与城市风格相吻合。如巴黎城市色彩管理制度中规定，城市建筑仅限一层可以给予商家进行色彩变化。这种情况下以城市色彩为基调，城市家具色彩设计会在控制范围内进行相互影响，和谐但又丰富多彩。

（二）连续性

城市中的建筑界定了连续不断的空间界面，不断的行进过程又使前方的新信息不断加入，与刚才的印象进行比对，从而逐渐形成总体感受，这就是连续性。连续性的特点要求在色彩进行控制时，一方面，要注意色彩之间的相互影响，关注色彩群形成的总体效果，避免只关注于个体效果造成整体的混乱。另一方面，在不断行进之中感受到建筑色彩的变化，注意保持色彩变化的连贯性，特别注意协调主次关系。根据巴黎新旧城区色彩设计的案例，我们可以发现基于城市色彩与建筑色彩的典型色相，选择城市家具设计色彩进行配色是有效实现连续性的方法。

（三）文化性

每个城市都有自己独特的传统和特色文化，城市家具作为城市公共空间的组成部分，可以作为城市文化的一种载体，在城市景观环境中起到传承文化脉络和承载城市景观环境地域特征的作用。设计者应该通过继承和发扬历史风貌，从城市发展战略、规划布局等方面统筹兼顾，使现代化建设与历史文化遗产交相辉映，形成差异化的城市风格。

三、结论

明清故宫是让世界为之惊叹的建筑瑰宝，体现了古代中国在色彩规划运用上的杰出成就。现代中国也需要我们不断将出色的色彩规划用于现代化的城市建设中，然而色彩规划的窘境限制了城市色彩规划的需求。我们需要意识到中国城市色彩的"根"在中国，需要体现中国传统文化，需要立足城市的具体情况，体现广大人民群众的审美和需求，从功能的关注点转向精神层面的不断追求，寻找城市独特的精神，让能够连接物质和精神的城市色彩发挥越来越重要的作用。

当然，目前的城市家具设计问题并不是简单通过色彩设计就能够解决的。安装设施的数量、距离、形态及材料等等都与色彩设计密切相关，这些因素的变化，可能最后都会影响到色彩的设计。本文所述的城市家具色彩设计方法和原则，主要基于色彩理论，结合城市色彩与建筑色彩规划，为引导城市空间提供参考依据。

（鲁嘉颖，上海交通大学设计学院硕士生）

参考文献

[1] 申洁，黄建军.浅谈城市家具设计[J].四川建筑，2006，26（6）：26-28.

[2] 孟露，郭劲锋，黄圣游.当代城市家具特色构建与应用现状分析[J].家具与室内装饰，2016（1）：106-108.

[3] 王庆斌.消费性产品色彩规划基础研究[D].无锡：江南大学，2001.

[4] 胡沂佳.集结与涌现——江南乡镇建筑色彩的场所精神[D].杭州：中国美术学院，2016.

[5] 王京红.城市色彩：表述城市精神[M].北京：中国建筑工业出版社，2013.

文化在乡村振兴战略中的价值研究

Study on the Value of Culture in Rural Revitalization Strategy

童成帅

摘　要： 实施乡村振兴战略，是新时期做好"三农"工作的重要环节，是我们决胜全面建成小康社会、全面建设社会主义现代化强国的一项重大战略任务。实施乡村文化振兴行动，推动乡村文化复兴无疑是新时代乡村振兴的题中要义与基本内核。文化作为"传统"得以传承的最直接的载体，以其创造性、鼓动性为乡村振兴战略提供了源源不断的精神养料与道德情怀。新时代视域下，为廓清政治发展迷雾，激活乡村发展的内生动力，夯实乡村文化的底蕴根基具有十分重要的现实意义。

关键词： 乡村文化；乡村振兴；价值旨归；复归

Abstract: The implementation of the rural revitalization strategy is an important guideline for doing a good job in the work related to agriculture, rural areas, and farmers in the new era. The implementation of rural culture revitalization action and the promotion of rural culture revival are undoubtedly the essence and basic core of the topic of rural revitalization in the new era. Culture, as the most direct carrier for the inheritance of "tradition", provides a constant source of spiritual nourishment and moral feelings for the rural revitalization strategy with its creativity, motivation, and spirit. From the perspective of the new era, it is of great practical significance to clear up the mist of political development, activating the internal driving force of rural development and consolidating the foundation of rural culture.

Key words: rural culture; rural revitalization; value aims; reset

　　中华文明植根于土地，乡村文化是中国文化的源头。党的十九大报告正式提出乡村振兴战略，乡村文化建设是乡村振兴的重要组成部分。2018年中央1号文件中也着重提及乡村文化建设，焕发乡风文明新气象。乡村文化将与乡村产业升级、社会结构优化、生态环境提升等要素互为表里，共同完成乡村振兴的时代使命。基于此，探究乡村文化建设的内在逻辑要义具有十分重要的现实意义和时代价值。

一、新时代乡村文化建设面临的困境与机遇

2017年10月18日，习近平总书记在党的十九大报告中首次提出了"乡村振兴战略"，将农业农村农民问题置于关系国计民生的根本性问题的高度，要求必须始终把解决好"三农"问题作为全党工作的重中之重。新时代新起点，当前随着国家力量的推动，社会资本的涌入，乡村振兴战略一经提出，便在农村地区掀起了一股热潮。然而，当下却有不少人以现代化的理论逻辑思维肆意地解释中国五千多年的农耕文明，片面地将农耕文明视为落后的、腐朽的生产方式和价值观念，将乡村文化中的礼仪规范贴上"落后""愚昧"等标签，致使乡村社会逐渐失范，不和谐因素和社会矛盾日益凸显。甚至有学者提出，随着乡村的土地和劳动力不断投入城市化建设之中，乡村必然会导致衰败。建设乡村、改造乡村的目标也是将乡村建设成城市。这种畸形的观念显然忽视了乡村的客观现实，无视了广大农民的根本诉求，也忽略了根植农村土壤悠长的传统文化。不仅没有促进乡村地域发展，反而给乡村带来了破坏。在促使农村经济发展衰败的同时，也造成了农村植根千年的传统文化、道德伦理的衰落，农民自身在精神观念上进退失据。同时，随着我国城镇化的快速发展，大量农村青壮年转入城市发展，农村家庭结构的变化带来的是农村社会文化结构的变化。"空心化"成为当前农村发展面临的最大挑战，祖辈传下来的文化基因库面临无人继承的威胁，整个中华民族五千多年的文化灵魂得不到安放，文化建设呈现"虚的"发展态势，这就是我们今天面临的乡村文化困境。

21世纪以来，我国解决"三农"问题的国家战略，经过了建设社会主义新农村—美丽乡村—"人"的新农村—乡村振兴战略的持续推进，愈来愈显示出乡村建设中对于"人"的重视，以及对农业农村总体性发展的建设路径。习近平总书记曾用一个很"文艺"的词表述了乡村文化建设的意义和价值——"乡愁"。这个"乡愁"的基本内核是指不论时代如何变迁，都不能抹杀乡村的"精气神"，不能摒弃传统文化，破坏自然生态，不仅要留住绿水青山，而且还要传承传统文化。乡村文化建设的价值旨归就是让"乡愁"在农村生根发芽，传承经典文化，守护绿水青山。

新时代要有新理念、新气象、新作为。在党的十九大精神的引领下，加快推进乡村文化建设步伐，探索乡村文化振兴的中国蹊径，既是一种战略机遇与策略选择，也已成为影响我国乡村振兴战略可持续发展的重大议题。乡村文化的建设，就是重新激发乡村的内生

动力，让乡村文化在现代文明体系当中找到自己的归属，得以重建和发展。不是简单地回到从前，更不是推倒重来，再造一个完全不同的乡村，而是在继承传统基因库的基础上，满足广大农民的文化需求，保障农民的文化权益，重建新的乡村精气神，唤起农民的文化自觉和文化自信，培养新乡贤文化的继承者。这才是乡村文化建设的价值旨归与内在逻辑要义。

二、正确认识乡村文化的价值旨在

目光投向国际，马克思恩格斯在《共产党宣言》中强调：共产主义社会"将是这样一个联合体，在那里，每个人的自由发展是一切人的自由发展的条件"[1]。其中深刻阐述了共产主义文化功能的内在逻辑要义，在共产主义社会里，在马克思设想的"自由人联合体"的时代中，文化的功能主要是造就出自由个性和素质全面发展的人；而文化的价值指向主要是崇尚能力和人的基本素养。两者是相互联系、相互交融的逻辑关系。

目光投向国内，文化价值是一种文化甚至是一个族群得以生存和发展的核心与精髓，支撑着文化主体的心灵归属。文化价值的确立，需要置身其中的人们的自我认同，更需要与其相联系的人们的他者认同。乡村文化自诞生以来，就形成了特殊的理念情态和精神气质，在中国社会得到了充分的发展与延续，并穿越时空向其他领域渗透蔓延。中华民族自古以农耕而文明，其衍生出的乡村文化因子不仅创造和保存了全球最具有价值的农耕技术、农业文明遗产，而且还自发形成了一整套情感、知识、价值和沁人心脾的文化系统，其中既有"天人合一"的哲学思想、"道法自然"的生活方式，也有对生命本体论的价值判断。不可否认，乡村文化是中华民族传统文化的根和魂。

恩格斯曾指出："文化上的每一个进步，都是迈向自由的一步"[2]，亦即文化作为一种意识形态对社会发展具有反作用，先进社会文化可以促使社会不断发展进步。回溯历史长河，不难发现，尽管中国屡遭列强侵略，但国家没有灭亡，文化没有覆灭，追根溯源，实则本民族文化基因库在关键时期发挥了巨大的作用，使中国在外来文化的刺激下，依然有仁人志士以自身文化信念为支撑，在困难和挫折面前没有丢掉自我，反而越挫越勇，发奋图强。自近代以来，我们在用马克思主义普遍真理解决问题的同时，也在不断地运用中华民族的文化底气和魄力来补充革命斗志的精神元气，从而铸就了中华民族自强不息的伟大革命精神。

21世纪以来，中国秉持着大国担当、大国情怀的执政理念，正从全球范围内的文明冲突中逐步走向世界舞台的中央。从国际政治视野来看，中国为世界各国人民贡献出了"人类命运共同体"文化发展理念和"一带一路"倡议，为全球营造了和平、和谐、共生、共荣的文化氛围。从国内政治视野来看，党的十九大提出了乡村振兴战略，这项方针直接关乎决胜全面建成小康社会和全面建设社会主义现代化国家新征程的实现。而实施乡村文化振兴行动，推动乡村文化繁荣兴盛无疑是乡村振兴题中要义，并贯穿于实现农业农村现代化全过程。文化作为一种更基本、更深沉、更持久的力量，以其先导性、战略性为乡村振兴战略提供了精神激励、智慧支持和道德滋养。我们要坚持道路自信、理论自信、制度自信和文化自信，将我国的优秀传统文化与民族文化、革命文化、社会主义先进文化以及乡村文化相互交融，实现真正意义上乡村文化的复归。

三、乡村振兴战略下乡村文化建设的未来指向

加强乡村文化建设既是实施乡村振兴战略的重要抓手，又是一项传承发展农耕文明的战略任务，从调研和乡村文化建设的实际来看，当前加强乡村文化建设应做到以下几方面的工作。

（一）尊重乡村、农民的文化需求与文化创造

江泽民曾指出，"坚持什么样的文化方向，推动建设什么样的文化，是一个政党在思想上精神上的一面旗帜"[3]。一国的文化水平是参与综合国力竞争的重要指标，其力量蕴藏在民族的生命力、凝聚力和创造力当中，是实现中国特色社会主义现代化建设的重要保障。事实上，中华民族的魂固守在乡村，国家精神层面的原动力在乡村，乡村才是社会发展的根源。如果仅仅以城市化的标准来衡量乡村，可能会得出乡村比城市落后的结论，但以文明观点而论，乡村则有另一套价值。因此，复兴乡村文化，最要紧的不是彻底否定，而是发现、维系和恢复原有的生活方式、情感方式、文化心理、价值观与世界观，使之与现代价值相嫁接、相融合，生长出新的价值。所以，以乡村为本，以农民为本，是发展建设乡村文化的根本依托。

马克思从辩证唯物主义出发，提出文化的本质——人化，即文化是人创造的文化，文化的传承和发展由人来主宰。这充分肯定了人民群众在文化创造活动中的主体地位。同时毛泽东曾指出，农民是当前文化建设的主力军，农村精神思想文化的建设，不能仅靠外部力量，须充分信任农民能力，积极引导农民发挥自身主动性，自动自觉地开展乡村文化建设。只有依托乡村自身、依靠农民自觉行动，才能挽回乡村的衰败，激发农民的自尊和自信，也才能塑造适应现代社会、具有内在动力的乡村文化。当然，乡村文化不能为乡村所独有，但是，乡村文化一定要为生活在乡村的人提供精神滋养，树立为乡村人所认同、所遵从的价值观。进入乡村的任何人，应该对乡村怀有敬畏和尊重之心，在尊重乡村与农民的前提下，在理解农民的前提下进行建设。对于乡村而言，恰恰还要更加尊重乡村的文化，守住乡村的根基，塑造乡村文化的尊严。

（二）培育新乡贤文化，共筑乡村文化振兴梦

习近平在党的十九大报告中指出："实施乡村振兴战略要坚持农业农村优先发展，按照产业兴旺、生态宜居、乡风文明、治理有效、生活富裕的总要求，建立健全城乡融合发展体制机制和政策体系，加快推进农业农村现代化。"[4]其中不难发现乡村振兴战略作为一项系统工程，涉及政治、经济、社会、文化、生态各个领域。而乡村文化建设是实现乡村振兴的重要方面，乡村文化建设不仅靠基层干部的治理，还要靠乡贤群体发挥的功效，如此一来，乡贤文化的培育便成了乡村振兴题中的应有之义。乡贤文化作为中国优秀传统文化在乡村的一种表现形式，它根植于乡村社会的土壤，蕴含见贤思齐、崇德向善、诚信友善等优秀文化基因。然而，当前随着乡村日益空心化与城市日渐拥挤化之间矛盾的涌现，如何实现精英群体的良性循环，如何为乡村发展注入内生动力等错综复杂的因子成为社会发展的重大课题。基于此，我们应该借鉴传统乡贤的治理经验，培育新乡贤，推动新乡贤文化建设。

为了积极响应全面建成小康社会的发展口号，当前农村正处于矛盾凸显期、发展关键期，基层干部身上的担子也越来越重，难度也日益增大。为此，我们应该发挥乡贤群体的影响力，增强基层服务和管理的能力。特别是在某个具体村庄里，凭借新乡贤文化促进乡村现代化管理，吸引一大批大学毕业生参与村庄机构建设，承担起村级事务管理工作，并及时向村民们告知党中央的最新政策动向与未来指向，从而也起到巩固民心的作用，更好地推进乡村振兴美好蓝图的实现。

培育新乡贤文化，需要基层党组织与党中央共同联手打造切实可行的顶层方案与计划，提供更好的福利政策待遇，将乡贤的心留在一方土地。总之，研究用新乡贤文化推进我国乡村振兴建设是深刻学习习近平新时代中国特色社会主义思想的实践表现，是马克思主义中国化的继承与创新。

（三）保护绿水青山，共建生态文明新时代

"走向生态文明新时代，建设美丽中国，是实现中华民族伟大复兴的中国梦的重要内容。"[5]其中国家生态文明发展方略，对于中国稳步发展乃至全球命运"共同体"持续推进都有着重大的现实意义。对于我国乡村而言亦是如此，因为我国乡村汇聚五千多年优秀秉性而成的传统生产、生活方式本身就是"资源节约、环境友好"的生态型模式。其中，在乡村振兴战略的背景下，许多的理论逻辑和经验规律都需要深入挖掘，需要在现代文明话语中进一步科学化、合理化、系统化。然而，在推进古老文明与现代文明有效接轨的途中，由于对现代化技术的盲目崇拜，使这套古老文明被现代文明所同化，失去其应有的特性。基于此，今天我们应该要重新审视自身的生态传统文化定位，依靠原有的乡村生态优势，借助乡村振兴战略的东风，直接将它们带入生态文明的阶段。

习近平总书记曾强调："各地区各部门要切实贯彻新发展理念，树立'绿水青山就是

金山银山'的强烈意识，努力走向社会主义生态文明新时代。[6]"其中"绿水青山就是金山银山"的基本内核就在于具体落实在生态建设实践中，就是保护好生态环境，实现农业生产的生态化。这也是乡村文化建设的新课题。乡村生态文明建设既可以从中华民族优秀传统文化中汲取养分和养料，又能增强自身本民族文化的认同感。"绿水青山"的未来指向就在于在加快城镇化步伐的同时，维持乡村原本的自然命脉，让乡村所蕴藏的生态文明价值目标逐步地释放出来。不仅是用乡村自然风光吸引都市人观光旅游，而且还将吸引城市人群参与到乡村生活的方方面面，使得城乡群体共同体意识不断增强，推进城乡一体化进程。

综上所述，乡村文化建设的价值目标就在于将农村建设为新时代农村。在城镇化的进程中，局部的村庄可能会被同化甚至消失，但从宏观上来说，乡村是不会被全盘消灭的，乡村的文化脉络和价值也不会消失。如此，我们应当充分认识到乡村文化建设对新时代中国乡村全面振兴的重要意义。马克思曾指出："历史向世界历史的转变，不是'自我意识'、世界精神或者某个形而上学幽灵的某种纯粹的抽象行动，而是完全物质的、可以通过经验证明的行动。"[1]其中的价值旨归就是告诉我们今天如何去振兴乡村，明天乡村就会是什么样，我们一定要将乡村原有的根留住，只有把根扎进肥沃的文化土壤之中，乡村振兴的花朵才会开放得愈加绚丽。

（童成帅，长沙理工大学马克思主义学院硕士生，研究方向：马克思主义中国化）

参考文献

[1] 马克思，恩格斯.马克思恩格斯选集（第1卷）[M].北京：人民出版社，2012.

[2] 马克思，恩格斯.马克思恩格斯全集（第20卷）[M].北京：人民出版社，1973.

[3] 江泽民.在庆祝中国共产党成立七十周年大会上的讲话[M].北京：人民出版社，1991.

[4] 习近平.决胜全面建成小康社会夺取新时代中国特色社会主义伟大胜利——在中国共产党第十九次全国代表大会上的报告[N].人民日报，2017-10-28（1）.

[5] 习近平.习近平谈治国理政（第1卷）[M].北京：外文出版社，2014.

[6] 习近平.习近平谈治国理政（第2卷）[M].北京：外文出版社，2017.

设计理论和实践中的"权威"问题

蔡佳俊

摘　要：伴随着近代西方向全球的扩张，西方发展出来的学术和学科体系实现了全球化。因此，现代的学术与学科不可避免地以西方传统及西方权威为基础。与此同时，中国传统学术的儒道权威因种种历史原因而解体。然而，西方权威的垄断并非因为其绝对合理，而东方传统权威的式微，也并非因为其不尽合理。目前，已有学者认识到，西方传统中有诸多因素，妨碍了对于树立一种新的世界观的必要性的理解，而这种观念的转换恰恰是战胜许多当代社会通病的关键。相反，东方的儒道传统中的诸多因素则可能为我们提供解决各种西式现代化带来的危机走出困境的办法。就设计和审美领域来说，西方权威的垄断带来了审美上的问题，并在一定程度上局限了设计理论和实践的良性发展。这些问题都有待于儒道权威的重建。论文就儒道权威重建的必要性、可能性及将遇到的困难和需要解决的问题展开讨论。

关键词：设计；审美；东方；权威；重建

一、设计理论和实践中的"权威"问题

现代学术与现代学科乃是因近代西方向全球扩张，使由西方发展出来的学术和学科体系实现了全球化的结果，这造成了学术上的西方中心的状态。现代学者巫鸿在 2017 年 11 月中央美术学院美术史学科创立 60 周年国际学术研讨会上发表了主题演讲《世界美术史如何走出西方逻辑？》，指出了当下的"西方中心"症结——即西方的学术及方法已成为"普世"的模式：西方以外地区的"学术研究在分析方法和叙事结构上接受了西方艺术史的理论概念……其结果是……许多来自欧洲美术史的概念……都成为地域性美术史的共享因素"。在殖民主义和帝国主义的早期全球化过程中，研究东方艺术的西方学者开始出现，不过，"他

们对非西方艺术的分析很少反思欧洲美术史的观念和标准，对非西方艺术形式的评述往往停留在一种宽泛的比较之上，对非西方艺术传统的看法也多具有简单化……的倾向"。目前，由于西方标准在学术上的"普世性"，无论是西方还是非西方学者，在研究非西方艺术时，倾向于以来自西方的理论的简单地接受和套用，把非西方的艺术简单地放到西方的理论框架下进行解释。另外，由于西方中心观念的存在，"即使各地区的美术史研究处理的是本地的材料，但在基本立论和观念上常常是随着欧洲美术史中提出的问题在走"。[1]

可以说，很多在西方学术中发展出来的观念和逻辑已经成为绝大多数非西方现代学者头脑中的权威。也可以说，由于西方在学术上的权威性，西方中心主义的观念在各个学科中都十分普遍地存在，并且似乎已经成为许多现代学者的潜意识。就设计领域来说，这造成了大多现代学者和设计师在理论和实践中以西方的理论和实践为标准和典范，而即使有些学者和设计师在尝试重新发现中国传统的设计思想或尝试将设计结合中国的传统的时候，仍不可避免西方中心主义的惯性思维。

因此，"权威"的问题需要被提出来探讨，但现实中却几乎很难见到此问题的提出。例如，巫鸿在他的《世界美术史如何走出西方逻辑？》中对"权威"的问题显得相当谨慎，甚至避而不谈。他所设想的，"不是提出一个个人化的全球美术理论体系，更不是以'中国中心'的格局代替'欧美中心'的格局，而是建立一种学术交流和学术生产的机制，通过这种机制逐渐促成美术史中的多元性的全球视野……"实际上，"权威"的问题对于学术来说不可回避。由于巫鸿避开了"权威"的问题，他并不能使学术和学术成果走出西方"权威"而走出西方逻辑。

这是因为，我们如何理解一件事物关键在于我们所接受的知识以及形成的立场——"说到底我们在看世界的时候，我们只是发现了自己"[2]。当许多现代学者有意或无意地在使用他们所熟悉和关注的西方理论、现象和术语来解读传统中国历史或思想时，他们也许只看到了他们所想看到的，并很可能因此曲解了他们的研究对象。美国学者 Paul Cohen[3] 在他的 Discovering History in China（《发现中国的历史》）一书中便承认，当代美国学者研究中国历史的最严重的问题就是西方中心主义所引起的偏见。事实上，同样的问题也出现在设计领域中。在中国，有一句广为人知的老话是"解铃还须系铃人"——理解或运用传统中国历史或思想时，最好的方法不是仅仅顾及中国的传统思想，而更应该是抛开现代思维的成见，从中国传统思想的内部视角看问题。例如，正如钱穆指出的，"如果我们今天亦要效法西方人，强要把'天文'与'人生'分别来看，那就无从去了解中国古代人的思想了"（钱穆.天人合一.香港中文大学新亚书院钱穆图书馆藏）。

关于"权威"问题，现代学者林毓生在他的《中国人文的重建》一文中有较为深刻的论述。他指出，当我们在脑筋里思索问题的时候，我们必须根据一些东西想，而"人文学科"的工作尤其必须根据权威才能进行。他强调，这种权威是指真正具有权威性的或实质的权威,而不是指强制的或形式的"权威"。与此同时,他指出了中国权威与西方权威的本质性的不同。他也指出,"我们中国就是发生了权威的危机……我们传统中的各项权威,在我们内心当中,不是已经完全崩溃,便是已经非常薄弱"[4]。

可以看到,除了西方"权威"之外,中国本来是有自己的"权威"的,所以西方"权威"并非不可走出。

二、走出西方权威的必要性

然而,走出西方"权威"是否有实质意义上的必要性呢? 部分现代学者已经开始认识到这种必要性了。美国威廉玛丽学院艺术与艺术史教授吴欣在 2012 年指出:"在新近的国际学术研究中,许多大争论将矛头指向了西方文化对于自然、道德和美的理解中的一些根源性弊病。越来越多的有识之士认识到,西方传统中有诸多因素,妨碍了对于树立一种新的世界观的必要性的理解;而这种观念的转换恰恰是战胜许多当代社会通病(比如环境问题、知识与道德分离)的关键。因此,许多学界人士纷纷把目光重新转向古老的亚洲文化传统,提倡从本土的视角来揭示不同文化发展的历史,力图将研究推向东方主义的局限之外。"[5]

回过头来看我们的设计领域,在当代,西方设计理论垄断性的流行所产生的时尚已造成审美的混乱,产生了许多造型怪异的设计。以建筑设计为例,造型怪异的建筑如此地层出不穷,以至于习主席在 2014 年 10 月 15 日文艺工作座谈会上提出:"不要搞奇奇怪怪的建筑。""北京今后不太可能再出现如同'大裤衩'一样奇形怪状的建筑"[6]。中共中央国务院 2016 年 2 月 6 日发布的《关于进一步加强城市规划建设管理工作的若干意见》也已明确指出了问题:"……务必清醒地看到,城市规划建设管理中还存在一些突出问题:……城市建筑贪大、媚洋、求怪等乱象丛生,特色缺失,文化传承堪忧……"[7]。

在 2017 年 8 月份发表的期刊论文《重新发现儒道中的审美和设计思想的必要性》中,笔者论证了重新发现儒道中的审美和设计思想的必要性。实际上,在此之前,已经有少数学者尝试过重新发现儒道中的某些理念为设计所用,但问题是,直到如今,有这种尝试的学者较少,加上浅尝辄止,理论上的推进较为有限,造成的影响或吸引力也是较为微弱。到目前为止,能从儒道中挖掘出来的审美和设计理论仍属贫乏,同时也难以深入。其中原因,在笔者看来,一方面固然是目前艺术设计中的"西方至上"的大环境所造成,另一方面,主要是因为我们在重新发现儒道中的审美和设计思想时所用的方法不自觉地受到心目中的西方权威的约束。早在 20 世纪 60 年代,徐复观(1903—1982)已指出,"现在的中国知识分子,偶尔着手到自己的文化时,常不敢堂堂正正地面对自己所处理的对象,深入进自己所处理的对象;而总是想先在西方文化的屋檐下,找一容身之地"[8]。但至今这种现象无论在学术界、艺术界还是设计界仍然盛行。

　　总的来说，无论是"西方至上"的问题，还是我们在重新发现儒道中的审美和设计思想时所用方法的局限，究其根本，都是设计潮流上和学术上西方权威的垄断所造成。走出西方权威，将有助于学者和设计师突破其精神禁锢，重新发现有别于西式的设计思想，从而对传承和弘扬中华优秀传统文化作出贡献。

三、作为另一个选择的儒道权威

　　但是，走出西方权威是否就意味着需要建立起中国"权威"或者说儒道"权威"呢？就目前笔者所达到的认识来说，确实如此。这是因为，中西文化对世界的认识框架和思考方式在本质上如此截然不同（法国学者 François Jullien 曾多次对此问题展开论述），以至于在一方的思想方法遇到其局限时，总能在另一方的思想方法中找到解决问题的新的可能性。儒道是中国文化的主干，更重要的是，作为一个深厚的权威，儒道对宇宙和人性有着深刻的认识（为什么儒道是一个而不是两个权威需要得到解释，但这是本主题之外的另外一个话题），确实很有可能为我们带来解决各种现代化带来的危机以走出困境的办法。而是否能建立起中国"权威"或者说儒道"权威"，很有可能决定了我们能否找到解决各种现代化带来的危机以走出困境的办法。

　　可以预见，要深刻地改变西方中心主义，解决我们的人文危机，我们需要在学术上打破或暂时放弃西方学术思想和理论的"权威"，重新树立起儒道"权威"。而如果要重新发现儒道中的审美和设计思想，我们同样需要解决这个"权威"转换的问题。这样，我们在研究方法上就可能发生了质的变化，就设计领域来说，我们可以用儒道本身提倡的方法来研究儒道及其审美和设计思想。

　　然而，由于儒道权威的崩溃，现代学者除了西方权威之外，似乎无可选择。所以，"权威"问题的关键在于如何建立儒道权威的问题。但是，目前关于儒道权威对学术的影响及其重新建立的问题少有论述。林毓生在他的《中国人文的重建》一文中，关于人文重建，也只提出了相关态度和观念，并没有讲到具体方法。

四、儒道权威重建的可能性

　　要重新树立儒道的权威，其前提是要认识到儒道权威的崩溃并不是因为它的不合理性，而是因为它受到了歪曲和误解。正如牟宗三所指出的，"自满清入关特别是鸦片战争以来，儒学遭到了前所未有之厄难，民族生命一直未能复其健康之本相"（http://www.guoxue.com/?people=mouzongsan）。因此，现在大多数人头脑中的儒道，很可能不是儒道本身。建立儒道的权威，首先需要辨清儒道的真伪，建立起令人心悦诚服的"真正的"儒道权威，而绝不是"盲从"。

在笔者看来，探寻儒道的美学理想及其哲学依据是重建儒道权威的突破口。就前面提到的审美混乱的问题来说，实际上，从儒道的角度看，现代的审美及美学风格的流行的确是缺乏引导的，而美的力量尚未得到很好的发挥。为什么审美需要进行引导，审美的标准应如何得出，审美要如何进行引导，我们可以在中国传统的儒道哲学中得到答案。我们可以因此发现儒道为我们提供了实现主观世界和客观世界统一的途径，最终使人达到"先天而天弗违"，"随心所欲而不逾矩"的理想世界[9]。

可以预见，我们由此可以发现儒道学术优于西式学术的高明之处，从而重新建立自信心，使儒道成为我们头脑中的权威。进而在艺术设计中对"西方至上"的观念提出颠覆性的挑战。

五、儒道权威重建将遇到的困难和需要解决的问题

既然儒道权威已几乎全盘崩溃，要重新树立起儒道权威，进入其语境，首先便会遇到几个较大的难题。或者说，要证明建立儒道权威的可能性，首先需要解决几个大的问题：

（一）儒道是否是传统文人行动中的权威并且是在进行艺术设计创作时的真正"权威"，这自然是首先需要得到论证的。

（二）目前，儒道，尤其是儒学本身的定义已不清晰；且儒道本身的定义本身就受到西方权威的影响——许多学者对儒学的定义是受了"儒学"的英文翻译"Confucianism"（直译的字面意思是"孔子主义"）的影响。例如，汤一介等是这样说的："儒家的产生，当然是以孔子为标志。""儒道自孔子起就自觉地继承着夏、商、周三代的文化……"因此，"有政统的儒道、道统的儒道和学统的儒道"[10]。是否准确不说，这些观点如果用来定义儒道是太过模糊的。毫不奇怪地，学者 John Makeham 认为："80 年代以来……在当代中国学术界关于儒家、儒道和儒家传统的定义几乎没有什么共识。"[11]另外一位学者伍安祖则断言"真正的纯粹的儒道"只不过是"一个传说（a myth 或者翻译成一个神话）"[12]。

按照目前学界的理解，如果儒道只是对政治实践的总结或政治实践的产物，是可以随历史发展变化的，那么，确实，连是否存在严谨成体系的"儒道"都成问题，或者说，我们甚至不能肯定为什么只有一个儒道权威而不是多个传统权威。更糟糕的是，经过清代几百年的统治之后，被清代所曲解的儒道也成了传统儒道的一部分。清代离我们最近，而西方最熟悉的又是清代，所以清代历史在某种程度上代替了人们对儒道本身的印象，使人们对儒道的认识偏离了儒道本身。

（三）现代学术尚未澄清儒家和道家之间的关系，似乎选择儒家还是道家作为"权威"

会造成不同的立场。我们可以看到，中国现代之前的学者对儒家和道家的区别并不像现代学者这般强调；或者说，现代学者过分注重于儒家和道家之间的界限和相异之处，这造成了现代学者在研究过程中倾向于陷入区分儒道的思考和判断。例如，徐复观的《中国艺术精神》（1966）中便过度地区分了儒家和道家各自对艺术的作用。

（四）现代学术尚未重新发现儒道本身所提倡的研究方法。例如，对于儒家来说，问题的来龙去脉比一个问题本身更重要，事物之间的关系远比一件事物重要，因此最终来说是一个完整的结构体系最为重要，这是见道的前提条件。这和现代的研究方法有本质上的不同，所以儒道本身的研究方法是见道的前提条件。

以上问题都有待于未来各学科学者合作，通过辨清现代之前（主要是清代以前）的儒家学者的理论本身来解决，从而取得学术上的新突破。

（蔡佳俊，深圳大学艺术设计学院助理教授，香港中文大学建筑学哲学博士）

参考文献

［1］ 巫鸿.世界美术史如何走出西方逻辑？［R］.中央美术学院美术史学科创立60周年国际学术研讨会主题演讲，2017.

［2］ Katess G N, Morrison H. The years that were fat: Peking, 1933—1940［M］. Hong Kong: Oxford University Press, 1988.

［3］ 柯文.在中国发现历史［M］.林同奇，译.北京：社会科学文献出版社，2017.

［4］ 林毓生.中国人文的重建［J］.联合月刊，1982（14）：9.

［5］ 柯律格，包华石，汪跃进，等.山水之境：中国文化中的风景园林［M］.北京：生活·读书·新知三联书店，2015.

［6］ 雷人建筑难认同"大裤衩"等建筑不再出现［EB/DL］.（2014-10-19）［2018-12-08］. http://sh.people.com.cn/n/2014/1019/c357192-22649942.html.

［7］ 中共中央国务院关于进一步加强城市规划建设管理工作的若干意见［EB/DL］.（2016-02-21）［2018-09-17］. http://news.xinhuanet.com/politics/2016-02/21/c_1118109546.htm.

［8］ 徐复观.中国艺术精神［M］.台湾：东海大学出版社，1966.

［9］ 蔡佳俊.平淡：简洁微妙之美学——晚明儒家在艺术设计中的修身［D］.香港：香港中文大学，2015.

［10］ 汤一介，李中华.中国儒学史［M］.北京：北京大学出版社，2010.

［11］ 刘笑敢.中国哲学与文化第十辑——儒学：学术、信仰和修养［M］.桂林：漓江出版社，2012.

［12］ Allinson R. Understanding the Chinese Mind: The Philosophical Roots［M］.Oxford：Oxford University Press，1989.

基于数字技术的景观创作思维探索
The Thinking Model of Digital Technology on Landscape Creation

赵树望

摘　要： 技术的发展不仅为景观实践领域带来了一系列的变化，同样也在思想领域引发了学者们深度的思考。首先，数字信息技术作为一种工具手段打破了传统时间、空间及物质概念，使得三者重新建立了相互制约且保持密切联系的关系网络，任何一个变量的变化都会影响空间环境营造的系统性变化。其次，基于新技术营造的空间体验中，产生了一种新的认知方式——具身认知。最后，信息数字技术还打破了以牛顿机械决定论、物质空间等固有线性思维束缚，表现出自由而连续、不规则、随机、流动的非线性，引发景观创作者对于整体性、关联性及过程性的思考。

关键词： 整体思维；机械决定论；非线性思维；具身认知

Abstract: The development of technology not only brings a series of changes in the field of landscape practice, but also arouses deep thinking of scholars in the field of ideology. As a tool, digital information technology first breaks the traditional concepts of time, space, and matter, which makes them reestablish the relationship network of mutual restriction and keeping close contact. The change of any variable will affect the systematic change of the space environment. Secondly, in the space experience based on the new technology, there is a new way of cognition - embodied cognition. Finally, digital information technology has broken the shackles of the inherent linear thinking such as Newton's mechanical determinism and material space, showing the non-linearity of freedom, continuity, irregularity, randomness and flow, which leads landscape creators to think about the integrity, relevance, and process.

Keywords: holistic thinking; mechanical determinism; nonlinear thinking; embodied cognition

信息数字技术的广泛运用不仅为景观创作的技术层面、展示层面以及城市景观管理领域带来了一系列的改变，还在景观创作的思维层面带来了一系列深刻的影响与变革。在人类文明发展的历史长河中，一种思维方式的产生需要具备至少两方面的必要条件：一方面是要与本时代的社会发展现状与趋势时刻保持一致，另一方面是要与意识形态的思维主体保持一致。相比较而言，不同的时代中都会有这个时代最为鲜明的特色，而思维的主体则是按照自身的特定需要与目的，运用思维工具去接受、反映、理解、加工客体对象或者根据客体信息的思维活动样式及模式，其最核心本质是反映思维主体、思维对象、思维工具三者关系的一种稳定的、定型化的思维结构[1]。数字技术的革新同样可以被理解为人类思维方式生成的一种催化剂，技术带来的一系列变化使得人类的生活由现实空间维度转向了虚拟空间维度，在这里，一切仿佛都是新的存在[2]。

信息数字技术同时还为个性化的沟通交往模式发展提供了土壤。在传统的人际交往活动中，人们的交流需要建立在特定的时间和空间维度中，局限性很大。现如今，依托数字技术的交往活动打破了空间的壁垒，使得信息得到广泛传播，具有互动性、即时性以及无地域性的特点。我们反观景观创作的思维方式生成同样如此，新技术引发的是一种基于时代与历史的融合的思维模式探索，它不仅具有"与古为新"的理论根基，同时从与现实的关联性维度来看，虚拟技术让景观的创作更具理性与全面性。

从体验和心理学维度，景观创作思维带来的变化不仅局限在单纯的短暂性触动，更多的源于系统性思维的变革，具体来说包含三个方面：多元交融的整体性思维、具身认知下的体验思维以及多重关联的非线性思维。

一、多元交融的整体思维

对于场地空间中的认知和感受往往先于景观创作的过程，设计者在场所调研阶段可以在获得场所相关信息之后迸发设计灵感。所以，景观的创作过程应当建构在对于空间的感知及体验基础之上，从现实的几何空间维度作为起始点，探究人与空间的比例关系，同时在引入数字技术之后，重新定义空间的时间性，把时间、空间、物质作为衡量认知景观场地的基本要素[3]。多元交融的整体性思维与过去的空间认知方式存在两个维度的区别，一方面是时间维度，传统景观的认知方式停留在单向线性的过程性，景观认识遵循一致性原则，前后顺序是不可逆的；而信息数字的介入使时间的线性被打破，形成了超越时间束缚的"超时间"概念。另一方面是空间维度，过去的固有思维认为空间是闭合而静止的，这其中的一切物质存在都是固定并且遵循一定变化规律的，当虚拟数字介入我们对于空间的认知后，所谓的虚拟空间与现实空间就紧密地融合在一体，由虚拟空间衍生的新型认知方式也与新的思维方式共同进步，颠覆性的衍生出"超空间"的理念。

"超时间"与"超空间"都是虚拟形态的非物质属性生成产物，相对于传统时空及实体物质，表现出"异样"。超越物质属性的景观空间形态不是围合而封闭的，它更多成为了亿万信息符号汇集与传播的平台空间[4]。虚拟媒介与现实形态结合之后，形成了新的空间秩序与空间形式，想要厘清这些关系就需要培养多元交融的整体性思维，将认知与虚实空间有机地结合在一起。

具体来说，所谓的虚拟空间在景观形态营造中主要表现为三种形式。第一种形式是单纯的物理空间与虚拟空间营造，这与我们的认知体系有着紧密的联系。所谓客观世界存在的几何空间称为物理空间，它的发展受到现实物质因素的制约与影响；而虚拟空间更多是人们摒弃现实世界后想象中的空间，它具有非物质性，这种空间的存在完全是凌驾于物质空间之上，同时与物质空间保持着紧密的联系。第二种形式是物理空间和增强现实的虚拟空间结合，这是在客观存在的物理空间中增加了数字信息元素，从而加强了空间中的体验性和互动性；此外，现实物质空间中也会采用增加听觉、触觉甚至动态互动等元素增强现实空间中的体验。在很多的景观空间营造中，会通过一些虚拟元素的介入将大众领入一个特定的虚拟空间场景中，实现心理层面和感知层面的一次飞跃。第三种形式是，景观空间营造中存在一种将现实空间场景完全移植到虚拟空间的镜像模式，通过虚拟的展示方式更容易展现出空间的特性，公众沉浸在虚拟场景中大大增强了对现实的感知力。

另外，时间、空间和物质作为景观形态营造中最重要的三个变量，基于信息数字化技术之后同样产生了一系列的变化，衍生出多重的空间认知方式。相较于空间的虚实划分，如今的景观营造更多展现的是行为层面以及审美层面的一种理想状态。事实上，三个变量的重新组合使得培育多元交融的整体性思维尤为重要，不仅是应对虚拟技术在建构景观场景中带来的变化，更需要考虑三个变量在不同场景切换中对公众心理引发的一系列新的影响力。

二、具身认知的体验思维

信息数字技术建构了人与景观的新关系，也催生了人在空间体验中的一系列新变化。在景观创作过程中我们应当着重关注人在空间中的体验和情感新模式，以便更好地体现人性化设计思想。以梅洛庞蒂为代表的身体认知研究，从现象学的层面为我们提供了一种新的思考方向。

梅洛庞蒂在《知觉现象学》的空间境域化中提出了两个全新名词，即"身体现象"以及"现象空间"，它们代表了两个完全不同的感知方向，厘清两者的内涵有助于我们更深刻地理解景观空间的体验性思维。"现象身体"可以被解释为肉身化的意识或是意识参与下的身体[5]。在此，肉身的本体和人的意识高度融合，衍生出一种"身体思维"。在某些时候，身体思维具有不确定性，虽然有理性的思维作为支撑，但还是可以通过感知触发身体及情绪变化，这就触发了一个非常有趣的现象，我们日常生活中很多时候在还未见到建筑或者景观形态本身时，身体却在另一个维度已经感受到了它的存在，同时产生出对它的评价以及其他多种情绪。"现象空间"则是客观空间的肉身化体验，也可以理解为现象身体对客观世界进行对象化活动的视界。换言之，我们传统意义上的空间只是代表物理几何空间，它的存在与人和身体没有直接联系，而人们日常生活中的空间体验则是现象化的空间体验和认知。身体本体促成了这种体验与认知，并在空间中蔓延。因此，人在空间的位置差异以及身体本身的差异都会导致空间体验的差异。正如梅洛庞蒂所说：拥有一个身体就意味着拥有一种变换空间层次和"理解"空间的能力，就像拥有嗓子就意味着拥有变换音调的能力"[6]。

在实际的空间体验过程中，上述两种现象会产生出一种新的认知体验方式——具身认知（embodied cognition），它也称之为"具体化"（embodiment），是心理学研究范畴中的一个领域。具身认知主要指生理体验与心理状态之间的强烈联系[7]，生理体验"激活"了心理感觉，反之亦然[8]。有别于传统的景观形式，在虚拟现实技术建构下的景观空间中，人们的意识和思维形态也随之发生着深刻的变化，激活了公众对空间互动体验空前强烈的需求。在这里，具身是一种过程，先是个体的人借助身体完成对空间的体验，进而实现对建筑空间的认知与评判，同时评判集成在现象身体中，发生在虚实结合的现象空间里。由于空间对象的即时性和流动性等特征，人们在体验中也会随时产生出瞬间的心理触动，如兴奋、惊奇、期待等情绪，这种情绪无法确定且具探索性，可以在一定程度中消融人和景观空间之间的隔阂，使得"现象身体"与"现象空间"共同生产出一种新的空间体验思维。所以景观设计师在设计的过程中，应重点关注公众由动态景观元素体验中激活的心理感受，从而让设计更加趋向于人性化。

三、多重关联的非线性思维

线性思维和非线性思维两者之间存在着本质性的区别，如果从认知维度来看，世界的一切万物都是非线性的，线性的存在只有一种偶然性。线性思维和非线性思维的最大区别在于我们对于思维对象的认知方式存在线性和非线性之分。世界的存在是纷繁复杂的，所以我们在对待世界万物时应当使用非线性的思维方式来面对[8]。反观景观形态的生成，非线性的思维同样适用于此，这是因为景观存在本身就是一个相当复杂的系统，其中包含着人文艺术、生态资源、空间体验等不同维度，多重关联的复杂关系无法用简单的因果逻辑进行诠释。

自景观作为一个行业存在以来，很长一段时间内欧洲的景观设计都受到来自"机械决定论"的影响，所谓欧几里得几何思维一直影响着景观形态的构造方式。由于我们认知体系的局限及景观系统本身的复杂非线性，设计者很难在创作中完全把握这种不规则、随机、流动的特点，所以试图寻找规律简化及提炼总结某种复杂关系就可以将抽象因素变得形象化，以便具备一种适应复杂情况的思维方式。与此同时，我们通过混沌理论可以得知，一些长期形态的演变及进化是无法预测的，特别是某个很小的因素都可能导致发生整个系统的变化。比如景观空间中植物种类的选择会对未来的景观系统产生很大影响。我们可以通过信息交互技术实现对景观形态空间发展的模拟，甚至可以预测生成未来的景观空间形态，实现非线性的景观形态建构。具体非线性的思维可以衍生出三种逻辑：

首先是整体性逻辑。20世纪的主流哲学思想为还原论，在这个思想的影响下万物都可以被看成简单重复的机械式运动，通过分解拆分来实现对于细节的认知及功能的把控。表面上看这是一种精准定位式的研究，但实际上这种思维方式割裂了单体与单体、单体与整体之间的关联性，使得研究失去对于宏观性的把握。当信息化的万物互联理念思想进入人们的研究体系范畴之后，公众逐渐开始关注整体化带来的一系列变化，即自然与人造物如何有机地融合在一起。同时，量子力学还建构了一种全新的愿景——世间万物是不可分割的统一体。

同样，整体性逻辑适用于景观的生成与系统性建构，由此理念需要建立与之相匹配的方法论体系。假设景观是一个生成的过程，那么系统性层面所产生的变化只有从总结整体运动中的规律才能发现，因为单独审视每个独立的影响因子是无法体现它们之间的关联性的。所以，景观整体的生成逻辑并非是各个因素的简单式相加与重叠，在整体关系中还需要考虑要素与要素之间存在的内在逻辑。此外，景观的存在是基于城市或者自然界的更大维度的系统之中，作为内部完善的景观系统应该随时考虑其与整体不可或缺的关联性。

其次，非线性思维需要建立一种过程性，这是基于景观尺度的多样性而言的[9]。传统的景观创作更多停留在空间维度，而引入了非线性的思维则更多需要关注时间的延续与发展，这样才可以建立历时性与共识性统一的景观动态系统，将景观的发展过程化。在此过程中，景观的空间与形态一直遵循着一个内在的逻辑系统，即某种因素的出现和发展直接影响到整体的变化，所以利用非线性的思维方式营造景观时可以在形态生成前建立一个自我组织协调的修复系统，这样在动态变化中可以对其发展趋势有一个大体的理解与掌控。

最后，也是很重要的一点，是非线性思维所衍生出的关系逻辑。如果以我们固有的思维模式作为出发点，设计只能关注到某几个因素而无法做到"面面俱到"，而实际的情况是景观的衍变并非孤立存在，它时刻与周边环境保持有机统一。所以运用非线性的思维方式，就使我们跳出了原先对景观空间或审美的局限性，时刻以一种关联性的连续性思维思考景观的营造问题，同时组织模式的改变也印证了这一点。在关系逻辑的影响下，探讨景观设计问题必须时刻考虑到众多因子之间的关系。

景观整体系统的存在是由多条复杂的关系网络共同组合而成，如果想了解景观存在的复杂性就必须用整体性的思维方式将其置身于一个完整的系统生态之中。另外，景观的生成在过去更多停留在空间维度，非线性的思维需要设计者在创作中引入时间维度，在此期间可以建构一个有机生长的动态系统。关注景观设计问题不能孤立地只关注影响景观生成的某几个制约因素，而是要通过寻找内在的联系、以一种动态演化的过程去挖掘景观存在的关联性。

（赵树望，上海交通大学设计学院博士生）

参考文献

［1］ 高晨阳. 中国传统思维方式研究［M］. 济南：山东大学出版社，2000.

［2］ 雷弯山. 超越性思维：数字化时代的思维方式［J］. 中共福建省委党校学报，2004（1）：58-62.

［3］ B. 约瑟夫·派恩二世，基姆·科恩. 湿经济——从现实到虚拟再到融合［M］. 王维丹，译. 北京：机械工业出版社，2012.

［4］ Robert Holden. New Landscape Design［M］. London：Laurence King Publishing Ltd，2003：24.

［5］ 刘胜利. 身体、空间与科学——梅洛-庞蒂的空间现象学研究［M］. 南京：江苏人民出版社，2015.

［6］ Niedenthal P M, Barsalou L W, Winkielman P, et al. Embodiment in attitudes, social perception, and emotion［J］. Personality and Social Psychology Review, 2005, 9（3）：184-211.

［7］ Barsalou L W. Grounded cognition［J］. Annual Review of Psychology. 2008, 59: 617-645.

［8］ Odum E P. Ecology: A Bridge Between Seience and Society［M］. Sunderland: Sinauer and Assoeiates, 1997.

［9］ Kwinter Sandford. Politics and Pastoralism［M］. Assemblage, 1995.

第五届东方设计论坛
暨 2019 东方设计
国际学术研讨会论文集

设计科学：从东方、西方到整体设计

Design Science: From Oriental Design, Western Design to Holistic Design

——2019 第五届东方设计论坛综述

——Review on the 5th Oriental Design Forum in 2019

徐媛媛　周之澄　周武忠

摘　要： 在经济 – 文化全球化语境下，为探索如何将东西方文化基因进行提取比较和揉捏整合，利用多元文化推动创新设计和产业发展，2019 年 9 月 20 日至 22 日，由上海交通大学、国际设计科学学会主办的第五届东方设计论坛暨 2019 东方设计国际学术研讨会在上海召开。此次会议邀请了来自艺术、设计、科学、人文领域的国内外资深专家、研究学者与企业先行者，围绕 "东西方设计比较" "设计理论创新" "开放的设计教育" 与 "体验创新 & 设计赋能" 四个论坛专题分别发表演讲报告。从论坛主题、国内外设计研究、设计教育、业界动态与新式思考这几个维度对此次论坛的大会报告研究内容进行总结与阐述。

关键词： 东方设计学；设计比较；整体设计；东方设计论坛

Abstract: Under the motivation of economic and cultural globalization, in order to explore how to extract and integrate the oriental and western cultural genes, and promote the innovative design and industry development with the world multi-culture, the 5th Oriental Design Forum& 2019 International Symposium on Oriental Design, which was held by Shanghai Jiao Tong University and the International Society for Design Science, took place in Shanghai successfully on 20−22 September, 2019. The forum invited renowned scholars and industry elites at home and abroad from different research fields to deliver keynote speeches in four conference panels with themes including design comparison between east and west, innovation of design theory, the

基金项目：国家社科基金全国艺术学项目 "文化景观遗产的 '文化 DNA' 提取及其景观艺术表达方式研究"（15BG083），上海交通大学双一流学科建设项目 "东方设计学研究"。

open design education, experience innovation & design empowerment. This paper intends to conclude and summarize the forum's contents and progress from the following perspectives: the forum's main theme, domestic and overseas design study, design education and industry trends & creative theories.

Key words: oriental design;design comparison; holistic design; oriental design forum

第五届东方设计论坛暨 2019 东方设计国际学术研讨会是经中华人民共和国教育部批准（教外司际〔2019〕1427 号），作为"上海交通大学人文社会科学高端学术会议"（校文科处认定），由上海交通大学、国际设计科学学会（International Society for Design Science, 缩写为 ISDS）主办，上海交通大学设计学院、上海交通大学创新设计中心承办的正式国际会议。以"东西方设计比较"为主题的大会于 9 月 20 日至 22 日在上海交通大学学术活动中心举行，来自全国各地高校和美国、加拿大、德国、俄罗斯、日本、韩国、英国、巴西、马来西亚、缅甸、柬埔寨等国家的 200 余位代表出席会议。

开幕式于 9 月 21 日上午由周武忠教授主持。国际设计科学学会前主席、英国格拉斯哥大学 John P. Shackleton 教授，韩国设计文化学会会长、协成大学 Chung Heejin 教授先后致辞。开幕式上举行了"Design 9"联盟成立仪式、国际设计教育成就奖颁奖仪式、国际设计科学学会网站及《国际设计科学学报》发布仪式。在"Design 9"联盟成立仪式上，周武忠教授介绍了联盟主旨和联盟成员，并宣读了《设计科学上海宣言》，宣言分为"学科与地位、问题与挑战、责任与使命"3 部分共 9 条，就设计学科的认知、发展、未来和设计学人的共同使命达成了共识，希望将设计界人士联合起来，共同构建设计科学大厦，为人类社会共同进步和发展贡献设计力量。南京艺术学院奚传绩教授、柏林艺术大学 Gert Groening 教授、江南大学张福昌教授，因对推动国际设计教育所做出的杰出贡献而获得 ISDS 国际设计教育成就奖，颁奖后各位获奖嘉宾分别发表了感言，并对设计教育领域提出了殷切希望，即设计的初心和本质在于发现和解决问题，要在面向世界、面向产业、面向经济和面向民生的实践中求真务实、勇于探索，创造解决地球家园、全球经济和民生等问题的好设计。之后，周武忠教授公布了新版上线的国际设计科学学会网站信息以及《国际设计科学学报》发刊号的相关内容。

随后举行的大会主题报告分四个场次进行。第一场由张立群副教授主持，来自德国、加拿大、日本、中国等中外学术专家以"东西方设计比较"为主题进行演讲。孔繁强副教授主持的论坛之二则聚焦"设计理论创新"，就"设计中的可持续性""中国传统器物文化""游戏化设计"等设计话题进行探讨。第三场的主题为"开放的设计教育"，主持人王震亚教授邀请演讲嘉宾分享各自对于设计教育未来趋势的新颖观点。第四场报告围绕"体验创新 & 设计赋能"，主持人戴力农副教授邀请业界精英与高校学者，从用户与新技术两个视角对设计实践展开不同的解读。报告结束之后的闭幕式上举行了 ISDS-GOD-Prize 优秀论文颁奖仪式，共有来自国内外 14 所高校的教师及硕博士生获得此项荣誉，此次东方设计论坛共产生一等奖 2 个、二等奖 6 个和三等奖 10 个。

一、大会主题——东西方设计比较

大会报告由紧扣主题的"东西方设计比较"系列议题拉开帷幕。来自德国柏林艺术大学、刚刚在大会上荣获"国际设计教育成就奖"的 Gert Groening 教授首先做了名为《花园文化：21 世纪早期中欧设计研究概览》的报告，他由"chinoiserie"一词引入中国风概念，通过丰富的文献资料、书籍图片和旅游报告介绍了近两百年来欧洲人对于中国园林文化的了解，表明江南园林的造景思想、亭台楼阁的建筑意向等都对欧洲的建筑与园林实践活动造成了深远的影响。Groening 教授认为，当人们试图理解与园林文化和园林元素相关的哲学思想，以及它们与中欧设计研究的关系时，用于承载园林文化的物质元素可能会变得更加复杂；如果能够持续地以中国和欧洲丰富的园林文化及其设计作为对象进行研究、写作和成果发表，一个足以跨越 10 年的研究项目就能够诞生了。同时，他呼吁看到更多的学术集刊与评论材料，让中国人尽可能多地了解具有悠久历史的欧洲园林文化和设计，这其中所透露出的正是对东西方设计交流与比较工作的渴求。最后，Groening 教授提到了与孩子们交流花园文化、培育其园艺意识的教育意义，并认为这将是 21 世纪园林文化设计研究的又一个广阔而有前景的领域。

韩国设计文化学会（The Korean Society of Design Culture）会长、韩国协成大学教授 Chung Heejin 先生以《东西方设计教育比较研究》为题汇报了有关东西方设计教育趋势研究的课题内容。他首先介绍了现有的设计教育体系以及未来设计教育的发展方向，接着以图表形式展现并分析了基于现代韩国高等设计教育的调研结果，指出其现存的问题包括：采用束缚学生想象力与创造力的先行教育方案、过度依赖高科技工具、唯结果论以及忽视研究过程。最后，Chung Heejin 教授提出了设计教育的目标在于传达给未来设计师们一个理念：最大化创造出使用者参与和共享的快感；他通过播放法国和韩国两个设计作品的影像内容，展示了这一目标在设计实践中的应用，在这一点上，东西方设计是殊途同归的。

来自南京工业大学的谷莉教授在《关于中国元素在西方设计应用中的思考》报告中按层次划分递进式地介绍了设计中的中国元素、中国元素的文化渊源、中西方设计思想比较以及中国元素在西方设计中的应用。她指出，艺术设计是人类自觉改造社会的创造性活动，随着社会的进步和科学的发展，艺术设计也日新月异且呈现出新的面貌；同时，中国的传统文化在当今又重新被世界瞩目，由此推动了中国的设计发展。她还认为，中国元素在设计应用发展中需要不断与外来文化因素碰撞与融合，并由此最终为世界所接纳。最后，谷莉教授提出中国的设计艺术作为我国文化体系的重要构成部分，为世界设计提供了有益的借鉴和丰富的创新资源，中国元素在世界设计舞台的应用，实质上是一种中国文化融入"世界文化"的现象，是"世界文化一体化"的表现形式；如何传播中国文化，让属于世界的中国风格设计重新大放异彩，值得重视与关注。

苏州大学艺术学院李超德教授在他的报告《2018：设计研究的变革与阵痛》中首先回顾了 2018 年度设计界发生的重大事件，选取了其中有重要学术价值的理论成果进行分析；随后，从四十年来我国设计学发展历程的角度指出中西方设计在产业、创造力、先进技术等方面仍然存在的巨大差距；并就国家社科基金重大招标项目"东方设计学研究""红点奖"争议、"设计扶贫"等设计学界的热点话题分享了自己的见解。李超德教授认为，设计问题根本上是技术和文化的问题，和民族的影响力、话语权息息相关；由此，他思考了设计界的前沿理论研究滞后于设计实践的原因，强调了设计理论界知识更新、突破旧的研究路径的迫切性，并对如何拓宽研究视野、建构新的研究范式提供了自己独特的思路与倡议。李超德教授同时也指出，正如东方设计论坛所一直倡导的"东方设计学"及周武忠教授率先提出的"新乡村主义"一般，即便一些理论与前沿研究存在着较多争议，但这些努力与尝试对于我国的设计学科发展及相关研究进步绝对是不可或缺的。

二、古今之道——国内外设计研究

来自西北大学艺术学院的宗立成副教授在汇报《先秦时期的器物文化与造物设计》时，首先从历史遗存器物和历史文献两方面对先秦时期的器物文化进行了阐释，对器物文化的起源与特征、先秦器物的分类等内容做了简要介绍，梳理了先秦器物文化研究的脉络谱系。接着以图文结合的形式探讨了先秦时期造物设计的历时性发展概况，总结出先秦时期造物设计萌芽、形成、转变、确立的四个重要阶段。最后，他认为，研究造物设计的源头是为探寻文化文明之源，研究先秦造物设计活动是为构建中国设计文明基础，研究先秦造物设计活动是为分析中国设计文明之根，唯有融汇古今方能厚积薄发，研究我国古代置器造物的设计文化有利于增强文化自信、传承文明精髓。

优秀论文一等奖获得者、中国美术学院穆琛博士以《民国图案教材中的图案释义》为题做了大会报告，选取民国时期的三部代表性教材著作作为研究对象，分别讨论了职业教育、通识教育以及高等教育这三种教育类别下的图案教授理念，并采用线图方式归纳出每一部教材的图案系统。他指出，《基本图案学》侧重于对器物纹样与装饰表达的教学；《图案法 ABC》以"美育"思想作为基础，构建出全面、简练、通俗的图案体系；《新图案学》则引入形而上学的内容，以论述作为主体，呈现出系统的、自洽的、有明确学科自觉的图案系统。在报告最后，他从写生变化法、西方艺术形态的引荐以及对中国传统图案的强调这三个方面分析了民国图案教科书对新中国成立初期工艺美术教育的巨大影响，也探讨了现代设计体系回归至较为扎实、系统的基础专类研究的重要性。

浙江工业大学闫丽丽博士发表了《雕塑之法或器用之道？——包豪斯陶瓷工坊的形式原则》的大会演讲。她首先通过丰富的史料图片与人物关系图对包豪斯陶瓷工坊的地理位置、主要关系人（如形式师傅格哈德·马克斯、技术师傅马克斯·克雷汉等）以及工坊陶瓷作品做简要介绍；随之以工坊师生们的一系列造型多变的陶瓷产品为例，探讨这一时代背景下传统手工艺与抽象艺术的结合、陶瓷与雕塑的结合及手工艺与工业化迥异的立场。其中，她特别强调了格哈德·马克斯在包豪斯陶瓷工坊所起的决定性影响，在他抽象化、雕塑化、模块化和"加法原则"的设计指导下，工坊的诸多实验作品作为德国陶瓷设计的代表，影响着现代设计诸多领域的发展与走向。

来自德国魏玛·包豪斯大学的陈璞博士与参会嘉宾分享了德国视角的再生设计理念。在她的报告《废弃材料的再利用——设计中的可持续性》中，可持续性设计理论作为一种动态理论，倡导设计应具有足够的弹性以适应社会的发展。她由"废弃和设计""回收再利用"这两个话题引出并讨论了可持续性设计对社会公众和整个社会所产生的影响。她认为，可持续性设计是社会变革的一部分，设计师们应学习如何秉持对社会负责的态度，利用废弃材料进行再设计，用创意性的设计传达社会内容和社会意识，从而激发公众的社会关怀。最后，陈璞博士强调了设计师们在设计过程中需要兼顾专业能力与社会责任，一方面为人们营造更美好的生活氛围以及更人性化的沟通方式，另一方面能够体现设计师的社会价值、尊严和成就。这一点也恰恰可能是目前国内设计界较为欠缺的部分，设计不应仅停留于简单的理论研究和实践活动阶段，而应随着学科的深入发展更多关注社会发展的方方面面。

上海交通大学设计系博士生，来自马来西亚的 Rosmadi Amalia 则向嘉宾们汇报了其对马来西亚旅游管理中游戏与场景设计的研究见解。在题为《马来西亚旅游情境中的游戏化设计对游客环保行为动机的影响》的报告中，她提出旅游过程中的生态行为及环境责任行为对于减少全球旅游业之于环境的负面影响至关重要，这充分体现了设计研究与设计行为对于服务行业，甚至对于人类活动与自然环境关系的引导功能。她表示，希望能够通过"游戏化设计"的方式来解决这一问题，即在非游戏环境中使用游戏设计元素，并通过参与游戏的方式达到直接或间接引导和规范人类行为的目的。在许多领域，游戏化已经被用作实现预期目标或行为的激励手段，因此，游戏在改变人类行为方面的能力超出了它原本的娱乐目的，而设计过程则是能够使其发挥出远超基本预期效能的核心步骤。Amalia 认为，鉴于人们愈发熟悉使用新的技术，因此将游戏化注入旅游情境中的设计能够促进人们获得正向的生态行为动机。最后，她提出了基于规范激活理论（Norm Activation Theory）的生态行为游戏化模型，用以阐释游戏化设计元素如何影响游客的生态行为动机。

三、大会专题——开放的设计教育

英国格拉斯哥大学的 John P. Shackleton 教授在其主旨报告《英国设计教育简史》中，重点介绍了自工业革命以来英国设计教育体系的发展情况。第一次工业革命后期，英国的设计业、工业和制造业逐渐落后于其竞争对手，为此，英国专门成立"政府设计学院"（后来成为"皇家艺术学院"），旨在"提高装饰艺术水平，尤其是针对英国本土主要产品的生产"，基于此英国的艺术和设计教育体系得以建立。在报告中他梳理了从欧文·琼斯（Owen Jones）的《装饰语法》到"工艺美术运动"期间设计类院校的发展脉络。着重介绍了于 1879 年成立的伦敦技术教育促进会，该促进会的目的在于提高工匠、工程技术人员和专业工程师的培训水平，并设立了四个主要目标：① 技术检查；② 成立肯宁顿市工业美术学校；③ 成立南肯辛顿中央机构；④ 向伦敦及其以外的技术机构提供赠款。正是得益于这样的一系列功能性设计教育举措，英国的现代设计才能紧跟世界发展的步伐。

西北工业大学明德学院王子健博士分享了《超越包豪斯——塑造未来》的报告，他首先以包豪斯的一幢校园建筑为例梳理了包豪斯建设初期至今在建筑外观、环境空间以及功能承载方面的变迁；同时概述了乌尔姆造型学院及博朗设计在德国设计史中的重要作用。其次，他介绍了他工作所在的院校——西北工业大学明德学院在设计教育实践中的一系列举措与做法，积极鼓励学生在设计学科学习与实践的全流程参与。最后，王子健博士提出"专注＋开放"的设计教育理念，并在大会上呼吁"关注基层设计教育，让更多的孩子有成长可能"。

在《英国设计教育评析》报告中，不同于 John P. Shackleton 教授的英国本土视角，上海师范大学江滨教授通过实地调研考察英国伦敦金斯顿大学以及利物浦约翰摩尔大学这两所高校，从管理模式、课程体系、教育模式与方法、实践教学这四个方面入手对英国的设计教育体系进行了深入剖析。他指出，先进的英国大学教学体系具有高度互联网化的管理模式，其课程体系兼顾拓宽学生知识广度的通识课以及加深其专业知识纵度的专业课，在教学模式与方法方面注重学生对创新能力的培养及创作思维过程的表达，尤其鼓励采用学生与教师双向互动的启发式教学方法，让学生在实践教学环节走进工作室与工厂，最大限度地解决理论与实践之间的衔接问题。

宁波大学曹盛盛副教授分享了题为《大学建筑中学习空间设计评价因素的演变》的报告，她首先从历史维度解析不同时代学习空间的需求差异，以学习空间若干个类别概念的发展脉络为线索呈现学习空间评价因素的演变过程，同时提出了师生满意度对学习空间评价因素的影响效应；并基于空间类型、理想学习空间以及发展中的教育理念等维度，探索了学习空间系统评估中多样化趋势的形成过程，为当下大学学习空间的评价提供借鉴，同时也为设计教育与校园场所设计、空间设计等关联提供了参考。

四、设计创新——业界动态与新式思考

上海交通大学设计趋势研究所所长傅炯副教授以《基于消费者细分的产品差异化设计》为题，提到了目前国内品牌产品存在的最大问题，即没有区分消费对象，这往往是设计师们最容易忽视的部分。不同的消费者有不同的价值观，会产生不同的生活形态，因此这些不同会体现在他们的行为和审美上。随后，他介绍了 VALS II 模型、Censydiam 模型等，帮助大家更深入理解消费者行为和审美的工具，并展示了他为马自达公司设计的中国消费者审美测试工具，构建了中国消费者审美及汽车品牌定位的关键词数据库。最后，傅炯副教授介绍了自己团队在房地产、汽车等领域的具体设计案例，特别是他主持设计的中南置业样本房项目，通过消费者细分，为客户厘清不同群体的消费者以及他们各自的需求，并针对每一类消费者提供了不同风格的设计作品。

上海交通大学校友、Bilibili（B 站）电商事业部设计总监李文锦先生在《年轻用户的体验设计实践与洞察》报告中指出，目前 B 站的月活跃用户主要集中在年轻用户群体，随着社会经济的不断发展，年轻用户的消费理念已经发生转变，由最开始看重价格便宜，到注重消费体验，再到注重消费品质。紧接着，他又介绍了年轻人的几类特点：例如对个性化事物充满好奇、乐于付出时间、社交需求强烈、情绪化且爱表达。基于此，他总结出了年轻用户最核心的关键词是"喜爱"，并由此提出了电商"游戏化"的设计理念。他表示，年轻用户购买商品时更注重商品的附加价值，卖家可以通过独特的购买形式、沉浸的购买场景、丰富的细节动效来吸引用户，通过强烈的即时反馈、丰富的游戏道具、多类型的激励方式给予用户积极反馈，增加其购买行为的满足感。最后，李文锦用 B 站节日大促的案例介绍了如何利用多样形式的互动、即时的激励机制让用户获得参与的乐趣，利用新颖的游戏化抽奖方式，增加用户黏性。

毕业于上海交通大学工业设计系的孙予加则以《设计遇到人工智能》为题，结合自身的教育背景和从业经历，分享其对于"设计"和"人工智能"的理解。她认为，这两个领域看似各自存在于"感性"和"理性"的两端，但两者碰撞时会产生出很多新的火花。她提出大数据的核心是连接，连接多源数据才能让数据的价值呈指数级别增长，因此她负责研发的多项数据产品都是基于多源数据的，如微博的用户评论和关系数据、高德的用户出行轨迹、智能电视的观看影片统计以及阿里影业的数据等，基于这些数据做出完整的消费者画像，便于洞察其从吃穿住行到精神娱乐世界的方方面面。孙予加的分享让大家领略到了人工智能对居民生活的改变，以及设计在其中发挥的重要作用，同时也引发了人们对于如隐私数据搜集等设计伦理问题的思考与探讨。

在对设计学界动态充分了解的基础上，众学术专家也纷纷阐释了他们对于设计研究与设计行业在现时代以及未来发展的观点。新加坡南洋理工大学机械与宇航工程学院的陈俊

贤教授在《工业 4.0 时代下以人为中心的设计研究》报告中，首先简要梳理了前三次工业革命的要素及相关产品，并重点汇报工业 4.0 时代下以人为中心的设计研究。他由网络物理系统（CPS）、未来产品方向展望、未来产品设计趋势、产品开发范式的转变、产品开发的基本要求、客户需求（国际需求与地方需求、情绪需求、动态需求）等相关话题引出设计信息学（Design Informatics）这一概念。陈俊贤教授认为，设计信息学研究是将数据科学与设计思维结合在一起，形成批判性的探索和思考。设计信息学的关键在于我们如何为这个世界创造产品和服务，这些产品和服务处于不断学习和发展的状态，是情境化和人性化的，因此必须坚持以人为本的导向。在最后，陈俊贤教授分享了一个关于如何获取客户需求的架构（CREAMS）实例，以此体现工业与设计的"后 4.0"时代。

亚洲设计师联盟主席、日本名古屋市立大学国本桂史教授则以"医院 5.0"为关键词，和与会嘉宾探讨了设计产业的 5.0 发展可能。在其名为《东西方医疗保健医学研究与发展 – 设计通向新兴产业的道路："医院 5.0"》的报告中，围绕时下世界设计热点——东西方医疗体系的融合与发展，他以人脑神经"合成智能（Synthetic Intelligence）"的概念为基础引入了东西方的"合成文化（Synthetic Culture）"词汇，借助图片形式列举相关案例阐述医疗设计研究与发展的新方式。他表示，在"大健康＋人工智能"成为全民追求目标的当下，互联网、人工智能以及大数据医疗正以惊人的速度全面渗透到医院的管理层及临床的方方面面，通过人工智能的先驱设计及精准工艺能够实现医疗服务更多的可能性。智慧医疗与现代医院的结合，塑造了"医院 5.0"的全新概念，这种模式能够为医疗产业的转型升级提供全面助力，而其中所蕴含的设计模式、设计理念的转变也透露出了设计学逐渐超越"设计 4.0"的发展趋势。

同济大学创意设计学院邹其昌教授就设计与设计学的概念鉴别、设计资本的核心内涵、设计资本与设计产业（非设计商业）理论体系、设计资本与创新驱动、设计资本与设计理论体系建构这五个方面展开了《设计资本与创新驱动体系思考》。他尝试性地提出"设计资本"作为设计产业理论的基本范畴并加以初步探讨，呼吁在全球化背景下，秉持开放与融合的理念，通过"传承—借鉴—创新"的路径，实现中国当代设计之路的真正创新，并具体讨论了传承工匠文化、培育工匠精神等问题。邹教授认为，无论是自然经济时代的手艺工匠、工业经济时代的机械工匠还是虚拟经济时代的数字工匠，都是国家转型发展的主体，是中国强大的决定性力量。为此，全球化时代的信息设计发展途径，需要东西方设计交流的与时俱进。

五、结语：走向整体设计的东方设计学

每一年东方设计论坛的如期举办为东方设计学的思考和研究激起无数的思想火花，在总结和提炼东方设计学研究进展的同时，每一届论坛的召开都让我们看到东方设计学发展过程中前行的步伐和取得的成果，及其对于当代中国设计的进步、中国文化的传承和传播起到的积极作用。本次东方设计论坛暨 2019 东方设计国际学术研讨会的目的，是希望与来自艺术、设计、科学、人文领域的国内外资深专家、研究学者、企业先行者，共同探讨有关东方设计文化传承创新相关内容，探讨艺术学科前沿理论和实践问题，促进东方设计学理论体系的完善，推动设计学科发展的国际化进程。

在本届论坛上发表的《设计科学上海宣言》中，明确提出了要通过发展整体设计学来构建设计新格局，东方设计学正是可以完善当今世界的"设计太极图"。纵观设计的发展历程，设计已经从设计 1.0 发展到设计 5.0，然而，由于人类社会进步涉及资源、环境、经济、宗教、政治、文化和社会，传统设计抑或当下的所谓大设计并不能完成地域振兴所赋予的设计任务。对此，作为国际设计科学学会主席和本届论坛主席的周武忠教授明确提出了地域振兴设计的方法论，并在上海交通大学开设了对应的实战型课程。周武忠认为，地域振兴设计是基于地格的创新设计，它是一种以复杂适应系统或复杂性科学为理论基础的整体设计（Holistic Design）。他说："我们应当用人类为中心的整体设计思维和生产、生活、生态'三生和谐'的设计理念，加速'设计'与'产业＋生活＋环境'的融合创新，构建健康的世界设计新格局。通过探索地域振兴设计的理论和方法，为人类社会共同进步和发展贡献设计的力量。"

（徐媛媛，上海交通大学创新设计中心博士，研究方向为旅游规划设计与管理；周之澄，东华大学服装与艺术设计学院博士，研究方向为城市景观规划设计；周武忠，上海交通大学设计学院教授）

基于空间句法的历史街区可步行性分析

Walkability Analysis of Historic Blocks Based on Spatial Syntax

——以上海老城厢历史文化风貌区为例

——Taking the Historical and Cultural Area of Shanghai Laochengxiang as an Example

王若琳

摘　要： 步行环境质量的提升可有效缓解城市交通压力，利于低碳城市的环境营造。对步行环境的测度是城市规划建设的重要前提，也是衡量社会生态性与行人安全性的重要指标。文中从空间句法角度出发，选取连接值、全局整合度、局部整合度和可理解度4个参数值量化分析街区的空间结构与路网特征，从街区拓扑结构本身探究街区的可步行性。实证研究对象为上海市老城厢历史文化风貌区，是海派文化的摇篮，也是向外来游客展示上海历史积淀与传统文化的窗口。通过研究分析，为进一步优化历史街区步行体验，更新道路空间的规划设计提供一定的理论依据。

关键词： 历史街区；可步行性；空间句法；老城厢

Abstract: The improvement of the quality of the walking environment can effectively alleviate the traffic pressure of the city and facilitate the environment creation of low-carbon cities. The measurement of the walking environment is an important prerequisite for urban planning and construction, and an important indicator for measuring social ecology and pedestrian safety. From the perspective of spatial syntax, this paper selects the four parameters of connection value, global integration degree, local integration degree, and intelligibility to quantify the spatial structure and road network characteristics of the block, and explore the walkability of the block from the neighborhood topology itself. The empirical research object is the historical and cultural area of Shanghai Laochengxiang, which is the cradle of Shanghai culture and a window for visitors to showcase Shanghai's historical heritage and traditional culture.Through research and analysis, it provides a theoretical basis for further optimizing the walking experience of historic blocks and renewing the planning and design of road space.

Keywords: historic block; walkability; space syntax; Laochengxiang

一、概述

步行曾是人们最普遍的出行方式，随着城市建设步伐的不断加快，以机动车交通为主的城市交通网路遍布在城市的各个角落，步行更可能是城市生活圈中"最后一公里"出于无奈的选择。另一方面，由于机动车对石油资源的消耗，温室效应的加剧，大气污染与噪声污染升级，机动车数量急速膨胀侵占城市空间等问题，全球已有愈来愈多的城市对汽车为主导这一出行方式进行反思。后汽车时代的到来，使得人们意识到为步行创造良好的城市空间，尊重步行者权利是解决城市交通问题的有效途径。现在，随着可持续发展和健康生活理念逐渐深入人心，步行优先的城市出行方式在西方发达国家中已经形成广泛的共识。例如丹麦哥本哈根，自 1962 年起，步行街、步行优先街的改造一直持续了近 40 年，哥本哈根市街道改造的主要目标，是通过改变街道线形交通走向，实现街道的人车分流，并将人的活动和商业行为进行线性串联，最终形成市中心步行网络 [1]。

在我国，绿色出行的理念也已逐渐萌芽，自上而下从政府层面的倡导向居民自发的行为进化。上海 2040 规划明确提出以"绿色导向，慢行优先"为核心的交通发展观，其中慢行交通正是以步行和自行车为主的交通系统 [2]。相关研究表明，步行环境质量会影响人们选择步行的意愿，一个高度适宜步行的环境能够提供丰富的道路联结网络来满足人们的日常出行。

与此同时，在经历了城市快速扩张和旧区大规模改造的阶段以后，2014 年上海开始研究存量规划。在对历史街区的改造过程中，受到现存建造环境的制约和交通出行的压力，如何改造城市中重要的街道，回归以人为主体的关注点成为一大难题。迈克尔·索斯沃斯（Michael Southworth）研究指出，一个适宜步行的网络不论是在局部还是在更大的城市环境中，路径网络要具有连通性。这种路径网络的连通性能有效增加人们的步行量，不仅能促进居民个人身心健康，也有利于社会参与度的提升 [3-4]。因此，营造良好的步行空间是城市道路规划的重要内容，而对道路进行可步行性测度则是其前提。

本文将选取老城厢历史文化风貌区作为案例进行实证研究。老城厢位于上海市黄浦区，作为上海市中心城区 12 片历史文化风貌区之一，它是一座海边渔港逐渐向现代化大都市发展演化的"起源地"，是上海本地文化的摇篮。老城厢已有 700 多年的历史，由弯曲的人民路与中华路围合而成，占地约 200 hm²，其内有四个主要特色风貌区：豫园地区、露香园地区、文庙地区、乔家路地块。漫长的历史发展过程中，这片土地保留了最本土和最平民化的上海生活，作为"上海的根"，片区内文物古迹众多，聚集了一大批名园、名人住宅、会馆等，除了著名的豫园、城隍庙等，还有徐光启故居"九间楼"、深宅大院内精美的"书隐楼"等一批古迹遗址。通过实地调研发现，人们在老城厢片区内的景点参观多以慢行交通为主，周末或节假日的高峰时段人流量和车流量巨大，因此片区内道路的可步行性是历史街区步行连通性和行人安全性的重要指标。

　　历史街区的道路是在历史演变中逐渐形成的，街区内的城市形态与道路系统在一定程度上引导了人们在片区内的出行与生活方式，反过来人们在其内的活动路径也潜移默化地影响了城市街道空间的演变。本文利用空间句法理论量化分析街区的空间结构与路网特征，从街区拓扑结构本身探究街区的可步行性，以此进一步优化街区内的步行体验，提升老城厢的历史魅力与文化品质，也为国内其他历史街区的步行环境改造提供一定的指导意义。

二、研究综述

（一）可步行性研究综述

　　国内外学者对于可步行性的研究在不断深入，一般来说可步行性可从客体和主体两个视角加以解释，客体视角指环境对步行的支持程度，主体视角是步行者对环境中步行体验的评价[1]。关于步行性的理解，内伯斯（Nabors）认为步行性反映了一个地区对步行出行的整体支持，即该地区的整体步行条件。步行性要考虑步行设施的质量、道路条件、土地利用模式、社区支持以及步行的安全和舒适性，步行性可以在多种尺度下以多种方式进行评价。德国的研究者延斯·布克施（Jens Bucksch）和斯文·施耐德（Sven Schneider）将步行性的定义进行了延伸。他们认为步行性不仅是建立步行友好的环境条件，从其环境行为的意义上更进一步体现了"社会生态性"的含义。

　　可步行性概念的应用主要在各类可步行性评价方法中，自21世纪开始，欧美各国已陆续开发出相关评价及测量工具，这些方法大致可分为两类。一类是基于实证调研，以主观定性评价为主，如英国的PERS、美国的NEWS和PEQI及新西兰的CSR。另一类是网络步行性评价工具，如美国的Walk Score、Walkability Score和欧洲的Walkability APP[1]。国外可步行性评价方法历程如表1所示。

表1　国外可步行性评价方法历程简表

类别	年份	名称	国家/地区	适用范围
实证评价	2001	行人环境评估系统(PERS)	英国	步行环境
	2002	邻里环境步行性测量表（NEWS）	美国	邻里社区
	2004	阿尔法环境问卷（ALPHA）	欧洲	邻里社区
	2004	社区街道评估(CSR)	新西兰	街道
	2008	步行环境质量指标(PEQI)	美国旧金山	街道

续表

类别	年份	名称	国家 / 地区	适用范围
网络评价	2007	步行指数（Walk Score）	美国	邻里社区
	2011	步行性评价移动端应用（Walkability APP）	欧洲	步行环境
	2013	步行性指数（Walkability Score）	美国	邻里社区

资料来源：根据参考文献 [5] 整理。

一般来说，可步行性应考虑这几个方面：① 步行网络质量（路径、人行道和人行横道的质量）；② 步行网络的连通性（人行道和路径的联系程度，行人到达目的地的直接程度）；③ 安全（人们步行的安全感受）；④ 密度和可达性（日常目的地之间的距离，例如住宅、商店、学校和公园）；⑤ 路径环境（街道设计、建成环境的视觉吸引、通透度、空间的定义、景观和整体开发）等。

（二）空间句法理论综述

空间句法（Space Syntax）产生于 20 世纪 70 年代末，由比尔·希列尔（Bill Hillier）于伦敦大学学院（UCL）领导的研究小组首次提出并使用。B. Hillier 和 J. Hanson 于 1984 年合著的《空间的社会逻辑》（*The social logic of space*）一书标志着空间句法理论的正式创立，其要旨可以概括为"空间的社会逻辑"，关注的核心问题是"空间和社会存在着怎样的联系"，认为建筑及城市的空间布局会影响人的社会活动。作为一种网络分析方法，其基本思想是对空间进行尺度划分和空间分割，可用定量指标来描述分析建筑空间、城市空间对人的影响，以及人在空间中的移动 [6]。

空间句法的核心理论是构形（configuration），希列尔（1996）将构形定义为"一组相互独立的关系系统，且其中每一关系都决定于其他所有的关系"。因此构形分析首先要把空间系统转化为节点及其相互连接组成的拓扑关系。在复杂的建筑或城市空间中，三种基本的分析方法是凸状、轴线和视区。在本文中，由于城市街道的路网特性，选取轴线分析最为合适。轴线法是从人的行为出发，依据视线对人的路径选择进行判断，轴线的选择可视作空间街道的抽象化表达。

根据空间句法，城市的"开放空间"如街道网络（系统）被分割成一系列的较小的空间，即街道段，然后将这些街道段表达为无向、无权重的图的顶点（node），这种图就是通过数字化的"轴线"来产生的，而轴线则是由穿过所有街道的最少量的最长直线构成的，是对开放空间的一种主观与客观相融合的现象。空间句法的原理流程图如下 [7]：

空间句法技术目前在城市规划和交通领域都有着较为成熟的研究应用。在我国，空间

句法在城市空间决策中的研究主要是以轴线法为基础展开的城市实证研究。与历史街区相关且较有代表性的成果有陈仲光等应用空间句法的轴线图方法，分析了福州市历史街区在城市整体、历史街区、建筑内部3个尺度上的空间形态构成特性，为福州市历史街区的保护、更新和复兴提供引导和支持[8]。王成芳等基于空间句法集成的思路，以江门市历史街区保护更新规划为例，运用空间句法定性定量的分析手段剖析历史街区的街巷路网结构及用地布局，尝试探索建立在量化、实证分析基础上的历史街区保护更新规划的技术方法和流程[9]。

三、历史街区可步行性结果分析

（一）研究方法

本文数据来源于Google Map，导入CAD软件手工绘制老城厢历史街区道路轴线，再导入Depth Map软件转换成Axial Map进行空间句法计算。绘图时遵循"最长且最少"的原则，达到忠于道路空间位置的同时，体现道路拓扑结构。分析前经过Node Count检验，确认所绘轴线均有交叉无断路。分析时利用连接值和控制值获得道路的渗透性与连通性；通过深度值计算道路系统的便捷度；通过全局整合度与局部整合度分析街区内人流空间集聚特征；最后为可理解度，它反映一个街区周边的道路网络是否有利于居民通过局部空间的路网结构来感知整个路网，这在历史街区中表现为行人是否容易快速、明晰地找到旅游景点，可被认作是感知可达性。

（二）空间句法结果分析

1. 连接值分析

连接值（connectivity）表示的是与该条道路直接相连的其他道路的数量，连接值越高，则其空间渗透性越好。

我们对连接值进行分析，轴线颜色由冷至暖依次提升。从连接值的分析图中（图1），我们可以看到老城厢片区内连接值最高为22，最低为1，平均值为2.93。在639条轴线中，连接值在[0,2.9]的有341条，占总体轴线的53.36%，说明片区内连接值较低的街巷占有相当大的比例。这也反映出老城厢片区建筑密度高，区内街道空间狭窄，空间渗透性较弱（图2）。

从数据显示来看，老城厢片区内连接值最高的是河南南路，作为连接左右两区块的中心轴线，它与10号轨道线部分重合，正是豫园地铁站出口人流最主要的步行路径，也是步行向片区内各个景点的必经之路。此外，连接值较高的还有连接豫园地铁站与豫园北面的福佑路，及离小南门地铁站较近、乔家路地块的中心轴线道路光启南路。这几条道路都具有一定的景观轴线作用，高连接值的道路也串联起渗透性较强的区域。

图 1　老城厢历史文化风貌区连接值图示　　图 2　老城厢典型街道空间

2. 全局整合度分析

整合度（integration）是空间句法中的核心量化指标，衡量的是一个空间吸引人流到达的潜力，整合度越高的空间可步行性越好。在实际案例中，整合度的核心往往是研究区域内城市活动的密集核心区。全局整合度是指某一空间单元与整个空间系统中其他空间单元的集散程度，也就是说表示的是该条道路与整个研究区域中所有道路的整体集散程度。

整合度的计算公式如下，首先得到深度值，若某 i 节点到 j 节点的最短距离为 d_{ij}，则深度值可表述为 $\varepsilon_{\mathrm{D}} = \sum\limits_{j=1}^{n} d_{ij}$，整合度则可以由相对不对称值（$\sigma_{\mathrm{RA}}$）的倒数计算得出：$\sigma_{\mathrm{RA}} = \dfrac{2(\sigma_{\mathrm{MD}} - 1)}{n-2}$，其中 σ_{MD} 为平均深度值（Mean Depth），表述为 $\acute{o}_{\mathrm{MD}} = \dfrac{\sum\limits_{j=1}^{n} d_{ij}}{n-1}$，其中 n 为轴线图中总节点（空间）数。由此看出，深度值越低，则代表空间在拓扑意义上的距离较短，便捷度较高，整合度也就越高。

进行数据分析时，首先在 Depthmap 软件里进行 Graph Analysis，选取 $R=n$，表示全局整合度。图示结果同样以颜色由冷至暖依次提升。图 3 代表深度值，图 4 则为全局整合度，两者呈现反相关。图 4 显示，老城厢片区内全局整合度最高达到 1.943，最低为 0.621，平均值为 1.047，老城厢片区内全局整合度整体较高。

 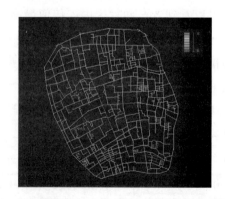

图 3　老城厢历史文化风貌区深度值图示　　图 4　老城厢历史文化风貌区全局整合度图示

　　全局整合度较高的道路有河南南路、复兴东路、望云路、方浜中路、昼锦路、文庙路、蓬莱路、紫华路、大境路、福佑路等。这些路以横向复兴东路，纵向河南南路为道路骨干，形成贯穿了老城厢特色空间骨架。全局整合度高的道路分布较为集中，空间单元有序连接且不离散。相对而言，四个特色风貌区中位于片区东北面的豫园地块整合度较高，表示其可达性较好，人流与车流的聚集程度较高，可步行性研究需求较大。

　　3. 局部整合度分析

　　局部整合度代表的是某一空间单元与周围空间单元的集散程度，也就是说表示的是该条道路与周围道路的整体集散程度，主要是用来研究空间内按照某一指定步数范围的整合度情况，并从中发现区域内部活动较为密集的区域。在空间句法理论中，我们通常会将整合度最高的部分定义为整合度核心。当空间系统中的轴线数量小于200时，选取整合度最高的10%的轴线所在空间作为整合度核心，而当空间系统中的轴线数量大于200时，选取整合度最高的5%的轴线所在空间作为整合度核心。在本研究中，共有639条轴线，因此选取前5%即整合度最高的前32条轴线所在空间作为整合度核心。

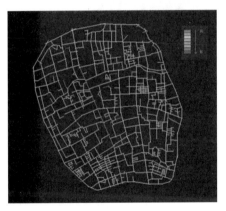

图5　老城厢历史文化风貌区局部整合度图示

　　接着再对空间的局部整合度进行分析，选取 $R=3$，图示结果同样以颜色由冷至暖依次提升。图5显示，老城厢片区内局部整合度最高达到3.509，最低为0.333，平均值为1.552，老城厢片区内局部整合度整体较高。

　　局部整合度较高的道路有河南南路、复兴东路、福佑路、蓬莱路、光启南路、学院路、昼锦路、安仁街、东街、尚文路等。局部整合度较高的道路分布并不连续，部分道路呈现离散状态，四个特色风貌区中均分布有局部整合度较高的道路。相比于全局整合度的分析结果，原本全局整合度高且轴线散状分布的中间区域在设定了活动半径以后，辐射范围有所收缩，但仍保持了一定的空间连续性。

　　综合分析，河南南路具有较高的全局整合度和局部整合度，而复兴东路在设定活动半径后整合度排名有所下降。与此同时，豫园地区的福佑路和文庙地区的蓬莱路成为局部整合度核心，分别覆盖豫园城隍庙景点与文庙景点，在较短步行距离内有较好的通达性，是所在区域的活动密集中心，更应注意步行环境的建设。

　　4. 可理解度分析

　　可理解度（intelligibility）是一个全局参数，又称智能度。它表示的是局部空间与全局空间之间的关联度，在实际含义中表示人们能否通过局部的空间结构来认识到整体的空间关系。良好的可理解度有利于对这一区域不甚熟悉的行人如外来游客尽快地感知局部与整体的空间结构。因此可以首先将街区局部整合度和全局整合度进行相关性计算，了解街区内部空间与整体空间之间是否有较好的协同性。之后再对空间的连接值与全局整合度进行拟合，研究行人对空间系统的理解程度。整合度和连接值越高，可理解性越好。

首先，对街区的局部整合度和全局整合度进行拟合，选取 X 轴为全局整合度（integration［HH］），Y 轴为局部整合度（integration［HH］R3），得到如下散点图（图6）。斜率 R^2 为拟合度，表示两者之间的相关性，此散点图中 R^2 为0.58。

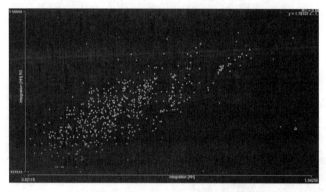

图6　全局整合度与局部整合度的相关性散点

根据统计学原理，当 $R^2 < 0.5$ 时，表示两组数据之间没有明显的相关性，当 $R^2 > 0.5$ 时，表示两组数据之间有一定的相关性。在本研究中拟合度 R^2 为0.58，表明老城厢历史街区内局部空间与整体空间有一定的协同性。步行者较易通过街区的局部空间来掌握整个街道系统，这对历史街区的旅游发展意义较大，但后续仍需进一步加强街区道路核心的建设，可以通过地图路标等形式辅助行人增强对该地区空间的感知。

其次，对街区的连接值和全局整合度进行拟合，来探究使用者根据局部空间来理解全局空间的容易程度。选取 X 轴为全局整合度（integration［HH］），Y 轴为连接值（connectivity），得到如下散点图（图7）。此散点图中 R^2 为0.22。

图7　全局整合度与连接值的相关性散点

从全局角度来看，两者并没有明显的相关性，这表明人们在某一空间单元不能很好地理解整体空间结构，局部缺少人性化休闲活动场所，步行其中容易让人产生迷失感。但散点图中仍零星分布拟合度较高的离散点，这表明在某些道路上仍能对所在空间具有较好的认知。

这样产生的原因，可能是由于老城厢历史街区内业态种类较多，既有观光旅游为主的景区街道，也有美食休闲为主的美食一条街，还有居民日常生活的小街巷，穿插分布在其中。且由于老城厢片区历史悠久，传统的历史文化建筑、古迹、遗址等因为居民改善生活环境，很容易被改建得面目全非，有交通难、环境差的问题。因此游客行人身处其中，很难从一个点去完整感知街区空间，感知老上海原汁原味的生活。

四、结论与讨论

历史街区是一座城市探究历史风貌、文化底蕴的最好去处。它的空间形态、道路结构反映出在这里生活过的社会群体所创造的生活方式与文化形态，是一个城市传统文化延续的重要载体。随着城市的发展建设，新与旧的融合是一大难题，老城厢是上海城市的"原点"，可它也不得不面临保留与改造的问题。"一边是脆弱的文化遗产，另一边是亟待改善的居住环境，如何与过去的多样形态衔接，可能是老城厢保护里最值得探索的东西。"[10] 如何让这样一个历史街区在新的时代机遇中焕发生机，需要对其内公共空间和道路系统做更系统的规划梳理，其内道路的环境也成为上海展现给外来游客的印象窗口。因此，加强对历史街区的可步行性研究，一方面利于旧城更新解决居民交通难的问题，另一方面利于增加其文化旅游的魅力，使得游客行人能在其中获得更好的出行体验。

空间句法理论认为，空间与社会的关系并非仅存在于单个空间或个体活动层面，而是存在于人与空间的组构关系中。因此，本文利用空间句法，从连接值、平均深度值、全局感知度、局部感知度和可理解度几个方面对老城厢历史文化风貌区的空间与道路结构做了量化分析。

研究结果发现：① 老城厢片区内景观轴线作用明显，纵向河南南路与横向复兴东路均有较高的中心性与连通性，能引导地铁站与外滩人流的交通出行。但仍需完善现有交通轴线，应顺应街道空间特点制定相应职能。主道路交通周边加强步行道路的建设，加强中部区域与四个区块之间的联系，各个区块也可联系自身的功能与景观特点，建设区块内的次要特色风貌轴，从而对片区的可步行性做出贡献。② 老城厢中的豫园地区与文庙地区部分道路有较高的局部整合度，这与其景点的分布有较大关系，但实际上景点周边道路的连接值较低，空间连通性并不强。因此要进一步加强街道的视觉引导功能，增强景区入口处与街道交叉处的可步行性建设。③ 老城厢片区整体可理解度较低，整体对于局部的统领性有待加强，这也从侧面反映出老城厢片区亟待改造建设的问题。但简单粗暴的拆除改造又会引起上海城市起源脉络城、厢和黄浦江的连贯性被打断，路网结构与城市肌理都被打乱，不复存在。如何保护上海的根？首先需要加强对老城厢道路肌理的认知，减少空间结构混乱程度，激发游客行人探索空间的积极性，历史记忆才不至于随风消逝。

本文旨在为历史街区的可步行性提供空间本身角度的思路，也为旧城更新的道路规划提供一定的改造建议。为了获得更好的评价与分析结果，后续可结合历史街区的实际交通情况与道路质量进行可步行性分析。

（王若琳，上海交通大学设计学院硕士生）

参考文献

［1］ 徐璐.步行城市哥本哈根对绿色交通发展的启示［C］// 规划创新——2010 中国城市规划年会论文集.重庆，2010：5863-5871.

［2］ 陈小鸿，叶建红.绿色导向，慢行优先——上海 2040 总体规划的交通发展价值观［J］.上海城市规划，2017（4）：18-25.

［3］ 迈克尔·索斯沃斯著，许俊萍译，周江评校.设计步行城市［J］.国际城市规划，2012，27（5）：54-64.

［4］ 于长明，吴培阳.城市绿色空间可步行性评价方法研究综述［J］.中国园林，2018（4）：18-23.

［5］ 刘涟涟，尉闻.步行性评价方法与工具的国际经验［J］.国际城市规划，2018（4）：103-110.

［6］ 张愚，王建国.再论"空间句法"［J］.建筑师，2004（3）：33-44.

［7］ 鲁海军，刘学军，程建权，等.基于空间句法的城市道路网可达性分析［J］.中国水运，2017（7）：131-133.

［8］ 陈仲光，徐建刚，蒋海兵.基于空间句法的历史街区多尺度空间分析研究——以福州三坊七巷历史街区为例［J］.城市规划，2009（8）：92-96.

［9］ 王成芳，孙一民.基于 GIS 和空间句法的历史街区保护更新规划方法研究——以江门市历史街区为例［J］.热带地理，2012（2）：44-49.

［10］ 南方周末.老城厢：正在消失的上海城市"原点"［EB/OL］.［2019-06-20］.https://new.qq.com/omn/20190518/20190518A0M3VX.html.

传播学视角下的东方设计形态研究
Research on Eastern Design Morphology from the Perspective of Communication

孔繁强

摘　要： 文章揭示设计形态具有传播媒介的功能，探讨东方设计形态如何更好地传播信息，如何使传播信息的方式与设计形态更好地结合。通过对东方设计形态传播属性和传播过程的分析，发掘东方设计学研究的新视角，提出传播问题研究和未来传播媒介的发展对于东方设计形态学研究的意义及影响。

关键词： 设计形态；传播学；东方设计

Abstract: This paper reveals that design form has the function of media. It explores how Eastern design forms can better disseminate information. It also studies how to better integrate the way of information dissemination with the form of design. Through the analysis of the communication attributes and process of Eastern design form, this paper explores a new perspective of Eastern design research. It puts forward the significance and influence of the study of communication and the development of future media on the study of Eastern design morphology.

Key words: design morphology; communication; Eastern design

引言

　　随着信息技术推动互联网和物联网的飞速发展，当代设计的环境正在经历前所未有的变化，信息模式从大众传播走向多点交换和去中心化，使社会资源分配、组织机构、生产方式向扁平化结构发展；万物皆媒、万物互联是否会影响设计形态的生成和评价？是否会激发现代东方造物理念的转型、是否会推动东方设计理论体系的改写，这与当代及未来传播媒介的发展都有着密不可分的联系。本文从传播角度出发，探索传播媒介的发展对于东方设计形态研究的意义及影响。

一、东方设计学

2018年国家社科（艺术学）重大招标项目推出"东方设计学研究"选题，这是多年来中国设计业界、设计学教育界响应国家发展战略，坚定文化自信、不断求索的必然选择，是设计学研究领域近几年关注度最高的重大事件。该选题直揭当代中国设计学理论研究的核心问题，是构建中国设计学理论体系的原创性研究。学界关于东方设计哲学、东方设计审美、东方设计形态等问题展开了一系列讨论。上海交通大学周武忠教授在《再论东方设计——东方设计学的概念、内容及其研究意义》一文中，对以"东方设计"理念展开的设计实践活动进行了系统思考和阐释。周武忠认为"东方设计学是基于东方文化和东方哲学，结合中国传统造物的实践和理论积累，汲取现代设计的精华，从理论和实践的角度构建的一门具有历史积淀、文化传承和现代生命力的设计学科。其价值不仅在于增强文化自信，而且能更好地传承发展中国传统文化，为创新设计、乡村振兴、文化复兴等提供新理念、新路径。"[1]

中国美术学院吴海燕教授在给东方设计学的定义中提到"设计学研究设计创造的方法、设计发生及发展的规律、设计应用和传播的方向，是一个基于社会综合动态水平，强调理论属性与实践的结合，以创新为终极目标、研究为发展导向的发散型学科"[2]。东方设计的传播是因东方设计形态自身具有媒介属性而得以实现的，本文即从这一角度论述东方设计形态与传播媒介的关系。

二、设计形态学

形态学（Morphology）原属生物学科的一个分支，是探索生命体形态生成演化及其相关机理，并进行形态分析、分类的学问。歌德首先在植物形态研究中得到启发并应用于美学领域。科学意义上的形态学被用于由外形区分生物学物种，后来用于地理学上的地形辨别和语言学上的语音、字形的识别，及历史学、数学等方面，具有比内涵识别更为简洁、高效的功能。托马斯·门罗（Thomas Munro）于1956年提出审美形态学概念，并将其视为美学走向科学的一个重要路径。20世纪70年代，苏联美学家莫·卡冈尝试将系统论、生物学等自然科学方法中的分类标准等借鉴到对艺术分类的研究当中。由于形态学是以自然形态为研究对象，其研究方法对人造形态的研究有着诸多启示。形态学研究方法被应用到许多自然科学、社会科学领域，在设计领域也自然引起研究者和设计者的浓厚兴趣和高度重视，并不断尝试以形态学方法对人造形态进行研究。以人造设计形态的外在特征（形状、大小、色彩和材质）为对象，寻求它们所蕴含的内在特性（如设计理念、价值、人的审美偏好等）；基于人造形态的可视性方面与非可视性方面进行对应性研究，由此弄清有关人造形态创意的语法、机理。这种对人造形态进行形态学分析研究的方法构成了设计形态学 [3]。

设计形态学研究于 2017 年获国家社科基金重大项目立项，上海交通大学首席专家胡洁教授提出了设计形态学理论架构与认知系统、生物激励模式下的设计形态学创新机制、需求驱动的设计形态学创新机制、主观美学和客观量化结合的评价机制等研究框架。中央美术学院首席专家邱松教授认为设计形态学的研究，应该同时关注设计研究和设计应用，结合技术、文化、理论、方法，形成从本源思考—设计创造—目标验证的设计创新过程，并以此螺旋上升的形式对接行业，提升学科高度，实现"创新 + 整合"的设计价值。

东方设计学研究体系的一个重要内容即是设计形态研究，而设计形态所指的不仅是设计作品的结构，也是设计系统的结构，它的任务在于揭示这些结构之间的关联，以便了解东方设计体系作为类别、门类、样式的系统的内部结构规律，从形态发生学的观点研究这个系统的形成。

三、传播视角的设计形态研究

观象制器作为古代手工业时代的造物文化，其宗教、阶级等级识别特征就具备传播属性。工业时代的机器生产使个体获得机会以产品形态传播所属阶层形象及品质趣味。信息时代的设计更在于多领域跨界，基于制造和生产物质产品的社会开始向基于服务或非物质产品的社会转型，设计需要应对并引领信息时代多媒体认知方式、非线性网络思维、对三维时空的超越、超文本辐射等一系列改变，因而更是一种综合的协作与运筹。从这个意义上说，设计即是策略，是造物的策略，是驱动生产和消费的策略，也是更深层次上文化价值观的整合、表达和传播 [4]。当代设计越来越重视其对社会、对人类的协调和服务作用。设计形态已成为信息传播过程中的一个媒介。在这个传播过程中，设计是否满足需求，传播是否有效，要看设计形态作为媒介所承载的信息能否被受众理解与接受，要看它在传播生态中所起的作用。因此，我们需要借助传播学的研究方法，与设计学共同组织和完善东方设计形态研究构架。

近年来在相关设计领域都有开展传播视角的研究。产品设计领域，李乐山《符号学与设计》提出工业设计不应当以机器功能为出发点，而应当以人的行为做切入点，使用户通过外形理解产品功能，产品应当自己会"说话"，告诉用户它有什么功能、怎么操作。"说话"和"告诉"即是信息传播过程。孙守迁《设计信息学》探究设计信息在创新活动中的运动、传递规律，可以说是对传播内容的研究。张凌浩《产品的语义》将复杂晦涩的符号学理论与设计意义的表现、传播、转化及文化实践等多方面做了连接思考。在视觉传达与新媒体领域：《视觉传达与传播设计》结合传播学的角度对视觉传达内涵进行多元拓展，提出视觉信息的认知与识别是视觉传播的基础。王小元"视觉传达的传播功能探析"从识别、传播、表现三个方面阐述了视觉传达传播功能的达成。从人们对物质功能的需要、品牌的内涵和商业价值、设计的个性与风格等角度探讨视觉信息的识别效力；从文化性和情感性分析信息传播的达成；从有效传达信息、视觉流程设计等内容阐明了视觉表现与信息传播的辩证关系[5]。环境设计领域，李江、胡敏、张旗"展示设计构成要素的符号传播分析"提出展示设计是一个为实现具体展示目的，以符号为载体的信息传播手段[6]。韩凝玉等借鉴传播学"知识沟"假设，结合数据时代"知识沟"所具有的特性，提出"知识沟"现象也存在于旅游地形象传播中[7]。

四、东方设计形态的传播

如果说对设计形态的符号、语义和信息的研究相对静态的话，那么传播就可以说是动态过程的研究。从信息传播视角认识东方设计形态是基于整个设计系统和形态设计过程，东方设计形态作为承载一定信息的媒介符号，是联系传者与受者的纽带。

（一）东方设计形态的传播要素

无论设计形态的可视性还是非可视性方面，依据拉斯韦尔的"5W"模式，可以绘制出设计形态的传播模型。东方设计形态传播过程也包含这些传播要素：传播者（包含决策者、设计师）、传播内容（造型要素、语义符号等信息）、传播媒介（设计图，完成、建成的设计物、视觉传达媒介）和受众（使用者、大众）。

东方设计形态所传播的信息内容主要体现在两个层面：第一层面，是实用功能层面，实用功能也就是技术设计的层面；第二个是文化功能层面，即文化设计的层面[8]。这也就是东方设计形态学研究中的内在要素。

（二）东方设计形态信息的传播过程

形态承载信息并具有传播媒介（符号）的功能，形态设计活动可视为一种传播活动。从传播学的角度来研究东方设计形态，就无法回避形态符号问题，形态具有符号属性，这是传播学应用在其他领域研究的基础。作为符号载体的东方设计形态，在语义传播过程中体现信息传播的原则。信息时代的形态设计已经不单纯是传统意义上的设计与创作过程，人们更多地关注设计形态带来的情感体验、传递的文化信息，故此这个过程更趋向于一个传播学意义上的过程。在东方设计形态中，符号语义信息也遵循一般的传播规律，即具有编码、解码和释码环节。

（三）信息不对称与传播逆差

信息不对称理论最早由美国经济学家乔治·阿克洛夫（George Akerlof）于1970年在"信息非对称论"中提出。同时期，斯彭斯（Michael Spence）和斯蒂格利茨（Joseph Stiglitz）分别从不同领域对信息不对称进行阐释。"信息不对称是信息传播存在的前提和基础，没有信息不对称就无所谓信息传播"[9]。在信息传播过程中，"当一人拥有公共信息和秘密信息，而另一人只拥有公共信息时，信息不对称就形成了"。这主要是由于"传播主体在传播活动中的地位和作用等因素的差异，导致了他们在对信息掌握的数量和质量上呈现递减状态的不对称分布"[10]。张凌浩认为，设计师与消费者存在"认知差异"[11]。王波涛借用物理学中的电位差概念，即位势差异来描述设计中的信息不对称。在传播过程中，从信息流动（交换）的角度看，由于信息在不同的传播环节所处的位势不同，造成信息的饱和度与原真度的不同，从而导致信息位势差异[12]。根据信息不对称产生的原因可以大致分为认知不对称、语言不对称、技术不对称、噪音不对称、媒介不对称等。认知信息不对称，是由传者之间、传者和受者之间的意识差异造成的不对称。不同地域不同文化背景的受众，对于"东方"的认知和意识是有极大差异的，也即是一种信息不对称。语言信息不对称，在设计形态中存在着功能语言和形式语言，语言符号的不同也会造成传播信息不对称。噪音信息不对称，指在设计形态传播中阻碍设计意图实现的不对称因素。媒介信息不对称，即由传播媒介造成的不对称。王廷信在《文化认知与艺术对外传播》一文中指出中国和外国之间的文化艺术交流存在"逆差"，这种"逆差"是由信息不对称造成的。而如何弥补这种逆差，也正是从传播视角进行东方设计形态研究的目的之一。

五、传播媒介的发展对设计形态的影响

纵观传播学和设计史研究，可以发现传播媒介和设计形态的发展似乎存在着某种相关性。晚明造物艺术的类型和风格特征与当时的时尚消费关系密切，时尚传播推动了造物艺术的发展和技术进步[13]。大众传播时代，大众媒体，包括新闻报纸、电视、电影和广播在内，都具备一种将大众意识标准化、同质化的改造和塑形能力，这种能力的形成来源于传播媒介的强势信息表达。在这种表达中，"通过多重表现形式——如图画、形象、有形人工制品、空间和环境——设计甚至比大众媒体的其他方面更有能力以令人信服的方式传达价值和观念"[14]。

（一）传播形态与设计形态的发展

回顾过去，以大众传播为第一代、互联网及自媒体为第二代、人工智能传播为第三代的现代传播体系形成了商业化的现代传媒经济生态，生产和传播的信息以营利为目的。功利至上不仅催生了知识沟或数码鸿沟，同时加深了人类文明的隔阂与冲突，更影响到发展

中国家地域文化的完整性^[15]。在机器化大生产中我们似乎能看到同样的过程，从手工时代进入到大机器生产后，机器生产提升了制造业的效率，为物质丰富创造了必要条件；同时，机器生产所具有的标准化、批量化特征，限定了工业产品形态的一般面貌，给普通人提供了选择而不是决定产品的权力。这种供需理想的不对等至今没有得到解决^[16]。由于资本的本性，设计催生了过度消费，一方面是以利益为绝对优先，推动了商品的无限更新，鼓励了非必要性的消费恶习；另一方面，对商品的过度包装和过度强调的品牌传播策略，造成了大量的资源浪费。同时，各种水土不服的形态符号和语义环境被粗暴地强加给消费者。

新媒体时代的整个信息环境发生了根本变化，互联网的使用已经成为社会生活的一个分界点。它把能否有效地进行网络社交，作为社会阶层的新的分水岭^[16]。5G 时代来临对未来的传播学的体系构建将产生深远的影响，同时也必将给设计形态学和东方设计形态的研究体系带来新的拓展空间，面对在个人主体表达占据主导的新的信息传播模式中逐渐解体重构的社会价值体系，东方设计学体系是否能够弥补数字鸿沟、减小信息不对称带来的影响？东方设计形态学研究能否承担起沟通传统与现代、现实与理想世界的重任？

（二）未来传播发展趋势对东方设计形态研究的影响

未来社会将迎来媒体形态、传播思维和传播方式的巨变。这种转变也势必会影响东方设计形态的研究轨迹。新浪新闻《2017 未来媒体报告》和腾讯网·企鹅智酷与清华大学新闻与传播学院新媒体中心联合发布的《中国新媒体趋势报告（2016）》发布了有关未来传播发展的趋势。2017 未来媒体趋势提出"浸媒时代"，强调用户体验就是要"开发出一种可以创造令人心情愉悦，有感情的体验的体系结构"，强调与用户之间的感情互动和联系。2016 新媒体发展趋势报告强调媒体的智能化趋势，提出了"万物皆媒"和"智媒时代"的观点，强调了人工智能以及大数据和算法技术对媒介的改变，认为媒介的未来发展将走向智能化，智媒的基础就是技术推动下社会化媒体的自我进化以及用户与先进技术的高度融合，最终实现人与媒介、人与机器的自然交互。未来媒体将朝着泛网络化、泛媒介化、泛数据化、泛智能化、泛可感化的方向发展。未来新型传播关系将呈现边界消融，版图重构的生态。今天，移动互联网、物联网、大数据、人工智能、VR/AR 等技术正在推动着这种传媒生态重构。传播关系未来将更多地走向微观，目前已出现整合传播、共享传播、场景传播等新型传播关系，这种传播关系也将导致产生新的东方设计形态。

东方设计形态与整合传播。受众在面对海量信息时会产生焦虑，整合传播通过媒介整合繁杂信息，再通过技术分发，为受众提供过滤后的全面信息。随着大数据技术的不断成熟，个性化的数据筛选以及定制化推送已成为现实。与整合传播相匹配的整合设计形态，将精简附加信息，以整体的东方设计形态系统，传播未来生态、生产、生活方式。东方设计形态的特征和传播效果也将在生活、生产、生态的整合环境中体现出来。

东方设计形态与共享传播。共享经济作为互联网信息时代全新的经济形态，在中国有着深厚的历史文化土壤。自物物交换时代开始，中国古代先民的日常生产生活中就萌发了共享观念。与现代共享经济通过信息技术对闲置资源进行优化配置不同，中国传统文化中的共享要素大多体现在朴素的平等、公平、均平观念和互利互惠的早期商业观念及其实践中 [17]。共享传播与媒介社交化密不可分，社会化媒体的出现营造出全新的媒介生态，也使共享传播成为可能。在社会化媒体的传播浪潮中，参与者的权力和权利关系发生了重大转变。内容的充分享用、主体的彻底融合、渠道的共同占有、过程的全程参与，这些都是基于共享的社会化媒体的传播特征，也是传播得以顺利实现的保障 [18]。由于物品的属性由私有变成共享，单用户单受众变成了多用户多受众，共享设计形态的物质、文化属性将发生深刻变化，也将影响新的东方设计形态在设计对象、设计方法、设计工具等诸多方面的发展和转型。

场景设计形态与"场景"传播。场景一词本是戏剧影视术语，指在特定时间空间内发生的，或者因人物关系构成的具体画面，是通过人物行动来表现剧情的一个特定过程。从电影角度讲，正是不同的场景组成了完整的故事。移动互联时代的场景传播正是基于特定时空，也即具体场景下的个性化传播和服务。移动互联时代凸显了场景这一变量的重要性。根据不同的场景为用户量身定制个性化的服务，成为移动媒体新的内容发送要求。个人电脑（PC）互联时代争夺的是流量，移动互联时代争夺的是场景 [19]。东方美学借助意象意境的审美方式，暗合场景传播的意趣。唐代司空图《廿四诗品》中的意境即表现为某种时空图景，也就是场景传播。场景也将成为东方设计形态中重要的媒介内容，设计形态将在各种场景中转型，在各种场景中定制或更新换代。

"5G时代"的东方设计形态。中国正在以飞速的步伐走入"5G时代"。2019年6月6日，工信部正式批准中国电信、中国移动、中国联通、中国广电四家企业经营"第五代数字蜂窝移动通信业务"，这标志着中国将正式跨入"5G时代"。5G这项革命性的技术，将改变社会传播中的表达成分，视频表达将成为主流样式形态，传播学中对"媒介"的定义也会因为5G的出现而得到新的改写 [15]。5G的"高容量"意味着"万物互联"从此成为一种可能，它真正开启了"万物互联"的时代，使人与人、人与物、人与场景有了时刻在线、互联互通的现实可能。而5G的低能耗则可以使各种反映着人与物的状态属性的传感器（如"可穿戴设备"）的无时不有、无所不在成为现实。按照5G专家的说法，具有超级链接能力的5G网络，将承载10亿个场所的连接、50亿人的连接、500亿物的连接，把数字世界带入每个人、每个家庭、每个组织，构建万物互联的智能世界 [20]。人的生理状态、心理感受、情感情绪皆已成为可以打通知晓的信息节点，传播媒介的边界、框架、构成要素以及运作机制、传播规律将由此发生巨大改变。媒介的定义将发生革命性的升级换代 [15]。可以预测未来的设计形态也势必发生前所未有的变革。基于5G技术的VR/AR/

MR 将使"场景"成为未来传播中最为重要的价值变现的范畴，场景发现、场景设计与场景应用等也将成为设计形态新的场域。5G 将成为设计形态学研究的技术拐点，也将给东方设计形态带来多时空维度和多向连接的全面拓展。

和传播学一样，未来设计形态的研究体系也面临着扩容、重构的革命性任务。我们不妨从传播视角设想未来的东方设计形态：从具体样态来看，技术不断进步，且在各个领域渗透，设计领域也不例外。大数据技术、人工智能，以及 VR/AR 与媒介相结合，衍生出数据设计形态、机器人以及 VR 等一系列新的设计形态。未来设计形态将是或者应该是以在实体现实情境下的东西方文化、文明交流互鉴形态为主，以整合设计、共享设计和场景设计对应大众传媒、自媒体传播和人工智能的传播形态。东方设计与东方传播相辅相成，互相融合。

六、结语

全球化和互联网时代，随着网络和数字技术的发展，无论是工业产品还是建筑立面，东方设计形态都已然具备了传播属性和媒介特征。大众传媒利用产品、视觉图像和环境建筑在大众面前构筑了一个巨大的视觉符号体系以引导大众的认知，把社会主导的消费文化的意义通过空间和形态表达出来，在观念上引导人们接受消费主导的文化认知，并转化到人们的日常消费行为中，从而影响大众的生活方式。而传播向分众和自媒体发展的态势，及未来 5G 时代对传播生态的革命，也必将激发设计形态的变革。东方设计形态的外在特征（形状、大小、色彩和材质）和内在特性（如设计理念、价值、相互关系）都将随之转型，东方设计形态研究空间也将得到空前的拓展。

（孔繁强，上海交通大学设计学院副教授，主要从事设计学理论与应用研究）

参考文献

［1］周武忠：中国设计学：更"东方"才能更"世界"［N］.人民日报·海外版，2018-04-07（8）.

［2］吴海燕.定义"东方设计学"［J］.新美术，2016，37（11）：16-20.

［3］吴翔.设计形态学［M］.重庆：重庆大学出版社，2008.

［4］潘鲁生，殷波.设计伦理的发展进程［J］.艺术百家，2014，30（2）：30-33.

［5］王小元.视觉传达的传播功能探析［J］.重庆大学学报（社会科学版），2013，19（4）：161-165.

［6］李江，胡敏，张旗.展示设计构成要素的符号传播分析［J］.装饰，2009（6）：141-142.

［7］韩凝玉，张哲，黄震方.旅游地景观传播中"知识沟"及其成因的实证研究——以浙江省绍兴

县大香林风景区为例［J］.旅游学刊，2016，31（3）：88-96.

　　［8］　吴兴明.作为设计产品的人造物的三个层次［J］.中外文化与文论，2018（2）：203-210.

　　［9］　熊玉文.信息不对称与危机管理中的新闻媒介［J］.广西社会科学，2004（11）：169-171.

　　［10］　胡文才，刘友林.论广告传播中信息不对称的规制［J］.新闻界，2007（1）：91-92.

　　［11］　张凌浩.产品的语意［M］.3版.北京：中国建筑工业出版社，2005.

　　［12］　王波涛.艺术设计传播及其位差问题［J］.装饰，2006（5）：8-9.

　　［13］　巩天峰.时尚消费与时尚传播的互动效应对晚明造物艺术的影响［J］.装饰，2013（3）：72-73.

　　［14］　彭妮·斯帕克.设计与文化导论［M］.钱凤根，于晓红，译.南京：译林出版社，2012.

　　［15］　贾文山.未来的传播形态：思考与前瞻［J］.人民论坛·学术前沿，2018（5）：76-83.

　　［16］　李文静.分众时代的传播变革及设计介入问题研究［D］.北京：中央美术学院，2016.

　　［17］　李懿，解轶鹏，石玉，等.共享经济治理：历史镜鉴与域外经验［J］.国家治理，2017（17）：38-48.

　　［18］　刘立刚，段豪杰.共享传播：社会化媒体的权力与权利重构［J］.河北大学学报（哲学社会科学版），2013（2）：73-75.

　　［19］　梁旭艳.场景传播：移动互联网时代的传播新变革［J］.出版发行研究，2015（7）：53-56.

　　［20］　华为5G首席科学家：带你了解5G网络标准是如何建立的［OL/DB］.［2019-10-08］.http://www.epw.com.cn/article/201901/396879.htm.

女性精英与家庭布置：民国居室设计的另一条路径

Women's Elite and Indoor Decoration—Another Way of House Design in the Republic of China

邢鹏飞

摘　要: 20世纪二三十年代，伴随着新家庭的建设和新生活运动的开展，家庭布置也越来越受到大众的重视。通常认为新家庭布置的设计师是建筑师或图案学专家、工艺美术家。但实际家庭布置的实施与一批女性的社会精英有关，她们通过家政学开展家庭布置教育，通过电台广播、报刊、讲座和家政训练班等渠道来传授家庭布置学问。她们并非职业的室内设计师，但她们却是住宅室内设计的身体力行者。

关键词: 家庭布置；家政学；居室设计；民国

Abstract: In the 1920s and 1930s with the construction of new families and the development of new life movement, family layout is also getting more attention. We think the designer that the home decorates commonly is architects, pattern experts or craft artists. But the actual implementation of household arrangements is related to a group of female social elites. They teach home arrangement through home economics, and they teach household planning through radio broadcasts, newspapers, lectures, and housekeeping classes. They are not professional interior designers, but they are practitioners of residential interior design.

Key words: indoor decoration; home economics; living space design; the Republic of China

引言

　　我们理所当然地认为每个女人都对住宅感兴趣——她要么有座建造中的房子，或者梦想着拥有一座，或者已经拥有了很长时间而希望它很合适。而且我们理所当然地认为这个美丽之家一直都是女人之家：男人也许建造和装饰了一座漂亮的住宅，但仍然需要女人将它变成他的家。住宅体现的是女主人的个性。无论男人在家中感到多么幸福，他们永远是家中的客人。[1]

英国著名的建筑理论家阿德里安·福蒂（Adrian Forty）在其经典著作《欲求之物：1750年以来的设计与社会》中描述了女人与住宅之间的亲密关系，在19世纪末期和20世纪初期的欧美，人们普遍认为女人尤其适合布置家庭。而在中国的20世纪早期，也发生着类似的情况。民国初期，建筑行业处于发展期，诸多建筑学子留学回国，1927年成立了上海建筑师学会，1928年改称中国建筑师学会，并萌生了许多建筑事务所。但这些建筑师的主要业务是大型公共建筑设计，室内空间则多为商务性空间及各类公共空间，如跳舞厅、展览馆、餐厅、咖啡厅等。专门从事居室设计的职业设计师寥寥无几，而居室设计的重任则留给了现代女性。职业建筑师刘既漂设计的美术展览会和跳舞厅如图1所示。

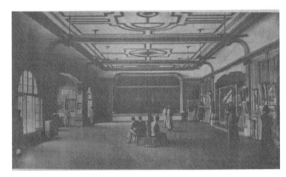 

图1　职业建筑师刘既漂设计的美术展览会和跳舞厅

一、家庭布置的推广人：现代精英女性

1940年，题为《现代家庭的布置与装饰》文章开头写道："家庭的布置和装饰，在现代的家庭中是很重要的，也是主妇们的唯一责任。"[2] 在这里，家庭布置和室内装饰摇身一变，成了家庭主妇们的唯一责任了。民国时期著名的教育家、中国美学奠基人之一吴梦非先生曾认为美育教育的三个方面（家庭、学校、社会）中家庭教育最重要，而家庭美育中女子的责任又格外重[3]。在吴梦非先生眼中，女子所承担的家庭美育的主要职责就是养儿育女与家庭美化，他在文中还给出一道选择：妇女应该服务于社会呢？还是服务于家庭？即便是像吴梦非这样的大知识分子，答案也是显而易见的。居室的设计顺理成章也就成了家庭主妇们的必修课，女性刊物《妇女杂志（北京）》上出现了醒目的标题"献给主妇们：家庭的布置和装饰"，很显然是送给女性的设计读物。类似的文章还有《家庭布置：时代家庭的装饰美：献给现代的家庭主妇们》《装饰讲话：主妇的职业（原载母亲与家庭杂志）》，"一个现代主妇，知道房屋中的愉适还是不够的，还须要有一种优美的色彩和轻松的感觉"[4]。这些醒目的标题及其表述，几乎将室内装饰等同于家庭主妇的职业，并且要求女性通过阅读家庭类刊物来学习家庭管理策略和室内布置方法。而能够胜任这一职责的女性，大多都是民国时期的精英女性（图2、图3）。

图 2 《妇女杂志（北京）》1941 年第卷第 3 期

图 3 《新民报半月刊》1940 年第 2 卷第 22 期（左）；
《家庭 (上海 1937)》1939 年第 4 卷第 6 期（右）

同时，家庭布置类的文章多数都是女性写作的，并通过家庭布置类讲座和课程来传授居室设计知识。许继廉女士是金陵女大教授，为了庆祝 1934 年的三八妇女节，由女青年会和首都妇女提倡国货会组织，聘请许继廉教授做了家庭布置主题的讲座。随后，许继廉女士的讲座内容由纪凝娴女士记录并刊登在 1934 年的《妇女共鸣》上，讲座开篇便强调了家庭布置的重要性，"家庭里的一切陈设和我们日常生活存在着密切的关系，所以欲使我们有美满的生活，就不得不注意到家庭布置问题"[5]。讲座由现代精英女性完成，由女性组织主办，为了庆祝女性的节日，并由活跃的女性刊物刊发，而内容却是纯粹的家庭室内设计问题。当然，许继廉女士的讲座并非个例。

**图 4　钱用和和宋美龄（左图）；《家庭与妇女》第一期封面（中图）
中华妇女社陈竹君女士（右图）**

钱用和，曾毕业于北京女子师范学院，后留学美国芝加哥大学及哥伦比亚大学，1919 年五四运动时曾任北京女学界联合会会长、江苏省立第三女子师范学校校长、金陵女大、重庆女师院教授，还曾担任过宋美龄的私人秘书。钱用和女士也曾发表过一系列"家庭布置"的文章。1937 年，钱用和女士在中央电台做了题为"家庭布置及管理"的讲话，其中第二个部分就是"家庭布置的设计"，钱女士从布置的艺术、布置的形式和布置的材料三方面分析了室内设计。此外，民国时期活跃的作家与《机联会刊》的主要撰稿人巴玲女士、《家庭与妇女》的主要撰稿人丁洁女士、《妇女杂志（北京）》的主要撰稿人张荫朗女士、中华妇女社陈竹君女士等也都撰写过家庭室内设计的文章，《现代家庭》《家庭（上海）1922》《家庭星期》等家庭类刊物也刊载了大量关于家庭布置、家庭装饰的文章（图 4）。

民国初期，已有许多艺术专科学校成立，也有许多艺术学校开设了图案科和建筑装饰科，并开展室内设计教育。20 世纪 30 年代起，又有大批的建筑科成立，也开始培养建筑装饰类人才。但实际上家庭室内设计的任务却落在了家庭女性的肩上，家庭布置成了现代女性的一门必修课，而这些能够推广、开展家庭室内设计的现代女性多数都是受过教育、甚至是留学西方回国的精英女性，她们包括女性作家、女明星、政治家家属、女性教育家、女性团体组织者和女性刊物的创办者和撰稿人。如开办过家庭布置讲座的许继廉是金陵女子大学的教授；钱用和是著名的女性教育家和女性政治家；张巴玲女士是沪声通讯社的负责人、《机联会刊》的重要撰稿人，并在《家庭星期》刊载系列家庭问题讲座；陈竹君是中华妇女社的活跃社员，并获得过第五届体联运动会女子棒球掷远第一名。正是这些新社会的女性精英承担起了民国时期的家庭室内设计教育和传播工作。

二、家庭布置的教育空间：女性家政课

从欧美到中国，全世界在 20 世纪初期都有一种普遍的认同，即男主外、女主内。也正是由于这种对女性的偏见，进一步刺激了欧美的女权主义。民国时期，随着西方民主思想的流入和新文化运动的影响，女性组织、女性刊物与现代女性一起在国内开始生根发芽。与旧社会相比，女性有了受教育的机会，也有了工作的机会。同时，一种特殊的教育和工作也诞生了，这就是家政学。

1905 年，一本妇女启蒙刊物《女学讲义》（图 5）上刊载了一篇名为"家政学"的文章，这是翻译的日本家政学专家清水文之辅的文章，开篇的"贤妇造家"已将家务与家庭主妇捆绑在一起，进而认为妇女是家庭的重要组成部分，她们善于"饮食衣服、教训儿童、使用仆婢、经理钱财"[6] 等家务工作，所谓家政学就是家庭妇女应该将家庭事务当作一门学问来学习。之后，家政学作为女子学校的一门学问出现了。同时，社会上的各种组织都开始通过不同的形式开办家政学，如各种家政讨论班、家政讲座、家政卫生训练班，也开始介绍国外的一些家政学校。

图 5 《女学讲义》1905 年 4—5 期封面（左图）；柏林女校教授浣衣图（右图）
（出处：《协和报》1914 年第 5 卷第 2 期）

燕京大学家政学教授陈意女士曾于 1931 年在北京专门举办家庭布置讨论班，陈意原为燕京大学学生，后担任燕京大学家政系的教授和主任。除了民间的各种讲习班和专科学校举办的家政学教育，大学的家政系在当时的影响力是最大的。举办家政系的大学主要有北京女子高等师范学校、燕京大学、金陵女子大学和华西协和大学，而其中影响力较大的当属金女大和燕大（图 6 为保定直隶女学堂家政班毕业摄影）。作为北方家政学的学术领袖，陈意女士亲自开办社会型的家庭布置讨论班，并对普通女性开放，她曾发文明确表示如果将家政学看作是只有烹饪和缝纫这两者是不完整的，这二者仅仅是将家政学作为学校课程的开始。当下的家政学内容应该是包括家庭布置在内的五个方面，分别是家事经理、内部布置、缝纫或服装、烹饪、食物营养学 [7]。1935 年，她又发表了一篇《住的问题》[8] 的论文，文中专门讨论了住房的卫生、环境，第二部分则重点讨论了住房的室内布置（图 7）。

图 6　保定直隶女学堂家政班毕业摄影
（出处《教育杂志》1915 年第 7 卷第 10 期）

图 7　陈意女士，1937 年《北洋画报》(左图)，
讲座通知（中图）陈意《住的问题》(右图)

同样，作为南方家政学学术的代表，金陵女大教授许继廉女士也亲自开设家庭布置讲座，并在《家庭布置问题》[9] 一文中讨论卧室、客厅、儿童房、厨房、浴室等各房间的色彩搭配及室内陈设品如家具、墙壁装饰品、地毯、灯具、椅子垫、窗帘和其他小陈设品的布置。

三、家庭布置的传授媒介：报刊、教育、讲座、广播

民国时期出现了大量的家庭布置类知识，主要的传播渠道就是报刊。随着新时代的到来，新文化运动和新生活运动的影响，大量的家庭类刊物出现，而这些刊物的宗旨即建设新家庭、创建新生活、形成新社会，通过家庭改革影响社会改革。除家庭类刊物外，许多大众刊物和女性刊物也都开始关注家庭布置问题。

前文中也已提到，以燕京大学和金陵女子大学两所重量级的教会大学为核心的家政学与家庭布置的关系。当然，除这两家之外，北京女子高等师范学校、华西协和大学、岭南大学、河北女子师范学院、辅仁大学等地方高校也开设了家政学教育。一些地方组织也开设了不同形式的家政学教育。如北平市公安局第一卫生区事务所、武昌青年会、北平市卫生处、江苏省卫生所、江苏省省立民教馆、镇江县教育局等各地卫生机构和教育机构都开办了不同形式的家政训练班，并向大众开放招生。

燕大的陈意教授和金陵女大的许继廉教授都曾经举办过对社会开放报名的家庭布置主题的家政学讲座，而另外一位影响力更大的女性教育家钱用和则通过广播来向大众推送家庭布置的知识。1937 年 2 月，教育部中央电台特邀了钱用和女士做了 4 次《家庭布置及管理》的电台讲座，《广播周报》提前十天就开始预报，分三期进行全程转载，并附着大量的室内设计照片（图 8）。中央广播电台是国民政府政治宣传的主要窗口，在当时，中央广播电台的影响力类似今天的中央电视台。自 1936 年 4 月 20 日起，全国各广播电台每天（除星期日）20:00—21:00 必须转播中央电台的简明新闻、时事述评、名人演讲、学术演讲和话剧及音乐等 6 项节目，民营电台无转播设备者，届时必须停播[10]。而此次家庭布置的主题讲座是在 16:30—17:00，民营电台虽不需要强制转播，但也足以想象钱用和女士的演讲在当时的影响力。在这样一个官方窗口邀请一位新女性讲家庭布置，也足以显现家庭布置对当时国民的影响有多么重要。

图 8　钱用和广播全文，《广播周报》1937 年第 128 期（左图）；
钱用和广播通知，1937 年 2 月 22 日申报（上海版）第 22915 号第 10 版（右图）

张巴玲是妇女国货运动委员会委员、上海机制国货工厂联合会成员、《机联会刊》的重要撰稿人，后来又成为沪声通讯社的负责人，并在 1936 年的《家庭星期》上连载 6 期的《家庭问题讲座》（图 9）。巴玲女士可算是为国货运动而生的媒体发言人，作为家政学的家庭布置则正是依赖这些媒体人的策划而蓬勃发展的。

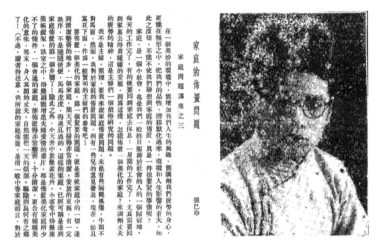

图9 张巴玲《家庭星期》1936年第1卷第12期（左图），张巴玲女士（右图）

四、结论

研究民国时期的居室设计，学者们通常会追溯至中国早期的建筑科、图案科教育，与学院派诞生的建筑师和工艺美术家们联系起来。20世纪二三十年代，大批留学生回国，并开办建筑教育与图案教育。苏州工专、国立中央大学、东北大学、广东省立勷勤大学、之江大学等都开办了建筑教育，1927年成立了上海建筑师学会，1928年改称中国建筑师学会，并萌生了许多建筑事务所和职业建筑师。但这些职业建筑师的影响力主要在大型公共建筑，涉及住宅设计的也主要是指住宅区的规划、建筑设计及名人公馆，而对普通大众在家庭布置方面所发挥的影响力却非常有限。在设计学领域，同样诞生了现代设计的原型——图案学，北平艺专、杭州艺专都开办了建筑图案有关的学科或课程，迅速发展的图案教育也培养出大量的图案人才（据雷圭元先生回忆，1918年至1947年间，图案教育发展30年中培养出不下千人的图案人才[11]），1935年同样成立了中国商业美术作家协会，但这些图案学专家、工艺美术家在室内设计方面影响力同样仅停留在大型公共空间设计层面上，刘既漂、雷圭元、张光宇等艺术家虽然创作过居住空间的设计作品（图10～图12），但其影响力也同样是仅停留在设计教育层面，对于公众在家庭布置的实施方面，几乎没有产生任何作用。

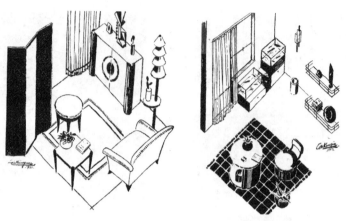

图 10 雷圭元作：主妇室装饰（左图），客厅装饰（右图）

图 11 客厅布置设计（雷圭元作）

图 12 刘既漂作新式住宅（左），张光宇绘近代欧洲室内装饰之设计（右）

若说此时的建筑师和艺术家精英们所发挥的主要作用是推动学院派教育和钻研专业技法，同时期的家庭主妇则承担起了现代家庭革新、新家庭秩序的建设和大众家庭布置与美化等职责。她们多数是社会精英女性，大都受过高等教育甚至有西方留学经历，她们通过家政学教育来推动家庭管理科学研究，她们的家庭布置讲座向社会大众开放，通过报刊甚至是电台广播等开放式的途径向大众传播关于家庭布置和室内装饰的专业知识。建筑师和艺术家更多考虑的是西方设计流派的源流，而这些非职业性的女性精英们则从现代生活与家庭日常着手，思考如何改善大众的家庭生活。关于民国时期的居室设计，不论是其研究的深度与广度，还是其传播渠道，女性精英们的影响力都要远超职业建筑师和艺术家。她们虽非居室空间的设计者，但她们却是新家庭布置知识的普及人、家庭装饰和室内美化的身体力行者，更是居室设计的推广者。

如此而论，这个时期的家庭室内设计，并没有以现代设计的原型——图案或工艺美术存在，而是以家政学的形态存在。家庭室内设计的主导者也并非建筑师、画家、图案家或工艺美术家，而是中国现代化进程中的一批精英女性。

（邢鹏飞，西南财经大学天府学院副教授，四川大学博士生，主要研究方向为环境设计、设计史及理论，近几年主要研究民国的建筑展览会及衍生设计史）

参考文献

［1］ 阿德里安·福蒂.欲求之物：1750年以来的设计与社会［M］.南京：译林出版社，2014.

［2］ 王应观.现代家庭的布置与装饰［J］.新秩序，1940（17）：31.

［3］ 吴梦非.女子对家庭美育的责任［J］.美育，1920（3）：17–20.

［4］ 雅.装饰讲话：主妇的职业（原载母亲与家庭杂志）［J］.家庭（上海1937），1939，4（6）：33–34.

［5］ 许继廉.家庭布置问题［J］.妇女共鸣，1934，3（3）：28–30.

［6］ 清水文之辅.家政学第一论总论［J］.女学讲义，1905（4/5）：12–24.

［7］ 陈意.家政学之内容［J］.留美学生季报，1927，12（2）：81–89.

［8］ 陈意.住的问题［J］.女青年月刊，1935，14（1）：29–34.

［9］ 许继廉，纪凝娴.家庭布置问题［J］.妇女共鸣，1934，3（3）：28–30.

［10］ 刘泱育.中国新闻事业史纲［M］.南京：南京师范大学出版社，2015.

［11］ 雷圭元.回溯三十年来中国之图案教育［J］.国立艺术专科学校第廿年校庆特刊，1947（3）：4–5.

浅谈传统手工艺的传承及应用

Talking about the inheritance and application of traditional handicrafts

朱达黄

摘　要：传统手工艺品是中国悠久的历史中凝结的具有鲜明的民族特色和具有博大精深内涵的优良传统工艺结晶。当前面临的机遇与挑战主要是由文化发展的规律决定的，中国经济的蓬勃发展推动了传统手工艺艺术的发展，在这个过程中手工艺必须注重与现代设计创新相融合。以漆艺在装饰设计中的应用为例，阐述传统文化的传承之路。

关键词：传统手工艺；现代设计；传承之路；应用

Abstract: The traditional handicraft represented by lacquer art is a fine tradition with distinctive national features and profound connotation in the long history of China. The current opportunities and challenges are mainly determined by the law of cultural development. The vigorous development of China's economy has promoted the development of traditional handicraft art. In this process, handicraft must be integrated with modern design innovation. Taking the application of lacquer art in decorative design as an example, this paper expounds the way of traditional culture's inheritance.

Key words: traditional handicrafts; modern design; the road of inheritance; application

引言

随着5G时代的来临，社会技术革新的节奏也越来越快，"传统"和"现代化"的"对立"也越来越明显。从近年来很多知名艺术设计院校的学生作品中不难看出，传统工艺美术的总体水平是呈下降趋势的。导致这个问题的原因可能有很多种，可能是因为太注重个人个性的发展？也可能是因为商业化太过度，浮躁了？还是因为过度的强调创新而忽略了基本功的磨炼？需要我们艺术、设计界和设计教育界进行思考。本文从具有代表性的传统工艺美术在当下传承的角度，探讨文化发展的连续性问题。

一、传统手工艺艺术的发展背景

传统手工艺艺术的发展及其历史演变，是与人类的起源和人类社会的发展同步的。中华民族手工艺术不仅形成了丰富的理论体系，而且创造出许多精湛的艺术品。但是当前传统手工制作行业在流水线机械化大生产的现代工业冲击下，传统手工艺行业目前面临巨大的挑战。

哲学家怀特（Hayden White）很好地阐述了"过去"、"现在"和"未来"文化之间的关系，文化的发展是连续不间断的，时代的冲击会对其发展产生影响，但更多的是促进作用。中国传统手工艺历史悠久，保护好传统手工艺艺术瑰宝刻不容缓，必须要遵循优胜劣汰的自然规律和传统与现代相统一的方式，把传统手工艺应用到现代设计中，这样就会有广阔的市场前景。

随着社会经济的发展和人类生活水平的不断提高，人们对于现代设计的要求也不断提高，装饰设计越来越个性化、多样化、民族化。中国传统文化博大精深，包含着丰富多样的设计元素，如何将传统手工艺艺术元素应用于现代装饰设计是当前设计师们正在思索和探讨的一个课题。

二、传统手工艺艺术的发展是必然趋势

纵观艺术设计史，传统艺术设计文化与新生事物的碰撞从来没有间断，尤其是工业革命以来机器化大生产与传统手工艺术的矛盾，伴随着时代的发展，也伴随着设计师的成长过程。

（一）人类文明的发展是连续的

达尔文（C. R. Darwin）"自然选择"的进化理论和威尔逊（E. O. Wilson）的文化—基因协同进化观都告诉我们，人类文明的发展是辩证统一的。一方面，传统文化的发展是连续的，是跟随人类文明的发展而发展的，文化的传承是承上启下的；另一方面，文化的发展不是一成不变的，随着环境和条件的改变而改变，这里有一定的偶然性。这两点规律指导着人类文明的发展过程，像传统手工艺艺术这样的文化是人类文明的结晶，是经过历史检验的精华，会伴随人类文明的发展而发展。

（二）时代的发展让人们对艺术生活的品位越来越高

人们不再仅仅关注产品的外观之美，而会更深层次地考虑产品的文化内涵。世界的目光逐渐聚焦在现代设计与传统工艺的结合上，它不是简单的相加组合，而是在两者的基础上进行创新融合。对于现代化进程加速的今天来说，回归制作本身并不是一件容易的事情。中国传统手工艺艺术强调功能美，可谓是技术与艺术的结合体，传达了传统的道器思想。它不拘泥于一时一地之见，而是在本源与自然的灵感中创造出一种鲜活灵动的艺术。好的设计必然有着深刻的人文内涵。近年来，在设计领域倡导"回归自然，回归人文"，这对于设计的发展起到了方向性的指导作用。对于部分作品制作工艺的考虑，运用具有浓厚历史艺术感的传统手工艺艺术元素来诠释设计作品所体现的内涵最合适不过。

（三）中国传统文化与世界的融合达到了一个新的高度

随着全球化的文化产业发展步伐，中国工艺品在世界拍卖市场的记录屡被打破，中国元素在国际设计大展中屡创佳绩，这些都为传统手工艺艺术焕发出年轻活力提供了条件。

因此，随着中国经济的发展，现代装饰设计的精神需求越来越多，装饰设计的要求也越来越高，带动了整个传统手工艺市场的发展。传统装饰也进行了发展，尤其是简洁大方的明式家具得到了推崇，新中式风格是以宫廷建筑为代表的中国古典建筑的装饰设计艺术风格演化而来，漆艺在高档住宅、高级商业会所和酒店设计中越来越多被使用。凭借丰富多样的纹样图案、艳丽夺目的色彩、栩栩如生的仿生造型营造出华贵的空间氛围。

三、传统手工艺艺术的发展必须坚持与现代设计创新相融合

艺术来源于生活而高于生活，必须要从生活中获得灵感，把握住工艺美术的发展脉搏，创作出服务于人们生活的作品。现代设计是应用型学科，它是为人们的生活服务的。现代设计离不开传统手工艺艺术元素的发展，如果把传统与现代相结合，既丰富了现代设计的文化底蕴，又拓宽了传统手工艺艺术的发展方向。以漆艺为代表的传统手工艺艺术是在中国悠久的历史中凝结的具有鲜明的民族特色。内涵博大精深，这些传统是社会文化的精髓，与人的生活息息相关。例如当代设计之中的现代空间装饰设计，处处体现这种传统文化，传统手工艺艺术元素的传播，不仅满足物质形式的要求，还满足了业主和设计者的精神、思想和审美情趣，包括他们的个性特点、精神文化和审美情操。每一位设计师必须具备把传统手工艺艺术元素与现代装饰设计相结合的设计能力。

同时，不能简单地用对历史的认同感来取代艺术创新，虽然现代工艺美术来源于传统手工艺艺术，但现代社会环境、经济环境以及人文环境都已经发生了变化，要是在指导思想上随意地把现代工艺美术的发展建立在传统手工艺艺术之上，那必然是不适应当前的发展。当今世界科技日新月异，传统文化与现代文明的碰撞越来越猛烈，所以我们有必要在

继承和发扬传统手工艺艺术的基础上，正确发展现代工艺美术。尤其手工艺在现代设计中的应用，只有紧跟时代潮流，以人为本的发展传统手工艺艺术，才能为其注入新的活力。我们必须以长远的眼光、宏观的高度解决文化的传承和发展的问题。

四、以漆艺为代表的传统手工艺艺术在现代装饰设计中的应用

传统漆艺是中华传统手工艺艺术中的一颗明珠，它的发展历史悠久，文化地位高，早已超越它的技艺本身，所以说漆艺的发展和传承，具有文化和社会意义。在此，通过对漆艺在当前装饰设计中的应用研究，来诠释传统手工艺艺术发展之路。

装饰设计与人们的生活息息相关，作为一个载体，它对漆艺等传统手工艺艺术提出一定的要求，室内装饰设计也需要漆艺的装饰。本文针对目前空间设计行业中很多新古典风格的使用问题进行思考，对传统手工艺艺术的传承进行探讨。

（一）从物质和精神统一特性出发对漆艺展开研究

首先，实用性是漆艺作品存在的使用功能，代表了人们对物质生活的需求，功能第一性是各种设计的原则。审美性是漆艺作品所展示出来的外在审美特征，代表了人们精神生活的需要。物质性和艺术性辩证统一地蕴含在作品中，是漆艺作品价值之体现。漆艺在室内装饰设计中遵循"以人为本"的原则，这一原则也是室内装饰设计的指导思想。这种思想被现代设计者们广泛推崇，在实际运用中人的使用需求和人的精神需求相统一。其次，室内装饰设计中的漆艺元素大量地直接体现着人们生活中的美，实用性与审美性相统一的特点正是漆艺作品的本质特点。而这些特性在空间设计中是非常重要的手段和目的。

（二）传统的装饰设计手法和空间处理方式得到传承

比如江南地区传统建筑、园林及室内设计是中华文化的顶峰，也是典范。其中就有手法多种多样的漆艺作品，注重设计的整体性，也注意小环境的细节设计，能够构建一个艺术化的漆艺生活环境。

漆艺在装饰设计中的直接应用主要有三个方面：① 漆画装饰。漆画作为漆艺的独立分支，越来越往纯艺术方向发展，但丝毫不影响它在装饰中的作用，它是独立创作的画，又是传统手工艺艺术的技艺，作为室内装饰的视觉中心再好不过。② 空间分隔应用。主要体现在屏风、背景墙面等方面，集实用性与观赏性为一体，是环境之中非常重要的一部分。③ 漆艺家具和装饰摆件。漆艺家具视觉效果壮丽华贵，造型精雕细琢，色彩瑰丽奇巧。如中国红主要彰显的是中式文化的传承，一切均源自对传统生活哲学的现代解读。换一种思路，或许中式传统可以给我们带来更多的现代生活灵感。美丽的漆艺，有着浓烈的传统色彩，其独特的精美需要我们去慢慢品味。

漆艺元素在现代装饰设计中的间接使用主要有：① 漆艺色彩的应用。全世界熟知的

中国红，就是来源于传统漆艺，如今已经成为中国符号，具有鲜明的文化特征。不仅有象征意义，还符合色彩心理学的范畴，是视觉传达的应用，是审美、民俗和历史文化的载体，新中式的色彩离不开"中国红"。② 漆艺装饰图案的应用。漆艺图案是中国传统装饰图案的一种，具有传统装饰图案的特性：装饰、象征、审美。有的来源于神话故事，有的来源于生活，有的是抽象的动植物图形的提炼，有的具有吉祥的寓意。漆艺可以应用其他艺术的图案，也可以把在漆艺创作过程中提炼的图形跨界使用。③ 漆艺器物的形态应用。漆艺器物的形态经过历史的锤炼，已经变得非常优美，漆艺家具更是传统家具中的精品，是传统文化的集大成者，多种多样的形式在其他装饰设计中可以灵活使用。

五、漆艺在室内装饰设计中面对的挑战

随着装饰市场产业化进程的发展，装饰技术和施工工艺将会发生变化，漆艺将面临挑战。

（一）漆艺应用面临着沟通转变

作为高级定制如何进行无缝对接，需要工艺美术师、设计师和施工方沟通，设计师必须从装饰总体效果上思考预留漆艺等传统手工艺艺术手工作品的位置，工艺美术师必须从实际需求出发，设计制作满足需求的工艺作品，这样才能有相互促进作用。然而现在漆艺等传统手工艺艺术发展的最大问题就是缺少沟通渠道，一方面从设计师的角度来说只重视商业行为而忽略文化底蕴研究，即使有需求也不太清楚到哪里去寻找与设计相匹配的装饰工艺；另一方面传统漆艺工艺师要么依托高校等文化单位注重漆画等纯艺术研究，要么做一些小的手工艺品，相对来说不关心装饰设计这个载体，这种局面限制了传统手工艺艺术的发展。

（二）外来文化的冲击从未间断过

外来文化的冲击从前存在，现在存在，将来也一定存在。毕竟中国还属于发展中国家，很多设计文化还不稳定，对其他理念的态度是开放的，处理不恰当就很容易丢失自我。在当今文化创新发展的过程中，保持母体文化健康发展的话题是绕不开的。母体文化是一个国家和民族凝聚力的体现，也是民族归属感的体现。中华民族灿烂文化在多元化的发展背景下，面临全球化进程的挑战，但本土文化是经过锤炼的，必然有存在的意义和理由，一味求新和引进其他文化，必然得不偿失，也会失去传统文化的延续性。

（三）装饰新材料和新技术的影响

装饰新材料和新技术的变化，改变原有的施工工艺，传统手工艺必须与之相结合，融合到现代设计中来，才能孕育新的发展。传统文化及经典元素被新材料赋予新的灵魂，交汇出全新的美学风格，不仅让新旧交融，也能在怀旧的古典里，看见现代的时尚，以细腻的东方元素烘托空间的宽容大度，表现人文素养与优雅气质。

六、结束语

植物的生长离不开肥沃的土壤，传统手工艺艺术的再次绽放，离不开现代设计的支撑。以漆艺为代表的传统手工艺艺术的传承，它们的发展方向在哪里？光靠扶持不是长远之计。传承就是为了承上启下，而传统手工艺艺术的发展离不开市场，离不开在现代设计中的应用。将传统手工艺与现代设计相结合，设计出符合市场需求的传统手工艺产品，将会促进传统手工艺艺术的再次绽放。

（朱达黄，上海工艺美术职业学院副教授，室内艺术设计专业主任，研究方向为设计文化的传承与应用）

参考文献

［1］李荣启.传统工艺美术的保护传承与振兴发展（下）[J].民艺，2019（3）：11-16.

［2］潘鲁生.保护·传承·创新·衍生——传统工艺保护与发展路径［J］.南京艺术学院学报（美术与设计），2018（02）：46-52.

［3］方李莉.传统手工艺的复兴与生态中国之路［J］.民俗研究，2017（6）：5-11.

［4］李砚祖.社会转型下的工艺美术［J］.装饰，2014（5）：26-29.

［5］周剑石.日本当代漆艺发展基础的研究［J］.装饰，2007（5）：52-56.

［6］李砚祖.物质与非物质：传统工艺美术的保护与发展［J］.文艺研究，2006（12）：106-117.

数字复制时代产业发展中的艺术观念转向

刘永亮

摘　要：机械复制的发展给现代工业的发展带来了批量化、标准化的生产新模式，使传统的手工复制的艺术成分消失殆尽。然而随着时代的发展和人们对于产品个性化和多样化的需求，以机械复制的量产模式逐渐显示出弊端。数字复制时代以其注重体验性、交互性、在场性的特征使普通的产品被赋予了艺术的特性。数字复制技术带来的虚拟与现实的交融共生决定了产品的独一无二性。数字复制技术带来的从感官体验、情感体验到精神体验的产业发展使人们对于产品的认识发展到精神信仰中的膜拜价值。

关键词：数字复制；产业；艺术观念；体验

自 20 世纪 80 年代开始，机械加工和批量生产给传统工业生产发展带来挑战，使大量工业产品缺乏独创性和艺术性。批量生产带来的模式化、标准化和系列化，使个人手工艺的艺术成分被压缩殆尽。然而，数字复制技术的发展为现代工业发展提供了自造者思维的革新，形成了以数字成型、大数据、云计算、物联网为技术背景的运作新模式。在数字时代的场域中，通过数字复制技术再现手工复制产品所具有的独创性和稀有性，使现代工业产品成为讲求体验价值的部分在商业上得到了反转的契机。数字复制技术的发展使现代工业的发展在网络社群中寻找出一条既具有创新又不失艺术性，并且能创造出经济效益的运作新模式。

一、从手工复制到数字复制的艺术观念转向

（一）手工复制时代艺术品的特征

手工复制时代的物质产品的生产是以绘画、雕刻为主要形式对现实的"写真"。手工复制由于创作者以自己的行为和情感参与了产品的设计，并且每生产一件产品都有其独一无二的特性，也使商品具有了更多的艺术性。传统手工业的发展，使普通的产品具有了商业价值，随着商业经济的发展，使传统手工艺产品被赋予了更高的符号价值，进而转化为膜拜价值。由此，艺术家从普通的工匠中分离出来，传统的手工艺品渐渐也转化为艺术品。在文艺复兴时期，由于资本主义萌芽，中产阶级的生活品位急剧提升，他们对于产品的需求也更加个性化，并且富有艺术性。富裕的资本家通过赞助人的方式提升艺术家的地位，并对艺术家进行私人订制，从而提高产品的价值和档次。由此可见，手工复制的特性注重保持产品的独特性，这种独特性就在于产品不再注重实用价值和功能价值，更注重产品的符号价值和膜拜价值，并产生膜拜价值的光晕。

（二）机械复制时代艺术品的特征

随着资本主义的发展，机械复制和规模生产满足了大众生活，进入了"仿真"时代。机械复制介入工业产品的生产一方面提高了产品的成型速度，提高了生产效率，节约了成本，并取得了经济效益。另一方面，通过批量生产使产品丧失了独创性和艺术性。随着人们生活水平的提高，这种批量生产的机械复制产品缺乏艺术品的膜拜价值，并不能满足人们的审美需求。瓦尔特·本雅明在《摄影小史》中认为"'光晕'即为时空的奇异纠缠，遥远之物的独一显现，虽远，犹如近在眼前"[1]。机械复制使得每件产品的艺术性与原作的膜拜价值相去甚远，由此机械复制品被展示的价值所取代，而原作的"光韵"消失殆尽。机械复制一方面主要是包括与原作酷似的仿造产品，另一方面包括以摄影、录像、电影等技术复制的产品。机械复制介入产品生产使艺术的原真性和权威性遭到消解，产品的膜拜价值也消失殆尽。特别是摄影、电影、动画、游戏的新兴复制艺术样式的发展，在创作材料、创作方法和传播方式等方面都影响着复制观念的改变。例如，在版画艺术的创作中运用设定限量的方式来体现艺术的膜拜机制。在版画的创作中艺术家的创作过程及情感付出具有独一无二性，在艺术家设定的限量内，每件版画作品都认为是同品质的原作。版画、雕塑和摄影等艺术品，虽然同样的艺术品不只有一件，但都是在一定的限量之内。通过艺术家的筛选，每件作品都能体现作者的艺术水准和艺术表达，被称为"原作"。于是一些重要艺术家的重要作品被开发了限量版复制，并可以实现作品版权价值的再升值。这也为喜爱原作又无法拥有原作的人提供欣赏、收藏的机会，同时限量复制的"原作"又能够使作品具有一定的稀缺性。

（三）数字复制时代艺术品的特征

自进入21世纪以来，整个社会全面开始进入数字信息社会。计算机、互联网、大数据、人工智能等技术赋能，使艺术创制呈现出多元融合、异态混搭、跨界共生的聚变样式。就数字复制时代的基本特征来看，首先它是基于0和1二进制符码为艺术语汇的虚拟创作方式。其次，数字复制时代的艺术制品不再是单纯电子艺术的拷贝和粘贴，更多是对文化符号的数字化挪用、改造和创新，再以虚拟的形式呈现出新媒体样式的"艺术创意品"。这种电子艺术创意品涵盖了影视艺术、电子艺术、数字交互、虚拟现实艺术、网络艺术等新的艺术形式。再次，数字时代的艺术复制主要以交互为主要特征，沉浸式体验为参与方式，互联网媒介为信息传播方式。现代的数字复制品运用网络信息技术、高清成像技术、云计算技术使数字化的文字、图像、声音、视频影像信息在不同的物质媒介中得以传播流转，数字复制形成了技术、媒介和艺术浑融共生的形态。数字制品注重追求逼真的体验效果，形成对现实事物的仿真再现。在现实生活中通过3D打印技术可以把数字复制的技术进行再生产，在生产的过程中可以根据客户的个性要求，进行修改、调整，进而达到客户的个性要求，此时的产品也就具有了个性化、独特性。现代一些卡通形象、仿真字画、仿真建筑、人工智能、游乐园通过数字复制的形式使产品再次复活。像迪士尼公司把动画电影的角色进行仿真还原成现实，不仅生产了迪士尼手表、迪士尼饰品、迪士尼少女装，还出现了拟像的迪士尼主题公园。卡通片里的数字形象转化为现实的存在，数字复制形成一个仿像的世界。"仿像就是没有原本的可以无限复制的形象，它没有再现性符号的特定所指，纯然是一个自我指涉符号的自足世界。"[2] 现代复原的"清明上河图"以及流行的互动游戏都是拟像世界的表达。拟像是直接表达和超越真实，拟像世界和真实世界互融共生，虚拟和现实交织在一起，界限发生了"内爆"。"拟像和仿真的东西因为大规模类型化而取代了真实和原初的东西，世界因而变得拟像化了"[3]。

二、数字复制时代产业模式发展特征

（一）虚拟与现实的交融共生

数字复制时代产业发展依靠信息技术在互联网上形成网上交易互动。互联网形成了新的生产工具，代表了新的生产力，并形成了新的生产关系。网络中的商品成为人与物之间的一种沟通方式，在人与真实的物之间进行游走。数字时代的到来使整个商品市场转移到虚拟的网络世界，消费者通过网络购买，进行网上选货、网上下单、网上付账、网上评论的方式来完成商品的消费。对于生产者来讲，可以通过消费者的观看时间、观看速度、购买数量、商品评价等数据，改善产品的质量和经营方式。在商品的社交平台上，消费者和生产者形成一个虚拟的交易市场，然而这种虚拟的市场是真实的存在。消费者在网络上购买的过程实际上是购买的一个虚拟的数字产品。消费者可以在网上看到数字形式的产品图片，产品的规格性能的介绍，同时还可以看到销售和评价的数据信息。消费者在网上下单后，通过物联网的形式，又可以购买到实体可见的商品或无形的服务。数字技术通过拟真、错置、想象的方式建立一种与"现场"相分立的虚拟场景。这种虚拟场景以"逼真"的形态展现出来，这种逼真完全颠覆了机械复制时代人们对逼真的追求和认识。如鲍德里亚所言，"人民已经把虚拟当作实在，把幻觉当作现实，把拟像当作实情，把现象当作本质"[4]。从当前流行的 VR 博物馆、美术馆，电子游戏等火热的虚拟再造中可以看出数字虚拟艺术相比实体艺术品更能引发观众的兴趣和爱好。数字媒介的全开放结构给艺术传播带来更多的包容性，给艺术受众提供更多具有个性化内容选择的可能性。由于赛博空间中每位观众都是不同文化基因的携带者，个体审美意识、评价标准存在着明显的差异。信息在点对点的互动网络中不间断地传送，极大地提高了艺术生产和传播的效率，加快了产品的生产周期，进一步拓宽了大众的创新期待视野。同时，数字复制的产业生态具有非线性、超时空的组织结构，信息传播的瞬时性和无序性，都为艺术潮流的更新和数字光晕的再造提供了条件。

在我们生存的数字时代，产业发展已经不仅是个人艺术美学主观性的展现，更多的是一个服务社会的设计性实践。数字时代的网络环境提供的网络社群形成了免费的力量，作为商业模式发展中的商品生产者和消费者通过虚拟的网络平台进行沟通和交流。对于消费者来讲，他们希望买到物美价廉的商品和服务；而对于生产者来讲，他们希望获取更大的经济利益。在网络平台上的交流与互动都是围绕着商品和服务展开的。在网络平台的交流互动中，一方面要了解客户的需求和服务，最大限度地解决客户提出的问题；另一方面要提高自身的能力和素养，以此来满足在市场中的竞争，从而满足客户的需求。在数字技术的运用上，在前期宣传中利用互联网的资讯和数据库统计，做出必要的数字技术展示。商品的自造者有自身独具个性的创意，"超越了资本主义所提供的生产线的架构，通过网络社群分享他们的想法，透过网络教育自己，通过开放原始码让全球资源得到共享"[5]。数字时代的到来使传统产业的生产者变成了自造者、创客。他们运用数字技术开发必要的软件，并结合传统手工艺的特色设计出符合当下审美的产品。创客通过整合线下的物质资料、劳动力、社会关系，在网络社区平台上进行信息交流。在信息平台上的参与者各自以不同的方式付出和收益。在产品的设计上，创客根据客户的要求不断改进提升产品的质量，产品本身无从复制，不怕抄袭，不给竞争者留有超前的空间。在产品的生产中永远以消费者的目标为中心，并结合创客的材料、工艺、设计理念来完成整个产品的设计。网络传播大大加强了信息传播和反馈的力度，生产者可以在网络社群中看到消费者对自己的评价和收益。作为现代产业的制造者不仅要提高自身的艺术素养和工艺技能，还要了解数字技术的特性，提高客户群的开发，进而深入了解自己的消费群体的需求，以及这些消费群体的品位和素养。对于产品的生产者来讲，在于追求自身创意的实现，他们在创客的社区平台分享自身的创意思路，通过创意产品的线下和线上的交流，动手制造富于创新的产品。数字技术为自造者提供的创造平台成为集体参与式的文化。"自造者"的重新复出，是由于新的生产工具的出现和这种生产工具所具有的民主性所决定的。在虚拟的数字世界中，作为商品的"物"成为连接知识分子世界与物质世界的纽带，在"自造者"的私人工作室中，产品不再是抽象的想法，或仅存于内心的概念，而是透过人类双手便可以制造出来的实体产品。

（二）从感官体验到精神体验的产业发展

现代工业化的生产体系并不能满足人们全方位的需求，随着数字技术复制的发展，人们对于体验价值的需求日益增长，这也给现代产业发展提出了新的要求。数字技术的开放性带来了整个产业经济的民主化。数字时代的产业经济发展进入到大众创新的数字经济、体验经济、共享经济的新时代。数字技术不仅提供了实现消费价值平台，并使生产者和消费者在网络社群的互动中实现产品的成型生产。这种网络平台上的生产和消费过程，满足了消费者的价值体验。数字复制产业以其体验性、交互性、在场性的特性，在虚拟市场平台交流互动中使大众实现了从情感价值到精神价值的体验。

体验经济作为服务经济的延伸，注重消费者的感受性需求，重视消费者的心理体验过程。在产品的开发与研制过程中要注重塑造消费者的感官体验和思维认同，以此抓住消费者的注意力和消费行为，并为商品找到新的生存价值与提升空间。体验所注重的是人的身体、情绪、知识上的参与，而体验本身具有独特性，不同的人、不同的时空所带来的体验是不同的。数字复制时代的经济模式，更注重满足人身体的感官的体验，进而进入人的情感和精神的体验。在现代一些数字艺术的展示中可以让观众在历史与未来、物质与精神、情感与理智等不同逻辑的时空维度中来回穿梭，自由驰骋。

第一，通过体验场景的设定使受众与作品之间产生交流，在交流的过程中打动消费者的感官体验。新媒体艺术随着娱乐性、互动性、技术性的增强，艺术体验也逐渐变得大众化，感官体验从传统艺术中的凝神观望或机械制品的视听震颤效果中逐步扩展，通过虚拟建模、环绕音效、气味营造等多种交互手段对参与者视觉、听觉、触觉、嗅觉、味觉等综合感官的刺激，形成一种交感式的审美体验。在一些电竞游戏中如跳舞机、极速赛车等，通过体验场景的设定，产生逼真的体验效果让体验者身体的各种感官完全沉溺其中。同时，数字艺术通过故事驱动打造引人入胜的场景，形成奇观性的体验场景。如腾讯公司在和敦煌研究院的合作中通过开发游戏《王者荣耀》的"飞天"系列皮肤，在故事的叙述中完成角色的切换，形成拟真的效果。体验者可以在拟像的虚拟场景中感受历史的纵深感和时空的奇观性表达。

第二，在虚拟场景中的体验不仅可以产生身体感官的刺激，同时还会延伸到人的情感体验需求。虚拟现实技术运用数字形式构建出超越现实世界的虚拟世界，虚拟世界场景形成的幻象是完美的，理想性的，体验者可以在这种体验中实现现实生活中不能完成的理想，释放心结、消除情绪。他们沉溺于虚拟世界提供的惊喜和期盼，甚至形成瘾癖而不愿自拔。如新媒体艺术展《不朽的梵高》运用 LED 屏、虚拟现实、全息投影等技术打造出全环绕的影像、影音效果。观众可以来到画家的画室，可以驻足在向日葵的花海之中，甚至可以站在艺术家身旁。这种逼真的体验效果让参与者沉浸其中，虚实难辨，并且会根据内容的叙事性产生情绪情感的波动，在体验中得到审美愉悦和审美快感。"情感体验"旨在跨越受众文化素养、欣赏能力差异的藩篱，以人类的情感共通性和审美共享性引发联想、启迪、共鸣、怀疑、同情、兴奋等多种强烈思维情绪和真切情感的体验。虚拟现实用数字形式构建出与现实世界相同的体验环境，数字复制品成为情感体验的信物与纽带。参与者在体验过程中仿佛已身临其境，人的意识在虚拟场域里游走，字节在数字网络里穿梭，这种缺席的在场、制约下的自由、虚拟中的真实，都散溢出"真亦假时假亦真，无为有处有还无"的神秘光晕，此时数字光晕在产品体验的过程中得以重新复出。

第三，随着大众文化的兴起，消费者形成集体狂欢的高峰体验，而作为个体的参与者在集体体验中获得全新的艺术启发、文化思考和精神共识，进而形成一种精神体验。由此可见，精神体验是一种基于价值感召、信仰诉求和认同建构的体验方式。作为一种精神体验，体验者可以在空间的转换和互动中实现身份的跃迁，他们注重发现精英文化的创新精神、启蒙意识和批判意识，注重发现历史遗存的精华和智慧财富，同时注重发掘传统制作者的匠人精神。2010 年上海世界博览会上展示了《会动的清明上河图》，运用数字复制技术把《清明上河图》复原活化起来。《清明上河图》以动画影像的方式展示了人们对城市历史和城市发展的看法，从中我们不仅可以看到宋代经济、文化和城市的发展，同时也可以看到中华民族的人文精神、民族信仰。数字复制不仅带来穿越时空、历史再现的新鲜感，虚拟幻象所带来的视听震撼的满足感也在遗产保护、文化传承方面收获了学术价值、教育价值、美学价值、经济价值等附加价值。这些文化艺术价值的多元融合发展，加快了艺术风格和审美趣味的变化，推动了现代产业结构的调整，同时促进了时尚潮流和文化消费的习惯养成。体验性的创造使大众产生了明星崇拜、品牌跟风、技术膜拜，从而实现了由"体验价值"到"膜拜价值"的回归。

三、结语

传统的手工复制遭遇了机械化大生产，虽然使传统产业发展有了较大的提高，然而这种批量化的生产模式使产品丧失了艺术性和独特性。数字网络技术作为一种新的生产力和生产关系大大加强了信息传播和反馈的力度，从而推动传统产业得以复活。数字时代的网络平台建构起来的网络社群，加强了生产者和消费者之间的联系。自造者可以根据在网络社群中的信息反馈，产生意识转化，进而产生全新的影响、关系、思维与经验。数字技术使传统工业的实用价值和符号价值转换为体验价值，数字复制艺术以拟像的再现方式使产品具有了虚拟性、娱乐性、体验性、交互性、即时性、在场性、神秘感、不确定性等特征。由于这些特性的发生具有独一无二性，使得数字复制技术还原了产品的膜拜价值，由此数字光晕得以重生。

（刘永亮，安徽艺术学院讲师，研究方向为美术学、视觉文化）

参考文献

［1］ 本雅明.摄影小史：机械复制时代的艺术作品［M］.王才勇，译.南京：江苏人民出版社，2006：36.

［2］ 周宪.视觉文化的转向［M］.北京：北京大学出版社，2008.

［3］ 鲍德里亚.仿真与拟象［C］//汪民安.后现代性的哲学话语.杭州：浙江人民出版社，2000：329.

［4］让·博德里亚尔.完美的罪行［M］.王为民，译.北京：商务印书馆，2000.

［5］刘永亮.互联网时代工艺美术的产品延伸发展及运作模式探究［J］.艺术生活——福州大学厦门工艺美术学院学报，2018（3）：40-43.

雕塑之法或器用之道？
The Method of Sculpture or The Way of Utensils?

——包豪斯陶瓷工坊的形式原则
——Formal Principles of Bauhaus Ceramic Workshop

摘　要： 包豪斯陶瓷工坊仅存在于魏玛时期，作为第一个为陶瓷厂提供适合工业生产模型并小有盈利的工坊，却常常被遗忘，并被冠上"传统""反现代"的标签。它孜孜以求的是工业化生产，但遗留下来的作品大多都作为艺术单品陈列于博物馆供人观瞻。形式师傅格哈德·马克斯任职期间并不认同的工业化生产，却成了他后来在哈勒应用艺术学校继续的主要事业。技术师傅马克斯·克雷汉对于工坊学生的影响似乎仅仅是在制陶技术上，格哈德·马克斯以一个艺术家的才能在工坊起着决定性影响，在他的指导下学生以雕塑空间处理的方法设计陶器，以抽象化、雕塑化、模块化和"加法原则"制造出诸如"发光的庙宇""双头罐""摩卡咖啡机"等实验作品，在 20 世纪 20 年代普遍遵循"新艺术"和"装饰艺术"的流行趋势中，形成一个独自探索却又具有同源性设计风格的创作团体，为德国陶瓷设计在走向现代的道路上果断地确立了一个坐标。

关键词： 包豪斯；陶瓷工坊；雕塑；器用之道

Abstract: Bauhaus ceramic workshop only existed in the Weimar period, as the first workshop to provide suitable industrial production model for ceramic factory with small profits. It was often forgotten, and was labeled "tradition" and "anti-modern". It diligently strove for industrialized production, but the works left were mostly displayed in museums as art works for viewing. Gerhardt Marcks as form master did not agree with industrialized production during his tenure, but it became the main career he continued at Halle School of Applied Arts. The influence of Max Krehan as work master on workshop students seemed to be only in pottery technology, Gerhardt Marcks played a decisive role in the workshop with the artistic talent. Under his guidance, students designed pottery with the method of sculpture space processing, and made out experimental works with abstraction, sculpture, modularization and "addition principle", such as "ceramic temple of light", "double pot", "mocha machine" and so on. In the 1920s, it generally followed the popular trend of "Art Nouveau" and "Art Deco" in German ceramic, formed a creative group that explored independently but had homologous design style, and established a coordinate decisively for German ceramic design on the way to modernity.

　　"由于你有多年的相关经验，如果您将您的知识用于我们的事业，就像你到目前为止所做的那样，我们将非常感激"，"毕竟我已经知道您并认识了您，我很乐意再次向您提出之前口头提出的要求，请您接管我们工坊的技术指导"，"您现在被认为是陶瓷工坊的负责人"[1]。以上三则内容来自包豪斯校长格罗皮乌斯，他在 1920 年的 5 月、9 月和 10 月①多次致信距离魏玛几十公里之外的多恩堡陶艺师傅马克斯·克雷汉（Max Krehan），请他出任包豪斯陶瓷工坊②的技术师傅。令克雷汉犹豫不决的是，他的家族自 18 世纪起便在图林根当地经营陶瓷事业，传到他和他的兄弟卡尔·克雷汉（Karl Krehan）手中时已是第四代了，几个世纪以来根植于当地文化的陶瓷事业遇到了最大的经济危机，他们需要新的资金注入才不至于破产。新成立一年的包豪斯，强调"艺术与手工艺"教育，但却缺少基本的工坊设备和技术指导师傅。陶瓷工坊曾在施密特（J. F. Schmidt）的烧窑工厂举办过，但租赁到期后便不再续约③。学校雇用利奥·埃梅里希（Leo Emmerich, 1920）④指导工坊陶艺技术，他是一名釉料专家，然而，学生丽迪娅·德里希 - 福卡（Lydia Driesch-Foucar）写道："我们很快就觉得我们绝对需要拥有自己的工坊和一位能干的陶艺家来教我们工艺"⑤。

　　将马克斯·克雷汉的陶瓷工坊介绍给格罗皮乌斯的是一名来自海尼兴小镇的画家弗里德里希·布劳（Friedrich Blau），他在信中分析了多恩堡陶瓷的情况，表达了对图林根重

---

① 格罗皮乌斯于 1920 年 5 月 21 日、9 月 10 日写信给马克斯·克雷汉，最后一则任命是在 1920 年 10 月 13 日以电报的形式发送的，足见其迫切。
② 尽管凡·德·威尔德的应用艺术学院曾经有过一个陶瓷工坊，但它于 1915 年 9 月 30 日关闭之后解散，工坊设备被出售，因此最初在包豪斯建立一个自己的陶瓷工坊很是艰难。
③ 1919 年 10 月，格罗皮乌斯与施密特的烧窑工厂进行了谈判，约定 1920 年春天可以在他们的房间内建立临时教学设施，施密特陶瓷工坊也乐意执行烧制。没过多久，施密特于 1920 年 4 月 1 日宣布终止与包豪斯的协议，理由是为了扩展自己的发展。由于在如此短的时间内找不到周转空间，格罗皮乌斯要求推迟搬迁。在 1920 年 5 月初，他终于宣布在多恩堡找到了房屋，并且毫不拖延地搬迁。
④ 关于利奥·埃梅里希职业技能的相关资料并无详细记载，莉迪娅·德里希 - 福卡曾称其为上釉专家（Glasurenfachmann），经由赫尔陶瓷学院（Keramische Fachschule Höhr）的推荐自 1920 年 2 月 18 日起担任包豪斯陶瓷工坊的技术师傅助理（Hilfsmeister der keramischenWerkstaat），可以推断出他至少是一个熟练工。1920 年 9 月，埃梅里希提出辞职，他自己意识到"不适合工坊领导的工作"。
⑤ Lydia Driesch-Foucar, Erinnerungen an die Anfängeder Dornburger Töpferwerkstatt des Staatlichen Bauhauses Weimar 1920—1923.

要的、古老的艺术陶瓷厂衰落的担忧，他几次致信格罗皮乌斯邀请他去参观马克斯兄弟的窑厂[①]，希望包豪斯能够支持当地的传统陶瓷，提高陶瓷的艺术价值，为之注入新的发展动力。除却包豪斯工坊教学的需求外，格罗皮乌斯的社会责任感也使得他对于图林根传统陶瓷手工艺的处境并非漠不关心。更重要的是，克雷汉陶瓷工坊的生产不像历史主义模式或新艺术运动风格那样，尽管使用了传统的图林根技术，但格罗皮乌斯没有发现凝固的工艺，而是遵循着传统模式提供坚定的手工作品，简单、清晰的形式首先满足的是实用性，美学服务于功能。克雷汉作品中表现出来的艺术性以及他的"开放思想"令格罗皮乌斯感到十分满意，再加上陶瓷工坊形式师傅格哈特·马克斯（Gerhard Marcks）的赞成，所以才出现了文章开头的几封信。

马克斯·克雷汉工坊的经济困境令他对新的发展持开放态度，但他坚持待在多恩堡教学而不肯前往魏玛，因此，陶瓷工坊设置在城堡的空置马厩大楼[②]里，学生们清理了几个世纪以来堆积的泥土和垃圾、马具，重新粉刷了墙壁，楼上的房间当作学生公寓。克雷汉为工坊买了一个新的炉子，订购了陶轮，在他们到达并组装完成后，克雷汉带着一个助手开始建造古老传统的圆顶形窑[③]，用木材作燃料所发出的热量能够给予最清晰的火焰并对釉料伤害最小。从大门进去，窑炉大约是在整个建筑中间的后面。左边是陶瓷工坊，右边是格哈德·马克斯的工作室和工坊。工坊最初的学员只有 5 个：玛格丽特·弗里德兰德（Marguerite Friedlaender），格特鲁德·科亚（Gertrud Coja），约翰内斯·德里什（Johannes Driesch）、丽迪娅·德里希－福卡和利奥·埃梅里希。

一、传统手工艺与抽象艺术的结合

马克斯·克雷汉[④] 作为技术师傅，其职责是尽可能地向年轻人传授陶器制作知识，更确切地说就是根据手工艺的考核规则，用他的经验去帮助和解决技术问题。他的学徒培训必须务实合理，他根据自己多年的生产经验，设置了工坊的课程内容，让学生们接受理论和实践两方面的训练。在格罗皮乌斯看来，马克斯·克雷汉在宫廷马厩工坊的建设过程中证明了自己，并且"是一位优秀的实践者，我们的学生将从中受益匪浅"[2]。

学生们花费大量的时间和克雷汉一起在工坊里工作，克雷汉是一位严厉的师傅，他一直坚持工坊纪律并要求绝对准时和无条件遵守每天长达 10 小时的工作时间。夏季工作从

---

① 除此之外，建造自己的陶器工坊的一个重要倡议也来自学生自己，特别是玛格丽特·弗里德兰德（Marguerite Friedlaender）。她向格罗皮乌斯表达了访问多恩堡的陶艺工坊请求，根据丽迪娅·德里希－福卡的回忆，工坊最初的几名学生也曾前往多恩堡拜访克雷汉兄弟。

② 包豪斯的陶瓷工坊和学生住宅以及家具是由州政府提供，并由税务局支付 80 000 马克用于工坊建设。

③ 此种窑炉具有不同的温度区域，可以更有效地使用，例如一些大容器是铅釉陶制品，需要较低的温度，其釉料不能暴露在明火中，需要在窑炉后部的最低温度下烧制，这种方式被称为"经济烧制"。

④ 马克斯·克雷汉于 1875 年 7 月 11 日出生在萨尔河畔多恩堡，在父亲的工坊学习陶器，1890 年完成学徒期满考试后，到瑞士等地游历学习，可能是在 1900 年 6 月前通过了师傅考试。

7点，冬季从8点开始，中午休息一个小时，然后继续工作到5点或6点。"在我们训练的最初几个月里，我们被指导着自由制作器皿，这是在克雷汉的监督下完成的。师傅向我们展示了基本形式，然后我们制作了三十多件作品，直到我们真正掌握了它们，只有这样才能继续下一个形式。大约半年后，在我们能够自由制作这些形式之后，我们开始制作自己的器皿、物件和自己的形式[3]。莉迪娅·德里希-福卡在回忆中写道："作坊里，六七个陶轮在窗前被排成了一排。克雷汉靠墙坐着，这样他能从他的陶轮的位置看见在他面前排成一排的我们五个。他认为我们必须彻底掌握每一道工序，而且在学习下一道工序之前都必须先把手上的每一个动作变为我们的第二天性。经常发生的事是：我们相信我们已经做出了一盘的'美丽'罐子，而克雷汉却无情地将它们扔到黏土堆里，还念叨着'简直是浪费时间'！他不允许那些底太厚或边缘不平或有其他技术性错误的罐子进到窑里。"在学生尚未掌握制陶技术之前，克雷汉宁愿自己做出一些漂亮的造型，让学生按照自己的设计在上面雕刻或绘画，然后拿去烧制，这样他们不至于太快失去耐性。因此在工坊初期的作品中，有许多是马克斯与其他人的合作作品。

在包豪斯人到来之前，克雷汉家族世代烧制的都是传统简单的日用陶瓷器皿，例如不上釉的花盆，不同尺寸的碗，装饰过的盘子、水壶、罐子、杯子、花瓶和玩具等。此外，糕饼模具，饲料盆饮饲槽等，这些都和当地人的生活休戚关联。多恩堡地区的环境和陶土使得克雷汉工坊内的瓷器显示出从浅棕色到棕色的沙质色调，装饰多采用釉下彩绘和小型的马尔霍恩[①]装饰法，或者两种兼用。主要的产品是一种被称作"蓝色围裙"（blauer Schürze）的装饰陶器，这些带有蓝色釉料的粗陶和釉下彩陶器，符合图林根农民的需求与审美。当然，它受到了地域性以及最重要的博格尔（Bürgel）传统的强烈影响，该地区的陶瓷和多恩堡的陶器十分相似，二者很难区分开来。从1921年克雷汉工坊的照片（图1）中可以看到，早期烧制的大多数器型都是传统的形式，有不同尺寸的带手柄的瓶子，带耳的锅，敞口的罐子、碗盘、酒杯和壶，大多数都是克雷汉自己制作的。有些器皿是经过绘制的，带有简单的装饰，有些则是

图1　马克斯·克雷汉的陶瓷工坊，1921

---

① Malhorn 是一种陶瓷装饰设备，文献中常用 Malhornchen，即小型陶瓷装饰设备，由于此种装饰技术，装饰陶器被称为 Malhornware。有木制和其他材料制成的 Malhorn，其功用类似制作奶油花的工具，一端是敞开的，另一端是空管，泥浆可以受控制地形成点状等图案。

抽象的装饰，明显受到抽象绘画的形式语言以及伊顿、克利或其他包豪斯教师作品的启发。

　　格哈德·马克斯和包豪斯的学生们在克雷汉烧制的陶瓷上用表现主义形式和新的技术进行了各种实验，这些抽象的装饰和富有表现力的器皿对于图林根的日常陶瓷用品来说是很不寻常的。以克雷汉与马克斯的合作作品为例，我们可以看到雕塑家马克斯在装饰主题中延续了他一贯的木刻画风格，用明暗对比以简练的线条刻画出奶牛、耕犁人、公鸡等生动的形象，以及抽象的鱼（图2、图3）。在大多数器皿装饰中，马克斯将自己局限于单色的棕黑色釉底料绘制，它们出自图形表现，这种装饰技术显然不在图林根州的传统之中，绘有牛拉犁的带柄瓶子，容易让人联想起质朴的远古时期的岩画。

图2　马克斯·克雷汉制作，　　　　图3　马克斯·克雷汉制作，格哈德·马克斯
格哈德·马克斯装饰的牛奶罐，约1922年　　装饰的有牛拉犁的带柄瓶子，1920—1921年

　　在多恩堡这个新的环境中，乡村生活和古老的艺术风格成为他创作的灵感源泉，他将之与当代艺术关联，以象征性的、抽象的呈现方式反映自然界中的景观，人与动物，生活与工作。"我悄悄地揉捏并用树干雕刻，乡村世界自愿和非自愿地为我呈现了模型"。他在1921年1月29日的信中如此描述在多恩堡的日常工作："我在这里的日子非常和谐，早上去工作室，下午步行1~1.5小时，然后回到工作室，完全自由，不受干扰。一个巨大的砖炉使我的小屋很温暖，我在雕刻，现在已经做了一堆小赤土陶器，在我画的罐之间。"[4]

　　学生们在马克斯的指导下开始"真正的创造性工作"，"巧妙、清晰的形式，以及适合他们的装饰，是马克斯要求并一再强调的目标"。正如玛格丽特·弗里德兰德所回忆的那样，他自己的器皿装饰可以重复成为培训的一部分："这令人一点都不满意，但非常有益。只有当一个人认真地尝试去复制一条美丽而活泼的线条时，才能学会去察觉它的特殊性质，它在压力和力量方面的微妙差异，活泼的运动或从容的走向。只有这样，一个人才能够理解它的表达，它的情感作用和艺术品质。"[5]

　　与魏玛地理上的距离，在一定程度上成为陶瓷工坊的优势，远离了各种理念冲突，以更纯粹的状态生活和工作。陶土是从森林里挖出来的，燃料来自森林中的树木，学生们从克雷汉那里学习了拉胚、上釉和烧制的实用原理，长长的卡塞尔窑炉里装满了风干了的、精心堆放的器皿，24 小时的预烧，24 小时的足火烧制，起初大约每两个月烧制一次，后来间隔时间就缩短了。像所有技术师傅一样，克雷汉有义务每月向魏玛提交工坊或其职责范围内事件的月度报告。例如 1922 年 4 月 3 日，他简短地写道："3 月份工作已经满了，烧制完了一个半窑的东西。"1923 年 2 月 4 日的记录："每一天都在工作，将在 1 月 29 日烧制完。"这些报告，有时候一次总结了好几个月[5]。

二、陶瓷与雕塑的结合

雕塑家格哈德·马克斯在到包豪斯之前就已经在陶瓷材料和技术方面积攒了多年的经验①。在工坊早期发展阶段，他仍然铭记着他的雕塑理想，工坊的一些器皿证明了格哈德·马克斯直接参与了设计的过程，或者至少是在他的概念上进行的构思。他对工坊学生在陶瓷艺术上的影响主要体现在以下几个方面：

1. 古代陶瓷形式的引导

陶瓷工坊的早期作品反映出马克斯可能传授了欧洲以外，地中海和拉丁美洲陶瓷的形式和绘画，以及古代器皿形式的知识。在约翰内斯·德里什 1921—1922 年的作品水壶（图 4）和牛奶壶中，明显可见西班牙水壶 Botijo②（图 5）或 Porron 的样式，壶顶上环形的把手

图 4　约翰内斯·德里什作品　　　图 5　西班牙水壶 Botijo

---

① 1909—1910 年"施瓦兹堡陶瓷工坊"（Schwarzburger Werkstatten für Porzellankunst）根据他的设计制作了一系列瓷器制作的动物雕塑。1917—1918 年与 Velten-Vordamm 的陶瓷厂"勃兰登堡省的沃姆艺术工坊"（Märkischen Kunstwerkstätten Vordamm）合作。1918—1919 年，伯特格尔瓷器（Böttgersteinzeug）的迈斯纳（Meißner）制造厂接管了他的几件作品和瓷器。
② 在西班牙语中也称为 Dúcaro，是一种传统的西班牙多孔黏土容器，设计用于盛水。Dotijo 往往有一个宽大隆起的腹部，一个或多个口，一个用来填充水，一个用来饮用。

便于握取，长长的壶嘴易于倾倒，和壶嘴相对的是注水口，出于使用的考虑，德里什在壶腹处又各添加了一个环形把手。类似形式的陶罐还有玛格丽特·弗里德兰德与克雷汉合作的鸟罐（Vogel krug）（图6），这是1921年的作品，陶罐由克雷汉烧制，鸟形装饰由弗里德兰德完成。

古代陶瓷的影响在奥托·林迪希（Otto Lindig）或特奥多·伯格勒（Theodor Bogler）早期的作品中也可以看到，例如伯格勒制作的绘有林迪希和约翰内斯·德里什肖像的杯子（图7），它的形式和格哈德·马克斯的绘画风格以及米诺斯陶瓷非常相似。在回忆格哈德·马克斯的文章中，林迪希写道："他的影响力非常大，哪怕只是与他的谈话，因为部分地参与了他的工作，我们彼此都是完全自由开放地生活在一起。"同样，博格勒在回忆录中非常感谢马克斯，"在真正了解陶器发展时……，他试图遵循一条非常清楚的路线，这本质上取决于工艺的性质。尤其是在他安静的工作室里产生的个人作品非常鼓舞人心……"[6]。

图6 玛格丽特·弗里德兰德与克雷汉合作的鸟罐，1921年

图7 特奥多·伯格勒制作的大口杯，由格哈德·马克斯画的奥托·林迪希肖像，1922年

2. 建筑雕塑和空间建构

对于马克斯来说，设计形状和设计表面，三维思维和线性思维总是紧密结合在一起的，因此在仿古形式原则的基础上他强调了陶瓷器皿的空间性。马克斯设计、克雷汉制作完成的水壶（图8）有着非常宽大的底部，壶身向上逐渐收缩成为卵形，锥形壶嘴位于壶腹部的正前方，两侧各有一个把手，把手上覆盖一个半圆形板。最具特色的是盖子，由圆盘、圆柱体和环状手柄三个部分构成，圆柱体上有四个矩形开口，仿佛塔楼建筑屋顶上的开窗。类似的作品还有德里什与马克斯在1922年合作完成的小型带柄水壶等，这些作品显然是将陶瓷器皿作为雕塑对象来设计，视雕塑为空间环绕的实体——由组合空间构成，而非组合体量，因此可以使用各种材料拼贴、堆叠，形成透空的空间。

最为极端的一个例子是林迪希创作的陶制光之庙宇（Licht tempel in Keramik）（图9），这俨然一个建筑雕塑，自圆形基座起至圆形拱顶被分为3个部分，经由不同的开口门窗被连接起来，门窗旁多个哥特式教堂的飞扶壁象征性地起着支撑作用。在展览时，这件作品内部会置入光源，光线从预留的孔洞中泻出，营造出宗教般的氛围。整个庙宇需要观者移动，在连续的视点和观看中才能全然显露，这不仅是自由的制陶工艺的尝试，更是以表现主义的视角表现建筑的主题，是对包豪斯建校最初理念的回应。在林迪希看来，"陶器永远是最重要的三维的事物"[7]。

图8　格哈德·马克斯设计，　　　图9　奥托·林迪希，陶制
马克斯·克雷汉制作的水壶，约1922年　　光之庙宇，1920—1921年

3. 几何形体和加法原则

从马克斯所画的咖啡壶和茶壶的草稿中可以看到，他采用了几何形状作为设计的基本元素，壶身被设计成圆柱体，壶盖和壶底为圆锥体和圆锥台。体现在学生作品中则表现为林迪希的高盖陶瓷壶（图10），这个壶是一个几乎不适合于实际使用的雕塑，设计表明了他对圆锥、圆柱和球体的基本形式的兴趣，这也预示着他放弃了对传统陶瓷原型的引用，开始探索新的形式。德国学者玛格达莱娜·德罗斯特（Magdalena Droste）提醒我们，包豪斯金属工坊在两年后生产出一个与之非常相似的罐子（图11）。这也证实了在包豪斯内部虽然没有所谓的统一的"包豪斯风格"，但在工坊的作品中却的确存在着同源性[8]和系统性的特点。

1922年初，马克斯与伯格勒合作完成了双罐（Doppel Kanne）（图12），这个圆柱体罐子看似简单但实际上非常复杂，从底部到顶部由多个大小不一的圆柱体部件组装而成，各个部件彼此独立，但又可以合而组成一个有机封闭的整体。壶身装配了三个功能元素：两个较小的圆柱体形态的壶嘴，就好像壶身在侧面的继续延伸，壶柄在壶身另一侧，三者在平面上共同构成了一个等边三角形。这些犹如建筑构造的陶瓷器皿展示了马克斯是如何使用"加法原则"进行工作的。这同样解释了为什么在包豪斯陶瓷工坊生产出的器皿中壶嘴、把手的数量和排列总是多于日常陶瓷器具，注水口的位置设置也总是不对称的偏心结构，因为这些陶瓷容器更多地被视为是一个雕塑体。

图 10　奥托·林迪希，
高盖陶瓷壶，1922 年

图 11　沃尔夫冈·勒斯格和
弗里德里希·马尔布兹，
水壶，1924 年

图 12　特奥多·伯格勒与
格哈德·马克斯合作的
双头罐，1922 年

4. 模块化的器皿铸造

马克斯鼓励学生们将陶瓷器皿的不同部分视为独立成分，壶身、把手、壶嘴和支脚以不同的方式、比例不断变化，自由组合，这常产生出极端的效果，也创造出了不同寻常的经典之作。尤其是在 1923 年陶瓷浇铸法被引入后，特奥多·伯格勒和奥托·林迪希此时已通过了熟练工考试，他们积极响应格罗皮乌斯的号召，开始实验性工业陶瓷的开发[①]。

摩卡咖啡机（Mokka Maschine）（图 13）是模块化器皿设计的典型例证，也被认为是包豪斯与工业联系以及包豪斯工业设计开始的重要典范。同一时期的摩卡壶可能是由马克斯设计、伯格勒制作完成的，马克斯在多大程度上参与伯格勒的组合茶壶设计，仍然缺乏任何可验证的文件。摩卡咖啡机由六个独立的几何结构元素组成，分别是：一个放有酒精炉的加热器、一个侧面有管状把手的浅碗（用于烧热水）、一个低矮的壶身、一个滤芯、一个过滤器和一个带锥形旋钮的锥形盖。壶身上部沿纵轴设置两个孔眼用于固定把手，把手由青铜铸造，上面缠绕着植物纤维以防烫手。这些圆柱体的堆叠、组合自上而下形成了一个封闭的塔状结构。摩卡咖啡机中的壶身作为基本的模块，以精确开发的石膏模型和模板浇铸技术确保了它适合于工业复制，通过标准化的批量生产，再将把手、壶嘴、注水口等不同的模块变化组合，实现了最大的可变性，创建出至少有七个不同版本的系列茶壶（图 14）。

多恩堡的陶瓷工坊在一定程度上远离了魏玛包豪斯内部人事的纷扰，技术师傅克雷汉和形式师傅马克斯是为数不多的相处和谐的师傅典范，他们合作的陶瓷器皿便是有力的佐证，工坊内的教学分工大致也还明确，在掌握了陶瓷制作的手工技艺后，学生们转而发展新的陶瓷形式和进行各种陶瓷实验，马克斯在教学中起着决定性的作用，成为该团体内部

---

① 1922 年他们参观了图林根的 Kahla、Volkstedt、Lichte 陶瓷厂，与柏林附近的维尔滕 – 沃达姆（Velten-Vordamm）和赫尔曼·哈科特陶器厂（the earthenware factories of Hermann Harkort）展开了合作。

图 13　特奥多·伯格勒，摩卡咖啡机，约 1923 年

图 14　特奥多·伯格勒，石膏模型制作的摩卡壶，1923 年

一个非常重要的、整合的人。

　　然而多恩堡亦非净土，尤其是在魏玛总部的领导者就将来的发展改弦更张之时，当格罗皮乌斯催促着工坊的技术师傅放弃老旧的"浪漫的工作方式"，将陶器工坊中的合适作品移交给陶瓷工业生产，"以实现让更多的人使用"时，每个人对待"艺术与科技——

一个新的结合"的新口号的态度都不尽相同,有人从中看到了拥抱工业生产的希望,有人看到了对传统手工工艺的危及,还有一些人在这两极之间踌躇、反复。即便在陶瓷工坊关闭后,包豪斯的陶艺家们在日后漫长的职业生涯中,穷其一生都在回应着对此改革的迥异立场。

三、迥异的立场:手工艺与工业化

1. 工业化:分歧的开始

1923 年 4 月 5 日,格罗皮乌斯写信给格哈德·马克斯:"……昨天我看到了你们制作的许多新罐子。几乎所有的这些罐子都很独特,但如果你们不想办法使更多的人有机会得到这些好作品的话,将是极端错误的。……我们必须想办法借助机器来复制一些作品。"[9]此时距离包豪斯第一次对外公开展览会只有几个月的时间,尽管伯格勒已经在为霍恩街实验住宅的厨房开发一系列调味罐(图 15),这些样品由维尔滕 – 沃达姆粗陶厂接管生产,成为最早一批工业制造的陶器,但这还远未达到格罗皮乌斯的期望,1923 年包豪斯展览中展出的陶瓷作品大多数仍是艺术单品。

图 15　特奥多·伯格勒设计,维尔滕 – 沃达姆粗陶厂生产,霍恩街住宅的厨房用品,1923 年

对变革的期待早在 1922 年 12 月 11 日的魏玛包豪斯大师委员会会议上就被明确表达:"大量生产可销售的实用陶瓷。"然而陶瓷工坊的核心人物马克斯和克雷汉对此响应却并不积极,马克斯在给格罗皮乌斯的信中有所保留地称:"我不完全反对这个想法('工业化的包豪斯')。我认为人比成功的工具生产更重要,而且是人发展了手工艺。"[10]结合此前马克斯给友人的信中所说,"我们都在为共同理想奋斗:所有艺术门类融合成以手工艺为基础的应用学科。但是其他方面我不赞同"。马克斯是基于手工艺的传统来发展陶瓷器皿，这和技术师傅克雷汉的立场近乎一致，因为在格罗皮乌斯对工坊的重新定位中，克雷汉看到了手艺的危机，认为系列生产是对手工艺的威胁。

格哈德·马克斯反对格罗皮乌斯建立生产车间的意图，一方面是严格地捍卫生产与设计的分离，另一方面是要把教学与销售分开。马克斯重视技术和工业，对其可能性持非常积极的态度，客观地评估它们对包豪斯的重要性，但他警告工坊不要过于"工业化的态度"，"机器不容否认，也不能高估"，并提醒在关于艺术和技术"新统一"的热情洋溢的纲领性陈述中可能会迷失方向。最重要的是，手工艺作为基础，这是他的信念，不应该以这种方式被取代。将工坊转变为经济高效的生产工坊的讨论，引发了对教学活动与生产活动之间关系的质疑，以及工匠和艺术家在新的发展任务——为工业批量生产的模型中——扮演的角色的问题。马克斯反对因为生产而忽视包豪斯的基本教学理念。在他看来，包豪斯陶瓷工坊应该是一个教学、实验和发展的工坊。对于包豪斯来说更重要的是学徒培训，是引导学生成为艺术家的训练，"我们必须始终牢记，包豪斯应该是一个受教育的地方，也就是说，那些有才华和品格的人会接受训练，去做自己的事情，在这个领域做一些典范"[11]。

他视包豪斯内部对于生产的强调为本末倒置，"为了实现这一目标，实际操作似乎是正确的。但企业绝不能成为目标。否则，包豪斯将成为现有100家工厂中的第101家。一个无关紧要的存在"[11]。

作为包豪斯最早被聘任的第一批"大师"，马克斯认同的是格罗皮乌斯在学校成立之初所勾画的理想蓝图，"本质上讲我们都在努力争取一切：所有美术与建筑和石匠工人行会结合，以及手工艺基础和训练结合"。因此，从1921年开始他对学校的课程和格罗皮乌斯的管理风格已经表示不满："我无法与包豪斯达成一致。格罗皮乌斯是纯粹的威廉二世，迟早陷入形式主义的泥淖中。每过一个月，我都会在心里考虑辞职。"在多恩堡，他很少去往魏玛参加常规的理事会会议，最多一个半月才去一次，这是他自我隔离、远离包豪斯内部冲突的一种办法。

对于包豪斯人引颈以盼的1923年展览，他则在1922年9月就已经撰写文字，表达了他对计划中的展览具有讽刺意味的评论："包豪斯周已经开始了！在所有火车车厢的海报上！帝国总统开车参加了开幕式。酒店挤满了外国人。必须为艺术评论家疏散1 000套住所。包豪斯-国际到处都有演出。人们只抽包豪斯品牌的烟。大量外汇投机震动了股市。为什么？在博物馆里有几个橱柜里装满小织物和小茶杯，欧洲无法平静下来。可怜的欧洲！"[12]核心人物对于工坊发展方向的不认同，令工坊内部产生了严重的分歧，形成了近乎相对的立场。因此，魏玛包豪斯陶瓷工坊关闭时，马克斯欣然接受。"我很高兴离开陶瓷工坊，它已经不再引起我的兴趣，我已经受够了。熟练工希望为自己的成长获得荣耀，为作品取得些许荣誉。我走到一旁是因为我想让它们自由发展，但是他们偷偷地走了一步。这自然要最大程度上的归功于我。"[11]

1935 年，在陶瓷工坊被关闭后的十年，马克斯写给格罗皮乌斯的信中仍透露着不敢苟同之意："我只能回答说，包豪斯是一个很好的、富有成效的想法，而且这个想法还在继续取得成果，它是一个包豪斯人的团体，不仅仅是旧的同志关系。你曾经具有权力。最终，你——太轻信地——背叛了缪斯，将其出卖给了莫霍利集团。"[13] 莫霍利-纳吉在1923 年加入包豪斯后，获得了越来越大的影响力，因此在其他地方被马克斯称为"包豪斯的掘墓人"。

四、工业化的尝试与推进

与工业界的联系自 1922 年开始由熟练工林迪希和伯格勒积极推行，他们身体力行地通过自己的作品开展陶瓷实验并与陶瓷厂之间展开合作，使工坊的组织形式发生了根本性的变化。工坊尝试着变成实验性和生产性的企业，目标是配备"与经济航线相一致的生产设施，生产流程适于大规模生产"。在此过程中，克雷汉深感被边缘化，他的影响基本上仅限于指导基本的学徒训练了。1924 年 2 月，克雷汉工坊和包豪斯工坊组织明确分离，教学与生产彼此独立运作。

奥拓·林迪希自 1913 年就已经在萨克森魏玛大公应用艺术学校跟随凡·德·威尔德和雕塑家理查德·恩格尔曼（Richard Engelmann）接受过陶瓷训练，因此到了多恩堡陶瓷工坊后他很快就掌握了技术问题，从众多学生中脱颖而出，之于克雷汉而言，他越来越像是个合作者而不是学习者。需注意的是，自始至终，他所接受的都是作为一个雕塑家而不是陶艺家的训练，因此对他而言，最重要的是对新的形式语言的探索，他是一个像雕塑家或画家一样寻找新形式表达的艺术家。格哈德·马克斯的引导更加强了这一点，他以"容器"为主题，将一些奇异而怪诞的造型解释为雕塑。这使得他和克雷汉对陶瓷有着迥然不同的理解。在他看来，克雷汉工坊的陶瓷"几个世纪以来几乎没有变化，更确切地说，是变得越来越差，克雷汉只是一个追随者，虽然他有激昂的勇气、坚定的性格和智慧。首先，必须重新发现形式"[14]。他尊重克雷汉的工艺，但也看到了他的局限①，因此并不打算像玛格丽特·弗里德兰德和约翰内斯·德里什那样，成为他的继承者。

---

① 1924 年 12 月 26 日包豪斯大师委员会宣布魏玛包豪斯将于 1925 年 4 月 1 日解散。1925 年 1 月 30 日林迪希向图林根教育部提交关于工坊的租赁申请，但州政府的官员们表示将继续由克雷汉领导工坊。林迪希去信表示，"包豪斯的工坊已经超越了农民的陶器。生产的类型与简单的农民的陶器工坊不同，产品应符合更高的标准。我不太可能在克雷汉先生的指导下再次工作，因为在这个工坊要做的大部分事情，比如铸造、车削、成型等，我应该比克雷汉先生更熟悉。"

凭借雕塑家的专业技能和经过培训的制模技术，林迪希和伯格勒学会了制造石膏模具，掌握了陶瓷器皿的铸造之法。创作上的所有禁锢于 1923 年被打破，他们找到了适合自己的创新之路，并将其与包豪斯的发展方向紧密结合。这一时期林迪希做了大量的陶瓷实验（图 16），尽管存在极端的异质性，有时在设计和比例方面也不完美，但却具有非凡的创造力，发出强烈的活力信号，为可批量生产的系列餐具模型提供了先决条件。这也意味着恣意创造艺术单品的时代结束了。他们清楚地明白，唯有如此，才能最大可能地实现精致日用品的传播，将艺术作品与日常生活相协调。

图 16　奥托·林迪希，带盖壶罐，1923 年

在其他学徒和同事的工作的补充下，整个多恩堡陶瓷工坊达到其生产高峰，在开发具有艺术要求的实用物品方面达到了最高水平，这些作品在 1923 年包豪斯展览中脱颖而出，成为包豪斯与工业生产建立联系的最早典范，获得了媒体的肯定："新类型被创造了出来，虽谈不上是惊世之作，但有不少作品却有着令人信服的力量，并且能得到进一步的发展。与工业界的联系已经建立，并将得到进一步扩展。"①

1923—1924 年，陶瓷工坊的作品先后参加了莱比锡和法兰克福的贸易展览，波兰格但斯克②展览会，制造联盟举办的"Die Form"（形式）展览，获得了不错的口碑和源源不断的产品订单，工坊不得不在经费紧张、材料匮乏、缺乏场地和炉子的情况下，根据市场需求扩展其容量并继续探索产品生产合理化的方法。尽管如此仍无法满足买家的需求，通货膨胀爆发之后出现的各种经济问题也使得工坊无法再继续。莫霍利－纳吉对于德绍不能重建陶瓷工坊的事实感到痛惜："实在太可悲了！不仅因为陶器工坊是包豪斯整体中不可或缺的、具有代表性的一部分，更因为该工坊生产的优秀模型已经得到广泛认可，并且最近它的活动范围扩展到了瓷器设计生产领域。"[15]

---

① 艺术评论家马克斯·奥斯本 (Max Osborn)《魏玛展览会之印象》登载于《福斯日报》(Vossische Zeitung)，1923 年 9 月 20 日。
② 波兰滨海省的省会城市，波兰语为 Gdańsk，曾在 1793 年被普鲁士占领，被德国改称但泽（Danzig），战后又恢复原名。

五、结语

包豪斯陶瓷工坊真正存在的时间尚不足 5 年，但工坊的师生们形成了一个独具特色的设计团体，每个人在探寻自己风格的同时又保持了实验创新的设计共性：经由限制过的形式语言和装饰，将基本的几何形体夸张、变形，以"加法原则"模块化地处理器皿的各个部件，通过石膏模型批量化生产，形成了一系列造型多变的陶瓷产品。陶瓷工坊虽然关闭了，但他们并未停止努力。多恩堡训练有素的艺术家们清楚地证明了他们对于陶瓷的共同观点的力量有多强大，即使在工坊解散的几十年后，他们仍坚持和追求相同的目标：通过手工艺更新艺术并与大众的需求相结合。

但要指出的是，包豪斯并非寻求艺术与工业的结合、设计师参与大规模生产的孤例，德国制造同盟、维也纳工坊、萨克森大公应用艺术学校、慕尼黑德布希茨学校以及德累斯顿附近海勒劳的工坊，都已经在包豪斯之前指出了可能性。从穆特修斯、凡·德·威尔德、彼得·贝伦斯到格罗皮乌斯及工坊的师生们，都在致力于社会形态的重建，从"最小的日常用品到最大的建筑，从烟灰缸到政府大楼"[18]，以实现实质性的文化改革。包豪斯人所做的努力，有些在当时的技术和经济条件下无法实现，却在其结束后的一个世纪里持续酝酿、发酵，影响了现代设计诸多领域的发展与走向。

（闫丽丽，浙江工业大学设计艺术学院博士生）

参考文献

［1］ Jakobson H P, Krehan M. Ein Thüringer Töpfermeister am Bauhaus［C］// Weber K. Keramik und Bauhaus—Geschichte und Wirkungen der keramischen Werkstatt des Bauhauses. Berlin: Bauhaus-archiv, Kupfergraben Verlagsgesellschaft mbH, 1989: 32.

［2］ Wahl V. Meisterratsprotokolle des Staatlichen Bauhauses Weimar 1919—1925［M］. Weimar：Verlag Hermann Böhlaus Nachfolger, 2001.

［3］ Friedlaender M .The Invisible Core:A Potter's Life and Thoughts［M］. California: Pacific Books Publishers 1973.

［4］ Marcks R. An Fromme（1921-01-29）［C］// Gerhard Marcks 1889—1981:Briefe und Werke. München：Prestel-Verlag, 1988：41.

［5］ Weber K. Keramik und Bauhaus:Geschichte und Wirkungen der keramischen Werkstatt des Bauhauses［M］. Berlin: Bauhaus-archiv，Kupfergraben Verlagsgesellschaft mbH，1989.

［6］ Bogler T. Ein Möncherzählt［A］. Honnef/Rh，1959：59.

［7］ Müller U. Bauhaus Women:Art·Handicraft·Design［M］.Paris:Flammarion，2009.

［8］ 闫丽丽.同源设计——保罗·克利的教学对包豪斯编织工坊的影响［J］.装饰，2017（2）：90-91.

［9］ 弗兰克·惠特福德.包豪斯大师和学生们［J］.陈江峰，李晓集，译.艺术与设计，2003（S）：157.

［10］ Marcks G. Letter to Walter Gropius of 23. 3. 1923［A］. Huter, 1982（note 29）：273.

［11］ Marcks G. 1889—1981: Briefe und Werke［M］. Munich: Prestel-Verlag, 1988.

［12］ Brief von Gerhard Marcks an den Meisterrat des Bauhaus vom 22. 9. 1922, Staatarchiv Weimar, zit. nach:HansM. Wingler, Das Bauhaus［G］.1962:69.

［13］ Marcks G. Das plastische Werk［M］. Frankfurt a.M./Wien/Berlin: Hrsg. u. Einl. Günter Busch, 1977.

［14］ Marcks G. Bauhaus 3, Katalog der Galerie am Sachsenplatz, Leipzig 1978: 13［C］// Klaus Weber. Keramik und Bauhaus.Geschichte und Wirkungen der keramischen Werkstatt des Bauhauses. Berlin: Bauhaus-archiv, Kupfergraben Verlagsgesellschaft mbH, 1989: 33.

［15］ Droste M. Bauhaus1919—1933［M］. Taschen, 2006.

［16］ Betts P. The Authority of Everyday Objects: A Cultural History of West German Industrial Design［M］. California: University of California Press, 2008.

英国设计教学评析
An Analysis of Design Teaching in Britain

江 滨 张梦姚

摘 要：自第一次工业革命以来，英国一直属于现代设计教育的先锋国家，其设计教育观念强调设计与实际相结合，并明确了设计的社会价值与意义，具有独特的教育色彩。选取英国的两所大学为案例，从其管理模式、课程体系、教育模式与方法以及实践教学几个方面入手，进行深入的挖掘与了解，总结出其管理模式高度互联网化，课程体系与时俱进、灵活多变，硬件实力与经济软实力皆备，教学注重传统与当代并重，"双轨制"教学深入人心等成功的经验，但是也能够看出其发展过程中的不足。通过分析与研究，希望能为我国设计教学提供借鉴，规避短处，结合国内实际情况，发展具有本国特色的设计教学模式。

关键词：英国设计教学；比较研究；中国设计教学

Abstract: Britain has been a pioneer in modern design education since the first industrial revolution. Its concept of design education emphasizes the combination of design and practice, and defines the social value and significance of design, which has its unique educational characteristics. This paper selects two universities in Britain to conduct in-depth exploration and understanding from the aspects of their management mode, curriculum system, education mode and method, and practical teaching. We conclude that its management is highly internet-based. The curriculum system keeps pace with the times and is flexible. Both hardware and economic soft power are doing well. "Dual-track" teaching has been successful experience, but we can also see the shortcomings of rigid management system. Through the analysis and research, we hoped that the design teaching in China can learn from others' advantages, avoid disadvantages, combine with the actual situation in China, and develop the design teaching model with national characteristics.

Keywords: British design teaching; comparative study; design teaching in China

引言

英国作为世界上第一个完成工业革命也是第一个发起工艺美术运动的国家，始终将国家发展战略与设计紧密地联系在一起，十分重视设计业的发展，这也是英国设计在世界设计界有着举足轻重地位的原因之一。"英国是一个注重创新、提倡创新、鼓励创新的国度。"[1] 因此提起英国现代设计，我们总能听到一些名扬四海的设计师、赞不绝口的设计创意等，殊不知"设计界在细数英国设计亮点的同时，这些成就在相当程度上依靠着坚实的设计理念与理论体系"[2]。因此作者选取并且实地考察了在英的两所大学，对英国的教学方式进行深入的实地调研。

其中一所大学是英国伦敦金斯顿大学，世界 QS 排名 500+，另一所是利物浦约翰摩尔大学，世界 QS 排名 800+，从整体排名上来看两个学校大同小异。伦敦金斯顿大学设计专业在英国排名前十，这一定程度上反映了其设计教育成功的一面，虽然约翰摩尔大学的专业排名低于金斯顿，但是仍有可取之处。作者通过对这两所大学的调研，探究其设计教学模式如何有效提高学生的设计能力、创新能力以及实践能力，作者试从以下几个微观层面来进行分析。

一、管理模式

在英国调研期间，我们发现英国教学管理模式十分先进，可以用一个词概括——高度互联网化。例如：学校会组建一个系统，老师可以通过该系统布置作业，学生完成作业之后，会通过该系统进行课程作业提交，而并非直接交予老师。提交到系统中的作业，能够被其他选择该课程的学生看到，以此能够形成一种交流、完成信息互换。但是如果在截止日期之前没有完成作业上交，那么本节课就没有成绩，并且不能通过任课老师进行作业补交。这一方面免除了任课老师的部分劳动，使其能够专心教学；另一方面给以学生约束感，端正学习态度，培养自我管理意识。而且其对于学生的管理，能够被互联网代替的几乎都被代替了，一是节约了人力的管理成本，二是相当于在无形之中树立了"规矩"，这个"规矩"是"不近人情"的，是需要强制学生遵守的，简化管理渠道，增加管理的有效性。"严格的教学管理制度是高质量办学的基础，因此我们要充分意识到建立教学管理制度的重要性。"[3]

除此之外，学生拥有自己的校园信箱，可以通过邮件与老师进行交流。但是根据实际调查显示，邮件的交流效率实际上较为低下，由于学生只能通过邮件方式与教师取得联系，受到使用方式的限制，交流结果存在延迟问题。即课下的辅导存在性很弱，虽然在一定程度上给予了学生的设计自由以及独立思考的能力，但是可能会致使课程学习反馈的效果欠佳。从整体上来看，英国的设计教学管理模式既给予学生自由又给予学生约束，但重点培养学生自我约束、自我管理的能力。当然我们承认的是其在管理模式上的先进，但是其中依旧存在问题需要斟酌修正。

二、课程体系

英国高校课程种类整体分为两类，一类是通识课，一类是专业课。以下我们对这两类进行详细的分析：

（1）通识课完成知识扩充，拓宽知识广度

设计本身是一门交叉型学科，不能够孤立地看待，它涉及了艺术学、心理学以及社会学等等各方面的知识。学校为了体现这一方面所做的有：一是鼓励学生自主学习，给予较多的自由时间；二是开设通识课，"通识课不是专业课，也不同于一般科普课"[4]。它是超越功利与实用性的且没有专业划分的教育。"它有着更深一步的意义，是一种改变人的思想、思维和教育境界的教育"[5]。受教育者通过多样化的选择学习，能在一定程度上得到自由、自然的思想成长，孕育其独立的人格以及健全的品质。校方通过与一些企业、当代艺术家以及各专业的教师合作，开设涉及各个领域与专业的课程，例如纯艺术、建筑、文学、哲学、法学、心理学等等。开展多维度教学，拓展学生知识面。

（2）专业课系统通过模块化，加深知识纵度

英国课程根据课程内容设置结合专业特点，将模块化导入不同的课程学习阶段。单个课程相当于一个单元，几个单元即几门相关的课程组成一个模块，再由组成的模块形成一个复杂的课程体系系统。"运用模块化理论将整个模型逐级模块化，逐级深化，细化量化"[6]。这样可以保证整个课程体系分级有序，并且紧跟时代步伐。其中金斯顿大学每年会根据市场的导向，对课程组成进行相关调整，由市场引导设计方向，"以此推动艺术设计院校朝着'学、用'紧密结合方向健康发展"[7]。在这一方面，国内的课程体系相较就比较固化，尤其是在与实际生活对接的方面，我们不仅难以更改教学内容，更是与设计应用以及发展的社会脱节。

其中，专业的基础课程教学方面，英国高校并不会对此做过多的铺垫，而是从新生入学不久之后，就开始进行专业课的传授。对于一些国内的固定基础课程，例如三大构成、素描等，英国都是通过专业基础课对学生进行普及。这一点也与当代中国设计教育

有很大的不同，国内会通过相当长的时间集中对学生进行专业基础训练，之后再进入专业课的学习，但是两者之间衔接却并不紧密，说明模块与模块之间的衔接或者模块本身设置存在问题。

而专业课都以实际项目为课程主线，一个专业课包含多个项目，单个项目的选择有人数上限，如果达到上限，后续选择该项目的同学，需要进行子项目间的调剂。并且专业课由两位老师负责，一位老师负责学生的管理与组织等活动，另一位老师负责专业教学，分工明确，使专业教师集中精力于专业传授之上。项目选择完毕后，由教师统一带队进行实地考察，在学生进行设计项目的过程中，教师再进行专业知识的传授、解答与指引，以学生为主导，进行知识传授，培养学生分析与解决问题的能力。浓缩课堂精华，教师讲解的内容既是难点也是重点，关于项目的各种资料，需要学生到谷歌网站自行收集，不占用课堂时间，浓缩专业课程内容，同时培养学生筛选信息以及收集信息的能力。

而我国的专业课，虽然会进行虚拟项目的设计，但只停留在"设计"层面，并未有落到实处的意识，缺少对于市场、商业和技术的研究应用以及课程要求，与现实社会所需不能很好挂钩，所学与实际呈分离脱节状，对学生来说没有学到实质性的内容，对社会来说浪费了许多教育资源。

通识课与专业课下的各个具体课程各自为一个单元，这些单元随着社会的变化也产生了变化，形成"新的"通识课与专业课，进而再形成"新的"教学内容。"英国的设计教育是环环相扣的，在实践中寻找问题的最优解决方案以及实施办法，有助于学生理清思路，也能够培养良好的设计习惯"[8]。课程体系的模块化，根据实际生活保证实时更新，能够保持教学内容的有序性、先进性以及实际性，这一点对于我国的设计教学体系来说十分具有借鉴意义。

三、教学模式与方法

英国作为一个创意产业十分发达的国家，"设计教学内容较为注重学生对创新能力的培养"[1]。这点是毋庸置疑的，在教学模式上体现为以下几个方面：

（一）重点关注学生设计过程

英国高校十分注重学生的设计思维过程，课程中需要分阶段对自身方案的进程与想法进行汇报，即便是半成品也要进行实体模型的制作，并且会以草图展板等形式进行展出。进行展板的展览时，会制作邀请函，邀请老师、设计师等专业人士参与点评，注重学生的参与性与过程性。创作的思维过程是我们当代设计教学中十分容易被忽视的一个方面，当今由于我们重结果而轻过程的这种思想，给予学生投机取巧的机会，使得学校对于其独立思考以及创造能力的培养效果下降，设计作品趋于同质化。而创新却恰恰就是在不断的思考与优化思考的过程中产生的，因此对于创作思维过程的表达显得十分必要且不可忽视。

（二）授课注重学生与教师的双向互动

体现在授课方式上，"英国的设计教学善于运用互动和合作的启发式教学方法"[9]，他们注重学生与教师之间的思想、知识等各方面的交流，这样能够形成信息的良性传递与循环，这与国内教师主要是根据指定的教学教材进行专业传授，以老师输出内容为主的方式不同。这样使学生不再处于被动接受的状态，课堂能够保持开放的氛围，在进行实际项目设计时，他们会明确自己的不足，有目的地进行学习，做到专而精。学生接纳新知识，思维处于活跃状态，更容易激发新的灵感。"这种'师生间双向互动、表达多元化互动'的教学方式对培养学生的专业能力、学习方法和社会实践能力具有重要意义"[10]。这也是为什么英国会发展出这样的教学模式的原因之一。我国自专业开创以来，虽然有不同程度的调整，但是授课方式并未发生实质上的改变，一直以来我们的设计教学都是以教师为主导，进行被动的知识传递，学生的主动性很弱几乎没有，单方面的知识灌输，使得师生之间的信息交换链断裂，致使教学效果不理想。

（三）"双师制"教学模式

英国较为重要的，与国内不同且现下国内还不能够很好做到的是"双师制"教学模式。"教学过程中，教师的思维方式、知识结构和研究方向均有不同，各有所长，很难寻找到全能型教师。"[11] 而双师制教学模式是指有专门负责理论、设计知识传授的教师以及在学校工厂指导实践的教师，负责将理论与实际紧密结合，互为专业补充。笔者在金斯顿大学带学生学习期间，校方专门配备了一个校外设计，教师专门负责设计实践教学，带队去工厂、车间、工地等。这样使得学生尽管是在学校进行学习，但是毕业从事工作之后可以不需要再经过专门的公司实训，为社会培养直接可用的人才，而不需要再经过或者只需很短时间的公司培训，有效节约了社会资源。并且"教育理论与教育实践不是简单的指导和被指导的关系，而是一种'相互滋养'的新型关系"[12]。这两者的有效结合，使得学生更有可能发展和形成个人的理论智慧以及实践智慧。

综上所述，英国教学模式与方法的特征是：其一是"双师制"教学模式，将实践与理论紧密结合；其二是师生之间的互动学习，活跃学生思维，激发学生创意源泉；其三是注重设计过程，有助于学生理清设计思路。这样三个课程教学模式特点：激发学生创意、整理设计思路、设计与实际相结合，对于设计师的培养是具有实际意义的。

四、实践教学

英国高校除却培养学生的创新能力以及上述所提到的其他能力，还十分"注重培养学生的动手能力和应用能力"[13]，"其目的在于能最大限度地实现理论与实践两者之间的衔接问题，实现教学效益的最大化"[14]。在此可以大体分为两个部分：一部分是工作室中由教师指导的设计部分，另一部分是工厂中进行设计实现的制作部分。

（一）工作室中的设计实践

关于设计实践，国内与英国从最终的教学效果上来说差别不大，只是在教学方式上会有所不同。因为两者，都是对于实际项目进行设计实践，无论设计过程以怎样的方式进行，最终都是以让学生参与实际项目，并完成实际项目为目的。最终学生的收获与教师所提供的项目规模、项目性质、项目方向等各方面都有关系，这对于国内外而言，影响基本都是相同的。真正存在区别的是对于学生设计过程的指导方式。国内的工作室教育模式，由于缺少专业的技术指导教师、缺少学校工厂等元素，只能由学生导师同时担任多种身份，从理论传授到设计辅导再到设计实现的工艺指导等，尤其是工艺技术这一方面的指导，在国内各大高校都是十分薄弱的一个环节。而在英国各项都会有专门的责任教师，精而专可以概括其现状，以此来突出设计教学始终提倡"学中做，做中学"的观念。两国的责任教师在一个项目中所担任的角色的区别，是工作室设计实践最主要的差别。

（二）工作坊（workshop）中的设计实现

英国高校对于学生完成设计实现的方式，主要具有以下两个特征：

1. 各专业设备配置齐全

英国高校专门为学生配备设计工厂以及工作室，在工厂中有各个专业的专业设备，例如专业摄影间、3D打印机以及各种大小型制作工具。需要使用的学生需在互联网上进行预约，在使用期间，会有专业教师在旁进行指导（图1）。且工作室的设置十分开放，各个专业在同一大开间中，中间只做隔断，使得各个专业之间除能够进行交流之外还能够保持相对的独立性。这样"从设计到制作的无缝衔接，互动性强，完全开放又相对独立，有利于教学活动的开展和不同专业之间的交流对话"[15]。

现代中国设计教学不能做到这一点，一方面是因为经济实力，当然这也是最主要的原因之一。虽然2018年中国GDP约为13.6万亿美元，英国的GDP约为2.8万亿美元，单看总值我们要高出3倍多，但是我国2018年的人均GDP约为9 509美元，而英国的人均GDP约为4.27万美元，我国比之差距较大。经济实力上，我们目前确实还无法与之比肩，因此在一些硬件设施配置等方面我们显得相对吃力。

2. 注重传统与当代的优势比较

在对其实践教学进行访问当中我们发现，"'传统'二字在英国，不论是艺术还是设计领域，其分量一直很重"[16]，这可能与其"深厚的文化积淀和浓郁的文化氛围"有关[17]。体现在教学中即十分重视对于传统文化与工艺的保留与继承，例如视觉传达设计需要对设计进行印刷，他们会让学生在专业的工厂中，一方面是使用当代的激光打印技术（图2），另一方面是对传统滚筒印刷技术进行系统学习以及使用（图3），甚至到使用原材料的制作都会进行系统的教学。在通过对当代与传统技术的学习与比较中，一是能够选择更加适合设计的工艺与手法，来更好地实现设计作品或者情感表达等目的；二是可以为创新奠定基础。设计的更新就如同技术的更新，人们只有在了解和精通传统的基础上，才能够进行创新。这与学习设计史论的出发点是相同的，创新在某种意味上也代表着推陈出新。

图1　教师对学生进行模型制作
设备使用指导

图2　在3D数字工作室进行现代
打印技术学习

图3　进行传统滚筒印刷技术学习

五、结论

通过研究，对英国设计教育最好的概括就是"传统与当代，理论与实践"的结合。（1）高度互联网化的管理模式，锤炼学生的自我管理意识与能力。（2）课程体系的模块化。通过通识课拓宽学生的知识宽度，提高学生的基本素质；通过专业课增加学生专业知识厚度；实践课贯穿始终，培养学生的实践动手能力；将他们模块化并组合，增加课程的有效性并且保持实时性。（3）在其教学模式中：一是关注学生设计过程，注重学生设计思维培养；二是师生双向互动，使得信息流能够形成良好的循环，从而达到学生学习更加深入，老师对学生情况有更全面的了解与掌控的效果；三是双师制教学，将理论与实践双向结合，有效地避免了学生单向发展，并且让学生能够关注到设计学科的特点。（4）实践教学，一是学生有机会在校园的学习中，就能够接触实际的项目，这一点无论对于未来的深造还是就业都奠定了良好的实践基础；二是通过工作坊的设置，提高学生的动手能力，为学生日后的设计，无论是材料工艺的选择还是图纸在实际中的实现程度等各方面，都做了较为全面的尝试与培训。

对于我国设计教学来说，与之对比，我们能够发现有几点不足与缺陷：① 我国设立工作坊的高校很少，这主要体现在经济层面。由于相关的投入较少，导致学生只能在工作室中进行模拟设计或者训练等，使设计与实际有一定程度的脱离。不能够将理论有效地与实践相结合，使得学生机会成本增高，浪费了一定的社会资源。② 在教学理念与观念上，国内教师之间也存在分歧。尤其是对于通识教育课的设置，一些教师简单地认为通识课是跨专业学习，对于拓宽学业知识面，存在通识教育认识上的分歧。③ 对于设计核心或者发展方向，我们把握程度不够。我们现下所探讨的教学，即教学的方向以及教与学的关系，都要基于我们所追求的设计核心。英国设计最终都会落到"实际"这个点，这是因为他们对于设计的思考"关于实用性的思考与态度，很大程度上也是实践性的，并没有太多形而上学的哲学羁绊"[16]。因此他们才会将实践放在十分重要的一个位置。而关于如何教如何学，"教与学的关系，部分专家提出教育的主体应是'学'为主，'教'为辅"[18]。英国高校"采用'行为引导型教学法'，来调动学生的自我表达、实验精神和创新能力"[10]。这不仅能够激发学生自主学习的能力，对其创新思维、发散性思维的培养也具有实际意义。

"随着全球经济一体化进程的加速，以中国为主的亚洲市场，机遇和竞争将增加和扩大，设计艺术必将进入我国经济建设的主战场。"[19]改变现状当然不是盲目照搬模式，而是通过明确我国的设计意义、设计方向来转换教学方式，通过研究与借鉴发达国家成功的设计教学经验，结合自身实际情况，发展具有本国特色的设计教学体系。

（江　滨，上海师范大学教授；张梦姚，上海师范大学硕士生）

参考文献

［1］ 季茜.灵活多样的英国设计教育模式——以金斯顿大学为例［J］.艺术与设计（理论），2013，2（6）：174-176.

［2］ 陈红玉.20世纪后期英国的设计理论及其历史地位［J］.装饰，2014（11）：33-37.

［3］ 肖莉，张国权，杨德贵.英国阿尔斯特大学联合办学的教学管理模式探讨［J］.企业导报，2009（6）：167-169.

［4］ 熊治平.关于高校开设通识选修课的几点认识［J］.中国大学教学，2009（4）：41-42.

［5］ 孔淑贞.大学通识课教学质量提升方法初探［J］.教育教学论坛，2015（5）：201-202.

［6］　江滨.环境艺术设计教学新模型及教学控制体系研究［D］.杭州：中国美术学院，2009.

［7］　车焱森，许建康.中英艺术设计教育的创新培养比较［J］.美术大观，2016（7）：162-163.

［8］　李炳训.以学生为中心——英国教育理念对我国设计艺术教育的启示［J］.天津美术学院学报，2007（1）：68-69.

［9］　任幽草.英国艺术设计教育的启示与思考［J］.美术教育研究，2012（23）：136-137.

［10］　江滨.美国室内设计教育现状及评析——以美国罗德岛设计学院和芝加哥艺术学院为例［J］.南京艺术学院学报（美术与设计版），2011（4）：117-121.

［11］　孙炜.英国设计专业教学中的"多讲"模式解析——以布鲁内尔大学为例［J］.装饰，2012（3）：110-111.

［12］　曲中林.解读双师制，促进职前教师专业发展［J］.教育探索，2005（10）：111-113.

［13］　邱燕芳.英国艺术设计教育读解［J］.艺术与设计（理论），2008（11）：133-135.

［14］　金慧颖.产品设计专业实践教学体系的构建与改革［J］.大众文艺，2018（24）：216

［15］　田园，田卫平.中英高等艺术设计教育比较研究［J］.黑龙江高教研究，2017（9）：76-78.

［16］　李砚祖，张黎.设计与国家的双赢：英国设计史的身份意识［J］.南京艺术学院学报（美术与设计版），2013（5）：7-13.

［17］　门德来.对英国艺术设计教育创新培养的观察与思考［J］.华南理工大学学报（社会科学版），2011，13（4）：127-134.

［18］　王武.关于英国"设计教育"的调研与思考［J］.江南学院学报，1999（2）：22-26.

［19］　俞鹰.艺术设计教育在创意产业中的角色——以英国伦敦艺术大学为例［J］.同济大学学报（社会科学版），2009（10）：63-66.

伦敦里士满自然式园林的审美评析与启示

Analysis and Enlightenment on Aesthetic Characteristics of Natural Garden in Richmond, London

江 滨 周 豪

摘 要： 英国自然式园林在英国园林发展史中具有重要意义。文章从英国皇家八大园林之一的里士满公园（Richmond Park）着手，从文化、自然、园林使用功能等角度切入，对英国自然式园林的审美纯粹性进行评析。并通过横向比较研究，希望对我国现有的自然式园林被严重商业化的问题予以关注。不能盲目追求商业效益而忽略自然园林的原始价值和存在意义。

关键词： 里士满公园；自然式园林；审美纯粹性

Abstract: Natural gardens in Britain are of great significance in the development history of British gardens. Starting from Richmond Park, one of the eight royal gardens in Britain, this paper evaluates the aesthetic purity of natural gardens in Britain from the perspectives of culture, nature, and gardening functions. Through the horizontal comparative study, we hope to pay attention to the serious commercialization of the existing natural gardens in China. We should not blindly pursue commercial benefits, but ignore the original value and significance of the existence of natural gardens.

Key words: Richmond Park; natural garden; aesthetic purity

引言

自然式园林并非简单地模仿自然要素的原始状态，而是有意识地加以整理和改造，从而表现一个概括的、典型化的自然园林。也就是我们常说的"源于自然，高于自然"。

英国自然式园林在 18 世纪逐渐兴起，摒弃了欧洲传统的造园模式，逐渐从牧场和农庄中发展起来。它否定了传统规则形式和对称布局，转而使用不规则式、弯曲的河流、自然林地、湖泊和大面积草原进行园林表达。英国人与生俱来钟爱天然的草地牧场，因此，到了 18 世纪英国人开始加大对草地的设计运用。18 世纪中后期英国的自然式园林的风格逐渐成熟，这一时期"自然式园林不仅仅是利用了自然的元素塑造景观，同时还充分考虑如何能够让园林可以吸引生物，同时生物又可以丰富园林，打造吸引人和动物的可持续性的园林设计"[1]。事实上就是从完整的自然生态系统角度去设计园林。

里士满公园是英国第二大园林，伦敦八大皇家园林之一，早期是英国皇家狩猎场。其设计风格也是英国传统自然式园林风格的延续，讲究自然程式，摒弃过多的人工干预痕迹。这些园林好似伦敦的一块块"绿肺"，并围绕泰晤士河分布，"仿佛是坐落在喧闹的大海中的一座座和平静谧的绿岛，成为伦敦市的一大特色"[2]。其中里士满公园位于伦敦近郊，是城市居民休闲度假的好去处，公园内野生动物种类丰富，其中以鹿最为著名。

作为英国自然式园林，里士满公园无论植物还是道路设计都尽量减少人为干扰的痕迹。公园内部景致独特，草丰水美，任意一处景观都具有独特自然的意境，俨然一幅幅图画，充满诗情画意的浪漫气息。大面积开敞的景观空间，也成为英国自然式园林的典范。其中保留了公园内自然动、植物的原始状态，也更加具有一种纯粹的自然美感。公园内的景色甚至可以随意直接框景作为绘画、摄影艺术创作的素材，同时，作为人与自然美沟通的媒介以及最直观的自然艺术美形象，里士满自然园林给城市生活的人们带来一种更为真实、纯粹的自然审美与精神文化美感。

一、伦敦里士满自然式园林的沿革

（一）里士满公园的起源

里士满公园位于伦敦近郊里士满地区，在 17 世纪时，英国查理一世将其作为鹿园。这片土地在中世纪，还是作为农场和牧场使用。15 世纪后期，英国王室逐渐对里士满地区产生兴趣，直至 1625 年，查理一世国王为逃避伦敦爆发的大规模瘟疫来到里士满，他认为这片自然郊野是一个天然的狩猎场地。1637 年将这片自然场地变成皇家园囿，在当时被叫作国王的"新公园"。查理一世用长达 13 千米的围墙将这片公园围合起来，圈养了约 2 000 只鹿，这引起了当地居民的愤怒与不满。如今，虽然有些墙体已经斑驳，但是它们依旧被保留并且修复。后来国王对一些土地雇主支付了一些赔偿金，允许人们在其中散步，并且仍然可以放牧和捡拾木材，以此平息民愤。

皇家狩猎的需要性和鹿的习性，改变了公园原有的特点，也让这座公园中宽阔的草地不会形成大面积的林地。随着草地的逐渐变化，原有土地上田野、庄稼边界逐渐消失。在17世纪后期，查理二世国王又花费了三千多英镑对公园进行了维护，并挖掘新的池塘以便鹿饮水。1719年卡罗琳和她的丈夫也就是后来的英国乔治二世，购买了位于郊区的里士满旅馆作为他们乡间的住宅。1736年，卡罗琳王后在公园内的白屋和里士满旅馆中间开辟了一条宏伟的林荫大道。1746年，公园内挖了一片新的池塘——笔塘（Pen Pond）（图1），池塘由一个堤坝分割成两块区域，是一个观赏天鹅、野鸭以及各种水鸟的好地方。

图1 笔塘

1872年，英国议会为保护公园的环境，不再允许人们捡拾公园内的木材，但是人们仍然可以进入公园游览。到了20世纪初，爱德华七世将原有皇家私有的林地对外开放，打开之前封闭的大门，把公园变成公共场所。从第一次到第二次世界大战以来，里士满公园也时常被充当战时用地。1965年，伦敦自治市镇围绕泰晤士河建成。直至1990年代，通过一系列革新，里士满公园才完全划归泰晤士河里士满管辖。

这片皇家公园在王权的保护下得以幸存，直至今天，公园内部都变化不大，就连维多利亚时代绘制而成的地图到现在也仍然具有一定的参考价值。现在作为城市的公园绿地，影响着整个伦敦城的规划和发展，对整个城市的气候生态起着至关重要的作用，成为伦敦作为国际化大都市的宣传标志。

（二）里士满公园规模

里士满公园是伦敦最大的皇家公园，是英国第二大有围墙的公园。它位于伦敦西南郊区，与美丽的泰晤士河相伴，共占地1 000公顷，靠近里士满、泰晤士河畔的金斯顿、灌木公园、汉普顿宫、温布尔登。公园内有超过600头鹿，100多种鸟类。现在，这里也作为特殊保护区（SAC）和国家自然保护区（NNR）。它拥有宽阔开敞的草原，幽静深邃的田间小路覆盖了几乎整个公园内部。公园内外通过高高的围墙相隔，并设置大门与外界连接，大门仅仅是为了防止园内小鹿及其他野生动物外逃，对游人不设门票。

从平面图中可以看出，里士满公园整体呈扇形分布（图 2）。园中地形自然起伏，有疏林草地，也有池塘沼泽，"公园里有 23 个大小不一的池塘，几英亩的草地，古老的橡树，大片的沼泽和覆盖着蕨类植物的土地，为成千上万种动植物提供了栖息地"[3]。公园东部设有高尔夫球场，中部是公园内最大的池塘——笔塘，笔塘的西南面是著名的伊莎贝拉种植园，负责园林植物培育。西北部是彭布罗克洛奇花园（Pembroke Lodge Gardens），花园内部有一处陡峭的土墩，被称为亨利国王的土墩（King Henry's Mound），在这里还能观赏到远方的圣保罗大教堂。整个公园内大部分都是草地，树林呈片状分布于园内各处。园林内部道路可分为五级，都呈现自然式布局，摒弃规则程式。公园内部有一条环形主路可供外围游览，园林中更多的是草地上散射状或是棋盘状的小径，别有一番趣味。

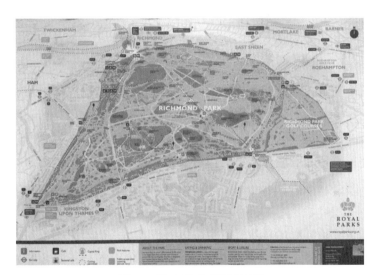

图 2　里士满公园平面图

（三）里士满公园的生态设计

里士满公园的生态设计特点在于其尊重自然生态系统本身。从整体规划来看，公园靠近泰晤士河，具有丰富的水资源。公园内部密林、草地、疏林、湖泊密布，利用这一优势，公园自身便可形成独特的生态系统。从中世纪开始这里便作为牧场和农场，直到今天，里士满公园内的草地景观也足以令我们感到震撼。草地中的草，完全都是自然生长，具有原始的野性特征。从 20 世纪以来，公园管理方对草地上动植物的管理都是在尊重生态平衡的前提下实施，保证了公园内的自然生态系统的自然平衡。园林中不同的空间，利用树木进行分割，自然形成多样化的景观空间，也促进人与自然之间的互动，形成良好的视觉效果。

里士满公园更像是一个步行公园。公园内的车行道路都在靠近公园外围的边沿，以保护公园内植物、动物的生活环境。公园内除了主要道路为砂石铺设，大部分园中小型路径都是人为走成的路。人在小径中行走，与园中的动物形成一幅非常和谐的画面。公园内的湖泊池塘都采用自然驳岸设计，湖泊和湖岸之间有自然缓坡，充分考虑了园林中动物饮水以及洗浴的需要，"水岸为自然曲折的倾斜坡地，湖边多为疏林草地并种植姿态优美的植物伸入湖面。这可以很好地增加水体中的湿地面积，建立栖息地来吸引野生动物，增加人与动物之间互动的机会"[1]，从而也保证了园林中的动植物多样性、丰富性。公园内还设计有 12 千米无车的环形生态步道塔姆森路（Tamsin Trail），适合跑步与骑行。生态步道也仅仅是砾石和柏油路铺设，周围是宽阔的草地和疏林。无论在什么季节，都能享受自然带来的魅力，远离城市的喧嚣。要想到达公园内部只能骑行或者步行，尽量减少外来因素对公园生态环境的影响。公园内著名的伊莎贝拉种植园，是二战后留下的，直到现在也一直在有机地运行，减少人为的干预。这一处花园在公园内扮演着重要的角色，"这个花园已经有 15 种落叶杜鹃花……还有 50 种不同的杜鹃花和 120 个杂交品种"[4]，为里士满公园创造了丰富的植物资源。

公园的停车场、小型餐饮以及公共厕所等服务设施，也都集中在公园外围，为公园的野生动物创造绝对自由的空间环境。公园中的地形也是根据原有的地形进行改造，让公园更加接近自然的状态。公园里面的休闲设施极为简单，仅仅是通过摆放长凳供人们临时驻足休息，周围便是植物环绕。其中著名的要数伊恩·杜瑞长凳（Ian Dury Bench），坐在长凳上还能聆听他唱的歌曲。公园内也非常注重动植物的生活环境，枯枝落叶都保留在原地，作为具有自然特色的景观，同时也可以进入生物循环，为真菌或者其他动植物提供养料。

公园的生态系统除了利用自然环境本身以外，也与人们对生物的保护意识以及政府对公园环境制定的一系列政策息息相关。"在生态维护方面，公园按照 ISO14001 标准，合理布置垃圾箱，针对遛狗人多的问题安置狗专用的垃圾箱。"[5] "皇家园林委员会赋予公园使用者参与公园管理与使用的决策权"[6]。公园中每年举办的大型活动也都控制在一次以内，公园内车行道上的车限速约 13 米 / 秒（30 英里 / 小时），并于 2004 年规定夏季限速约 9 米 / 秒（20 英里 / 小时）。1961 年成立了公益组织，里士满公园之友（FRP），目的是为了保护公园的生态环境。组织内部成员大约有 2 500 名，由 150 名志愿者进行管理，组织成员来自各行各业，有广播员、作家、爵士等等。伦敦的市民用公园内的生态水平和生物多样性来衡量居民的生活品质，将动物的栖息空间与人们的生活空间做对比，作为评估居民生活质量的依据。

二、里士满自然式园林的审美评析

里士满公园代表着英国自然式园林的纯粹性追求，保留原始自然的生态特征和美感，为人们提供在宁静自然中休闲放松的场所。随着时光洗礼，公园内树林与草原完全是自然过渡，已经没有明显的界线，少许现代人修建的道路也已经斑驳，杂草丛生，与自然相融。道路大多是人们自然行走形成的土路，人们穿行其中，与动物相伴，也不会惊扰到自然的恬静。自然式园林最为原始的便是自然。达·芬奇说过："当太阳照在墙上，映出一个人影，环绕着这个影子的那条线，是世间的第一幅画"[7]。园林设计也是同样，要想表达最为自然的美感，我们也需要发现更多原始的美，比如风中摇曳的小草、安然闲散的动物、远方的树、地上的枯枝败叶等等。因此，英国的自然式园林中留有最为纯粹的原始美感，是园林设计中直接传递出的自然审美价值，也是审美纯粹性最直观的表达。

（一）自然之美

园林中，小到种子的生长，大到季节更替，岁月如梭，草木凋零，一切的事物都随着时间变化而自然发生，如果用拟人的手法来形容，那就是"这种行为不被功利性控制，不被欲念控制，并且让精神处在一种真正的'自由状态'"[8]。人们所做的仅仅是对公园内所发生的变化进行整理和调节。"在英国自然风景式园林的设计中，也同样强调源于自然，依托自然的观念。英国自然式园林学派的设计均是以崇尚自然、讴歌自然、赞叹自然的多样与变化作为美学目标。"[9]在里士满公园内，有1 200多棵古树（图3），其中最著名的要数橡树，人们通过修剪橡树低矮处的枝叶促使其更好地向上生长。这些古老的树木在岁月的磨砺下也可独木成景，形成别样优美的景致。公园内的闲适宁静，也让公园内草地上的草得以借势生长，虽是野草，人们也不忍践踏，生怕打扰草丛之下的生灵。草丛中穿插着不同方向的道路，仿佛没有规划过一般，虽然显得随性，但是却饱含了自然原始的美感。公园中的自然之美，浑然天成，简洁而又灵动。

图3　里士满公园中的古树

（二）绘画之美

里士满公园内草木扶疏，美池波光粼粼，恍如梦中画境，绿野仙踪。公园内如画的景色为艺术创作带来丰富的灵感。原始地形，辽阔的黄色草地，自然形成的墨绿色的橡树林、湖泊中的倒影，不断变化的天空云影，构成黑、白、灰的绘画语言和丰富的风景色调，所到之处都拥有如画般的魅力（图4）。高耸茂密的树木林地，平坦宽阔的草地，也是风景绘画中所必备的视觉形象，同时又能给人无限的想象空间。因为足够大，其地平线、天际线都是自然物构成的，没有人造物干扰，宁静辽阔的环境也更能被人们的主观精神所感受和关注，"天然去雕饰"，这也是自然艺术美感最直接的表达，而略去人工雕琢的自然式园林就像是最纯粹的天然绘画艺术品，里士满公园尤其如此，处处皆景。

图4　里士满公园内的景色

19世纪后，西方艺术家"开始离开阴暗的画室，走进自然，表现大自然的光与色。这些作品表现出了艺术家的浪漫、轻松、愉快和对生活的热爱"[10]，自然风景绘画也就成了艺术家们精神享受的乐园，而略去人工雕琢的自然式园林就像是最纯粹的天然艺术品或成为绘画艺术品的基础。

早在18世纪，英国的园林设计就开始追求"如画"的艺术美学，其中著名的贺瑞斯·沃波尔（Horace Walpole）[①]把绘画艺术与园林创造联系到一起，其中自然式风景园受到"如画"美学的影响，讲究"园林如画"。另外两位"如画"思想的倡导者，约瑟夫·艾迪生和亚历山大·波普在他们设计的园林中，就经常将绘画艺术以及绘画元素加入其中，"他们认为风景主题绘画的再现模式基于园林设计的模式。艾迪生热衷于荷兰的风景画，认为如画园林的风格应该完全不同于当时严密的几何学园林，并要求他的读者根据风景画来思考园林"[11]。艾迪生指出，"园林是艺术创作，因此它们的价值高低取决于它们与自然接近的程度"[12]。这在某种程度上，就是他的园林设计哲学。在里士满公园的草

---

① 瑞斯·沃波尔（Horace Walpole，1717—1797）英国收藏家、鉴赏家、文人、业余建筑师、如画趣味的倡导者，英国第一任首相罗伯特·沃波尔（1676—1745）的第四个儿子.

原上眺望远处风景，仿佛一幅挂起的三维风景画，让人们从视觉形象以及情感的角度去加深对园林本身的印象，让人与自然进行直接对话。从《维基百科》中，我们可以检索到一些有关里士满公园的画作，如：英国浪漫主义画家约翰·马丁 1850 年的画作《里士满公园的景观》（图 5）、艺术家和漫画家托马斯罗兰森的《里士满公园》（图 6）、阿尔弗雷德道森的《景观与鹿》等等，都是直接取材于里士满公园内的景色。通过艺术家们对园中景色的刻画描绘，也将人们带入到一种纯粹的自然美学世界。园林的自然美感成为具有独特精神情感的艺术形象，对生活和社会进行润色、对比与衬托。

图 5　里士满公园的景观（约翰·马丁 作）

图 6　里士满公园（托马斯·罗兰森 作）

（三）诗意之美

18 世纪开始，英国园林讲究"如画"，在"通过对如画术语和如画思想的演变过程的追溯，如画概念与文学和绘画艺术之间的紧密联系得到了清晰的呈现"[11]，在"如画"思想发展的过程中，园林的设计也逐渐开始融合画境与诗意，园林也为诗与画的创造提供了许多新的素材和灵感。当沉浸于里士满公园辽阔、简洁、安宁、具有旺盛生命力的景观，会让人产生视觉美感与精神思想的共鸣，诗人将情寓于景，将景寓于情，将眼前美景与胸中之意，转化成为一种赞美之言，直接抒发出来，诗意之美由此诞生。在中国，"诗情画意"也从来都是相辅相成的。

里士满公园也会举办"诗歌公园"的主题活动，邀请作家、教师、编辑、儿童等参与诗歌创作。在公园里，远方的古树、蓝天和草地在池塘中形成倒影，也如写景诗歌一般，将诗歌情境化，将此情此景诗歌化，既有情趣，也具有豁达的哲思。"诗"具有简洁、明快、质朴的语言特征，往往有一种"四两拨千斤"的效果，引人深思。"诗"中对景观物象的描绘也往往是化繁为简，这与里士满公园中追求纯粹自然的美学思想如出一辙，将自然的繁琐进行浓缩，只留下眼前的美景和如诗般的气韵。澳大利亚著名诗人罗斯玛丽·多布森就在诗歌《在里士满公园散步》中写道：

"……皱褶的鹿角，柔软的眼神，羞涩、自律、优雅；

穿过迷雾和荆棘的树枝，仍然躲闪着，轻盈地奔跑；

他们蹦跳着、摇曳着，消失在视野里……"

将里士满公园中的自然之景在他的诗歌中定格为诗意的片段。"园林的本质是一种追求愉悦的纯粹精神活动，这一特质使它与关注心灵、想象的诗性思维有着先天的契合。"[13] 而在草色枯黄的季节，常绿的树与平坦茂密的草就像是田园诗中所描绘的景致一般，兼具风味与思想（图7）。

（四）野趣之美

里士满公园自从17世纪被查理一世从牧场改建为鹿园之后，到今天作为伦敦最大的皇家公园，它以最原始的方式得以保存下来。作为国家一级自然保护区，园区内饲养了650头鹿，还有许多珍稀物种，包括鸟类、松鼠、野鸭、天鹅、蝙蝠、甲虫、草、树木等等，他们构建了整个里士满公园的生态圈。几个世纪以来，人们也一直努力去减少对动植物的干扰，公园内的动植物与人类和谐相处，共同享受自然的馈赠。

在里士满公园内，无论是矗立的树木，还是倒下的树木都是以最初的状态保留在原地，保留着最原始的野趣。草地上的草木茂盛，散发着野性的气息，人们行走其中经常能够看到闲散踱步的野生小鹿，人与鹿的关系也非常融洽（图8），"在寒冷的秋季早

图7　里士满公园秋冬之景

晨，也就是日出的时间，这时的人很少，是看鹿而不受干扰的最佳时间"[4]。公园中的鸟类与小鹿之间也时常嬉戏，有时小鹿的身体是鸟类的短暂休憩地。草地上的野鹿在草地和太阳余晖的掩映下具有一种纯粹的美感，是自然界中与生俱来的美，这种美不掺杂任何工业化和商业化的情感，也没有利益的枷锁，一切事物都是其最原始的状态，自由而又纯粹。潺潺流淌的小溪、平静的湖水、野性的草原、蜿蜒的小河，还有自由奔跑的动物，这些无疑是艺术美中最具有自然审美价值的。

图 8　里士满公园中的鹿
（图片来源：SecretIdn.com）

三、里士满自然式园林的启示

英国自然式园林在 18 世纪兴起，但是究其根源，英国自然式园林风格与中国传统造园艺术密切相关。我国的园林体系是世界三大园林体系之一。中国的自然式园林也讲究师法自然，并将"诗情画意"作为自然园林设计的境界升华和主导思想。理想的自然式园林其实就是自然风光的一个经典缩影。在 17 世纪末期，英国人通过商人及使节与中国进行经济、文化等各个领域之间的交流，对中国传统园林文化的欣赏与喜爱，也影响着英国自然式园林的形成与发展。1685 年，英国的作家、外交家威廉·坦帕尔在《论伊壁鸠鲁的花园或造园艺术》中对中国园林的章法布局进行描述，他认为"中国园林想象力发挥的极致是通过视觉展现美的形象和轮廓的设计，不去刻意布局有秩序的序列，这在中国园林中是很常见的现象"[14]。他认为中国园林反映出来的是无秩序的美，能够自然成景。1772

年英国著名学者威廉·钱伯斯在《东方庭园论》中，"极力提倡在英国风景式园林中吸取中国趣味的创作。钱伯斯在赞赏中国造园艺术成就的同时，感叹英国园林艺术的空虚，认为英国当时的自然风景园是缺乏修养的粗野的原始自然的东西"[9]。但是，自然并不是原始。所以，英国自然式园林是在研究并吸收了中国的自然式园林设计章法的基础上，才逐渐形成了自己的自然式园林设计风格。

然而，改革开放以来，我国现代的自然园林设计中有过度被商业化经营的倾向。例如，将商业利益作为自然园林设计的重要考虑要素，并且将经济利益作为园林设计的首选因素，甚至为了商业利益大量侵占自然资源。许多自然式园林在设计之初，便被决策人将商业利益作为整个自然公园的价值导向，在设计上不尊重自然，从而忽略了自然园林本身的审美价值。

（一）去商业化

在国内城市，许多自然式园林的设计都受到商业利益的影响。在这样的背景下，自然式园林中充斥着各种各样的商业游乐设施，忽略了自然园林的初衷和自然审美价值。追求自然野趣，也就成了商业化影响之下空谈的口号。公园更像是大卖场，忽略了自然园林本身的生态，公园内很少有自由出行的动物，而商业化的加剧，导致"人们在思想上和消费习惯上产生了对物质主义消费的依赖感，却牺牲了自身固有的想象力和内在的智慧"[15]。反观伦敦的里士满公园，居民在公园内更多的是真正感受自然，居民也积极参与到园林的管理中，更多的是为了平衡发展与自然之间的关系，尊重自然文化。事实上，少有人为干预的纯粹的自然式公园，才更吸引人，才能带来更多的潜在的社会效益。

里士满公园中也有一些简单的、小的休闲项目，比如骑马、徒步、自行车、橄榄球、跑步等。公园内部也设有小型儿童游乐场所，都是一些跷跷板、木琴、吊床、跳跃坑等，这些项目没有大型硬件设施也没有商业化，并且在公园隐蔽位置，不影响整体自然环境，适合低龄儿童。同样以位于上海郊区的城市公园为例，例如，在上海滨江森林公园中有许多商业化的游乐项目，比如儿童乐园、海盗船、碰碰车、真人 CS 等，虽然能够吸引游人前来游玩，也加大了人们的参与度，但是这样的设置更像是一个主题型的游乐场，与森林公园的自然本质显得格格不入。位于上海崇明的东平国家森林公园也是一样，平面图上显示商业娱乐项目遍布整个公园内部，导致公园的设计规划脱离了自然园林的本质，破坏了原本得天独厚的自然优势和地理优势。虽然是森林公园但却不见森林的野趣与祥和，人和动物之间也没有形成良好的关系。自然主义园林景观被过度商业化，失去了它本身的个性与价值。因此，在对自然园林设计之初，应该摒弃破坏生态和视觉审美的商业活动，对园区内的活动采取政策限制，为动物创造一个宁静、自由的栖息环境，为人的精神休闲安置一个世外桃源。

（二）回归自然主义本质

城市本身就是商业化的产物，自然主义风格景观公园是为商业化影响下的城市居民提供寻找回归自然和野趣审美的场所。自然主义下的城市公园应该注重对生态的保护，不应该出现商业活动，这是两条相反的发展道路，商业活动的加剧势必与自然生态发生冲突。因此，我们需要调整甚至摒弃商业化，让自然园林公园回归自然的本质。正如里士满公园那样，整个公园的核心价值是自然生态，任何政策或者措施都以保护自然生态为前提。公园中"强调人们通过和自然的沟通从而获得一种休闲和再生的愉悦感。人群对于城市公园更多的是一种内在的、精神层面的需求"[15]，"伦敦人尤其强调自然环境对野生动植物生存空间和城市居民的价值，常以野生动物，尤其是鸟类和小型哺乳动物多样性衡量城市绿色空间质量的重要标志"[16]。我们应该做的也是让城市自然园林公园回归自然本身，回归自然主义美感。

（三）审美的纯粹性引导

我们通过研究发现，里士满公园更多的是尊重自然循环发展，人们在公园中扮演着守护者、陪伴者的角色。著名的诗人、亚历山大·蒲柏对"不加装饰的自然所具有的亲切纯朴之美"大加赞赏[13]。人们不会片面地向自然索取利益，也不干涉自然本身的发展，更不会在自然中加入盈利的商业活动和设施。人们从自然中获取更纯粹的美的享受，自然让人们感到身心愉悦，获得精神的富足。英国的园林也讲究浑然天成，有助于维护生态平衡和保证物种多样性。并对生态敏感区域实施保护政策，这样也自然能够产生经济价值和社会效益。人们在公园中收获的不仅仅是自然带来的美感，还能享受自由、纯粹的诗意美学。现代化的自然式园林的设计，往往把追求"自然美"当成一种目的和手段，让人们在创造出来的风景中进行审美感知，而不是对自然美的主观判断，这样的园林设计不具备审美纯粹性。"审美不是单纯的感受性，而是判断的结果"[8]。这也是里士满公园引发我们对当下园林设计的思考，"自然在莎士比亚笔下很大程度上失却了意大利文艺复兴中的形而上意蕴，它就是丰富多彩、生动可感的外部世界"[17]，也指引我们追求纯粹真实的自然，自然主义的园林就应当将自然的审美纯粹性作为设计的出发点，并始终保持。让人们在自然风格园林之中无论是审美感知还是审美主观判断，都体现一致性，完全是一种纯粹的精神愉悦的享受。

四、结论

随着时代的变迁，构建良好的生活环境也是人们一直以来的追求。人们在生活富足后，开始追寻精神的满足。对比中英两国的城市自然风格园林公园，我们更应该从长远的角度去思索城市自然园林公园的设计。里士满公园的自然式风格设计与强有力的保护，也让我们看到了自然式园林所带来的诸多价值。让园林景观更加自然化，"形成自然的、生态健全的景观，为野生动物的觅食、安全和繁衍提供良好的庇护空间，增加总体物种潜在的共存性"[18]。摒弃商业利益对自然园林设计的驱使，用纯粹的自然美学思想，借鉴自然式园林的发展方式，对人们的生态意识、审美意识进行价值引导，将是未来自然式园林发展的重要选择。

（江　滨，上海师范大学教授；周　豪，上海师范大学硕士生）

参考文献

［1］　田书雨.英国自然风景式园林的设计研究［D］.青岛：青岛理工大学，2016.

［2］　雪雁.伦敦的公园［J］.文化译丛，1991（4）：33–33.

［3］　Jackson J. A Year in the Life of Richmond Park［M］. London : Frances Lincoln, 2003.

［4］　Rabbitts P. Richmond Park: From Medieval Pasture to Royal Park［M］. Stroud：Amberley Publishing, 2014.

［5］　孙震.伦敦皇家公园的景观特色与管理方式［J］.园林科技，2014（2）：41–46.

［6］　赵晶，张钢，尚尔基.伦敦历史园林管理、活动策略研究及启示［J］.中国园林，2018，34（4）：94–99.

［7］　芬奇.芬奇论绘画［M］.戴勉，译.北京：人民美术出版社，1979：179.

［8］　刘旭光.保卫美，保卫美学［J］.文艺争鸣，2012（11）：6–11.

［9］　熊媛.中英自然式园林艺术之比较研究［D］.北京：北京林业大学，2006.

［10］　金玉.浅谈绘画中的旷野之美［J］.中国民族博览，2018（10）：188–189.

［11］　朱宏宇.英国18世纪园林艺术［D］.南京：东南大学，2006.

［12］　胡晓宇.中国江南私家园林与英国自然风景式园林风格比较初探［D］.重庆：重庆大学，2007.

［13］　王胜霞.中国园林与英国自然风景园园林文化背景研究［D］.天津：天津大学，2006.

［i4］　李晓丹，武斌，成光晓.英国自然风景园林与中国的渊源［J］.华中建筑，2011，29（8）：17–20.

［15］　王瑷.关于城市公园商业化现象的观察与反思［J］.天府新论，2010（6）：67–70.

［16］　高大伟.历史名园在世界城市建设中的重要作用［J］.北京园林，2010，26（4）：3–13.

［17］　陆扬.西方美学通史（第二卷）：中世纪文艺复兴美学［M］.上海：上海文艺出版社，1999.

［18］　徐艳文.伦敦的城市绿化［J］.国土绿化，2012（8）：48–49.

鱼文化在装置艺术产品设计中的应用

Application of Fish Culture in Installation Art Product Design

杨心怡　崔天剑

摘　要： 鱼文化是中国传统文化中不容忽略的一个重要部分。文章以鱼文化在当代装置艺术产品设计中的应用为研究对象，首先简要介绍鱼文化的概况，接着对装置艺术产品设计的概念做出界定，着重讲解鱼文化的内涵，得出以鱼文化为背景的当代装置产品应用法则，为增添当代产品的趣味性、艺术性和文化深度提供参考。

关键词： 鱼文化；内涵；产品设计；装置艺术

Abstract: In Chinese traditional culture, fish culture is an important part which cannot be neglected. The research object of this paper is the application of fish culture in contemporary installations. The paper firstly introduces the general situation of fish culture briefly, then defines the concept of installation art product design, focusing on the connotation of fish culture, and then analyzes the application rules of contemporary installation art products that based on fish culture. It's a reference to enhance the fun, artistic, cultural depth of contemporary product.

Key words: fish culture; connotation; product design; installation art

引言

"花家山下流花港，花著鱼身鱼嘬花"，是清代乾隆皇帝曾在游览杭州西湖十景之一——花港观鱼时，因景生情诗兴大发而作。团团簇簇，在水中自由游乐的鱼，繁衍不息代代相传，远在人类早期就已经唤起了对其的崇敬之情。自那时起，寄托着人类殷切企盼，鱼人合一、沟通天地这种带有神话色彩的鱼，开始逐渐以不同形式出现。各式有关鱼的图样、物件、民俗、传说等，相互联系、促进发展，经历悠悠岁月的洗礼，拧成了一股鱼文化的长绳。鱼文化内容丰富、涉及广泛，陶思炎教授曾这样形容过，"它亦古亦今，亦奇亦平，亦聚亦散，亦俗亦雅，堪称中国文化史上历史最久、应用最广、功能最多、风俗性最强的一个文化系统。"[1] 直至今日这个倡导文化自信、中华文化蓬勃繁荣的时代，在寻常百姓日常生活或是艺术设计创作中，承载着中华民族精神志趣、传统道德思想和审美哲学的鱼文化，依然焕发着旺盛的生命力。正所谓，是民族的才是世界的。因此，不论是文化层面还是物质层面都值得当下人对其做进一步深入的认识和思考。通过设计的手段巧妙整合、再创新之后，鱼文化也必然会成为民族与世界相互联结的新的基点。

一、装置艺术产品设计的界定

融入装置艺术的产品设计，是一种全新的设计视角。随着现代物质生活水平的提高，人们对产品的要求与工业革命之初相比有了巨大的提升，表现为挑剔甚至苛刻，呈现出多元化的需求。从装置艺术与产品设计的契合点出发寻求突破，借鉴装置艺术的思维方式、创作方式、呈现方式来指导产品设计，帮助设计师突破瓶颈。

在物质充沛的当今社会，现代产品的功能已经可以满足人们的日常需求，所以很多人群在选择产品的过程中，不再局限于关注产品的基本功能。为了满足人们多样化的需求，现代产品设计师常常把目光转移到装置艺术上。"装置艺术是一种直接用实物作为艺术表现媒介的现代艺术形态，是把现实生活中种种现成物品（包括前人的艺术品），运用直呈、挪用、拼置或错位等'陌生化'的处理方式进行聚集与装配的艺术形式，是在后现代主义风格中成长起来的。后现代思维的一个重要策略就是将熟悉的东西陌生化，将清晰的东西模糊化，将简单的东西复杂化。"[2] 到了今天，装置艺术又呈现出如下三点新特征：趣味化，大众化，非物质化。融入装置艺术的产品设计较过去传统的产品设计，艺术性显著提升，可较大程度地满足使用者的精神需求。

为了更好地提升人们对产品的满意程度，在装置艺术产品设计中融入本土优秀的文化元素，以引起受众与设计的交流，进一步对产品产生更深层次的共鸣，加深国民对本民族文化的认同感。

二、对鱼文化内涵的提炼

"鱼类一旦超脱了单纯的食用价值，成为人类物质生产与精神创造的对象，鱼文化的系统便显现雏形了。"[1]

（一）人类造物的灵感来源

鱼造型，在人类造物过程中发挥着不容忽视的作用。中国传统的器物和建筑中，随处可见以鱼为造型元素的设计。早在仰韶文化时期，鱼这一造型元素就作为自然形态被纳入装饰界，成为初始的装饰元素。例如，在西安半坡遗址出土的人面鱼身彩陶盆，距今已有6 000年历史。由细泥红陶制成，敞口卷唇，盆口处绘制间断黑彩带，内壁以黑彩绘出两组对称人面鱼纹。由此可见，早在新石器时代，祖先们就已经巧妙地将鱼类作为一种纹样应用到器物之上。像这般用鱼作为造型元素进行设计的器物，由古至今不胜枚举。鱼书，是家喻户晓的"鸿雁传书"这一通信方式以外，古人常用的另一种传递信息的方式，其做法是将书写好的信置入鱼腹中传递。鱼轩，指古时候社会阶层顶端的贵族女眷乘坐的车，采用鱼皮做装饰，因而得名。唐代诗人王维曾写道"锦衣徐翟鞁，绣毂罢鱼轩"（《故南阳夫人樊氏挽歌》），宋朝词人侯真在《朝中猎》中也曾提及，"看取他年荣事，鱼轩入侍涂椒"。鱼袋，是唐、宋时官员佩戴的证明身份之物，政府的服饰制度中规定："上元中，令九品以上佩刀、砺、算袋、粉帨，彩为鱼形，结帛作之，取鱼之象，强之兆也。"[3] 更有唐宋时期，上至宫廷下至百姓家，为了防盗都会用鱼造型的门锁，其意思是鱼目不闭。将木或铜雕刻成鱼的造型发给文武百官，作为出入皇宫的凭证，类似于如今社会中的门禁卡。

在建筑上，人与鱼的亲密互动更是处处可见。中国古代建筑中有悬鱼，是位于悬山或者歇山建筑两端搏风板下的一种装饰，垂于正脊，大多采用木板雕刻，因为最初为鱼形，并从山面顶端垂直，所以称为"悬鱼"，可象征主人清廉。再有古时候的世人以养鱼、赏鱼为乐，观鱼是过去人们园居生活的休闲方式之一。这种养鱼得其所乐的意趣风俗自唐代开始兴起，宋代之后就更为普遍了，因此在建造建筑、园林之时，常常将鱼和人的生活方式联系起来，院内常设立赏鱼的景点供主人悠游。皇家园林中有北京圆明园的"鸢飞鱼跃"、北海的"濠濮间"；私家园林中有上海豫园的"鱼乐榭"、苏州留园的"濠濮亭"、无锡寄畅园的"知鱼槛"等众多鱼跃人欢的景点。

（二）精神世界的神秘象征

1. 亘古绵延的吉祥寓意

从古至今，中国人的传统意识观念中一直延续着一种对生活方式美满吉祥的不懈追求。吉祥观念起源于原始社会时期，先祖们在与自然深入接触的过程中，某种动植物以及图样被视为美好象征从而上升成为特殊的符号。

从古至今，丰稔物阜、驱邪避凶、多子长寿、升官发财、纳福迎祥等蕴含了吉祥观念的纹样丰富起来，各种图案纹样都达到了"图必有意，意必吉祥"的效果。古人将鱼作为图腾信仰和精神寄托，集中体现了当时人的审美意志和思想情感。在中华民族传统图案里追求幸福美满一直是主题观念，吉祥图案多取谐音。比如"吉庆有余"图，中心是一个吉祥的吉字，底部由两条鱼组成。应用谐音和象征手法组成，庆与磬谐音，鱼是余的谐音，表示喜事好事连绵不断，绰绰有余。再如"连年有余"，称颂富裕祝贺之辞，连与莲谐音，鱼同余谐音。每逢春节，家家户户总有供奉活鲤鱼的习俗，并且饭桌上常常少不了鱼，以表示年年丰收。连年有余，也常常成为传统民间艺人创作的题材，如南京秦淮灯会上的鱼莲花灯，两条红通通金闪闪的锦鲤鱼欢腾地托起一朵粉嫩的莲花，又如杨柳青年画中的连年有余。在我国一些地方，鱼纹图案也多见于民间小巷，陕北地区一带农家妇人们皆因鱼有象征护生、生殖繁衍的意义而将鱼缝制在贴身衣物上，把对家人的祝福、希望与爱也缝入其中。回溯历史传承当代，凝聚着各时代人的心血和智慧，鱼文化的视觉符号已渐渐风格化。

鱼，也常被人们用来托物言志，而且接受度普遍。中国有"鲤鱼跃龙门"的说法，表示升官发财节节高的美好祝愿，这种说法在江户时代传入了日本，鱼形吉祥美妙的含义逐步得到日本民众的接受认同。每年的 5 月 5 日是日本传统的男孩节，这一天有男孩子的日本家庭都要挂"鲤鱼旗"，祈福孩子健康成长。这种基于社会精神文化的流通使得鱼文化的接受范围更加广泛。

自古民间还以鱼龙为灭火的神灵，将其饰于房屋的顶端横梁处，有驱灾求吉的寓意，建筑常以鳌鱼做装饰就是取其能喷水灭火的传说。装饰题材常有"鲤鱼出水""二鱼戏水"等，造型朴实，生活情趣意味浓厚，常常以简单线面组合成有强烈视觉感的画面，颇具神秘联想效果。而且南北方常常形成不同风格，北方多豪迈简练，南方此类鱼图则精巧细致，有较多鲜明的层次。

2. 负阴抱阳的哲学思想

阴阳鱼，又称太极图，是我国独有的一项传统文化，整体图形以两条鱼相结合为基本结构，就好似两条大鲵首尾连接、追逐嬉戏。阴阳鱼最早可以追溯到新石器时期的半坡母系氏族部落。1995 年出土的人面鱼纹彩陶盆，是一种特制的葬具。陶盆上的人面呈圆形，头顶有似发髻的尖状物和鱼鳍形装饰，前额右半部涂黑，左半部为黑色半弧形，眼睛细而平直，似闭目状，鼻梁挺直，成倒立的 T 字形。嘴巴左右两侧分置一条变形鱼纹，鱼头与人嘴外廓重合，似乎是口内同时衔有两条大鱼。另外，在人面双耳部位也有相对的两条小鱼分置左右，构成形象奇特的人鱼合体。在两个人面之间，有两条大鱼作头尾衔接、相互追逐状。

仰韶时期，鱼祭是人们祈求实现美好愿望，带有生殖崇拜色彩的一种祭祀礼仪。崇拜之中也伴随着原始的畏惧感，集中表现在对繁衍族丁兴旺和祈求万物生生不息的意识形态之中，而后逐渐上升为重要的古代哲学观念。"我国先民创造的哲学体系是以'天人合一'观念为贯穿的阴阳、八卦、五行系统。出现太极阴阳，阴阳又相交合生万物，万物生生不息的观念，正是对中国哲学本源体系的概括"[4]。"道生一，一生二，二生三，三生万物，万物负阴而抱阳，冲气以为和。"，所谓万物暗含着阴阳两种相反而又相成之气。我国古代思想家认为"万物"皆有两面，常常借用阴阳来解释自然界两种对立和相互消长的物质势力。《易经》说："古者包牺氏之王天下也，仰则观象于天，俯则观法于地，观鸟兽之文与地之宜，近取诸身，远取诸物，于是始作八卦，以通神明之德，以类万物之情。""是故易有太极，是生两仪，两仪生四象，四象生八卦。"涵盖了中国原始哲学观念的太极图，与对立统一的哲学原理不谋而合。

三、鱼文化背景下的装置产品应用法则

中国南朝时期文学家刘勰，在其创作的文学理论著作《文心雕龙》中曾讲道："望今制奇，参古定法。"这八个字背后的释义为，当下的创新要遵照传统的章法。

因此，在当今产品中融入传统的鱼文化要注意的是，应将文化内涵的精髓内容融入其中，最大限度地避免形式化的套用。德国青蛙设计公司的产品长久以来在世界各地市场上销售。之所以如此，主要是由于该公司在设计阶段对各个地区的文化有足够的了解，并且将哲学观念融入产品之中，产品自然而然受到广大消费人群的喜爱。例如，该公司设计生产的儿童鼠标，就是采用了这样的设计方式，市场销量极好。由此可见，将文化融入装置艺术产品设计中，可以有效提升产品的艺术价值，也可以最大限度地满足消费者的实际需求。

（一）"造型之趣"生动自由

鱼的精神文化提倡的是自由。将鱼文化融入装置艺术产品设计的过程中，表现出自由精神的鱼造型是关键。根据材料的需要，抓住鱼性特征，进行概括、变化、夸张，创作出飞舞流利的轮廓。过去，鱼的形态是原始人手中的单体鱼纹、复体鱼纹、鱼形连续纹样以及鱼形与人面合体纹样。现在，鱼的形态是几何状的抽象鱼形。无论古今，创作优秀的鱼形象，都必然把握其怡然自得的自在之趣。这类鱼的形象大多为动态，鱼本身是极富有生命力的物种，只要将鱼的动态把握住了，品种差异、形态不一的鱼都能活跃于眼前。

图1是LZF Lamps公司在2015年米兰设计周上展示的Life-Size雕刻灯具系列，这款锦鲤灯在当时可是备受赞誉，获得的好评不计其数。在此之前公司的创始人Marivi和Sandro研究出一种通过使用重叠矩形薄木片使光漫射的新方法。他们随后举办了一个展览，使用了4 000多块木料组成的发光墙壁。这些墙壁的效果使人联想起鱼的鳞片，因此将这种效果称为"锦鲤结构"。而这款鲤鱼灯受到半透明鱼鳞构造的启发，经历几十稿草图的反复推敲，才确定为图中的形象。以黑色为背景，这条鱼灯乍一看仿佛是在水中游动的精灵，自由活泼。造型的亮点在于鱼身恰到好处的弧度，鱼鳍和鱼尾用了弯曲长木片，营造出动态的效果。

图1　Life-Size 雕刻灯具系列之锦鲤灯

（二）"结构之巧"对称均衡

在传统文化中的阴阳鱼，也称太极图，阴鱼与阳鱼相互缠绕，交合，然后得子。我国古代哲学体系是以"天人合一"观念为贯穿的阴阳、八卦、五行系统。出现太极阴阳，阴阳相交合而生万物，万物生生不息的观念，正是对中国哲学本源体系的概括。中国传统文化中的阴和阳、男和女、天和地，都属于类似的相反二元素。从物理学概念理解，阴阳鱼也被归纳如反对称图形，是在对称操作的基础上，加上二元的互换位操作，使得两图完全重合。

在现代设计中，适合纹样的旋转就是由阴阳鱼衍生而来的，这种带有曲线的旋转形态的变化、动感的骨式作为一个独立形态本身所附加的连续环绕状，就是对宇宙万物对立而统一具有的顽强生命不断变化的写照。在美学原则上，体现为对称与均衡的形式美法则。因此，在设计产品的过程中，可以将这一哲学观念表现在装置艺术产品的结构之中，结构可以是变化统一的。

（三）空间环境的协调处理

装置产品设计对所处的空间环境设计是有较高需求的，所以在实际设计过程中有必要将空间与环境展示作为重点。设计装置艺术产品，首先应当分析产品的使用状态，确保在不同状态下获得不同的效果，以便让人进入不一样的环境中。例如，设计果盘时要保证其既有实用性又有装饰性，在不用闲置的时候可以将其作为一个赏心悦目的装饰品，满足人们观赏的需求。

经济突飞猛进，百姓日常休闲的方式也变得越来越丰富。各大百货商场，一到节假日便人头攒动，餐饮也成为平时良性的休闲方式，而以鱼为主题的餐厅，是吸引人们消费的好去处。所以，在对鱼主题餐厅进行设计时，就可以运用以鱼为灵感的装置产品。照顾到空间环境的整体协调性，为整个餐厅增添光彩，吸引住消费者的脚步，让食客们在享受鱼美食的过程中被设计的魅力所熏陶，更可体会鱼文化的深邃。充分地调动五感味觉、视觉、听觉、嗅觉、触觉，从而丰富精神体验。

图 2 是位于湖南长沙的一家名为鱼莲山的鱼文化主题餐厅，中国本土的设计师对鱼文化的感触更深，因此从中国民俗文化元素木鱼与鱼馒头中提炼符号，进行现代设计，满足中国新的美学发展需求。抓住了作为鱼主题餐厅所应该具有的鲜明特点，设计与美学在中国不应该高高在上，它属于大众，这是一种责任，同样也是市场上的各种与鱼有关的公共空间应该追求的目标。

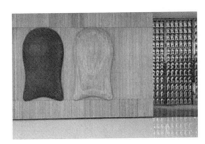

图 2 湖南长沙鱼莲山鱼文化主题餐厅

（四）美好象征的融汇延续

"以中国元素为媒介，将文化理解、消化、重生，并无直接可见的传统文化视觉元素，但整个作品的精神气质与中式审美、哲学内涵一脉相承，带有强烈的中国文化意识。它强调的不是表面形式的'中国化'，而是一种需要引入思考的中国传统文化深层次内涵。"[5]鱼形在传统文化中作为蕴含吉祥意味的文化代表，延续至今。过去常常以鱼为雏形，通过寓意手法，前辈艺人们创造出了许多我们喜闻乐见的祥瑞图案，如"鲤鱼跃龙门""连年有余""青花瓷盘双鱼莲""福禄有余"等等。这些鱼形装饰作为我国装饰艺术的文化遗产，从彩陶到青铜器，从青铜器到丝织品、瓷器、金银器、漆器等材料上都有应用。直到今天，鲤鱼仍然是吉祥的美好象征，逢年过节要买活的鲤鱼供养，日常生活里也常常买红鲤鱼挂件做装饰。把这种吉祥象征的文化内涵植入装置产品中，是设计师所不懈追求的。

图 3 是杭州格度公司设计的锦鲤屏风，曾经获得德国红点奖。简练的线条勾勒出一条条栩栩如生的鲤鱼，令人仿佛置身西湖边，有望一池锦鳞的美妙体会。这样的装置不论在家庭空间中还是在办公空间中都很适宜，既具有现代美感，又有吉祥寓意，是运用中国鱼文化进行设计的优秀代表。

图 3 杭州格度公司设计锦鲤屏风

四、结语

鱼离开水只有死亡。对于我们来说，我们人本身仿若鱼，生活就是水，人离开生活这个创造的源泉无法生存。"中国传统文化是中华民族世代相传的反映民族特质和风貌的民族文化，是中华民族历史上各种思想文化、观念形态的总体表征，具有鲜明的民族特色，历史悠久，博大精深。"[6] 时代再变，也不能丢了传统。鱼文化是人类文化发展与演化的映射，它具有的深邃意蕴和浪漫色彩在我国文化历史上呈现出灵动多姿的艺术魅力。在当今全球文化大融合的背景下，我们要对自身思维进行把握，守住这条"鱼"，让其在现代设计中更加自由自在地游动并繁衍生息。

（杨心怡，东南大学艺术学院艺术设计专业研究生，主攻产品与交互设计；崔天剑，东南大学艺术学院副教授，硕士生导师，研究方向为现代设计理论与方法、艺术学理论）

参考文献

［1］ 陶思炎.中国鱼文化［M］.南京：东南大学出版社，2008.

［2］ 王治河.论后现代主义的三种形态［J］.国外社会科学，1995（1）：41-47.

［3］ 沈从文.中国古代服饰研究［M］.上海：上海书店出版社，2002.

［4］ 王妍.从鱼文化的具象表现谈装饰设计［J］.美术大观，2009（9）：110-111.

［5］ 张明.从"中国样式"到"中国方式"——全球视野下的本土化产品设计方法研究［J］.南京艺术学院学报（美术与设计），2016（4）：197-201.

［6］ 孙隆基.中国文化的深层结构［M］.桂林：广西师范大学出版社，2011.

创新创业教育下的设计人才工匠精神培养

谷万里

引言

在全世界教育产业化背景下，我国高等教育蓬勃发展，各类院校设计专业发展迅速。20世纪末以来，中国普通高等院校在高校扩大招生的人数和教育产业化的背景下，艺术设计教育蓬勃发展。艺术设计教育是高等教育的重要组成部分，探索培养艺术设计专业中适应经济社会发展需要的具有工匠精神的设计人才，已成为每个从事高等艺术设计教育者必须思考的问题。针对中国普通高等院校艺术设计教育的现状，中国的大学应该充分发挥普通高等院校的优势和特色，实现艺术设计教育和学科建设的完善，形成自己的特色专业品牌和工科专业优势。

一、工匠精神

工匠精神（Craftsman's Spirit），是一种职业精神，它是职业道德、职业能力、职业品质的体现，是从业者的一种职业价值取向和行为表现。"工匠精神"的基本内涵包括敬业、精工、专注、创新等方面的内容。工匠精神落在个人层面，就是一种认真精神、敬业精神。2016年，国务院总理李克强在政府工作报告中提到要"培育精益求精的工匠精神"。工匠精神写入政府工作报告，意味着这一热词转变成为国家意志，推动"中国制造"走向"中国创造"要靠精益求精的工匠精神和工艺创新。2017年，国家主席习近平在"十九大报告"中，再次提出要"弘扬劳模精神和工匠精神"。"工匠精神"传承至今，成为中国文化伟大复兴的人文智慧。随着从"中国制造"到"中国创造"战略的实施，中国的设计产业必定面临重大的发展机遇。然而，设计产业的良性发展需要大量高素质的设计人才，同时需要坚实的设计理论研究作为引导，更需要的是对中国传统文化的深刻理解与传承创新 [1]。在当今我国高等教育蓬勃发展的形势下，提高教育质量成为时代发展迫切和重要的问题。教育最终的产品是人，培养对社会有用的人，培养对国家对社会有责任感并具有健康人格的人，更需要教师去塑造学生对专业学习的工匠精神。实际上，思想意识对学生的行为会产生极为长远的影响，只有具备工匠精神的学生，才能够在工作的过程中做到精益求精，最终才能够成为人才。所以在教学的过程中，教师需要深刻认识到工匠精神对于国家与民族的重要价值，学习者也应该意识到工匠精神的培养对自身专业能力和职业素养的重要影响，从而以更加积极的态度参与到学习中，这对于他们未来的就业以及成长都有着重要的意义 [2]。

二、中国普通高等院校艺术设计教育现状

（一）整合优势资源，倡导"大设计"

设计是一门既古老又年轻的学问。说其古老，我们可以追溯到人类的蒙昧时期，当原始人将这一石头砸向另一块石头的时候，设计的萌芽就已经诞生了 [3]。从 20 世纪末开始，随着计算机技术的发展进步，全球进入了信息化时代，社会对艺术设计人员的素质提出了更高的要求。在科技和网络技术日新月异的发展中，我国的高等艺术设计教育在建设中国 2025 高端制造中肩负着高素质设计人才培养的重任，进行艺术设计教育的改革研究，建立新的艺术设计教育体系势在必行。

目前中国的设计教育体系基本上是三种模式。一是美术学院、艺术学院、服装学院等美术设计专业院校。二是艺术设计学院的艺术设计，综合性大学的艺术设计学院等艺术设计专业。三是普通高等院校工程学院的工业设计，比如依托高校机械学院或机电学院的产品设计专业等等。艺术设计是科学、艺术和商业的结合，具有较强的整合性和跨学科特点。在普通高等院校中，应该包括视觉设计、广告设计、环艺设计等许多门类学科。如果把普通高等院校艺术设计教育学科优势与当地独特资源优势相结合，艺术设计专业学科与当地的社会效益和经济效益相结合，那么互补性增强，艺术设计专业可以更完整、更全面地发挥优势。

中国的普通高等院校的艺术设计专业的学生对创新创业专业实践知识的掌握还很少，很多学生在动手实践能力和计算机软件设计方面较薄弱。艺术设计专业的学生要有扎实的技术基础，掌握设计软件也要得心应手。首先，要重视学生设计的教学理念和手绘基础技能的传授，培养学生认真严谨的具有工匠精神的专业意识。其次，要优化课程结构，注重教学实践。普通高等院校的艺术设计专业学生基础是艺术造型，艺术造型背景优势明显。在当今普通高等院校综合发展的背景下，其艺术设计的发展依赖社会对专业的需求，突出

设计专业的特点，充分发挥其优势，增强其活力和市场竞争力。艺术设计专业和社会企业需求应该是相互促进和协调发展。目前，中国几乎所有的专业院校都具有设计基础培训课程，但在取得一定成就的同时，制约高校艺术设计专业发展的问题也日益突出，大多数普通高等院校的专业办学水平远远落后于世界优秀大学，并且与社会企业的需要脱节，赶不上企业需求和市场需求的变化，所以，必须重视和改进艺术设计教学水平，从创新创业教育方面提高学生的实践能力。

（二）学生的实践能力培养问题

1. 基础设计能力的训练不足

实践性的教学内容是艺术设计专业非常重要的环节，学生的设计能力培养主要通过大量的设计实践。如何提高学生的设计实践能力，一直是艺术设计专业教学的难点。目前在培养计划、课程教学中都增加了设计实践的教学，主要通过课程教学、认识实习和毕业设计等环节。艺术设计学生现状调查发现存在的问题：近几年学生在表现技巧和软件的运用能力方面虽然都有了很大程度的提高，但是熟练性严重不足，基础设计实践能力的训练还非常欠缺，很多学生应付作业，浅尝辄止，主动学习者偏少，学生仅仅是掌握了使用方法，学习的这些专业知识还不能成为得心应手的工具，基础能力低，严重阻碍了学生的设计思想表达。在设计时过于简单模仿概念化，忽略设计的实用性，学生无法知道自己的设计与成为产品之间的差距，对设计的认识只停留在纸面，单靠学校的现有条件也无法让学生更多地了解实际设计实践中的问题。

2. 专业实践环节的不足

由于教学计划中课程设置的限制，实践能力的培养主要安排在大四，学生面临着考研深造、找工作、毕业设计等的压力，毕业实习没有真正落实，很多学生在择业时根本没有参加过设计实践，这直接影响到走向社会后的设计能力。学生走入社会后就会发现原来很多基础常识性的知识在设计中无法表达，有的毕业生会产生没有学到东西的失落感。目前艺术设计专业虽然有企业实习课程，但是效果未能达到预期。有意愿接受学生实习的企业非常有限，往往流于走过场；虽然有的学生在企业里参与实习，但得到设计师的指导时间非常有限，缺乏实践经验，设计实践过程会觉得无从下手，艺术设计毕业生找工作过程中现实与理想差距过大，与企业对人才的需求有一定的距离。无法满足市场的需求，难以跟上企业的开发节奏，使得在学校参与实践获取的经验能力与今后工作相对脱离。对几届毕业生的工作去向调查显示，专业实践能力的不足致使大多数艺术设计毕业生无法从事艺术设计而纷纷转行。为了提高艺术设计专业学生的设计实践能力，教师要积极培养学生的工匠精神，督促学生刻苦努力，打牢基础；鼓励学生多参加创新创业，提高实践能力，增加实践经验。

三、工匠精神的实践能力培养

（一）工匠精神的创新创业培养

当今全社会提倡发扬和继承工匠精神，当代大学生更要继承和发扬工匠精神，成为新时代伟大复兴梦的缔造者。设计创新创业比赛一般由官方、民间或者是行业协会举办，目的各异，形式不一。由民间企业公司举办的创新创业活动尤为活跃且数量较多，这也是因为举办设计创新创业对于现今的公司企业有莫大的帮助和助益，可以说设计创新创业是公司企业的一种企划行为之一。目前各个大学都组织和开展了大学生本科创业计划，这为艺术设计专业提高实践能力提供了良好的机会，为大学生艺术设计专业的实践体验、实践能力和工匠精神等综合素质培养提供了实施的平台。大学生创新创业从实践性出发、利用专业知识、提高社会实践能力。应用性、组织团队合作的协调性，在某种程度上弥补了目前艺术设计教育在实践能力训练上存在的不足。提倡艺术设计本科生积极创新创业大赛，对培养学生的工匠精神起到了积极作用，实践中的学习促进了学生技能的发展。

相对于艺术设计基础课程中的训练环节，创新创业要求提交设计图，反复修改设计图纸，要求参赛学生设计制作创新作品，要求学生从构思开始，进行头脑风暴（设计思维），制订设计方案，最后进行设计方案展示。这个过程体现了学生的能力。设计需要手脑并用，才能更好地把脑海里的灵光乍现和奇思妙想在实体空间中呈现，杰出的工匠都是在大脑中勾勒出作品的轮廓，在双手之间不断推敲设计，最终展现出伟大的作品[4]。通过创新创业锻炼学生的实践能力，培养学生的工匠精神。工匠精神的培育和实践能力的提高相辅相成，创新创业的专业实践活动是有社会价值的实践，实践是对创新的检验。

通过创新创业可以培养学生的工匠精神。教师要引导学生通过对生活的体验观察发现并选定设计项目，例如贺州学院在一系列创新创业实践活动中，大力提倡文化产业创意设计。党的十八大报告中提倡"要大力发展文化产业"，我国国民经济和社会发展第十三个五年规划也提出要让"文化产业成为国民经济支柱性产业"，而文化创意产业是文化产业的一个重要内容[5]。艺术设计系大学生创新创业设计了系列"旅游文创艺术设计"和"贺州学院校园文创艺术设计"等。通过创新创业实践活动，使学生提高实践能力。例如贺州学院艺术设计学生"为社会的艺术设计""为人民服务的艺术设计"等设计思路，通过走访贺州当地了解民生，深刻感触现实生活。针对目前贺州少数民族地区的文化特点，进行提升人们的生活品质的设计，这种设计构思就是学生进行的人性化创新设计。设计作品的样品研究制作、设计调研等环节中，学生们丰富了知识构成，设计产品不仅需要掌握艺术设计造型知识和社会学、心理学、美学等专业知识，培养学生具有工匠精神不仅体现了对生活热爱的创意设计、精心制作的理念和追求，更是要孜孜不倦不断地学习最前沿的技术，创造出新成果，提升专业实践能力。有的学生将创新创业训练的设计思路延续到毕业设计创作，参加创新创业为毕业设计打下了良好的基础，结果取得了优秀的毕业设计成绩。工匠精神的培养更不能缺少对科学探索的态度。本科创新创业过程中，同学们在调研过程中不厌其烦、精益求精，付出大量的心血，对设计过程反复进行修改，认真专注的品质也是工匠精神的体现。

（二）工匠精神的团队实践培养

实践能力还体现在团队合作的动手和实践能力上。例如：每个参赛小团队有 6 到 8 名成员，大家各抒己见发挥特长，提出创意、认真选题、方案评估，然后协调团队创意，找出最好的设计方案。在团队合作实践过程中，鼓励每个学生积极参与。老师对学生的答辩内容 PPT、组织条理和演讲仪态等都给予定期辅导，使学生们完善设计作品，指导学生改进 PPT 和产品建模方案，培养学生精益求精的工匠精神，发挥团队智慧，切实提高设计实践能力，使学生在每场答辩中可以全面展示自己的创意设计。

（三）工匠精神设计师的培养理念

在经济全球化的新格局中，作为设计人员，如果仅仅满足于掌握的专业知识和技能，那么他只能成为一位工匠，而不能成为现代社会具有工匠精神的设计师。当前我们往往注重学科知识的教育，而在一定程度上忽视对学生思想境界、人生态度、社会责任等人文精神层面的教育[6]。事实上，工匠精神的教育不仅仅是给学生传播中国传统文化，更需要多元化的渠道，紧密结合高等艺术设计专业的学科特点，强化工匠精神教育的整体氛围，突出工匠精神传承的中华民族特色，这样才能有利于艺术设计学生工匠精神和创新能力的培养。

四、校企结合服务社会

（一）校企合作提高学生实践能力

艺术设计专业具有实践性很强的特点，必须与企业结合，学生才能提高设计实践能力。与此同时，学生的设计创新理念与企业的实际生产需求相结合，可以转化创新设计思想，为企业带来利润，这是相辅相成的环节。在设计课程教学中引进企业的横向设计项目，将书本上的知识与实际的设计相结合，更能调动学生的学习积极性。学生通过动手了解生产实践中的知识，对设计专业学习有很大的帮助。在实践过程中学生也会发现自己知识能力的欠缺，从而激发学习兴趣，获得前进的方向，完善自己的知识结构，为走向社会成为专业设计人才打下良好的基础。学生实践能力的培养要与企业的需求接轨，不断缩减学校教育和社会需求的差距，这是艺术设计专业教育和企业合作的最佳方式。

（二）立足本土服务社会

中国高等院校的分布很广泛，基本上每个省、每个大中城市都会有几所普通高等院校设立艺术设计专业。如何提高教育教学质量，营造办学特色，服务地方经济，特别是服务地方企业的改革和发展，是这些普通高等院校的共同话题。学校在开设课程时，要充分考虑中国当地经济社会发展水平，应该依托当地独特的文化资源和自然资源，形成自己的特色专业品牌和专业优势。以贺州学院为例，广西贺州是中国著名的历史文化旅游名城，具有丰富的文化资源。在这样独特的条件下，贺州学院艺术设计专业方向设立了一个适合专业发展的课题，对特色旅游产品的开发设计，取得了一定的成果。例如，对少数民族文化特色的旅游文创产品的设计，是设计专业学生在创新创业教育下做的专业实践。依托贺州少数民族手工艺品的再设计，学生对文创产品的造型设计做了深入的实地调查研究，许多学生设计出时尚手工工艺品和独特民族风格旅游广告。艺术设计专业学生还为服务当地商业品牌开发的工作做了一些尝试，如依托少数民族地区的少数民族服装服饰，开发设计了具有品牌特色的服饰造型等。目前贺州学院艺术设计专业的毕业设计和学生科研创新计划，每年都会涉及民族服装服饰设计和开发，少数民族地区文化文创艺术设计的发展和研究已经成为贺州学院艺术设计专业教学科研的重要方向之一。

五、结语

当今时代的飞速发展给中国高等教育艺术设计专业带来了挑战和机遇。培养出具有工匠精神的创新性的实际应用人才，为社会输送优秀的设计人才，教师必须在艺术设计课程教学中不断完善教学，督促学生打好专业基础，特别要熟练掌握设计软件等设计工具，熟练掌握专业技能，发挥艺术设计专业特色，积极号召学生参加专业设计创新创业大赛，为大学生们提供接受工匠精神教育、结合艺术设计的专业实践机会，让学生体会到劳动的艰苦、创新和实践的喜悦，积累设计的丰富经验。教育学生们认识到将来的社会责任，使学生真正树立远大理想，培养具有社会责任感的具有工匠精神的优秀设计人才，用设计去创造美好的生活。

（谷万里，贺州学院设计学院副教授，研究领域为美术教育、艺术设计教育、设计理论、创新创业教育）

参考文献

［1］ 邹其昌，纪亚芸."工匠文化"在设计理论建设中的作用［J］.中国艺术，2017（9）：52-55.

［2］ 刘萍.产品设计专业学生工匠精神培养的思考［J］.湖南科技学院学报，2018（8）：150-151.

［3］ 李超德.中国设计呼唤"匠人精神"［J］.美术观察，2013（2）：27.

［4］ 程雪松，李松."工匠精神"视角下的设计人才培养［J］.中国艺术，2017（9）：56-59.

［5］　谷莉.创意产业发展下江苏博物馆纪念品开发设计与营销传播［J］.设计，2017（22）：144-145.

［6］　孙爱良，王紫婷.构建大学生学科竞赛平台　培养高素质创新人才［J］.实验室研究与探索，2012（6）：105-107.

关于中国元素在西方设计应用中的思考

Thoughts on the Application of Chinese Elements in Modern Design

谷　莉

摘　要： 在当今全球化的进程中，中国的传统文化重新被世界瞩目，由此推动了中国的设计发展。中国元素在设计应用发展中，不断与外来文化因素碰撞与融合，最终为世界所接纳。西方设计师向中国古老的历史文化元素寻求创新设计灵感，中国元素的应用已经形成一种新的设计时尚。我们要顺应世界科技和经济发展的时尚审美潮流，传播中国文化，让属于世界的中国风格设计重新大放异彩。

关键词： 现代设计；中国元素；文化传播

Abstract: In the process of globalization, Chinese traditional culture has been paid attention to by the world again, which promotes the development of Chinese design. In the development of design application, Chinese elements constantly collide and integrate with foreign cultural factors, and eventually are accepted by the world. Western designers seek innovative design inspiration from Chinese ancient historical and cultural elements. The application of Chinese elements has formed a new design fashion. We should conform to the fashionable aesthetic trend of world science, technology and economic development, disseminate Chinese culture, and make the Chinese style design that belongs to the world shine brilliantly again.

Key words: modern design; Chinese elements; cultural communication

引言

艺术设计是人类自觉改造社会的创造性活动，随着社会的进步和科学的发展，艺术设计也日新月异，不断呈现出新的面貌。在政治、经济和文化的多重制约下，人类的艺术设计活动经历了多次设计流派更迭和设计文化变迁。18 世纪中叶，英国工业革命之前的艺术设计即所谓的传统设计，更多注重装饰而忽略实用。工业革命后又出现了工艺美术运动、新艺术运动和装饰艺术运动等，标志着艺术设计进入了现代设计阶段。以后又相继出现了荷兰派、德国功能主义流派以及国际主义风格等，一直发展到后现代主义设计，现代设计已经多元化发展。今天的中国像一颗冉冉升起的新星，在经济、文化方面迅速发展，中国的传统文化重新被世界瞩目，由此推动了中国的设计发展。最近中国设计界不断探讨设计文化的本土化与国际交流，探寻 21 世纪的设计发展趋势，见证了中国的强盛繁荣和走向世界的信心。新世纪的东西方设计交流除了紧跟世界科技一起发展外，也使中国传统文化得到了传播，获得了新的发展。在国际设计舞台，我们都能频频瞥见中国元素的应用，其中尤以中国古典装饰纹样为主。说明中国元素不仅被国人所重视，而且也正被西方人所接纳并应用于现代设计中，世界设计流派的发展正在形成一股强大的中国风潮流，东方设计文化方兴未艾，必将形成新的现代设计流派而饮誉世界。

一、现代设计中的中国元素

所谓中国元素其实是一个抽象的、内容宽泛的概念。它不单单是一种代表性的元素，如中国陶瓷、漆器、玉器、丝绸、刺绣、剪纸之类的实物，也是中国人的品德、礼仪、对美好生活的祝愿以及文化自信体现的载体。中国元素是代表中国文化的元素，为中华民族所认同，但中国元素并不是只限于中国国内，也包括海外侨胞、港澳台同胞等海外华人所认同的能鲜明深刻地代表中国与认知中国的元素。其包括有形的物质元素，如中国建筑、中国画、书法、中国服饰、装饰纹样、剪纸、泥人、脸谱等，还包括无形的元素，主要代表中国传统精神的元素，如传统文化方面的元素，包括诗经、论语、唐诗、宋词、元曲等以及中华武术、易经、道德经、节气、风水、属相、中医等元素；还有中国传统思想上的精神元素，如中庸之道、家训、仁、义、礼、智、信等精神。中国元素的内涵也是与时俱进的，当下形成的现代文化元素积极向上，充满自强不息的奋斗精神，包括中国航天航空精神、北京奥运精神、中国著名企业精神等等。

在现代艺术设计中，中国元素亦是一种符号，具有高度的识别性，是能够反映中国文化精神，能够延续中华优秀品质，引起中华民族共鸣的符号。中国元素在设计应用发展中，也经过了不断学习、推陈出新，最终沉淀成为一种经典元素，是被中国认同，同时也传播到海外被世界所认同，代表中国尊严、中国文化以及优秀品质的精神元素。

二、中国元素的文化渊源

　　最早的中国历史可以追溯到 170 万年前。斗转星移、沧海桑田，勤劳的中国人吃苦耐劳、历尽艰辛，终于步入文明社会。上下五千年的中华文化发展，使中国成为世界上最古老的文明古国之一。中国人勇于学习、包容和吸收外来文化。在宗教上，除了道教以外，还有佛教、伊斯兰教、天主教和基督教等外来传入的宗教，宗教文化已经发展成为中国传统思想文化的重要组成部分。其中道教和佛教是影响中国人思想的两大宗教，仅次于儒学。儒、道、释思想被称为中国传统文化的三大支柱，对中国人的思想以及国家政治、经济、文化生活等方方面面都产生了巨大的影响。当今中国元素发展成为地球上最独特、最丰富多彩的文化之一，有那么多的方方面面吸引了很多国外汉学家，他们认为研究中国文化是一项永无止境的工程。研究有关中国文化的许多领域，例如中国艺术、中国茶、中医药、中国戏剧等等。

　　中国元素作为中国文化的代表之一受世人青睐。丰富的文化内涵和独特的审美理想蕴含其中，广大艺术家由此创作出了具有杰出形式、独特风格、鲜明个性和迷人魅力的设计作品，使中国元素成为世界艺术中最具魅力的瑰宝。中国设计文化的繁荣显示了中国社会经济的进步，社会的进步也必然推动着设计文化的进步。现代设计要求我们既要重视全球化背景下的共同发展，也要对民族文化的精神予以高度赞扬。而艺术设计的发展也彰显了中国社会在世界的进步。从中华文化宏观的历史视野看，中国文化艺术的历史就是对抗与融合的历史、革故鼎新的进程。经过了诸多的科学家、历史学家、艺术家、文化人类学者等的辛勤努力，在接受、吐纳、消化西方文明的同时保留和建构了中国文化的特色，中国元素就是在这样的文化渊源中形成的。

三、中西方设计思想比较

　　设计从茹毛饮血的时代就已经存在了，表达了人类的审美倾向。如果比较中国和西方设计的异同，最典型的是设计思想的不同。中国人认为宇宙的主体与客体是合而为一的，人与自然之间要保持和谐统一，这就是传统中国文化中最重要的"天人合一"观念，即传统哲学、美学的基本思想。着眼点于大自然是整体的，人只是自然的一部分，要让人们敬畏自然，设计要达到人与大自然相互融合的境界。而西方宇宙观认为主体与客体是一分为二的，甚至是对立的，强调独立的，认为人与上帝、人与自然、人与人都是各自独立的主体，人应该战胜和主导自然。在这一世界观主导下的西方文化注重理性，重视对于自然规律的研究，形成了迥异于东方的西方设计思想，认为设计就是一种改造自然的手段，因此要有严谨科学的态度，呈现出理智、秩序的特点。

在当前设计界，一方面中国设计师向西方学习其现代设计理念，另一方面西方设计师也在向中国古老的历史文化元素寻求和发掘创新设计灵感，已经形成一种多元混合的设计时尚。把中西方的设计元素放在一起比较，在平面设计上，我们可以发现最基本的差异是装饰图形的表现不同。例如装饰纹样艺术，中国和西方的装饰纹样都反映了地域的时代精神和设计审美文化，成为中西方艺术设计研究的重要方面。从中西方最基础和应用最广泛的古老纹样来看，中国是太极阴阳纹样，而西方是十字纹样。太极文明作为中国的传统文明，已经有好几千年的历史，是中国传统优秀文化的证明和重要的载体。现代艺术设计中巧妙应用太极阴阳纹样毫无违和感。例如第六届中国元素国际设计大赛中太极元素应用的海报作品（图1）。该作品画面具有非常明显的中国风，太极图彰显着中国文明的博大精深以及丰富多彩，构图大气而内容醒目，画面色彩饱满，让人充分感受到中国传统太极文明的魅力，不仅表明中国传统太极文明对于中国传统文化的重要意义，更是凸显了现代设计对于中国优秀文化的传承。

图1 太极元素的海报

从建筑设计上看中西方建筑设计差异主要是空间的不同。这是由于中西方的思维差异导致了不同的艺术效果。中西方设计艺术的思想有着显著的差别，故而建筑设计理念也不同。中国建筑博大精深，有着悠久的历史和文化。从早期的方形或圆形的浅洞房到今天的现代风格，几千年来中国人建造了许多建筑奇观，它们以精湛的技术、独特的建构风格令人惊叹。中国古代建筑发展一脉相承，形成自己独特的流派，每一地方都有独特的造型和精致的装饰。中国现代建筑风格发展迅速，在传承传统风格和民族精神的基础上，与各种现代风格相适应，呈现出多样性。传统建筑与现代建筑交相辉映，许多中国标志性建筑，无论是神奇的长城、雄伟的紫禁城，还是传统的民居和宗教建筑，都以其独特的形象矗立在中国大地，实践了人与自然和谐相处的设计理念。

而西方的建筑设计是规则的、开放的和外显的，建筑装饰呈现规整、秩序和条理的面貌。20世纪初，出生于瑞士的著名建筑大师柯布西耶在《走向新建筑》中提出的"建筑是居住的机器"，追求几何形式的秩序和简洁，其理念对西方现代建筑有深远的影响，是"机器美学"理论的代表，体现了以人力胜天的设计思想。柯布西耶的建筑代表作萨伏伊别墅（图2），是现代主义建筑的经典作品之一，这座三层的别墅采用钢筋混凝土结构，外表简洁明朗，矩

图2 萨伏伊别墅

形的白色外墙和细长的白色立柱，没有任何装饰，但横向的矩形长窗似乎一览无余，能投入明亮的阳光。世界因不同而美丽，设计因不同而多彩，这是一个美美与共的时代。

四、中国元素在西方设计的应用

中国装饰文化有着悠久的历史，中国装饰纹样在多民族文化艺术的滋养下不断寻找设计的新表现。西方世界对中国的了解早在两千多年前就开始了，通过陆地上的丝绸之路和海上的丝绸之路，大量中国丝绸、陶瓷、漆器、家具、各种工艺品源源不断地流入西方国家，再加上《马可波罗游记》的描述，西方进一步认识了这一个繁华富庶神秘的东方国家。在16世纪的明朝中叶之后，欧洲传教士的来华布道，海上贸易的繁荣使西方世界逐步对中国有更加深入的了解，为18世纪欧洲思想家们浓郁的中国情结以及欧洲社会的"中国热"奠定基础。也许是欧洲中国风格情结的延续，在当今西方设计界，中国元素的应用仿佛又成为了流行的趋势，时时惊艳于设计的舞台。中国是一个历史文化源丰富的国家，不仅向世界贡献了无数的工艺品和特色艺术，也向西方设计师传输着由中华悠久的历史、深厚的文化和传统激发的灵感创意。中国的艺术品有玉器、瓷器、景泰蓝、剪纸、丝线、地毯、灯笼、扇子、象牙雕刻、绸缎、彩绘陶俑、珠宝、书画等。吸引着西方设计师大胆尝试、创新思维，跨越文化藩篱，打破了中国传统文化表现的固有形式，以新的造型出现而夺人眼球。纵观当下，西方设计师通常采用后现代解构法，将中国的典型工艺、材料、纹样、色彩等打散当作时尚设计符号，以迥异中国传统的装饰手法重新演绎而华丽出场，让传统的中国元素转变为流行的时尚艺术。中国元素在现代设计中可以说是风靡世界，许多国际大牌设计出了带有中国古典韵味的风格，显得高贵典雅，成为现代创意设计的源泉。例如著名化妆品牌 Estee Lauder 以中国红为主色，推出了用中国生肖图案装饰的贺岁版化妆品，时尚简约的造型透露出浓厚的东方风格。Gucci 也设计了中国生肖图案的女士手提包。Nike 的杨柳青年画鞋在造型和色彩上彰显着中国元素神韵，给人留下难忘的印象。当然，目前应用中国元素最多的还是要数时装设计作品，频频传出世界著名设计师在国际时装舞台上炫耀中国设计元素的新闻，许多西方现代设计大师将中国传统装饰纹样及工艺等运用到极致。Dior 在白色面料上设计水墨花卉纹样，在真皮服装上刺绣龙凤纹样，还推出生肖项链以迎合中国消费者的购买心理。 Valenino 在一款晚装的配饰上设计了京剧脸谱纹样令人大开眼界。意大利时装周上凤凰纹样和牡丹纹样交相辉映。Kenzo 在黑色天鹅绒面料刺绣中国少数民族图腾纹样。Robeto Cvali 设计的"中国青花瓷"服饰更是大放异彩，引起媒体的狂热关注。在时装设计中除了常见的中国刺绣应用外，还有中国剪纸、虎头帽、中国扎染等民间工艺形式的应用，近年来又有很多国际大牌频频爆出对中国文字的应用。如 Burberry 的福字围巾和 Nike 鞋上发字和福字（图 3、图 4）。这说明今天中国装饰元素成为西方现代文化追求的热点，以下是国外品牌对中国元素的设计应用（表 1～表 4）：

图 3　福字围巾　　　　　　　　图 4　发字、福字鞋

表 1　龙凤装饰纹样的设计应用

神龙是神话中中华文明奠基的象征。传说中国人是龙的后裔，是东方的天使。中国龙被称为神圣的神话生物，直到后来才发展成为君主的象征，代表富足、繁荣、好运、神圣的力量和权威的象征意义		

凤象征吉祥，凤纹亦称凤鸟纹，包括凤纹及各种鸟纹，是古老的汉族传统装饰纹样之一。它是由原始彩陶上的玄鸟演变而来的，西周基本形象是雉，早期凤纹有别于鸟纹最主要的特征是有上扬飞舞的羽翼，象征着富贵高雅和智慧	 	

表 2　云纹的设计应用

云纹，古代中国吉祥图案，象征高升和如意	 	 

表 3　青花瓷元素设计运用

青花瓷又称白地青花瓷，常简称青花，是中国陶瓷烧制工艺的珍品，蓝白色彩高雅清丽，纹样寓意美好，突出中国文化气息		

表 4　民间工艺元素设计

民间剪纸是中国最古老的民间艺术之一，其镂空艺术在视觉上给人以透空的感觉和艺术享受。通常以纸为加工对象，以剪刀（或刻刀）为工具进行创作。虎头帽是以老虎为形象的虎头帽，是中国民间儿童服饰中典型的一种童帽样。以虎为形象的儿童服饰寓意着儿童虎气生生、身体健康。刺绣是针线在织物上绣制装饰图案的总称，是中国民间传统手工艺之一，在中国至少有 2 000 年的历史。	 	 

　　现代设计中，中国元素风靡世界的原因主要是中国经济的崛起，中国经济的发展让任何一个国家都无法忽视如此巨大市场所蕴含的机遇。而且，随着国际贸易发展和商品全球化，许多国际知名品牌进入了全球推广时代，想吸引中国消费者喜爱他们的产品和文化。那么在营销策略上就要与中国人产生共鸣，取得中国人的关注。从品牌营销的角度来说，广泛应用中国元素视觉符号推销自己的商品才能让中国消费者产生亲切感从而易于接受，中国元素自然就成为当今西方设计师很直接的切入点和创意点，于是源自中国元素的灵感缔造出了更加丰富的表现力与文化内涵，各大奢侈品牌争相运用中国元素，让产品的设计形式和中国元素在交汇中共冶一炉。在西方现代设计中，还存在由于并不完全了解中国纹样和中国符号中的人文美感和古典意蕴而生搬硬套的现象，但这也是一次机遇，给了我们继

续深入海外传播中国文化的空间，也让中国文化与世界文化得以交流和成长，让我们找回了文化自信。

五、结语

中国独特的东方文化，为世界设计提供了有益的借鉴和丰富的创新资源。中国元素在世界设计舞台的应用，实质上是一种中国文化融入"世界文化"的现象，是"世界文化一体化"的表现形式。随着中国文化向世界的大举传播，中国元素会更加张扬。正如中国的历史进程在不断地碰撞与融合中发展，中国的设计艺术作为文化体系的重要构成，同样也在交流与融合中自强不息，不断发展创新，与时俱进。在发扬中国悠久的历史文化遗产的过程中，我们必须自觉地把握优秀文化传统，这样中国多彩多姿的传统文化将被更多人认识。我们要顺应时代的发展，在交流中发展融合，努力开创真正属于中国的，也属于世界的中国元素风格设计。

（谷　莉，设计学博士，南京工业大学艺术学院教授，研究方向：艺术设计及设计学理论）

参考文献

［1］　田娜.设计的底色：不同设计思想下的设计研究［J］.上海工艺美术，2018（2）：87-89.

［2］　任稳稳.中国元素在公益广告中的应用研究［D］.徐州：江苏师范大学，2014.

基于人文景观打造的地域振兴研究

A Study on Urban Revitalization Based on Cultural Landscape

张羽清　周之澄　周武忠

摘　要: 进入新时代以来,地域振兴问题一直成为我国传统去工业化城市的难题,而人文景观是解决城市更新的重要突破口。英国利物浦城市的城市更新,经历了从急剧衰败到地域振兴的过程,人文景观起到了重要的作用。文章从人文景观打造的角度,通过对利物浦案例的发展历史、振兴政策、发展动因进行深入分析,剖析我国城市地域振兴现存的问题,提供从"文化振兴"到"地域振兴"的可供借鉴的经验,推动整体城市的发展。

关键词: 地域振兴;利物浦;城市更新;人文景观

Abstract: Since the new era, the issue of regional revitalization has been a difficult problem in China's traditional de-industrialized cities, and cultural landscape is an important breakthrough to solve urban renewal. The city of Liverpool has experienced a process from a rapid decline to regional revitalization, and the cultural landscape plays an important role. From the perspective of cultural landscape building, this paper makes an in-depth analysis of the development history, revitalization policies and development drivers of the Liverpool case, analyzes the existing problems of urban regional revitalization in China, and provides experience for reference from "cultural revitalization" to "regional revitalization" to promote the development of the whole city.

Key words: regional revitalization; Liverpool; urban renewal; cultural landscape

① 基金项目:本论文为 2015 年度国家社会科学基金艺术学项目"文化景观遗产的'文化 DNA'提取及其景观艺术表达方法研究"(项目编号:15BG083)的阶段性成果。

引言

地域振兴成为我国城市发展的关键问题。地域在某种意义上说是历史，是城市发展到一定阶段形成的"个性"[1]，涉及资源、环境、经济和文化等综合因素。而地域振兴，则是寻求城市的历史和个性，立足于地域本身的文化和内涵，并将其充分挖掘和开发。

人文景观是以自然景观资源为基础，叠加了文化特质，形成了具有人类参与生活、生产和生态的综合景观形式。它是城市综合面貌的体现，也是地域振兴的重中之重。一方面，人文景观体现了整体城市的发展程度和内涵，是城市"文化振兴"的体现。另一方面，以人文景观为主的旅游已经成为旅游业的未来趋势[2]，极大地推动了城市的经济发展，让城市从"文化振兴"到"经济振兴"。

利物浦，是一个英格兰西北部的港口城市，拥有 52 万人口，作为英格兰八大核心城市之一，拥有着丰富的人文资源和优美的城市景观。据统计，2017 年的利物浦游客量达到 83.9 万人，相比上一年增长 25%，成为英国最受欢迎的旅游目的地之一[3]。作为英国工业革命的重要地区之一，利物浦在历史上经历了急剧衰败到成功复兴，其中，人文景观的打造起到了积极的促进作用。其城市的成功振兴离不开对城市现有资源的有效应用和对人文景观的合理打造，使得地域文化最大化转化为旅游经济效益。研究利物浦的成功经验对我国城市的地域振兴有重要的借鉴意义。

一、英国利物浦城市衰败到振兴历程

利物浦城经历了"大起大落"的发展历程：从建成英国的第一个船坞，到二战时期经历战争的洗礼，再到 21 世纪申报"欧洲文化之都"的成功，"文化振兴"成为利物浦成功复兴的关键所在，其过程也是英国人对自身民族文化自信的缩影。

（一）曾经"辉煌"的英国第二大城市与其深厚的人文景观基础

利物浦自身具有优秀的自然资源和地理位置，濒临爱尔兰海，处于韦弗河（Weaver）和默西河（Mersey）的出海口。从 1611 年开始，利物浦开始参与到以盐业为主的商贸网络中，之后转变为全英的烟草、糖和煤炭贸易进出港。随着贸易的扩张，利物浦开始从一个乡村向一座港口城市转变。当 1698 年皇家非洲贸易公司（Royal African Company）的垄断地位被打破，利物浦开始参与到奴隶贸易中[4]。到 18 世纪 40 年代，利物浦赶超布里斯托尔，阿尔伯特码头（Albert Dock）成为英国最大的奴隶贸易港。丰富的通商贸易路线、大小船只和各式各样的加工厂孕育了深厚的港口文化。

有了商业贸易和奴隶贸易的良好积淀，至 19 世纪初，利物浦港口控制 40% 的世界商贸，随着 1840 年世界第一条铁路的开通（利物浦通往曼彻斯特），利物浦成为英国第二大城市。大量的建筑拔地而起，例如菩提树大街车站、圣乔治大厅等。这些建筑的落成，满足了当地人的生活和精神需要，也为利物浦的人文景观奠定了良好的基础，利物浦艾尔伯特码头也成了目前英国最大的一级历史保护建筑群。

（二）20 世纪中期城市环境恶化与战争对人文景观的摧毁

在 20 世纪中期，利物浦经历了急剧衰败的过程。随着航道环境的恶化，当地已经负担不起高昂的清淤成本。20 世纪上半叶的饥荒使得大量的饥民涌入利物浦，对脆弱的社会经济更是雪上加霜，使得极端主义者和犯罪之徒滋生，外来文化的入侵也使得当地的"城市个性"被稀释；第二次世界大战期间，"伦敦大轰炸"中，利物浦城市遭受了多次空袭，大部分的教堂、港口建筑和城市建筑毁于一旦，城市曾经辉煌一时的灿烂文化景观遭受重创（图 1）。

随后的战后重建时期，城市文化的缺失、社会经济的衰退和工业需求的骤减引发了城市进一步的没落。20 世纪 70 年代，随着欧洲内部贸易的崛起和英国去工业化进程的加快，利物浦则处在"被遗忘的角落"[5]。航空业和集装箱运输业的发展引发了港口贸易的衰退，城市约 20% 的劳动力处于失业状态[6]，黑人社区骚乱不断，社会治安问题严重。在利物浦最贫困的社区内，尤其是北部的肯辛顿（Kensington）、托迪斯（Toxteth）、格兰比（Granby）、加斯顿（Garston）和丁格尔（Dingle）等地区，19 世纪的法律保障房和商业街人烟稀少，快速下降的人口让城市公共设施陷入冗余的状态，尤其是维多利亚时期的那些精致公园和建筑，这些珍贵的城市环境遗产被一些私人开发商粗暴地改造。1993 年之后，利物浦一度成为欧洲最贫困的城市之一。

利物浦的衰败过程对城市人文景观产生了毁灭性的打击，文化入侵、战争洗礼和战后重建时期的技术迭代让当地的文化支离破碎。废弃的码头、教堂的残骸、混乱的城市街区一度让地方政府束手无策（图 2）。

图 1　德军轰炸利物浦城市　　　　图 2　战后重建中的利物浦市中心

（图片来源：http://history of liverpool.com/）

（三）极致的人文景观打造催生了"欧洲文化之都"

虽然衰败后的利物浦港口贸易成为强弩之末，但是利物浦当地政府多措并举，顺应去工业化进程形势，城市形象整体从工业城市转变为现代城市。公共政治模式逐渐向企业化转变，私有经济和经济全球化持续影响着城市发展模式。在此基础上，利物浦通过对城市人文景观的坚持和挖掘，不断重建和修复古建筑、教堂和市政建筑，将原有贸易繁荣的城镇中心完整地展现在世人面前[7]。城市现代文化也百花齐放，利物浦城市活力急剧提升。在英国国际游客流量和国内游客流量统计中[3]，利物浦连续5年都跻身英国城市前五，并且处于持续增长中（图3），并且在2008年，利物浦获得了"欧洲文化之都"的美誉。

目前的利物浦完全摆脱了工业城市的重金属气息，俨然成为了一座极具现代化的城市。港口的改造、博物馆的修建、市政厅的复原、大教堂的保留以及街头浪漫的音乐表演艺术家，充满了特色的人文景观让城市变得更加有活力。从急剧衰退到文化都市，与单纯发展经济和产业的城市不同，利物浦在人文景观上投入了大量的精力。

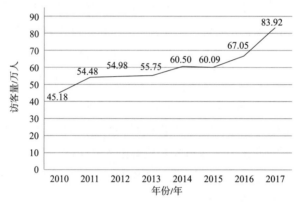

图3 英国利物浦2010—2017访客量统计[3]

二、英国利物浦城市的振兴策略分析

（一）人文景观给地域振兴注入了现代活力

利物浦城市衰败的过程为城市积累了深厚的文化遗产，在1990—1999年的发展过程中，百殿公司、希利贝克公司、高富诺公司等一些投资商对利物浦的城市进行了商业开发，一些以设计见长的人文景观亮点开始在城市出现，创意产业、商业空间、历史遗产等设计的融入为城市空间带来了极大改善，主要有以下几点：

一是对原有罪恶街区的"人文洗礼"。百殿公司在1998年赢取了"杜克街和无畏街综合行动规划"，在初步设计中为面积多达一百多英亩的旧城区明确提出了更新的设想，针对原有破旧的街区植入了许多创新的公共艺术空间，例如坎贝尔广场（Campbell Square）的更新，现代化的街道风格与周边的建筑交相辉映，十分符合城市的文化气息（图4）。

1999 至 2004 年，由英国城市亮点公司（Urban Splash）设计的圣彼得广场充分考虑到了街道的人的活动需求，重新修整了道路、绿化和公共空间，让城市充满人文氛围。

图 4　英国利物浦坎贝尔广场改造

二是人文塑造植入地标性景点，主要为阿尔伯特码头的功能转型。利物浦的默西河是一条潮汐河，每年不同时期水位落差较大，必须沿岸修建人工码头来确保人员安全。于是大大小小的 50 多个船坞码头成为当时码头文化最好的文化遗产。政府决定对码头人文景观进行全面开发，1980 年，默西河海事博物馆、皇家海关国立博物馆（HM & Excise National Museum）、泰特美术馆（The Tate Gallery）、披头士历史纪念馆（The Beatles Story）相继建成，将码头区开发成一个现代的复合旅游景区，并配套了美术馆、商品、咖啡等基础设施（图 5）。利物浦滨水地区的艾尔伯特码头将码头地区再开发，与老码头的历史遗产翻修结合起来，创造了一个以前并不存在的旅游市场，每年吸引了 600 万的旅游者前来参观旅游[8]。

图 5　利物浦阿尔伯特码头

三是产业主体与人文景观的结合，位于市中心的利物浦一号（Liverpool One）成功打造带动了整体城市人文景观。由罗格夫那地产公司（Grosvenor Estates）提出的城市混合功能计划——利物浦一号，是利物浦城市更新的核心计划。它成功将原本去曼彻斯特城和切斯特购物的顾客留在了本市，让利物浦的零售业回到国家零售业的等级体系中。在最近的商业价值评估中，它的商业价值达到了 9.2 亿英镑。总共 20 所建筑事务所参与了项目的设计，它塑造了一个城市核心区的场所，将阿尔伯特码头与旧城区相互联系。从城市街区、街道、空间、景观中将众多建筑风格有机统一，把城区内各不相同的场所和氛围融为一体（图 6）。

图 6　利物浦一号商业中心 [10]

百殿公司的总体规划将城市的不同区域设定各自的愿景，把现有的所有城市肌理进行整合，把港口文化通过水系进行构建，将滨水地带与城市相互连接。这样为利物浦城市带来了惊人、雄伟、长效以及高品质的成果，改善了本来肮脏、混乱、废弃的环境，拉近了原来严重封闭的城市中心和滨水地带的距离。阿尔伯特码头、利物浦一号、国王码头的成功开发，甚至超过了该市在成功获得"欧洲文化之都"竞标书中所预言的"新增 170 万游客和创造 11 000 个新就业机会"的目标。

（二）城市更新中对历史建筑的保护与传承

利物浦的城市更新中始终注重对城市遗留文化的保护与强化。城市的文化遗产反映着地域文化特色，蕴含着一个地方的场所精神，是人文景观的重要组成部分 [9]。对这些历史遗留的建筑、景观、广场、教堂等文化遗产的最大化保护是成功构建利物浦人文景观的重要措施。例如在城市更新中，设计师特里·达文波特为了保持重要建筑的视觉廊道，为了能从学院巷以及学校巷眺望利物浦大厦和阿尔伯特船坞建筑，设计师安装了一个小型景观孔，用来保证蓝衣会所的圆屋顶视觉效果，圣公会教堂的视觉效果也得到了很好的保护。为了能让游客获得更好的人文景观感受，利物浦一号在视觉打造上可谓是将街道贯通性做到了极致。所有的道路、商店、步行街做到了无缝连接，没有大门、路障，甚至不要旋转门。商场之间都有连廊可以直通综合体的顶部，可以直接看到邻近码头的市政府、博物馆和码头建筑，让人不知不觉间就步入了利物浦一号商业体，潜移默化地让游客渐入佳境，置身于城市文化之中。

曾经的船坞液压泵站，高耸的烟囱、简洁的山墙、柱状的塔楼，都已经改造成了泵站旅馆和酒吧，领航楼和打捞棚改建成了码头生活博物馆。原有的码头仓库改建成了泰特美术馆、披头士纪念馆，船坞口八角顶小屋、守门人住宅、警察值班室、办公室等朴素的砖石建筑都得以保留。

（三）地域振兴使非物质人文景观呈现可持续发展态势

利物浦还通过对城市文化的挖掘和开发，将人文景观嵌入人们的生活中，对利物浦的地域振兴也起到了促进作用，主要表现如下：

首先是对文化的持续挖掘带来源源不断的文化输出。例如利物浦码头文化和以披头士为主的酒吧文化。码头将原来废弃的船锚、船体放置在公共空间中，成为独特的景观节点。而作为披头士乐队第一次举办演出的地方，位于马修街（Mathew Street）下的洞穴酒吧常年不休，前来参观和游玩的游客络绎不绝。不少关于这些雕塑和景点的故事在利物浦流传，政府的官网、Twitter、Facebook 等社交媒体也对城市文化进行广泛宣传，甚至有民间自发组织创建了关于利物浦文化的网站。游客无论是通过网络搜索，还是切身实地行走在街道上，都能感受到城市的文化氛围。

其次是文化节庆对人文城市的可持续作用。节日庆祝活动是显现城市消费和城市文化的工具[10]，它可以带动城市变化与重建、旅游和地区推广、艺术和娱乐经济、发展夜间经济、地方社区和文化[11]。城市管理机构一直把城市节庆活动当作后工业城市休闲娱乐和文化更新的基本构成要素[12]。它营造了过节和庆祝的气氛，是对城市中心区所出现的经济、社会和环境问题的回应，也是城市人文景观的综合体现。利物浦依托原有的码头、洞穴酒吧、利物浦球队等文化载体，固定举办音乐节、球队游行、伦敦船展、伦敦时装周等节日活动，大大丰富了城市的人文环境，每年也带来了持续不断的游客量和城市活力。

最后是人文景观现象对地域振兴的反作用。当参观一些城市文化遗产或者艺术狂欢节时，当地的居民都会使用专业技能进行自我表达，例如街头艺人、表演团队、游行 COS 爱好者等。这些包容性强的行为让来自任何阶层、民族、年龄、性别和性取向的人士都可以参与其中，感受城市文化并与城市的人文景观互动，让城市的文化和振兴形成良性循环。

三、利物浦"地域振兴"模式对我国城市改造的启示

（一）我国城市在人文景观角度下的地域振兴难题与机遇

目前我国城市处于后工业时代，多以服务业为基础。在城市增量之后，中国城市最为突出的矛盾和问题之一是城市文脉和历史的断裂以及城市记忆的消逝[15]。我国在 2015 年提出"城市修补、生态修复（双修）"的地域振兴战略，并以三亚作为试点。由于我国各城市都经历了税收减免、财政补贴、基础设施改善、工业空间更新等相似的发展战略，城市之间的同质化也越来越严重。而因人文景观缺失所形成的城市振兴难主要有以下几点：

一是由于缺乏文化自信，审美价值观扭曲而带来的盲目模仿。文化自信是城市文化繁荣发展的活力之源[14]，许多城市简单套用国外成功案例的形式建设，大量的欧式建筑与整体城市风格不符，在学习西方与回归传统之间找不到切合点，常常在全盘西化与模仿传统符号中找不到正确方向，导致城市特色和民俗文化流失，使建筑和空间缺乏可识别性，从城市的"文化源头"便迷失了方向。我国地域差异千变万化，历史人文内涵丰富多彩，但体现手法单一，造成了文化资源的浪费，形成了城市不知如何进行新老特色迭代的转型阵痛。例如广东省广州市的"荔湾广场模式"旧城改造，脱离了本市 2 000 多年的历史文化，盲目复刻香港住房模式，将底层传统建筑用高楼替代，同时把完整的上下九路切断，对旧城的文脉和建筑肌理造成了极大的破坏；整个建筑群体为"四不像"状态，空间杂乱、风貌不协调，失去了古城韵味。

二是城市更新模式单一。我国大多数城市的更新运动受到西方"形体决定论"的影响，盲目采取推倒重建的开发模式，导致了"空间失落"和"社区瓦解"等一系列的城市问题，带来了更不稳定的城市文化发展环境。城市更新追求暴力的强拆强建，一些面子工程、驱贫引富造成了城市文化的断层。例如《深圳市城市更新办法》出台后，深圳各种形式的暴力强拆引发了各种城市更新的乱象，旧城区住房更新陷入僵局，部分地块项目占而不拆、拆而不建，形成了许多例如"钉子户"的闹剧。

三是与产业不匹配、缺乏后劲，缺乏个性的发展模式致使城市特色迷失，发展不可持续。城市"文化振兴"与经济发展之间必然存在相互制约而又相互促进的关系。城市一味追求产业发展，对本地的城市历史建筑、工业遗产、老旧住房进行拆除，引进一些高新企业入驻，盲目调整城市的产业结构。造成了城市产业与传统文化脱节，并没有形成因地制宜的产业培育环境。

但是我国城市目前面临的机遇也是前所未有的良机，是我国"一带一路"背景下城市振兴以及发展的契机。在利用中突出历史文化价值，合理发挥历史文化资源经济、社会效益，将遗产保护与民生改善相结合，在营造现代生活的同时充分延续地方性的历史文化传统。如何凸显文化特色，将历史文化保护融入社会、经济、环境发展的各个层面，促进聚落机能、产业体系和社会网络等要素的有机更新，保持聚落机能与活力，是我国城市地域振兴面临的重中之重。

（二）挖掘保护和传承"文化基因"是城市地域振兴的基石

城市本身就是一种文化现象，代表和外显人类社会的发展进程[15]，所以城市景观物质形态是人类社会文化的最终结果，城市文化的精神内涵是一切物质存在的最终归宿，这是一个不断平衡、协调和循环的过程。想要从根本上实现城市的地域振兴，必须先从"文化振兴"入手，提取城市的文化基因。主要从以下两个方面入手：

首先是挖掘城市文化历史。文化资源是目前地方发展的宝贵战略资源、核心竞争力，不可再生。我们要坚定文化自信，以自身城市文化为"根"，城市管理者为"桥"，外来优秀文化为"叶"。想让城市构筑起人文景观，就要像利物浦立足于历史悠久的码头、音乐、教堂等文化一样，注重保护历史文化遗产、民族文化风格和传统风貌，促进功能提升与文化文物保护相结合，尤其是工厂、船坞、老市政楼、铁路、桥梁等，应着重进行改造规划。

其次从侧重物质改造和关注人与产业发展协同进行。一方面，人文景观的核心是"人"和"文"，需要满足人的文化需求，从文化角度培养和践行社会主义核心价值观，建立现代公共文化服务体系和市场，鼓励城市文化的多元化发展，形成文化开放的城市环境。另一方面，将城市产业尽可能地与城市遗产结合，形成特色资源保护与城市发展的良性互促机制。

（三）合理利用文化基因，实现从"文化振兴"到"地域振兴"

文化基因的挖掘和构筑为城市人文景观的建设创造了良好的基础。对这些文化基因进行合理利用和强化，反映到空间实体上，先达到"文化振兴"，是我国城市"地域振兴"的重要前提，主要分为以下几点：

首先，依托文化基因，创造具有文化特色的地标性空间。在原有挖掘文化基因的基础上，在城市设计中将空间要素与自然、历史要素整合，可以使新的建成环境融入城市生长的时空脉络中，并赋予建成环境以特色和活力。利物浦码头城市设计所整合的自然、历史要素来源于其独特的资源——老码头区的悠久历史，涉及通过对水系的重新梳理，步行系统的整合组织，以及历史性空间的融入，很好地营造了宜人的滨水空间，使这一好的公共领域能够产生价值，成为地标性景观。而在我国城市的振兴中，可以通过雕塑、景观、历史遗留的建筑、具有历史意义的断墙等空间实体，进行重新组织，形成具有文化基因的地标性空间，同时利用水系、植被、步行道、景观视线将不同的人文景观节点串联，引导游客趋向地标性景点，强化城市的人文景观节点。

其次，强化城市旅游，让文化行为和休闲活动得到广泛的传播。旅游业驱动的城市更新已经成为后工业城市和后现代城市的重要途径[16]，如果对城市商业旅游、体育旅游和典礼相关旅游进行合理的推介，并实施以休闲购物或者工业遗产作为重点的新吸引力开发，即使没有旅游资源的传统城市也可以成为振兴地区[17]。城市的旅游业一般都与其他营销活动联系在一起[18]，利物浦模式便将艾尔伯特码头、博物馆、美术馆、音乐厅、俱乐部、戏院、酒吧等联系在一起。我国传统的城市可以通过打造新形象、增加游客数量、增加居民收入、提升市民自豪感、创造就业岗位来进一步向旅游业投资以实现地域振兴。而旅游则会强化投资，引入艺术、文化、娱乐等企业在城市文化遗产中渗透，达到人文景观和旅游业的相互催化。

最后，通过节庆文化和创意产业来渲染城市文化氛围，让地域振兴从以消费为基础的策略转到文化驱动的策略。一方面，通过建造公共广场、大型文化设施等来完善城市的文化功能需求，同时针对地区文化举办文化节庆和表演等来形成具有地域特色的文化氛围，久而久之便会带动旅游的发展；另一方面，创意产业保证了城市更安全、更具竞争力和更可持续的明天的基础[20]。城市可以通过构建一定的城市环境来吸引创意人才或者创意产业的入驻，通过与创意企业合作，扶持广告、建筑设计、艺术、古董、服装设计、电子游戏、电影、表演艺术、音乐产业、广播电视等领域来构建文化氛围，利用城市老工业区、厂房等废弃建筑构建文化产业集群区，并定期设立创意赛事、展示等来保证城市的文化竞争力。

四、结语

首先，英国利物浦"衰败母港的重生"具有较强的示范作用，很好地诠释了人文景观在促使城市从衰败走向更新的重要作用。无论是地标性人文景观的打造、城市历史遗产的保护和改造，还是人文景观氛围的营造和渲染，利物浦的城市经济发展、产业发展、居民生活保障等综合性治理都没有脱离人文景观的营造，最终为传统去工业化的现代城市的地域振兴带来了示范性。

其次，文化振兴是一个城市地域振兴的基础。城市的人文景观是城市生活和产业的基础保障，也是一个城市综合面貌的体现。城市更新是一个广泛涉及社会、政治、文化等各方面的综合系统工程，人文景观也是包含了一个城市面貌的各个方面。如果要想解决城市地域振兴的问题，必须从规划之初到后期建设，将人文景观的打造与城市建设紧密联系，这是地域振兴的重中之重。

最后，在我国城市的地域振兴上，要坚定民族文化自信，增强家园情怀。深入挖掘城市文化遗产和特色，形成"城市个性"；从已有的文化基因入手，以人为本，打造城市人文景观空间；正确调整城市产业结构，结合城市文化发展城市旅游；发展城市文化活动和创意产业来保证城市的竞争力和可持续性，从"文化振兴"到"经济更新"，直至真正意义上的"地域振兴"。

（张羽清，上海交通大学设计学院博士生，研究方向：乡村振兴、乡村旅游、乡村景观；周之澄，上海交通大学设计学院博士生；周武忠，上海交通大学创新设计中心教授）

参考文献

［1］ 郭全生.传统工艺与地域振兴［J］.美与时代（上），2011（8）：20-22.

［2］ 刘湘红.河南人文景观旅游市场发展研究「J］.周口师范学院学报，2018，35（6）：142-147.

［3］ Inbound town data, Visit Britain［EB/OL］［2019-12-14］. https://www.visitbritain.org/town-data.

［4］ 杨众崴 . 18 世纪英国布里斯托尔和利物浦城市发展的历史考察［D］. 南京：南京大学，2017.

［5］ Belchem J. Liverpool 800: Culture Character and History［M］. Liverpool: Liverpool University Press, 2006.

［6］ Murden J. City of change and challenge: Liverpool since 1945［C］// Belchem J. Liverpool 800: Culture Character and History. Liverpool: Liverpool University Press, 2006: 393−394.

［7］ 阚涛 . 基于城市复兴理论的滨海港湾复兴规划——以烟台芝罘湾为例［C］// 转型与重构——2011 中国城市规划年会论文集 . 南京：中国城市规划学会，2011: 7549−7560.

［8］ 阳建强 . 西欧城市更新［M］. 南京：东南大学出版社，2012: 67−68.

［9］ 薛威 . 城镇建成遗产的文化叙事策略研究［D］. 重庆：重庆大学，2017.

［10］ Short J R, Kim Y H. Globalization and the City［M］. New Jersey: Prentice Hall, 1999.

［11］ Tallon A. Urban Generation in the UK［M］. California: University of Colifornia Press, 2016.

［12］ Law C M. Regenerating the city centre through leisure and tourism［J］. Built Environment, 2000, 26（2）: 117−129.

［13］ 周武忠，蒋晖 . 基于历史文脉的城市更新设计略论［J］. 中国名城，2020（1）: 4−11.

［14］ 徐之顺，胡宝平 . 文化自觉、文化自信与城乡文化和谐共生［J］. 南京师大学报（社会科学版），2018（6）: 5−11.

［15］ 王纪武 . 地域文化视野的城市空间形态研究——以重庆、武汉、南京地区为例［D］. 重庆：重庆大学，2005.

［16］ Judd D R. Promoting tourism in US cities［J］. Tourism Management, 1995, 16（3）: 175−187.

［17］ Smith A. Events and urban regeneration: The strategic use of events to revitalize cities［M］. London: Routledge, 2012.

［18］ Selby M. Understanding urban tourism: Image, culture and experience［M］. London: I B Tauris, 2004.

［19］ Aitchison C, Evans T. The cultural industries and a model of sustainable regeneration: Manufacturing "pop" in the Rhondda Valleys of South Wales［J］. Managing Leisure, 2003（3）: 133−144.

中国精神与民族文化责任意识下的设计生活观

Exploring the Essentials of Design under the Consciousness of Chinese Spirit and National Cultural Responsibility

陈贤望　林美婷　黄梁鹏

摘　要：为更精准地把握新时代发展的脉搏，分析未来社会发展所需的"设计"，从中国精神与民族文化责任意识为切入点，试着透析赋有中国特色的设计学本质与思想。通过对"设计"精神核心的进一步深入挖掘，从设计哲学、文化学、系统论等综合视角探绎设计的新时代本质，回顾感性体悟下的设计经验，从而进入到理性思考下的设计本质探讨，即退回到"设计"最初的原点去透析设计的精神依归以及未来设计的情感转向。研究中重新审视了新时代背景下的设计以及对未来设计学的前瞻定位。随着时代的更迭发展，透过"中国精神"的窗口，解读当下设计学的精神核心及未来设计发展的新起点。

关键词：中国精神；本土化；文化特质；生活方式；设计意识

Abstract: In order to grasp the pulse of the development of the new era more accurately and analyze the "design" needed for the future social development, we try to dialysis the essence and thought of design with Chinese characteristics from the perspective of Chinese spirit and national cultural responsibility consciousness. Through further excavation of the spiritual core of "design", this paper explores the essence of the new era of design from the comprehensive perspectives of design philosophy, culture and system theory, reviews the design experience under perceptual understanding, and then enters into the discussion of the essence of design under rational thinking, that is, to return to the original origin of "design" to analyze the spiritual dependence of design and the emotional turn of future design. The research re-examines the design under the new era background and the prospective positioning of future design. With the change and development of the times, through the window of "Chinese Spirit", the spiritual core of contemporary design and the new starting point of future design development are interpreted.

Key words: Chinese spirit; localization; culture trait; life style; design consciousness

引言

中共中央总书记习近平同志曾在十三届全国人大第一次会议上向全体代表讲过："中国人民的特质、禀赋不仅铸就了绵延几千年发展至今的中华文明，而且深刻影响着当代中国发展进步，深刻影响着当代中国人的精神世界。"中国精神作为民族精神和时代精神的有机统一，是社会主义意识形态的重要组成部分[1]。中国设计的民族文化基因绵延深厚，在历史人文因素的积淀与社会生产力快速发展的驱动下使其不断枝繁叶茂。纵观当下全球设计大国的态势，不难看到美国设计的包罗万象，德国设计的理性严谨，北欧设计的简约智能以及日本设计的精益求精等均体现了各自的民族精神与文化特质。然而中国现在的设计却缺乏属于自己本土文化特质的理论认同、缺乏自己独到的设计语言及设计思维体系，换言之即没有区别于西方设计的理论体系，没有本土化的设计语言体系便也就失去了属于自己的设计话语权。当下，如何让具有中国特色的设计思想自成一脉，如何让具有中国特色的设计语言绽放光芒成为当务之急。

设计既不是自然科学也不是人文科学，设计在讲求如何更好地运用科学技术去解决实际问题的同时又有着更多善意的人文关怀。究其本质而言，设计的研究对象是"人"以及由人所延展出来的造物方式和谋事方式，不过设计又离不开社会生产力和生产方式的制约，从而致使其最直效的作用就是服务于社会人群，服务于社会所需和时代所需，这在一定程度上又似乎给设计同时打上了自然学科和人文学科的双重底色。探究具有中国特色的设计语言体系的本源，其首要任务就是必须要厘清什么是中国化的设计思维以及对中国本土文化的提炼与升华，使其恰到好处地融合在当下的设计中，以本土式的思维和民族文化特质魅力去感召世人对中国设计的认同。或许唯有退回到事态最初的原点去认清设计的本源才有可能更好地知道设计的去向。设计归根究底来讲仍是一种对文化的解读与整合。设计不单单只是产品本身的形态或形式，设计更应该是营造一种生活方式，是创造一种人与自然和谐相处的生活状态，更应该具有伦理学、人类学和社会学的意义[2]。好设计是直指人心的。设计在形式之外需要实现自身观念的表达，"文化"即是其灵魂和核心。一个民族的文化蕴含着她不倒的内在精神和形式张力[2]。今后设计的发展趋势无疑有两个方向：其一，是基于自然科学水平不断突飞猛进后的智能化、系统化、科技化设计；其二，是基于人文科学不断感召下的人性化、情感化、可持续化设计。这看似是未来"设计"发展的两个分支，实则是相辅相成、相互促进的，因为设计从来就不是单打独斗的英雄主义，而是讲究协作互助的合作精神与团队行为。设计作为一门年轻的学科有着很强的应用性和实践性，也就是说人们要看到实实在在做出来的成品后才会明白设计在创意源头的构想和灵感。但这并不代表"设计"只能如此，除却设计的方法论意义外，把"设计"作为一门学问在认识论方面做进一步的提升也是对"设计"本身的一大促进。无论你选择过怎样的一种生活，探究怎样的一门知识学问，采纳怎样的一种思想，只要你的生活，你的学问，你的所思所想、所说所行，遵循的是一种理性的、反思的、批判的和创造性的道路，那你就具备了一种"哲学的"精神、素养和品质[3]。基于此，下文将从设计哲学的角度来谈谈设计作为一种"谋事"之道与"造物"之器兼备的逻辑思考。

一、设计：一种思维方式

（一）设计是一种与时俱进的思维表达方式

设计师先有一种想法，然后才有一种具体的行动，这种想法（创意）的产生并不是凭空捏造出来的，而是源于对生活的感知和体验。发现并挖掘生活当中一些看似不起眼的细节以及一些还可以再进一步整合的空间和资源，这种思维方式往往是极具发散性的。譬如：当看到了"1"联想到了"2"，当看到了"＋"联想到了"－"，当看到了"图"联想到了"文"，这是一种惯性思维逻辑，但这样的思维逻辑对于一位极富创造力的设计师来说是不能完全被满足的，因为设计师的敏锐性是在于善于发现事物与事物之间不易被察觉的关系（联系），找到了这种"关联"便相当于找到了打开全新创意思路的大门。事物关系的挖掘与考究是任何设计当中的一种"常态"，如同数学方程式里的一个恒量一般，我们要做的就是找准设计当中的"变量"并运用好这个"变量"。设计当中的"变量"就是人们对生活需求的不断更迭与提升，这促使设计者们对设计方式和方法必须与时俱进地进行更新换代才会有截然不同的"设计存在"面世。事物之间总是存在着各种各样的关联，有直接的也有间接的，设计师在一定程度上除了要将创意物化为产品以外，更多的时候应该着重考虑的是物与物、人与物、人与人之间的种种内在关联，推翻一些不科学不合理的关系，建立一些新的秩序与格局，构建起一种和谐有序的生态观，这不仅是一种思维方式，而且本身就是一种更高层次的"大设计"。从传统符号中寻求中国民族特色是现代设计的一个热点，设计是外部因素限制下的有限选择与无限创造，选择是被动的适应，而创造则是主动的适应。社会需要多元化的创新，在追寻现代设计的中国精神时，不要忘了设计的本源，回到生活的原点。其实国际化就是本土化。最有生命力的设计一定蕴含在生活之中，传统符号来自传统生活方式的沉淀，当代的生活方式也会凝结出新的设计符号。只有回归当下的生活才是探索中国精神的设计源头，而非一种传统的固定符号[4]。

（二）设计泛化下的思维表达

所谓设计，不只是单纯让某个事物的外在看上去有多炫酷。设计本质上是研究如何化繁为简，将复杂的事物更直接清晰地表达出来，将理论落于实处，让事物隐藏的部分被人看到[5]。现代设计的源头根植于西方的包豪斯（Bauhaus），以西方的思维评价模式为导向与发展路径，虽在发展模式和方法上有历史意义，但其弊端在于会使我们很容易忽略自身本土文化的传统价值和时代意义。不论何种形式的设计，归根究底都是为了更好地解决实际问题，倡导一种更加健康文明、科学便捷的生活方式，在一定程度上均展示了人类自身个性的文化特质和思维方式。人们常常容易自我设限，一不留神便陷入了两难的境地，总觉得设计的难点是克服技术层面的束缚，产品符号学和语义学的隐意却往往容易被忽视，但事实上透过产品语义所反映出来的却恰恰是一种文化认知和生活方式。人们在选择一样物品或者使用一件产品的时候其实恰是在选择一种适合的文化习惯或生活方式。毫不夸张地说当今时代的设计已然成为一门"显学"，那么促使这门显学不断向前发展的动力来自人们对美好生活的无限向往。设计的历史、文化的源头为其最原始的养分，而不断日新月异的科学技术成为最有利的技术支撑和保障。这也是我们作为新一代的设计师和设计教育工作者该有的理性认知与态度，来不得半点马虎。毕竟，不同时代有不同式样和需求的设计，不同格调的设计定有自成一脉的文化依归和栖身于本土文化特质之上的精神，不论是从对"设计"内涵上的认知还是从"设计"外延上的造物方式出发，均有种不可言说的文化自觉在渐渐推进并促使人类的思维方式不断变革与丰富（图1）。

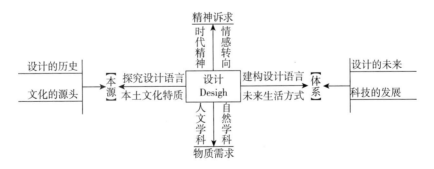

图1 设计学科文脉延展逻辑示意图

二、设计：一种系统化的生产过程

（一）设计是一种兼容并蓄的系统

一个包装盒造型的改变或一枚大头针功能的提升是一种设计，一个空间的合理分割布局或一个品牌的形象推广无疑也是一种设计。设计的最小点在于从细节出发并改变细节的美感或功能从而使得整体形态或功能得以最佳化呈现，这些都可谓是"以小见大"的设计。"设计"本身并没有富足的体系，只是参与者的因素导致其杂合性越来越强、界限越来越模糊，当与"艺术"结合便成了艺术设计，当与"科技"结合便成了人工智能设计，过去人们常说"设计 = 艺术 + 科技"自有其道理，因为艺术与科技的确参与了设计的整个过程，他们变幻着不同的形式与载体，力求达到更加出色的效果，以至于后来人们又说"设计 = 艺术 × 科技"，其最终含义无非是说设计的交叉性和系统化特征愈发强烈从而致使设计变得复杂。人们并非害怕"复杂"，而是担心秩序的混乱。复杂往往是可以被驯服的，因为再复杂的东西也势必有规律可循，但秩序混乱的东西却往往让人找不到北，乱了方寸。简洁的秩序可以给人一种耳目一新的感觉，而凌乱的秩序却让人猝不及防。这即是说简单好用的东西确实能讨人喜，但也并不意味着复杂的东西就一定讨人厌。复杂的东西必须要复杂得有道理，人们在使用的过程当中可以恰到好处地体悟到使用它的意义，这反而会让用户感到有意外的欣喜。"设计"一词既是名词，又是动词，既指应用艺术范畴的活动，也指工程技术范畴的活动。动词的"设计"是指产品、结构、系统的构思过程，名词的"设计"，则是指具有结论的计划，或者执行这个计划的形式和程序[6]。由此可见，设计体系的发展由始至终都是整体推进的。

（二）设计体系中的设计系统化思考

设计系统中文理属性原点逻辑示意图见图 2。所谓系统，指的是从细节到局部、从局部到整体的变化与统一。局部与整体、细节与局部在一定条件下是可以相互转化、相互作用的，这就是系统化设计的核心要义。这样一来，我们对设计的认知便可以提升到另一个更高的视角去审视，也即设计观念中的"取法乎上"。从这个视角去俯视设计，不难发现艺术设计中的核心从某种意义上说是围绕"装饰能力"展开的，而工业设计中的核心则是围绕"产品开发"能力展开的。故此，"装饰能力"与"产品开发"能力成为设计系统中的两个原始端点，一文一武，相互辉映。"装饰"是一种能力，更是一种意识，它是软性思维（形象思维）的代表，而产品开发则更多的是偏向于硬性思维（逻辑思维）。从这两种最基本的思维方式出发延展成为整个设计系统的思考逻辑，将设计的出发点和落脚点合二为一是当下中国本土化设计发展不可或缺的基石。缺乏"装饰"的设计是简陋的，装饰过度的设计是奢侈的，两者均不可取；缺乏创新的产品开发是被动的，只一味注重产品外观或功能的创新也是局限的。中国的设计师，尤其是正在接受设计教育的莘莘学子，要保持清醒的认

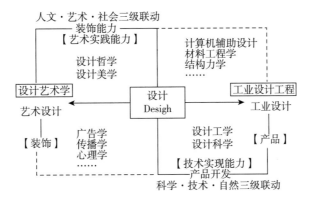

图 2　设计系统中文理属性原点逻辑示意图

识，要肩负起人类文明进步的责任，要以推动世界设计发展，特别是振兴中国未来设计为己任，以重振工匠精神为动力，始终保持设计创新的良好状态，大力弘扬中国文化精神，大力推动中国设计和设计教育在创新中持续发展，让中国设计真正赢得世界的尊重[7]。归根究底，一个出色的设计应建立在系统化的创意思考和创新表现上，然后从全局上谋划整个态势的进程并把控各个环节环环相扣中的精益求精，激发并建构起更加先进的、科学的、合理的以及更具有人情味的存在方式，最终改善或提升"人、物、自然"之间的良性互动关系和有机呈现态势，这是系统化的生产过程所必须保持的设计精神，亦是系统化生产过程的内在逻辑，毕竟设计真正需要解决的问题并非只是满足个人的新奇与欲望。

三、设计：一种改善人们生活方式的手段

（一）设计是一种循序渐进改善人们生活状态和方式的有效手段

人们生活的环境与社会中充斥着各种各样的信息，信息本是杂乱无章的，是人赋予了信息以意义。在信息时代的今天，设计几乎涵盖了人们生活的方方面面，"衣食住行娱"没有哪个领域会躲得开设计，这在一定程度上反映了设计作为一门"显学"在当今时代的不可替代性。然而，好设计的标准在哪？在过去，我们或许会不约而同地说能够将功能性与审美性完美结合的设计就是好设计，也就是说既好看又好用的设计就是好设计。但随着时代的发展，这样的评判标准对于处在不断发展中的"设计"而言似乎显得有些捉襟见肘了。因为过去的这个标准只是建立在对"设计物"的定位上，而时下的设计更多时候指的是对生活方式的改善与提升，从本质上说设计的存在是为了更好地帮助人们去解决问题，也即设计是一种具有前瞻性的改善人们生活状态和方式的有效手段。设计研究者维克多·巴巴纳克认为："所谓设计，就是一种为形成某种有意味的秩序与状态所做的有意识的努力。"[8]

（二）设计的方法论意义

设计作为一种解决问题的方法，在一定程度上是凸显方法论意义的。也就是说，人们

可以尝试着通过不同的方法去解决遇到的同样的问题，解决问题的方法可以多种多样。于是，抛给"设计"的全新任务是如何在现有一切生态资源、技术资源，人力、物力、财力资源以及人们惯有的思维方式基础上去探索寻求一种既全新又有效、既科学又合理、既绿色化又人性化的解决问题的方法，这就是新时代背景下的设计，也是设计作为一种解决问题的方法之所以存在的价值体现。我们不能为了满足一己私欲而透支人类未来发展的资源，于公于私来说这都是极为不智的。对于整个生态系统而言，虽然"熵增"是无法避免的，但我们可以通过"设计"让世界变得更有序、更科学、更健康、更美好，这不单单是我们作为设计师的美好憧憬，也是全人类的共同愿景。美国平面设计大师西摩·切瓦斯特（Seymour Chwast）认为，摆在中国设计师面前的任务是：不仅要研究现代设计中的相关技术问题，同时更要具备现代设计的思维方法。日本设计大师福田繁雄（Shigeo Fukuda）则强调设计的创造性，在他看来，当前中国所必需的设计一定是对中国的经济和产业发展有贡献的设计，而且这种设计必须来自中国的文化与生活。他特别提出：一定不能模仿他人！因为模仿别人已有的设计永远都不能代替自己的创造 [9]。

（三）设计的认识论意义

设计作为一种解决问题的思考方式，在一定程度上是体现认识论意义的。简而言之，通过设计我们可以尝试着从不同的角度去看待同样的问题，看待问题的视角不同那么所得到的发散思维也就完全不一样了。这样我们便可以想到更多的创意点去突破、去超越。观念的形成并非一蹴而就，但观点（灵感）的形成是可以瞬间闪现的；思想的成形并非一朝一夕，但思维的成形是可以随时随地信手拈来的。这就是设计作为一种解决问题的思考方式的灵动性，它需要极富敏锐的洞察力和丰富的想象力，然后大胆假设小心求证，充分调动形象思维和逻辑思维进行多维度交叉式思考，由点及线、由线到面、由面及体、由体到多维，通过全方位多角度的层层思考以求得最佳最合理的解决问题的方式方法。设计无他，只是常常将人们所容易忽略的或遗忘的部分通过不同的表达形式唤起人们不经意间的情感波动或微弱记忆，使其产生一种"似曾相识"的文化认同与行为习惯，于是你被打动了。设计无他，只是往往在一望无垠的海滩上拾起各式各样的贝壳，然后就地取材将其生产为各种各样精美无比的成品，使其具备一种"1+1>2"的思考模式和行为方式，这就是新时代背景下设计范式的逻辑和呈现方式，也是新时代感召下设计内涵的自我修复与完善。通过设计，我们可以让"不合理的存在"变得科学合理，可以让"存在即合理"的"存在"变得更有人情味，可以让人民对日益增长的美好生活需要及向往变得更具可能性。

四、结语

在新时代中国精神的感召下唤醒民族意识与挖掘本土文化特质，从设计的本体出发进一步厘清设计的深层次哲学内涵，这对当下处在发展中的"中国设计"而言是一种对标时间轴和空间场的多维追踪和精准定位，在深厚的本土文化当中汲取养分并发扬光大。设计可以很简单也可以很复杂，复杂的设计和通俗易懂的设计之间并没有绝对意义上的鸿沟，这即是说设计之间的界限是可以被消除的，因为就其本质而言"设计"实则是一种人类思维方式的物化延伸和感化之道，并且随着人们生活方式的不断升华与革新，这种"物物而不物于物"物化延伸和感化之道似乎将会变得更加突出，这或许就是中国特色设计语言体系的文脉之一。

（陈贤望，温州商学院传媒与设计艺术学院讲师，研究方向：设计学、视觉文化研究；林美婷，温州商学院传媒与设计艺术学院副教授，研究方向：艺术学与设计教育、新媒体艺术研究；黄梁鹏，温州商学院传媒与设计艺术学院教师，研究方向：新媒体艺术研究）

参考文献

［1］魏泳安.中国精神研究述评［J］.社会科学动态，2018（10）：22-31.

［2］卢海栗，李德超，束霞平.设计的文化立场：中国设计话语权研究［M］.南京：江苏凤凰美术出版社，2015.

［3］王庆节.海德格尔与哲学的开端［M］.北京：生活、读书、新知三联书店，2015.

［4］陆珂琦，潘荣.基于中国精神的产品再设计［J］.包装工程，2016，37（18）：121-124.

［5］佐藤大.佐藤大：用设计解决问题［M］.邓超，译.北京：北京时代华文书局，2016.

［6］王受之.世界现代设计史［M］.第2版.北京：中国青年出版社，2015.

［7］郭线庐，赵战.重振工匠精神，让中国设计赢得世界尊重［J］.装饰，2017（1）：71-73.

［8］Papanek V. Design For The Real World［M］. New York: Van Nostrand Reinhold Company, 2005.

［9］辛艺华.图形语言分析［M］.北京：北京大学出版社，2017.

设计中的可持续性：废弃材料的再利用

Design for Sustainability：Explore the Connection between Waste and Redesign

陈 璞

摘 要： 文章强调了可持续性设计对社会公众和整个社会所产生的社会影响，以及设计所应当承担起的社会责任。重点探讨可持续性设计作为社会变革中的一部分，设计师们应如何抱以一个有意识地对社会负责的态度，利用废弃的材料进行再设计，用创意性的设计传达社会内容和社会意识，激发起公众的社会关怀。在这个过程中应有意识地反思自己作为设计师的角色，认识到设计师除专业能力外，更应肩负起社会责任。一个具备社会责任与义务的设计师，才更能反映设计师的综合素质和潜力，为人们营造一种更美好的生活氛围以及更人性化的沟通方式，也更体现出作为设计师的社会价值、尊严和成就。

关键词： 可持续设计；生态平衡；社会责任；废弃材料再设计

Abstract: The thesis emphasized the social influence and the power of the sustainable design in a broad sense. Based on the findings of research and surveys on contemporary society, focused on sustainable design as a part of social reform, the thesis is meant to discuss what attitude ought to have, what means ought to employ, what creative ideas ought to convey, to arouse the public's social awareness and sense of responsibility for society. The deliberate reflection of a designer' own role in this process leads to his/her questioning social responsibility.

Key words: sustainable design; ecological balance; social responsibility; redesign of waste materials

引言

为实现人类生活生产方式和经济的可持续发展，面对日益严峻的环境问题，人类通过设计协调社会发展与生态环境之间的平衡，促进了可持续设计的发展。直到 20 世纪下半叶，人类才开始真正意识到工业化对自然环境的不利影响。随着人类科技文明的飞速进步，设计师在改造世界和创造世界的同时，设计思想的演变在不同阶段有不同的特点，其共同点都是对日益严峻的环境问题进行反思。

可持续设计理论的发展演变，大致经过了绿色设计、生态设计、可持续设计三大阶段。可持续设计理念不管是在过去、当下还是未来，都将成为社会发展必须遵循的设计战略思想。从 20 世纪下半叶至今，可持续设计理论一直在指导着设计实践。

一、废弃和设计——可持续设计的研究视角

（一）可持续设计的概念和研究现状

现代建筑和设计理论的重要思想家和奠基人之一，瑞士社会经济学家卢修斯·布克哈特（Lucius Burckhardt）在 1980 年提出了关于可持续设计的理念，即对废弃物品的处理反映了人类和现实环境的相处方式。此外，他还认为，艺术设计院校的教学理念必须包含如何运用艺术设计的手段来解决这个社会问题，否则就没有承担起相应的社会责任[1]。关于可持续性设计的讨论甚至在德国已经达到了立法层面。2005 年欧盟就已经颁布了关于生态设计的法律规定，建立了生命周期评估体系，并且设立了多项保护生态资源的设计奖项。

（二）可持续设计理论的发展

可持续设计理论的发展是循序渐进的，是随着社会环境的发展而变化的，亦是在整体设计上的持续性创新，并将成为 21 世纪的主要设计战略思想。德国的设计类高校大多数都有悠久的传统，并且在 20 世纪初开始意识到艺术和技术的结合。设计从纯艺术中分离出来，更注重实践，这也奠定了现今设计高校的基本教学模式。德国设计高校除了讨论课外，基本上都是以实践为主的工作坊形式。

为了开发当代设计教学法的统一模型，蒙特利尔大学工业设计学院教授 Alain Findeli 首先追溯了包豪斯传统中设计课程的发展，将艺术、科学和技术三方面的统一作为原始模型的历史形式呈现出来[2]。瓦尔特·格罗皮乌斯（Walter Gropius，1919—1928）在现代主义设计的摇篮包豪斯设计学院就提出了三大基本理念：① 强调艺术与技术的统一；② 设计的目的是人而不是产品；③ 设计活动应该遵循自然规律。

这三大基本理念体现出人类意识到要与自然和谐相处，强调设计活动是以人为本，一

方面体现出早期可持续设计的雏形，同时也是设计界对于地球的有限资源和能源使用问题较早的反思。1937 年魏玛包豪斯设计学院迁往美国，由拉兹洛·莫霍利–纳吉（Laszlo Molholy-Nagy）1937—1955 年成立芝加哥设计学院，以及托马斯·马尔多纳多（Thomas Maldonado）1958—1968 年在德国乌尔姆设计学院任职期间开发的乌尔姆模型设计理念（图 1~图 4）。这三个时期的设计理论都将艺术、科学和技术作为三要素，区别在于不同的组合和所占比重。

图 1　设计课程的教学
模型

图 2　魏玛包豪斯大学
格罗皮乌斯（Groupius）
1919—1928

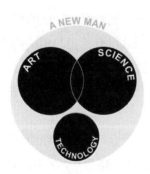

图 3　芝加哥设计学院
莫霍利 - 纳吉（**Molholy-Nagy**）
1937—1955

图 4　乌尔姆设计学院
马尔多纳多（**Maldonado**）
1958—1968

　　现在各个设计学院都会结合自己的院校特色，分配艺术、科学和技术这三方面在设计课程中的比重，突出各校的专业侧重点。设计理念维持着人类社会自然之间的平衡，随着生态危机的日益严峻，设计师竭力缓解工业化造成的生态环境的恶化和自然资源的消耗，20 世纪 90 年代以来，生态危机对现代设计教育的理论体系产生了决定性的影响①。这个设

---

① 20 世纪 90 年代以来，设计学科的基础理论体系的重要代表人物是德国不伦瑞克艺术大学设计理论教授 Wolfgang Jonas，美国卡内基梅隆大学设计学院设计思维与设计哲学教授 Harold Nelson 以及瑞典于默奥的大学设计学院交互设计教授 Erik Stoltermann。

计学科的理论体系使得设计与物质世界的联系变得温和起来，有利于人们对人类和社会环境整体设计的理解，即设计师和用户始终是系统的一部分，系统的每一次改变都是对系统自身的变化。设计是一种能力，是对整个系统和其子系统之间无形关系的理解[1]、感觉和憧憬的把控能力，还有对"外部世界"（这里特指环境）[2]的认识和分析的能力，这远远超越了传统对设计仅仅是"应用艺术"或"应用科学"的理解。

1997年，美国波士顿大学艺术与科技学院传播学 Ann Mary Barry 教授在其著作《视觉智能：传播中的感知、图像和视觉操控》中，提出了"视觉智能"的概念[3]。她认为感知是一项可以学习的技能并提醒人们注意视觉信息的（社会）力量，并将感知视为知识和理解的基础。视觉在 Barry 看来，是对现实的解释，而 Findeli 认为它是人与环境这一相互关联系统的辨别能力，并将其作为美国佛蒙特大学环境研究教授 Orr D. 1992年提出的"生态文化"概念的延伸[4]。Orr 的教学理念也着重于将自然系统理解为可持续社会的起点。同时，"生态文化"概念也可以与 Dondis D. 在1973年提出的"视觉文化"概念联系在一起[5]。这样，一方面图像能更清晰有效地传递信息，另一方面也是图像传递信息的批判性思维态度，即用批判性思考做出能够符合当代精神的设计。因此，"视觉智能"是理性的和具有语境的，使人们能更好地理解图案化智能模式和心理想象系统[3]。如果将图案化智能模式中的相互连接和关系作为非物质特性，引入到设计理论中，那么讨论结果也将发生变化。虽然人们普遍认为，设计师应该不断地用有型的物质产品来展示其设计成果，但 Findeli[2] 并不认为这样所谓的产品制作（"making"）是一种设计成果，而认为行为过程（"acting"）更应得到重视。"认知"和"行动"作为设计理论的新假设维度，是需要通过设计师的认知识别和行为过程而得到不断反映，这主要体现在设计师在设计过程中的审美决策，这些设计师们的决策则直接体现了设计师对社会和外部世界（环境）的责任[6]。可持续设计对于设计师，当务之急在于建立可持续设计的观念：环境观、审美观、设计观。

可持续性设计理论是一种动态理论，要求设计应具有足够的弹性以适应社会的发展。设计师应基于环保意识将设计朝可持续方向发展，综合考虑各种影响因素，尝试将环保的设计观念转变为可持续设计的理论与实践，努力建构循环利用的可持续设计模式，达到产品再设计的目的，通过对产品部件乃至整体的重新利用建立节省资源的设计模式。

现代化社会给人类带来的不仅仅是物质生活的丰富，同时也产生了不同的环境问题，设计师不应该只是商业环节中的一颗螺丝钉，而更应是一个时代、一个社会的医者——时刻保持敏锐的洞察力去发现问题，能够针对一些公共事务和社会议题表达自己的态度，然后尝试用自己的设计能力开出治病良方，给出解决方案，促进人类社会与自然环境的和谐平衡发展。

二、回收（Recycling）和再利用（Upcycling）

Recycling 和 Upcycling 这两个单词我们往往容易混淆。这两者之间到底有何相异呢？Recycling 是废弃材料的回收，Upcycling 是废弃材料的再利用，其单词中的 Up 隐含着将原来废弃物的价值升级（Upgrade）的概念。

（一）废弃物的回收——Recycling

先从我们熟悉的垃圾回收（Recycling）开始。在日常生活中，我们每个人每天都会生产出垃圾。在这些被废弃的"垃圾"中，有很多"可回收"的物品，作为再生产的原材料。这意味着扔垃圾是回收过程一个必不可少的环节。那么先来看一下我们是如何扔垃圾的？

1. 封闭的扔垃圾方式：把垃圾扔进带盖的垃圾桶

在德国，垃圾回收利用率高达 80%，垃圾分类处理是一件很自然的事情，垃圾回收也已成为一种生活方式和习惯。德国日常生活的垃圾一般可以分为七类：棕色或绿色垃圾桶的（图 5）生物垃圾，主要是可分解的厨房类垃圾，包括：室内植物、盆栽土壤、剩面包、食物残渣、茶叶、木屑、水果皮、坚果壳和水果核、烟灰、头发、羽毛、虫子、小鸟的尸体等。蓝色桶（图 6）的废旧纸类，主要是旧报纸、杂志、小册子、复印纸、学校的笔记本、硬纸板、包装材料、食品包装的纸板、比萨饼盒等等。黄色桶的包装袋（图 7），属于可循环回收，包括：塑料饮料瓶、牛奶盒、饮料盒、铝罐铝箔托盘和开关、塑料包装袋或金属涂布纸、冲洗和化妆品的塑料袋，填充发泡包装等。定点回收垃圾桶或者铁皮类

图 5　棕色的生物垃圾桶

图 6　蓝色的废旧纸类桶

图 7　黄色的包装材料垃圾桶

图 8　定点铁皮类型的旧玻璃瓶类垃圾桶

型大方桶的旧玻璃瓶类（Glas）（图 8），一般分为白色玻璃和绿色玻璃有的桶上还会详细标明白色（无色）、棕色、绿色。各种食物酒水玻璃瓶，瓶内要清理干净，瓶盖要分开处理。黑色桶（图 9）的其他垃圾，属于生活垃圾范围，包括厕所垃圾、灰尘、污垢物、尿布、纸手帕、真空清扫吸尘器袋、骨头、烟头等。还有由专门人员收取的特殊有毒垃圾，包括电池、涂料、油漆、灯管、灯具、药品、废油污、温度计废料、汽车保养喷雾罐、酸碱溶剂（松节油）等，图 10 为橙色的特殊有毒垃圾桶。有些特殊垃圾要提前通知垃圾回收部门，会有专门人员定时定点收取。以及大型废弃物（Sperrmüll），如大件旧家具，电视冰箱等（图 11）。一般每个城市都有 Sperrmüll Entsorgung（大型废弃物处理），他们专门负责上门收取这些废旧大物件（有的城市收取费用，有的免费）（图 11）。

图 9　黑色的厨余生活垃圾桶

图 10　橙色的特殊有毒垃圾桶

图 11　大型废弃物（Sperrmüll）：自行联系所属城市的 Sperrmüll Entsorgung

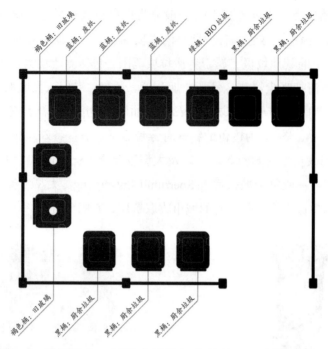

图 12　德国汉堡一居民大楼垃圾房的垃圾分类桶示意图

2. 开放的扔垃圾方式

对今天的德国人来说，垃圾分类是理所当然的，垃圾分类的参与度很高，超过一半的垃圾被市民分类后会扔到相应颜色的垃圾桶里（封闭的扔垃圾方式，居民垃圾房垃圾分类桶示意图见图 12）。但这也是经过一个适应过程的，也是直到生活富裕带来的垃圾越来越多，才出现垃圾回收的理念。随着中国经济的发展，生活水平不断提高，上海 2019 年也开始在全国率先实施严格的垃圾分类了。虽然中国很多城市还是"随手一扔"的社会：买、用、扔三部曲，和几十年前的许多德国城市一样，废弃物品会直接扔在街上（图 13）。

图 13　垃圾遍地的景区街道

（二）废弃物的再利用——Upcycling

如果说，回收（Recycling）是废弃物品的循环，那么再利用 (Upcycling) 就是废弃物品的上循环。循环，通常是将一样东西的全部材料完全拆解，然后将其制作成别的东西（由此消耗了更多能源）。与其不同的是，上循环是改造再利用（Upcycling），不会对原材料进行任何再处理，而是换个方式利用它们。上循环比循环更节能。除了节能以外，改造再利用的另一个优点就是能够让那些传统循环方式无法回收处理的物品再次被利用。某样东西在被改造再利用的过程中，很少或几乎没有材料会被废弃，每个部件都有它潜在的用途。改造再利用后的产品通常比改造前的物品或材料有更高的价值，比如：金属拉环做成的胸针或耳环等饰品，低面值的硬币做成的衬衫袖链扣等等。正如 Freitag 的设计理念，他们使用废旧的卡车帆布，在严格的清洗、裁剪后对这些材料进行再设计，创造出独一无二的柏油帆布包。

1. 以"共享单车再利用"项目为例

曾经风靡一时的共享单车因为商业模式和竞争的缘故，起先被大量投放到街头，一方面确实方便了人们的出行，但另一方面，随意停放的共享单车变成了一种污染。侵占公共道路资源，废弃单车形成巨大浪费。作者回国时亲眼看到很宽阔的马路上两边放满了自行车，大概占据了道路三分之二的面积，中间的机动车道非常窄（图 14 为上海某小区的临时单车堆放点）。

图 14　上海某小区的临时
单车堆放点

图 15　"单车坟场"吴国勇摄影
作品《无处安放》

随着越来越多的人抛弃曾经深受喜爱的共享单车，大量五颜六色、曾经被大家熟知的自行车从城市的道路、地铁站边甚至小区角落里被一一清除，通过管理人员收集、各类车辆的运载，最终抛弃在了城市外围的各种工地、空地和垃圾场里，形成了"单车坟场"这一现象（图 15）。盲目的投资项目，造成巨大的浪费，但是这些单车最后会到哪里去？这是一个更盲目的状态。自此，共享单车行业就陷入了恶性循环。在人与物的关系里，用与被用的，是一种最表层的关系，我们也许还应该关心它是怎么来的？它最后是否有去向？

毕业于包豪斯大学的年轻设计师翁昕煜意识到了这个问题，他说，作为一位设计师，应该有责任去思考这个问题。再利用（Upcycling）提供了一种不同的资源回收思路：将自行车的部件融入设计品中，最大化地实现单车的全使用周期，尽量减少对资源的不必要浪费。就是如何把部件本身的特性和美感，运用在实用美观的日用品上，而不是刻意地去改造它们。要用简易的生产方式和通用的配件，最大程度降低生产成本。基于这个想法，设计师们反复测量、触摸和用身体感受每个部件的外形，然后大胆补全整个画面。

他以废弃单车部件为原材料，改造成了一组躺椅、立灯、茶几等家具。比如躺椅是用自行车架的 S 形曲线部分做的，确定好了最舒服的角度之后，给它加两条腿固定，用布包裹椅面。这样尽量呈现出线条的美感，而不是让大家看出来这个线条保留了自行车的哪个部件。还有自行车前叉的自然造型比较好看，就用前叉做了立灯。这个废弃单车的再设计项目，旨在对于国内现存的严重的共享单车废弃现象进行批判，希望引起公众对这个行业问题的关注，并且提出一种有实用和经济价值的方案，从而鼓励人们重新掌握即将可能被浪费的公共资源（共享单车再利用米兰设计展现场照片见图 16）。

图 16　共享单车再利用米兰设计展
（现场照片由翁昕煜提供）

2. 设计师和可持续性发展的关系

"产品可以是私有的，但资源是共有的。"上述引用的"共享单车再利用"项目实际彰显的是一种社会责任感。像那些包豪斯先辈一样，我们作为设计师应时刻谨记着："设计师不应该只是商业环节中的一颗螺丝钉，而是要能够针对一些公共事务和社会议题表达自己的态度，并给出解决方案。"

现在世界上有很多问题，环境问题是这个时代的一个大课题，很多设计师都会去研究对环保有利的新材料或者更智能的开发利用。

"可持续发展"源于"可持续设计理念"，是设计界对人类社会发展与自然生态环境之间关系的深刻思考和不断寻求变革的实践历程。现代社会可持续性的设计不仅仅应关注眼下，更应该综合考虑子孙后代。"可持续设计"并非单纯强调保护生态环境，而是提倡兼顾使用者需求、环境效益、社会效益与企业发展的一种系统的创新策略。包豪斯设计理论是现代主义设计的开端，对之后的设计思潮有着无可非议的巨大影响。不论是可持续设计理念还是包豪斯设计理念，都具有相当的理性和科学性。

面对科学技术迅猛发展的今天，设计师以开放的视野和全新的思维与其他也在做可持续探索的研究群体进行沟通交流，如环境学家、生物学家、物理学家和历史学家等等进行密切的交流沟通合作，共同为社会环境健康发展作出贡献。

三、结论

本论文的目的在于，把日趋严峻的环境问题引入设计理论与实践的范围中。我们总觉得比较起其他职业，设计师在面对一些时代问题的时候可能没办法去根除它，比如面对贫富悬殊的问题，设计师到贫困的地区去，设计一个工具，解决一个生活中的问题，让当地人的生活得到改善。但这涉及政治、经济、文化等很多方面的问题，设计师是解决不了本质问题的。但这并不是说设计师去关注这些问题没有作用。相反，设计师其实是有影响力的人，这个影响力不仅仅是他的产品生产出来影响人们的使用，还在于产品所传递出来的设计态度也是可以影响人的。哪怕一个人单枪匹马地设计，也可以让人通过他设计的产品看到他想做出什么改变，以及这个改变背后的缘由。所以如果设计师去做对的事，会是一件很好的事。我们经常说的"设计创造价值"，不仅仅是经济价值，更多的是社会价值。

现在设计师也被赋予了更多人文关怀的使命，尝试解决人们生活中的困扰。现在的商业环境竞争很激烈，很多设计师成了促进销售的工具，这导致很多设计并不是为了让一个东西变得更有价值而做的，它们只是为了"欺骗"消费者去购买而已。而且现在的很多设计，在一定程度上，变成了富人炫耀自己生活方式的工具。我觉得设计师应该监督自己，甚至是学会反对自己，不是所有的设计都应该去做，设计师应该对自己有要求。

其实我们的生活中，任何产品都是最初出自设计师之手，但如果最终它们沦为了金钱的催化剂，造成了环境污染、资源浪费的严重后果，再有美感、创意的设计也不可取。可持续设计理念也将继续在人类的设计活动中演变进步，成为人类社会自然和谐平衡发展的必要条件。

（陈　璞，现居德国汉堡／中国上海，德国哲学博士，视觉文化研究者，任教于德国魏玛包豪斯大学艺术与设计学院和汉堡应用科技大学艺术设计学院视觉传达专业，曾担任世界地理杂志德国版的美术编辑）

参考文献

［1］ Burckhardt L. Die Kinder fressen ihre Revolution［M］. Hg. von Brock, Bazon: DuMont, 1985.

［2］ Findeli A. Rethinking design education for the 21st Century: Theoretical, Methodological, and Ethical Discussion［J］. Design Issues, 2001, 17（1）: 5-17.

［3］ Barry A M. Visual Intelligence: Perception, Image, and Manipulation in Visual Communication［M］. Albany N Y: SUNNY Press, 1997.

［4］ Orr D. Ecological Literacy: Education and the Transition to a Postmodern World［M］. Albany: State University of New York Press, 1992.

［5］ Dondis D. A Primer of Visual Literacy［M］. Cambridge M A: MIT Press, 1973.

［6］ Findeli A. Ethics, Aesthetics, and Design［J］. Design Issues, 1994, 10（2）: 49-68.

设计学类专业品牌化建设思路、举措的案例与启示 ①

The Cases and Revelation on Thoughts and Measures of the Brand Constructing of the Design Science Major

——基于江苏高校品牌专业建设工程一期项目中期报告的成果精粹考察分析

——Investigation and Analysis Based on the Essence of the Mid-term Report of the First Phase Project of the Jiangsu University Brand Major Construction Engineering

摘　要：对设计学类专业品牌化建设的案例、思路与举措进行了系统梳理和研究，认为各品牌专业在教师发展与教学团队建设、课程教材资源开发、实验实训条件建设、学生创新创业训练、国内外教学交流合作、教育教学研究与改革等 6 个方面均取得了较好成绩，尤其在教学机制运行这一方面，均扎实有效地以"工作室制"为核心引领，人才培养成效十分显著。

关键词：设计学类；品牌专业；工作室制；人才培养

Abstract:The paper has investigated and analyzed the essence of the mid-term report of the first phase brand major construction engineering project of the universities in the Jiangsu province, and the cases, ideas and measures of the brand construction of the design science major are systematically combed and studied. We believe that every brand has made great achievements in the following 6 aspects. Especially, the operation of the teaching mechanism onthe "studio system" is the core of talent training, whose achievement is very significant.

Key words:design class; brand specialty; studio system; talent training.

---

① 本文系 2016 年江苏省高等教育学会高等教育科学研究"十三五"规划一般课题《基于创业创新导向的"工作室制"环境设计人才培养模式研究》(项目编号：16YB065）的阶段性研究成果。

引言

为对接国家的"双一流"建设,江苏省政府于 2016 年 6 月印发了《江苏高水平大学建设方案》(以下简称《方案》)。《方案》包括两个重点项目:一是支持具备一定实力的大学向高水平和世界一流水平迈进。对已进入全国百强的省属高校,省财政自 2017 年起统筹新增教育经费,加大投入,根据绩效评价结果,每年给予每校 1 亿元左右的资金支持。二是支持所有本科高校彰显特色优势、夯实高水平大学建设的核心基础,同时,持续实施 2010 年以来,江苏省政府先后启动实施的江苏高校优势学科建设工程、品牌专业建设工程、协同创新计划、特聘教授计划等四大专项,财政投入力度不减、滚动支持。尤其是 2015 年启动建设的"江苏高校品牌专业建设工程",已成为江苏本科教学和专业建设的重要品牌,有效推动了江苏高校专业建设水平的整体提升,在全国产生了广泛影响和示范效应。江苏高校的品牌专业建设不但推动了人才培养机制模式改革,引领了高校本专科专业建设,而且强化了大学的标杆意识和顶天立地意识。同时,品牌专业从战略和机制上把学校的发展与国家和区域的发展更加紧密地结合起来,适应了供给侧结构性改革需要,进一步提升了高素质人才培养质量,支撑和推进了经济转型升级,对江苏经济社会发展的贡献度正在不断显现[1]。同时,2017 年 10 月 22 日的《省教育厅关于做好江苏高校品牌专业建设工程一期项目中期报告和考核相关工作的通知》(苏教高函〔2017〕37 号)中也明确指出:江苏高校品牌专业建设工程一期项目中期报告,须根据《江苏高校品牌专业建设工程一期项目实施办法》要求,围绕《项目任务书》中确定的 2015—2017 年主要目标任务,重点概述自项目启动以来的建设任务进展情况,在教师发展与教学团队建设、课程教材资源开发、实验实训条件建设、学生创新创业训练、国内外教学交流合作、教育教学研究与改革等 6 个方面的主要建设成果等。笔者依据江苏高校品牌专业建设工程一期项目中期报告(含本科和高职高专),聚焦于设计学类专业的品牌化建设路径走向、品牌化建设案例,对本科高校品牌专业的产品设计、视觉传达设计与高职高专品牌专业的装饰艺术设计、家用纺织品设计、陶瓷设计与工艺、服装设计共计 6 个设计专业的品牌化建设中期报告进行了整体考察分析,着重对其品牌化的建设思路与举措进行了如下的梳理与总结。

一、本科高校品牌专业

（一）产品设计专业

1. 江南大学产品设计专业——五维系统能力指标驱动设计教育

案例：

该专业提出了以"适应未来转型"为目标，在宏观、中观、微观三个层次的人才培养模式全面改革举措。在宏观上首先从顶层确立培养有社会责任感和受尊重的、适应未来职业领域的新型设计师与设计领导者，以适应新经济、新社会的转型挑战。在中观上以"适应未来转型"为导向，以"国际视野、设计思维、知识整合、集成创新、协作学习"为设计人才的 5 项关键能力要求，形成 5 个具体教学实施路径，定义出 5 项能力要求，并通过 5 个途径在微观上加以整体实施：① 以系统创新能力培养为核心，基于设计问题的复杂性与创新性重构专业培养方案；② 以全球性的问题挑战与产业趋势为引领，推动研究型教学与有使命感的主动学习；③ 以整合创新班为试点，通过非传统专业构架实施"优秀人才培养"计划；④ 以"联合工作坊－英文课程－交换生"国际合作体系，构建活跃度高的国际化协作学习情景模式——通过结合"Cumulus 国际艺术设计院校联盟"、D+C、GIDE 等国际合作项目，依托国际联合实验室与国家外专局高端外国专家项目，组织了中英"低碳设计"、中瑞 WUZU 多项国际联合工作坊，开设多门英文课程，新增多个联合培养项目；⑤ 建设"设计技术实验室－创业工坊－产业联合实验室"实践平台体系，强化创新氛围与平台支撑。

启示：

系统创新能力在产品设计专业人才培养过程中占据核心地位，国际化师资团队、项目式课程教学体系与设计性实验室平台共同构筑了学生内在"知识树"的社会竞争力，而且个性化的联合工作坊可提前让学生进入设计的"实战"工作模拟状态。再如美国罗德岛艺术设计学院建筑系的"工坊系统"所启动的"双导师制"开放工作坊作业与联合课程体系——同时，其独立课程中间往往穿插沙龙研讨——亦让其成为第一个真正能做科学实验的实验室，因为其课程中心主要放在实际经验，而非纯理论知识上，批判思维和创新思维即是罗德岛设计学院的优秀教学传统。

2. 南京艺术学院产品设计专业——设计理论研究助推先进性设计教学

案例：

在专业建设上始终显现出"触及专业前沿"的状态，显现出"产品设计·艺术＋"的专业特色，明确提出了"培养具有中国文化立场和国际意识的产品设计卓越人才"的人才培养目标。该专业在师资队伍的构建上，实施了"在编教师＋全职外籍教师＋校内协同导师＋企业合作导师"的师资队伍组成模式，同时，从"教学模式改革""创新理论与设计研究""在国际设计教育与学术领域发声"三个层面来塑造该专业的"先进性"：① 教学模式改革的先进性：进入信息时代，本专业将教学模式转型为"基于垂直互联网概念下的产品设计课程教学模式"，突出以"创造艺术化生存方式"为导向的、以批量化和定制化生产方式为目标的能力训练，变"被动"地解决问题转向"主动"地创新生活；② 创新理论与设计研究的先进性：在"设计思维与方法"领域展开了系列前沿性设计理论研究，同时，以国家社科重大招标项目"中国传统设计思想当代实践研究"中的核心子课题"中国传统造物智慧启迪当代创新设计研究"为抓手，开展具有中国文化立场的，能够国际化解读的创新型产品设计研究；③ 在国际设计教育与学术领域发声：近年来产品设计专业鼓励教师到国际学术会议、国外设计专题展览、中外联合设计工作坊上去"发声"。

启示：

设计理论在设计实践中的引领作用是潜在的、具有根本性的，以"生活"为圆心的产品设计专业建设理念能够有效框定教学内容与实训体系的边界性——"生活环境物质系统的美学建构"，可积极响应社会的信息化形态生成和现实紧迫需求，同时聚焦于"文化"的能够从传统、技术、制度、观念四个层面建构中国本土性的设计实践逻辑，从而能够成为现实主义产品设计创作路线的"先进性"典范。

（二）视觉传达设计专业

南京艺术学院视觉传达设计专业——设计生产与国际教育资源的实验性融合

案例：

在实验性的视觉传达本科教育模式的建构过程中，该专业在教学交流、国际工作坊、毕业设计等方面取得了较大进展，主要包括：① 课程系统方面：加快构建实验性教学体系，并逐步向研究型教学方式过渡发展。对比国外先进教学方法，与国际较高水准院校的课程建设的教学改革及发展方向实现同步发展姿态，如信息设计、动态设计等方面抢占前沿领域，并进行实验性的教学模式、课题设置以及创作尝试，让学生有国际同步的课题练习及展览展示的机会。② 课程结构、课题设置、知识范畴、教学内容、作业效果等方面：体现前沿性、前瞻性与原创性，着重加强毕业设计重视力度，在毕业创作的主题、制作、展览视觉、设备、展陈等方面有高要求和高标准投入。③ 教学交流方面：每年开展外教工作坊引入国际同步课题，提高学生国际视野和专业能力，以国际交流引入国际前沿专业信息，国内多学科工作坊也在逐步实施。④ 学术研讨方面：具有自主展览品牌（字酷展），举办国际竞赛（国际和平海报双年展）、举办全国性设计论坛（全国青年设计学论坛）等。⑤ 产学研合作方面：在课题及项目中实施文创产品开发和衍生品设计、青年设计师沙龙等，与不同类型单位紧密深度合作。

启示：

"实验性"的专业建构系统体现了视觉传达设计专业可被纳入"工程学科"，与工程科学、经济学、社会学等高度关联，设计师作品的高度则体现在置入社会生活中的建设性建构价值。因此，原创型、学术性、经济性的"设计生产"教育形态，就决定了在课程系统、师资来源、项目制作等多方面必须加强"创作"的呈现度。国际化教育资源的引入也是"设计问题"解决的前沿路径，外教工作坊也成为支撑专业教学的"本科生流动工作站"。

二、高职高专品牌专业

（一）植根于非物质文化遗产滋养的现代师徒制工作室建设——苏州工艺美术职业技术学院装饰艺术设计专业

案例：

该专业紧密配合《中国传统工艺振兴计划》，开展非遗传承人群研培试点工作，创新开展非遗传承人群学历教育工作，在文化部指导下建设传统工艺贵州工作站、校地合作建设苏作工艺学院、东海水晶学院，其品牌化建设思路包括：① 形成基于大师工作室的"现代师徒传承工作室制"人才培养模式，推广"多元融合"课程体系，实现相关课程与国外院校之间的资源共享，完善《百工录》国家级职业教育教学资源库项目；② 推进江苏省工艺美术传承保护与研发推广中心（教学平台）续建计划，开展江苏省产教深度融合实训平台建设项目——传统工艺示范区的建设任务，拓展非物质文化遗产协同创新中心（研发平台）建设工作；③ 完善中国非物质文化遗产传承人群研培基地工作，构思与苏州市高新区镇湖街道、镇湖刺绣协会合作成立"镇湖刺绣学院"；④ 推进手工艺创客培育计划的实施，推进校企合作，完善"天工存艺"实体与网络展示和销售平台，推进"爱手艺"微信平台的建设，形成"互联网+"的手工艺创意新品销售新模式；⑤ 推进海内外工作站建设计划，完善法国非遗考察团的成果展现，推进与日本、泰国及一带一路沿线国家的传统工艺交流，继续开展传统工艺青年论坛，创设贵州传统工艺振兴研讨会，重庆传统工艺振兴圆桌论坛。

启示：

专业改革与社会、企业、产业必须密切结合，"企业优势＋产业优势＋文化优势"就是装饰艺术设计专业工作室制引领下现代学徒制的"教育优势"，同时，与国内外同行优势相比较落后，必须凝练出专业方向中最经典、最有优势的方向，形成最有特色的专业品牌。植根于非物质文化遗产滋养的现代师徒制工作室建设就是一种"融入性"的政产学研深度合作平台构建，可使得专业平台课程得到系统整合，工艺美术大师参与的教学管理与组织形式则更加直接地导向了生产性模式。

（二）创意·创新·创业理念助推人才培养的高质量——江苏工程职业技术学院家用纺织品设计专业

案例：

该专业完善了以学生能力培养为主线的"一主线二平台三融合"人才培养模式改革，

建设了"江苏工院家纺设计创意园""中国家纺设计交易网"线上线下双育人平台,以线上线下互动工作室为实施载体,提高社会服务能力,其品牌化建设主要举措包括:① 推进了"艺、工、商、创"("艺工商创")融合的课程改革,形成了"艺工商创"融合的课程建设范式,建成在线开放课程与 spoc 课程,与行业企业共同开发新课程,建成微课程和覆盖课程群的数字化资源库;② 通过举办国际学生交流赛、课程互换教学、留学生授课、建设双语示范课程等方式,以工作坊教学活动为载体,打造了一支跨专业融合、校企混编、中外合作共建"跨界融合"的师资团队,如与意大利时尚设计学院开展了交流大赛与外籍教师工作坊交流项目、与北京服装学院等院校合作开展中国家纺民族文化传承研究活动;③ 引进企业资源,开展"创业指导、创业孵化、创业基金"三位一体的创业推动模式,培育学生"创客"团队,学生自主创新创业能力得到加强,人才培养质量不断提高,专业的社会辐射能力不断加强;④ 实施工作室校企"双导师"制,初步建成基于工作室的弹性学分管理机制、基于中国纺织服装职教集团的与行业企业协同育人机制,正探索建立专业评估体系。

启示:

大量骨干教师应是外聘专家——大公司的设计师、成功的艺术家,"专:兼=3:7"的师资配比模式在高职专业人才培养中是一根"红线",必须打造一支一流的"中外专兼"的混合式师资精英队伍,轴心式、滚筒式的工作室教学模式恰恰能够助推"创意·创新·创业"人才的高质量培养——工作室就是公司、工厂,工作室必须与企业组织建制形态合二为一,"艺工商创"融合就是一种较为完美的"工作室制"建构策略。

(三)工艺美术大师领衔专业纵、横向网络化深度发展——无锡工艺职业技术学院陶瓷设计与工艺专业

案例:

深化"双元双创"人才培养模式,培养一批具有"工匠精神"和创新能力的陶瓷手工艺新人;深化"双一工程"师资培养途径——通过"双一工程"的培养,实施了一师一室一门类、一师一企一项目等培养途径,参与了企业项目的设计与开发;紧密通过学术与技艺相融的大师工作室,造就一支"国际视野、专兼结合"的教学团队;探索宜兴陶瓷"五朵金花"非物质文化保护与传承机制,建设优质的职业教育陶瓷艺术设计专业教学资源库。① 建成陶瓷艺术设计展示厅,改建教师工作室及学生实训室,新建和扩建紫砂、均陶、青瓷、彩陶、精陶大师工作室;②"陶瓷设计与工艺"专业被立项为全国职业院校民族文化传承与创新示范点,实施"卓越技师"人才培养计划;③ 组建陶艺专业信息化管理团队,"陶瓷艺术传承创新"获江苏省产教融合实训平台建设项目立项;④ 开展"艺工坊"大学生创梦广场、茶席清艺布置、省级艺博杯及工美新力量展览活动,提升了学生的创新创业级职业素养;⑤ 与亚太创意技术学院签订了合作培养协议,开展学分互认课程,达成课程资源共享意向；⑥ 开展 ISCAEE 国际陶艺展和 ISCAEE 国际陶艺教育论坛、中国国际现代壶艺双年展教育论坛、江苏省工艺美术"艺博杯"陶艺创新作品展、江苏省紫砂雕塑展等。

启示：

时效性、引导性、原始性、真实性是工艺美术大师领衔陶瓷设计与工艺专业深度发展的整合力特征，其"双一工程"稳稳地落实在一个"做"字上，而且高素质的专业技能就是建立在扎实的基础训练之上的，这一过程化累积训练恰恰如同香港职业培训局（VTC）的人才培养宗旨："我们的教学手法着重传授实际技能，强调实践经验及成效，重点并不单是传授知识与技能，同样重要的是'实干'。我们'思考与实践'并重的教学方针，让学生掌握专业技术知识之余，也培养出对学习的热忱，引领他们踏上'成功'之路。"[2]

（四）"互联网＋服装设计"的创新型教育形态与创业型平台孵化——常州纺织服装职业技术学院服装设计专业

案例：

成立 11 省市自治区政、校、企、行参与的"江苏纺织服装产教联盟"和省级"纺织服装智创实训平台"，以"互联网＋中国时尚"为核心建设理念，形成了"政校企行、产教融合、协同育人"的现代学徒制中高职人才培养体系职教模式：① 针对专门品类创建"旗袍华服工作室"并研发"新中式"服装，对接非遗项目创建"乱针绣非遗传承与创新工作室"以及创建"明清服饰艺术馆"实现传统服饰文化、非遗项目的传承创新、国际交流和市场推广价值；② 核心课程融入 POP 网络资讯，在建"江苏纺织服装产教联盟"校企培训资源学习平台与智慧教室、线上线下学习室；③ 逐步建成"专、兼、中、外"混编型导师教学团队，以首创的"服装设计师领路工程"项目为驱动，以现代学徒制人才培养为模式，创设学训一体的工作室，学生由预备学徒、项目学徒向岗位学徒实现能力递增，培养个性化"三创"人才；④ 依托"江苏省大学生创新创业示范基地"和"江苏省纺织服装智创实训平台"搭建了"互联网＋中国时尚"创客空间，建成男装设计等特色工作室，实现"课堂＋店堂＋网商"三合一的"创新，创业，创优"人才孵化的协同育人平台，缔造"大国衣匠"；⑤ "服装技术与管理"订单班已成为目前国内首屈一指的培训品牌。

启示：

充分运用"互联网＋中国时尚"的现代教育技术，即一种"适切教育"，面向教学现场与工作过程导向，着眼于教学研究化、研究成果化、成果效益化，打造了艺工结合、设计先导、引领时尚、服务社会的专业发展路径，有效建构了学生的"设计思维仓库"，并以一种整合的思维——信息化思维、技术性思维与艺术型思维共同打通了"创·设·学·训"一体、工作室递进式、现代学徒制的人才培养全过程。

三、报告成果精粹的考察总结

通过对以上设计学类本科高校品牌专业和高职高专品牌专业的经典案例、总体思路与建设举措的考察分析，本文认为江苏高校品牌专业建设工程一期项目中期建设成果与建设策略具有如下五个特征（图1）：

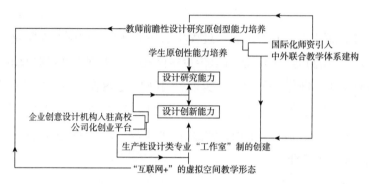

图1 设计创新能力培养的机制与体系

（一）设计学类本科高校品牌专业建设注重人才培养过程中的研究性能力达成度，注重学生设计专业学习中的原创性能力培养，着眼于国际化师资引入与中外联合教学体系的深度建构。

（二）设计学类本科高校品牌专业建设重视通过设计理论的前瞻性研究引领设计实践教学的课程系统，强调专业师资本身的科研能力对本科教学的内在驱动与学术滋养。

（三）设计学高职高专品牌专业建设的思路十分活跃、路径多样、举措各具特色，其共同的建设特征即聚焦于"生产性"设计类专业"工作室制"人才培养的实践性驱动机制应用[3]，聚焦于从传统艺术设计教学课堂走向实践创作导向下"工作室制"教学模式的多样性重构[4]，其专业建构的真正核心就是"工作室制"教学模式深度介入了艺术设计高职高专人才创新培养体系。

（四）设计学高职高专品牌专业建设也相当注重"互联网+"在教学形态、产学研融合、微课程群等方面的推动作用。同时，在设计艺术类创新创业人才培养环节，不仅有精良的硬件空间设施，还高度重视了多样化创新创意创业的实训平台的软性建构，在"硬与软"两个维度均有效地提升了高职高专院校的专业建设质量和内涵。

（五）无论本科，还是高职高专，在设计类品牌专业建设中均遵循了一个关键思路——"工作室教学机制"——其重要趋势在于其"跨校际""跨地域""国际化"特征，不同地区不同高校同专业工作室的深度交流与项目共同操作，国外高校与设计机构介入的"工作室联合教学"等已逐渐成为国内当前艺术设计类教学的新主流，这也是工作室教学模式介入设计类人才创新培养必须着力之处。此时，优质的"师资链"——在编师资、国际师资、企业聘用师资的三维构建，全方位的"资源链"——学校资源、企业资源、政府资源、国外资源的四维汲取，这两大"链"的配置完善与否对于工作室教学效能的最大化运作起到挑战性的框限作用，以深度解决当下高校艺术设计专业学生所学知识结构及要素、创作技能与社会所需、设计最前沿间存在的巨大差异问题[5]。

四、结语

事实上，设计教育是一个"实际操作"的问题，设计学类专业人才培养在本质上属于一种特殊的"工程教育"，设计师也是一种特殊的"工程师"，诚如爱德华·克劳雷（Edward F. Crawley）等美国学者在《重新认识工程教育：国际CDIO培养模式与方法》（*Rethinking Engineering Education:The CDIO Approach*）中开篇所云："工程教育的目的是为学生成为一名成功的工程师提供所需要的学习——专门技术、社会意识和创新精神。在基于日益复杂的技术和可持续产品、过程和系统的环境中，这种知识、能力和态度的结合是加强高效、创业和卓越所必需的，我们急需提高本科工程教育的质量和内涵。"[6]高等设计学类专业教育，亦需要工程理性的熏陶和素质养成。另外，设计学专业的特殊性亦在于对"发散性设计创新思维与想象力"的灌注培养，濡染专业技艺、开阔学术视野，更如同英国著名哲学家怀特海（Alfred North Whitehead）在《教育的目的》中所云："大学是实施教育的机构，也是进行研究的机构。但是大学之所以存在，主要原因并不在于仅向学生们传授知识，也不在于仅向老师们提供研究的机会。大学存在的理由是，它使青年人和老年人融为一体，对学术进行充满想象力的探索，从而在知识和追求生命的热情之间架起桥梁。大学确实传授知识，但它以充满想象力的方式传授知识。至少这是它对社会应起的作用。一所大学若不能发挥这种作用，它便失去了存在的价值。这种充满想象力的探索会产生令人兴奋的环境氛围，知识在这种环境氛围中会发生变化。某一个事实不再是简单的事实：它具有了自身所有的各种可能性。它不再是记忆的一个负担，它充满活力，像诗人一样激发我们的梦想，像设计师一样为我们制定目标。……青年富有想象力，如果通过训练加强这种想象力，那么赋予这种想象力的活力很可能保持终生。人类的悲剧在于，那些富有想象力的人缺少经验，而那些有经验的人则想象力贫乏。愚人没有知识却凭想象力办事，书呆子缺乏想象力但凭知识办事，而大学的任务是将想象力和经验融为一体。"[7]

（邰　杰，江苏理工学院艺术设计学院副院长、副教授、设计学博士后，研究方向为设计教育）

参考文献

［1］ 江苏省教育厅.省教育厅关于做好江苏高校品牌专业建设工程一期项目中期报告和考核相关工作的通知［EB/OL］［2018-02-17］.http://ppzy.ec.js.edu.cn/10158/News_Education/News/IM_ColumnType_List/info.html, 2018-01-16.

［2］ 香港职业培训局.香港职业培训局（VTC）招生简章［EB/OL］［2018-01-18］.http://www.job168.com/custom/train/2012-6/job/.

［3］ 邰杰，汤洪泉，曹晋，等."生产性"环境设计专业"工作室制"人才培养与吸聚的实践性驱动机制探析［J］.吉林省教育学院学报，2016（11）：120-123.

［4］ 汤洪泉，邰杰.从传统艺术设计教学课堂走向实践创作导向下的"工作室制"教学模式与案例分析［J］.艺术教育，2016（11）：178-181.

［5］ 邰杰，陆鞴，曹晋，等."工作室制"教学模式介入艺术设计本科人才创新培养的体系研究［J］.教育与教学研究，2015，29（1）：73-78.

［6］ 克劳雷，等.重新认识工程教育：国际CDIO培养模式与方法［M］.顾佩华，沈民奋，陆小华，译.北京：高等教育出版社，2009.

［7］ 怀特海.教育的目的［M］.徐汝舟，译.北京：生活·读书·新知三联书店，2002.

同构表意
Homological Ideology Mode

——知觉视阈下两宋山水画的四级编码对当代设计的启示
Four Levels of Cognitive Decoding of Song Dynasty Landscape Painting in the Song Dynasty and Its Inspiration for Modern Visual Communication

岳鸿雁　李　钢　唐诗毓

摘　要： 基于认知学和符号学理论，对 269 幅宋代山水画进行内容分析，从视觉符号、视像结构、视觉思维角度提炼宋代山水画的特征，从 S1 意象（schema）、S2 构图 (composition)、S3 情感 (emotion)、S4 心象 (mind) 四个层面进行解码，分析中国艺术的同构表意模式和知觉循环圈，其艺术元素的安排方式、隐喻特征，其"观物以理""心物化一""山有三远""林泉之心"对应中国人的知觉方式和认知习惯，并进而提出同构表意模式对当代设计的启示。

关键词： 知觉；符号学；宋代山水画；原创设计；视觉传播

Abstract: Based on the Neisser's perceptual cycle model theory, this article analyzes 269 rarely existing landscape paintings in the Song dynasty and develops theory of homological ideology mode of Chinese traditional artistic conception, 4 levels decoding of Song dynasty landscape painting, including S1(schema), S2(composition), S3(emotion) and S4 (mind). This theory, with its roots in the visual perception and cognition of Chinese can be inspiration for nowadays visual communication.

Key words: perception; semiotics; landscape painting in the Song dynasty; ariginal design; visual communication

作为中国视觉艺术的高峰，两宋山水画所表征的知觉方式是中国传统审美心理的重要部分，对当代平面设计和视觉传播极具启示意义。中国山水画从魏晋始，历经隋唐五代，到两宋时期达到高度成熟。作为山水画的黄金时代，两宋时期涌现出范宽、郭熙、米芾、李唐、马远、夏圭等一大批山水画家，将中国人的审美哲思和美学理想寄寓其中。本文从认知心理学的知觉理论出发，比照中国两宋时期的视觉理念，分析两宋山水画视觉符号、视像结构和视觉思维，并提出两宋山水画四级编码的同构表意模式和知觉循环圈。

一、知觉原理："观物以理"

认知心理学研究认为，作为人基本的认知活动，知觉具有三个特征：知觉是人对信息的组织和解释过程，知觉具有一定的主动性和选择性，知觉过程可能与过去的经验有关 [1]。这样的表述强调了人的已有思维对当前认知活动的作用。格式塔心理学代表人物阿恩海姆1964 年在《艺术与视知觉》中也指出"一切知觉中都包含着思维，一切推理中都包含着直觉，一切观测中都包含着创造"，因而"观看世界的活动被证明是外部客观事物本身的性质与观看主体的本性之间的相互作用""视觉不是对元素的机械复制，而是对有意义的整体结构式样的把握" [2]。美国心理学家奈瑟尔的"知觉循环圈"（perceptual cycle）理论则认为，人在进行知觉活动时，要从环境中对信息取样并分析，修正已有图示，进而影响人的内部期望，指导感觉器官去搜索特殊形式的信息，并不断与期望进行比较修正，直到知觉得以实现。而已有图示（Schema），也就是人脑中对实际环境已经组织好了的知识，是产生期望的基础（见图 1）[3]。该理论强调了客观表象、人的内在知识和当前认知活动的动态关系。分析美学家沃尔海姆将"看进"（see-in）视为由先天视觉能力与各种文化惯例、心理因素所构成的复合式视觉体验，并强调"看进"的双重性 [4-5]。

图 1　奈瑟尔的知觉循环圈，1976

上述知觉理论打破了早期心理学行为主义的藩篱，从文化心理的角度开始思考知觉与行为的互动关系。如果说西方学者提出了"图示"概念和"复合式视觉体验"，那么宋代理学家邵雍早在一千多年前就将"观"的概念与"理"相连，同样是一种复合式的视觉体验。邵雍在《观物内篇》中指出："夫所以谓之观物者，非以目观之也，非观之以目而观之以心也，非观之以心而观之以理也。" [6] 用现代视知觉的观点看，就是强调用思维的方式、理的方式来观物，不追求表象，而是追求物象的常理，追求物的本质。邵雍将人看成天地万物的一分子，主张超于物而不牵制于物，因而"以物观物，性也；以我观物，情也；性公而明，情偏而暗" [6]。而另一位宋代理学家程颐则指出"观物理以察己，即能烛理，则无往而不识。天下物皆可以理照，有物必有则，一物须有一理" [7]。程颐将人对物的观察与人本身的心性相联系，强调修养心性至善，才是正确观物的方式。这种知觉体验的过程已然有了价值引导和判断的要求。这样的理念在两宋山水画中，表现为通过对自然的描摹表达内心的精神世界。画者在山水画中传达内心的向往和对"理"的阐释，而观者也在作品中找到精神的共鸣，完成了观的过程。这一点在北宋画家郭熙《林泉高致》中有关山水画的表述中，有更具象的表达，"君子之所以爱夫山水者，其旨安在？丘园养素，所常处也；泉石啸傲，所常乐也；渔樵隐逸，所常适也；猿鹤飞鸣，所常亲也；尘嚣缰锁，此人情所常厌也；烟霞仙圣，此人情所常愿而不得见也"[8]。这种源于自然又回归自然的，同时带给传者和观者心灵归宿的理念是两宋山水画所表征的知觉方式，也是两宋山水画不同于西方风景画通过风景表达情绪情感的高妙之处，更是当代设计和视觉传播值得思索的人文关怀方向。

二、视觉符号：心物化一

在研究方法上，本研究所选的两宋山水画来源于中信出版集团出版的《宋画大系山水卷》（2016年），主要从年代、题名、作者、材质、形式、尺寸、印章数、现藏、主题、视觉符号、视像结构和四级编码认知分别进行内容分析，同时为保证信度，两位研究员同时分别进行关键词确认。其中团扇83幅，斗方44幅，册页36幅，立轴50幅，长卷56幅，共计269幅，含五代、辽国金国作品。目前主要收藏于北京故宫博物院、台北故宫博物院、辽宁省博物馆、上海博物馆、天津博物馆、纽约大都会博物馆、东京国立博物馆、弗利尔美术馆、波士顿艺术博物馆、纳尔逊·阿特金斯艺术博物馆、英国国家博物馆、维多利亚和阿尔伯特博物馆、大阪市立美术馆、克利夫兰艺术博物馆。

本研究将269幅宋山水画的题名输入BDP软件，进行文本匹配并制作词云图，如图2所示，其中出现频率最高的前10位词依次为山（27）、溪（22）、江（16）、雪（11）、观（9）、行旅（9）、松（9）、春（9）、秋（8）、亭（8）。

图2　BDP软件制作的词云图

基于前述知觉循环圈理论，两宋山水画中的图示主要由自然山水符号构成，通过形、心、神的呈现达到意的表达。通过图像编码分析，两宋山水画中常见的物象或者视觉符号主要分类如表1所示。

表1　两宋山水画中视觉符号分类

分类	视觉物象	构图
自然物	山、石、水、树（松、梧桐、柳、竹等）	主要
植物	莲花、梅花	次要
交通	桥、船、车	次要
建筑	楼阁、茅屋、塔、亭、城关、庙宇	次要
人	渔、樵、行人、船夫、儿童、士人	点景
造景	山路、渡口、池塘	点景
自然现象	云海、月亮、太阳	点景
动物	牛、马、骆驼、猪	点景
动物	鹤、鸭、鸟、鹿、白鹭、雁	点景
器具	桌椅、琴、书	点景

文化符号学者罗兰·巴特在其《显义与晦义》一书中指出，艺术品是一种讯息，包括两方面，"一种是外延的，即相似物本身，另一种是内涵，它是社会在一定程度上借以解读它所想象事物的方式"[9]。而另一位中国符号学者李幼蒸则将中国绘画艺术比照中国诗歌，提出了中国艺术四个语义层面的同构表意模式：S1即读者心中的感性形象，S2即对S1的形式安排的感受，S3即对S2的类型形式的进一步的情感反应、情感效果（内心情感），S4即审美的形而上精神（心象）[10]。四个语义层层递进。本研究在分析两宋山水画时，将其概括为S1（意象）、S2（构图）、S3（情感）、S4（心象）。

选取8幅表现松树的山水画作为代表，进行个案研究，分别呈现其形式、意象、构图、情感和精神（表2）。

表2　以松为主题的两宋山水画的四级编码分析

题名	作者	形式	意象	构图	情感	象征（精神）
《早春图》	郭熙（北宋）	立轴	山、水、树、石、宫殿、茅屋、船、瀑布、院子、渔夫、行旅人	近景、中景、远景，三远交错，松位于画面中心	生机	生命力 生生不息 循环往复 出世与入世

续表

题名	作者	形式	意象	构图	情感	象征（精神）
《渔村小雪图》	王诜（北宋）	长卷	山、水、树、石、桥、船、瀑布、渔民、文人	空间转换，起伏变化，三段构图，双松位于画面中段	静谧 空灵 风雅	物我为一 天地一色 乘物以游心
《春山瑞松图》	米芾（北宋）	立轴	山、树、石、亭、路	近景、远景结合，虚实结合，松在近景	闲适 生机 质朴 静谧	一片江南 可游可居
《松冈暮色图》	赵令穰（北宋）	团扇	山、水、松、石	近景，远景偏胜，松树为视觉焦点	颓废 悲伤	衰败 坚韧 穷途末路
《万壑松风图》	李唐（南宋）	立轴	山、水、松、石、瀑布	全景构图，近景、中景、远景结合，高远和深远结合，松树为视觉焦点	雄浑 气势	乘物以游心 禅意
《松湖钓隐图》	李唐（南宋）	册页	山、水、松、草、船、渔夫	中景构图，偏胜构图 松树位于视觉焦点	闲适 静谧 悠然自得	归隐
《松荫话别图》	马远（南宋）	团扇	山、松、石、人		悠然	归隐
《春山乔松图》	马麟（南宋）	斗方	山、水、树、石、楼阁、月	中景构图 偏胜构图 松树位于右侧视觉焦点	孤寂	归隐

以现藏于台北故宫博物院的《万壑松风图》为例，它以顶天立地式构图，雄浑森严，气壮山河，从山麓至山巅，松柏葱翠，岚气若动若静，极其细致入微。在结构上，"李唐布局中取近景，突出主峰和崖岸，以造成迫在眉睫的视觉感受"[11]。在绘画技法上，李唐使用各种皴法（如长钉皴、刮铁皴、豆瓣皴等）和大斧劈、小斧劈等方法准确描摹山石图景，同时展现了万壑千岩，壮美崇高的气势。在自然语境之外，该画也传递了画者的思想意境。在中国文化语境里，"万壑松"的理念颇具禅意，南宋有一把名琴就命名为万壑松。唐代诗人李白就有《听蜀僧浚弹琴》云："为我一挥手，如听万壑松。客心洗流水，余响入霜钟。"万壑松寓意着涤荡心灵的功用。又如马麟的《春山乔松图》，画中高士依松林之

侧，倾听风声水声心声，有着"万物静观皆自得，四时佳兴与人同"的境界。上述作品基于中国文化语境，将视觉、听觉、情感和意境共同呈现在视觉体验中，在当代多媒体语境下也可借鉴。

阿恩海姆认为"伟大的艺术品中，它所要揭示的深刻含义是由作品本身的知觉特征直接传递到眼睛中的"[2]。两宋山水画的画者和观者通过同一文化语境下的视觉符号形成了情感共鸣。观者期望通过山水画追求内心的平静，画者借助图示传递了回归自然的理念。具有文化象征意义的视觉符号连接了其外延和内涵，连接了画者和观者。例如象征高洁人格的竹子、象征坚韧的松树、象征宗教意味的高山宫殿、象征禅意的雪景、象征老庄精神的鹤、象征寻找人生出路的渡口等意象，使心灵得以想象和寄寓。在西方绘画作品中也有这样的视觉符号，如百合象征纯洁，羊羔象征信徒等。将知觉循环圈理论应用在两宋山水画的视觉体验中，可以看到观者的知觉过程是与其内心期望不断碰撞而产生共鸣的。

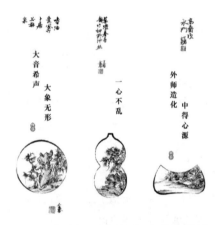

图3 唐诗毓以宋山水画元素设计的书签

山水画的上述视觉符号可以借鉴到当代设计中，使整体设计呈现具有中国情感和精神的视觉体验，而符合中国人知觉方式的设计也更易于传达和被接受。如图3~图5所示以宋山水画为元素设计的书签、文创产品和BBC纪录片海报都较好地融合了山水画中的视觉符号，加以再开发和设计，形成适合当代用户需求的产品。

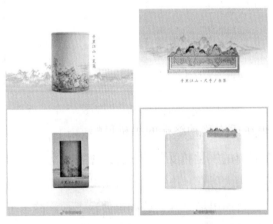

图4 故宫以宋山水画元素开发的文创产品

图5 BBC纪录片以宋山水画元素制作的纪录片海报

三、视像结构："山有三远"

两宋山水画根据尺幅不同分为团扇、册页、斗方、长卷和立轴，其中团扇、册页、斗方的尺幅较小，立轴、长卷的尺幅很大。特别是长卷可以展开观看，形成山水画独具特色的观看方式。李泽厚曾在《美的历程》里说，"中国美学的着眼点更多不是对象、实体，而是功能、关系和韵律。从阴阳（以及后代的有无、形神、虚实等）到气势、韵味，中国古典美学的范畴、规律和原则大都是功能性的"[12]。两宋山水画的构图也是从功能性出发，以呈现韵律之美，气韵之美。早在东晋，谢赫就提出了六法。画有六法：一曰气韵生动，二曰骨法用笔，三曰应物象形，四曰随类赋彩，五曰经营位置，六曰传移模写（张彦远《历代名画记》）[13]，其中有说到位置结构的作用。在五代、北宋时期，山水画的构图已经确立了一套"全景山水"的完备画法，即山水画中有近景、中景、远景[14]。山水画中的透视是有别于西方焦点透视的散点透视，北宋画家郭熙提出的"三远法"，"山有三远，自山下而仰山巅谓之高远，自山前而窥山后谓之深远，自近山而望远山谓之平远。高远之色清明，深远之色重晦，平远之色有明有晦。高远之势突兀，深远之意重叠，平远之意冲融而缥缥缈缈"。又说："山以水为血脉，以草木为毛发，以烟云为神采。故山得水而活，得草木而华，得烟云而秀媚"[8]。这说明了山水画布置经营及山水、树石、草木和烟云之间的关系。另一位宋代画家韩拙在《山水纯全集》则提出，"有山根边岸，水波亘望而遥，谓之阔远；有野霞暝漠，野水隔而仿佛不见者，谓之迷远；景物至觉而微茫缥缈者，谓之幽远"[15]。山水画的"全景山水"与"三远法"，将不同视角和感受集合在同一张画面中，其构图有别于西洋油画构图学中单纯的点线面的平衡，而是一种层级的概念，不同视角的景物按照层级的不同布置在画面上，互相看似独立但内在又有气韵联系。这种层级的构图思维与现代平面设计软件中的图层概念相通。在现代平面设计，特别是书籍设计中，可以借助图层，将文字、色块、插图在二维平面上塑造具有中国审美特质的三维空间，从功能、关系和韵律出发可以更好地把握视像结构。

此外，两宋画师们会根据作品尺幅、观看方式的不同来创作山水画的内容，这种"因地制宜"的视觉思维与"形式服务功能"的当代设计思维在某种程度上不谋而合。例如，团扇、册页、斗方的小尺幅构图方式适合运用在适应移动终端的手机尺幅上，如H5设计、手机操作系统的壁纸设计；立轴的构图方式适合应用在易拉宝等宣传品设计上；长卷的构图方式适合应用在喷绘、横幅和环状展厅的陈列设计上。此外，现在的社交媒体上开始流行使用长图的形式来进行信息的传播交互，这种长图是基于智能手机用户的向下划屏的阅读习惯，将所要传播的内容拼接在一起设计整合成一张完整长图，满足用户一次性获取较多完整信息的需求，所需的阅读时间较长。长图这种设计样式与亚文化的条漫形式相类似，它取消了条漫中分镜框的限制，单纯利用图形意象的拼贴转换来进行内容的转换衔接，且还需要保持每一次下划之后以手机屏幕为取景框内的画面的基本完整。从受众角度看，这种长图的阅读方式与宋代山水长卷的阅读方式一致；从传者角度看，长图与长卷在创作上的构图要求也是一致的。因此宋代山水画长卷的视像结构也可以应用在现代媒体语境下的长图。当然两宋山水画的视像结构不仅限于此，还有待更多研究。

四、视觉思维："林泉之心"

两宋山水画以其"扫千里于咫尺，写万趣于指下"[17]表现了中国美学"外师造化，中得心源"[17]的意境之美，反映了中国人对"林泉之心"的精神向往。"虽以实相为宗，山水之形含蕴的人情思虑确是中国传统思维之表征。儒道释融于山水，天人合一，乃宋代山水画之实相。自然客体被画家情思摄取，其精神思虑唯精唯一，显现着自然客体的象征意义，引发了艺术主体的存在与表现。"[18]从两宋山水画中，可以清晰地看到宋人独特的整体审美意识。

中国人对自然山川的向往早在先秦就已发端，孔子将山水与智者、仁者相类比，通过山水形象反映人格风范，强调自然山水的人格精神，在《论语·雍也》中说："智者乐水，仁者乐山，智者动，仁者静，智者乐，仁者寿。"而庄子在《庄子·齐物论》中则说"天地与我并生，万物与我为一"，这种天人合一，道法自然的观念是中国人对山水的依恋，将其视为生命家园、心灵归宿。到魏晋南北朝时期，"作为知识分子的士人阶层多以隐逸来逃避现实，沉迷于清谈"，出现了"论述山水画的最早文本，论述山水的运意载道问题"[20]，如宗炳在《画山水序》中指出"圣人含道暎物，贤者澄怀味像。……又称仁智之乐焉。夫圣人以神法道，而贤者通；山水以形媚道，而仁者乐。不亦几乎？"[21]就指出儒道相融，山水绘画也终究应如圣人得道、贤者澄怀，通过内心体悟自然山水。而唐代张璪更提出了"外师造化，中得心源"的概念。

到了两宋时期，儒家的"仁"之美、道家的"道法自然"、释的"顿悟"三家观点互通互补，共同作用于两宋山水画，达到了山水画的高峰。两宋理学追求严谨内敛的思想观念也影响了审美观照。在山水画创作方面，范宽的《溪山行旅图》、郭熙的《早春图》、许道宁的《渔舟唱晚图》、王诜的《烟江叠嶂图》《渔村小雪图》、李唐的《万壑松风图》等通过全景式表现自然，呈现一种或壮美、或静谧、或逍遥之美的画境，返璞归真，传神蕴道，包含着艺术家的人格特征和中国人的人文哲思。南宋梁楷的《雪景山水图》、牧溪的《远浦归帆图》则以写意的手法捕捉大自然的生动瞬间，呈现了禅意之美，空灵澄澈，明心见性。马远的《踏歌图》、刘松年的《蜀道图》、夏圭的《捕鱼图》则在细致描摹大自然中包含着对民间疾苦的关怀。

郭熙、刘道醇、黄修复、米芾、苏轼、韩拙、饶自然等都有大量关于山水画论的观点，如"可行、可望、可游、可居"的丘壑之美，将艺术表现、山川实景和人的精神感受相连接，并进而探讨宇宙人生的终极关怀。一方面，画家强调要取"莫精于勤，莫大于饱游沃看，历历罗列于胸"[8]。这是对自然的用心观察，包括四季的变化，烟云的变化、远近、浅深、风雨、明晦、四时、朝暮之所不同等等。另一方面，画家也强调从心出发，如范宽说"前人之法未尝不近取诸物，吾与其师于人者，未若师诸物也。吾与其师于物者，未若师诸心。"[21]。郭若虚的画论则将人品和画品结合，"人品既已高矣，气韵不得不高；气韵既已高矣，生动不得不至。所谓神之又神，而能精焉"[24]。而至宋代士大夫，更是将意的表达放在形的前面，所谓"得意忘形"，强调从意出发，从理出发。如苏轼为宋代山水画提出了"常理"的概念，所谓"余尝论画，以为人禽、宫室、器用皆有常形，至于山石、竹木、烟云，虽无常形而有常理。常形之失，人皆知之；常理之不当，虽晓画者有不知"[23]。他强调神似，而不是形似，强调通过画来表现常理，而不仅仅是常形。欧阳修的"得意忘形"理念可以说将中国山水画对意象之美的追求做了精辟总结。他在评价《盘车图》时说，"古画画意不画形，梅诗咏物无隐情，忘形得意知者寡，不若见诗如见画"[24]。从郭熙的以形写形，到范宽的以心写形，到郭若虚的以神写形，再到苏轼、欧阳修的得意忘形，是宋代山水画所追求的不同境界，可以为当代知觉理论带来不少启发（图6）。对当代设计和视觉传播而言，纯粹的形式或者题材的选择都不是传达者应当追求的最终内容，其目标还是通过有形的形体表达无形的意义，而更重要的则是引导观者寻找心中的桃花源，通过符号传递情感和表达精神的象征意义。

图6　宋代山水画表征的
知觉循环圈

五、结论

两宋山水画家通过笔墨的境界、布局的境界、气韵的境界和精神的境界呈现了"林泉之心"，反映了其"中得心源"、虚实结合、格物致知、天人合一的山水人文视觉体系。本研究基于认知学的知觉循环圈理论，对269幅宋代山水画进行内容分析，从视觉符号、视像结构和视觉思维角度提炼宋代山水画的特征，从S1意象（image）、S2构图（composition）、S3情感（emotion）、S4（mind）精神四个层面进行编码解码，总结中国山水画的同构表意模式和知觉循环圈，其艺术元素的安排方式、隐喻特征，其"观物以理"的知觉方式、"心物化一"的视觉符号体系、"山有三远"的视像结构和"林泉之心"的视觉思维对应中国人的知觉方式和认知习惯，在现代设计中具有实践意义。

（岳鸿雁，上海交通大学设计学院博士生，传播学硕士，传统文化与现代设计研究所研究员，研究方向：艺术传播，书籍设计；李　钢，上海交通大学设计学院教授，博士生导师，传统文化与现代设计研究所所长，研究方向：中国绘画理论与实践，传统文化与设计思潮；唐诗毓，上海交通大学设计学院硕士生，传统文化与现代设计研究所研究员，研究方向：视觉传达，日本设计）

参考文献

［1］ 乐国安，韩振华.认知心理学［M］.天津：南开大学出版社，2011.

［2］ 鲁道夫·阿恩海姆.艺术与视知觉：视觉艺术心理学［M］.北京：中国社会科学出版社，1984.

［3］ Neisser U. Cognition and Reality［M］. San Francisco: W H Freeman and Company, 1976.

［4］ 殷曼楟.论沃尔海姆"看进"观的视觉注意双重性［J］.南京社会科学，2014（07）：116-121.

［5］ 沃尔海姆.艺术及其对象［M］.刘悦笛，译.北京：北京大学出版社，2012.

［6］ 邵雍.邵雍集［M］.北京：中华书局，2010.

［7］ 程颐.二程集［M］.北京：中华书局，2004.

［8］ 郭熙，林泉高致，熊志庭，刘城淮，金五德译注.宋人画论［M］.长沙：湖南美术出版社，2000.

［9］ 罗兰·巴特.显义与晦义：批评文集之三［M］.怀宇译.天津：百花文艺出版社，2005.

［10］ 李幼蒸.历史符号学［M］.桂林：广西师范大学出版社，2003.

［11］ 李钢.故宫三宝：两宋山水画笔墨解析［M］.上海：上海人民美术出版社，2019.

［12］ 李泽厚.美的历程［M］.天津：天津社会科学院出版社，2001.

［13］ 张彦远.历代名画记［M］.杭州：浙江人民美术出版社，2019.

［14］ 应受庚.中国绘画构图学的规律与法则研究［J］.浙江丝绸工学院学报，1997（1）：47-55.

［15］ 韩拙，山水纯全集，熊志庭，刘城淮，金五德译注.宋人画论［M］.长沙：湖南美术出版社，2000.

［16］ 刘道醇.宋朝名画评.宋人画评［M］.云告，译注.长沙：湖南美术出版社，2004.

［17］ 宗白华.艺境［M］.北京：北京大学出版社，1987.

［18］ 苏畅.宋代绘画美学研究［M］.北京：人民美术出版社，2017.

［19］ 段炼.蕴意载道——索绪尔符号学与中国山水画的再定义［J］.美术研究，2016（2）：18-22.

［20］ 彭莱.古代画论［M］.上海：上海书店出版社，2009.

［21］ 岳仁.宣和画谱［M］.长沙：湖南美术出版社，1999.

［22］ 李来源，林木编.中国古代画论发展史实［M］.上海：上海人民美术出版社，1997.

［23］ 苏东坡.净因院画记.宋人画评［M］.云告译注.长沙：湖南美术出版社，2004.

［24］ 陶明君.中国画论辞典［M］.长沙：湖南出版社，1993.

论新中式景观的审美文化心理

On the Aesthetic Cultural Psychology of the New Chinese Landscape

周晖晖

摘 要：新中式景观，在当代世界景观格局中，是具有现代东方色彩的，真、善、美三位一体"自然的王国"。新中式景观的美，主要表现在对中国古典园林美学的继承与发扬上，而这又集中地体现在景观艺术对"人—城市—环境—文化"的生态美学关系。文章在中国古典园林美学的基础上，对新中式景观的审美文化心理过程中所涉及的审美心理层次和接受心境进行了深度探析。

关键词：新中式景观；审美文化；审美心理

Abstract: The new Chinese landscape, in the contemporary world landscape pattern, is a modern oriental color, true, good and beautiful "The kingdom of nature". The "truth" of the new Chinese landscape is mainly reflected in the inheritance and development of the aesthetics of Chinese classical gardens. This is reflected in the ecological aesthetic relationship of "people-city-environment-culture" in landscape art. In this article，On the basis of the aesthetics of the classical Chinese gardens, the aesthetic psychological layer involved in the aesthetic cultural psychology of the new Chinese landscape in-depth analysis of the state of mind and acceptance.

Keywords: new Chinese landscape; aesthetic culture; aesthetic psychology

引言

德国心理学家艾宾浩斯意味深长地说："心理学有一长期的过去，但仅有一短期的历史。"[1] 确实如此，真正属于历史的心理学研究，为期并不长。就景观作为重要的生态艺术领域来说，有关景观文化心理学和景观审美心理学的著作至今未见问世，研究亦未见展开。

景观园林是人类历史文明的标志之一，它既是物质文明的标志之一，又是精神文明的标志之一。中国古典园林史及其有关文献，隐含着分散的，东零西碎的，但却是异常丰富的文化心理学资料，对这些资料加以梳理、概括，可以看出中国古典园林种种文化心理的积淀过程。一个时代的景观，正如当下的新中式景观，又是打开了一个时代魂灵的心理学。它的艺术创造和品赏接受，也凝聚着大量心理学的内容，如审美距离、接受心境等，在这些方面总结规律，其意义可能超过景观审美心理学本身。

一、审美距离与接受心境

审美意境的整体生成，离不开审美主体的创造和接受。景观作为审美对象，其中虽然凝聚着审美主体（第一主体）——设计师创造性的情致、想象、文化等主观因素，但毕竟还只是作为审美客体而存在，它有待于审美的公众在接受中把它转化为活生生的意境。从这个意义上说，公众也是生成新中式景观审美意境必不可少的审美主体（第二主体）。也正是在这一流动的审美构架关系中，意境把客体跟主体、创造和接受、设计师和公众整合在一个系统之中了。

（一）空间、情感距离的远与近

新中式景观的境界是一种空间组合，对它的观照离不开一定的距离。观照有近观、远观之分，标志着审美主体和作为审美客体的景观之间不同的空间距离。在景观境界里，近观有其审美价值，如对建筑的外立面装修，地面铺装的传统图案，多层次植物造景等，都需要近观细赏。相较于近观，远观似乎和景观的审美意境关系更为密切。

中国古典园林的审美就特别崇尚韵趣之"远"，这显然是与中国诗画的意境美学有关。"远"应该是中国美学的重要范畴，它凝聚着中国人的审美趣味、文化心理。在西方心理学派某些美学家眼中，远观似乎更有美学价值，而且还和所谓"距离说"绾结在一起。德国的弗·菲希尔曾做过分析："我们只有隔着一定的距离才能看到美。距离本身能够美化一切。距离不仅掩盖了外表上的不洁之处，而且还抹掉了那些使物体原形毕露的小东西，消除了那种过于琐细和微不足道的明晰性和精确性。"[2] 这番论述以远观为例，开了西方美学"距离说"的先河，比瑞士布洛的"心理距离说"要早七八十年。然而，更早分析远距离美感的，是我国明代的谢榛。早于菲希尔三百多年，谢榛在《四溟诗话》中就写道："凡作诗不宜逼真，如朝行远望，青山佳色，隐然可爱，其烟雾变幻，难于名状。及登临非复奇观，唯片石数树而已。远近所见不同，妙在含糊，方见左手。"中国古代和西方近代这两位美学家都认为应该远距离来观照美。两段言论，可谓异曲同工。

那么，新中式景观的审美主体远距离观照所生成的意境，究竟包含哪些美呢？其一，就是含糊美、朦胧美。这在大型公共景观中特别是一些建筑景观群的"远借"中，效果最为显著。如苏州博物馆新馆因其地理位置的特殊性，在建筑整体上与周围的忠王府、拙政园建筑群融为一体，互为借景（图1），香山饭店隐匿于香山如诗如画的风景之中，远观之有种隐然可爱的朦胧之美（图2）。其二，是气势美、宏观美。传为五代荆浩所做的《山水诀》说："远则取其势，近则取其质。"确乎如此，站在远处观赏建筑景观群，最能把握其整个画面的体势、气概。如远距离观照深圳万科第五园的建筑景观群，最能感受到徽派建筑和晋派建筑的气势之美。再如宁波博物馆，设计的理念落脚于"山形"的设计，王澍将宁波博物馆的屋顶形式用现代的几何形体进行营造，倾斜尺度不同而造出了连绵不绝山体之势。几何形的人工切割，不仅表现出了建筑所爆发出的外在力量和体量感，而且以断片的城市记忆入手，给人无限的反思与遐想空间，同时也感受到博物馆非凡气势的震撼力与崇高美（图3）。

图1　苏州博物馆与周围环境融为一体

图2　香山饭店朦胧美

图3　宁波博物馆震撼美

（图1～图3来源：百度图片）

此外，远距离观照还可以生成种种意境之美。中国的山水画从宋代开始，就有"三远"之说。郭熙《林泉高致》提出："山有三远：自山下而仰山巅，谓之高远；自山前而窥山后，谓之深远；自近山而望远山，谓之平远。""高远之势突兀，深远之意重叠，平远之意冲融而缥缥缈缈。"审美主体所得的这种或突兀、或重叠、或冲融之意，就是主体与客体由不同方位、不同情景的远距离关系所生成的种种境界之美。如象山校园的布局因地制宜，建筑走势犹如山水自然，蜿蜒曲折的动态校园貌似一条长龙卧于象山两侧，山水绵绵不绝地从校园中流过，汇聚于钱塘江之中。建筑的景观形态加以王澍的造园之法，融入于大自然的怀抱。宽窄不一的校园道路，曲径通幽，步移景异，景贵乎深，不曲不深。这种蜿蜒绵长的意境之美在象山校区的不同角度不同方位皆有不同体现。

宗白华先生曾写道："龚定安在北京，对戴醇士说：'西山有时渺然隔云汉外，有时苍然堕几席前，不关风雨晴晦也。'西山的忽远忽近，不是物理学上的远近，乃是心中意境的远近。"[3] 这番论述发人深思的价值意义之一，也是关于审美距离的远近问题。如上文所论，在新中式景观的审美接受中，主体和客体的空间距离似乎是愈远愈佳，这与中国古典园林美的审美距离观具有密不可分的联系。然而，主体对于客体的情感距离，则又似乎是愈近愈妙，因为这也有助于生成意境之美。就审美主体在"远借"中与审美客体所建构的关系来看，空间距离固然以远为佳，但二者的情感距离也还是以近为妙。如香山饭店环境优美，其庭院空间的意境处理受环境的约定，充分表达出传统文人庭院的意境特征。身处其中，观其冠云落日、曲水流觞、古木清风、松林杏暖、海棠花坞等诗意盎然的名称，点明了庭院的主题四季朝暮，创造出不同的时空感受，曲水流觞的典故引入怀古情思而香山古木清泉碧荫红叶的自然环境，更引入了传统庭院中梦寐以求的自然意境。这种意境接受的情感体验，不但可表现于远观，而且可以表现于近观，意境接受中的化远为近，这也和中国自古形成的观照习性、空间意识和心理结构有关。宗白华先生曾通过中国绘画和西方绘画的比较来说明这一点。他指出：

西洋画在一个近立方形的框里幻化出一个锥形的透视空间，由近至远，层层推出，以至于目及难穷的远天，令人心往不返，驰情入幻，浮士德的追求无尽，何以异此？

中国画则喜欢在一竖立方形的直幅里，令人抬头先见远山，然后由远至近，逐渐返于画家或观者所流连盘桓的水边林下。《易经》上说："无往不复，天地际也。"中国人看山水不是心往不返，目及无穷，而是"返身而诚"，"万物皆备于我"。王安石有两句诗云："一水护田将绿绕，两山排闼送青来。"前一句写盘桓、流连、绸缪之情，下一句写由远至近，回返自心的空间感觉。

这段中西比较美学的阐述，具有很大的价值。在中国审美史上，确实有以情感近化或取消空间距离的悠久传统，新中式景观的意境接受同样如此，由远至近，返回自心，就是其中一种重要的观照方式和情感态度。

（二）新中式景观美的接受心境

心境，对于人们接受外界的信息，感知事物的真、善、美起着重要的作用，即阻碍或协助作用。起阻碍作用的是一种负价值，如视而不见、听而不闻、食而不知其味，这是由于"心不在焉"；起协助作用的，是一种正价值，如在对某事物心往神驰的情况下，最易于心领神会。新中式景观的审美，是不同于单纯感知的一种极为复杂微妙的心理活动，它更需要有与之相生相应的心境，从而能使意境客体向审美主体生成。对于新中式景观美的接受心境，可以参照中国古典园林美的接受心境来理解。古今景观形式不同，但新中式景观所表达的审美意境是古典园林意境美的现代再现，因此，要求审美主体在品赏景观意境之时，能够有和欣赏古典园林美同样的接受心境。

静观，景观接受心境的第一要素，是园林美学的重要概念。康熙《避暑山庄记》有"静观万物，俯察庶类"之语。就苏州园林来看，留园就有"静中观"，它企图通过特大的空窗引导人们观照庭院的境界之美；怡园有董其昌所书的"静坐观众妙"刻石，它依据老子哲学，揭示了园林观照的三昧；而网师园则又有中国园林里最小的桥——引静桥，它虽只需两三步即可跨过，然而它引人入境，从而令人即小观大。那么，处于苏州园林环境中的苏州博物馆，在观照它的审美境界之时，同样需要接受心境之静。虽然博物馆中庭院景观已不像古典园林里将"静"的心境物化成如"观、斋、轩、亭"等具体对象，但"苏而新、中而新"的景观意境仍需要以"静"的心境情趣品赏。

就心境而论，"静"和"清"也密不可分，二者互为影响，互为包容，静能生清，而清也能生静。"所谓'清'，从心理学视角来说，是抑制杂念，注意专一；从社会学视角来说，是去垢绝俗，远离尘嚣；从美学视角来说，则是心灵的一种审美净化。"[2] 目前新中式景观设计实践多为公共景观空间项目，景观尺度大小不等，有像象山校区、苏州博物馆、深圳万科第五园这样的大尺度景观项目，也有像宁波滕头村案例馆、五散房、前门大街、上海石库门这样的小尺度景观项目，在观照审美境界时无关尺度大小，都需要审美主体时刻保持"清"的心境，因为绝大多数景观的外环境，都是繁忙喧嚣，令人目眩心迷的街市，而不是清净幽美的山林湖泽，在这样的尘俗空间包围之中，要保持住闲雅静清的心境，是非常不易的，如果审美主体不具备这种心境，那么，新中式景观的审美意境就无法向主体生成。

美，离不开和谐，前文就新中式景观的和谐之美已做讨论。中国古典美学非常强调中和之美。《礼记·中庸》说："中也者，天下之大本也；和也者，天下之达道也。致中和，天地位焉，万物育焉。"这一哲理见之于艺术美学，《乐记》有"大乐与天地同和"之说。就中国包括园林景观在内的种种艺术美来看，它们无不通过不同的形式，共同体现着和谐的美学原则。新中式景观的审美，也离不开"和"的心境。

在特定的情况下，观照的空间距离应远观，情感距离则需近观，而审美接受的这一远与近，又离不开静、清、和，交相为用的心境。其实，情景交融，物我同一的和，也就是拉近了情感距离，"近"到了二者合二而一的地步——零距离。景观的品赏者只有力求具备或初步具备这些要素，才能很好地品赏新中式景观。

二、新中式景观的审美心理层次

一般的审美心理学，把审美心理分为感知、想象、情感、理解四个层次。这一框架，符合于普遍的、大体的情况。鉴于中国国情、中国古典园林历程、新中式景观发展现状和艺术门类的特殊性，在此对新中式景观品赏的心理层次描述，始基层不是"感知"，而是游览的生理上的"劳形"，而终极层次也不是一般的"理解"，而是融入中国古典园林美学与哲学境界的"惬志怡神"，并认为各层次不是相互割裂、独立自足的，而是相互联系、交叉互补的。

（一）"劳形舒体"层次

首先要论述的是审美主体的生理层次，当然也兼顾建立于其上的审美愉悦的心理层次。陈从周先生在《说园》里，开篇就写道："园有静观，动观之分，……何谓静观，就是园中予游者多驻足的观赏点；动观就是要有较长的游览线。……拙政园泾缘池转，廊引人随，与'日午画船桥下过，衣香人影太匆匆'的瘦西湖相仿，妙在移步换影，这是动观。"[4] 可见，游是园林景观品赏的主要方式，这也是人们的共识，但它还应该是园林景观品赏的目的之一。《吕氏春秋·重己》指出："昔先圣王之为苑囿园池也，足以观望劳形而已矣。"认为建构园林的目的有两个方面：一是供人"观望"，二是供人"劳形"。"这一目的论，范围不免狭隘，但却颇有见地，因为游园不同于看诗、读画、听乐、观戏，它不但要满足人们的心理需要，而且要满足人们的生理需要。这后者就是'劳形'，这种'劳形'，也是一种享受，它是在优美的生态环境里的舒体乃至舒心。游园的'劳形舒体'，这应是园林美学和园林养生学的课题之一。"[5]

审美心理是建立在生理的基础之上的，就人的生理机能本身来说，"劳形舒体"是调节劳逸的重要方式，正因为如此，文职工作者，会选择散步来调节，久困城市的人，爱到远方旅游，或赏玩山水风景，或饱览园林名胜……这是人体生理自律性的内在需求，并不仅仅是审美心理的需要，所以《诗·大雅·灵台》郑玄注说："国之有台，所以……时观园，节劳佚也。""节劳佚"，也就是调节劳逸，劳者调之以逸，逸者调之以劳。联系新中式景观来说，人们在游赏景观时劳与逸的感受因人而异，如对于居住在深圳万科第五园中的居民来说，结束一天繁重工作回到小区的景观空间之中，景观给予他们是"逸"的感受，对于纯粹坐卧休息来说又是"劳"，或者说，它是摆脱了紧张忙碌状态的"闲"与"逸"，又是进入闲散逸静状态的"劳"和"动"，这种静中有动，动中有静，是符合上文"静清和"心态的，真正意义上的积极的休息。

（二）"悦目赏心"层次

新中式景观品赏审美心理的初级层次是与主体感观相连的感知层，其中主要包括形、线、色、光等形式美因素相关的视觉心理，并经过对"有意味的形式"的探寻，进入到有关的深层文化心理，而这种探寻又是对审美感知层的超越。人的五官有眼、耳、鼻、舌、身，感觉有视、听、嗅、味、触，一般认为，只有视觉和听觉才可以是审美感觉。

桑塔耶纳在《美感》一书中指出："视觉是'最卓越的'知觉。因为，只有通过视觉器官和依照于视觉，我们才最容易明白事物。……所谓形式，它差不多是美的同义语，往往是肉眼可见的东西……凡是有丰富多彩的内容的事物，就具有形式和意义的潜能。"[6]在各种感觉中突出视觉，强调其"最卓越的"审美功能，这应该说是正确的，它对于景观品赏也是有价值的。《吕氏春秋》就把园林景观的功能概括为"观望"和"劳形"。《诗·大雅·灵台》郑注也概括为"时观游，节劳佚"，这都离不开一个"观"字。桑塔耶纳论述的另一价值，是给人以这样的启示：以目赏美，不能仅仅停留在其形式之美，还应进一步探寻其底蕴，以窥其内含的"意义的潜能"，而这又应联系克莱夫·贝尔的"有意味的形式"之说来理解。

在西方美学史上，克莱夫·贝尔第一个提出"有意味的形式"这一著名概念，认为这种"有意味的形式"正是艺术品的价值所在。他还具体指出："我的'有意味的形式'既包括了线条的组合也包括了色彩的组合。形式与色彩是不可能截然分开的，不能设想没有颜色的线，或是没有色彩的空间，也不能设想没有形式的单纯色彩间的关系。"[2]这一观点，特别适用于新中式景观建筑的空间造型，因为建筑离不开形（线、面、体）和色的空间组合。

联系视觉经验，把新中式景观建筑平面、立面的空间的"形"及其意味，做一初步的审美的或理论性的探寻，以求深入把握"有意味的形式"这一重要概念。新中式景观之所以与众不同，很大程度上在于对建筑、空间的理解与中国古典园林、现代主义景观均不同，是在现代建筑环境中突出民族个性，同时也在传统文化氛围中体现现代文明。新中式景观是在现代主义风格的基础上寻求突破，中国古代建筑最有意思的建筑装饰便是屋顶，而现代主义对于建筑装饰最初的态度"国际主义风格"，新中式景观的方法是在长方形的屋基平面上，利用中国传统建筑的屋顶，探寻出属于中国视知觉经验的结果。

王澍的大部分作品的屋顶都是承袭了中国传统建筑屋顶的基本形态（图4），远观如绵延的山坡，不同坡度层层叠叠的瓦，作为屋檐，作为房顶，作为墙面，所有的瓦、砖甚至石板，都是具有历史的旧材料，因而使得才完工几年的建筑就呈现出一种内敛而淡然的气质。阿恩海姆说："我们可以把观察者体验到的这些'力'看作是活跃在大脑视中心的那些生理力的心理对应物……虽然这些力的作用是发生在大脑皮质中的生理现象，但它在心理上却仍然被体验为是被观察事物本身的性质。"[7] 它说明了，在特定的审美心理结构中，不同的"体"会生发出不同的"势"来，而这正是形式美的一种空间意味。

图 4　象山校区建筑屋顶

景观建筑的空间造型，不但离不开一定的形与线，而且离不开一定的色。作为形式美的要素，色彩随着人类审美史的发展，愈来愈多地具有特定的表情意味和象征意味。它们以其诱人的魅力吸引着爱美的人们去深思、探寻。白和黑，这是色彩序列的两极，中国古老的太极图就由此构成。苏州博物馆、香山饭店、深圳万科第五园正是以这两极作为色调的主宰的。在景观空间中，各种各样的景和色，都被包围在由黑和白这两种"极色"所构成的空间之内，其他的建筑景观色彩，也都融合于白墙黑瓦的块面之中。车尔尼雪夫斯基曾经说过："黑白两色对随便哪种颜色都是一样适合的，因为说实话，它们并不是什么颜色；白色，这是一切颜色的结合点；黑色，这是缺乏任何颜色的表示。"[2] 这话不无道理，作为极色的白色和黑色，从这一意义上理解，又可说是无色或本色。中国古典美学所崇尚的，正是这种无色之美、本色之美，而其思想根源，可追溯到古老的"白贲""尚质"的哲学、美学思想。

苏州古典园林粉墙黛瓦的无色之美，也和水墨画一样，表现为不施彩色而能肇自然之性，成造化之功。笪重光《画荃》说："间色以免雷同，岂知一色中之变化；一色以分明晦，当知无色处之虚灵。"苏州园林乃至新中式景观中的色调美也有类于此。黑白二色，是明、暗两种光度的极致。黑色的屋面和白色的墙壁相结合，对比效果鲜明强烈，显得黑愈黑白愈白，分外醒目，而灰色的青砖、瓦片介乎其中，这种中性色，和黑相比是"明"，和白相比是"暗"。其实白就是极明的灰，黑就是极暗的灰。在新中式景观建构中，光度最高的白、光度居中的灰、光度最低的黑，三者有统一，有比较，有层次，有变化，构成了非彩色的色阶序列。

再从审美主体的心理效果来看，事实早已证明，不同的色调会引起不同的生理、心理效应。阿恩海姆曾指出："强烈的照射、高浓度和磁波波长很长的色彩等都能产生兴奋。例如，一种明亮的和比较纯粹的红色就比一种暗淡的和灰度较大的蓝色活跃得多……某些试验曾经证明了肉体对色彩反应，例如弗艾雷就在试验中发现，在彩色灯光的照射下，肌肉的弹力能够加大，血液的循环能够加快，其增加的程度，以蓝色为最小，并依次按照绿色、黄色、橘黄色、红色的排列顺序逐渐增大。"[7] 这是有其实验生理学、心理学的依据的。上海世博会中国馆（中华艺术宫）的红色主调是一种强烈刺激，能引起人的亢奋反应；而苏州博物馆新馆的黑、白主色调，呈现素净淡雅的本色之美，温和而不刺目，给人以心理的抚慰，引起的是闲适宁静的反应。

色和光也是不可截然分开的，新中式景观还有意识地建构明显彩色之光的空间，用以寄寓某种审美意味，暗示某种审美情调。"让光线做设计"是贝聿铭的名言，在苏州博物馆新馆中，贝聿铭将三角形作为重要的造型元素和结构特征，在顶棚中出现的频率最多，因为三角形是最牢固的几何元素，通过并列和组合能构成错综复杂的空间（图4）。在中央大厅和许多展厅中，屋顶的框架线由大小正方形和三角形构成，框内以白色天花板和玻璃相互交错，给人以奇妙的视觉感受。同时在开窗上还借鉴中国传统建筑上"老虎天窗"的做法，将天窗开在屋顶的中间，自然光线透过木贴面的金属遮光条将光影投入博物馆内（图5）。经过过滤的光线会显得很柔和，使室内光线产生了层次的变化。同时在顶部和山墙上大量运用了玻璃，增加了整个博物馆的通透性。书画厅巧用九宫格，中间贯通，便于设置书画的用光。这些都发展了中国传统建筑的屋面造型的样式，而且丰富了中国传统建筑在采光方面的难题。贝聿铭在后期的设计中，用光线营造了空间的意境，光线随着时间的变化而变化，光线使空间环境流动起来。光线透过细细的格栅有秩序地进入空间，并随着时间的变化，光影游走在墙面、地面、家具、楼梯上。同时也衬出空间的形态、质感、色彩以及陈列环境的整体轮廓。空间的灵活运用需要借助光线和人的移动，人们游走在光影斑驳的空间中，如同行走在传统园林的回廊中，阳光透过顶棚投射在地面上，形成点点

图5　苏州博物馆三角形顶棚

光斑，使得整个空间获得了生命（图6）。

图6 苏州博物馆光影意境

新中式景观通过线、面、体、色、光等抽象的造型因素，建构了悦目赏心、意味不尽的空间。它所暗含的，既有内容意味，又有形式意味；既有哲理意味，又有表情意味；既有象征意味，又有直感意味……它们丰富多彩，又朦胧于隐显明暗之间，根植于深层文化心理结构之中。然而，其意味内涵不是全然不可名状的，它们的意向性引导人们做多角度、多方位的审美探寻。对于新中式景观，只有含品赏其意味特别是形式意味于悦目赏心之中，才不是"走马看花"的"看"，而是深入其中的"品"，才称得上是高层次的审美品赏。

三、结论

在新中式景观的艺术创作与设计实践中，对中国传统文化的传播与继承，一直是重要的流向和不移的观念，并在新的时代背景下形成了新的审美规律与空间观。新中式景观继承并发扬了中国古典园林的天人合一思想，力图再现"城市山林"的现实景观建构。不同于古典园林相对私密的空间属性，新中式景观本质上仍是城市景观公共艺术，景观的外化形式必然与中国古典园林差异甚大，但其生态观念却是一脉相承。在此审美基础之上，新中式景观的审美文化心理仍然以心静、静观为核心的接受心理，具有"劳形舒体""悦目赏心"两个方面的审美心理层次。

（周晖晖，东南大学艺术学理论博士，研究方向：景观艺术学）

参考文献

［1］ 波林.实验心理学史［M］.北京：商务印书馆，1981.

［2］ 金学智.中国园林美学［M］.北京：中国建筑工业出版社，2005.

［3］　宗白华. 艺境［M］. 北京：商务印书馆，2011.

［4］　陈从周. 园林谈从［M］. 上海：上海人民出版社，2008.

［5］　金学智. 园林养生功能论［J］. 文艺研究，1997（4）：120.

［6］　乔治·桑塔耶纳. 美感［M］. 缪灵珠，译. 北京：中国社会科学出版社，1982.

［7］　鲁道夫·阿恩海姆. 艺术与视知觉［M］. 滕守尧，朱疆源，译. 成都：四川人民出版社，
1998.

中国传统造物设计的形成与发展脉络研究

Research on the Formation and Development of Chinese Traditional Creation Design

宗立成　　余隋怀

摘　要： 基于传统造物活动和传统造物思想的阐释和研究，对中国传统设计和造物思想进行断代确立，梳理传统设计思维的脉络谱系。通过分析古代造物设计思想的起源和基本形态，研究传统造物设计思想的变迁，分析造物活动、生活方式和设计思想的内在联系和构成方式，对比分析不同时期造物思想，研究传统设计制器与造物观念，对造物思想观念的形成与发展进行论述，构建古代造物设计思想的主要发展阶段。中国古代造物设计思想经历了无意识、自发到自觉的发展阶段，从被动式的生存设计发展到能动性的设计制器。传统造物设计与设计制器思想起源于先秦时期，在秦汉时期获得了快速的丰富和完善，魏晋到明清之间属于造物设计思想的多元发展期。

关键词： 造物思想；设计制器；设计思维

Abstract: To explain and research ancient Chinese creation activities and ancient creation thoughts, this paper established the establishment of ancient Chinese design and creation ideas, and established a theoretical system of ancient Chinese design philosophy. Analyzing the origins and basic forms of Chinese ancient creation design ideas, we studied the changes of ancient Chinese design thoughts, analyzed the intrinsic connections and constitutional modes of creation activities, lifestyles, and design ideas, and compared and analyzed the ideas of creation in different periods. By researching the concept of designing devices and creations during the Qin and Han dynasties, and discussing the formation and development of ideas of creation, the main stage of development of the design ideas of ancient Chinese creations was constructed.

The ancient Chinese design philosophy and design-manufacturer thought originated in the pre-Qin period and gained rapid enrichment and perfection in the Qin-Han period. The period between the Wei and Jin dynasties and the Ming and Qing dynasties was the development period of the idea of creation. The creation thought experienced an unconscious, spontaneous, and self-conscious development stage, from the passive survival design development to the dynamic design system.

Key Words: creation ideology; design activities; design philosophy

引言

中国的历史文化和物质遗产非常丰富，这使得我们对古代的文化研究有迹可循。中国传统文化在世界范围内占有重要的一席，对中国古代设计哲学与造物史观的梳理有助于当代设计哲学体系的完善，对设计学的发展意义深远。

通过文献检索发现，目前针对中国传统器物的相关研究主要集中于历史学、文化学和考古方面，对于古代器物的设计文化、设计思想研究较为凌乱，多数为针对古代设计文献的分析和器物的文化价值研究。德国学者雅斯贝斯[1]提出古代文化形成的轴心时代，研究公元前800年—前200年的人类生活形态和造物活动。丁杰[2]通过研究先秦时期诸子的治世学说，提出中国古代造物艺术的精神内涵，徐飚[3]的《成器之道－先秦工艺造物思想研究》论述了先秦时期的造物思想，但缺少对中国古代设计思想和设计哲学的起源、内涵和发展的系统研究；其他类似的关于周秦汉唐的研究在不同程度上涉及了器物制作活动、器物文化的论述，如李学勤[4]的《东周与秦代文明》，陈振中[5]的《先秦手工业史》等著作。朱志荣[6]《夏商周美学思想研究》从美术学的角度研究器物的视觉感知，分析器物的造型特征和历史时期的审美趋势，揭示不同制度、文化观念、族群的审美意志。马承源[7]的《中国古代青铜器》结合考古学的历史学研究，阐述历史器物的制作、使用以及政治和军事用途，很少有针对器物本身进行设计本体研究。李婷[8]以器物的视角对《诗经》中的造物思想进行研究。

一、原始造物及设计思维的起源

中国传统文化、思维意识、价值取向、哲学思想、设计思想、设计哲学的产生经历了从无意识、自发到自觉的发展过程[9]，例如从石器的产生和发展过程可以看出造物思想的变化，北京人的石器并无定形，随石材的种类和打制方法而成；丁村人的石器则开始出现有目的性制器，可能与当时石器的使用目的、方式有关，有些呈尖状，有些呈椭圆形状；山顶洞人时期，石器发展更为规范和成熟，石器的种类齐全，规整，而且进一步发展出有磨制、打孔和纹样的骨器，以及其他装饰器物。石器的发展过程前后经历了旧石器、中石器和新石器三个时代，经过漫长的摸索和发展，可以充分体现造物思想的源和流，也是我们研究古代造物与设计活动非常典型的代表。如图1所示，造物与设计思想的产生和发展呈阶梯状，不断发展深入、丰富和系统化。

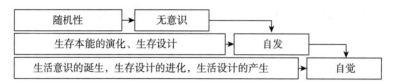

图1　原始造物思想的起源与发展阶梯

先秦时期是中国哲学脱离了神秘主义发展为理性主义的重要转折期[10]，提出和形成了庞大、复杂而成系统的哲学知识体系。分析和梳理秦汉时期之前典型的造物活动，从中可以看出古代造物活动的典型特征和基本生活形态。从燧人氏开始利用火这一自然物质，人们的生活开始发生显著的变化，神农氏制造农具和陶器等一系列活动，可以看得出人们在进行一系列的创造性活动，每一种发明创造都在一定程度上开创了人类文明的先河，促使文化文明和设计文明的诞生。从远古时期到秦汉时期的典型造型活动，其中可以非常明确的归为两个阶段：

第一阶段是"生存设计"阶段，这一阶段原始造物史观体现的主要思想是生存设计，"其衣至暖而无文，其兵戈铢而无刃"，人类为了繁衍生存下去进行了一系列的创造性活动，例如火的使用，简单器物的织造以及文字、图像的发明。

第二阶段是"师从自然"阶段，这一阶段人类造物活动已经突破了生存设计，开始有型制器、模仿自然和利用自然物品阶段，造物思想和设计哲学开始萌芽，进一步促进了人类思想、行为和社会意识形态的发展。

二、造物活动与设计思维意识的形成

中国是世界上少有的数千年以来保持统一而持续发展的国家，尤其是历史、文化和意识形态保持了持续的生命力[11]。中国传统文化与哲学在世界范围内占有重要的一席，其中就包括设计哲学。

先秦时期中国正处于春秋战国阶段，处于中国古代社会变革时期，这一时期最显著的特点就是奴隶制的消亡，封建制度的建立。诸子百家各种意识形态开始蓬勃发展，尤其是文化哲学观点，例如孔子主张"文质兼备"，"质胜文则野，文胜质则史"，孔子强调的是内容与形式协调发展[12]；道家主张"虚无"，"人法地，地法天，天法道，道法自然"视自然为世界的主体和最高地位[13]，缺乏对人的主观能动性和创造力的考量；墨家则追求实用主义，注重实践。同时，这一时期的生产力和生活方式发展迅速，经济、商业、手工艺、农业等获得了较大的进步，其中冶铁技术的发展和成熟对社会发展产生了极大的利好。社会构成形态从简单地以家庭农业生产单元开始扩展到小作坊手工艺行业、商业、制造业、娱乐业等行业，社会形态开始发展多样，人们的生活方式开始摆脱原始生产、生活条件的困境，社会开始层级分化，主流的社会形态和生活方式以大众农业化生产为主。造物活动广泛存在于人们的日常生活、生产、军事、商业用品等领域，为造物设计思维的产生形成了良好的环境。战国错金银马首形铜辕饰如图 2 所示。

图 2　战国错金银马首形铜辕饰

　　先秦时期的器物纹样多彩纷呈，不同历史时期背景下出现了各具特色的纹样设计，早期的彩陶图案显示了人们对自然的不断探索和理解，商周青铜器上的纹样设计呈现出"祭"的神秘性和"礼"的秩序性文化语义，整体上纹样的设计呈现从简单到复杂，从神秘到质朴，从理性化到多样化的演变过程。从表现手法上纹样可以分为具象和抽象两类，从来源上可以分为自然纹样和人造纹样，从题材上又可分为动物、植物、神异、天象、几何、生活和文字等（表 1）。

表1 先秦时期的纹样分类

具象	自然纹样	动物	鸟、鹤、鸥鹑、雁、雀、象、虎、豹、鹿、牛、马、鱼、蛙、羊、犬、豕、犀、兔、蛇、蝉
		植物	梅、莲、荷、稻穗、花瓣、树叶
	人造纹样	几何纹	直线、波纹、弦纹、绳纹、勾连、锯齿、螺旋、圆圈、圆点、回纹、菱形、重环纹、鳞纹、环带纹
		社会生活	宴饮、战斗、舞乐、狩猎、车骑、编织纹
抽象		天象	云纹、雷纹
		文字	鸟虫文、甲骨文、金文
		神异纹样	兽面纹、饕餮纹、龙纹、凤纹、蟠螭、夔纹

　　先秦时期的造物设计思维获得飞速发展，制造业开始逐渐由官方主导向民间传播，在当时社会发展和国家壮大的过程中，出于军事目的的战车成为制造业发展的优先对象。《孙子兵法》中提到"驰车千乘，革车千乘，带甲十万，千里溃粮"。在当时车乘的主要用途是战争武器和战争运输工具，当时车乘的发展成熟，种类繁多，针对不同的使用地域、时间、目的，车辆的结构不同，官方有专门的设计和制造机构，"一器而工聚焉者，车为多"[14]就是形容车辆的设计与制造复杂程度和精美程度，图3为西北工业大学余隋怀教授团队数字化复原的义渠王车乘。

图3 数字化复原的义渠王车乘

　　秦汉时期的设计制器与造物观念在不同领域、不同的使用目的上体现当时诸子百家的学说观念。总体上来说可以归纳为以下几个方面：

（一）人与自然观念

在社会和意识形态的发展过程中不可避免地会产生人与自然关系之辩，"天"指的是广义的自然，"人"指的是人类以及人类的文化创造，天人合一的辩证哲学关系就是指的人与自然、人与设计造物的辩证关系。儒道两家有"自然的人化"和"人化的自然"两种不同的见解[15]。儒家认为人在自然中处于主导地位，认为人应该通过"自然的人化"来改变世界，化自然为人文，追求道德至善而忽视了自然世界的本体，重道轻器。而"道法自然"的道家将重点放在天上，提出"无以人灭天"的思想[16]，由此形成了一种无视人的创造性的观念。儒道两家的天人合一哲学辩证观念的学说在当时主导了社会文化和意识形态的发展，对后世文化价值、造物思想以及书画艺术和审美意识的发展产生了深远的影响。如图4所示，此豆盖、身各饰狩猎图案两组，周体的纹饰均以红铜镶嵌而成。在成群四处奔走的禽兽间，有几个猎手或张弓射箭，或持矛投刺，或挥剑刺杀，在激烈的追逐下，成群的禽兽四处奔命，有的野兽已身中数箭。整个图案具体生动地描绘了古代贵族狩猎的情形，为青铜镶嵌工艺的精品，是人与自然、人与设计造物思想的典型代表，反映了当时人们在造物观念上的自然的人化和人化的自然思想的碰撞和发展。

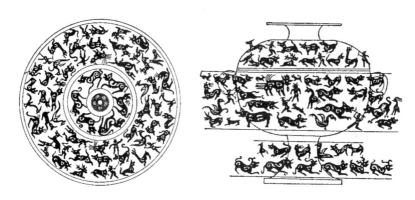

图4　春秋镶嵌狩猎画像纹豆

（二）功能与形式手法

秦汉时期正是封建王朝建立和完善的阶段，各种学说和主张被封建王朝出于政治目的而采用，其中儒家提出的"礼"与墨家提出的"利"就是形式与功能之辩。儒家强调"无礼不立"[17]，《大戴礼记·劝学》中说："君子不可以不学见人，不可以不饰。"这里"饰"要符合"礼"的标准，礼乐的形式要符合礼制的规范。出于政教目的，装饰艺术成为封建统治阶层的特点，而墨子从《利》的角度出发，为古代设计造物行业提供了一条标准——"兼相爱，交相利"，墨子重功能反对多余的装饰，追求"器完而不饰"设计准则正是体现了我们当下的简约化设计、扁平化设计理念。"其为衣裳者何以为？冬以圉寒，夏以圉暑。凡为衣裳之道，冬加温，夏加清者，芊芊。不加者，去之。"汉代青铜灯具形式多样，铸造工艺精巧实用，造型多取祥瑞题材。如图5所示彩绘铜雁鱼灯采用传统的禽鸟衔鱼的艺术造型。此釭灯整体作鸿雁回首衔鱼伫立状，由雁衔鱼、雁体、灯盘和灯罩四部分铸造组合而成。灯罩为两片弧形板，灯盘、灯罩可转动开合以调整挡风和光照，鱼身、雁颈和雁体中空相通，能将烟气导入灯腹内，各部分可拆卸以便清洗，使室内减少烟炱而保持清洁，构思设计精巧合理，达到了功能与形式的完美统一。

图 5　西汉时期的雁鱼灯

（三）保守与创新精神

天人合一的哲学观念是中国传统文化的重要内容，这种对于人与自然关系之辩是文化造物的内涵，同样对于人与人、群体与个体之间的关系分析是古代设计哲学的重要方面。儒家提出"为己"和"成己"[18]，认为每一个主体在自我完善的过程中，需要追求群体的认同。而道家则认为个体之贵在于其具有独特的生命，强调个性的培养和多样化。儒家从整体观念上追求群体的统一性，个体意识淡漠，从文化角度讲是非常好的意识形态，但从设计角度来说，无视个体或个性的主张会造成设计上的重重阻力，设计制器缺乏多样性和个性化的创造。同时，儒家提倡"礼教"，古代充当设计师角色的工艺匠人从言语、服饰、文化、礼制、器物、造物思想等多方面被束缚，封建的群己观念使他们无法发挥自己的个性，而是出现了相似性与共同性。这也使得中国的造物文化具有浓厚的传承性。而道家重个性的思想，有利于发挥自身的创造性，形成多种多样的艺术设计风格。如图 6 所示，秦汉时期的羊首铜刀是典型的将人们日常生活中的习俗、信仰和图腾应用于器物造型设计的案例，体现了在保守中追求创新的设计思维方式。

图 6　秦汉时期的羊首铜刀

三、造物思想观念的形成与发展

现代工业社会和电子信息产品的不断发展，产品从概念诞生到设计试制，都具有现代工业的大规模机械制造思路。产品从使用领域、材料、制造工艺到后期维护都会对人类社会和自然界造成极大的影响，有些甚至会影响到人类和社会的可持续发展。因此，在这种背景下，人们开始关注人与物品、人与自然、产品与自然之间的关系，建立人、产品、环境之间的生态链，这就与老庄提出的价值观相一致。人类社会在经过几个世纪的发展，需要重新审视当下现状，中国古代的优秀文化价值和世界认知论具有非常高的参考价值。在这种状态下，人们提出了生态设计、绿色设计、可持续性设计等设计观念，在一定程度上与儒家、老庄的"天人合一""顺物自然"不谋而合。

人类创造活动就是一个动态的变化过程，尤其是设计制器的发展，由原始的生存设计出发，在适应自然的过程中，随着人类自身的不断发展，从适应自然到改造自然，由此设计开始有意识地萌芽。设计造物活动是一个动态的发展过程，造物的对象在这个过程中被创造出来，设计者、设计对象、设计产物、环境、社会、自然等相关因素都被动态地统一在一起，这就是儒家"天人合一"理念的设计解读。儒家的"天人合一"的思想和"天地万物一体"的整体观念，将人类的道德和行为与自然界相统一，并在后世获得了继承和发展。宋代儒家继承和发展了孟子"爱物"的思想，并吸收了墨家的"兼爱"、庄子的"天地与我并生，万物与我唯一"之说，使儒家的"天人合一"思想更加系统化和理论化。北宋张载提出"大其心则能体天下之物"[19]的命题，程颢提出"仁者以天地万物为一体"[20]的观点。认为人、物品与自然是息息相通的有机系统，将人和自然，人和万物统一起来，这就要求我们在进行造物活动时要从整体的角度尊重自然。《周易》中提到"形而上者谓之道，形而下者谓之器"，后人根据当时的文化思想对其进行阐释，一般认为"道"是事物的规律，"器"是具体的事物，从中可以看出古人对于设计观念与设计活动的理解[21]。

中国古代是以农业为基础发展起来的，发明了冶炼、陶瓷、造纸、印刷、火药和指南针，从这些产品类别中其实可以看出原始的造物观以生存设计为主，主要的目的是用来解决实际问题，这与西方古希腊热衷于纯理论研究不同。从原始石器、陶器和后来发展起来的青铜器，人们逐渐从中总结和萌芽原始的造物思想，大致从先秦时期开始，中国古代的设计哲学观念开始蓬勃发展。先秦时期针对当时的社会发展状况和器物用途，主要发展起来的造物观念以实用为主。这一时期的代表人物和著作有《墨子》、老子的《春秋》《韩非子》等，韩非子"须饰而后论质者，其质衰也"。产品如果需要通过装饰才产生美，那么该产品就缺乏内在的价值和意义。庄子倡导"朴素而天下莫能与之争美"，崇尚自然、朴素的美学理念，这种设计哲学观念一直影响到后代的设计与造物美学，明清家具就是典型的朴素美学作品，其不注重雕饰，但在材料的选择、造型、功能和用途上颇费心思。

四、传统造物思想发展阶段

明清以后中国社会由于西方列强的入侵，社会动荡、发展落后，设计哲学基本停滞，中国古代设计哲学发展到明清为止，已经是成熟、系统的知识体系。表2列举了中国古代设计哲学的主要阶段和具体内容。

表2 中国古代设计哲学的发展

阶段	时期	内容	意义
起源	夏商	原始时期的石器、陶器，后来发展起来的青铜器，以及阴阳五行等思想	陶器和青铜器在世界范围都具重要的研究价值，是古代造物史观的体现
构建	周秦	先秦时期出于军事和国家扩张为目的，发展的价值观和造物观，以及当时儒家、道家等诸多学说的兴起，为构建中国古代设计哲学奠定了基础；儒家讲究美学思想，道家讲究天人合一的造物哲学观，法家讲究实用与科学的造物观等	这一时期在中国古代文化、历史、技术、意识形态等多个方面具有重要意义，是构建中国古代设计哲学的主要阶段，也提出了造物的功能、形式、设计、审美等哲学思想
形成	秦、汉	秦汉时期国家持续发展壮大阶段，"天人合一"儒家思想，墨家"器完而不饰"实用主义等	进一步确立了中国传统设计哲学
发展	魏晋	"无以为本""施用用宜""气韵生动"等设计哲学与美学思想	处于中国传统造物思想发展与丰富阶段
	隋唐	造物形式丰富、呈现多样化，西方造型与艺术器物色彩与东方审美的碰撞	
	宋、元	制器尚象等设计思想的提出，佛学、禅宗、"师从自然"等审美理念的发展	
	明、清	传统工艺美术与西方设计、美学思想的碰撞	
交融	清朝以后	西方造物工艺与产品的大量流入，西方工业革命技术与思想的冲击	社会的动荡与战火导致中国传统造物思想、设计哲学发展的停滞和流失

诸家学说都包含了人造物哲学观点的表述，有些需要通过阐述其理念的深层次哲学含义去释义，韩非子却十分明确提出其造物设计的观念，强调器物设计的实用性和功能美。基本上从这一时期开始，我国古代的设计哲学观开始提出并发展，经过先秦时期的诸子百家学说碰撞和社会、经济、文化、技术大力发展，古代设计哲学思想和设计实际相辅相成。先秦时期属于古代设计哲学的发展奠定期，秦汉时期基本确立了古代造物设计思想，主要以"天人合一"和实用功能主义为主，随后的魏晋一直到明清时期，属于古代设计哲学的发展期，但核心的设计哲学思想变化不大，基本属于造物设计哲学思想的丰富和多元化，同时社会的高度发达，中国古代的设计哲学思想通过各种器物载体开始在世界范围内

传播，对西方的设计思想造成一定影响，同时这种中西方文化、审美思想的交融也对中国古代设计哲学的发展起到补充作用。

中国古代造物思想从无意识、自发形态下的起源，到生活意识的形成和发展，促使造物活动的进一步发展，出现了自觉性的造物设计活动。在随后的发展过程中，随着生活、文化、制度、意识、社会等各个方面的综合发展，设计与造物思想逐渐发展出各种指导思路，造物与设计活动有法可依、有法可循，并且这类造物思想呈现专业化、细致化发展态势。所以，总体上来说，古代造物思想与设计活动经历了阶梯式的发展过程，主体内容也在不断发展壮大，为人们的生活和社会的发展提供强有力的支撑，图6梳理了原始造物思想的发展阶梯。

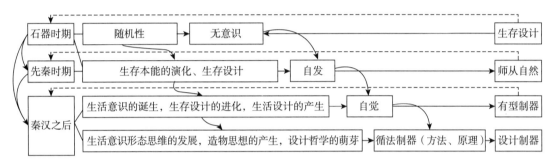

图6　原始造物思想的发展阶梯

综上所述，本文在梳理中国古代造物活动的基础上，研究了设计制器思想的起源和发展情况，基本上对设计活动和设计思维进行确切的历史断定。中国古代设计文明起源于夏商时期，经历了生存设计阶段。设计思维开始构建于先秦，发展到秦汉时期基本形成了明显的造物思想，在随后的朝代中设计制器和造物思想获得了丰富的补充和发展。虽然现在发现的专门针对设计哲学的典籍较少，但是从各种文化理念和文化观点中都有关于设计、造物方面的论述。设计哲学本身也是现代学科发展细化提出的新型学科，但其根源和深层次的价值已经存在很久，需要我们去发掘和研究。

（宗立成，西北大学艺术学院副教授，博士，主要研究方向为设计文化、设计史论；余隋怀，西北工业大学工业设计研究所教授，研究方向为计算机辅助设计，设计方法学）

参考文献

［1］　朱本源.中国传统文化的轴心时代：从殷周之际到秦的统一［J］.陕西师范大学学报（哲学社会科学版），1995（3）：43-44.

［2］　丁杰，马姗姗.先秦造物观四则［J］.重庆交通大学学报（社会科学版），2015（15）：93-97.

［3］　徐飚.成器之道：先秦工艺造物思想研究［M］.南京：江苏美术出版社，2008.

［4］ 李学勤.东周与秦代文明［M］.上海：上海人民出版社，2016.

［5］ 陈振中.先秦手工业史［M］.福州：福建人民出版社，2008.

［6］ 朱志荣.夏商周美学思想研究［M］.北京：人民出版社，2009.

［7］ 马承源.中国古代青铜器［M］.上海：上海人民出版社，2016.

［8］ 李婷.《诗经》造物思想研究［J］.包装工程，2017（2）：217-220.

［9］ 郭芳.中国古代设计哲学研究［D］.武汉：武汉理工大学，2004.

［10］ 冯天瑜，杨华.中国文化发展轨迹［M］.上海：上海人民出版社，2000.

［11］ 李砚祖.艺术设计概论［M］.武汉：湖北美术出版社，2009.

［12］ 河清.美之术与雅之术［J］.美术观察，2010（12）：97-99.

［13］ 颜翔林.美学新概念：诗性主体［J］.社会科学辑刊，2013（5）：159-165.

［14］ 王静.山西传统交通工具研究［D］.太原：山西大学，2011.

［15］ 苏海燕.先秦儒道生死观比较研究［D］.合肥：安徽大学，2015.

［16］ 白奚.道家的万物平等观及其生态学意义［J］.首都师范大学学报（社会科学版），2014（5）：41-47.

［17］ 刘一多.儒服美学思想在女装设计中的应用研究［D］.哈尔滨：哈尔滨师范大学，2015.

［18］ 麻尧宾."己学"刍论——工夫传统与儒家的为己精神［J］.四川大学学报（哲学社会科学版），2013（6）：29-42.

［19］ 张靖杰.张载"知"论研究［D］.上海：华东师范大学，2015.

［20］ 韩卓吾.中国古代环境美学的学理溯源［J］.中国社会科学报，2015.

［21］ 唐明邦.《易传》中的朴素辩证法思想［J］.武汉大学学报，1984（3）：60-65.

基于内容分析法的国内风景园林领域微气候研究进展

Research Progress of Microclimate in Landscape Architecture based on Content Analysis

侯雅楠　黄显乘

摘　要: 以中国知网中文文献数据库为研究数据源,从文献计量和可视化分析两个方面,对论文数量、核心作者和研究机构等方面进行统计,总结风景园林领域微气候研究的发展历程和基本信息,从高频关键词、关键词共现图谱、关键词聚类图谱等视角提取三大研究主题,识别出该领域研究前沿,并针对当前现状指出不足和展望,以期为今后研究提供一定的参考。

关键词: 风景园林;微气候;文献计量;可视化分析

Abstract: In this paper, CNKI China Journal Full-Text Database is used as the research data source, and bibliometric and visual analysis methods are synthetically used to summarize the research development process from three aspects: the number of papers, core authors and research institutions, extract the basic information of microclimate research in landscape architecture, and extract the co-occurrence map of high-frequency keywords and keywords. Three main research topics are analyzed from the perspective of equivalence, and the research frontiers in this field are identified, and the shortcomings and prospects are put forward in view of the current situation, in order to provide some reference for future research.

Key words: landscape architecture; microclimate; bibliometric; visual analysis

引言

　　世界各地正在进行的快速城市化,一方面有助于提高资源效率和加快经济增长，另一方面也带来了各种生活环境的威胁。随着气候条件的恶化和人民生活水平的提高，城市环境质量和舒适度水平逐渐受到重视，人们对小气候问题越来越感兴趣。区别于大范围区域性气候，小气候是指一个小群落或一个发达地区集群的气候和强度。受地形、城市形态以及水体和植被的影响。尺度大的可到社区或邻里、建筑街区、花园，小的甚至到街道峡谷等建筑物之间的间距。许多研究表明，城市小气候可以影响建筑能源性能、人类发病率、死亡率和热舒适性，生活质量是实现城市内部可持续性的重要因素，对于理解人类活动和城市发展对温度变化的影响至关重要。

目前对于微气候的研究涉及多个领域，为了全面系统地了解国内微气候研究的发展进程、前沿热点及未来趋势，本文对相关文献数据进行统计，运用 SATI 和 Citespace 软件识别学科热点，探索学科前沿，深入发掘现状研究所存在的不足，为后续研究提供一定的参考。

一、研究现状

（一）文献数据动态分析

本文以中国知网（CNKI）中国期刊全文数据库作为文献的主要数据来源，为了使检索结果更加全面，以"微气候"或"小气候"并含"园林""庭院"等关键词为主题对公开发表的文献进行搜索，检索时间范围从开始收录截至 2019 年 7 月，通过进一步除去会议纪要、新闻通讯等非学术型文章和与主题相关性较弱的文献，最终选择文献 549 篇进行分析研究，论文分布如图 1 所示。

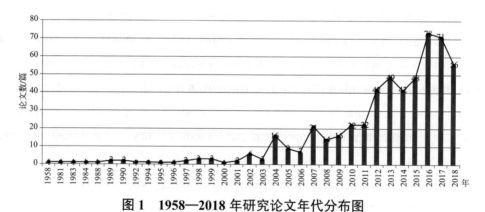

图 1　1958—2018 年研究论文年代分布图

对 CNKI 提取的文献信息统计发现，近 20 年国内对微气候的研究大致可以分为四个阶段：

第一阶段：2000 年之前为萌芽阶段。从 1958 年赫洛莫夫在《地理科学进展》中提出了微气候概念，是国内首个相关研究收录的文章。此后一直到 1981 年，都鲜少有人关注这个领域。改革开放以后，国内园林建设的意识逐渐觉醒，陆续有人开始对城市绿地有所研究，但总体发文量较少，分布不稳定。

第二阶段：2001—2006 年为初步形成期。进入 21 世纪以来，人们逐步开始关注微气候对人体舒适度的影响，研究整体呈现逐步上升趋势。开始进一步探寻绿地对周围环境的影响，侧重于理论研究。

第三阶段：2007—2011 年为平稳发展期。随着科学技术的发展，人们在传统基础上结合新的研究方法，大大拓展了微气候领域，使得内容更加丰富和多样化，在此期间文章数量大幅度增长，平均每年基本可达 20 篇左右。

第四个阶段：2012 年至今为快速发展期，发展速度较上个时期上升更快，2012—2015 年保持在 40 篇左右，2016、2017 年文章数量达 70 篇左右，2018 年有所下降但仍达到了 56 篇，预计到 2019 年底文章数量可以达到相似水平，此阶段相关学者们将继续完善研究体系，从更深层次探索微气候问题。

（二）作者、研究机构和刊物分析

经分析发现检索时间内共有 759 名作者在微气候领域发表过相关文章。其中仅发表过 1 篇文章的有 698 人，发表 2 篇文章的有 42 人，发表 3~10 篇的有 17 人，10 篇以上的仅 2 人，最高产作者发表相关文章 15 篇。为判定论文数量与核心作者之间的关系，本文引用洛卡特定律和普莱斯定律作为参照。统计发现该领域写 1 篇论文的作者所占比例高出了洛卡特定律 32 个百分点，表明写 1 篇高水平论文的作者过多，且发表 1 篇和 2 篇论文的人数悬殊较大，即 2 篇是该领域高质量论文的"拐点"。普莱斯定律计算可得该领域核心作者最低发表论文数为 $0.749 \times \sqrt{15} \approx 3$，即发表 3 篇以上的作者方能称为核心作者，由此可得核心作者可达 19 人。由表 1 中的统计数据可以发现，发表论文最多的为同济大学的刘滨谊，哈尔滨工业大学的赵晓龙次之（图 2），同时可以发现同济大学、哈尔滨工业大学、浙江农林大学等机构在研究中占有主导地位（图 3）。

表 1　研究核心作者表

序号	作者	论文数 / 篇	作者单位	序号	作者	论文数 / 篇	作者单位
1	刘滨谊	15	同济大学	5	张德顺	8	同济大学
2	赵晓龙	13	哈尔滨工业大学	6	赵冬琪	5	哈尔滨工业大学
3	陈睿智	8	西南交通大学	7	卞晴	5	哈尔滨工业大学
4	董靓	8	华侨大学	8	金荷仙	4	浙江农林大学
9	熊瑶	4	南京林业大学	15	梅欹	3	同济大学

序号	作者	论文数/篇	作者单位	序号	作者	论文数/篇	作者单位
10	王 振	4	同济大学	16	王予芊	3	北方工业大学
11	薛思寒	3	华南理工大学	17	李国杰	3	哈尔滨工业大学
12	段玉侠	3	浙江农林大学	18	陈 菲	3	青岛理工大学
13	刘 晖	3	西安建筑科技大学	19	张 伟	3	东北林业大学
14	周 烨	3	哈尔滨工业大学				

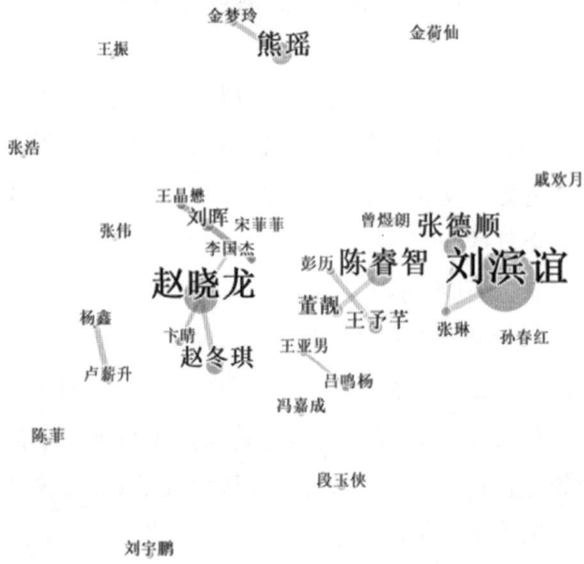

图 2　主要作者知识图谱

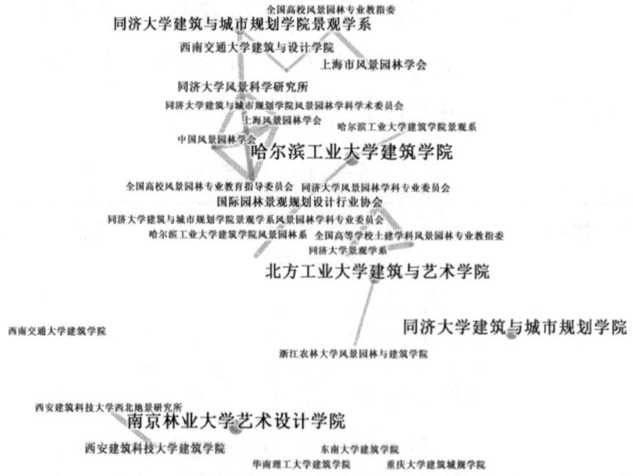

图 3　主要研究机构知识图谱

进一步对文献来源统计可得，2000—2019 年期间相关研究文献共刊登在 125 种期刊杂志上。表 2 列举了刊登 4 篇及以上的高质量论文期刊。通过统计来看，《中国园林》《现代园艺》《风景园林》《城市建筑》《山西建筑》《华中建筑》《黑龙江科技信息》《西北林学院学报》《南方建筑》《建筑与文化》等 10 种期刊为主要发表刊物。

表 2　主要载文期刊列表

期刊名称	文献量 / 篇	期刊名称	文献量 / 篇
中国园林	24	华中建筑	6
现代园艺	11	黑龙江科技信息	4
风景园林	10	西北林学院学报	4
城市建筑	8	南方建筑	4
山西建筑	7	建筑与文化	4

二、研究内容分析

高频关键词代表着研究热点，多个关键词同时出现被称为关键词共现。对关键词共现产生的中心性进行分析，可以说明关键词对研究发展所起的控制作用，进而判断研究热点。运用 Citespace 软件绘制高频关键词共现图谱（图 4），导出出现频次排名前 20 位的关键词（表 3），可以发现搜索主题词出现频率最高，微气候和小气候作为相关研究领域的主要关键词，涵盖范围广泛，内涵丰富，不仅是研究的重点，还可以触发和辐射其他关键词，因此它们的中心性和频率较高。此外与微气候相关的景观设计策略也有较高的出现率，随着研究的深入和科学技术的发展，侧重于人体舒适度的研究和结合数值模拟的研究方法也逐渐成为该领域的热点问题。

表 3　出现频次较高的关键词

频次	中心性	关键词	频次	中心性	关键词
86	0.45	微气候	11	0.09	景观要素
59	0.68	小气候	9	0.15	舒适度
41	0.47	风景园林	9	0.00	气候
31	0.29	气候适应性	8	0.36	人体舒适度
19	0.32	设计策略	7	0.14	城市形态
19	0.04	景观设计	7	0.04	数值模拟

续表

频次	中心性	关键词	频次	中心性	关键词
6	0.14	江南古典园林	5	0.11	植物群落
6	0.10	风景园林小气候	5	0.00	城市绿地
6	0.03	ENVI-MET	5	0.00	留园
6	0.03	植物景观	4	0.18	城市微气候

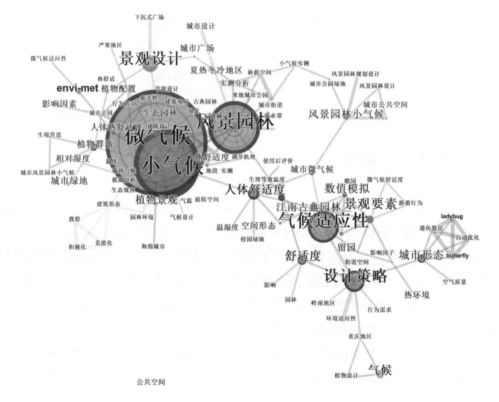

图 4　高频关键词共现知识图谱

对关键词进行共现聚类分析，可以得出如图 5 所示的 9 个聚类标签，从聚类内高频关键词的内容来看，目前国内学者从不同学科、不同视角对风景园林领域的微气候进行研究、实践和探索，具体的研究内容主要集中于区域小气候特征、微气候影响因素、人居热环境的舒适度以及景观设计策略等几个方面。其具体研究思路，从最初对城市绿地的广泛考察到以具体不同类型的城市环境为研究对象，或进行实地测量，或进行软件模拟，最终总结微气候影响因素，并对风景园林设计提出参考性建议。从研究内容来看，主要分布在以下三个方面：

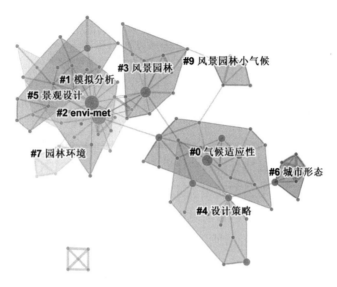

图 5　高频关键词聚类分析图谱

（一）不同城市形态微气候特征研究

从不同城市形态可以发现，在国内风景园林领域，微气候的研究主要集中于古典园林、城市公园、居住区和街道等几个方面。

1. 古典园林

随着近些年来国家对文化软实力的重视，古典园林在国内的研究又重新掀起了一股热潮。中国古典园林以其"虽由人作，宛自天开"的艺术手法和审美意境为现代景观设计提供了一定的借鉴模板。特别是在当代气候适应型城市建设背景下，探索传统园林中对于大气候的适应性设计以及对于小气候的改善性设计中体现的古人先进的生态智慧思想，为现代景观设计提供参考变得越来越重要。

以华南理工大学为代表的研究团队重点将岭南园林作为研究对象，乔德宝[1]通过现场实测清晖园相关微气候，重点对园内通风设计进行了深入分析并提出相关的通风优化设计策略。刘之欣[2]等分析余荫山房微气候参数，从遮阳效果切入，定量分析了其在布局上应对日晒的设计策略。江南园林侧重关注园林空间格局对小气候的影响，李宾[3]在对现存案例具体分析的基础上，对上海传统园林进行探究，总结围合、中心、线性等空间布局与小气候营造的关系，以期对上海当代的园林设计提供借鉴。黄慧君[4]以苏州网师园为例，通过夏季连续监测小气候数据，研究园内水体环境小气候与人体舒适度之间的量化关系。陈坚[5]挖掘了留园中构景类型与气候设计之间的关系，从留园的空间格局、园中园格局、以水为中心的景观格局等角度，分析了园林中小气候环境，总结了留园中的气候设计历史经验。北方园林因地处寒冷地区又多以皇家园林为主，与前两者在空间构造上有很大区别，在微气候营造方面同样值得探索。黄正[6]借鉴国内外现有的研究方法，深入挖掘皇家园林颐和园的气候设计策略研究，分析以颐和园为样本的寒冷地区气候设计特点。王欢[7]以北京传统园林的庭园空间及微气候为调研对象，归纳了不同层面空间中微气候的营造方法与模式。相关研究的拓展有助于从小气候的角度进一步区分传统园林三大分支的特点。

2. 公园

公园作为城市绿化中一种重要的表现形式，对城市环境改善有着极其重要的作用。张德顺[8]等以上海3个公园为例，采取"使用后评价"并结合描述性分析的方法来测试人体舒适度。通过硬质景观和软质景观面积比、绿化覆盖率差异、近水面积比及日照空间比等对公园空间进行分类，在对公园使用者进行调查的基础上，对每个公园小气候特征进行测量以量化人体舒适度。可以看出目前对于公园小气候的研究已不仅仅局限于关注场地内部的小气候因子，更多的是与公园使用者舒适度相关的现实话题。赵晓龙等[9]在探讨哈尔滨某公园休闲体力活动水平与微气候热舒适关联性、关联特征基础上，利用线性回归揭示各因子的关联机理，并结合散点图划定微气候因子适宜值区间。以期为营造舒适的微气候环境，激发市民休闲体力活动意愿，为提高寒地城市公园公共健康效能提供参考。张毅[10]等通过调研分析，提出舒适性城市公共空间的设计策略：首先研究使用者行为习惯，然后分别基于使用者的行为和"微气候"环境，提出舒适性环境的设计策略，使设计既满足该空间使用者的行为要求，又提供满足行为要求所需要的热舒适性环境。除了使用者的舒适度被充分考虑之外，很多学者进一步将使用者活动和微气候条件耦合的关联性进行研究，从而总结风景园林小气候设计策略。

3. 居住区

当然在城市中生活，最不能忽视、最和人息息相关的是我们居住的地方，住区风景园林空间是城市人群出行活动的重要场所之一，使用者对微气候的感受直接影响其空间使用的频次和整体体验。梅欹等[11]以3个上海中心城区的住宅小区为实验对象，在广场、滨水、亭廊和庭园4类空间内进行冬季测试。研究运用生理等效温度指标进行风景园林空间人体感受的量化计算，对人体在微气候（即热、风、湿因子）环境内的理论感受结果进行回归分析，探讨哪种活动场所体感较佳。张浩等[12]通过对居住区建筑朝向、日照间距、日平均太阳辐射、自然通风等微气候条件进行分析，叠加分析结果，进而得出居住区适合布置活动场地区域，对比现有景观方案，提出了优化建议。孟杰等[13]以哈尔滨为例，从住区组团风环境、日照条件、湿度调节、热辐射效应四项微气候调节因子分析当前寒地城市高层住区景观设计存在的问题，有针对性地从景观设计方面探讨微气候景观营造方法，以期为建设舒适、宜人的寒地高层住区景观生态环境提供参考。除了对居住区中不同类型的风景园林空间调研总结建筑布局、水体实际、植物种植等方面与环境舒适度的定性和定量关系，还可以结合居民问卷调查，进一步探索风湿热等因子对人体感受的影响。刘滨谊等[14]通过测试上海某居住区小气候要素数据以及问卷调查居民小气候感受，提出了包括合理设置风景园林空间朝向、增加风景园林空间绿量与水体面积、合理设计休息设施区的遮阴空间等小气候适应性风景园林设计策略。

4. 街道

邵钰涵等[15] 从影响街道小气候气流、湿度、温度、遮阳和污染物5个因子，分析了以往的相关研究，总结了各因子之间的逻辑关系，解释了4种街道空间形态类型与城市街道小气候间的影响与作用，讨论了城市街道空间中景观要素对小气候因子的影响及其有效性。在后续探索中，刘滨谊等[16] 拓展和深化该研究基础，以上海市两条典型步行街为试验地，采用生理等效温度、标准有效温度指标量化人体感受，回归分析研究户外小气候要素，街道开敞空间风景园林要素及人群感受偏好三者之间的关系。而后将两者研究方法结合，对上海南京东路步行街中典型的风景园林空间按顶面遮蔽方式分为4种空间类型下的12个测点，进行冬夏两季小气候实测及热舒适问卷调查，进一步分析为探析夏热冬冷地区城市街道的空间因子对小气候与人体热舒适的影响及相互作用规律[17]。除了研究街道的不同空间形态，还有部分学者重点关注街道绿化。赵晓龙等[18] 取哈尔滨市4条典型步行街列植行道树为研究对象，对其夏季日间微气候效应进行了定量化研究，并结合雷曼模型拟合出其热舒适度PET值，比较了不同行道树对人体热舒适度的影响，最后分析了树木形态特征对微气候的调节机理。

5. 其他

除了对古典园林、公园、居住区、街道以外，对城市广场的研究也逐步增多。张德顺等[19] 在冬夏两季昼夜连续监测了上海创智天地广场的小气候要素，研究冬夏季不同太阳方位角和高度角对场地阴影的影响，通过对比行为注记与人体热舒适度数据揭示了高密度地区广场不同冠层与热环境间、人体热舒适度与行为活动间的关联特征。刘滨谊等[20] 在上海国歌广场现场进行小气候实测和问卷调查，通过主观评价与客观评价结合的形式评价热舒适度。随着乡村研究热潮的出现，传统乡村聚落中所体现的生态智慧也越来越为许多学者所关注。董芦笛等[21] 通过对传统聚落环境空间形态模式进行气候适宜性分析，揭示了传统聚落绿色基础设施建设的地形气候空间生态调节机制，解读了绿色基础设施建设的中国传统智慧和科学机理，提出气候适宜性聚落环境空间单元是绿色基础设施构成的一种基本生境空间单元。雒雪锦等[22] 通过对厦门市翔安区吕塘、蔡厝、大宅3个自然村落的乡土景观要素的调研和不同空间环境要素的监测，分析探讨乡村空间异质性和景观空间之间的关系，以及它们对乡村小气候的影响，从而得出改善乡村环境质量的策略和方法。除此之外，校园环境也得到了广泛关注。彭海峰等[23] 以浙江农林大学东湖校区为研究对象，通过风景园林规划设计，结合校园人群活动空间的空间结构，探讨校园人群活动空间的适宜性设计，以及风景园林规划设计在调节改善校园人群活动空间小气候中的作用。郑林骄等[24] 选择城市校园街区作为研究对象，在城市校园街区内，通过建构绿地生境网络来调节小气候，并且针对各类型生境斑块和生境廊道提出具体的小气候调节途径。随着研究的进一步深入，风景园林小气候的研究内容必定会得到更广泛的扩充。

（二）不同景观要素设计策略研究

除了研究微气候的基本特征之外，还有一部分学者致力于从风景园林设计要素入手，通过选择具有代表性的研究对象，对地形、水体、植物营造的微气候环境进行深入探析，以期进一步为现代景观设计提供一定的策略。

1. 地形

每个完整的城市绿地系统，都依靠地形将各种不同元素串联融合在一起，不仅能满足一系列使用功能，还可以通过坡度、坡向、坡高等变化对场地内的小气候等产生不可忽视的影响。马椿栋[25]以上海世纪广场和辰山植物园为例，实测了夏季不同地形空间中的小气候温度、相对湿度、风速、太阳辐射4项环境数据，统计热舒适客观评价指标，收集受试者的热感觉问卷。通过比较分析主观热感受、热舒适客观评价指标和小气候物理要素数据，实现风景园林小气候热舒适感受的量化。通过对比不同坡向、坡高、坡位与不同遮阴情况的地形空间对夏季人体热舒适感受的影响，可以发现热舒适性较好的是坡向与风向垂直的地形景观的迎风坡脚处，分析其主要环境影响因素和作用规律，进而提出城市广场热舒适性能优化的地形设计策略。

2. 水体

水景作为景观中重要的组成部分，因为其独特的蒸发蒸腾等物理性质对气候影响颇大，目前国内外就水景观与微气候相关性研究已有大量成果。王长鹏[26]从城市规划空间本体角度出发，利用 Phoencis 软件量化水面率分别为4%、8%、12%、16%、20%、24%条件下的水景观降温能力。结果表明，在降温幅度与辐射范围层面，水景观降温能力与其水面率之间基本呈正比关系。最后利用济南古城王府池子片区尺度下的三维空间模型进行实证探究，得出适宜该片区水景观优化设计的温度与温度影响范围修正系数分别为 −2.41 和 −0.34。最后利用人体温度阈值和最优热效应综合评价，得出基于热调节的水景观优化设计应保证水面率指标在 4%~16% 之间。林小明等[27]主要从以下四方面对水元素在建筑设计中的运用进行阐述，并通过几个典型建筑进行分析阐述：一是可采用衬托、光影、镜像、隐喻等手法对水元素在空间设计中加以利用；二是水元素建筑空间与建筑主体存在核心并列、从属、衬托点缀等关系；三是水元素对建筑空间具有生态调节作用，包含湿度、温度调节等微气候功能；四是建筑设计中水元素运用具有文化传统彰显意义，并结合东西方文化传统进行水文化比较。刘滨谊等[28]以上海市苏州河西岸滨水带典型地段为试验地，开展了环境物理数据测试，包括试验设计、试验地和时间选取以及试验数据获取，分析比较各测点数据与城市气象站数据。基于初步测试数据，专门研究了滨水带坡面形式、植被空间结构、乔木覆盖郁闭度、沿河灌木高度4个要素的空间布局形态对于滨水带环境小气候影响的环境物理规律。除了以单一小尺度水景为研究对象，水景间组合以及大尺度的滨水空间设计也越来越受关注，加强了该分支研究的全面性与系统性。

3. 植物

园林中的植物不仅可以给人们以视觉享受，还可以有效调节园林微气候。一方面，树木通过树叶遮阴挡风，夏天阻挡部分太阳辐射，冬天在西北方向形成屏障。另一方面，植物可以通过光合作用吸收二氧化碳释放氧气，通过蒸腾作用吸收水分会带走一部分热量，同时还会增加空气中的湿度。此外，不同绿地类型和区县绿地的降温功能差异较大，主要受绿地面积和组成结构的影响。

李庆华[29]以微气候视角讨论苏州古典私家园林中植物景观如何营造具有微气候效果的景观。进而从植物自身生态特点、苏州城市特点、苏州园林空间及立意特点，重点分析了其中的植物景观在地域性的种植方式上、空间性的微气候营造上、融合性的生长方式上及精神性的立意表达上营造微气候的方式。王晶懋等[30]根据城市风景园林小气候与场地生境条件的联系，阐述了结合场地生境营造进行植物群落构建的必要性。李坤等[31]为了探寻不同道路景观林的小气候效应，以山东省诸城市龙柏、侧柏和杨树3种典型道路景观林为研究对象，研究其对夏季小气候影响的最优模式。张彪等[32]以夏季高温热害显著的北京建成区为研究区，在前人多项绿地降温功能实测结果的基础上，评估了城市绿地夏季蒸腾降温的功能及其价值，量化了植物通过影响小气候带来的生态效益。

（三）微气候与人体舒适度研究

所有对微气候环境的定性分析和定量分析都是为了给我们日常生活创造更加适宜的环境条件，所以身处这些环境中人的舒适度成为至关重要的一点。只有把小气候因子具象地落实到热感觉、热舒适和行为活动的关系上，研究的意义才能进一步得到深化。部分学者对不同城市形态的人体舒适度进行探究，李坤明等[33]针对不同季节的室外热舒适特点，在湿热地区典型城市广州采用现场热环境实测和问卷调查相结合的方式，分析了不同季节室外环境下人们的热感觉、热舒适、热接受度和热环境参数偏好评价。除此之外，还有部分学者聚焦不同人群，提出相应的设计重点。方小山等[34]旨在探索湿热地区老年人夏季室外热舒适阈值。以广州市老人院为研究案例建立老年人室外热舒适评价模型，得出老年人热环境中性PET值和热感觉中性范围，提出对应的设计策略。陈睿智等[35]为探讨湿冷城市老人冬季户外活动如何适应休憩场地微气候，对冬季典型湿冷气候城市——成都市进行现场观察和微气候参数测量，讨论老人户外休憩中在时间和地点等方面的微气候适应性选择。冯丽等[36]从环境舒适度的角度出发，选择北京市昌平区领秀慧谷居住小区作为调查对象，使用Ecotect软件对小区日照、通风等微气候进行模拟与分析，总结出基于婴幼儿微气候舒适度的北京市居住区景观规划策略。刘畅等[37]选择黑龙江省森林植物园内景观差异性较大的4个样地。实地测量结合问卷调查，旨在寻找小气候要素与人体热舒适感受的关系，以及游人空间选择与热舒适感受评价的关联程度。这些研究结果均可为不同地区户外不同人群休憩空间的规划设计提供理论依据和技术参考

三、研究趋势分析

结合国内微气候研究热点分布以及文献内容分析，总结近年来国内相关领域新兴发展趋势，以期为今后的研究提供思路。

（一）研究对象

以往的研究以常见城市绿地类型为主，多选择不同尺度的公园作为主要研究对象，而后在公园微气候从不同方面深入拓展的同时，居住区、道路、广场的研究也越来越多，这些不同城市形态多遵循相似的研究方法却又因地制宜各具特色。近年来风景园林微气候研究对象的范围还在不断扩展，在同济大学等的主导下，滨水景观作为水陆分界面的特殊性成为一个创新性的分支。随着古典园林研究、乡村研究热潮的出现，不同种类的园林以及传统乡村聚落中所体现的生态智慧也越来越为学者所关注。

（二）研究内容

风景园林微气候近年来热门关键词多出现于舒适度和行为活动关联等方面。随着学科不断发展可以发现，城市微气候是影响城市生活环境的重要因素，而舒适度直接影响着城市居民的生活质量和身心健康，尤其面对全球气候变化，越来越多人关注高品质生活。起先大部分研究多只关注场地内部的物理性指标，但数据多抽象而难以推及人体切实感受，研究意义只能限制于数值变化方面。为了深化研究结果，出于人性化考虑，相应的舒适度研究逐渐兴起。而设计场地使用人群的行为活动水平与微气候热舒适并非相对独立的存在，而是活动个体主观意愿与所在活动空间微气候条件相互依存与能动的结果。关注到风景园林设计基于优化活动环境提高行为活动质量的主要目标，许多研究进一步探讨了微气候因子、舒适度以及行为活动三者的关联，为城市环境建设提供可操作性的建议。

（三）研究方法

传统的微气候研究多集中于现场实测的方法。近年来的研究中越来越多学者倾向于借助如 ENVI-MET、CFD&NHT 等常见的专用类环境分析软件进行数值模拟，还有一部分学者专注软件测评，分析具体情境下不同软件种类的准确性，以便后续研究中将实测和模拟结合得出更具有参考价值的结果。两者结合的研究方法将有助于避免小范围内软件对实地复杂环境难以准确还原的精度问题，同时弥补实测在时空尺度的限制，通过提取场地边界合理设置情景，有效控制变量，完善相关结论，为未来设计研究策略提供重要保证。这一方法近年来已经得到广泛的应用，而且将在未来发展中占据越来越重要的位置。

软件模拟方法得到发展的同时，不能完全放弃实地测试的方法，单纯从气象部门获取

研究区域微气候因子数值的方法具有一定的局限性，各数据点设置的位置常与研究条件不完全契合，只有获取真实的第一手资料，才能保证研究的准确和可靠。在行为活动研究方面，大数据成为下一步发展趋势，随着网络地图和普通用户 GPS 定位数据的完善及发展，实现数据精准化共享，可以使研究者有效了解人们行为活动规律和特点。

四、总结与展望

研究通过文献计量和数据可视化分析，对国内风景园林微气候领域的发展历程、作者、研究机构、关键词等进行总结，识别该领域研究的热点问题，预测未来研究趋势，并针对当前现状提出以下建议：

（一）重视学科交叉发展，拓展和细化研究内容

微气候研究是现代园林规划设计发展催化作用下的一门边缘科学，涉及面比较广泛，需要气象学、植物学、地理学、生态学、园林规划设计学、环境心理学、行为心理学、计算机学等多学科的协作与交叉。在风景园林领域，一方面，学科交叉推进了微气候在研究对象、研究内容和研究方法多层次的发展；另一方面，研究结果纵向自我对比与横向对比并重，也可以对其他学科形成一定影响。同时在现有生态效益研究的基础上，可结合长期观测，进一步考虑风景园林微气候带来的社会、经济效益，构建完整的评估标准，促进风景园林的可持续发展。

（二）关注时空异质性，进一步完善研究方法

城市微气候及环境热舒适性的研究与我们的日常生活密切相关，对生活方式和生活质量有直接影响。只有在大量整理、总结前人研究成果的基础上，才能找到符合国情并适合我国气候和地域特征的研究方法。不同的城市形态和功能要求不同的研究角度，不同的设计要素对应了不同的规划设计策略，不同的社会基础、自然条件和文化背景，使得不同区域使用人群微气候舒适度感觉不同。因此，要充分关注时空异质性，针对具体研究对象调整研究方法。

（三）凸显现实意义，合理运用研究结果指导风景园林设计

随着环境意识觉醒，越来越多的人开始关注身边的气候条件。园林规划设计虽然不能直接解决各类社会问题，但可以通过改善微气候，为居民提供自然健康的生活环境。目前我国在城市微气候方面的研究起步时间不长，大部分研究多集中在数据实测和客观原理、规律的总结上，如不同气候条件下的微气候对比分析，不同城市形态与微气候的关系，植被对微气候影响等。少有将这些原理和规律运用到城市建设中来指导城市设计。后续研究中应合理运用研究结果指导风景园林规划设计，切实有效地改善城市微气候及环境舒适性。

［侯雅楠，女，南京农业大学园艺学院风景园林系硕士研究生，研究方向为风景园林；黄显乘，男，南京外国语学校（NFLS）在读生，研究方向为环境科学与气候变化］

参考文献

［1］ 乔德宝.顺德清晖园布局的通风设计研究［D］.广州：华南理工大学，2016.

［2］ 刘之欣，赵立华，方小山.从遮阳效果浅析余荫山房布局设计的气候适应性［J］.中国园林，2017，33（10）：85-90.

［3］ 李宾，张德顺.上海传统园林空间布局中小气候营造初探［J］.农业科技与信息（现代园林），2014，11（9）：38-45.

［4］ 黄慧君，蒋敏红，邹雨玲.江南古典园林中水体环境小气候对人体舒适度的影响——以苏州网师园为例［J］.中国园艺文摘，2016，32（6）：142-144.

［5］ 陈坚，王宽，李涛.留园气候设计的历史经验研究［J］.山西建筑，2017，43（12）：199-201.

［6］ 黄正.传统皇家园林颐和园的气候设计历史经验研究［D］.西安：西安建筑科技大学，2014.

［7］ 王欢.北京传统庭园空间中微气候营造初探［D］.北京：北京林业大学，2013.

［8］ 张德顺，丽莎·萨贝拉，王振，等.上海3个公园园林小气候的人体舒适度测析［J］.风景园林，2018，25（8）：97-100.

［9］ 赵晓龙，卞晴，侯韫婧，等.寒地城市公园春季休闲体力活动水平与微气候热舒适关联研究［J］.中国园林，2019，35（4）：80-85.

［10］ 张毅，杨柳.基于舒适性的城市公共空间设计策略研究——以西安某公园夏季调研与测试分析为例［J］.四川建材，2015，41（5）：78-79+81.

［11］ 梅欹，刘滨谊.上海住区风景园林空间冬季微气候感受分析［J］.中国园林，2017，33（4）：12-17.

［12］ 张浩，郑禄红.基于Ecotect与Phoenics的居住区景观设计微气候模拟［J］.山西建筑，2014，40（22）：10-12.

［13］ 孟杰，袁青.微气候视域下寒地高层住区景观设计品质提升策略——以哈尔滨研究为例［J］.城市建筑，2018（29）：15-17.

［14］ 刘滨谊，梅欹，匡纬.上海城市居住区风景园林空间小气候要素与人群行为关系测析［J］.中国园林，2016，32（1）：5-9.

［15］ 邵钰涵，刘滨谊.城市街道空间小气候参数及其景观影响要素研究［J］.风景园林，2016（10）：98-104.

［16］ 刘滨谊，黄莹.上海市街道风景园林冬季微气候感受分析［J］.城市建筑，2018（33）：53-57.

［17］ 刘滨谊，彭旭路.上海南京东路热舒适分析与评价［J］.风景园林，2019，26（4）：83-88.

［18］ 赵晓龙，李国杰，高天宇.哈尔滨典型行道树夏季热舒适效应及形态特征调节机理［J］.风

景园林，2016（12）：74-80.

［19］ 张德顺，王振.高密度地区广场冠层小气候效应及人体热舒适度研究——以上海创智天地广场为例［J］.中国园林，2017，33（4）：18-22.

［20］ 刘滨谊，魏冬雪，李凌舒.上海国歌广场热舒适研究［J］.中国园林，2017，33（4）：5-11.

［21］ 董芦笛，樊亚妮，刘加平.绿色基础设施的传统智慧：气候适宜性传统聚落环境空间单元模式分析［J］.中国园林，2013，29（3）：27-30.

［22］ 雒雪锦，傅颖，张栋，等.基于空间异质性的美丽乡村小气候差异性研究——以厦门翔安美丽乡村为例［J］.中国城市林业，2018，16（2）：16-21.

［23］ 彭海峰，杨小乐，金荷仙，等.校园人群活动空间夏季小气候及热舒适研究［J］.中国园林，2017，33（12）：47-52.

［24］ 郑林骄，刘晖.基于小气候调节的城市校园街区生境网络建构研究［J］.建筑与文化，2018（05）：50-51.

［25］ 马椿栋，刘滨谊.地形对风景园林广场类环境夏季小气候热舒适感受的影响比较——以上海世纪广场和辰山植物园为例［C］//中国风景园林学会.中国风景园林学会2018年会论文集.贵阳，2018：70-75.

［26］ 王长鹏.基于微气候适应的城市水景观水面率优化探究［C］//中国城市规划学会，杭州市人民政府.共享与品质——2018中国城市规划年会论文集（08城市生态规划）.杭州，2018：135-144.

［27］ 林小明，曹文涵.建筑与环境设计中水元素手法、地位及其文化动因分析［J］.智库时代，2018（42）：273-274.

［28］ 刘滨谊，林俊.城市滨水带环境小气候与空间断面关系研究以上海苏州河滨水带为例［J］.风景园林，2015（6）：46-54.

［29］ 李庆华.微气候视角下苏州古典私家园林的植物景观营造［J］.西北林学院学报，2015，30（2）：272-277.

［30］ 王晶懋，刘晖，吴小辉，等.基于场地小气候特征的草本植物群落设计研究［J］.风景园林，2018，25（4）：98-102.

［31］ 李坤，李传荣，许景伟，等.3种典型道路景观林对诸城市夏季小气候条件的影响［J］.生态环境学报，2018，27（6）：1060-1066.

［32］ 张彪，高吉喜，谢高地，等.北京城市绿地的蒸腾降温功能及其经济价值评估［J］.生态学报，2012，32（24）：7698-7705.

［33］ 李坤明，张华伟，赵立华，等.湿热地区住区不同季节室外热舒适特点研究［J］.建筑科学，2019，35（6）：22-29.

［34］ 方小山，胡静文.湿热地区老年人夏季室外热舒适阈值研究［J］.南方建筑，2019（2）：5-12.

［35］ 陈睿智，杨青娟.冬季湿冷气候城市户外休憩的微气候适应性研究——以成都市老人为例［J］.风景园林，2018，25（10）：16-20.

［36］ 冯丽，赵亚洲，马晓燕.基于婴幼儿微气候舒适度的北京市居住区景观规划策略探讨［J］.农业科技与信息（现代园林），2014，11（11）：57-61.

［37］ 刘畅，徐宁，宋靖达，等.城市森林公园游人热舒适感受与空间选择［J］.生态学报，2017，37（10）：3561-3569.

The Comparison Study of Bamboo Used as Garden Plant in China and Britain

Xu Hong

Abstract: Bamboo has been widely used in Chinese gardens as one of the most popular plant elements for thousands of years, because of multiple and abundant reasons. To ancient Chinese scholars, bamboos were their spiritual friends and indispensable to their gardens. The plant arrangement example of "phoenix trees in the front, bamboos at the back" is a classic combination in ancient Chinese courtyards which reflects the oriental design connotation. Whereas in Britain, landscape gardeners show more scientific interests in bamboos and plant them in gardens mainly for their evergreen appearance and exotic ambience.

Key words: bamboo; Chinese and British gardens; garden plant; oriental design connotation

Introduction

Chinese architect Prof. Chuin Tung (1890—1983) wrote in his article 'Chinese and Western Gardens Contrasted' that 'the first European who seriously studied Chinese gardens was Sir William Chambers (1723—1796) who in his dissertation on Oriental Gardening, tried to prove the superiority of Chinese gardens. ···It is, however, futile to debate upon the relative merits of Chinese and European gardens. So long as each is harmonious with the art, philosophy, and life of its respective world, each is as great as the other's.

Ernest Henry Wilson (1876—1930), the British gardener and botanist of Kew Gardens, republished his influential book 'A Naturalist in Western China' (1913) with an interesting new name 'China: Mother of Gardens' in 1929.

Due to the fact that Chinoiserie entered European art and decoration in the mid-to-late 17th century and its popularity peaked in the middle of the 18th, when the style of British landscape gardens and picturesque gardens was established, there must be an intimate relationship between Chinese classical gardens and British gardens.

This comparison study of bamboo used as the garden plant in China and Britain may provide a specific perspective to see the similarities and differences between Chinese gardens and British gardens by exploring why and how bamboo is used as the garden plant in two cultures. Through this we can also see some similarities and differences of design connotation between the oriental and the western.

1 Why and How Bamboo IS Planted in Chinese Classic Gardens

China, the hometown of bamboo, boasts the richest resource of bamboo forest in the world and hence is titled the 'kingdom of bamboo'. There are about 1 200 species of bamboo in the world and more than 500 species growing in China.

Bamboo has been widely used in Chinese gardens as one of the most popular plant elements for thousands of years because of multiple and abundant reasons.

a. Bamboo is a perennial herb and grows really rapidly than any other plants on the planet. Most species of bamboo are tall and strong, and look like woody plants but much less expensive and more environmentally sustainable, as British Royal Botanic Garden Kew editors put it 'the fastest growing woody plants in the world, bamboo create a dense and vibrant landscape wherever they grow'. Ancient Chinese had found a great advantage of bamboo growing fast and exploited its practical and economic usages in all fields such as food, transportation, stationary, instruments, art and crafts, building materials, tools, other daily items and so on. Almost everything you name and imagine can be made of bamboo.

Su Shi(1037—1101), the most talented scholar-bureaucrat of Song Dynasty, expressed his thankfulness to bamboo in his essay 'On Lingnan Bamboo' for its multiple usages in everyday life. 'Lingnan people should have a guilty conscience to bamboo. We eat its fresh shoots, fell its branches to build houses and boats, burn it to cook the meals, wear bamboo clothes and shoes, write on bamboo paper...We cannot live without bamboo for even one day!'

Like most ancient Chinese scholars, Su Shi loved bamboo, painted it and wrote lots of poems to praise it. One easy-to-understand poem says, 'I would rather eat without meat, but could not live without bamboo; lack of meat makes men weak, living without bamboo makes men vulgar;

weak men can restore strength but there is no cure for vulgarity.' Although modern Chinese no longer rely on bamboo so much as our ancestors did, we are still surrounded everywhere by all kinds of bamboos in China and under the influence of bamboo culture.

Figure 1   Song Dynasty Su Shi 'Xiaoxiang Bamboo and Rock' 28 × 105.6 cm Detail Chinese National Gallery

b. Bamboo has its slender, straight, elegant appearance and other aesthetic features, and is evergreen even in winter, but Chinese gardeners focused more on its inner beauty and its spiritual symbolism of a gentleman's virtues like modesty, bravery, independence, integrity, simplicity, friendliness and responsibility. Bamboo is well known as 'three winter friends' with pine and plum trees, and 'four gentlemen' with plum, orchid and chrysanthemum in Chinese tradition. To ancient Chinese scholars, bamboos were their spiritual friends and indispensable to their gardens.

Figure 2   Song Dynasty Zhao Ji（1082—1135）, the 8th Emperor of Song, first-class painter and calligrapher who was playing the Guqin with a tall pine tree and bamboo groves at the back. 'Listening to the 7-stringed Qin' 51.3 × 147.2 cm Detail   The Palace Museum

Xu Wei(1521—1593), an outstanding painter and scholar in Ming Dynasty, loved and painted bamboo but had no money to own a garden. He built a simple and crude study beside his neighbor's bamboo forest and named it 'Borrow Bamboo Study'. Xu Wei's friend Fang Chanzi praised his ingenious idea by these words, 'your modest, upright and honest virtues and handsome manners, your literary and elegant essays and poems, are borrowed from bamboo; while bamboo has borrowed your indefatigable spirit to grasp the earth, your imposing manner and free style to grow upright!' The artist and bamboo had inosculated as a whole and inspired each other as if they were best friends. It is thus clear that bamboo can be seen as a perfect incarnation for those morally lofty Chinese scholars.

c. For Chinese literati garden owners, planting bamboos is not only a perfect choice for practical usages, visual and auditory ornaments in all seasons, but also a method to get across their artistic intention.

The plant arrangement example of "phoenix trees in the front, bamboos at the back" is a classic combination in ancient Chinese courtyards. It reflects the oriental design connotation which is based on the ideal of Chinese culture—the ultimate harmony of "nature and human".

Yang Weizhen（1296—1370）, a distinctive poet in the late Yuan Dynasty, visited his best friend Gu Ying's private garden named 'Green Phoenix and Bamboo Study' in Kunshan, a county town subordinated to Suzhou where gardening was most popular and famous. He described in his essay that there were very beautiful buildings and gardening elements like pools, plants, fake mountains in this

Figure 3　Late Ming Dynasty Gu Zuntao 'Water-painting Garden Host Mao Xiao Writing Poems on Phoenix Tree Leaves' Bamboos were planted to the north-west side on the left. Photo provided by Mr. Zhou Jianfeng, specialist of Mao Xiao Study

elegant garden but in the yards of the main building only planted phoenix trees and bamboos. He explained that Gu Ying was a real gentleman that could appreciate the inner beauty of the phoenix trees and bamboos. These propitious plants, tidy and upright, green like jade, were different in temperament from those colourful and noisy flowers. Their simplicity both in virtue and colour reminded people the beauty of Chinese traditional ink and wash paintings, and made people more alert to nature and the changing of four seasons.

Prof. Chuin Tung described poetically, 'The garden wall in South China is invariably white-washed. It lends itself admirably to bamboo shadows thrown on it by sunlight or moonlight. White, with green foliage and black roof-tiles and wood-work, forms one of the dominating colours in the Chinese garden'.

Chen Jiru（1558—1639）, a scholar and painter in Ming Dynasty, collected traditional quotes and exquisite phrases in his book 'Thoughts by a Small Window' to express the leisurely and comfortable mood of reclusive hermit life. In Volume 6, he also recommended this classic and typical case of plant arrangement. 'Every quiet study needs to plant phoenix trees in the front yard and bamboos at the back. The front eaves should be broad and a northward secret window be designed. In winter and early spring, the back window can be closed to avoid the rain and freezing wind with the help of dense bamboos. While in summer and autumn, it will be pleasantly cool and beautiful with the shade of phoenix trees and green bamboos surrounded. The interesting fact about phoenix trees is that they sprout very late in spring but fall their big broad leaves very early in autumn. They are upright and tall, like huge green umbrellas, shading the quiet study during summertime, but never block the precious sunshine in the cold winter.'

All in all, this classic garden plant arrangement gives consideration to the owner's living comfort, aesthetic pleasure and spiritual fulfillment. Therefore not only the scholars but the emperors appreciated it. Emperor Qianlong of Qing Dynasty redecorated Yuanming Yuan (the Old Royal Summer Palace) which was previously owned by his father and ordered the court painters to paint the album of 'The Forty Sceneries of Yuanming Yuan'. The previous 'Phoenix Study' and 'Bamboo Garden' had been changed into 'Green Phoenix Academy' and 'Natural Painting', but were still quiet study surrounded by phoenix trees and bamboos.

Figure 4   Qing Dynasty The fifth garden 'Natural Painting' with two tall phoenix trees and bamboo groves planted in the yards. Album of 'The Forty Sceneries of Yuan Ming Yuan' Tang Dai, Shen Yuan and other court painters painted in 1744. Photo downloaded from

Philosophical Craftsmen http://www.sohu.com/a/270264794_617491

2 Why and How Bamboo Planted in British Gardens

Since there are so many gardens in Britain, this comparison study has mainly adopted the method of qualitative research to examine the available ones. Field researches were carried out in 2018. More than 30 photos of specific samples were taken and specialists such as the Victoria Park officers of Leicester City were interviewed. Relative books and articles were searched and found in the library and online.

Although the samples are far from being enough, we still can tell from them that bamboo is not very popular garden plant in Britain. For example, there is no bamboo planted in the Victoria Park, Leicester or found in St. James's Park, London. There are a few species of bamboos usually not tall grown in Leicester University, the Abby Park and some private gardens in Leicester.

Figure 5, 6   Bamboo groves planted as garden ornaments on Leicester University Campus and in John Foster Hall

Actually, most species of Bamboos can only be seen in Kew's Bamboo Garden, British Royal Botanic Gardens. The introduction of Bamboo Garden online indicates very strong scientific research interests on the collections of bamboo species. 'Our bamboo garden contains 1 200 bamboo species from China, Japan, the Himalaya and Americas, making it one of the largest collections in the UK. The grass are arranged by appearance to maximise their variety of forms and leaf shapes, from wispy variegated species to fountain-like cascades.' A warning tip shows that growing fast is no longer considered an advantage. 'Some species are highly invasive, so you might notice we use durable plastic barriers to contain their rapid growth.' It is much more like a botanic collection with high research value than a garden plant with profound cultural meanings.

Figure 7   Bamboo grove found in Leicester Botanic Garden

The only big bamboo grove found in Leicester is in the Botanic Garden, obviously being restricted in a quite limited area because they grow so fast and could be 'invasive' to other plants.

According to Ray Townsend, Manager of Kew's Arboretum, who shares the story of

Kew's bamboo collection, which he has been working with for nearly 40 years, 'Kew's first bamboo plant arrived in 1826 ···The rate of collection increased and in 1891 it was decided that a new location was needed to house the bamboo collection which had grown to include about 40 species. The majority of the bamboos in the collection are from China, there are also many from Japan···'

In this story titled 'Bamboos — from Victorian curiosity to elephant food', we can also be informed that the usages of bamboo quite limited. 'Kew has supplied bamboo canes to London Zoo - in the late 1970s and 1980s when pandas were housed there. I have also been called upon to advise zoo staff on the correct bamboos to use within panda enclosures. More recently, I was invited to Whipsnade Zoo to supply bamboo to the elephants there!'

'Bamboo canes were cut for use as plant supports in the past—but they only tend to last about six months before going brittle, and are rarely used in the Arboretum now.'

Figure 8　Bamboo groves combined with other garden plants in the Trinity College, Cambridge

For those British gardens which grow bamboos as the garden plant, we can see the role of bamboo is not special or with any spiritual purpose. Combined with other garden plants and flowers, bamboo groves contribute to shape a lovely British border. The value of bamboo mainly lies in its ornamental appearance and evergreen beauty.

But globalization has its influence in gardening too. A very pleasant surprise encountered in Cambridge is this tiny bamboo yard. It is a private and quiet garden, using bamboo as the main garden plant. Furthermore, the gate is made of bamboo stems. Strolling, reading and thinking in such a green and cool garden must be a great pleasure for the owner.

Figure 9, 10   Bamboo Garden and Bamboo Gate in Cambridge, which is obviously influenced by Chinese gardens

3 Conclusion

The reasons of Chinese gardens using bamboo as the garden plant is multiple and abundant: for practical and sustainable usages, for living comforts and enjoyment, for cultural and spiritual considerations ⋯ While in Britain, since the broad usages of bamboo not exploited, some of the bamboos regarded 'invasive', scientific research interests and ornamental species diversity for a garden border are the main two reasons to plant bamboos. In the age of globalization, cultural exchange has been accelerated and we can share ideas and appreciate interesting design connotation whether it is oriental or western.

（Xu Hong, F, Nov. 1975, Ph. D in Theory of Arts, Southeast University; Lecturer of School of Art, Nantong University; Mobile: 13861998087, E-mail: iammaggie@ntu.edu.cn）

References

［1］ Tung C. Chinese Gardens, Especially in Kiangsu and Chekiang［J］. T'ien Hsia Monthly, 1936, 3（3）: 220−221.

［2］ Kultermann U. Chinese influence in 18th century England: The pagoda in Kew Gardens by Sir William Chambers［J］. Goya, 2003（295/296）: 287−292.

［3］ Bamboo Garden and Minka House. https://www.kew.org/kew-gardens/whats-in-the-gardens/bamboo-garden-and-minka-house.

［4］　Shi S. Collected Works of Sushi［M］. Beijing: China Publishing House, 1986.

［5］　Wei X. On Borrow Bamboo Study, Fu Jie Selected Xu Wei's Essays and Poetry［M］. Nanjing: Phoenix Publishing House, 2011.

［6］　Weizhen Y. Collected East Weizi Works［Z］.Complete Library in Four Branches of Literature.

［7］　Jiru C. Thoughts by a Small Window［M］. Shanghai: Shanghai Classics Publishing House, 1999.

［8］　Townsend Ray. Bamboos – from Victorian curiosity to elephant food［EB/OL］.［2018−07−24］. https://www.kew.org/read-and-watch/bamboos-victorian-curiosity-elephant-food.

东方设计语言的建构、历史与发展研究

萧　冰

摘　要： 对东方设计语言含义、构成要素、发展历史及东方设计语言的应用与发展，以及研究现状与不足等等进行了探讨和分析，并提出了发展的方向与建议。

关键词： 东方设计；设计语言；设计历史

人类生存的世界不仅仅是一个自然的物质世界，也是一个人造的符号世界。设计的目的是服务于人，用之于生活；设计的历史，必须是一部启迪思想，创造理论的历史[1]。处于国际化浪潮中的中国设计，在很大程度上受西方设计学派的影响[2]，这固然和我国在20世纪早期借鉴西方先进设计，学习吸收他人优秀成果有关，但是中国当代设计若要取得更快发展，就必须要拥有话语资源，学会从中国传统文化中寻找美学中介以创造中国风格的设计[3]。

一、东方设计语言的含义及其构成要素

（一）东方设计语言含义

语言是人类特有的沟通方式，在生物或心理层面上反映人类高度演化的心智能力，在社会文化层面上反映人类的文明进步。话语具有二重性，即物质属性和精神属性。话语结构由物质符号系统构成，可以是文字、声波、手势等等，但不能简单把话语仅仅当成语言[4]。语言学中，研究词的构成方式和屈折方式的被称为词法，研究如何把词组成短语或句子的被称为句法[5]。而艺术设计语言是在日常语言的基础上，艺术设计人员运用艺术手法刻画形象、传达思想、表现情感，融铸成富有形象性和视觉感染力的艺术作品[6]。对于东方设计语言的定义研究，学界从不同的角度加以诠释。田君等认为，东方设计语言强调

对东方设计环境的关注，凝结了设计师对生活周边美学和生命哲学的思考，"现阶段的东方设计忽略了和这些产品发生关系的人的地域背景和土壤的属性……囫囵吞枣的方式嫁接了文化和生活方式的行为其实是一种幼稚的移花接木，也是一种粗暴的对自身文化的否定"[7]。吴碧波认为，东方设计语言的实质是深入研究、挖掘传统文化，并使之活化，以适应于当代人的认知、体验、交流和欣赏[8]。刘智海从我国电影画面分析，认为东方设计语言就是坚守本土语境，以中国地域、风土人情为源起描述中国山水画意[9]。

（二）东方设计语言词汇构成

词汇，即语言最小的独立运用的单位[10]。东方设计语言词汇的研究即对东方设计语言微观组成因子的研究。

图案在人类生活初期就已出现，传统纹样往往表达了人们对美好理想的向往和追求，而被应用在生活的各个方面，尤以在染织、地毯、陶瓷、雕刻、建筑、服装、首饰等工艺美术用品和喜庆场合应用更为广泛[11]。比如由靳埭强先生设计的中国银行标志标识，就是巧妙地运用了中国古代的货币形式，铜钱的造型，辅以中国的"中"字，古钱币的圆形与中间方孔的"中"字形状得到完美的组合，设计凸显了中国文化和银行的特质，造型简明、大方，易于识别[12]。邰杰等的研究为探索中国古代传统版刻插图园林图像应用与当代景观设计结合提供了可能，文章解析了中国造园传统、追求图绘经典精神，四大版刻插图中的园林图像可被视为专业/业余造园匠师的图纸样稿，现实中的许多设计抑或直接模仿借鉴了书中插图的视觉形态，成了"没有建筑师的无名建筑"[13]。但是，在使用传统符号创作作品时也要避免急功近利的生产模式，由于设计者与消费者都缺乏对传统文化的深入了解，造就了同质化、千篇一律的设计文本，表面化、符号化问题严重，这种虚假繁荣的假象，掩盖了文化上的实质性缺失[14]。

色彩在中国有着悠久的传承历史，同时作为一种极富表现力的设计元素，在现代商业设计中起着重要的作用。传统色彩不仅仅是一种审美创造，通过与社会结构、民族心理、宗教观、伦理观、政治等因素联系，形成了具有象征性和隐喻性的色彩文化[15]。在色彩创造、运用过程中，各民族不断丰富和发展着自己的色彩理论，为色彩赋予了不同的寓意和理解，从而产生了具有民族个性特征的色彩文化。例如回族便以绿色、白色、黑色为民族的"三原色"，结合具有东方神韵的蓝色、黄色、红色等共同形成了回族色彩体系，并在他们的建筑、服饰等与生活密切相关的方面都展现这样的一种色彩认同[16]。张立川的服装作品保留了苗族传统服饰的色彩体系，在黑色与深蓝色渐变的主色调基础上，加入了流行的橙色点缀，尽量保持原汁原味的天然美感[17]。在我国传统绘画领域，传统的文化观认为色彩本身有重要的文化价值，具有不同的文化表征，如《周礼》之《考工记》中言："画缋之事，杂五色。东方谓之青，南方谓之赤，西方谓之白，北方谓之黑，天谓之玄，地谓之黄。"在儒家倡导的文化观下，不同的色彩具有不同的观念功能，是艺术创作中十分重要的表现元素[18]。在对我国传统城市色彩的研究中发现，不同于西方色彩体系表达的是物质二维表面的性质，中国传统色彩体系介于形而上与形而下之间，是表达天人合一的有效手段。它是通过隐喻、暗示，在每个人的内心建立色彩与时空、自然、人等等的联系[19]。具有本土文化的色彩系统也是导视系统中可识别性和形成系统性的重要因素，通过对色彩提炼方法的分析，提出三个层次提取色彩的方式，将本土文化逐步地融入色彩系统的构建当中，将"水青、植绿、霞彩"作为导视系统的色彩意象与色彩组合，完成导视系统色彩的本土化，提供文化价值、审美价值和经济效益[20]。

书法亦即法书，是东方特别是中国与日本独特的艺术，也是一门不断发展演运着的艺术。在平面设计中，以书法绘制标志，它的艺术感染力无疑会更加突出。书法中最突出的起笔和收笔在设计里通用名称为飞白的笔触，它的延伸性和自由性丰富了标志的韵味[21]。在平面设计中恰当运用书法元素，不仅能够彰显民族艺术特色，又能实现民族文化的传承，更能在表现形式上打破抄袭西方的发展现状[22]。在景观设计中，无论是自然地貌还是人工筑造的园林，通过与书法结合，将书法布局、章法和结体等处理手法运用其中，可以实现景观从形式到内涵价值的提升[23-24]。石碑、牌匾是书法的重要存在形式，在对太昊陵牌匾的研究中发现太昊陵匾文内容大致可以分为标志名称与颂德嘉奖两类。匾额的形式与内容构成了特定建筑意境客体的文化环境，引导了空间形式向时间意义的联想，使本来三维空间的审美转向了四维时空的关联[25]。

材料是设计的基础，它们既存在于我们的现实生活中，也扎根于我们的思想文化领域[26]，它们也是设计词汇的重要组成部分。李兵研究了南京的金箔设计历史，认为金箔文化与阅读文化、佛教文化和传统文化之间具有耦合关系，金箔的设计要根植于现代艺术与创意设计的应用领域，最终走入寻常百姓家[27]。通过解读中国陶瓷绘画艺术，分析其与中国画的异同，吴秀梅认为陶瓷画在材料与色彩上存在创新，但是其文化渊源仍在中国传统绘画中，并伴随传统绘画技艺的发展而创新[28]。漆器制作及其绘画是又一富含中华传统文化，并影响整个东亚艺术创作的技艺[29]。余静贵以楚漆画为研究对象，认为楚漆画是中国传统绘画的早期形式，也是先秦纹饰的重要组成，从中可以挖掘出中国传统艺术的美学内涵[30]。

（三）东方设计语言句法构成

研究设计语言的句法即研究设计语言按照何规则，以何种思想为主导，将微观的设计元素有机地融合在一起，创造出新的事物。在对现代产品的设计反思中发现，对于使用对象、消费对象的审美趣味伦理等级的分析是非常重要的，伦理与等级是中国方式之下比较隐晦的方式，至今案例不多，主要原因在于伦理与等级的方式提取出后难以与产品设计建立直接的联系[31]。在建筑设计中，东方设计句法表现在对传统风水布局的尊重，同时传统人文思想（儒家的"忠、孝、节、义""仁、义、礼、智、信"；道家的"人法地，地法天，天法道，道法自然"；禅宗的"清、静、朴、拙"等）也折射到建筑设计风格和室内意境的创造中[32]。在景观设计中，我国古典园林在自然审美追求的哲学观念支配下，以主体的情感追求选取审美对象，把主体情感体验赋予客体之中，从而澄怀味道、达意畅神。这种心灵外物化和外物心灵化得到的是情景交融的审美趣味[33]。在平面设计中，我国传统设计方法强调直抒胸臆的表现形式，运用构造自由时空的方法表现复杂的故事情节，善于运用具有象征意义和阴阳观的表现形式，注重创造形象的外轮廓线所形成的空白形状是否具有一定的美观性，整体画面空白的大小、集散是否和谐美观[34]。

二、东方设计语言的发展历史与演进

（一）西方设计话语体系的历史演变

西方设计话语体系来源于希腊，恩刚[35]对西方艺术创作中透视原理的形成进行了考证，他认为从古希腊时代到中世纪时代是透视理论的萌芽时期，阿格查克斯（Agatharcus）作为当时的古希腊舞台美术家，运用"透视缩减法"布置舞台背景。在文艺复兴时期，基本理论得以形成。在文艺复兴以后的17—19世纪，透视理论逐渐得以普及。我们现在所掌握的透视基本方法及其依据的全部原理是18世纪英国建筑家、几何学家布鲁克·泰勒1715年著书，后由柯尔比在1754年和福尼尔在1761年著文阐明的《论线透视》中确立的。庞莉[36]研究了法国南锡学派，研究发现学派成员建立起了共同的学派章程，不断尝试新的设计手法和装饰语言并在新风格中既体现出现代生活面貌，又不丧失法国的文化独特性。有学者研究了西方对于装饰的态度，选取了几个具有代表性的批评家的观点，对人类装饰行为的性质判定问题进行阐述，并分析这些理论观点中的判定标准对各个历史时期的装饰行为、装饰风格所产生的规范和影响[37]。在景观设计领域，凯瑟琳·斯塔夫森的设计对场地充满感情，秉持设计源于场地，力求用作品延续场地的文脉。她的设计语言强调视觉、照明和听觉设计的融合，营造多维的感官体验，利用阳光、风、雨水等自然元素强调场所精神[38]。现阶段的西方设计学中同样强调顾客感知对作品设计的修正作用，比如在审美快感的测量中，通过构建决定性因素，通过对这些决定性因素有效性的验证，获取顾客的实际感知效度[39]。

（二）东方设计话语体系的发展

中国的设计历史大致可以分为原始社会的设计，先秦时期的设计，秦汉时期的设计，魏晋南北朝的设计，隋唐五代的设计，宋、元代的设计，清代的设计和近代的设计等[40]。设计语言伴随着设计实践而发展，在不同时期呈现出不同的特点。对先秦时期典籍《考工记》的研究发现，中国传统造物观中很多先进的设计思想，如明确设计及设计者的重要作用、要求设计分工、强调设计规范、运用参数化设计方法、主张造物设计应该着重关心民生、遵循科学原则、重视"和谐"、追求实用等[41]。随着大一统王朝的出现，逐渐形成了本民族的民族意识，民族表现形式在设计中体现的是，从概念的抽取、形式的具体化组织，到最终的语言风格的生成，都形成了系统化的思维模式。历代设计师通过对符号表达、文图对应、中和之美在图形语言上的象征运用和意象表现等进行了整理，对世界、宇宙和生命都有着深刻和独到的理解，特别是意象的语言表现更具有浓烈的本土特色[42]。日本是东方设计话语体系的重要组成部分，原研哉在设计无印良品（MUJI）与长野冬奥会视觉形象时，强调将设计日常化，认为设计不只是设计实践，更是一种认识世界的新的角度，是"捕捉事物的感觉能力和洞察能力"，从日本传统信仰神道教出发，认为"万物有灵"，强调人对自然的敬畏，众生万物的平等，要求设计师感受自然的"虚空"[43]。

三、东方设计语言的应用与发展

现今在诸多设计领域，东方设计语言体有着举足轻重的话语地位。胡燕[44]在其博士论文中使用东方设计语言分析了后工业景观的设计元素、设计方法和使用环境，构建后工业景观科学的语汇—语法—语境的研究体系。在语汇部分，明确了后工业景观语汇具体性和分离性的特点，按照场地、建（构）筑物、工业设备、雕塑小品、废旧材料和植物种植分类，对语汇具体的表现形式、使用频率、历史文脉和工业表达等方面进行分析，提炼出后工业景观的经典语汇；在语法部分，明确了语法抽象性和普适性的特点，从空间组织、尺度协调、新旧关系、修辞手法等方面进行阐述，形成后工业景观的核心语法；在语境部分，明确了语境复杂性和动态性的特点，从社会文化、场地特征、经济预算、使用需求、设计理念等方面进行阐述，找出影响设计的关键语境。无印良品系列风靡全球，但是创作者原研哉如果坚持认为日本的设计就永远是日本的设计，MUJI 永远都不会由一个日本品牌变成世界品牌。MUJI 汲取了东方文化经典《道德经》中曾提到的："天下万物生于有，有生于无"，以极简的设计理念打动顾客[45]。光之教堂是日本最著名的建筑之一，曾获得罗马教皇颁发的 20 世纪最佳教堂奖，设计师将东方"禅"文化与简约的视觉语言相结合，这种简约、随意、完全"去装饰化"的设计语言，表达出来的光之教堂，没有因为风格单一而失去人性化和情感性。恰恰相反，正是去除了繁杂装饰的干扰，采用更加简洁的视觉语言表达了纯粹的设计意念，让设计师原本要表达的内心理念更加明确[46]。中国设计师张清平的作品"国民院子·笔墨纸砚"，在概念上设计师试图透过新旧文化的剪辑与交融，呈现以"文化交会"构成的空间语汇。实质的空间架构则以笔、墨、纸、砚文房四宝具象又抽象的东方元素来串联空间，将中国文人的精神转化成空间设计的形式语言。设计师透过东西文化的剪辑与交融，以抛物线依附建筑的概念，打造出建筑虚与实的空间，从而衍生出空间与城市脉络的精彩对话[47]。

四、东方设计语言的理论建构与不足之处

在当下，一方面，在学术研究的框架中，缺乏对东方设计语言发展沿革的系统化梳理，难以形成不同研究相互之间的有机联系与促进，造成了东方设计语言相关理论研究"散、浅、缓、软"的局面。另一方面，多为从设计语言的局部范畴展开研究，而缺乏对东方设计语言的系统性建构，一直没有形成东方设计语言的完整性主体，进一步加剧了对东方设计语言理论研究的分散局面。

在研究内容中，缺乏对东方设计语言各要素之间组合关系的研究，没有形成东方设计语言框架的纵横关系结构，难以发挥理论研究对设计运用的指导作用。在学术理论层面，对东方设计语言的编码与解码机制缺乏深入研究，难以科学、客观地评价东方设计语言的传播效果。

众所周知，东方设计有其自身独特的话语体系，在设计思想、理念以及语言要素的构成上与西方现代设计具有较大差异性，对东方设计语言理论的研究不能照搬西方现代设计的经验，更不能用西方现代设计语言取代东方设计语言。虽然在现阶段不少设计师运用东方设计语言取得了一定程度的成功，并在国际设计舞台赢得声誉，但总体而言，东方设计语言仍未能充分彰显其应该具有的魅力，并获得与其价值相称的地位。要实现这一点，还需要我们系统地建设东方设计语言体系，充实、完善东方设计语言框架结构，深入了解东方设计语言的传播机制，使东方设计语言的理论研究与设计实践充分结合。

（萧　冰，上海交通大学设计学院副教授，研究方向：视觉传播）

参考文献

［1］ 李立新.我的设计史观［J］.南京艺术学院学报（美术与设计版），2012（1）：8-15.

［2］ 刘永涛.中国当代设计批评研究［D］.武汉：武汉理工大学，2011.

［3］ 李建盛.全球话语格局中的中国设计文化问题［J］.中原文化研究，2017，5（3）：42-47.

［4］ 郭湛，桑明旭.话语体系的本质属性、发展趋势与内在张力——兼论哲学社会科学话语体系建设的立场和原则［J］.中国高校社会科学，2016（3）：27-36.

［5］ 高文成.语言学精要与学习指南［M］.北京：清华大学出版社，2007.

［6］ 张生军，张海波.艺术设计语言准确性的把握［J］.现代教育科学，2009（S1）：374-376.

［7］ 田君，朱亮.DOMO nature 的风尚与风骨——赖亚楠访谈［J］.装饰，2012（3）：54-61.

［8］ 吴碧波."地之缘，器之道"东方造物实验记——从国际展场回望本土主题衍生品设计［J］.新美术，2016，37（7）：119-124.

［9］ 刘智海.游走的风景：沉浸于诗意美学中的中国电影画面探索［J］.艺术百家，2016，32（6）：113-117.

［10］ 吕叔湘.吕叔湘文集（第一卷）［M］.北京：商务印书馆.1990.

［11］ 彭景.中国传统图案在现代服装设计中的运用［J］.艺术百家，2013，29（S1）：149-151.

［12］ 金国勇.传统图形元素与品牌形象策划［J］.新美术，2014，35（5）：108-110.

［13］ 邰杰，陆鞮."第四风景"的再造：四大名著版刻插图中的园林图像比较研究［J］.艺术百家，2015，31（5）：205-208.

［14］ 吴剑锋.从"符号"到"意象"——传统文化在中国当代设计艺术中的诗性表达［J］.浙江社会科学，2016（11）：137-142.

［15］ 齐振伦.中国传统色彩观与当代平面设计［J］.才智，2010，（14）：178-180.

［16］ 马丽茵.中国传统色彩的审美特征及其在现代商业设计中的应用［J］.艺术百家，2013，29（S2）：122-124.

［17］ 张立川.解构与重组——中国传统民族文化元素的服装设计创新［J］.美术观察，2017（4）：96-99.

［18］ 王希.中国画的色彩品格［J］.美术观察，2017（11）：76-78.

［19］ 王京红.中国传统色彩体系的色立体——以明清北京城市色彩为例［J］.美术研究，2017（6）：97-103.

［20］ 吴冠聪.基于本土文化的色彩导视系统设计——以惠州西湖为例［J］.艺术评论，2017（1）：168-172.

［21］ 陶盈霏.书法在平面设计中的运用［J］.中国书法，2015（18）：137-138.

［22］ 张会锋.论书法艺术语言在平面设计中的应用［J］.中国书法，2017（14）：184-186.

［23］ 孙丽.书法艺术在景观中的应用与现代演绎［J］.中国书法，2016（14）：94-97.

［24］ 孟宝跃.《红楼梦》书法应用研究——基于《红楼梦》实体景观考察的思考［J］.红楼梦学刊，2016（2）：220-231.

［25］ 胡山华.淮阳太昊陵匾额的装饰形式与景观价值［J］.装饰，2015（5）：138-139.

［26］王峰.设计材料美感的视觉体现［J］.南京艺术学院学报（美术与设计版），2006（4）：199-200.

［27］ 李兵.面向南京金箔文化的创意设计方向研究［J］.包装工程，2017，38（22）：116-119.

［28］ 吴秀梅.中国陶瓷绘画艺术与中国画艺术比较［J］.艺术百家，2013（2）：196-199.

［29］何振纪.传入日本的宋代剔彩漆器及其名谓考析［J］.南京艺术学院学报（美术与设计版），2017（4）：63-68.

［30］ 余静贵.论先秦楚漆画的审美特质及其生命精神［J］.美术观察，2017（2）：113-117.

［31］ 张明.中国传统伦理思想对现代产品设计的启示［J］.艺术百家，2016，32（5）：213-216.

［32］ 周波，杨京玲.中国传统文化在建筑设计中的传承与发展［J］.东南文化，2011（3）：123-126.

［33］ 唐军，侯冬炜.根植传统 拥抱未来——景观设计本土创造的理念和实践［J］.南方建筑，2009（3）：10-13.

［34］ 王象尧.中国民间美术造型方法在平面设计中的运用分析［J］.艺术百家，2016，32（S1）：128-130.

［35］ 恩刚.解析西方透视理论的形成与发展［J］.艺术科技，2017，30（3）：235-236.

［36］ 庞莉.法国新艺术运动中的南锡学派［D］.北京：中央美术学院，2015.

［37］ 吴晓兵.论西方设计理论对装饰的批评［J］.装饰，2006（12）：102-103.

［38］ 姜珊.凯瑟琳·古斯塔夫森设计语言研究［J］.风景园林，2011（5）：108-113.

［39］ Blijlevens J, Thurgood C, Hekkert P, et al. The aesthetic pleasure in design scale: The development of a scale to measure aesthetic pleasure for designed artifacts［J］. Psychology of Aesthetics Creativity & the Arts，2017，11（1）：86-98.

［40］ 胡光华.中国设计史［M］.北京：中国建筑工业出版社，2007.

［41］范钦满，吴永海，包旭.中国传统造物中的先进设计思想［J］.包装工程，2008（8）：159-162.

［42］ 谭有进.平面设计的民族化表现［D］.北京：中央民族大学，2013.

［43］ 武旭.简论原研哉设计理念中的东方美学传统［J］.艺海，2011（10）：96-97.

［44］ 胡燕.后工业景观设计语言研究［D］.北京：北京林业大学，2014.

［45］ 漆炫烨.探析东方美学对现代设计的影响［J］.家具与室内装饰，2017（8）：70-71.

［46］ 李晓芳，韩冬.论东方禅意与现代设计［J］.艺术与设计（理论版），2011，2（12）：37-39.

［47］ 吕晓庆，毛白滔.安德鲁·马丁国际室内设计大奖中的东方元素［J］.大众文艺，2014（13）：94-95.

大学建筑中学习空间设计评价因素的演变

曹盛盛

摘　要：通过对学习空间在不同时代的功能定位，概念演变以及设计中对师生满意度关注变化的分析来探索这些变化对学习空间评价因素的各种影响。同时通过对大学学习空间设计案例分析，理想学习空间的定义，以及大学教育理念在空间中的呈现方式的分析，探索学习空间评价标准的变化趋向，进而为当下大学学习空间的评价提供借鉴。

关键词：学习空间；评价因素；多样化

　　长期以来，人们认为学习是一种可独立于空间发生的行为，随着学习个体的年龄增长，学习行为的独立性更加突出。基于这个理解，在历史上人们对学习空间，特别是高等教育的学习空间研究很少。然而，到了 21 世纪，这种现象有所改观，人们逐渐意识到学习空间与学习效果之间存在着某些重要的联系，越来越多的学者开始关注大学学习空间的研究，希望通过合理的设计方式来有效提升教学效果。同时，人们对大学学习空间的评价也随之发生了变化。

　　学者们从不同角度探索大学学习空间的设计需求和发展。Turner A 从学习空间的功能、目的和特征等探索未来学习空间的发展趋势 [1]。Harris M. 等提出学习空间应将教师和管理人员的专业发展努力与现有课堂设施的重新设计相结合，提高学习空间的灵活性和可持续性 [2]。Adds P 提出大学需要不断提升学习空间的文化内涵，创造更多的文化空间，鼓励优质学习 [3]。Lu G 认为学习空间应促进学生对于学术的参与度，触发自发学习，进而提高学生的学习成果 [4]。Jonas Nordquis 探讨学习空间如何为网络学习提供方便，增加在线学习环境的互动学习体验等等。这些学者对学习空间的探索不仅反映了学习空间的自身发展路径，同时也引导着人们对大学学习空间的评价方式和评价因素的改善。

一、从历史维度看学习空间评价因素的演变

（一）不同时代学习空间需求的差异分析

学习空间伴随着人类学习行为的发生而出现，并随着人们学习行为模式的变化而不断演变。古代撒马利亚的教学空间显然是以教师为中心的。演讲厅，这个容纳人数最多的学习场所成为教育空间的主要代表。约公元前 500 年，演讲厅主要用于宗教服务，之后演讲厅逐渐成为表演戏剧的公共娱乐场所。11 世纪，罗马教皇格雷戈里七世认为，教师需要接受教育，这可能是历史上第一次有大量人需要立即受教育。听众中包括很多僧人，他们坐在当时的演讲厅里复制"讲师"诵读的话。

随着越来越多的人寻求教育，大学作为一个重要的高等教育机构开始登上历史舞台以满足社会的需求。早期的大学，如意大利的博洛尼亚大学[①]、英国的牛津大学、法国的巴黎大学等延续讲座模式，要求学生参加，培养学生独立阅读大量材料以获得知识增长的能力，而教师继续维持其作为知识权威的作用（图 1）。然而，进入近代以来，教师已经注意到，通过讲座难以满足学生学习的需求。19 世纪初，一些欧洲化学家，如 Friedrich Stromyer 和 Johann von Fuchs 开始将实验室工作作为对讲座形式的补充。自此，讲座作为唯一教学手段的地位被削弱，而实验室作为学习空间的重要性日益提升，主动学习也越来越受重视。19 世纪中期，在美国，以麻省理工学院为代表的一批新型大学将实验室教学作为重要方式引入到大学教育中（图 2）。1980 年以后，实验室的设计得到快速发展，比如在医学院出现了基于问题学习的实验室（PBL），计算机领域基于实验的实验室（MBL）和基于视频的实验室（VBL），这些有力地提高了学生的学习效率。

图 1　意大利的博洛尼亚大学

（图左来源：https://hb.qq.com/a/20170802/016064_all.htm

图右为博洛尼亚大学图书馆，来源：http://it.cctiedu.com/school/7519.html）

---

① 博洛尼亚大学是一所久负盛名的研究型综合类大学，是西方古老的大学，有着极高的学术威望和影响力，被誉为欧洲"大学之母"。

图 2　麻省理工学院（MIT）在 19 世纪开设的女生实验室
（图片来源：MIT 博物馆）

即便这样，演讲厅的作用依然不可替代，在新的时期，它的使命也悄悄发生着变化。人们不再满足其原来的模式：固定的排式座位，划分清晰的师生空间，缺乏关心与互动的学习空间。这时，如何让教师及时获得学生反馈，如何提高学生的学习质量成为亟待解决的问题。在对这些问题的解决中，最复杂的方法可能要属交互式演示（ILD），即学生在演讲厅观看演示，通过教师操作的计算机传感器很快收集到学生的数据，让老师清楚了解课堂情况。在 20 世纪 70 年代初期，学生反应系统或"表决器"成为演讲大厅最受欢迎的技术之一。这种方法在很大程度上受到哈佛大学教授埃里克·马祖尔（Eric Mazur）开发的"对等指令"的影响，有效促进了课堂内学生之间积极的讨论，改革了传统课堂的教学模式，实现学生在课堂内的合作与互动，大大提高了教育教学质量。

可见，不同历史时期，人们赋予学习空间功能的不同，使得人们对大学学习空间评价的侧重点不同。从最初要求空间能够容纳足够的人进行讲课，到实验室作为辅助方式引入以促进学生的自主学习；从实验室种类的多样化发展到表决器的应用，推进了学习空间对于交互性需求的提升。这些需求变化使得人们对学习空间的评价发生了根本的变化。

（二）从概念发展看学习空间评价因素的演变

美国著名的教育学家杜威很早就意识到学习者日常环境的重要性，他认为这些环境可以是社会，也可以是自然的。他将非正式学习和正式学习之间的平衡作为一种新的教育哲学的重要标准。他提出学习空间是一个开放的社会环境，学习是正式学习和非正式学习的有机结合。很多学者认同这个概念，Somerville 和 Harlan（2008）认为，学校应该通过提供各种正式和非正式的灵活学习空间来更好地促进学习，从而推动实现学习共同体的使命。随着对正式和非正式学习平衡方式认识的加深，Michael Harris 和 Roxanne Cullen（2008）提出：不仅在开放式的学习环境中，即便在传统封闭式的环境中，教室设计应该包括用于在课堂之外进行正式和非正式学习的突破空间。

不同于以往将学习视为可以独立发生的行为，越来越多的人意识到环境对于学习的重要性，并且认同设计良好的学习空间对学生学习成果和能力发展会产生积极的影响。这种设计的评价也随着教育技术的快速发展，其要求和内容都发生着巨大的变化。与传统的用以促进师生完成基本教学任务的面对面的学习环境不同，在知识信息迅速暴涨的时代，新的学习任务要求学生拥有新的学习方式和学习能力。大学通过维持物理校园来创造新的机会，努力寻求"一体化，充满活力，合作，高效"的主动学习环境。Beichner R. J. 认为，成功的主动学习教室旨在促进学生之间的互动，其学习空间和家具都需要精心设计，使教师很容易分配任务，帮助学生在课堂学习中提升解决问题，沟通和团队合作等新时代所需要的技能 [5]。随着 21 世纪网络技术的普及，学习空间突破了原有的物理空间的局限，开辟了新的虚拟空间，越来越多的技术应用到教育空间的设计，为学生实现学习使命创造了更多的高效环境。

今天的教育环境包括一系列学习空间，有物理和虚拟的，有正式和非正式的，有混合、移动、户外的、个人的，有以实践为基础的空间，这些空间的设计旨在激励和增强学生开展有效的学习行为。随着社会生活发展，科学技术的进步和教育需求的完善，大学学习空间逐渐走向多样化、立体化和系统化。

（三）对师生满意度的关注影响学习空间的评价因素

对于学习空间的使用，师生是最重要的使用者。在通信方式单一的社会里，有一个场所能聚集师生，提供面对面传授知识的机会就是一个理想的学习空间。在求学者人数日益增多，但印刷技术还不发达的时代，提供一个有足够容量的讲堂，保证良好的声音传播效果，教师提供教育资料，学生接受知识，这样逐步形成一个正式的教学环境。随着印刷技术的发展，书籍资料不断增多，师生的交流和讨论成为学习的重要环节。这时，庄严安静的环境，充足的藏书空间成为有效学习的一种需要。逐渐，随着人们对于学习行为的重视以及对学习过程心理需求的关注，学习空间除了满足基本的教学功能外，还要考虑设计风格，家具、灯光等设备对学习的影响。技术的快速发展对学习空间也提出新的要求，那些以往从无涉及的部分，如无线网（WIFI）、网络空间、充足的电源、数字技术等成为考虑的要点。只有这些技术把我们的学习空间全面地武装起来，才能让师生进行有效学习。这一点不能不提麻省理工学院的先见之明。1913 年，麻省理工学院设计在天花板上方预留了充足的管道空间，为现在的布线和其他服务提供了方便 [6]。

与此同时，师生在教学过程中身份的变化也改变着人们对学习空间设计的评价。自高等教育教学实践开始，很长一段时间，教师是作为教学的中心而存在，他们很大程度上代表知识的权威，老师的讲授是课堂中重要的环节。当时的学科空间，师生之间有较为明显的空间分布。随着学生获取知识的途径增多，教学更关注学生能力的提升，以学生为中心的教学理念逐渐形成，并且改变了学习空间的格局和家具设计。今天的大学生与老师一样可以通过使用搜索软件学会阅读，他们非常熟悉网络技术，期待获得即时反馈。这种知识获取途径的平等化，使得教师与学生成为学习共同体。师生关系由指导和被指导关系转化为合作和协同的关系，共同推进学习进程。

不仅如此，学生自身的变化也会影响学习空间的设计评价。进入 21 世纪，大学生与传统学生的差异越来越大，这不仅体现在学习能力上，也体现在学习的容量上。信息技术的发展改变了学生的思维方式，与传统地把记忆信息内容作为主要学习任务不同，现在的学习注重对信息的寻找。学生知道获得有效信息更重要，这对学生的学习提出了新的挑战，即获得大量信息已不成问题，关键在于如何对海量信息进行组织整合，使其能成为解决问题的有价值的资源。此外，移动设备和网络技术也改变了学生的行动方式，人们可以通过一台电脑获得世界各地的资料。这种学习方式在缩小学习物理空间需求的同时大大扩大了学习的知识范围，使得学生更加专注于学习本身，在学习中发现乐趣，由乐趣引导学习。可见，一个能向学生快速传递信息的多媒体环境将是现代学习空间考虑的必要要素。

二、学习空间系统评估中多样化趋势的形成

（一）不同分类方式下学习空间的多样化设计探索

正如前面提到的，杜威认为学习是正式学习与非正式学习的平衡，为此人们针对这个概念开始多样化学习空间的探索。正式空间主要包括不同容量的演讲厅，小型的教室，各类实验室。演讲厅面积比一般教室要大，座位基本是固定的。大型的演讲厅往往以排式座位形式为主，前后呈阶梯式分布，因而又称阶梯教室。为了保证空间声音的传达和讲课内容的可视化质量，教室往往会安装足够的显示屏和话筒。中型的演讲厅座位大多是围绕讲台呈 U 形排列，这种分布更有利于师生互动和学生之间的互动。小型教室是正式学习空间的一种形式，是讲授专业理论的主要空间，一般能容纳 25～50 人，配置可移动座位，或围坐式的座位设计，这样便于学生在课堂上开展小组讨论（图 3）。实验室是各个学院进行专业实践的重要学习空间，整齐的试验台、功能齐备的小型办公空间、充足的设备存放和使用空间，完备的安全系统装置等构成了实验空间的主要部分。非正式学习空间则是正式学习空间外的所有学习空间，其形式和设计更加自由而多样化。它可以是教学楼内走廊里的休息空间，图书馆里的自习空间，小组讨论室，餐厅里的就餐区，等等（图 4）。非正式学习空间已经成了大学不可缺少的学习场所。

图3　方便小组讨论的教室

图4　多元化的非正式学习空间

　　按照学习空间与建筑关系可以分为室内学习空间和室外学习空间。室内的包括正式学习空间和一部分非正式学习空间。室外更多的是非正式学习空间，但与室内的非正式空间相比，它与自然更加接近，沐浴在和煦的阳光中学习，让学习变成一种健康美好的体验。这种自然美景，舒畅的心境和智慧流的神奇交汇，让学习成为生活中不可缺少的一部分。很多发达国家非常善用户外空间打造各种不同的学习空间。如在教学楼的外侧，建筑楼之间的露天空地上设计固定的长凳，可以是L形、U形或是半圆形，便于小组讨论学习。也有在大楼门口、图书馆的门口，设置一些圆桌，供大家在天气好的时候在外用餐或谈论作业。也有在校园的广场里，草坪上，可以长期或定期放置座椅供学生进行户外学习和交谈。如以哈佛校园为例，在科学中心前的广场上和教学楼旁的小树林中长期摆放着很多轻便的银色金属圆桌，供上下课的同学在此休息、用餐、交流和学习讨论（图5）。不仅如此，在广场东部纪念堂前的草坪上，每到阳光灿烂，天气温和的季节，就会有工作人员在这里划分出一个临时的户外休闲空间，摆放风格相似、形状大小各不相同的桌子，还附带遮阳伞，形成了一个通透、舒适的交流空间，供学生们在此探讨问题，交流思想。

　　无论是正式学习空间还是非正式学习空间，室内学习空间还是室外学习空间，其目的都是要支持有益的学习行为。这不仅是大学学习的一部分，也是大学生活的重要部分，而这些空间的多样化设计也成为评价一个系统的学习空间的重要指标。

　　（二）理想型学习空间定义的多样化影响评价指标

　　学习空间种类很多，那么什么才是最理想的学习空间？它需要具备怎样的条件才能满足我们的学习目标和教育目标呢？Scottish Funding Council关于学习空间研究得出：理想的高等教育中的学习空间应分为七种类型：小组教学和学习环境，模拟环境，沉浸式环

图 5　哈佛大学户外学习空间

境，点对点环境，集群环境，单个工作空间和外部工作空间[7]。这些空间类型分为每类空间都有不同的目的和实现方式。小组教学和学习环境适用于不同规模的小组进行学习，空间中可以配置自由组合的家具，使用不同的摆放方式，空间适合用正方形而不是矩形。模拟环境适用于技术操作类课程，学生可在空间内随时拿起相应设备练习某些操作。沉浸式环境是指那些利用先进的信息技术来促进教学中的互动性从而提升教学质量的空间。点对点环境指那些容易发生非正式学习的空间，如网吧、图书馆。集群环境是以学习中心的方式方便群体一起协同工作。个人工作空间是指能够提供安静的空间让学生阅读、写作、完成作业。外部工作空间是指室外适合个人或小组活动的空间，如屋顶花园、校园广场等。这些功能不同的学习空间组成一个完整的空间系统，为学生提供有效而便利的学习环境，通过不同学习方式（单独和合作的方式，课堂内与课堂外的学习）和充分的交流沟通（师生交流，生生交流，与不同专业人士的交流），共同促进有效的深度学习的发生。

　　理想的学习空间不仅要在功能上促成各种有效学习方式的发生，同样也要为学生的学习过程提供良好的服务。这些条件主要包括便利性，舒适性，安静和灵活性。"便利性"是对传统"方便"的进一步升级，它意味着人们不需要疲惫地拖着一捆捆书就能拥有学习所需的一切，并且可以随时发布自己的资料。然而即便这样，传统的查阅资料方式依然有其不可取代的优势，特别是当需要对搜索到的资料进行整理和提炼的阶段，更是如此。因此，很多大学图书馆专门为学生开辟个人学习空间供学生查看书籍。在哈佛大学，几乎每个图书馆内的书库里都会开辟出可供个人收集和整理材料的空间。学生们可以在离自己查阅书架较近的地方申请一个书桌，供其在某一时段使用（图 6）。"舒适"包括身体舒适和心理舒适。物理舒适是指有符合人体尺寸的家具和有益视力健康的光源。当学习时感觉到饥饿，容易获得食物和水，有空间可提供暂时的休息，让人舒展一下身体等。"安静"可以帮助学生专注于自己的学业，并保持自律。在一个安静的不易让人分心的环境中，一个人可以获

得更多的学习时间 [8]。因而，很多大学会专门开辟安静的学习区域，并有专门的标识提醒进来的学生保持安静，或是要求手机静音，以保证在此学习的学生在安静的环境中专注地学习。灵活性，应是空间设计的优先事项，即使它对学习空间设计的影响似乎有限 [9]。尤其在过去的几年中，使用宽带网络的无线功能笔记本电脑的迅速发展（意想不到的增长）意味着对专业信息技术空间的需求可能会下降。Stern Neill 和 Rebecca Etheridge 根据从学生和教师那里收集的数据发现，翻修过的教室增加了学生的参与度，包括非正式会议空间，他们认为与传统教室相比，灵活的学习空间更好地实现了教学和学习的创新方法 [10]。

图 6　哈佛大学艺术图书馆内可预订的座位

这些对理想学习空间定义的多样化，不仅丰富了学习空间设计内容，同时完善了新时代对大学学习空间的评价指标，而这些指标的权重还需要在不断的实践和应用中逐渐得以合理化。

（三）教育理念的发展影响了大学学习空间的评价因素

在理解学习空间的过程中，我们需要思考我们的教育目标、教育理念是什么。事实上，我们不能改变大学的想法而不考虑物理存在。同样，我们不能改变物理存在而不关注大学的想法。这就要求大学有自己明确的目标。不同大学，不同时期，其教育目标和理念有所不同。大学要根据自身的文化基础，大学类型和社会责任定位，寻找适合自己的教学理念，而不是简单模仿其他大学。每个大学的学习空间设计既要体现大学自身的传统文化，又要体现与时俱进的先进的教育理念。因此，在改造中需要保留具有历史人文价值的空间和一些重要的设计，体现其文化空间的延续性，同时要增加新的功能的技术设备，跟上时代的步伐。

为了在转变学习空间的过程中实现促进教育理念的目的，我们不仅在每个阶段进行评估，还要考虑评价者的多样性。Seddigh M. 曾说过，在构建和规划学习空间时，第一个也是最重要的陷阱是，相信评估教育空间成功取决于最后的成果。他认为有必要在每一步中从头到尾采用评价。这个评价框架需要系统地、坚持地询问和回答第一个问题。针对不同的教育理念，大学在开放学习区域建设或改造的过程中需要不同阶段的检验，看每个建设阶段是否推进教育理念的实践，并对不符合的部分进行及时调整[11]。这不仅能保证最后的空间质量，而且可以避免不必要的人力和物力的浪费。不仅如此，对每个阶段参评人也要考虑其多样性。建筑主要使用者是学生和教师，因而他们是首先要参与评价的人员。在学习区域的建设中，学生可能会获得相当满意的房间修改，但教师可能不然。因为他们想要获得满意，首先要改善教学方法和课程的实现方式。同样，学院的管理者也需要了解最新的教学方法，最先进的教学技术支持，最有效的学习模式，并保证每个学习区域内能提供这些相应的设备和技术支持。这种对学习空间建设的参与，才能真正唤起师生在校园内的主人翁感受。

三、总结

综上所述，由于不同时代学习空间功能定位不同，学习空间概念不断发展，以及空间设计对师生满意度的关注日益增加，使得学习空间的评价因素发生相应的变化。功能需求的满足使得学习空间由唯一的演讲厅，发展为实验室作为补充。对学习空间的评估从单一地对空间容量的要求，发展到对空间内交互技术的应用。学习空间概念的发展使得学习空间成为系统的空间组合，有正式和非正式的，有混合、移动、户外的、个人的，有以实践为基础的空间，对大学学习空间的评价逐渐趋向多元化、立体化和系统化。而空间设计中对师生满意度的关注，使得课堂"以教师为中心"开始向"以学生为中心"转化，师生关系由指导和被指导关系转变为合作和协同的关系。随着知识获取途径的平等化，教师与学生成为学习共同体。这时对学习空间的评价，由传播型向服务型转变。

此外，对各种类型学习空间设计的多样化探索，对理想中学习空间的多样化定义，以及教育理念的不断发展促进学习空间的评价标准趋向多样化。正式和非正式学习空间，室内和室外学习空间对推进有益学习的设计方式探索，让评价指标更加具体化，精细化；而对理想的学习空间定义，无论是从服务于不同学习需求的空间类型考虑，还是从空间内环境设计的特征考虑，都让评价指标更加丰富和完善。此外，教育理念的不断发展和在空间设计中的体现，使得人们对学习空间的评价不仅体现在结果上，更体现在建设的过程中，从而确保学习空间更好引导师生发生高效的学习行为。

（曹盛盛，宁波大学副教授，博士，研究方向：教育空间设计研究，设计教育）

参考文献

[1] Turner A, Welch B, Reynolds S. Learning spaces in academic libraries–a review of the evolving trends [J]. Australian Academic & Research Libraries, 2013, 44（4）: 226–234.

［2］ Harris M, Cullen R. Renovation as innovation: Transforming a campus symbol and a campus culture ［J］. Perspectives, 2008, 12（2）: 47–51.

［3］ Adds P, Hall M, Higgins R, et al. Ask the posts of our house: Using cultural spaces to encourage quality learning in higher education［J］. Teaching in Higher Education, 2011, 16（5）: 541–551.

［4］ Lu G, Hu W, Peng Z, et al. The influence of undergraduate Students' academic involvement and learning environment on learning outcomes ［J］. International Journal of Chinese Education, 2013, 2（2）: 265–288.

［5］ Beichner R J. History and evolution of active learning spaces ［J］. New Directions for Teaching and Learning, 2014（137）: 9–16.

［6］ Dober R. Campus design ［M］. New York: John Wiley, 1992.

［7］ Scottish Funding Council. Spaces for learning: A review of learning spaces in further and higher education ［M］. Edinburgh, UK: SFC, 2006.

［8］ Clayton M, et al. Disruption in education［J］. Educause Review, 2003.

［9］ Temple P. Learning spaces in higher education: An under-researched topic ［M］. London Review of Education, 2008, 6（3）: 229–241.

［10］ Neill S, Etheridge R. Flexible learning spaces: The integration of pedagogy, physical design, and instructional technology ［J］. Marketing Education Review, 2008, 18（1）: 47–53.

［11］ Seddigh M, Hosseini S B, Abedini M A S, et al. Investigating the main concerns in design of a learning space（with particular reference to college and university spaces）［J］. International Journal of Academic Research, 2011, 3（2）.

"特色文化小镇建设 +PPP 模式" 的运用研究

Research on the Application of "the Construction of Characteristic Cultural Town + PPP Mode"

龚苏宁　陈荣华

摘　要：首先着重对 PPP 模式的概念、运作模式、优点进行分析；接着对适合特色文化小镇的 PPP 运作模式的几种类型（BOT 模式、BOO 模式、TOT 模式）进行详细阐述；最后归纳出在特色文化小镇建设中运用 PPP 模式的实施机制，从而更好地引导 PPP 模式在特色文化小镇建设中的运用。

关键词：PPP 模式；特色文化小镇建设；运作模式

Abstract: Firstly，this paper focuses on the analysis of the concept, operation mode and advantages of the PPP mode. Then expounds several types of PPP operating modes (BOT, BOO, TOT) suitable for the special culture town. Finally, the implementation mechanism of PPP mode in the construction of the characteristic culture town is concluded, so as to be better guide the application of PPP mode in the construction of characteristic cultural town.

Keywords: PPP mode；characteristic cultural town construction；operation mode

　　小城镇的建设在我国新型城镇化发展中承担着重要载体的责任，是促进城乡协调发展的有效渠道。2016 年 7 月，住房和城乡建设部、国家发展改革委、财政部联合公布了《关于开展特色文化小镇培育工作的通知》，到 2020 年，培育 1 000 个左右各具特色、富有活力的休闲旅游、商贸物流、现代制造、教育科技、传统文化、美丽宜居等特色小镇[1]。特色文化小镇从培育、申报到实施建设阶段，都需建设大批基础设施，必然需要持续稳定的资金来源、合适的融资模式来支持。对于一些政府财政实力比较薄弱的地区而言，实现持续的大量资金投入是非常困难的。目前 PPP（Public Private Partnership）模式在我国各级政府类建设项目中运用，主要集中在地下各类管网、水电厂、综合管廊等公共服务与基础设施建设方面，在特色文化小镇建设方面 PPP 模式尚没有得到完全充分的运用。对于特色文化小镇的发展来说，选择什么样的融资模式还是很关键的。

一、PPP 模式概述

（一）PPP 模式的概念

PPP 即是公共私营合作制。PPP 也就是我们政府及私营机构两方，根据相关的特许权协议合作，建立各个城市最基础的设施，提供城市公共服务；并以合同条约来明确两方的职责和权利，演变成全程合作、风险和利益同享的稳定关系，从而保证项目的顺利完成。

（二）PPP 模式运作思路

PPP 模式是针对项目生命周期中的各个机构的组织关系，提出全新的模式，是一个完整的项目融资概念，是政府和盈利性、非盈利性企业针对某一个项目"双赢""多赢"的合作形式，比起独自操作能带来更大的利益，其运作思路如图 1 所示。民间资本机制灵活、决策迅速，全面进入旅游类产业，有助于抓住发展时机，提高产业发展的综合能力。社会资本投资的整体开发和运营，将面对社会公共资源开发与保护的问题，这就要有个能在政府公益与企业营利关系中维持平衡的合作模式。

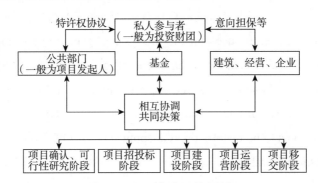

图 1　PPP 模式运作思路

（三）PPP 模式的优点

一直以来，我国政府在资源开发类项目中大多采用财政投入为主的模式，这不仅是因为政府不肯将能带来稳定的财政收入资源与企业分享，而且缺少一个能够有效促进政府和企业合作开发项目的良好商业模式。经过政府投资体制的改革和职能转变，PPP 模式或许可以使企业有机会投资政府旅游开发项目。2014 年国务院就已提倡各领域应该积极地推广政府与社会资本合作，并鼓励调动社会资源，运用 PPP 模式来投资建设和经营公共项目，财政部与发改委就规范引导 PPP 模式的推广，也出台了多项指导意见。

1. 有利于缓解政府类旅游项目的融资难题

由于旅游景区投资规模较大、周期长、风险高和融资渠道窄，故而融资就成了开发旅游项目的难点。创新 PPP 模式的投融资机制，引进社会资本投资，可以使政府建设资金缺乏的问题得以缓解，可以使地方政府财政负担减轻，可以使地方债风险化解。当然政府能用基金出资、相应地承担部分贷款利息，同时可以投资或者担保补贴等来引进社会资本，增强他们的信心。

2. 有利于发挥项目开发主体的专业优势

为了使市场在资源配置中展示其决定性作用，不只是调动项目开发主体的资金，还要用创新机制调活市场的专业人士、先进的技术、科学的管理观念。项目开发主体结合他们专业的经验和观念，让专业人士运用先进的技术和管理对其进行规划建设、整合运营、包装推广，使项目愈加适应市场需求。

3. 能够协调政府与项目开发主体之间的关系

运用 PPP 模式的协调机制，政府与项目开发主体一同筹备、协商，用合同把双方的权利义务和责任风险固定下来，形成一种稳定的风险同担、利益同享的同伴关系，并尽最大可能减少开发效果偏离政府前期规划，减少没必要的纠纷和行政干预。

4. 协调主体与周边居民之间的利益关系

居民的生活在一定程度上会遭受项目开发的直接、间接影响。项目开发主体一般无法自己去协调与周边居民的利益关系，在签订合同前需要政府与项目开发主体充分考虑与周边各方的利益关系，明确由政府提前预见及处理好周边可能出现的问题，避免因政府换届而引起合作关系的瓦解，确保项目开发持续、稳定地开展。

二、特色文化小镇建设中运用 PPP 模式的意义

由于特色文化小镇建设的投资量大和周期较长，纯市场化很难操作。应确保政府政策资金扶持，引进社会资本及金融机构的资金，三方面共同协作，施展每一方所擅长的。在平台上进行利益同享，有效推进及运营特色文化小镇。PPP 模式的普遍运用将是特色文化小镇得力的资金助手。

（一）减轻债务压力、补短板和调结构的作用

在需求拉动经济增长空间有限的情况下，应大力促进以政府引导为主，社会资本普遍加入特色文化小镇建设，坚持在建设形态上"一镇一风格"。政府不多花钱即多办好事，推动经济转换模式，不仅能实现经济平稳增长，还能推进投资和消费齐头并进，补短板和调结构，拓展融资渠道。当下，各级地方政府在踊跃推进各类特色文化小镇的建设，应以产业为主体，地方政府很难拥有持续的财政输出能力。如果要更好地引进多元化投资主

体，就必须建立政府为主导和社会资本共同加入的融资模式，施展财政资金的杠杆效应，用最少的资金来带动强大的社会资本。所以 PPP 融资可以用来填补小镇建设资金不足。

（二）扩大社会资本的投资领域

2016 年 10 月 10 日住房和城乡建设部及中国农业发展银行共同发布的《关于推进政策性金融支持小城镇建设的通知》（建村〔2016〕220 号）[2]明确规定了政策性信贷资金支持的范围：建设公共服务设施和基础设施，应提高公共服务水平，提高小城镇的承载能力和农业人口转移，促进小城镇特色产业的发展，为配套设施建设提供平台支持。在商业可持续性和风险可以控制的条件下，政府买下服务协议的收益预期，还有小镇建设项目牵扯的特许经营权和收费权，都可以当作农业开发银行贷款的担保品。如今投资增速减缓，不少社会资本对特色文化小镇进行投资，不仅可以得到经济利益，还可以得到其他效益。

（三）充分发挥扩散作用，最大化降低投资风险

在未来，PPP 模式是它们的混合动力，增长经济的动力机，创新型的公共产品及服务。使用公开招标的方法，政府吸引综合力较高的企业加入建设之中。PPP 模式的社会资本以自身超前的专业技术和灵活丰富的管理经验，提升项目建设的效率，使资源在城市的市中心高度集中的局面得到转变，提升小镇的凝聚力，引起更多有意加入地区经济发展的企业的注意。

政府用公开招标等方法引入综合实力较高的企业，清楚划分投资和建设进程中的有关责任范围，提升控制特色文化小镇建设运营整体的风险能力。社会资本根据专业技术及管理经验，有效辨别和控制风险。项目开始阶段，政府承担项目风险，社会资本则控制风险。项目完工后，社会资本加入小镇的运营，承担了更多的风险。政府及社会资本能够充分施展各自的优势，在项目的不同阶段控制不同的风险，从而减少风险，小镇建设的效率得以提高。

三、特色文化小镇建设中的 PPP 运作模式

当前采用 PPP 模式的特色文化小镇建设项目以 BOT（Bulid-Operate-Transfer）形式为主，BOO（Building-Owning-Operation）、TOT（Transfer-Operate-Transfer）等形式为辅。

（一）BOT 模式

BOT 也就是建造－运营－移交方式。BOT 是将基础设施的经营权进行有期限的抵押，从而获取项目的融资，是现有基础设施的民营化。通过投标项目，发起人得到项目的特许权后，成立项目公司进行项目融资、建设和运营，特许期内可以使用本地政府提供的其他优惠条件，通过对项目的开发运营来回收资金还贷，并得到一定的利润，特许期结束时，无偿地把项目转交政府。期间投资企业通常会要求政府保障最低的收益率，如果特许期内

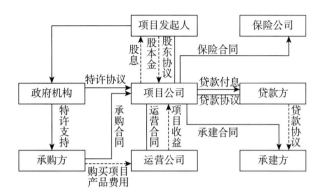

达不到这个标准，投资企业可以得到一定的补偿，其运作思路如图 2 所示。

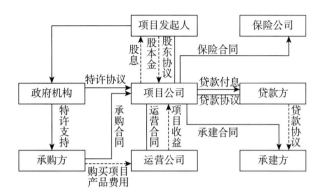

图 2　BOT 模式运作思路

具有市场机制及政府干涉相混合的 BOT 模式，可以使市场机制发挥作用。它的经济行为通常在市场上实行，政府通常通过招标竞争来明确项目公司。在特许时间段中，BOT 对所建立项目拥有最终的产权。同时政府通过与私营企业签署相关 BOT 协议，项目公司负责 BOT 协议的实施，但政府对这个项目始终有控制权，政府决定着立项、招标和谈判阶段的工作。在执行约定中，政府有权进行督查，可以调控项目经营的价格，还可以使用 BOT 法来约束企业的行为。

（二）BOO 模式

BOO 即是建设 – 拥有 – 运营。BOO 模式就是市场中硬件、软件、设备及系统属于企业，企业来投资和担任工程的设计建设、管理、维护和运营等，政府负责总体协调、提出要求和外部环境建设。政府每年需要向企业支付设备和系统的使用费用，体现了政府协调监督、企业运营的一体化运作思路，如图 3 所示。

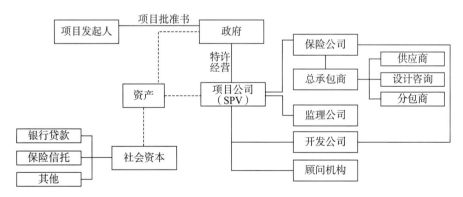

图 3　BOO 模式运作思路

在特色文化小镇建设中，由于社会资本对权力掌控的要求比较高，且更关注项目的长期收益，BOO 模式适合以企业为核心的特色小镇建设。BOO 模式具有完全私有化的特点，项目公司从项目全部生命周期的角度进行建设和运营，以降低生命周期的成本，提高资本收益。与其他 PPP 模式相比，BOO 模式的社会资本参与度较高，承受的风险也更高。

（三）TOT 模式

TOT 也即移交－经营－移交。TOT 模式是目前在国外运用比较多的融资模式，政府或国有企业把建设好的某些项目的特定时间的经营权或者产权，有偿转交给投资方，获得资金以用于建设其他新项目，投资人在特定时间里通过运营，得到相应的报酬，合约期满后项目归还政府或者国有企业，如图 4 所示。与传统的 BOT 模式和融资租赁的方式不同，这一方式适用于有稳定的收益和周期较长的项目。

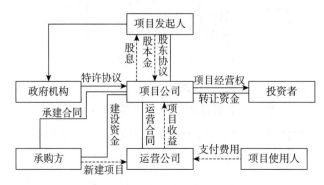

图 4　TOT 模式运作思路

四、特色文化小镇建设中 PPP 模式的实施机制

随着越来越多 PPP 项目的实施，PPP 的不同模式被广泛运用，但是在操作过程中，仍存在各种各样的问题：个别 PPP 项目企业没有稳定的现金流与明确的商业模式；或者产业模式单一，很难持续发展；有地方政府为融资平台给予担保承诺，甚至还有将政府的财政资金用作风险兜底资金，这是变相进行地方政府举债行为。在特色文化小镇建设中规避类似问题，需要完善相关实施机制。

（一）完善金融机制

1. 加强金融风险的防控

首先，为了避免财政风险金融化，需合理调整特色文化小镇 PPP 项目的期限结构。各地财政部门需统一规划辖区内特色文化小镇的 PPP 项目，提前合理安排债务的期限，防止到期时引起的偿付风险。项目准备阶段，指引参与方根据区域债务的期限特色进行债务期限结构的部署，制订相宜的融资计划。金融机构针对项目现金流情况以及政府的支持，分析确定融资方式所支持的偿还周期和方式，有效地规避金融风险。其次，加强确权工作任务，供应有用的抵押物进行特色文化小镇 PPP 项目融资。发展特许经营、土地承包经营权、集体林权、宅基地使用权、收费权和排污权，建立产权交易市场、平台，鼓励

"特色文化小镇建设 +PPP 模式" 的运用研究
Research on the Application of "the Construction of Characteristic Cultural Town + PPP Mode"

金融机构为创新贷款业务提供担保。鼓励银行金融机构发放各种大型公共设施工程预期收益抵押贷款，把一些相关收益用于还贷。再次，增加管制，鼓励开展债权投资计划、股权投资计划和资产证券化，为项目提供长期资金，减少期限错配问题。最后，金融监管部门联合发改委和财政部门建立特定的 PPP 项目统计机制，专项统计以监督特色文化小镇 PPP 项目的融资情况，避免信贷违规挪用。

2. 出台专业的金融支持政策

政府不仅要出台特色文化小镇 PPP 项目的金融政策，还要建立与特色文化小镇 PPP 项目符合的金融体系，增大商业银行的贷款力度。通过政府财政收入对社会资本的贷款利息补助，减少社会资本的利息负担，吸引民营资本参加，使用行政手段在金融机构宣传特色文化小镇 PPP 项目，并发行部分特色文化小镇 PPP 项目收益债。

3. 将政府偿债责任纳入预算

地方财政部门应该把符合条件的 PPP 项目负债与资产情况，纳入政府相关的资产负债表，以避免特色文化小镇 PPP 项目成为地方性的债务新问题。各地财政部门应建立特色文化小镇 PPP 项目名录的管理系统和财政补贴监测系统，地市级财政部门要根据《地方政府存量债务纳入预算管理清理甄别办法》[3] 来制定相应的财政补贴。地方政府部门和相关单位应该依法承担 PPP 项目运行对应的偿债责任，偿债资金也要归入相应的政府预算管理系统中，着力打造完整的融资平台，最有效地管控项目转型可能带来的风险。

（二）建立科学的管理机制

1. 规范化项目管理和运行

为了更好地保护 PPP 项目各方的利益不受侵害，要有一套明确各方责任的管理方法。各地若要选择投资规模大、合同比较清晰、市场化程度高、调价灵活的 PPP 项目，需要探索各自的管理办法，例如：能够界定关于特色文化小镇 PPP 的使用范围，能够明确私营部门和政府的义务和权利，建立保障各部门利益的条例，规定 PPP 项目的评估、挑选伙伴、招投标、投资建设、合同制度、风险监管、绩效考核等机制。

2. 明确 PPP 项目运作机制

首先，要明确项目合作的主体。包括政府委托的下属机构，各类投资主体、相关的金融机构、设计及工程施工、招商经营等相关服务机构。其次，要明确职责及分工。指导政府部门予以行政便利支持及专项扶持金等。如果成立的合作公司作为 PPP 项目实施的主体，与政府签订 PPP 项目的合同，要整理土地和基础公共设施建设、开发物业项目等。再次，由于 PPP 项目基本都归属基础设施及公共事业，所以它肯定要在社会资本收益与公共利益两者间平衡，收益率大约在 10% 左右。社会资本方应清楚项目前期收益率很低，知晓项目开发建设的成本补贴及特许运营的收益，明白通常 PPP 项目可长达 10~30 年的运营期，要靠大量的后期收益来弥补前期投资，因此政府应选用具有运营能力的社会资本方。

3. 建立科学评价体制

首先，建立成本信息相对称机制体系。以"成本＋合理利润"法则明确特色文化小镇PPP项目初期产品价格，使两方的成本信息相当。完善各类招投标机制，显示竞标在价格上的优势，公开私人机构的成本。政府各部门按期进行成本检查，加强成本管理，以确保私营机构能真实准确反映成本资料。其次，建立动态定价机制。为吸引更多社会资本的关注，要经常整改价格。借鉴各国的特色文化小镇PPP项目成功的运作经验，以3~5年为周期整改价格，先设一个盈利的上下限，再综合考虑通货膨胀率、服务需求量、融资成本和当地平均收入等因素，使社会资本有一定盈利。再次，设置严格的绩效考核和总体评价体系。构建财政部门、专家、中介机构、审计机构、社会公众等综合层次的评价体系，进行全面评估。政府招一些有专业实务能力的第三方机构，对项目建设进行绩效评价，保障项目达到预期的目标。

（三）建立相关配套机制

1. 建立PPP项目资源库

对于地方政府来讲，建设PPP的项目库，制定与争取有关的税收以及金融政策支持至关重要。首先，清楚工程的限定范围，重心是城市基础设施和公共服务项目；其次，聘用专业的PPP项目的咨询公司，对特色文化小镇PPP项目的申报进行完善与优化；再次，聘请好的中介公司来初步筛选项目的盈利补助方案、运营年限和建设经营方案等部分；然后，依据相关申报项目的特点和成熟度，进一步制定储备项目库、执行项目库和示范项目库，以更加明确项目的开发顺序；最后，对项目实行动态化管理，及时改进更新项目的详细信息，专门提供有针对性的技术支持和专业指导，并且建立项目退出机制，最终形成良性循环机制。

2. 公开透明项目详细信息

首先，定期公布运用PPP模式的特色文化小镇储备项目，应该详细介绍项目的招标、开工、建成时间、对社会资本的各类要求；其次，定期公布招投标项目、在建项目、验收项目的情况；再次，在特许运营期里，按期公开经营的财务信息；然后，定期公布处于规划阶段各类项目的情况，包括环境评价、公共利益和安全等相关情况；最后，定期统计、公布各地方政府PPP项目的负债以及资产情况，以便更有效地降低项目中的财政风险。

3. 提供税收优惠政策

政府应该予以扶持政策。在PPP项目将要出台阶段给予税收减免政策，减少社会资本在投资过程中的商业成本；在建设的最初期，政府还可以采用免征或者少征税收的减免政策；在运营中，可以适当免去营业税或者房产税。虽然政府可能会失去一些财政收入，但是未来可以通过特色文化小镇的其他衍生产业来补充税收。

4. 完善人才引进政策

政府出台与 PPP 融资项目发展有关的政策并确保政策稳定性的文件，来吸引社会资本投资，明确社会资本在其项目中的合法地位以及利益。政府还需在用自身的优势来培养、引入熟悉 PPP 项目以及投融资的相关专业人士的同时，为特色文化小镇后面阶段储备经营及发展的专业人才。

五、结语

各地地方政府为了响应中央的号召，利用自身的特色资源，推动各地特色文化小镇的建设。PPP 模式的运用，可使特色文化小镇建设更加高效、符合市场需求。政府应该尊重市场发展的规则，减少不必要的干预，建设合理的治理机制，提高社会资本运营水平和工作效率，积极有效地发挥社会资本的优势。在 PPP 模式下的政策环境及其制度不断完善优化的背景下，我们应加强相关研究，应关注最新的投融资体制、最新的改革和管理模式的创新发展，用 PPP 模式的思维来解决特色文化小镇项目中的开发问题，是解决特色文化小镇项目融资问题最关键的方法。

（龚苏宁，南通理工学院建筑工程学院副教授、高级工艺美术师，研究方向：旅游开发及规划）

参考文献

［1］ 新华社 . 住建部：到 2020 年培育 1000 个左右特色小镇［N/OL］. 新华网 2017-06-22,［2017-09-12］. http://www.xinhuanet.com/fortune/2016-07/19/c_1119243147.htm.

［2］ 广东省住房和城乡建设厅 . 住房和城乡建设部中国农业发展银行关于推进政策性金融支持小城镇建设的通知［Z］. 2016-10-10.

［3］ 中华人民共和国财政部 . 财政部关于印发《地方政府存量债务纳入预算管理清理甄别办法》的通知［Z］. 2014-10-28.

Analysis of Design Trend from the Perspective of Oriental Aesthetics

Jiang Hui

Abstract: Within the context of cultural globalization, contemporary Chinese design needs to be particularly clear about three things: the cultural context on which it shall be based, the perspective from which it understands target groups, and the path by which it finds and solves problems. From the perspective of oriental design, the construction of contemporary Chinese design must be based on Chinese culture and take it as the cultural standpoint. It also must uphold the aesthetic perspective and experience of oriental aesthetics. Moreover, it must always maintain a dialectical attitude of learning and understanding towards different cultures, perspectives and techniques, and learn from each other's strengths so that Chinese design can truly meet the material and spiritual needs of the audience in the form of "things". By comparing and analyzing the basic standpoints and perspectives of oriental aesthetics, this study discusses the current boundary problems of Chinese design. By examining the characteristics of Oriental design that bases its standpoints and ideas on Chinese aesthetics, it explores the development direction and trends of Chinese design. Through the analysis of oriental design and the construction of the boundary of Chinese design, it strives to further establish the cultural confidence of Chinese design and locates the sound development of Chinese design in the future.

Key words: oriental aesthetics; chinese aesthetics; oriental design; the boundaries of design; the position of chinese design

Introduction

Oriental Design Forum initiated by Shanghai Jiao Tong University has been successfully held for four times. Since the first forum, scholars and designers from design circles at home and abroad have repeatedly given in-depth discussions on Oriental Design with rich content and diverse perspectives, and achieved remarkable results. Reviewing the topics most concerned by scholars in previous forums, keywords such as Oriental Design, Oriental Aesthetics, and Contemporary Practice were frequently mentioned[1]. Those topics highlighted over the previous forums just reveal that the current design circles have been keenly aware of the new opportunities and challenges facing oriental design in the development of the world today, especially Chinese design.

China's Belt and Road Initiative is established with a clear understanding of the current pattern and future direction of the world in the new era, which sees the role and value of multicultural exchanges for cooperation and mutual benefits in the current world development. In his speech at the headquarters of the League of Arab States, President Xi Jinping noted that: "Constructing the Belt and Road Initiative, we advocate that different ethnic groups and different cultures must communicate for good rather than evil. We shall dismantle walls instead of building it, and shall use the dialogue as a 'golden rule' to help countries become good neighbors." In the context of cultural globalization, oriental design must act as a carrier of oriental cultures to demonstrate cultural characteristics in the process of building the Belt and Road. It must also be able to build bridges for exchanges and commutations with countries around the world. Therefore, the author believes that it is necessary to further evaluate and forecast the Chinese design practice based on the oriental cultural context from the perspective of oriental aesthetics.

I Oriental Aesthetics and Chinese Aesthetics

i. The origin of Oriental Aesthetics

"Oriental" is a vocabulary with distinctive geographical and regional characteristics. Literally, it represents the orientation in terms of geospatial space. However, "Oriental" has been often given the meaning at the cultural comparative level, and existed as a reference to the "West". In this "Oriental" developed from the western perspective, there are too many meanings and definitions given by the west with a status of "other", which obscure the original features of oriental cultures, resulting in misunderstanding and even misrepresentation.

Tracing back to the beginning of human civilizations, the cultures that emerged around the world evolved independently. There was no such thing as "Oriental Cultures" or "Western Cultures". Further, it was rare to see the comparison between Oriental and Western cultures. During the Age of Enlightenment, the expansion of Western capitalism led the west to gradually discover and pay attention to the "Oriental" that was completely different from it. At this time, "Oriental" became the reference object of Western culture under the context of "Western Centralism" in most cases. Western scholars took their own culture as the benchmark to establish the theoretical framework of oriental cultures. This one-sided cultural perspective had blocked the smooth communication between oriental and Western cultures for a long time.

The concept of "Oriental Aesthetics" was developed in the discourse system of Western scholars in the middle of the 20th century. At first, it was the French scholar Rene Grousset who developed the "Oriental Aesthetics". Then, in his work "Oriental Aesthetics", Thomas Munro tried to establish a world-wide aesthetic system from a multicultural perspective. In the period where the western culture oriented theory still dominated, studies that promoted oriental aesthetics did not change the status of "other", nor did they attract the attention of the academic circles. We can see that the studies of oriental aesthetics by Western scholars in the 20th century had not completely shaken off the influence of the Western-centered theory. Just like the studies focusing on the "Oriental" in the same era, the oriental aesthetics that was labeled with "Oriental" was only a Western generalization proposed by western scholars as a reference for the "Western" aesthetics. It was the research perspective that led the west to fail to realize that the "Oriental" at the regional level contained a rich and diverse cultural system, and to not able to distinguish the unique history of the aesthetics development in the oriental countries.

By the 1980s, the emergence of Western postmodern culture contributed to the dissolution of Western culture centered theory. In 1978, American scholar Edward W. Said's *Oriental Studies* was published. The work revealed the essence that the oriental was marginalized and distorted under the discourse system of the West centered theory. It pointed out that Orientalism that was based on Western Monism had brought destruction to and qualified the Oriental societies and cultures. The publishing of the work raised discussion of and attention on the "Oriental" from all walks of life in the West. A number of studies and arguments that attempted to resolve the binary opposition between the East and the West had emerged. Under the circumstance that advocated cultural pluralism, the studies of oriental aesthetics were no longer based on the mindset that regarded it as a contrast for the "Western" aesthetics, and gradually went beyond the limitations of Western culture and Western aesthetics. The way of equal communication and interactive dialogue made the studies of oriental aesthetics under the post-modern cultural context to pay more attention to the characteristics of oriental cultures, and constructed the oriental aesthetic theory system that truly embodied the essence of oriental cultures in the way of oriental philosophy.

ii. Notes on Oriental Aesthetics

German philosopher Baumgarten first explicitly gave the concept of "acsthetics" in 1750. Since then, the modern Western "aesthetics" has become a mature subject after several centuries of efforts. However, the development of "Oriental Aesthetics" has been relatively new. As mentioned above, the discipline framework, theoretical system, and research methods of the original "Oriental Aesthetics" largely took the Western aesthetic model for reference, and became different only after the emergence of Western postmodern culture. The "Oriental Aesthetics" still has many problems worthy of discussion and improvement even today.

We must carefully distinguish and consider the signified scope of the "Oriental" in "Oriental Aesthetics". As mentioned above, from the perspective of Western centered theory, "Oriental Aesthetics" is the general term for the aesthetics of many Eastern countries and regions in terms of the geographical concept. It was developed to make a comparison with Western aesthetics. The "Oriental" here mentioned referred not only to China, Japan, South Korea, North Korea, Vietnam, but also many Asian and African regions such as Egypt, India, and Persia. Obviously, this definition was too general and completely ignored the cultural and aesthetic differences of various countries and regions in the east. When talking about the world cultural system, Mr. Ji Xianlin divided the culture into "Oriental Culture" and "Western Culture", and subdivided "Oriental Culture" into the Chinese cultural circle, the Islamic selection cultural circle, and the Indian cultural circle[2]. This division precisely revealed the diversity of characteristics within oriental cultures. The general concept of "oriental aesthetics" will ignore the diversity of cultures in the east, which in specific research resulted in unclear objects, unclear problems, and inability to carry out in-deep study.

So, can "Chinese Aesthetics" entirely represent "Oriental Aesthetics"? In this case, we must also be cautious. While there are significant differences between Chinese culture and Egyptian culture, Indian culture, there are many similarities and commonalities between it and Vietnamese culture, Korean culture, and Japanese culture. Ji Xianlin's cultural circle division followed this law. Egyptian culture and Indian culture had produced artistic languages and aesthetic philosophy with their own cultural characteristics, which Chinese culture and Chinese aesthetics are unable to represent. The same is true of "Oriental Aesthetics". Regarding Chinese aesthetics as Oriental

Aesthetics is contradictory to the basic position that adheres to diversified aesthetics.

We are more tending to understand "Oriental Aesthetics" at two different levels. That is, it can be understood as a vision that attempts to go beyond the Western Centralism framework and promote the further development of aesthetic studies in countries and regions in the east. In the specific aesthetic research and application, the term "Oriental Aesthetics" shall carry out more specific and targeted aesthetic discussions in line with the cultural background and aesthetic practice of different countries, regions, and nationalities.

The author wrote this article to consider issues of contemporary Chinese design from the perspective of oriental aesthetics. For this purpose, the "Oriental Aesthetics" mentioned here focuses more on the philosophical foundation and aesthetics ideology of the Chinese cultural circle. That is, exploring the similarities and differences between Chinese aesthetics and the aesthetics of other countries in the Chinese cultural circle in line with the development process and the construction of theoretical system of Chinese aesthetics, thereby clarifying the unique qualities of Chinese aesthetics. Of course, this does not mean to completely repudiate the foundation laid by Western aesthetics, as "Aesthetics" itself was a discipline from the West. The "aesthetics" that is currently known as a subject has not yet appeared in the Chinese cultural circle before modern times. Learning and drawing lessons from Western aesthetics was a necessary stage for aesthetics to enter China. However, after learning and drawing lessons, Chinese aesthetics needs to be rooted in the local cultural soil and aesthetic experience and developed an aesthetic system with Chinese cultural characteristics.

For example, Peng Xiuyin argued that Aesthetics was actually a kind of "hiding" form in the original ecology of oriental cultures. That meant that on the one hand, the deep and exquisite aesthetic wisdom in the east is the lack of systematic theory, and unconsciously involve aesthetic and art of the hiding aesthetics; on the other hand, due to the mutual integration of the oriental generalized aesthetic with cultural material and life experience, the texts of oriental aesthetics is attached to religion, philosophy, ethics, etc., or to literary theories, painting theory, and music theory, dance theory and other, becoming a hidden but not self existence that was combined into other ideas[3]. Zong Baihua also pointed out that there were rich aesthetic ideas in ancient Chinese literary theories, painting theories, and music theories. Notes from literati and artist, though with a few words, can also reveal profound aesthetic insights[4].

Therefore, it is clear that Chinese aesthetics has a different history and tradition from Western aesthetics. It comes from artistic practice and focuses on further promoting the development of artistic practice. Moreover, Chinese aesthetics must pay attention to its application and development in the contemporary social context. The art practice in ancient China has established a rich aesthetic thought. In addition to summing up and refining the thought, it should also be combined with contemporary art practice and contemporary social development, so as to maintain its vitality and development momentum in the contemporary era. In this regard, this study has theoretical and practical values when exploring contemporary design from the perspective of oriental aesthetics.

II The Boundaries of Oriental Design

At the beginning of its establishment, "Oriental Design" pointed out that the use of the word "Oriental" has two meanings. First, it revealed an intrinsic perspective that aims to get rid of Western design as its center. It advocated that the scope of contemporary design shall go beyond the west. By learning and drawing lessons from Western design, it constructed a position and attitude of the design discipline with a distinctive oriental cultural feature. Second, it defined the specific cultural categories and aesthetic methods specified by the "Oriental" in the current discipline construction. That is, it took Chinese Han culture as the main body, drew lessons from the Chinese traditional creation practice, and applied for contemporary design theory construction and design practice[5]. From this point of view, there has been a very similar viewpoint between "Oriental Design" and "Oriental Aesthetics".

Like Oriental aesthetics, "design" has been a discipline that was born with the development of modern western industry. As a result, the construction of Chinese design disciplines inevitably learnt and drew lessons from the west. However, at present, as globalization entered a new stage and the Western centered theory is continuously dissolved, the cultural globalization has accepted and promoted the development and mutual exchanges of ideas, cultures and art of different regions and nations with diversified and open minds. Under this historical background, Chinese design shall no longer stay at the level of learning the West, but focus on promoting the establishment of "Oriental Design" that takes the essence of Chinese culture as basis, integrates the design experience of Chinese Han culture circle, draws lessons from Western design achievements, and meets the needs of contemporary Chinese social development. This discipline shall keep an eye on the pattern of world development, see the expectations and requirements of world design for the Chinese design and even the design of countries within the entire Chinese Han culture circle. It shall enrich the world design structure, expand the vision of world design, and deepen the depth of thought and cultural connotation of world design by means of discipline construction, theoretical exploration, and design practice. Therefore, the author believes that the construction of contemporary "Oriental Design" shall be based on China's philosophy of "different while harmonious" to clarify its cultural standpoint, design perspective, and scope of practice.

i. Design Boundaries of Cultural Consciousness

"Cultural Consciousness" was promoted by Fei Xiaotong. Mr. Fei gave this concept in line with his profound understanding of the ancient Chinese philosophy of "different while harmonious". Cultural consciousness meant that people living in a given culture have a "self-knowledge" of their culture, understand its origins, processes of formation, characteristics and trends of its development. Self-knowledge was to strengthen the independent ability of cultural transformation and to obtain an independent status that determines the adaptation to the new environment and cultural choices in the new era. Cultural conscious emphasized that people should know their own culture, decide to maintain or abandon it in line with its adaptability to the new environment. They understand other cultures they encounter, gain their essence, and combine it with their own cultures. After all cultures have realized their consciousness, this culturally diverse world has the conditions to form a basic order with common recognition in the autonomous integration of each other, establishing a common code for the peaceful coexistence, promotion of their strengths, and joint development of various cultures[6]. By analyzing the "cultural consciousness" theory, we can gain a profound sense of cultural boundaries. It requires us to have a deep understanding and cognition of our own culture, and to capture the differences between our own culture and that of other countries and regions. We must take root in our own cultural traditions while actively accepting and recognizing different cultures, and must seek common ground while reserving differences, and complement each other with respect and understanding[7]. The words "perfecting beauty of each other and achieving great unity" pointed out the supreme realm of pursuit of cultural consciousness.

The core and life of design is culture. So, a longer-term future of design lies in understanding its cultural soil. For Chinese design, constructing cultural boundaries of design and establishing cultural consciousness is the first step to locate the direction of development of Chinese design in the wave of globalization. Over recent years, Chinese design, though achieving rapid development and prosperity, has gradually exposed its deficiencies and defects.

At the moment, the diverse cultural shock has brought Chinese design with "cultural selection difficulties" and "cultural loss". It was manifested in that facing the cultural environment with rapid development and change, the diversification of cultural forms made

Chinese design difficult to choose and at a loss, and in that its design languages revealed problems such as chaos, disorder, deviation from mainstreaming, and vulgarization. When we criticized that some Chinese works were lack of innovation and inner spirit, outdated, and couldn't keep up with the pace of the times, and failed to satisfy people's material and spiritual needs, we found that the crux of the problem was that they were lack of sufficient cultural confidence and clear understanding of cultural boundaries. As designers failed to maintain a firm position and accurate understanding of their own culture, and just relied on fragmented splicing and scattered combinations to form their design languages, the cultural position and values of their works were scattered and acentric, which to a certain extent hindered Chinese design to break through and gain greater impact in the era of collisions of multiple cultures. For example, the design style of some buildings in China today was lost in a strange circle. The architectural languages were chaotic, appearing in manners which were out of the ancient and present fashions, neither in Chinese nor western styles. They were the simple and rude combination of the Chinese, Western, ancient and modern architectural languages. These seemingly ridiculous architectural forms revealed the unsettled and confused cultural position of the current Chinese designers. They also indicated the urgency to reshape the mainstream culture in the multicultural environment, to eliminate the vulgar taste, and to emphasize cultural consciousness.

ii. Design Perspective in Line with Local Characteristics

It is true that, as mentioned earlier, the establishment of the design discipline originally came from the West. It was in the modern times that China's old cultural system was broken with the turbulence of the world situation. The education system of Western modern design was gradually introduced into China at this time, and the discipline localization construction was carried out in China. Learning Western cultures and drawing lessons from Western modern design concepts and practices was an inevitable development process for Chinese design. However, at the moment of the development of globalization, we have been also deeply aware that excessive dependence on and imitation of Western design for a long time will only make Chinese design weak in the vitality of development and the competitiveness in the surge of cultural globalization. Some of the problems with Chinese design have been already exposed.

On the one hand, in the face of the permeation and advancement of Western thought and cultures in China, some Chinese designers have been deeply immersed in it without knowing it. They were unable to free themselves from the influence of Western cultures. As they left their own culture behind, their design works were lack of cultural nourishment as rootless duckweed. Imitating and copying the works of Western designers has been seen everywhere in China's current design circle. Works without cultural souls will be eliminated. On the other hand, China's indigenous modernization process ignored the differences between regions, ethnic groups, and populations. In pursuing rapid economic development, the cultural differences of regions, ethnic groups, and populations have been overwhelmed by a homogenized modernity. In serving different audiences, as some Chinese designers blindly pursued the so-called modernity and westernization, but lacked the in-depth analysis of local audiences, they gave the homogenized designs to audiences with different social and cultural backgrounds. Those designs were difficult to be recognized and accepted, which even hindered the inheritance of Chinese culture and the development of the nation. The assimilation of China's rural landscape design was a concentrated expression of this crux. In the process of modernization, rural areas in China "abandoned" the traditional village style and "lost" the traditional rural cultures. The "one thousand villages with one appearance" has led to the loss of the vitality of the Chinese countryside. Lack of awareness of the local cultures and social environment among designers and managers has been one of the important reasons for this situation.

iii. Design Awareness with Humanistic Care

Lack of humanistic care has been one of the cruxes that caused current superficial problems in Chinese design. First of all, we must be aware that China's modernization transformation is a major change that affects all areas of the country and all its groups. It involves people from different regions, different social, and cultural backgrounds. The differences make them unable to locate their position in time in the modern transformation in the same pace. In Chinese design, the unclear division of the audience and boundaries of cultural attribution have led the design works to be superficial in the process of finding and solving problems and expressing languages. The design works were too general in terms of recognizing audience, and were too chaotic and fragment in expressing culture. Those factors further worsened people's sense of belonging and identity in this era of change.

Population aging has become a common problem in the Chinese society. When the society pays much attention to the many new phenomena and new problems that population aging brings to society and families, we see that Chinese design still lags behind on this issue. One of the major responsibilities of design is that it must meet the spiritual and material needs of the target audience by design. Despite a large number of products have been developed to serve the elderly, products that address material problems account for the vast majority, there has been few concern about their spiritual needs. The modernization process of the country is not only participated by young and middle-aged groups, but also the elderly. When considering how to make the elderly gain a sense of belonging at the spiritual level, perhaps the design needs to solve not only a single functional problem, but also the humanistic care and spiritual satisfaction. In addition, lack of humanistic care in design works has been also reflected in the superficial understanding of cultural connotations. To a certain extent, the transformation of Chinese society has made people require a cultural experience in the emotional and spiritual sectors that can satisfy their feelings, and even a cultural experience that can feel the stimulation and catharsis, so that they can gain a sense of spiritual belonging and comfort. However, this does not constitute the reason for some Chinese design works to blindly pursue sensory enjoyment, while ignoring culture and history and losing spiritual boundaries, cultural positions, and standards of ugliness. Fragment and generalized designs, vulgar aesthetic standards, and vague cultural positions will lead audiences to a poor and superficial spiritual world, which will be extremely detrimental to the cultural heritage and development of the country.

III Oriental Aesthetics in the Practice of Oriental Design

We explore the inspiration and value of oriental aesthetics for contemporary design in line with the current situation of contemporary Chinese design, and reflect on the remaining problems in Chinese design so as to clarify the development direction of Chinese design in the future. Therefore, oriental aesthetics mentioned here shall be more specifically designated as "Chinese aesthetics". Chinese aesthetics, which is different from Western aesthetics, has its own development history and characteristics. The philosophical thought of "the unity of Heaven and Man" from the ancient China had nourished the unique aesthetic consciousness of Chinese classical art. It made Chinese aesthetics reveal more poetic and imagery. It was different from traditional Western aesthetics, which focuses on rational speculation and logical analysis. Chinese aesthetics uses poetic thinking to develop philosophical reflections on the artistic world of imagery. This aesthetic theory that was rooted in the traditional Chinese culture and artistic soil was extremely helpful for the firm cultural position and design perspective of the current Chinese culture. Specifically, the following aspects of Chinese aesthetics are particularly worthy of attention and reflection in contemporary Chinese design:

First of all, Chinese aesthetics always focuses on understanding of the realm of the mind. Chinese classical civilization has deeply emotional and perceptual cognition of nature. The insight and understanding of natural laws spread into the art world, which made Chinese classical art and aesthetic concept highlight the communication and understanding of "heart" and heaven and earth, paying attention to personality, life value, life process, affection, and presentation of spiritual realm in art. Zong Baihua argued that "the source of beauty and art is the fluctuation of deepest part of human beings in contact with his environmental world". (Chinese aesthetics) "Silence is integrated into this innocent nature and the innocent space melts." He took the Chinese Song and Yuan landscape painting as an example. They are the most ethereal spiritual manifestation, and the mind and nature are completely united[8]. As the painter Zhang Wei said, the process of creating Chinese classical art is "learning from the outside while gaining from the source of the heart". "Creation" is the nature of everything, and "source of heart" is the inner feelings and experience of nature.

Secondly, Chinese aesthetics emphasizes the employment of symbolic methods to express the spiritual world of the human being, and to give the feelings and understanding of all things in the world through the artistic expression of images. The Chinese classical culture used symbolic and analogical means to recognize things through the symbolic relationship between an object and other things, producing a large number of cultural symbols with symbolic meanings. In ancient Chinese works, "meaning" and "imaginary" were two vocabularies, which first appeared in "Copulate of Yi Zhuan": "The sage used images to express thought, established divinatory symbols to determine right or wrong, and developed Ci to express meanings". In the Southern and Northern Dynasties, in his *Literary Mind and the Carving of Dragons,* Liu Wei proposed this idea. Since then, the word "image" has been included in the world of Chinese philosophy and poetics. "Imaging" means the integration of mind and object, which can be understood as "image of meaning" or "image of heart", and can also be understood as "object" of "heart". Zheng Banqiao, a painter of the Qing Dynasty, spoke of "imagery" and "art" in this approach[9]. The formation of the image came from the artist's perception and experience of things. What was integrated in the symbolic images was the artist's aesthetic and cultural standpoint.

Thirdly, Chinese aesthetics has been also an aesthetic summary made from everyday life. Since ancient time, the Chinese have been good at creating a poetic atmosphere in their daily lives, and have gained an experience of beauty through a multi-faceted senses. For example, with tea, incense, flowers, playing the piano in the traditional Chinese culture, sensory experience produced by those activities can bring beauty, which is on the one hand physical, on the other hand triggers emotional and spiritual pleasure. The aesthetic of daily life has been a tradition of ancient Chinese culture and a source of Chinese classical aesthetics. The poetic environment gave people a sense of excitement, which in turn enhanced their spiritual and emotional enjoyment of beauty.

Finally, Chinese aesthetics emphasizes the relationship between art, aesthetics, and society. The aesthetic experience has a positive effect on social development and personal spiritual world. Chinese classical philosophy attaches importance to the grasp and reflection of the realm of life. Under the influence of Chinese traditional culture, each Chinese maintains their own unique life realm and aesthetic taste, and also displays group similarities. Ancient Chinese advocated and were keen to cultivate an elegant and refined taste in their long period of life. This taste was developed through long-term cultural education. From Tang poetry, Song poetry, "Peony Pavilion", "Dream of Red Mansions" to the paintings of Wang Meng, Wen Zhengming, and Zheng Banqiao, they all can demonstrate the existence of this taste. In the view of Chinese aesthetics, artistic experience and activities help cultivate and enhance people's tastes and quality, and promote their world of life to a higher level.

IV Inspiration and Prospect

At present, we have entered an era of cultural globalization. People have different opinions about this era, such as the era of culture (the era of creativity), the era of the Internet (the era of informationization), the era of the great aesthetic economy (the era of experiencing the economy), and so on. These sayings, though different, have similarities. For example, in this era symbiosis and commonality are highlighted while nationality, regionality, and individuality are not forgotten; group needs and individual development are both emphasized; material level satisfaction and more spiritual level are both the focus. Therefore, in line with the profound understanding of the current era and based on the Chinese social context and the status quo of Chinese design development, the metaphysical wisdom and special aesthetic pursuits in Chinese aesthetics have great inspiration significance for us to explore the new directions of design in the new era.

First of all, our design needs to be rooted in its own culture, and grasp the cultural genes and aesthetic habits of the target audience. The design must pay attention to the exploration and performance of the spirit and spiritual levels after satisfying the functions at the material level, thereby giving more direct and deeper expression of emotional appeals, core, personality temperament of people.

Secondly, learn and draw lessons from the ways and ideas of capturing image symbol in Chinese classical art, use them in contemporary Chinese design. The aesthetic style and habits of Chinese aesthetics have nurtured the image symbols and expressions of Chinese classical art.

Contemporary Chinese design can carry out further image symbolic enhancement in modeling, material and color through the formal languages in design, making works combine with cultural traditions and aesthetic habits, so that they can be more in line with the inner world of the Chinese in the spiritual and emotional aspects.

Thirdly, recognize the role of design in creating a daily atmosphere. Since ancient times, Chinese people have maintained the traditions and habits of beautifying their daily lives, have been willing to create a poetic atmosphere in their lives that expresses their emotional and spiritual appeals. Contemporary design needs to pay attention to the Chinese tradition. In designing works, it shall be good at inspiring the audience's multiple sensory experiences, so as to achieve the realm of aesthetic enjoyment. That is, "body and things are unified to produce spaces to each other, and the environment and the body in turn are combined produce emotion", thereby allowing people to obtain a more complete life experience and a sense of happiness.

Finally, contemporary Chinese design also must enhance its sense of social responsibility and mission. The environmental atmosphere and functional experience created by design works shall not be limited to material satisfaction. In addition to that, they must also have a positive role in the development of society and the improvement of personal spiritual world. Give guidance to people in achieving a higher spiritual pursuit through design works, broaden their own minds, foster their own attachment, cultivate elegant, pure and exquisite aesthetic tastes, and guide them to pursue a poetic, loving, and responsible life.

(Jiang Hui, a Postdoctoral Fellow at the Innovative Design Center, Shanghai Jiao Tong University)

References

[1]　Zhou Wuzhong. Re-discussion on oriental design: the concept, content and research significance of oriental design [J]. China Ancient City, 2017 (9): 4–10.

[2]　Ji Xianlin. Three topics of oriental culture [J]. Xin Xiang Pin Lun, 2008 (1): 52–55.

[3]　Peng Xiuyin, Liu Yuedi. Cultural relativism and the construction of oriental aesthetics [J]. Tianjin Social Sciences, 1999 (5): 79–83.

[4]　Zong Baihua. Aesthetics and art [M]. Shanghai: ECNUP, 2013, 18.

[5]　Zhou Wuzhong. On oriental design (III): analysis of some relations in the studies on oriental design [J]. China Ancient City, 2019 (1): 9–16.

[6]　Fei Xiaotong. Challenges of Chinese culture in the new century [J]. Yan Huang Chun Qiu, 1999 (3): 2–4.

［7］　Liu Jinling. On the cultivation of cultural consciousness［J］. Journal of Liaoning Technical University（Social Science Edition）, 2010（3）: 233−235.

［8］　Zong Baihua. Aesthetics and art［M］. Shanghai: ECNUP, 2013: 378.

［9］　Zhou Jiyin. Summary of Chinese painting theories［M］. Nanjing: Phoenix Fine Arts Publishing, 1985: 76.

由《二十六史·艺术传》探究《考工记》与古代工艺文献的渊源关系

Explore the Relationship between "Kao-Gong Ji" and the Ancient Craft Literature by "Twenty-Six History and Art Biography"

谢九生

摘　要:《二十六史·艺术传》中存在着古代设计、工艺等艺术的相关记载，通过对这些记载的考辨，研究其与《考工记》的传承关系，以及分析古代工艺文献和《考工记》的渊源关系，从而通过《二十六史·艺术传》来探究《考工记》的古代设计艺术学价值，以说明《二十六史·艺术传》在古代艺术学方面的价值，并强调古代"艺术传"作为中国艺术学理论的新材料所具有的重要意义。

关键词: 艺术传；考工记；设计；工艺；方术；方技（伎）

Abstract: There are relevant records of ancient design, craft and other art in "Art Biography of 26 History", which, through the examination and dialectics of these records, studies the inheritance relationship between them and "Kao-Gong ji", and analyzes the origin relationship between the ancient craft literature and "the Kao-Gong ji", thus exploring the "Kao-Gong ji" through the "Art Biography of 26 History" the value of ancient design art, to illustrate the value of "Art Biography of 26 History" in ancient art, and emphasize the importance of ancient "art of biography" as a new material of Chinese art theory.

Key words: art of biography; Kao-Gong Ji; design; craft; medicine; Fang Ji

　　中国传统艺术的发展，有着自己十分鲜明的特征，尤其是到了魏晋时期，而古代正史之中"艺术传"[①]的出现就是一个例证，其中记载了许多古代工艺或设计艺术相关的史料。

[①] 在《晋书》《周书》《隋书》《北史》等正史和《清史稿》之中都有"艺术列传"，亦可以"艺术传"简称之，其中记载了今天所说的艺术与相当多有关古代方术、方技（伎）方面的人物传记，从而显示出古代"艺术"的"综合性"，以及今天所说的艺术是来自古代"艺术"的史实，而且也是通过"艺术门类"或"艺术子门类"的不断分化与细化而衍化成为今天所说的艺术与范畴。"艺术""艺术传"等加上引号的目的是与今天所说的艺术进行区别。

同时这些记载也能够体现出先秦时期《考工记》的造物和设计思想与理念的延续。因为古代"艺术"的范畴不仅包括古代方术、方技（伎）①，而且在这些古代"艺术"的子门类之中多是呈现交叉性的关系，也即在这些古代工艺或设计艺术的内容之中也具有比较明显的方术、方技（伎）色彩，这种现象与传统书法、绘画和音乐等艺术和方术、方技（伎）的密切关系是相类似的。这充分体现出了中国传统文化与艺术思想的"综合性"特征。而且在中国《二十六史》之中几乎都有方术传或方技（伎）传，《二十六史·艺术传》中也记载了相当多的方术、方技（伎）的内容。因此，由《二十六史·艺术传》中的记载及古代艺术与方术、方技（伎）的流变关系，可以探究《考工记》不仅影响着古代"艺术传"，而且也深刻地影响着包括《齐民要术》《营造法式》《髹饰录》《天工开物》等历代工艺文献或包含有古代工艺的文献，也即《考工记》与古代"艺术传"和历代工艺文献之间有着明显的渊源关系，而"艺术传"则倾向于今天所说之艺术学或一般艺术学的特征和范畴。由此可以证明"艺术传"在古代工艺或设计艺术史发展中的价值，同时也是中国古代艺术学，包括古代设计艺术学相关的珍贵史料。

一、《二十六史·艺术传》与《考工记》的渊源关系

晋唐时期出现的"艺术传"中有关设计艺术与工艺技术的内容是古代造物、设计艺术发展的传承与延续，而先秦时期的工艺和造物艺术的理论与实践经典著作的代表是被收录在《周礼》一书中的《考工记》。其中记载曰："坐而论道，谓之王公；作而行之，谓之士大夫；审曲、面埶，以饬五材，以辨民器，谓之百工"[1]。也即有技艺与技术的人士在远古时期往往都与巫、卜等混合在一起，造物和设计工匠也曾经是属于其中之一种，但是随着社会的发展，工、医等技术人员逐渐与巫、卜、筮、祝、宗等有所区别。而"知者创物，巧者述之，守之世，谓之工。百工之事，皆圣人之作也"[1]。在古代士、农、工、商"四民"社会形成之后，"工"在社会中的地位虽然比较低，但是也不是最底层的阶级。而且，由于造物或设计艺术的社会需要，工匠往往都是以世代相传的形式发展的。"知者创物，巧者述之"。知者是古代智慧高超的人，他们是具有创造才能的人，也就是说"创"或"创造"也是古人所强调的。而在《北史·艺术传》中记载曰：何稠，字桂林，国子祭酒妥之兄子也。父通，善琢玉。稠年十余，遇江陵平，随妥入长安。仕周，御饰下士。及隋文帝为丞相，召补参军，并掌细作署。开皇中，累迁太府丞。稠博览古图，多识旧物。波斯尝献金线锦袍，组织殊丽。上命稠为之。稠锦成，逾所献者，上甚悦。时中国久绝琉璃作，匠人无敢措意，稠以绿瓷为之，与真不异。寻加员外散骑侍郎[2]。

① 方术、方技、方伎等在古代是含义与内容相近的词组，而"术"与"数"比较相近，"方术"与"方数"是相近的词，只是"方数"相对用得很少，因此，以"方术"统称。古代"伎"与"技"也基本通用，因此，"方技"与"方伎"合为"方技（伎）"。

古代"艺术传"中对于何稠的记载也是这种传统的延续,隋代的何稠对于古今造物和工艺技术有许多的改进与创造。他奉命去复制当时波斯所进献的"金线锦袍",织成以后却"逾所献者",而且比所进献还要好,因此"上甚悦"。由此可知,对于有创造才能的人员来说相对还是能够得到重视的,当然前提是为宫廷服务的。按道理,这些有智慧与技艺的人员在远古时代往往会被尊为圣人,但是到了后来的封建社会,"圣人"则逐渐成为帝王的别称了。

而"巧者"就是有技巧的人,古代"艺术传"中也多次以"机巧""巧思"等词语来记载与表述这些艺术工匠技能的高超,比如,耿询"伎巧绝人"、信都芳"兼有巧思"、蒋少游"性机巧"、郭善明"甚机巧"、侯文和"以巧闻"、柳俭、关文备和郭安兴"并机巧"、刘龙"有巧思"、黄亘与黄衮"俱巧思绝人"并"于时改创多务"。黄亘与黄衮兄弟不仅巧思绝人,而且还有创造力,能够创造新的东西。其中,信都芳、耿询等既是方士、术士,又是设计和工艺方面的"艺术之士",两种技巧兼而有之。而何稠、蒋少游、郭善明、侯文和、关文备、郭安兴、刘龙、黄亘和黄衮等都是造物和设计艺术之士,基本上不是属于方术、方技(伎)之士。这些人士应该是"圣人",然而,事实上到了魏晋南北朝时期已经是地位不高的"匠人",即使在当时他们以艺术技巧与才能而闻达于民间与宫廷,但也只能是为统治阶级服务的"工匠"。但是"材美工巧,然而不良,则不时、不得地气也"[1]。有了材料精美与优良,以及超凡的造物和设计工匠的技巧,也不一定能够造出精良的器物,其中的原因是没有符合天时与得到地气。"天时"既可以造福于人,也可以降祸于人,有的时期不是人力所能够控制的,必须顺应天地造化,"地气"亦是如此。而懂得观天时与望地气之人就是方术、方技(伎)之士,造物和设计艺术工匠能够选择优良的材质以及拥有精湛的技艺,但是,没有方术、方技(伎)人士的合作,也不可能造出精良的物品。因此,在古代设计与科技典籍之中往往也渗透着古代方术、方技(伎)的思想与理念。当然,从科学的角度来看,古代方术、方技(伎)已经含有许多原始科技的成分,天文学、地理学、植物学、动物学等都与方术、方技(伎)有关,而《考工记》也是强调"天时"与"地气"更甚于"材美"与"工巧"的造物和设计艺术思想与理念,而这也体现出"艺术传"中传统建筑、工艺等古代设计艺术与方术、方技(伎)"和合"的衍化形态的历史发展规律性。

《考工记》作为先秦时期的著作记载了相当详细的"百工之技"的理论与实践经验,从一个侧面说明中国先秦时期造物和设计艺术的丰富性与成熟性。并且,此书大约在汉代被当作一种经籍而编入《周礼》之中而成为后世学习的典范,"'经史子集'是中国古代学术系统的等级制度,'经'与'史'都是关乎国家生死兴衰的重要文献"[3]。古代各种学术典籍的编排也常常以经、史、子、集的不同等级来作为标准与依据,这从一方面充分体现出中国古代礼教社会对于礼制的强调,而且是从理论、思想到实践、技术等的各个方面。也说明作为古代设计艺术与技术典籍的《考工记》既成为古代"士子"必修的"官学"，又在中国文化与艺术史上具有极高的价值。

二、由《二十六史·艺术传》探究《考工记》对于历代"工艺"文献的影响

《考工记》对魏晋时期的造物与科技著作产生了广泛的影响。北魏末年由贾思勰等人编撰的《齐民要术》是综合性的农业专著，其中也多引用《周礼（周官）》中的内容，或与《周礼·考工记》也存在某种内在的联系。而且也对魏晋南北朝隋唐之后的以工艺或设计艺术为主的古代科技著作产生了深刻的影响。而就现存于世的北宋人李诫著的《营造法式》可知，虽然它是一部以建筑与营造技术与法则为主的专著，但是在书中的"看详"部分往往引用《考工记》等古代典籍中的有关造物的经典原文，或者说以《周礼·考工记》《春秋左氏传》《墨子》《庄子》《尚书》等诸子、经籍中的造物思想与理念为纲领和准绳，同时"李诫在《营造法式》里一再申明建筑过程中的'等级'思想"[4]，在中国古代的礼教社会中，这种不同等级之间多被严格要求不可僭越。《考工记》作为魏晋之前几乎是仅有的一部综合性的造物艺术与科学技术典籍，"因依附于《周礼》而被划归经部，与《论语》《诗经》等同侪，确保了历代士人的研习"[3]。也即从某种角度来说，《考工记》被收入到今天所说的"十三经"之中，而其中所体现出的造物和设计艺术思想与理念基本符合"礼教社会"所认可的规范与准则。

同时，也使得《考工记》中的设计艺术思想与理念成为中国古代造物和设计艺术的经典与代表，而成为后世遵循的典范。魏晋南北朝之后，宋元时期除了《营造法式》以外，留存至今的有关造物与工艺方面的著作，还有北宋人曾公亮编的《武经总要》，苏颂的《新仪象法要》（天文仪器与钟的技艺），南宋朱肱（翼中）的《酒经》（酿酒技艺）等，元代陈椿的《熬波图》（第一部海盐生产技艺的专著），费著的《蜀笺谱》（造纸技艺）等。而唐代人编的《工艺六法》、五代人朱遵度的《漆经》、宋代喻皓的《木经》和元代薛景石的《梓人遗制》等工艺与造物类的著作，有的完全失传，有的仅有残篇，这些也都可能受到了《考工记》的造物和设计艺术思想与理念的影响。

到了明代还有黄成著、杨明作注的《髹饰录》与明末宋应星的《天工开物》等。"凡工人之作为器物，犹天地之造化。所以有圣者有神者，皆以功以法，故良工利其器。然而利器如四时，美材如五行。四时行、五行全而物生焉。四善合、五采备而工巧成焉。"[5]在大约成书于公元1625年的《髹饰录》的"乾集"中，开宗明义就提到四时、五行与古代造物、设计的紧密关系，也就是说造物、设计要与四时、五行相符合才可能成功，而这些与《考工记》中的"天时""地气""工巧""材美"是相呼应的，也就是说《髹饰录》

中的设计思想也是以《考工记》为代表的古代造物和设计思想与理念的继承与延续，其实质仍然是古代"艺术"，包括造物、设计艺术都与方术、方技（伎）有着紧密关系的表现，而有论者认为这是作者黄成或是为了炫耀自己的学识与文笔，这种论断可能过于"以今度古"的主观想象了。《髹饰录》中强调造物"与天地造化同工、四时五行相通的大道理"[5]，虽然看似过于牵强附会，似乎与漆工的实质问题偏离了。但是，这种情况的出现并不是特例，而是比较普遍的现象，也就是说古代有关造物与科技方面的著作常常是如此的。一方面这是因为古代"艺术"之中所包含的方术、方技（伎）的缘故，而古代设计艺术作为古代"艺术"的一部分也多与方术、方技（伎）处于和合的状态，也是传统造物和设计艺术思想和理念的体现。当然，这也许是为了使得这种相对受到轻视的工匠或造物知识能够获得"正统"流传的一种策略。尤其是在古代由文人所把持着传统文化与艺术的话语权，这些"低贱"的古代设计与科技著作往往可能受到文人或士人的贬斥。

而成书于公元 1637 年左右的《天工开物》是继《考工记》之后又一部综合性而具有"百科全书式"的古代设计与科技专著，而且在广度与深度上都可能是对于前代的作品的某种超越。当然就某一特定的部门和工艺种类而言，在深度上《天工开物》可能不及前代的作品，但是就广度来看是基本超过了之前的古代设计与工艺类书籍，它涵盖了农业和手工业等近 30 个部门的造物与技艺，并进行综合性的记载与研究。它继承了《考工记》等为代表的前代造物艺术思想与理念，包括"与《考工记》的'天有时，地有气，材有美，工有巧。合此四者，然后可以为良'的传统设计思想相一致"[6]。而且，《天工开物》又"与《考工记》反映地注重雕饰、等级森严的造物设计内容恰恰相反"[6]，这种不同也许可以用"宫廷造物"与"民间造物"的区别来概括。由于两者所处的时代不同，相对来说明代可能更加提倡具有"民本思想"的实学，而宋应星就是一位五次失意于科举而转到实学的士人，他深刻体会到下层劳动人民的疾苦与官场的腐败，因此也更加促使他倾向于服务劳苦大众的"民间造物与技艺"，这一点与古代"艺术传"中的造物和设计艺术思想与理念是有所区别的。虽然"艺术传"中的宫廷艺术家往往来自民间，但是作为为皇家服务的造物艺术，其主要特点还是以"宫廷造物"的特性为主，也与《考工记》相对强调"注重雕饰、等级森严"的造物和设计理念是相符的，也即古代"艺术传"是继承了以《考工记》为代表的古代"宫廷造物"的传统。这也可能是《考工记》能够被推崇为古代"造物和设计经籍"的原因之一。因此，古代"艺术传"中有关造物和设计艺术与科技的内容是以《考工记》为代表的古代造物思想和观念的延续与发展。

三、由《二十六史·艺术传》探究《考工记》的古代设计艺术学价值

《二十六史·艺术传》之中有关古代"艺术"的记载，虽然表现出传统书法、绘画、工艺和音乐等与方术、方技（伎）之间的和合关系，但是从唐宋至清代在正史之中"艺术传"作为类传名称的消失，说明传统书法、绘画、音乐和工艺等艺术与方术、方技（伎）之间的关系是十分复杂的，或者说两者之间既有和合形态或状态，又在古代"艺术"的范畴中表现出各个子门类艺术的不断发展与逐渐明朗。今天所说的艺术则是由于"艺术"的子门类不断分化与细化逐渐演化而成的。而且在先秦时期中国传统艺术中的工艺和设计就已经达到了很高的水准。《考工记》的出现说明中国在先秦时期造物艺术的思想与规范就已经基本形成，同时，也可以说是今天所说的中国古代设计艺术学的初步形成。

古代设计艺术学的形成可以上溯到先秦时期，以《考工记》为代表的中国古代造物和设计艺术学的理论著述与实践经验就能够说明，这是由于"'学'的产生条件有三：① 大量的经验积累；② 特定的事、技和时代；③ 专业分化与综合化的开始，知识的不断专业化与综合化将会产生各种不同的科学与学科体系"。而"《考工记》开创了中国设计学"，并且"是'中国设计学'的'早熟'形态"[7]。同时以今天的观点来看，中国设计学作为中国艺术学的一部分属于门类艺术学的范畴，而中国艺术学的初步形成则是魏晋时期的正史之"艺术传"的出现，这也进一步证明了今天所说的中国古代艺术学的深厚的传统渊源。更重要的是"艺术传"中的"艺术"不仅仅是限于某一门类艺术，而是包括了多种门类艺术形式的综合，这基本符合今天所说的艺术学理论或一般艺术学的特征。

因此，古代"艺术传"中今天所说的有关古代设计艺术的记载，一方面主要是春秋战国时期以《考工记》为代表的有关造物和设计艺术思想与理念的传统的继承与演进，另一方面也说明古代"艺术传"是最早有关中国古代艺术学的形式，而且与今天所说的艺术学遥相呼应。

四、结语

晋唐时期是中国传统艺术大发展的时期，古代"艺术传"的出现，首先是中国古代"艺术"不断衍化的结果，不仅在实践方面，在理论方面也为后世之楷模。因此，在《二十六史·艺术传》中古代设计、工艺等艺术的相关记载，则成为中国艺术史发展过程中十分重要的史料。而且通过对这些记载的考辨，研究其与《考工记》的传承关系，以及分析古代工艺文献和《考工记》的渊源关系，从而以《二十六史·艺术传》来探究《考工记》的古代设计艺术学价值，也可以证明《二十六史·艺术传》在中国古代艺术学

方面的史学价值，与强调古代"艺术传"作为中国艺术理论之源所具有的重要意义。

（谢九生，油画硕士、艺术学博士，研究方向为美术学、艺术学和文艺学等）

参考文献

［1］ 张道一.考工记注译［M］.西安：陕西人民美术出版社，2004.

［2］ 李延寿.北史（第九册）［M］.北京：中华书局，1974.

［3］ 沈伊瓦.古代中国建筑技术的文本情境——以《考工记》《营造法式》为例［J］.南方建筑，2013（2）：35-38.

［4］ 吕变庭.《营造法式》的技术哲学思想探析［J］.井冈山大学学报（社会科学版），2010，31（6）：46.

［5］ 王世襄.髹饰录解说［M］.北京：生活·读书·新知三联书店，2013.

［6］ 李波.《天工开物》造物设计艺术思想研究［J］.艺术评论，2013（7）：108-111.

［7］ 李立新.中国设计学源流辩［J］.南京艺术学院学报：美术与设计，2016（2）：1-4.

民国图案教材中的图案释义

Interpretation of "Design" in Design Textbooks from 1912 to 1949

穆　琛

摘　要：对于图案学科的理解，因各个学者的学科和实践背景而异，所采用的词汇表达也不一而足，且针对不同层面教育的侧重点也有所变化，这为丰富我国图案教学提供了可能。分别选取职业教育教材、通识性教育教材和高等教育教材中较有代表性的三部著作予以详细分析，通过梳理全书的图案教授理念，以读书笔记的形式，呈现不同层面教材与作者的图案认识。

关键词：图案；傅抱石；雷圭元；陈之佛

Abstract: Due to the different disciplines and practical backgrounds of various scholars, the understanding of the design disciplines and its vocabulary expressions used are different. In addition, for different levels of education, its focus is also different, which provides a possibility to enrich China's design teaching. This paper selects three representative works of vocational education textbooks, general education textbooks and higher education textbooks for detailed analysis. This paper sorts out the concept of design teaching of selected works, and presents the textbooks and authors' design recognition in the form of reading notes.

Keywords: design; Fu Baoshi; Lei Guiyuan; Chen Zhifo

引言

　　民国阶段的图案教育，经历了晚清的铺垫和三十多年的发展，逐渐建立了较为完善的教学体系。教科书作为一个学科发展最主要的载体，记录并传达了当时图案工作者对于图案这一新兴学科的认识与期望。其阅读者与学习者也通过教科书将老一辈图案工作者的理念予以继承并发扬。可以说，编写成文的教科书是当时时代背景下从事图案工作的参与者们对于图案工作认识最真实的写照。本文兹以职业教育教材、通识性教育教材和高等教育教材中较有代表性的三部著作予以详细分析，通过梳理全书的图案教授理念，以读书笔记的形式，呈现不同层面教材与作者的图案认识。

一、傅抱石编译《基本图案学》——职业教育教材

傅抱石先生根据日本图案学家金子清次氏的图案讲义编译的教材《基本图案学》(图1)，由商务印书馆发行，作为中等教育的图案教材使用[1]。书中提到彼时（民国二十五年，1936 年前后）的中等教育起先以升学为目的，而真正升学的学生为少数，未升学的学生都转向了职业道路。中等教育的图案教学正在转向职业教育方向。基于以上原因，傅抱石先生在该书自序里，表达了对于图案与工艺结合的迫切性，他认为"夫图案乃装饰构成之前驱，仅有图案，不能毕其使命。故必与一切有容受装饰可能之物，互相因果，发生密切之关系，始获效果"。故傅抱石先生关注并翻译日本图案教材，称赞日本图案家金子清次氏的著作"处处不使图案离工

图1　基本图案学　傅抱石编译
（浙江图书馆馆藏影印本）

艺而空存，即处处与工艺起联络而为用"。傅抱石先生对于其图案思想的认同与期许可见一斑。

（一）图案的内涵

在这本仅有一百多页的小册子里，傅抱石先生在整理和编辑金子清次氏的讲义中传达了关于图案教学与工艺相结合的基本思想。张道一先生则将图案的概念分为内涵部分和外延部分，认为图案的内涵即指"运用艺术的手段，在物品的制造或环境的布置之前所做的设计和意匠"[2]，外延则指"基础的图案，也指工艺的图案，既指装饰的图案，也指器物的图案，既指几何形的图案，也指自然形的图案等"[2]。在这本教材中，"图案"的概念具有内涵与外延双重意义。对于图案整体概念的认识，是建立在"预想完成后之姿态"的高度上的，这与现代的"设计"观念在大意上基本吻合。其图案与工艺的基本理念与关系如图2所示。如图中表述，作者认为"实用之美化为工艺"，"工艺"即是"装饰适用于工业上，为一种'装饰的体系'之现象，曰工艺。而工艺兼备工业与艺

术二者……"。这与当代语境中所提工艺一词主要为技术层面的概念不甚相同①。在"普遍的、科学的、机械多量生产的"需求背景下，于产品中加入艺术的意匠，其实现手段则是"图案"，运用图案的技法对产品进行"形状、模样、色彩"的考量，方能实现工艺的目的。"图案"在此处是指设计的范畴。但书中也出现"设计"一词与"图案"连用的表述。序言所列《"中华民国"二十一年十一月教育部颁行＊（书缺字，根据语义推测为"初"字）高级中学课程标准图案科对于图案之教材大纲及实习方法》列表显示，高级中学实习科目最后一项为：（丙）设计图案[3]。此处"设计"的概念有必要澄清一下。"工业者，与吾人以'实用的'，'机能的'之满足，所谓樕地②，（即设计）亦不外实用的（即工业的形状）而已。而此实用的形状上，施以装饰，工艺于是成立[3]。故樕地及设计，实工艺达成之基础"。根据如上陈述可知，"设计"在这里指未加修饰但实现了功能的工业形状，而"工艺"则是将工业的形状加以装饰的过程，为实现这个过程，要运用"图案"这个方法进行意匠的预演。至此，我们勾勒出了傅抱石先生对于工业、工艺、图案之间关系认识的总轮廓（参看图2）。这些词义与现代用法的出入，提示了一个有趣但被长期忽视的现象，词义和用法的历史发展，涵盖了其背后认知范畴的吞吐，但是这种吞吐过程却是一个自循环系统，即是一个词汇的语义范畴的缩小，失却的内容被另外一个词汇所接纳。傅抱石先生借用金子清次氏的思想，用"设计"＋"工艺"＋"图案"三个词，完整构建了一个现代意义的"设计"范畴。

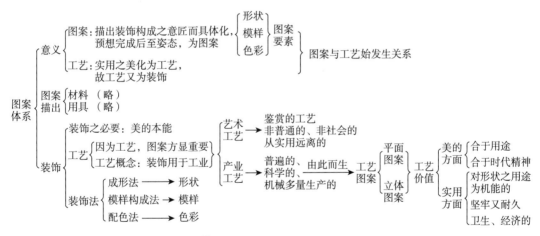

图2③ 《基本图案学》图案系统

---

① 工艺：利用生产工具对各种原材料、半成品进行加工或处理（如量测、切削、热处理等），使之成为产品的方法。根据技术上、经济上合理的原则，研究各种原材料、半成品、成品的加工方法和过程的学科称为工艺学。如机械制造工艺学、造纸工艺学。——《辞海》，上海辞书出版社，1999年版。根据《辞海》对于"工艺"以及"工艺学"两个词汇的解释可以确定，在当代语境中，工艺一词主要指技术层面上的方法，不涵盖艺术的语义内容。
② 樕，器未饰也，通作素。
③ 本图表由本文作者根据傅书中次目之"总说"章节总结提炼而成，仅为便于展示原作者（金子清次）对于图案概念的总概括之用。为笔者个人理解，因个人能力有限，难免有疏漏，如有出入，参看《基本图案学》正文第1~30页。

（二）图案学习方法

对于图案的学习方法，书中提到应采用"写生"然后"便化（变化）"的方法，通过观察自然的细节，加入"人工之调和"，使之与工艺相适应。虽然单列为一个章节，却也寥寥数语，在其他章节中并没有深入讨论或加以应用。书中更注重"人"的感觉，是以人为第一位的，讨论人的视觉习惯和规律，将各种美的规律归纳为人的身体感受。将人的感受中"美"的形式进行归纳总结，讨论其规律并简单抽象量化。这已经显示出了对于图案规律做科学分析的思想端倪。从教材的层面讲，作者是尽可能地呈现了图案的学习方法，并没有刻意强调从写生变化或者图案规律哪个方面进行学习。不过，根据其着墨的多寡，或许可以一窥作者的思想倾向。值得一提的是，书中提出"图癖"的概念："图癖者，乃指模样与模样之间隙，（即空地）形成水平、垂直或斜状等特种之条纹，'区划的'而减趣味，或空处为畸形，呈外观上不快乐之状况之谓也"。纹样间隔而形成的空白形的美感，也已经有了科学的研究和考量。对于平面构成的正负形概念的关注，是出人意料的。傅抱石先生编译了另一本日本工艺图案著作《基本工艺图案法》，原作者山形宽。与《基本图案学》不同的是，书中没有过多的理论概念的陈述，更多着墨于图案技法与规律的讲授，且引入了更多的数据。以教授毕达哥拉斯学派所创黄金律为例，如图3所示。更多的数据分析，倾向于将人的视知觉归纳为科学的成分。近代科学对于近代设计教育思想的影响可见一斑。

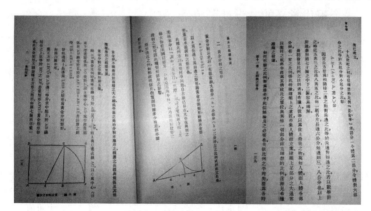

图3 《基本图案学》毕达哥拉斯定律与黄金分割比插图
（浙江图书馆馆藏影印本）

（三）小结

张道一先生有过将图案分为"基础图案"和"工艺图案"的表述："两者相对而言，'基础图案'是为各种工艺品的图案设计在艺术上所做的准备，而'工艺图案'则是在艺术的基础上适应着材料、工艺和用途的制约，所做的分门别类地设计。"[4]对照这个含义，这本教材则与《基本图案学》的书名相对应了。诚然如此，由于时代的局限性，书中讨论的图案范畴仍然主要集中在器物的装饰层面，不论是平面方向或者立体方向的考量。即使已经开始注意器物的外形、结构以及工艺的适应性等，但相对现代"设计"的概念而言，仍然更偏重装饰的表达，更多的笔墨也落在了纹样的构成方法上。这在行文中的附图和举例中不难发现。生产力不够发达的中国近代社会，纺织品等产品是首先发展的，而其他产品则相对滞后。故而优先发展的是染织行业，于是在彼时的产品设计中，纹样的运用最普遍，这是毋庸置疑的。虽然通篇教材所运用的图案思想可以作为当代设计的近代前身，但显然金子清次氏等最早传入我国的图案设计家们的图案思想，因为工业水平的限制，与现代设计观念仍然是有相当差距的。如此这般，对于日后图案教学逐渐被相当一部分人认为是纹样教学之偏见的产生也就不难理解了。

二、陈之佛与《图案法ABC》——通识性教育教材

《图案法ABC》[5]由世界书局发行，民国十九年九月（1930年9月）初版，著者陈之佛。本书开篇附有徐蔚南先生《ABC业书发刊旨趣》一文（图4为发刊旨趣书影），指出ABC丛书是致力于将学术通俗化并为中学生和大学生提供教科书或参考书而作。在这样的编辑目的统摄之下，书中语言精练简洁，通俗易懂，讲述每一个方法与原理时，都有配图予以直观的解释说明，深入浅出，读之可谓轻松。陈之佛自题的例言里这样写道："本书为便于初学者起见，侧重平面图案并图案上应用的色彩，对于立体图案仅述其大意。"如例言所写，该书行文主要落墨在"平面模样组织法"和"图案色彩"两个章节，就其叙述内容来看，主要局限在染织纹样的组织方法上。图案的一般法则等也有所涉及。在阅读过程中，我们将主要注意力集中在图案的研究方针和美的原则等章节，一窥这本书中关于图案的基本概念系统。

（一）图案基本法则

美与实用的原则：一个物品在美的要素上，要求形状的、色彩的、装饰的三个方面之

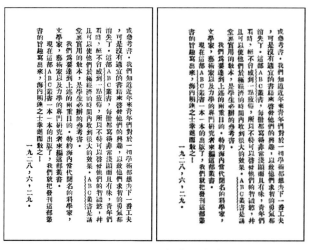

图4　ABC业书发刊旨趣

美，在实用角度上则应满足安全、便利、适应、有快感的、有使用欲的多个要求。美与实用在意匠过程中是同时进行不分先后的，全然不能完成了产品然后再附加装饰，但也不是全为了美感而依此设计产品。装饰与构造需要同时意匠，好的设计是美的学识与实地的练习共同完成的。在此基础上，再讨论美学的三原则：节奏、均衡、调和，以此来对物品的色调、形状和分量进行意匠。

对于物品的色调、形状和分量有各自对应的美学原则，同时各要素之间又有相互的转化与穿插。如色调的均衡与形状的约束和分量的分布间有密切的关系，甚至是可以互相转化为对方的概念来理解。所以说这些要素之间不是决然的分水岭，而是一个有机的系统，各个要素是互相制约但互相协调的。故而由调和这一概念作最终的统摄。"前述的所谓调和，其中实在含着节奏或均衡，有时且含着节奏和均衡两者的并和"。故"调和"实质上是调和节奏与均衡两原则的，"一个形态上虽然具有各种不同的东西，如果能够伴着节奏均衡而生调和，则人的视线必可集注于全体，决不至分及于各部分而生不愉快的感觉"。均衡之中含有节奏，节奏又暗含均衡的安排，从整体上而言即为调和。这当中还特别指出了一个相称的概念，是指分量或比例上的调和，在物体整体的构成上，各个部分的体量之间，有对比而生统一，同时富有变化的趣味，即是相称的。

在相称这一概念的解释中，书中使用了柜子正面视图上的各个空间的划分对比（图5）。从这一例图中推断可知，陈之佛先生虽然在这本书中主要讲述了纹样（染织模样）的组织方法，但是他对于图案概念的认识，并不仅局限于此。对产品整体的构成方面也有所涉及，只是限于书籍编辑的范畴有所偏重。这一点在书中最后一章节关于立体图案的陈述中也可窥见。对于立体图案的理解，陈之佛先生与前文中傅抱石先生的《基本图案学》对于立体图案的理解似有师出同门之感[①]。皆是将立体物体的图案意匠方法转化为平面图案以方便理解，再以平面图案的构成法则进行分析，加入美的原则与实用性，方为立体图案。这样的思考方法简便而有效，对于初学者而言，不失为一种良好的讲授方法。回到上文关于图案学研究范畴的讨论，立体图案这一章节的补充，即将整本书的图案概念拓宽至了雷圭元先生所说"广义的图案"概念，摆脱了囿于狭义的纹样概念之嫌。

图案的研究方针：简明扼要地来讲，分为 3 个原则：遵循美与实用原则，对古代制品加以研究并变化，

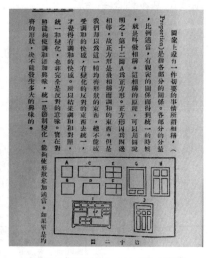

图 5 《图案法 ABC》插图

---

① 傅抱石先生编译《基本图案学》一书，原作者为日本教习金子清次氏。陈之佛先生则于早年留学日本，其图案思想可以说是有相当的日本图案学渊源。且二者对于立体图案的理解如出一辙，故此处说两者思想有师出同门之感。

对自然进行研究并变化。对于古代制品的关注在其他书籍中也略有提及，但在此书中专门作为一个研究方针的专项被提出，可见著者对于此项的重视程度。"应该研究过去的作品中所含有的诸原则，人类和图案的关系，一种图案与当时人民的生活和理想，究竟在怎样的条件之下才产生……"。此种对于传统的关切，相对当时以新文化运动为倡导的废旧立新的激进主张是相当中肯和理智的。下文又谈到："然古代的作品，固然大都可以使我们有深强的感想，但是其中也有无价值的。对于这点，须得仔细辨别。"这样寥寥数言，构建了对待传统的完整观念。对于自然的研究，作者认为应当立足于自然之全面的美的内涵，加以总结和提炼，而不是自然的科学的研究。再借助于人工的力量行使变化之法。自然的变化方法，则有"写生、添加、模仿"三种。其中模仿的变化方法则是借用古名品中纹样素材进行变化和再设计，以求新模样。这里所指是直接借用具体的传统图案进行模仿和设计的方法，而不是形而上的借鉴理念的运用。

（二）模样与色彩组织技法

书中着墨最多的模样组织与色彩配置方法两个章节中，作者着重以染织产品的纹样的设计方法进行讨论，而且仅以此为讨论。不免使读者产生平面图案即是染织纹样设计的偏见。这与作者早年的学术背景或许有一定关系[①]，此处不做详述。单就文中的模样组织方法而言，可谓言无不尽，十分全面翔实。大量的列表和示意图，展示了相当的专业深度，就织物纹样的组织方法而言，则是其他同类图案书籍不能企及的（专门的染织纹样书目除外）。对色彩的讨论中，作者也使用了当时流行的三原色理论，将颜色进行科学的分解，并套用色彩心理学等新的理论科学，对颜色进行归类甚至量化。将色彩所形成的对比效果等予以规律化的总结，以表格的形式确定下来。当然，在前文美的原则一章中提到，色调之均衡与调和，最终仍然是长期判断力和感觉的积累。前后文结合来看，这样的总结是为初学者更方便入门所用。

（三）小结

如上文所述，《ABC》丛书是一整套通俗读物，考虑到所定位的阅读人群，陈之佛先生在书中并没有阐述过多的高深理论。但通过对全书的阅读，依然可以窥见书中的图案体系是完整、全面的。以人对美的本能追求为统摄，提出图案的目的正是改善人的生活，使之更加美好，正贯彻了蔡元培先生所积极倡导的"美育"思想。实际上，美育思想在此一

① 根据李有光、陈修范编《陈之佛文集》一书书末所附《陈之佛年表》显示，1912年，陈之佛先生时年16岁，考入浙江省工业学校，后学校改名为浙江省立甲种工业学校，又改为浙江省工业专门学校；1913年进入本科学习，选择机织科，开始学习图案，用器画、铅笔画等课程，其间与日本教习管正雄交往甚密；1916年在浙江杭州甲种工业学校机织科毕业，留校任教，教授课程：染织图案、机织法、织物意匠等，并兼任校办工厂管理员；1918年考入日本文部省东京美术学校（现东京艺术大学）图案科，工艺图案部，是该科第一名外国留学生，也是我国第一个去日本专门学习工艺图案的人，师从当时图案科主任岛田佳矣教授（在日本被称为图案法的主任）；1923年学成回国。故而陈之佛先生有相当的染织图案背景，在其书以染织图案为例順理成章。不过笔者认为，作为普及类教材或参考书使用的ABC丛书，则更应该从相对广泛的范围对图案的意匠方法进行介绍。就初学者的角度而言，这样的编写方法可能会有先入为主的导向作用，有失于偏颇之嫌。

阶段的各种书籍中都作为图案之所以重要的基础列于书前，在该书中被作者解释得更加简练和通俗。而对于图案系统的陈述，较之于上文傅书又有了自己的见解和增减，例如添加了对于古制品的研究和直接借用等方式。总的来说，其所持观念与傅书确有众多重合之处，也有自身的发展和改进。图6所示为对全书图案系统整体的概括。

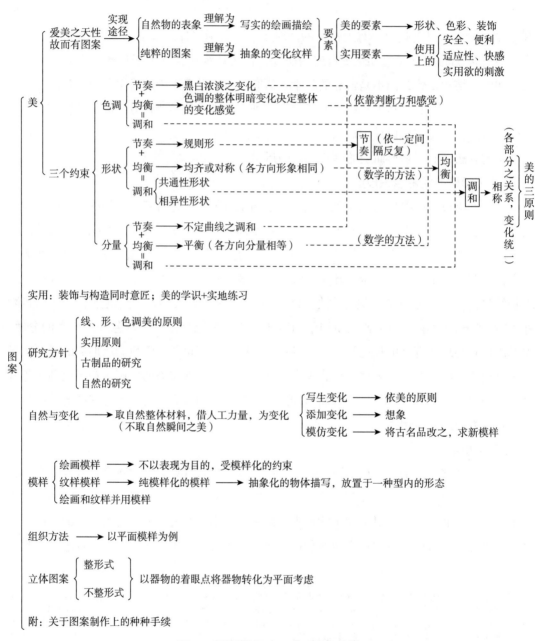

图6 《图案法ABC》图案系统

三、雷圭元著《新图案学》——高等教育教材

前文已经提到，雷圭元先生的《新图案学》(图 7)一书是经民国教育部审定的"部定大学用书"，是由政府规范的高等教育教材，其参考价值极其重要。雷圭元作为其所划分的美术学校图案科三个发展阶段的亲历者，积极参与了教学与图案实践工作，他的著作可以说是民国阶段集图案学之大成者。其叙述方式和组织结构，展现了一种全新的理论深度和视野，而反观其他教材的编写，编写体例和章节安排等，都没有完全跳出日本教材的窠臼[①]。书中以人本质上的对美的需要为切入点，将图案的意义上升到了人生价值追求的层面，作为高等教育的图案理论教材，引入形而上学的内容也是适用的。下文将通过笔者自身阅读的体会和归纳，梳理和解构该书的理论结构。

图 7 《新图案学》封面，
雷圭元著

（一）图案的定义

"图案"的概念在《新图案学》中其实并没有明确的定义，其行文落墨之处将"图案"直接指向了"艺术"，在第一章"图案与人生"中，着重强调了艺术之于人生的作用，认为人对于装饰有着本能的追求，而这种"生活更美好"的追求使人之所以为人。图案则是美化生活的艺术，所以应该得到普及。将图案这一学科明确为对实际生活的艺术关照，就是雷圭元先生对图案本质的阐释，这样的理论高度，在同时期的书籍中当属先进之列。

至于"图案"一词的确切定义，雷圭元先生在发表于新中国成立后的一篇文章中曾提到"图案有狭义和广义两种含义。狭义的图案，是指平面的纹样的符合美的规律的构成；广义的图案，则是关于工艺美术、建筑装饰的结构、形式、色彩及其所附的装饰纹样的预先的设计的通称"[6]。并特别指出当代图案范畴已扩大到"工业产品的设计领域中去了"。本书则正是采用了狭义的和广义的图案概念混用的叙述方法，这给阅读带来了一定的困难。两种图案概念的转换，仅依靠前后语境进行区别，对于图案概念的准确传达有一定的

---

① 以傅抱石《基本图案学》《基本工艺图案法》和俞剑华《最新立体图案法》为参考，可以一窥此时代日本教材的基本体例。以及参考周博《北京美术学校与中国现代设计教育的开端》一文，所简述的日本教材的体例情况来看，民国时期图案教材大都沿用此种体例。日本讲义编写体例的影响主要表现在我国中学教育和职业教育的教材上，皆属于图案学发展前期的较为初级的教材。《新图案学》作为高等教育教材的编写初衷，以及民国政府开始审定高等教育教材，即表示我国当时已建立了相对完善的、自成系统的图案学体系。

稀释性^①。下面摘录部分语句予以说明："图案的空间意识，亦是形而上的。一所好的建筑物，一袭好的服装，其美犹如一阕音乐，一首小诗。"^[7] 又如："在十八世纪，图案快要窒死于智慧咆哮之中，这一下，可摆脱旧形式之桎梏，而在光中显露出原始的姿态，发出前所未有的光彩。就拿建筑来说，根本推翻过去的陈式，完全做到了如歌德所说的'冰冻的音乐'的理想境界。"在这些表述中，根据前后文语义，其"图案"的概念，是对建筑及服装的整体关照，故而此处"图案"为广义上之图案无疑。"……圆形中又画了一些山水人物之类的图案。就好像一个大胖子……"。此句摘录于文中对瓷器纹饰的讨论，明显可见，"图案"为纹样的概念。在文中其他部分，还有将众多古代绘画称作"图案"的表述方法，这里不做详细讨论。

雷圭元先生对于图案与设计的关系，"主张'和平共处'，愿用图案就用图案，愿用设计就用设计"^[6]。这样说即是代表了对图案的定义，是站在广义的概念上理解的。在这里，将图案与设计的意义直接画上了等号。虽然这句引用来自雷圭元先生新中国成立后所作的文章，但《新图案学》一书中也正是循着这个思路叙述的。不同于傅抱石先生的《基本图案学》的认识。如上一章节中所述，傅抱石先生对于"图案"的概念是一个迂回的表述，用多个词汇并行的方式表达了现代意义上的"设计"概念，带有些许模棱两可的意味。不得不说，在民国图案学尚不成熟的阶段，雷圭元先生的理解能力与智识是多么的超前！

（二）图案的内涵

全书不离图案二字，从方方面面对图案进行了描述，包括它的历史面貌、涵盖内容、表现形式、构成方法，甚至风格变化以及对整个学科的展望与期许。可以说这本教材几乎巨细无遗。作为彼时高等教育用书，技法的传授可能并不是教学大纲所要求的重点。虽然书中在每个章节的最后安排了"实习方案"，此一部分为具体的图案训练技法的教授。但通览这本著作，文章的探讨重心是站在图案的组成形式与意义等理论高度切入图案这一概念，以历史的、宏观的、发展的眼光探查图案这一学科，是一部偏"论"的著作。下面试以书中目录所示的分章节方法，一探《新图案学》所展示的图案概念的全貌。

图案的源泉和内容：图案的源泉指装饰资料方面，即组成图案的形体、花纹和色彩三者，以及此三者所连带的社会的、审美的、生理与心理的影响。图案形体中的塑造型与建

① 关于"'图案'概念的被稀释"的表述应做如下理解：笔者认为就学界所讨论"图案"范畴时所出现的，部分学者认为图案就是纹样的说法并非是空穴来风。在阅读大量民国时期所出版的图案类书籍时，这种现象尤为普遍。狭义的与广义的图案概念并行使用，且没有具体的说明，在上文提到的傅抱石先生编译的《基本图案法》一书时，也有此种混乱的情况。故而笔者使用概念被稀释这样一种表述，即是说在混用中狭义纹样概念冲淡了广义上等同于"设计"的图案概念，使部分读者偏于认为图案即是狭义的纹样。这是我们不得不注意的事实。但是，狭义与广义的界限范围实际上代表了不同学科对于图案的认识。如染织科则常采用狭义的图案概念。而工业产品设计、建筑设计等学科则更多采用广义的图案概念。故"图案"一词之于"设计"之间的关系，笔者认为是设计工作范围不同以及学科之间互相的不了解，造成了这样一种争论。前文提到，新中国之新立，生产力不发达的背景下，纺织工业一类轻型又便于生产的工业必然成为首要发展之列。这种情况在民国初立之时与新中国初立之时都曾出现，故而可以大胆推测："图案"一词被纺织产品设计部门——染织科更多提及。那么，图案的概念便更多偏向于狭义的概念，即"纹样"的设计。值得说明的是，本文在行文中尽量采用广义上的"图案"概念，这也是本文之所以成文的立论基础。这样的讨论对于厘清笔者行文中可能出现的概念混用有一定帮助，故此解释说明。

筑形分别展示了人类的肉体感与精神感。也即是产品造型的塑造来自人们对身体的感受性，如瓶子的外轮廓曲线等，用紧张的或松弛的肌肉形状塑造物体会带来不同的效果（见图8）。而建筑则是整个环境带来的感受性，如庄严、崇高等，即"场所感"，这样的认识是充满了现代性的。而线条与色彩的语言则正是如前述中之于人体的经验所得，紧张或放松的线条，温暖或冷酷的颜色皆是如此。不同的是前者是抽象的，经过自然模拟后变化的，而后者则与时代的、精神的、经验的直接相关。图案的内容一章则将图案的发展比喻为一个小姑娘的诞生到成年，叙述了整个图案发展过程中所吸纳的内容。自纪元前两万年始，原始的图案只是自然界的简单图形，对视觉物象的描绘，如贝壳、乳房等，是较为随意的。待将自然形象依据了"有秩序的位置，安排配列"，"与纯粹描写的艺术分了路，成为意匠的图案形样"，此时则是加入

图8 《新图案学》插图

了绘画风的内容了。而幻想内容的参与则是由于宗教的发展。诗与音乐的内容则是到了近代，诗性的表达是文学的，以理智为基础的，有内容的表达；音乐性的表达则是纯粹的，直觉的表达，不为理智所左右的，不具有逻辑意义的，本能的快感。

图案的形式与构成：形式中八个关键词，即"完整、加强、变化、节奏、对照、比例、安定、统调"。这八个词语涵盖了空间与时间的、动态与静态的、部分与整体的、心理与生理的多种表现形式，这些形式"抑伏和支配许多感觉及感情的骚动"。这部分内容其实在雷圭元先生其他的著述中也早已埋下过伏笔，如发表于1943年的《工艺美术之理论实际》一文中，就曾简单提到[①]，但就讨论深度而言远不及本书。在对比例这一关键词的讨论中，不仅有其他书籍常用的黄金比等概念，同时还引入了原始的人机工程学的概念。单单美学上的美是不能成立的，图案的所有作为都应以"人"为尺度。关键词中最后一个"统调"的说法也是在其他同类书籍中鲜见的，书中称"统调与统一不同，统一是形式的形式，统调是形式的精神"，一语道明"统调是图案的最高格局"，统筹达到人的生理的、精神的、社会的、合乎自然的等等方面的和谐。至于图案，在书籍一开篇便与艺术同列，图案的美即是艺术的美，与绘画音乐等殊途同归，在"统调"之下，上升为真正的艺术。

值得一提的是，文中关于"残缺美"的讨论颇为有趣，"残缺美之所以存在，依然着

---

① 此文发表于《读书通讯》杂志1943年第66期，文中篇头注明"编者案：此篇为雷先生新著《工艺美术之理论与实际》的总论"。惜此书笔者并未找到，此一篇总论小文中也有所涉及。

力于原来之完整形。……形式美之成立，并有着伦理的因果关系，要从丑恶和残酷的人生里，提出绝对的美"。并将为保护他人残缺的人体和身染恶疾而残缺的人体比较，将残缺美上升到社会伦理层面，带有显著的时代特征。

关于构成的讨论，同样是重论原则，不细究方法。图案意匠的"出发点是为全人类服务"，是"成为平民的，民主的，生活方式改进中之指导者和服务者"。文中严厉地否定了为装饰而装饰的理念，并将图案的"意"与"匠"并重[①]，形成不同于以往"奢侈"的图案构成方法。作者认为陈旧的图案观念（联系上下文可知，此处"陈旧的图案观念"特指部分专为特权阶层玩赏的工艺品的设计观念，笔者注）是主观上的独霸，仅以美学的考虑而忽视了人的尺度，忽视实用性而不能服务于大众。新的图案意匠则应该在产品的格式、形状、色彩上加之视觉的、触觉的、工作上的、材料上的、生活方式上的各个方面的考虑，方能完成图案的使命——"便利于使用；给人类精神生活与物质生活之间，保持平衡地冲进（作"冲劲"，笔者注）"。

图案的格式与事业：图案之格式在文中作者注明为"Style"，用当代汉语的翻译方法则为风格。而文中格式之代指与风格无异，"是从图案作品之制度、样式、容貌、气韵上面，看出某作家、某地域、某民族或某时代的特有风味，这特有之风味，我们称之为格式"。从对格式的讨论，作者再次展现了他的宏观视野，对待不同地域、民族的格式融合，采取了积极乐观的态度，认为新时代应有新的面貌。对于机器生产对旧有手工业的冲击，也采取了顺应其发展的态度，接受科学、接受新的方式方法，并对新的独立的开放的图案风格予以歌颂。接下来的叙述中，又以纹样风格的变迁为例，简单阐释了世界各地多个民族国家的图案格式变迁，可见著者研究之广度，这给当时的读者一定提供了相当的参考价值。

手工艺被取代逐渐走向机器工艺，是不可避免的事实。但机器所带来的灾难已经显现——人文关怀的缺失与流水线生产带来的喧宾夺主的生活方式，都构成了工业图案（设计）对人本位的侵犯。不能全然因为功利竞争而失却了人本身追求美好生活的初衷。机器应当退而为人服务，不应奴役人于机器。图案则应当重回生机，一切以人之美好为设计标准。发展中的效率要求必然产生分工，分工的生产方式利弊参半，故而又应有积极而高效的合作，来弥补因分工造成的专业分野。促进设计的专门化，使之工作更深入从而更好地服务大众。世界环境在近代的连接使各种风格互相融合，图案家们则更当在其中寻求共同的、积极向上的趣味进行工作。这种种的担忧与期望，构成了图案之整体要完成的事业。这些观点时至今日，依然有着教育和思考的意义。

（三）小结

这本著作是一次宏观的以图案为主题的畅游，让我们看到了图案发展的前世今生，也

---

① 书中谈道："意匠两个字要分别来看：意字是'神圣的美的沉思'，匠字是'科学处理的一般法则'。没有美的沉思，科学的处理，也就止于死的科学的处理而已。没有科学的处理，沉思的美也止于没有表示的抽象而已。因此没有意匠也就没有图案。"——《新图案学》第五章，图案构成上之考虑，第132页。

看到了图案的内容、设计的方法以及所应肩负的责任与任务。文章中加入了许多诸如比喻等修辞手法，在用语上更加轻松。所针对的是高等教育人群，故在开篇就以论述为主体，省略了图案基础训练方法的讲解，以拔高和拓展阅读者的认识为宗旨，可以说是一本重"论"的教材。围绕图案这个关键词，作者以历史的、广义的、动态的眼光叙述了一个完整意义上的概念，呈现出的是一个系统的、自洽的、有明确学科自觉的图案系统。以图表的形式可以更直观地了解《新图案学》中所展示的整个图案系统，如图 9 所示。

与人生 ⟶ 艺术之于人生的积极意义

源泉（材料美）⟶
- 塑造形 ⟶ 源自人体
- 建筑形 ⟶ 精神的、神性的
- 线划 ⟶ 经验的
- 几何形 ⟶ 眼中实感而得，不是幻想（自然的模拟）
- 色彩 ⟶ 是节奏的（与音乐同）⟶ 和人与时代的精神气质相关

内容（内容美）⟶ 图形、绘画、幻想、诗、音乐

形式（形式美）⟶
- 完整
  - 空间完整 { 均齐 / 安定 } 伦理的 ⟶ 残缺美　无含义的、静态的
  - 时间完整 ⟶ 平衡（相对的均齐）　有含义的、动态的
- 加强　意义 通过纯化，加强本质美　方法 描写模仿到创造自然
- 变化
  - 丰富 ⟶ 多样集合 ⟶ 显示空间占有 ⟶ 精神统一 { 变化 部分与全体协调 / 形式 多样的集中 }
  - 曲折 ⟶ 节奏变换 ⟶ 显示时间占有 ⟶ 节奏统一
- 节奏 ⟶ 形色线间隔变化 { 反复 / 多样集中 / 曲折变化 / 求心或回旋 } { 形的转换 色的节奏（同形）/ 线的节奏 自然对立 加强对立 方向 }
- 对照 ⟶ 矛盾的调和　心理的考察
- 比例 ⟶ 以人为尺度 { 数理 有生理美 / 生理 即有数理美 }　生理的权衡
- 安定 ⟶ 重心法则 { 直立的形体 / 水平的形体 / 视觉安定 / 重心 / 物质的适性 ⟶ 材料、质感、颜色等组合的适性 / 形的联想 }
- 统调 ⟶ 图案最高之格局 ⟶ 精神之统一

构成 ⟶ 意匠 { 美的沉思 / 科学处理的一般法则 } { 否定为装饰而装饰 / 实践入手，"意"与"匠"并重 } 特质 { 加强 / 变化 / 适合 } 实施步骤 { 格式 / 形状 / 色彩 } { 视觉之考虑 / 触觉之考虑 / 工作上之考虑 / 材料之考虑 / 生活方式之考虑 }

格式 ⟶ "Style"（可理解为风格）{ 格式的兴起 总结为 ⟶ 随时代的进步而更新面貌，展示时代风貌 / 格式的变迁 / 格式的将来 ⟶ 更年轻，更富有世界性 }

图案 { ... }

事业 ⟶ 手工艺走向机器工艺，不可避免；分工、合作；设计专门化；共同趣味；趣味向上

图 9 《新图案学》图案系统

四、民国图案教科书对新中国初期图案教育的影响

民国时期的图案教材所展现的图案思想与教学方法等，无疑对新中国成立初期的工艺美术教育产生了巨大的影响，下面分别通过写生变化方法在新中国的延续、对西方艺术形态的引荐和对中国传统图案的强调三个方面予以阐述。

（一）写生变化法的讨论

写生变化是图案训练的一个重要方法，在各本教科书中被屡次提及，概括来讲，是在学习图案科目的时候，首先要对大自然进行观察，感悟自然之美，然后描摹自然，称之为写生。写生之后，通过美的原则将自然之形变化为图案所用，谓之变化。吴山先生主编的《中国工艺美术大辞典》中对"写生变化"一词做如下定义："将自然形象塑造成图案形象的方法和过程，先记录对象的形态，然后运用夸张、省略等方法变化对象，使之符合特定的艺术要求或工艺要求。"可见写生变化在当时图案学习中的重要程度。由定义可知写生是与绘画联系的，变化是与图案联系的。对于图案学科而言，变化是重点，变化之法却大同小异。这在陈之佛《图案法 ABC》中自然与变化一章中可以看出，陈书的用笔主要在变化的方法和理念上，对于写生部分似是认为无须多言。雷圭元《新图案学》中也提到："最初练习图案画时，所采用的'写生变化法'，即是由绘画的基本训练，进入'加强'手法的实施，也就是上面所提到的，以自然本身去修正自然的一种实验。"并且强调"创作图案之欲达到形式的完整美，我们必须先养成学习的习惯和修养，观察自然，认识自然，描摹自然。于是，绘画的素养，必需求其高深。"其研究重点也无例外的在变化之法上面。在此一时期，所谓"变化"的准则则是相当一致的讲求调和、丰富、均衡等等图案的形式法则。这样类似的阐述在傅抱石《基本图案法》、陈浩雄《图案之构成法》等书籍中都有出现。这种图案的训练方法是当时学界普遍认同和实际推广的，训练和培养了一大批图案从业者和教育家，几乎被奉为金科玉律。张道一先生早年的笔记中记载，时任中央工艺美术学院院长的庞薰琹先生，同样鼓励以绘画为基础的写生变化方法的工艺美术教学方式，其在与陈之佛的讨论中认为绘画基础与写生变化是设计的基础和手段，详见图 10。另据陈瑞林先生在其著作《20 世纪中国美术教育历史研究》中的资料显示，时年国立艺术院高中部与高职部在分选系别时以素描水平优劣为标准，最优等进入绘画系，次优等进入雕塑或图案系，中等的只能入图案系。重"纯艺术"而轻视"实用美术"，以绘画为优，雕塑次之，图案（工艺美术和设计）为劣的专业教育思想[8]。这段资料同样显示了图案科以素描绘画为最基本的训练方法的事实。

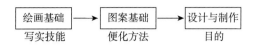

图 10　张道一笔记图片 ①

以一个图案初学者的角度再次认真审读这些教材中关于写生变化的训练方法时，似乎确有一种无法将两者衔接的困惑。这种现象甚至一直延续至新中国的图案教育 ②。雷圭元1961 年在《漫谈图案造型规律——对图案教学的改进意见》[9]（下面简称《漫谈》）一文中曾经谈道："我在教学中就亲身遇到了许多'尴尬'的事情，学生果然把'生'（写生，笔者注）画像，可是变来变去变不到'图案'的节骨眼上去。问先生怎么'变'，我也想不出很好的答复。到现在为止凡是教到'写生变化'的先生都还认为是一件'苦事'。"在雷的叙述中反映出一个事实 ③，不仅学生无法以"写生"进而"变化"，甚至连老师都无法讲清楚。客观地讲，从各种教材上而言，写生之后的变化，更多的是通过诸如均衡、调和等一些抽象的规律，进行感觉和主观上的变化，其依据较多的是对人的视觉规律的总结。从某个层面来讲，个人的感受性和主观性决定着变化的优劣。例如陈之佛就认为"把蜜蜂的翼放在显微镜底下详细调查其形态，这等的研究工作，绝非图案研究的本意。"也即是细致入微的观察自然，重点是在观察自然的美的形状，而非科学的细节，"领会其神妙之处"才是图案家的正确研究方法。这里的"领会"一词则有可能将"变化"的方法论置于修养的提升、审美美感的提升等相对务虚的层面上去的危险。

在《漫谈》一文中，雷将图案的训练目标明确总结为"版、刻、结"，此三字实际上是郭若虚画论中所提笔墨之诟病，这种提法实质上是刻意将其训练目标与绘画进行分离，以厘清绘画和图案之间研究方向的不同，训练方法也应有所不同。此时的雷先生开始反思自己早年所奉行的"写生变化"之法的弊端，诸葛铠先生在回忆恩师雷圭元先生时说："他（雷圭元，笔者注）说自己早年在教学中十分强调'写生变化'，让学生整天在西湖边的小山上寻找野花异草，结果学死了……'罪魁祸首'还是自己，现在必须改变这一现状。"[10]雷圭元所反对的并不是写生，而是反对照着绘画的要求去写生，应该以图案的规

---

① 此图转引自张道一，薰蕕的梦［J］.装饰，1994 年 03 期。在文中张道一先生回忆自己早年跟随陈之佛先生参观"全国民间美术工艺展览会"，在展会休息室里，陈与庞的对话，张道一先生留有自己当时的笔记。此图即来自当时的笔记内容。

② 关于这种现象，在和兰石先生《基础图案教学探讨》一文中曾提道："'写生变化'却完整无缺地保留下来，并且日盛一日。……再有，我国的工艺美术教育事业最为年轻，又属'次等美术'，它常常乞求于一般的文艺理论和美术理论（主要是苏联体系），'写生变化'和契斯恰柯夫体系结为不解之缘，它的基础也就更加牢固。近年来随着我国的开放政策，所谓'平面设计'之抽象图案的楔子打了进来，但'写生变化'依旧故我，因为'平面设计'没有涉及这方面的理论。"——和兰石，基础图案教学探讨——"写生变化"与"意象变化"［J］.艺术工作，1983 年 01 期。该段文字即反映了"写生变化"课程在新中国成立之后的延续情况。

③ 这种现象可能是在局部上的或部分人中出现的，但出自雷圭元先生之口，不得不引起足够的重视。作为一个在图案教育一线工作了三十多年（此文章最初发表于 1961 年）的教授，毕竟可以代表相当一部分学生和老师的感受。

律去写生。因此提倡直接临摹我国古代的优秀图案作为图案教学的基础课程①。雷圭元的这种思想转变不是一蹴而就的，在 1958 年工艺美术座谈专栏《怎样学图案（一）》②一文中，对于"怎样找纹样"这一问题有过这样的解释："……所以我们不一定天天写生，主要是要体会它，要找特点……写生回来还要加以变化，这叫'写生变化'……材料归我们使用，我们要改造它。"此时的雷圭元已经开始显现对于写生变化这种方法的辩证思考的倾向，但显然在当时依然采用写生变化的提法。之后又发表《怎样学图案（二）》《再谈谈图案学习上的几个问题》。直到 1962 年，雷圭元以激烈的措辞在《漫谈》中提出上述观点③。雷的观点在当时引起了不小的争论，在其先后有《关于图案的造型规律问题》《看雷圭元同志的文章所想起的》《关于美术教学中基本训练课程的改进问题》等文章以各个方面讨论图案教学的方法问题，可谓这方唱罢那方又起。

陈之佛先生在新中国成立前后的主张一脉相承，对于图案教学的研究并没有刻意与绘画相区别，甚至有一并讨论的趋势。在其 1962 年发表的《谈工艺美术设计的几个问题》一文中，仍然直接举绘画的例子来参照工艺美术。例如："作画要'意在笔先'，要'胸有成竹'……然后才能画成好画，在图案设计上，个别与全体的关系更其明显。"在文中提出的图案艺术处理的四个词"乱中见整，个中见全，平中求奇，熟中求生"全然以绘画的处理方式出发，其所求效果也是绘画的。陈一生致力于平面类（染织纹样设计，书籍封面设计等）设计工作，所讨论的图案（更多的是平面图案）与绘画之间是有紧密联系的。

新中国成立后关于写生变化课程的是非功过的讨论旷日持久，论战双方各有所据，其焦点是在从取材到变化这一环节的讨论上，但背后却是对于图案与绘画的基本认识问题。二者的共同点是以艺术美化生活，但变化手段的不同必然导致图案的效果走上不同的路径，其所倡导的"美"也就产生了分歧。显然，最终雷圭元先生的主张并没有在我国图案教育

① 雷圭元先生的这种教学思想，在客观上，对于我国传统图案的继承和发扬是十分有益的。对于图案如何发展民族化的命题是一个很好的启发。雷圭元先生学术视野宽阔，在民国中后期便开始关注世界各国的传统图案，并且著述颇丰。在对我国传统图案的发掘和整理上也作出了巨大的贡献。这些研究，可能使雷圭元先生更加注重本国图案传统的发扬。对于之前奉为圭臬的"写生变化"训练方法，以近乎绘画的视角切入学习，然后再施行变化，其所运用的美学原则等等，更多的是来自西方的，或曰近现代美学思想。而传统优秀图案的继承成了一件几乎不可能的事情，因为图案工作者以素描的方式进行变化，这与传统图案在思想根源上是有一定冲突的。所以，直接临摹优秀的传统图案，在其中总结变化规律，研究本民族的图案构成方法，对于发扬传统或许是一条更为可行的道路。
② 雷圭元.怎样学图案（一）[J].装饰，1958（1）.另外，在 1935 年《学校生活》杂志第 107~108 期合刊上，雷圭元发表过一篇名为《怎样研究图案》一文。在此文中有这样的叙述"研究图案的方法，最初是模仿自然，第二步是以己意去变化，如同一张玫瑰叶子，可以将原形的曲线变为直线，原有的无数叶脉可以省略为一根，原有的绿色可以变为黄色，第三步适应用途……"这里的关于图案学习方法与雷圭元先生之后的思想有所出入。此文标题与注释中文章标题接近，故在此处简单提及，以做对比，可以一窥雷圭元对于图案学习方法的思想变化。
③ 有学者认为雷圭元的这种思想转变，与其在中央工艺美术学院的工作经历有关（雷圭元先生时任中央工艺美术学院图案系教授）。在 20 世纪 50 年代初，刚刚组建的中央工艺美术学院在如何办学和办怎样的学校的方针问题上发生过分歧，众多学者提出了三个方面的意见：1. 延续工艺美术偏向于手工艺教学的传统模式；2. 全面引进欧洲的综合设计思想；3. 继承和发展民族民间装饰艺术，以培养装饰美术家为主导。在张光宇、张仃等先生的倡导下，在建校初期的这一阶段，中央工艺美术学院的教学走上了装饰艺术的道路。雷圭元先生对图案装饰性的提倡以及与绘画训练之间的决裂与前述背景有关。正是基于这样的转变，雷圭元先生鲜明地提出"绘画与图案的素描基本功是两条路线"——参看吕品田.设计与装饰：必要的张力——中央工艺美术学院办学思想寻绎[J].装饰，1996（5）.

界得到推行，新中国成立后到至少 1970 年代，一直延续着以素描写生教育为基础的写生变化课程。这也从一个侧面反映了民国阶段图案拓荒者的这一系列教材影响力之深远[①]。

（二）西方艺术形态的引荐

在民国阶段的图案教材编写过程中，大量的引用日本和西方的参考书，而日本的书籍同样由西方发展而来。前文已述，近代的设计观念即起源于西方的工业化大生产，这样的参考是无可厚非的。诸葛铠先生曾谈到："中国传统生活方式向西方生活方式的转型，始于晚清，盛于二战之后……中国的工艺美术教育从无到有、从弱到强都离不开西方的经验，就是'工艺美术''图案''工业设计''艺术设计'等等名词概念也都是从西方引进的。"[11] 在此时期的教材书籍中，西方的艺术观念，包括黄金分割比，色彩的心理学，图案构成的平衡、节奏等，都是叙述主线。以及众多书籍会大量介绍国外的艺术设计历史或作品，供国人参考，如《新图案学》《图案》等。另外，许多学者还会专门致力于介绍西方艺术，如陈之佛在 1928—1935 年，陆续发表和出版论文与著作多部，《色彩学》（1928年）、《现代法兰西的美术工艺》（1932 年）、《西洋美术概论》（1934 年）、《李希德华尔克之艺术教育说》（1935 年）等，对西方艺术观念进行介绍。张光宇则在《近代工艺美术》的序言中直接写道："那么，我们要研究工艺美术的前旨，也就非得先从欧洲着力不可了。"西方艺术观念的渗透，使图案学科的发展很快走上正轨，得以和生产相结合，这在学科的初创时期显得尤为重要。新中国成立以后，这部分艺术观念依然有着强烈的影响。虽然苏联教学模式的引入使新中国的工艺美术教育带有明显的苏联社会主义色彩，但其内核依然未出西方图案艺术发展源头之右，以实用、美观为主要图案的核心诉求。至 1980 年代，包豪斯设计教学方法中的"三大构成法"被引入中国，包豪斯设计理念在中国的生根发芽，同样是西方设计观念的再次植入。可以说，民国阶段的学者通过自己的著作与设计实践，传播和普及了西方的现代设计观念，就本学科领域而言，所谓"开眼看世界第一人"，其意义不可低估。诚然，大量的西化设计所带来的弊端也逐渐显现，众多学者也有积极的讨论，此部分内容不在本文的讨论之列。

（三）对中国传统图案的强调

民国前期的图案书籍以参考国外出版物为多，主要采用日本及西方的图案思想进行叙述，对于我国自身图案遗产的价值尚未有所自觉。通过查阅大量这一时期的图案集，也仅有一些小册图案集有对传统图案的搜集，且都草草数页。图案教材对于中国传统的关注，是从民国中后期开始的。这也反映了图案学从借鉴、移植甚至照搬到自我觉醒的发展脉络。陈之佛早年在东京学习图案时，其导师岛田佳矣就曾表示中国的传统图案十分有价值，已经提醒学生陈之佛要关注中国传统，从传统中吸取养分。陈学成归国后编成的《图

---

① 当然，以素描为基础的写生变化课程的持续与新中国成立后引进苏联美术教育体系有一定关系，但这并不能否认写生变化影响的源头来源于民国时期图案教育家的工作，尤其是教材中所传达的教学思想与方法的影响。

案法 ABC》中就已经简单提到对于古代制品应加以研究，主要应注意古代图案所含诸原则，以及和当时历史情境的关系，作为研究图案四个方针中的一项。可惜的是书中并没有更多强调和展开叙述。之后到 1949 年间，陈之佛先生的著述较多致力于介绍西方美术的发展状况，但同时也有 1935 年发表的《中国历代陶瓷器图案概况》对中国传统图案予以介绍。正是通过对国外图案的研究，才愈发发觉了中国图案的可贵之处。张道一先生在回忆中提到陈之佛老师对他的教导最重要的一课就是如何正确对待本民族的优秀艺术遗产。张道一于 1953—1956 年跟随陈之佛学习工艺美术，并一生贯彻和践行老师的教诲。可以说是陈之佛先生图案思想在新中国的继承者和发扬者。1952 年，陈之佛编著《中国图案参考资料》出版。1956 年发表《中国历代图案的沿革》《谈谈工艺遗产和对待遗产的态度》等相关论文。可以说，经历民国阶段的研究和发展，陈之佛先生对传统图案的关注和热爱与日俱增，并在新中国的图案教育中贯彻了自己的思想。

《新图案学》一书则用很大的篇幅叙述了包括中国在内的古代各国的图案，对古代图案的关注不可谓不深。书中将中国图案分为一早一晚两个阶段，商周秦汉铜器纹样，武梁祠石刻与四川石刻、明代景德镇瓷器、髹漆工艺等都在其讲述之列。对于中国古代的龙凤图案等，也都有相应的分析与研究，作为图案构成的例子予以介绍。并认为"中国图案的根底，早在数千年前奠下了光荣的基石了"。但对传统的陈旧的图案风格应当抱审慎的态度，在随时代更新变迁的同时不能忘本，因为"旧的是新的影子，新的是旧的化身"，应当"饮水思源""温故而知新"。在作者日后的工作中也确如文中所秉承的思路一样，为中国古代图案的收集和整理做了大量的工作。此书发行量大，阅读、学习者甚广，不过成书时间已是 1947 年前后，所以其价值和影响更多的是在新中国成立之后显现的。杨成寅、林文霞在《雷圭元论图案艺术》的后记中评价道："雷圭元先生关于工艺美术的思想，特别是关于中国图案美学的思想，是有一个完整的体系的。"此书由雷老口述，杨、林二人整理而成，共分为三编，后两编分别为"中国传统图案""中国传统纹样述略"。共收录近50 篇对于我国传统图案的研究文章。雷圭元先生在民国时期的实践与探索，以及新中国成立以后持续的孜孜以求，最终结成了丰硕的成果。

总的来说，在图案学理论相对薄弱的民国时代，能够开始对本国传统图案关注并研究，是十分难能可贵的。这也反映了我国图案学者在吸收和转化外来理论时所拥有的学术自觉与理性，并没有一味照搬照抄国外的图案方法或素材，这为新中国图案学的发展开拓了一个民族化、本国化的学术道路，其历史功绩不可忽视。

（四）小结

以上三个方面的影响通过民国时期的诸位学者在新中国的工作得以延续，在原有的图案学科的建构基础上，为新中国建立初期的工艺美术教育提供了相当的理论和人才储备。有些学者一以贯之地贯彻自己的学术理想，将民国时期图案学科的精髓转变为新中国工艺美术教育的新鲜血液。有些学者随着研究的深入对自己在民国时期的学科认识进行了有益的调整，以适应新中国的社会发展环境。种种思想的变化和进步都离不开民国阶段的图案启蒙工作。可以说，新中国的工艺美术教育，生长在新中国，植根于近代民国图案教育。

（穆　琛，中国美术学院博士生，研究方向为艺术理论）

参考文献

［1］ 傅抱石. 基本图案学［M］. 北京：商务印书馆，1936.

［2］ 张道一. 图案与图案教学［J］. 南京艺术学院学报（美术与设计版），1982（3）：1-13.

［3］ 张玉书，陈敬廷. 康熙字典［M］. 北京：中华书局，1958.

［4］ 张道一. 图案概说［J］. 南京艺术学院学报（美术与设计版），1981（3）：57-61.

［5］ 陈之佛. 图案法 ABC［M］. 上海：世界书局印行，1932.

［6］ 杨成寅，林文霞. 雷圭元论图案艺术［M］. 杭州：浙江美术学院出版社，1992.

［7］ 雷圭元. 新图案学［M］. 北京：商务印书馆，1947.

［8］ 陈瑞林. 20 世纪中国美术教育历史研究［M］. 北京：清华大学出版社，2006.

［9］ 雷圭元. 漫谈图案造型规律——对图案教学的改进意见［N］. 人民日报，1961-11-22.

［10］ 诸葛铠. 雷圭元教学思想初探［J］. 苏州丝绸工学院学报（社会科学版），1995（S1）：65-68.

［11］ 诸葛铠. 艺术设计教育：西化不忘师古［J］. 设计艺术，2002（1）：10-11.

虚拟现实空间场景下的城市景观审美趋向
Aesthetic Trend of Urban Landscape in Virtual Reality Space

赵树望

摘 要： 虚拟现实技术更新了人们传统认知世界的模式，也改变了众人的审美习惯。在现如今的景观空间营造中，人们逐渐从关注物体的形态美转移到关注虚拟技术与物理形态结合的形态美，并由此展现出三种全新的审美倾向，分别是碎片化审美、沉浸的体验式审美以及多维记忆融合的审美。文章意在探究审美新模式下带来的一系列变化，从人的维度以及景观空间维度，为虚拟现实结合的审美研究提供一定的价值。

关键词： 虚拟现实；碎片化；沉浸审美；多元记忆

Abstract: Virtual reality technology has updated the traditional mode of people's cognition of the world, and also changed people's aesthetic habits. In today's landscape space construction, people gradually shift from the traditional focus on the form beauty of objects to the focus on the form beauty of the combination of virtual technology and physical form, and thus show three new aesthetic tendencies, namely, fragmented aesthetics, immersive experience aesthetics and multi-dimensional memory integration aesthetics. This paper aims to explore a series of changes brought about by the new aesthetic model, from the perspective of human dimension and landscape space dimension, to provide a certain value for the aesthetic research of virtual reality.

Key words: virtual reality; fragmentation; immersion aesthetics; multiple memory

　　虚拟现实技术不仅更新了人们的认知体系，同时也改变着人们的审美习惯，基于景观空间形态下的审美意识得到前所未有的提高，人们开始从关注实体景观的形态美，转向关注虚拟现实结合的景观形态美。作为人类思想上和实践中所追求理想境界的"真""善""美"中"真实"的概念，逐渐拓展成为"真实与虚拟结合"[1]。

新技术在景观形态营造中的运用不仅改变了景观的审美对象，同时审美意义的生成也渗透到虚拟的非物质领域，通过网络的展示平台，景观设计者逐渐关注到公众对于景观形态的生成与发展变得尤为关注，由此衍生的景观丰富体验及心理层面的改变使得传统固有的景观审美认知体系受到了强烈冲击，所谓永恒意义的审美变得不再永恒，相反表现出对于动态美价值层面的关注。从美学研究历史来看，文艺复兴时期的古典美学主要追求的是秩序的严谨以及形态的崇高神圣，主要通过黄金分割比例作为衡量标准来审视事物的美与丑。进入工业时期的美学则是主导功能的适用和实用性，崇尚实用主义的美学思想。自然生态主义的美学思想则立足于人与自然的和谐相处，追求天人合一以及自然生态系统的整体性发展。进入信息时代，美学发展重点追求的是信息与内容的统一、内容分布的合理性，如信息的繁与简、多与少、虚与实等[2]，衍生出全新的信息交互美学。

所以说，在现如今信息交互美学主导的美学思想影响下，景观空间中，人与人、人与景观建构起一系列全新的审美倾向，包括游戏式的碎片化审美、沉浸的体验式审美以及多维记忆融合的审美。

（一）游戏式的碎片化审美

"碎片化"源于20世纪80年代，是后现代主义研究的重中之重。"碎片化"从字面意思理解指的是将一个完整的事物拆分成很多碎片的部分，如果将"碎片化"的思维方式运用到我们日常的阅读思维逻辑中，它更多描述的是基于科技媒体及互联网背景下人类的一种全新的阅读方式：即我们获取信息的方式都是利用碎片化的时间来进行，阅读的内容和时间都根据实际的需要进行拆解和细化。"碎片化"的产生原因相当复杂，主要是因为信息的大量复制、获取便捷导致了短时间内的信息数据过量，引发所谓"信息爆炸"。信息爆炸的深层次原因归根到底源于新媒体网络时代数据的大量泛滥，使得公众只能被动接受各式各样的信息，这其中的大部分都是无用的，因此变相导致了公众对任何事物失去个人的主观判断能力。

"碎片化"带来的阅读模式改变，首先体现在我们原本传统的阅读方式完全被颠覆，取而代之的是精练简短而非线性的精读方式[3]。其次，从阅读的时间维度来看，公众很难再有整段的时间进行阅读，更多的是利用工作生活之余零碎化的时间完成阅读。最后，"碎片化"还表现在我们接受和传达信息的即时性层面，相较于传统的媒体传递信息方式，新媒体网络的展示方式更容易刺激到我们的感官神经，特别是内容和标题层面，但由于众多的网络事件都只是处在酝酿发酵期，其真实性有待考究，所以呈现方式更多的只是一种短暂而即时的表达。

无独有偶，这种"碎片化"也体现在我们对于景观空间的审美体验过程中，原先静止的、单一的景观已经无法刺激我们的神经，公众更加期待动态的、趣味的景观。基于这种审美需求，景观设计师试图在设计中构建一种全新的人际关系，即考虑适当迎合当代社会和人的新型需求，在设计中更多地运用让人产生视觉愉悦、印象深刻的设计元素。寻找这种设计元素的灵感来源于对于碎片化阅读方式的深度解读及其所引发的审美需要。在具体的景观设计作品中，不太需要运用太多晦涩难懂的设计语言去呈现某种深刻含义；相反，目前的大部分公众更愿意接受简单而明快的设计理念，以激发他们瞬间审美的冲动，所谓新奇有趣并具有游戏娱乐性的城市景观形态是产生"碎片化"审美的前提。

数字技术的运用使城市景观空间充满了趣味性，这种趣味事实上类似于一种游戏性的参与感，在互动中我们可以自由地表达情感及同时与虚拟形态产生共鸣。Swing Time 就是这样一个由二十组发光秋千组成的互动式景观体验装置，共分为几种不同大小的尺寸，为城市广场中的市民或者游客提供休憩及玩耍的去处。这是城市空间中非常具有特色的一处景观，内置的发光二极管（LED）光源可以根据秋千的摆动自动进行调节，用来测量秋千的摆动幅度。简单地说，当秋千处于完全静止状态时，整个秋千呈现出暗白色，当秋千被人们晃动时，整个颜色会变亮并转换为紫色的光，晃动的幅度越大颜色就越深。实际上，这个设计是通过激发人们在场景中与秋千产生强烈互动来引发片刻的审美愉悦与欣喜，激发"碎片式"的审美需求。

另一个非常典型的案例就是纽约时代广场的"大红心"，由丹麦著名建筑事务所 BIG（Bjarke Ingels Group）设计完成。"大红心"由 400 盏 LED 灯组成，约 3 m 高，当人们用手触摸旁边的心形图案时，那颗心就会变亮。越多的人触摸，红心就会越亮，跳得越快。Tim Tompkins 作为广场的负责人员，认为这种设计可以促使更多情侣聚集到时代广场中庆祝情人节，同一时间内会有更多来自美国各地的夫妇赶到这里通过点亮红心宣誓他们的爱情。"大红心"是一个在城市景观广场空间内促进人与人之间互动的"终端"装置，它的存在不仅满足了公众对"碎片化"审美体验方式的需求，同时也点燃了人们对于美好情感的向往。

综上所述，现代景观空间场景内能够激发公众审美兴趣体验的并非单纯具有仪式感的景观作品；相反，除了传统意义上的视觉审美之外，嗅觉、味觉、触觉、运动觉等感知元素的多维运用同样可以大大增强人们对景观空间的感知审美能力。所谓"碎片化"审美并不意味着杂乱无章，它代表着一种打破人们传统感知世界的习惯性思维方式，通过数字信息技术表征一种游戏语言增强体验过程的趣味性和互动性。

（二）沉浸的审美式体验

景观空间中引入的数字虚拟现实技术是一种让人身临其境的参数化仿真场景，Peter Hall 认为，新技术在空间中的创作将审美从对象取向阶段（object-contered stage）推进到以情境与观者取向的阶段（context and observer-oriented stage）[4]。在某种层面上，景观空间俨然转变为一个全维度的交互空间，而审美为主体的公众则沉浸（immerse）在随场景氛围改变的虚拟现实空间中。在奥利佛·格劳（Oliver Grau）的视角中，所谓沉浸更多指的是一种全神贯注的状态，从一种思维状态中过渡到另一种思维状态，这其中发生的一系列刺激都在大脑皮层中完成。增强沉浸的程度可以通过缩短与展示物体的心理距离实现，从而全身心地加强投入相应的情感。反观之景观空间中的沉浸式审美，更多表达的是一种纯粹性的美学体验，在基于数字虚拟属性的环境维度中创造出一种身临其境的美学盛宴。这种全新的审美方式拓展了景观表达的内涵与外延，以一种全景式的交互呈现。在这其中，沉浸遵循着内在逻辑性与叙事性，并试图引导公众全程感同身受，将公众带入一个全方位的体验维度中，似乎忘记了自己身处的物理世界。

在景观虚拟现实融合的空间形态塑造之下，公众更多的通过直觉来表达个人的经验观。正如克罗齐所说的，直觉是一种表现力，它既有创造力同时又是一种精神活动[5]。在这样的背景下，公众可以全身心的投入空间所营造的独特氛围中，并以一种全维视角沉浸在虚拟现实的世界里。景观的空间形态将叙事性以严谨的逻辑关系按照结构、表征、插叙、交融的方式融入沉浸式的审美体验之中，使得观众与场景产生共鸣与互动，从而表征沉浸之美。一个非常经典的设计案例由深圳的设计团队完成，他们在景观场景塑造中广泛运用了虚拟现实的技术，营造奇妙的星空全景，实现公众与自然、人工环境的全维度互动式审美体验，项目取名叫"星空"，占地约 400 m²，穹顶的总高度 9 m。设计师团队初期寄希望于通过此项目模拟北半球的星空分布，为人们展现宇宙的浩瀚。在半椭圆形的范围内，设计者通过层层叠加排布了 3 000 多盏节能模拟灯源，所有灯源通过光反射原理展现出双倍的视觉效果。整个"星空"作品通过声、光、电等元素，积极调动参与者的情绪，并利用参数化的人机交互设备，创造出一种沉浸式的审美体验。进入空间的体验者必须是情侣身份，当他们走入场景中央时，向头顶"星空"说出最想说的话，可能会指引三分之一的星星点亮与熄灭交错，形成变化莫测的星空，当说出的话与程序自定义匹配时，就会激活所有的灯光同时点亮，届时会有满天繁星与地面交融的影像，预示参观者置身于宇宙的最中心。在短短的时间之内，体验者历经了从好奇到惊喜再到感动的一系列感官体验，从进入场景到完全沉浸于其中，宇宙的浩瀚变化引发人们对生存世界的思考。设计团队还希望通过这个作品帮助公众探究银河系的奥秘，同时致力于在繁华多彩的城市生活中为公众开辟一片属于内心最纯净的沉浸式互动"星空"。

在沉浸式的体验审美过程中，景观空间的实体元素似乎已被拆分，融入的虚拟元素却可以让人们真实地感受到空间形态之美，此时的虚实已翻转[6]。这种实体空间的拆分，建立在用虚拟形态去传递空间感知的基础之上。在这里，表征物理景观空间的各种要素已分解为人的各种主观感受。另外，从技术层面来说，沉浸式互动的审美建立在一个虚拟的景观环境中，应用数字化技术解构和重构景观空间。人们在这样的环境里可以得到与传统景观空间近似的感觉效果。正如麦克卢汉所说："新媒介并不是把我们与'真实的'旧世界联系起来，它们就是真实的世界，他们为所欲为地重新塑造旧世界遗存的东西。"[7]

（三）多元记忆融合的审美

多维记忆的审美感知融入信息媒介时代中，景观空间形态产生的多层次、多维度的离散空间以及非线性分形的时空表现形式，在观者的体验中产生先验的记忆与联想，从而发生情感的升华。这是一种心灵的体会，表现为一种思维活动[8]，反映到精神以及思想上则产生一种视觉体验，以激发对空间形态的审美构建以及审美感知。这种感知空间的方式赋予了景观空间生命力。在信息媒介与视觉消费时代下人的感知是具有双向性的，一是作为人的自然属性，二是被充斥的视觉信息浸透并对视觉感知体验与消费产生渴求属性的人。在人的审美、感知双向属性的需求之下，景观空间开始突破实体性，尝试去建立一种人与时空观的多维记忆审美感知，并以此构建了空间的引导与暗示，时间的绵延与记忆，时空交错的情境感悟与景观影像及时空的审美感知体系。

空间的引导与暗示让时间与空间在人的运动感知系统中呈现出记忆与阅读的能力、梦幻影像的思考、感官联想的回忆。现如今景观空间形态的审美感知已冲破传统空间僵化的思维模式以及空间实体的局限，并以超序空间、时空叠加的审美感知方式存在于空间中，实现了景观视觉影像逻辑的转变。超序的手段在当代实物空间中首先表现为一种时空观的复杂性与连续性，超净空间以线性时间中的不同节点上的、具有不同向度的、彼此独立的时空界面，通过在同时空中的交互、撞击、拼贴、相融等模式来对当下的空间作为界定[9]，从而在观者的思维模式与感知体验中，形成一种多时空共面化、流动化的异质空间形态。克莱夫·威尔金森建筑师事务所在澳大利亚设计的悉尼麦格理（Macquarie）银行展现了超序空间的创作手法。在建筑的整体空间中悬浮着不同材质、不同颜色以及不同标高的矩形体块组合形式，这些体块以错位漂浮的形式构成了建筑的主体空间。开放的10层通高空间中共悬浮26个"会议箱"，从而创造了一种新的办公空间模式，即"移动式办公"。在这里，26个会议箱在不同标高中各单元空间元素与中庭空间相互连通，从而使观者在任意位置都能感受到其他空间。中庭开放的扶梯连接了不同标高的"会议箱"，空间中的扶梯、会议箱以及运动中的人共同组成了空间的流动感与连续性。观者在连续与错动的空间中体验着同时刻、多个层次、多个空间的复杂与超序空间。

多维记忆融合的审美还体现在时空叠加的景观空间中。在这里，空间被片段化并以压缩的形式互相渗透与叠加。时空叠加又分为多维时间的同时空叠加以及多维空间的同时空叠加。时空叠加是指将时间空间化，使时间以非线性的形式脱离了四维空间的演进，而在过程中与此时的空间相互叠加，从而形成一种精神空间中的时空多维度审美感知。

时间叠加强调不同时空维度的融合，人的意识层面作为对景观空间形态主体审美感知的强化，强调通过空间片段化的共面转换，直接与观者的思维与精神空间相联系。因此，多维记忆的审美感知中的时空叠加是一种心理、思维、精神上的非线性时间在物理空间中相互渗透、融合、叠加的过程。比如 NOX 在荷兰水管设计的"水展览馆"(H$_2$O EXPO. Sweetwater Pavilion,NeeltjeJaris,Nox,1993—1997)就运用了时空叠加为观者营造了多元记忆的感知。项目设计阶段,NOX 引入了数字技术的虚拟性,展现"水展览馆"的独特性。在空间营造阶段,遵循两条相悖的形态逻辑,第一条是自然的、生物性的形态逻辑,第二条是由近现代技术主导的科技的、电子信息的形态逻辑,两者的结合产生了强烈的化学反应,如一块坚硬的石头与一条细细流淌的溪流相互交融却毫无违和感。公众在空间中产生了奇妙的融合式体验,仿佛置身于一个流淌而模糊的异形感知空间中,时间在这里变得模糊了。在体验的过程中,作为体验者个体的形象被信息化设备捕捉并重新投放,在空间中重新展现出一种新的虚拟形态。所以,在体验的过程中,人们所看到的个人形象是被拟人化的,会在生理上和心理上产生一种奇特的审美体验感,人们置身于空间中就如畅游在水中一般自由自在[10]。

作为互动主体的人在数字多媒体营造的景观空间的参与体验中催生出一系列新的审美感知:游戏式的碎片化审美、沉浸式的体验审美及多维记忆融合的审美,并由此衍生出复杂情境的通感意境、空间体验的游牧意境及整体空间的共生意境。

(赵树望,上海交通大学设计学院博士生)

参考文献

[1] 曾坚,蔡良娃.信息建筑美学的哲学内涵与理论拓展[J].城市建筑,2005(2):4-7.

[2] 曾坚.生态建筑的审美观念与审美原则[C]//杨永生.建筑百家言续编.北京:中国建筑工业出版社,2003:167。

[3] 吴海珍."碎片化"阅读的时代审视与理性应对[J].河南图书馆学刊,2014(3):97.

[4] Peter Hall. Cities of Tomorrow[M]. Basil Blackwell Ltd, 1989.

[5] 列维·克利夫特.克罗齐和直觉美学研究[J].陈定家,译.南阳师范学院学报(社会科学版),2003(7):12-18.

[6] 迈克尔·海姆.从界面到网络空间:虚拟现实的形而上学[M].金吾伦,刘刚,译.上海:上海科学教育出版社,2000.

[7] 张怡,郦全民,陈敬全.虚拟认识论[M].上海:学林出版社,2003.

[8] 张中.审美与直觉主义[J].唐都学刊,2013(3):63-68.

[9] 龚思宁.从超文本、蒙太奇到超序空间——非线性传媒与空间的多义性[J].城市建筑,2009(8):110-111.

[10] 贾巍杨.信息时代建筑设计的互动性[D].天津:天津大学,2008.

Oriental Aesthetics and the Design of Longquan Celadon

Dai Yijun

Abstract: Longquan celadon has a long history and has been exported world widely. China and Japan were its largest market since ancient time. The design of Longquan ware was influenced by oriental aesthetics, such as Chinese and Japanese aesthetics. Confucianism and Daoism have great impact on the design. Items of Longquan celadon meets with the concept of wabi-sabi, mono no aware and ma from Japan,too.

Key words: longquan celadon; oriental aesthetics; design

1 The development of Longquan Celadons in China

What is the definition of Longquan ware? It is well-recognised that Longquan ware is a kind of celadon that was made in the kilns in Longquan Hsien, Zhejiang. Although Longquan Hsien was famous for the swords made by Ouyang Ye from Ancient Yue, it is also known for its celadons. Longquan ware is thought to be the next step on from Yue ware, having been influenced by it, and marking the peak of celadon. Both of their kilns were around Shanglin Lake[1].

The classification of Longquan ware in China is quite complex. This kind of ware could not be admired by only one or two characters. It is complicated, mysterious and unique. There is no serious classification of this kind of celadon and people tend to group them by their time.

The beginning of Longquan ware has caused a divergence of views. Chen Wanli holds the view that it started after the decline of Yue ware in the late Five Dynasties[2]. Zhu Boqian considers that it begins in the Southern Song Dynasty and ends in the Qing[3]. There is another idea from a Japanese specialist called Meitoku that the production starts at the middle of the eleventh century[4]. Ye Yingting—considered to be one of the greatest specialists as well as one of the most successful dealers of Longquan wares in China—has made great progress in the research of Longquan ware. He has attributed the time period of Longquan ware as being from the Three Kingdoms and Jin Dynasty to the late Qing Dynasty and on to the Republic of China. Although there are some twists in the styles and characters due to the change of aesthetics and techniques, the production history of Longquan almost has 1 600 years, which is the longest history of celadon production in China.

At the beginning of the Three Kingdoms and Jin period, Longquan ware could be easily confused with Yue ware—the difference between them could hardly be seen. In the Sui and Tang periods, Longquan celadons were affected by Ou ware. Things started to change from the time of the Five Dynasties and early Northern Song Dynasty, when the light green glaze appeared. This fantastic glaze becomes the trait of Longquan ware. The rule of traditional Longquan ware is this: 'Learn from nature and make the celadons poetic', which is known as " 道法自然，诗意龙泉 " in Chinese. Most of the Longquan wares in this period were misrecognised as Yue ware. When it comes to the Song dynasty, Longquan ware stepped forward and became pre-eminent. The famous top five of Song ceramics showed up in the span of Northern Song. As people in that period preferred to be a literati other than a warrior, the appreciation of ceramics became popular since then. The diplomacy and foreign trade were very strong in Song. The affluent economy conduced to the booming of handcrafts[5]. However, the weakness in military lead to the perish of Northern Song dynasty. Longquan ware took the role of Ru ware and Ding ware when these took a bad turn during the warring period. The famous celeste and plum green glaze showed up in the Song Dynasty as a result of the application of lime-alkali glaze. Due to wars and the change of taste, shape, and design underwent great changes. When the capital moved southward to Hangzhou during the Southern Song Dynasty, the aesthetic taste became more graceful and gentle. The craftsmen tended to make the glaze more elegant rather than focus on the shapes or clay. As a result, the colours of Southern Song Longquan ware became extraordinary while the shapes of the ware fell behind.

Except for the handed down Ge ware people always know, there are Ge ware and Di ware in the history of Longquan ware as well. Zhang Shengyi, as the elder brother, created the special category of Longquan ware called Ge ware while Zhang Shenger, the younger one, created Di ware. Gompertz, Chen Wanli and the well-known book Taoshuo by Zhuyan addressed that the Ge ware could be characterised by its cracks[6]. Ge ware is famous for its well-defined cracks and the cracks make it easily confused with Guan ware. Di ware improves the techniques from both

Southern Song Guan ware and Ge ware and then makes itself well-known to the world. Di ware items are admired for their un-cracked surfaces and extraordinary designs. However, whether Ge ware is one of the 'Top Five Song Wares' remains unknown. Even though it is widely accepted that both Ge ware and Di ware existed in Southern Song dynasty, there are no clear records of them. None of the specialists has claimed any clear kiln sites for Ge ware. Thus, the attribution of Ge ware remains doubtful[7].

The Silk Road appears in the Han period, but people relied more on sea transportation after the late Tang period. The silk road on the sea is also known as the Ceramics Road due to the large amount of ceramics that were exported. Longquan ware was one of the most significant types of exported ceramics. Taking the number of existing Longquan wares from different periods into consideration, the period spanning the Yuan and Ming dynasties is the golden age of Longquan exports. Overall, there were two routines for the export of Longquan celadons during that span. One started from Qingyuan port or Wenzhou port and went to Japan. The other one started from Quanzhou and went to South East Asian countries such as the Philippine, Indonesia, Singapore, and so on and ended in the Islamic region along the coast of the Indian Ocean. Due to the policy benefits and the interference through the use of force in the Yuan period, many Islamic people were forced or attracted to come to this country. The production of celadons was affected by this phenomenon. Absorbing the elements from Islamic culture, the design of Longquan wares became acclimatised to the taste of Islamic people. As a result, the museums in the Middle East, such as Turkey's Topkapi Palace Museum and Iran's Golestan Palace, all have fabulous collections of Longquan wares (interview, 2017-06-19).

However, it was the Mongoloid who ruled the country after Genghis Khan passed the dominion to Kublai. Thus, the celadons produced in this period were affected greatly by the Mongolian culture. The style was heavier and rougher than before. As Ningbo, which was known as Qingyuan in the Yuan period, was a significant port, the Japanese called the Longquan celadons exported from Ningbo the 'Dragon Temple Celadon'. Porcelains in Jingde Zhen started to boom in this period as well. Both Longquan ware and blue and white porcelain used iron and copper in their decoration. It is called stippling in Longquan ware, while in Jingde Zhen it is called underglaze colour (interview, 2017-06-19). It is widely accepted that the Ming Dynasty witnessed the decline of Longquan although it had its renaissance at the beginning, and in the Qing period there were few Longquan kilns in existence. However, some people argue that Longquan did not decline in Ming dynasty from the perspective of raw materials. The scholars analysed the chemical elements inside the sharps from imperial pieces in Hongwu and Yongle era in Ming dynasty as the components of raw materials from different periods were different. Compared to the elements in Southern Song dynasty, the composition of the imperial pieces from Ming was very different while there were more K_2O and TiO_2 and less CaO. But by means of PCA (Principle Component Analysis), the result turned out to be the raw material of civilian and imperial pieces of early Ming were not alike in Hongwu while kept similar in Yongle. However, the component analysis showed the inherited relationship between Hongwu and Yongle periods as there were no obvious changes[8].

2 Kinuta, Tenryuji and Shichikanin Japan

Time witnessed the changes of design in Longquan ware. It was largely exported from China to other parts of the world, the fragments found along the trade routes giving witness to the commercial behaviour of past centuries. These fragments have been found from Central to Southern Asia, and down to the coasts of African countries such as Tanganyika and Kenya. Additionally, unbroken pieces of Longquan wares were preserved along the Silk Road, traversing Asia and the Middle East, and even into Europe. The exporting of Longquan ware to Japan and Korea was recorded in many documents. Indeed, the Japanese have always been the most enthusiastic admirers of this kind of celadon, it being strongly related to the aesthetics and culture of this country. The Japanese scholars divide Longquan celadon into three different classes: Kinuta, Tenryuji, and Shichikan[6].

Kinuta means mallet in Japanese. It refers to the highest class of Longquan ware in Japanese culture. This word was first used to refer to the specific vase owned by a famous tea master called Sen no Rikyū (1591). The vase was given its name due to its special shape, looking just like a mallet. This vase has received the highest praise in Japan and is now preserved in the Bishamondo Temple in Kyoto, although there remain other vases that claim to be the original Kinuta vase. The word "crack" has the same meaning as the sound made by wooden mallets in Japan[6]. The exact origin of the word Kinuta is unclear, but all the potential Kinuta vases shared the same character in that all of them had a graceful bluish-green colour. Gradually, Kinuta is a term that applied to all the Longquan wares that have this kind of pale blue-green colour, regardless of their shapes. This ethereal colour is known as fenqingin China. Kinuta items were usually regarded as made in the Song Dynasty.

Tenryuji was first used as the name of an incense burner. The burners, with embossed peony decorations, are now kept at the temple in Kyoto[6]. According to Dr Spinks[9], these items were shipped to Japan in the fifteenth or sixteenth century. Today,Tenryuji wares refer to the pea-green Longquan wares[10]. This kind of celadon was manufactured from the Yuan to early Ming period and had a unique yellowish-green glaze. Hobson described the colour as fine sea-green. This pale olive-green makes the Tenryuji class of Longquan wares distinct from the other kinds.

The last type is known as Shichikan. Shichikan has undertaken huge changes in colours and tones, a mass of which were. It usually has a watery green colour with a blue hint, while the glaze is almost transparent[6]. Although the Japanese tried to distinguish Longquan wares by their unique characters, the truth is that the condition in the kilns during the manufacturing process was unstable, so it is hard for people to simply group them by one quality. There are also gradations among Kinuta, Tenryuji, and Shichikan that could not be put easily into words.

3 Oriental Aesthetics and Design

Although the concept of aesthetics comes from western culture, there are aesthetic thoughts has been discussed in oriental cultures as well. As part of philosophy, aesthetic reflects people's thoughts and feelings about the surroundings and would influence on the behaviour of design. As Longquan ware is popular especially in China and Japan, the theories and history in these two countries would be discussed as examples of oriental aesthetics.

3.1 Chinese Aesthetics and Longquan Wares in China

"Aesthetic" can be translated into the Chinese term "美" . The character also has the meaning of "beauty", and can be divided into two parts: the upper part is "羊" , meaning "lamb", while the lower part is "大" , meaning "large". A larger lamb was able to feed more people when hunger was the core issue in ancient China. The flavours mean nothing to the famished. Only when people's initial need is satisfied can they appreciate the taste. According to Kant (1724—1804), the experience of aestheticism is separated from knowledge and moral duty [11]. The "larger lamb" enables people to enjoy sensory pleasure, and is fundamental to aesthetic appreciation.

Liu Gangji (b. 1933) considers primitive art and both material and mental production to have been developed in the evolution of the primitive clan society (1995). Entering the slave society, the relationships were tightly bound to blood relationship. The blood relationship became a moral issue as well as part of human dignity during this period. Influenced by this kind of emotional link, ancient aesthetics in China were connected to humanistic ideas and social ethics. Li Zehou holds the view that the consistency of non-separation of aesthetics and ethics distinguishes Chinese aesthetics from Western aesthetics. Ethics and aesthetics, in the terms of Plato, were the good and the beautiful that appeared in Greek culture, but did not persist in the Western world[12]. Chinese aesthetics began to discuss real beauty from an early period. It was thought to exist between men and nature, and between individual and society. People could achieve harmony by appreciating art and beauty. At this point, ancient Chinese thinkers surpassed the western philosophers. Thus, the handcrafters in ancient China were influenced by philosophy, the beauty of items was connected with the moral standard of human.

During the period of slave society, there were changes in the field of aesthetics as well. They were also given motivations during the late slave period and the feudal society. Although the societies were different, the ideology was similar with the huge impact of the long history of the slave society. The impact was so strong that the feudal society continued to insist on ethical relationships. Several new concepts were added to the theories, but the aesthetics at that time were still based on that of the slave period. After the Ming Dynasty, various kinds of orthodoxies appeared and have continued until now. Although ancient Chinese aesthetics are diverse, the different variations have similar compositions, such as the aesthetics generated from Confucianism, Daoism, Chan Buddhism, and so on. Li Zehou claims that the purely chronological introduction of Chinese aesthetics is not suitable. He therefore chooses to catalogue them by their key sub-traditions[12]. Li also argues that the core of ancient Chinese aesthetics is humanism, which comes from Confucianism. Thus, Confucian aesthetics are always the most significant among all the aesthetics, although they were also informed by Daoism and Chan Buddhism.

The development and recession of Longquan in China were influenced by the changes in aesthetics domestically. The effect of Confucian aesthetics, Tao aesthetics, and other theories can be seen in pieces from different periods. Those pieces of celadon reflect the aesthetics of that time. It is quite common in all of those aesthetic theories that cultivated men should be just like the jade. There was an old saying in *The Book of Songs*: "There is our elegant and accomplished prince, As from the knife and the file, as from the chisel and the polisher!"[13]. Although Longquan ware is a kind of celadon, the glaze on its surface makes the item lustrous and somehow transparent especially in the items of Southern Song Dynasty. People consider the character of it is just like jade. The aesthetics of Confucianism were developed by Confucius (B.C.551—B.C.479), who was known as Confucius in the Western world. He was the first to promote the truth of real beauty in China, and he considered that the essence of real beauty is benevolence. Confucius did not advocate asceticism and supported that individuals could fulfil their own desire in an appropriate way. Individuals were able to appreciate the dignity of being human as well as the love among men. Benevolence (ren) is the centrality of his thought.

Confucius claimed that the benevolence was in people's own lives and their social lives, and that individuals should obey the rules. For instance, a man should always love other men and treat others as himself（"仁者爱人"，"己所不欲勿施于人"）. The men referred to here had a class without any doubt. The largest contribution made by Confucius is that he pointed out that art and beauty in social life would provoke the ethical and social satisfaction of individuals and lead to the development of people's spontaneous good behaviour. Confucius had a deep understanding of the social nature of beauty. People could not deny that the aesthetics mirrored the ideal of such a great society and had significant value in the world. Therefore, they became overly conservative for the development of society. Confucius inherited the prototype ideas of Confucianism from the Western Zhou Dynasty, and the theory experienced a long period of development beginning in the Qin Dynasty. Although new ideas were added, the main concept of Confucian aesthetics remained almost the same over time[14]. The Confucian theory asked people to control themselves and think about others more. It is recorded in Confucius's analects "the Book of Rites" that "a gentleman should consider jade as the symbol of his virtue"[15]. Confucius admired jade as he thought that it was equipped with benevolence, which was the most important quality for a man with virtue. The great impact of Confucian aesthetics in Eastern Asian culture contributed to the recognition of Longquan wares.

Unlike the Confucian suggestion to embrace the world, Daoist aesthetics seemed to be the opposite, in that they encouraged forsaking the world. This was first raised by Laozi and improved by Zhuangzi. Zhuangzi later became the representative man of Daoism. The term "Dao" means path, way, or principle in China. Daoism advocated that the way that people would get along well with nature was naturalism and restrained actions. Daoism reflected their deep understanding of purposiveness and the regularity of nature in a philosophical way. They claimed that the objective is not something that can be reached; it is the result of the regulations of nature, and exists within the regularity. Thus, individuals should not deny things that may happen, but should move in synchronicity with the natural laws. Daoists insisted that people could not fulfil themselves when they were not able to harmonise themselves with nature. Nature was dominant in their minds, while they were quite passive in terms of human initiative. The beauty that the Daoist could appreciate ought to have the same free realm as natural regularity does[16]. However, the fact was that human's purposes were always ignored in many conditions. To reach harmony inside, Zhuangzi suggested that people should live a happy-go-lucky lifestyle[14]. Men could relieve themselves from suffering and unhappiness with this attitude, and then their spirit would arrive at the free realm of beauty. In Chinese traditions, Daoism was the first one to combine beauty and art with natural regularity, men's freedom, and purposiveness. The colour of Longquan ware are always blue and green. Blue is the colour of river, lake, and sky and green is the colour of nature and real life. When people look at the pale blue of Longquan, they may feel close to the after-rain sky. When they look at the olive green colour, they may see how the plants grow. The colour of Longquan ware reflects the beauty of nature. Also, the same appreciation of jade that Confucius had appeared in Daoism as well: "Men with virtue would hug jade when in rags"[17]. The jade here is the icon of the good character that people should have. The respect of jade also continues in Daoism to the present day.

Actually, the aesthetics of a certain time period also consist of a number of theories. From this perspective, Longquan wares were affected by several kinds of aesthetics in different centuries. They experienced a long period of production, while it is generally agreed that production reached its peak in the Song Dynasty. It was not until the early Northern Song Dynasty that Longquan celadon found its unique colour of glaze, which appeals to the aesthetics of Song very well.

The aesthetics that were popular in the Song Dynasty distinguished themselves by highlighting the individual's emotional pleasure and leisure in daily life, which is similar to Daoist aesthetics. Aesthetics were the final goal of leisure, in that leisure was the opportunity for the individual to experience aesthetic life. Zhu Xi, who is known as a philosopher and poet in Song, developed the idea of "admiring objects for pleasure" based on the Confucian idea of "play in arts". The ceramics in Song Dynasty shared the similarities of being tender-hearted, restrained, earthy and emphasizing on inner peace. The single colour ceramics were well-developed due to these similarities. The concept of "pleasure" also came from Zhuangzi, and was generated from Daoism. People in Song tended to embody art and beauty in every aspect of daily life. It focused on the internal concepts such as the philosophical attitude towards life, rather than the natural and social external images in the Tang Dynasty. The items used in this period had different styles, as individuals cared more about their inner peace; for instance, the potteries such as Longquan wares were more elegant than before. The aesthetics asked for simple shapes and refined colour items, which is quite similar to minimalism today. The craftsmen who made Longquan celadons in Song focused on the proportion, size, colour and lustre and the shape of the items. The production of Longquan celadons was a procedure of deliberating it over and over. The tea ceremony was even more welcomed in this period than in Tang by the literati, as a way to experience a leisurely life. There were tea competitions in the Song Dynasty as a part of people's daily life. The tea competitions contributed greatly to the flourisher of Longquan celadons as the tea master in Tang.

Lu Yu considered the tea cups of Longquan celadons to be the best for the tea[1]. People could find tranquillity in the celadons. The aesthetics generated from Confucianism, Daoism, tea ceremony had a huge influence on the entire aesthetics in Song Dynasty.

3.2 Japanese Aesthetics and Longquan Ware

Longquan celadon is very popular in Eastern Asia, especially in Japan. Despite the historical issues, the aesthetics in Japan also contribute to this phenomenon. As Chan is an essential part of Chinese culture, the art works purely inspired by Chan Buddhism are rarely found in China. Most of them are found in Japan. Chan Buddhism, together with wabi-sabi, mono no aware and ma, are the most influential aesthetics in Japan. Japanese aesthetics are unique, as they are totally different from the "non-Japanese" tradition, especially Western ones. Generated from the Heian era, from 794 to 1185, Japanese aesthetics were influenced by the aesthetics from China, India, and Korea[18]. Andrijauskas argues that the philosophical theories such as Confucianism, Daoism, Tantrism, and Chan Buddhism enriched Japanese aesthetics with new ideas, but Shinto, which focused on the power of nature and natural beauty, remained the most influential theory on Japanese aesthetics in this period[19]. Japanese culture shared the same philosophy fundaments with Chinese culture, thus it is reasonable that items popular in China, especially in Tang and Song Dynasty, were praised in Japan, too.

Wabi-sabi, together with mono no aware and ma, was developed with the high appraisal of understated beauty. Wabi-sabi admired the desolate sublimity, which could only be observed from the view of observers themselves. This kind of aesthetics argues that there is strong power inside the raw appearance. It further developed the idea of Zhuangzi that men should accept and admire nature. Mono no aware literally means "the pathos of things". It claims that every object contains emotional feelings. Understanding and appreciating these feelings was the essential part of the aesthetic life in the Heian era. However, the emotional qualities change when the environment changes. They are not the same in every condition. Thus, individuals ought to adapt to the situation and feel the emotional qualities carefully. They must remember every second of the falling leaves to acquire that kind of joy, as the beauty lies in every moment and the whole experience. Thus, mono no aware requires the close view of the object and its surroundings. Japanese people prefer to decorate their room very carefully. Longquan ware is usually one of their choices. This ware would reflect the beauty of nature and provide the feeling of silence.

Ma explores the beauty hidden in emptiness and tranquillity. It can neither be seen nor touched, nor be described. Just as mono no ware cannot be captured in a certain moment, the beauty of ma exceeds the boundary of culture and space. It lies in the environment, but people cannot see its presence. They can only experience the power in the surroundings. Notable aesthetics in the Heian era concentrated on the beauty in nature and asked for people's sense of their environment. After this era, Chan Buddhism entered Japan in the 13th century. It is the same period in which Longquan celadons were imported into the country. In the aesthetics of Chan Buddhism, wabi-sabi and mono no aware also played an important role. Hammitzsch argues that while wabi-sabi emphasises the figurative beauty and the beauty of sadness inside objects, Chan shaped it as the beauty that was originally inside the object so that people should have more self-awareness in response to it[20]. In addition, Hammitzsch defines sabi as "the absence of obvious beauty"[20]. With the accomplishment of aesthetics, Chan Buddhism shifted Japanese aesthetics from the cultural refinement in the Heian era to a simpler beauty with more natural and raw elements.

This piece of Longquan celadon in Figure 1 was produced in the Southern Song Dynasty, around the 13th century (also considered the Kamakura period in Japan). The provenance written by ItōTōgai (1670—1738), a famous scholar in the 18th century, was kept in the box together with this tea bowl. First owned by Taira no Shigemori (1138–79), it was then possessed by his father, Kiyomori. The tea bowl was broken 300 years later, sometime during 1436 and 1490, while it was part of Yoshimasa's (1436–90) collection. It was then returned to China to be fixed. However, the secret of how to create a Longquan celadon of such quality had been lost and they could not reproduce such a tea bowl. As a result, the tea bowl was restored using metal staples, which were inserted carefully along its cracks, resulting in its name of "Bakōhan"[21].

Figure 1 ***Bakōhan*, or *"Horse Locust Staples"* Tea Bowl, one of the best national treasures in Japan, now stored in the Tokyo National Museum**

The special colour of the Longquan is bluish-plum, which corresponds well with the golden colour of the metal. The symbolic value of *Bakōhanwas* increased greatly after restoration. Its beauty appealed to Yoshisama, and his preference for this Chinese porcelain made it even more significant than its unique appearance. Also, the restoration treatment of this fragile work ensured it would be preserved for longer than it ought to have been.

There were Japanese Buddhists who travelled to China in the Tang and Song Dynasty. The

Longquan celadon items in Japan were often designed for burning incense and tea ceremony. These Buddhists were affected by the culture such as tea competition during that time. Thus, the tea ceremony was praised by the Japanese culture. The preference of the Japanese people for tranquillity and simple and natural aesthetics would be fully reflected in the tea ceremony. The Longquan celadons were often used in the tea ceremony not only as tea cups, but also for decoration. It aligned with the Japanese's preference for a whole experience. In addition, the moral dimension in Japanese aesthetics asked for respecting the inner quality of objects and honouring the needs of every individual[22]. For example, the hosts of the tea ceremony tended to use a rustic tea bowl when drinking Matcha in autumn, and the designs and decorations in the environment all needed to correspond to nature. Further, the respect to others' needs promoted the other-regarding attitude to materials and individuals in Japan. With the honour given to the tea itself, Japanese would choose the most suitable tea cups. Lu Yu, the tea saint in the Tang Dynasty in China, appreciated celadon as the best for the tea ceremony. Compared to silver-like quality of Xin ware, celadon is more like jade. Xin ware is also like snow, while celadon resembles ice. The most important component, the tea, would become red when in Xin ware while green in celadons[1]. Longquan wares were the most significant kind of celadons due to their outstanding quality. The simple design, elegant colour, and glaze all appealed to the aesthetics in Japan.

4 Discussion

The aesthetic preferences in Japan was great impact by Chinese culture. The similar culture base of China and Japan makes the same popularity of Longquan ware. Aesthetics is an essential part of philosophy while philosophy is the soul of a culture. It may impact on people's tastes and preferences, thus effect the market. People tend to buy the things that meet with their tastes. The colour of Longquan ware shows the beauty of nature and provide a silent environment. The items are designed for tea ceremony and burn incense. They meet with the philosophy in both China and Japan. When handicraft industry is easily influenced by aesthetics, researching on the cultural relics would help people learn more about how do they live and what do they think about.

(Dai Yijun, Ph D student, school of Design, Shanghai Jiao Tong University)

Reference

［1］　Ye Y. The Memoir of Longquan Ware［M］. Beijing: The Chinese Overseas Publishing House, 2017.

［2］　Chen W. The Simple History of Chinese Celadons［M］. Beijing: The Chinese People's Publishing House, 1956.

［3］　Zhu B. The History of Longquan Ware［M］. Beijing: The Forbidden City Publishing House, 1990.

［4］　Meitoku K. Chronology of Longquan Wares of the Song and Yuan Periods. In: Ho C, ed., New Light on Chinese Yue and Longquan Wares［M］. Hong Kong: Centre of Asian Studies, University of Hong Kong, 1994.

［5］　Kang J. Ceramics in Northern Song Dynasty: the peak of Chinese ceramics［N］. Daily Kaifeng, 2016-08-03.

［6］　Gompertz G M. Chinese Celadon Wares［M］. London: Faber & Faber, 1980.

［7］　Koyama F. The Story of Old Chinese Ceramics［M］. Tokyo: Mayuyama& Co, 1949.

［8］　Li L N A, et al. Elemental characterization by edxrf of Imperial Longquan celadon porcelain excavated from Fengdongyan Kiln, Dayao County［J］. Archaeometry, 2015, 57(6): 966-976.

［9］　Spinks C N. Siam and the pottery trade of Asia［J］. Journal of the Siam Society, 1956, 44 (2): 91.

［10］　Hobson R L. (1915) Chinese Pottery and Porcelain［M］. London: Cassell and Company Limited, 1915.

［11］　Kant I. The Critique of Judgement.［EB/OL］.［2017-12-14］.https://monoskop.org/images/7/77/Kant_Immanuel_Critique_of_Judgment_1987.pdf .

［12］　Li Z, Samei M. The Chinese Aesthetic Tradition［M］. Hawaii: University of Hawaii Press, 2009.

［13］　Jennings W. The Shi Jing: "Poetry Classic" of the Chinese［M］. London: G. Routledge and Sons, Ltd, 1891.

［14］　Liu G. Ancient Chinese Aesthetics［C］// Zhu L, Blocker G, ed. Contemporary Chinese Aesthetics. Peter Lang Publishing Inc., 1995: 179-188.

［15］　Sun X. The Book of Rites［M］. Beijing: Zhonghua Book Company, 1989.

［16］　Fang Y. Zhuang Zi［M］. Beijing: Zhonghua Book Company, 2015.

［17］　Tang Z, Wang Z. Lao Zi［M］. Beijing: Zhonghua Book Company, 2014.

［18］　Prusinski L. Wabi-sabi, Mono no aware, and Ma: Tracing traditional Japanese aesthetics through Japanese history［J］. Studies on Asia, 2012, 25(1): 25-49.

［19］　Andrijauskas A. Specific features of traditional Japanese medieval aesthetics［J］. Dialogue and Universalism, 2003, 13 (1/2): 199.

［20］　Hammitzsch H. Zen in the Art of the Tea Ceremony［M］. New York: St. Martin's Press/NY, 1980.

［21］ Rousmaniere N C, Rousmaniere N. Vessels of Influence: China and Porcelain in Medieval and Early Modern Japan ［M］. London: Gerald Duckworth & Co, 2007.

［22］ Saito Y. The moral dimension of Japanese aesthetics ［J］. Journal of Aesthetics and Art Criticism, 2007, 65（1）: 85–97.

How Gamification Design Influences Motivation for Eco-behaviour during Tourism in Multicultural Malaysia: Development of Model and Hypotheses

Amalia Rosmadi, Siti Salmi Jamali, Zhou Wuzhong

Abstract: Eco-behaviour or environmentally responsible behaviour during tourism is vital to reduce the negative environmental impact of the global tourism industry. With this intention, in the hope that intervention technology such as gamification which is the use of game design elements in non-game contexts is proposed in tackling this issue. In many areas, gamification has been used as a motivational pull in achieving desired goals/behaviour. These qualities relate to the initiators of motivation, purpose, autonomy, and mastery. Therefore, the capabilities of game in causing a change in human behaviour go beyond its intended purpose of fun. As people are familiar with the usage of technology, infusing gamification to improve motivation for eco-behaviour may reap favourable results. Yet there has been lacking research in the effectiveness of gamification and the model to understand the influences. For that reason, this paper presents the development of gamification for eco-behaviour model deriving from the Norm Activation Theory in predicting eco-behaviour. It also recognises the cultural background as a possible moderating variable that could influence the effect of gamification design towards the desired outcome. This paper arrived at the possible proposed model to understand how gamification design elements and cultural background might influence in fostering tourists' motivation of eco-behaviour of the diverse multicultural Malaysia.

Key words: gamification; eco-behaviour; NAM-TPB; culture; Malaysia

1 Introduction

Being one of the world's largest industries by benefiting both economy and society, tourism comes at a high environmental cost. For a long-term growth and the prosperity of the global community and tourism industry, tourism must become more environmentally friendly. This can be achieved either by increasing sustainable tourism supply or by fostering tourists' eco-behaviour[1]. Since technological and regulatory solutions on the supply side appear to be insufficient[2], the focus has therefore shifted to fostering tourist eco-behaviour instead[3].

Eco-behaviour during tourism is vital to reduce the negative environmental impact of the global tourism industry. According to Ref. [4], tourists' eco-behaviour can be either coincidental or intentional. Coincidental behaviour occurs for reasons other than being eco-friendly (for example, taking motorbike is cheaper). Intentional eco-behaviour is undertaken with the purpose of minimizing negative environmental impacts. This study recognizes 'eco-behaviour' to carry the meaning of environmentally responsible behaviour or pro-environmental behaviour specifically by minimizing consumption during tourism visit. This study focuses on fostering intentional eco-behaviour, as there is little evidence of intended eco-behaviour occurring during tourism[4].

Fostering tourists' motivation towards eco-behaviour through technological (or technological-related mechanics) intervention face many obstacles due to many factors that might influence as been suggested by Ref. [5] where "different kinds of environmentally significant behaviour have different causes", therefore generalized interventions developed to change behaviour would fail to trigger some of the desired behaviours. For example, recycling and saving energy may be driven by knowledge and attitude, but choice of transport mode may be determined by time and cost. Consequently, interventions designed to encourage tourists behaving in a more environmentally friendly way need to be specific to the behaviour targeted for modification.

The current evolution in technology, especially with the arrival of handheld devices, has seen the epic rise of interaction with games where games are no longer a strange occurrence. Instead of some, it has become a daily routine and addictive part of their lives. A study by Ref. [6] explores how multiplayer adventure games such as World of Warcraft, reproduce the seamless environment for human performance where the player sets out on a journey, with complete controls over movements and is equipped with important items to be adept with the required skills. These qualities relate precisely to the essential precursors of motivation which is purpose, autonomy and mastery. This further contends that updating real world social structures to copy those of adventure games will enhance profitability and ability to take care of issues faced worldwide. From that, undeniably that game has the capabilities in causing a change in human lives go beyond its intended purpose of fun. Therefore, in this study, we are proposing gamification design as an intervention mechanic. Gamification is the "use of game design elements in non-game contexts"[7]. In many areas, gamification has been used as a motivational pull in achieving desired goals/behaviour. As people are familiar with the usage of technology, infusing gamification to improve motivation for eco-behaviour may reap favourable results. Yet there has been lacking research in the effectiveness of gamification and the model to understand the influences.

Another factor to be considered is the cultural background of the user. Many existing studies often neglected that cultural background might influence the effectiveness of the applied intervention. Furthermore, since Malaysia is a multicultural country, it is important in understanding how cultural background will affect the applied intervention. Therefore, in this paper we propose possible model to understand how gamification design elements and cultural background might influence in fostering tourists' eco-behaviour of the diverse multicultural Malaysia.

Findings are an added value to the tourism industry for the development of interventions using gamification design in encouraging specific tourists' eco-behaviours for specific culture context. As a result, it will successfully encouraging tourists to behave in a more environmentally friendly way will supplement supply-side measures and contribute to an environmentally sustainable tourism industry.

2 Literature Review

2.1 Environmental Impacts of Tourism and Tourist Eco-behaviour

Tourism impacted several negative consequences to physical (land, water, air), biological (flora, fauna) and non-material (value) components of the environment[8]. Damage occurs as a result of tourists' activities or their direct use of natural resources, such as drinking water. Most studies find water, land, air, flora and fauna to be negatively affected by the tourism which resulting from either use or pollution. Damage to ecosystem includes disturbance of wildlife, trampling of vegetation, depletion of species through picking (for example corals, shells) and the invasion of foreign species. Many existing studies highlighted the environmental impact from tourism resulting from the use of a particular tourism infrastructure or the direct environmental impact of specific behaviour. Reference [9] provide quantitative indicators of tourisms' contribution to climate change, land use and alteration while Ref. [10] quantifies tourisms' contribution to climate change / global warming, land alteration, damage to ecosystems and damage to fauna and flora. Many other studies acknowledge specific environmental impacts of various tourist activities but do not provide specific quantitative assessment of the environmental impacts. To date, there is limited evidence exists about the actual environmental impact of tourism and the contribution of specific types of tourist behaviour. However, it is forecasted that "current resource use will double within 25–45 years"[8], and that tourists can play a major role in reduction of the use and damage to natural resources[4]. However it has to be done through the right intervention. It is commonly discussed that the current state of degradation to the environment is predominantly due to lack of appropriate human behaviour[11]. Therefore, reducing tourists' negative environmental impacts are critically needed.

There are many ways in minimizing negative environmental impacts. Tourists can keep their environmental footprint low by using sustainable tourism providers, visiting sustainable tourist destinations or supporting government regulations aimed at restricting damaging tourism practices. Yet, across all types of tourism, engagement in eco-behaviour drops when people go on tourism visit[4] and their consumption in overall is higher than their usual daily life. These are behaviours which can be changed through effective interventions.

2.2　Theoretical Underpinnings of Tourists' Eco-behaviour

Several theories can serve as the basis for the study of tourists' eco-behaviour such as the Theory of Planned Behaviour[12], The Value-Belief Norm, Theory of Environmentalism[13], Norm Activation Model[14] and the Theory of Environmentally Significant Behaviour[5]. While none of these theories fully explain on eco-behaviour, they do explain various aspects[15]. Reference[5] even argues that it may not be useful to look for a general theory of eco-behaviour because the motivation of behaviour varies greatly with the behaviour, the actor and the context. The following section discussed the relevant and potential theories to be considered in the development of the proposed model for the understanding of the intervention effect on tourists' eco-behaviour.

2.2.1　Theory of Planned Behaviour

Theory of Planned Behaviour (TPB) by[16] is the renowned theory that links the belief and behaviour. Theoretically it reflects the behaviour which exert the self-control. In most gamification studies, it is to be said that one of the new approaches in impacting the user's behaviours[17]. TPB explains the best predictor in behaviour is the intention to perform the behaviour. This intention is controlled by the behavioural beliefs in attitude towards the behaviour. Moreover, the intention holds the control beliefs, especially on how to perceive the behavioural control. Empirical studies in tourism that use the theory of planned behaviour to investigate tourists' eco-behaviour primarily focus on associations between tourists' pro environmental attitudes, subjective norms and behavioural intentions. Environmental attitudes, subjective norms and perceived behavioural control are positively associated with intentions. Moreover, perceived behavioural control measured as availability of opportunities for behaviour predicts tourist recycling, use of sustainable transport, food purchasing and energy saving behaviour[1]. Several attitudinal beliefs (as an example, individual's love for the environment) predicts the energy-saving behaviour and eco purchasing behaviour of tourists[1]. An important observation from the past research is that they mainly measured the controllability dimension of perceived behavioural control — but hardly the role of efficacy by using the theory of planned behaviour in the context of tourists' eco-behaviour. There is clear difference existed between the two dimensions[18]. Controllability is "the extent to which the behaviour is up to the individual"[19], while efficacy is the belief about "the ease or difficulty of performing behaviour"[19]. Both dimensions should be measured[19] because different types of interventions are required to achieve behavioural change. Findings about the detailed functioning of social norms are inconsistent. Some studies report descriptive social norms as the key motivators for energy-saving behaviour[20-21], while others suggest that descriptive norms must be accompanied with injunctive norms to motivate the same behaviour[22]. Despite of all positive results and validated theory in many studies to predict and explain a broad scope of public health behaviours, however, it's still setting in its incapacity to ponder environmental and economic influences[23]. Thus, in this study, some constructs will be appended to this TPB theory to get it more integrated and effective[24] over the environmental issue; constructs from Norm Activation Model theory is offered in this research.

2.2.2 Norm Activation Model & Altruistic Model

Norm Activation Model (NAM) proposed by Ref. [14] deriving from his altruistic- behaviour model. In the theoretical frame of NAM, personal norm represents the moral result of individuals on behaviour and decisions, determines whether individual makes moral judgments on altruistic behaviours, and further affects the final behaviour of individual.

Two key components in Schwartz's altruistic-behaviour model are the awareness of consequences (AC) and the ascription of responsibility (AR). Reference [25] defined awareness of consequences as "a disposition to become aware of the potential consequences of one's acts for the welfare of others during the decision-making process". Schwartz defined AR as an individual's attribution of responsibility to the self in the decision-making process, which eventually influences the individual's overt actions[14, 26-27].

Personal norm (PN) is initiated by individual perception about the possible consequences of behaviour that might do harm to society and attribution of responsibility about bad consequences. Therefore, personal norm, awareness of consequence and the ascription of responsibility are three major elements of NAM, which constitute the basic theoretical model, as shown in the table 1.

Table 1　Elements of NAM

Variable Name	Definition
Personal Norm	Could drive tourist to carry out or avoid the moral norms of specific behaviour
Awareness of Consequences	The awareness about the influence of own behaviours on the environment
Ascription of Responsibility	The sense of responsibility of bad consequences that have negative effect on environment because of personal behaviour

NAM has been used to explain eco-behaviour and its prediction effect has been recognized in numerous studies, but there are different opinions about the major components of the model, and it can be concluded as three types below: Awareness of consequences (AC) and ascription of responsibility (AR) have been regarded as the moderating variable that is used to regulate the influence of behaviour decision. In this opinion, it is believed that personal regulation has objective influence on behaviour decision, but the consequence perception and attribution of responsibility are not taken as the starting condition for personal moral rules; instead, they are regarded as the moderating variable that could affect the influence degree of personal norms on behaviour decision. The mutual influences among latent variables can be found in Figure 1(a). Awareness of consequences (AC), ascription of responsibility (AR) and personal norms (PN) and behaviour decisions have been regarded as distant intermediary model that affect behaviour decisions (behaviour decision is similar to 'intention' in TPB). This opinion affirms the intermediary effect of personal norms on the attribution of responsibility and behaviour decision influence. Meanwhile, it is believed that the awareness of consequences will have direct influence of personal norms and will affect behaviour decision indirectly. The mutual influences of latent variables are demonstrated in Figure 1(b). Awareness of consequences and ascription of responsibility are the theoretical models for the influence factors of personal norms. In this opinion, the negative consequences of behaviour and attribution of responsibility are starting conditions for the regulation of personal moral rules. Besides, the consequence awareness of personal norms and attribution of responsibility are regarded as the attribution of responsibility that affects behaviour decision indirectly. The mutual influences among latent variables are shown in Figure 1(c). Based on previous studies on NAM, it can be found that personal norms have direct effects on behaviour decisions. However, researchers have different opinions about the relation of AC, AR and PN. NAM has been improved and modified in Figure 1(d). It is obvious that PN has better result with the existence of AR as the mediator and leads a promising behaviour as a whole.

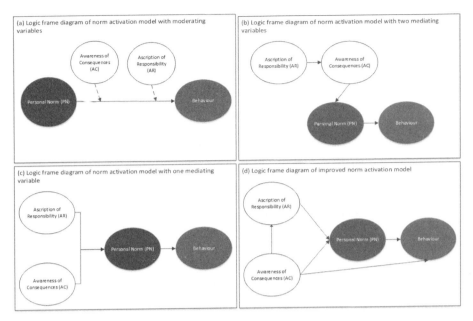

Figure 1 Logic frame diagram – Development of NAM

With the evolution of NAM's transformation, a hybrid between TPB and NAM is built for this research.

2.2.3 Cultural Background

Culture can be an important predictor of human behaviour, including eco-behaviour. For example, in Ajzen's theory of planned behaviour, culture, race/ethnicity are the background factors in predicting behaviour. Therefore, this research is focusing on multicultural factor of Malaysian context, which is an ideal environment since gamification is targeted to reach the mass. To extend, Malaysia has multicultural cultural identities which made up by different types of ethnic groups, it includes, Malay, Chinese, Indian and Native. Due to this multicultural society, motivation in certain cases might be various. With this in mind, with the hope of gamification design capacity units and influence everyone towards one objective for instance eco-behaviour. Thus, this research is suggested to gauge how gamification can stimulate the motivation in a multicultural society particularly in nurturing eco-behaviour during tourism.

2.3 Gamification Design as Possible Intervention Mechanics

2.3.1 Definition

The term "gamification" traced back in 2004 by Nick Pelling in his Conundra consulting company to make his product more profitable. Nowadays, the popular definition of gamification is by Ref. [7] which is the "use of game design elements in non-game contexts" Gamification is used to change behaviour, to educate, or to motivate. Many corporate gamification systems utilized only the very thin layer of a game experience to engage people through points, levels, leader boards, achievements, and badges. This type of reward-based gamification system has become common, almost to the point of being expected, in new social media and information-based applications. Reward-based systems can be appropriate to engage people in short-term activities or to teach people valuable skills. For long-term use however, there are some significant concerns about reward-based gamification; for instance, does same reward keep users attached to the system for a long duration without getting bored. Another issue under discussion is on the engagement factor existence if the reward system is discontinued. Reference[28] discussed the differences of the implementation of gamification:

（1）Gamification tries to create the game experiences as if user is playing a video game, as opposed to offering "immediate hedonic experiences by method for example through audio visual content or economic incentives as seen in loyalty marketing"[29].

（2）Gamification attempts to "influence motivations as opposed to demeanour and/or behaviour specifically, as is the situation in convincing innovations"[28, 30].

（3）Gamification refers to the presence of gamefulness "to existing systems as opposed to creating an entirely new game as carried out with serious games"[7, 29].

Based on the existing research, gamification is a process that needs to be properly planned and implemented and systematically for a longer time frame. It cannot be assumed that results through gamification are an immediate success. Gamification can create a state of flow in a person individual that enables or pushes one to be in the zone to carry out certain tasks. Having said that, the aspects of mastery, will only exist if the users are immersed in the gamified system and willing to repeat the tasks given. It also aimed at helping users to satisfy their intrinsic need of competence by completing series of tasks or collecting virtual achievement[31]. The individual will continue carrying out the tasks until they have achieved the intended goal that allows them to feel complete or satisfied. Feedback affordances aimed at informing users of their progress and the rewards for interaction and continued use which are proportional to the amount of effort invested[33]. By having purpose, users identify a meaningful goal that will be achieved by using the system which in turns benefiting themselves or others[31]. This could be done through the system by providing information and opportunities for reflection towards self-improvement and to others. They elements to engagement and motivation where the user is not forced, but are induced. Besides that, it is concluded that gamification can foster motivations on an individual via the game mechanics; but not the behaviour itself directly. Thus gamification creates the extra push in achieving the desired motivation, however it cannot do wonders by completely changing the way a person is or how they will behave.

2.3.2 Existing Application in Tourism Related to Eco-behaviour

Despite all the theoretical explanations and assumptions made by researchers about the benefits of gamification, but when it came to implementation in real life, there has been contrasting results. Therefore, a comparative analysis has been done in the field of gamification in tourism was relooked to identify the potential and challenges on gamification in the area. Based on the several literature on gamification, there are some elements bases in the implementation of gamification in learning. Table 2 is the summary of the analyses.

Table 2 Analysis of the relevant application of gamification

Research	Purpose	Analysis Review
Use of Augmented Reality and Gamification techniques in tourism[32]	The implementation of Augmented Reality (AR) and Gamification techniques for ludic and educational content for specific tourism site	In this article, the authors present the most outstanding examples of Augmented Reality application focused on tourism, as well as their own Augmented Reality application NosfeRAtu. The application creates a virtual tour in the Orava Castle (Slovakia), where the users are accompanied by a virtual character based on a film personage Nosferatu. During the game, the users discover and learn about the marvellous places and a history of the castle as they complete the different quests
Factors Affecting the Adoption of Gamified Smart Tourism Applications: An Integrative Approach[35]	This study empirically investigated what factors affect the adoption of smart tourism applications that incorporate game elements, using the Google Maps tourist guide program	This study empirically investigated what factors affect the adoption of smart tourism applications that incorporate game elements, using the Google Maps tourist guide program. As an initial approach, we incorporated diverse theoretical approaches: perceived usefulness; perceived ease. The results of this study show that individuals regard a GSTA as a low-level game tool. The importance in pre-occupy the smart tourism application market was noted in the study. In terms of marketing strategy, because the network effect is relevant to both perceived usefulness and perceived enjoyment. It also found that the need to provide personal information would negatively affect the adoption of a smart gamified tourism application

Research	Purpose	Analysis Review
Gamification approach to smartphone-app-based mobility management[36]	This study develops smartphone-app-based mobility management (MM) using gamification to change behaviour of participants towards sustainable transportation	Although it is not in the tourism field, it is somewhat related in terms of implementation gamification in the sustainable transportation. It tries to change the tourists' attitudes and behaviour to reduce the car use and it is an effective travel demand management. The study found the developed gamified application is effective for people who do not usually walk much. The app was effective especially for people with high competitive spirit. Using smartphone-app as a tool of MM has merit to decrease the burden of participants and surveyor–proving that additional function of the game will be effective in the future of MM
Gaming for Earth: Serious games and gamification to engage consumers in pro-environmental behaviour for energy efficiency[35]	Systematic review to provide an overview of serious games and gamification to engage individuals in pro-environmental behaviour for energy efficiency	Results showed that serious games and gamification have been used in three different areas related to energy efficiency: environmental education, consumption awareness, and pro-environmental behaviour. This review also showed that applied gaming interventions can be used in more than one of these three areas (comprehensive interventions). The main observation to be drawn from this review is that both serious games and gamification can foster energy-saving behaviour and vary widely in terms of type of games and of features that might be appealing and motivating
Designing a game based on persuasive technology to promote pro-environmental behaviour (PEB) [11]	To explore the use of persuasive technologies where behaviour-oriented design techniques are employed to change behaviour of users through persuasion and social influence. It also proposes an approach for designing persuasive technologies for stoking pro-environmental behaviour and initiating waste segregation at source	The results of the first-response experiment revealed the influence of persuasive game in the intent creation for waste segregation behaviour. It suggests that when playing prosocial games, there is an increase in prosocial thoughts, and a promotion of helping behaviour, which transfer beyond the gaming environment and can be sustained. The emotional immersion and total concentration that come with playing a compelling game represents a uniquely powerful environment for introducing new behaviour and habits

Continued

Research	Purpose	Analysis Review
Serious game and the gamification of tourism[36]	To conceptualise gamification in tourism by examining gaming in general terms and the application of it in specific tourism field	Application of gamification in specific tourism field is still scarce thus the researchers suggesting a thorough study on the design process of gamification in tourism based on the nature of the tourist and the successful implication of useful gaming elements in different sectors in tourism

3 Research Model Development

To find the influencing effect of gamification design on the motivation for eco-behaviour in a multicultural nation, the Norm Activation Model (NAM) and Theory of Planned Behaviour (TPB) will be calibrated and used.From the discussion above, a propose model has been developed which could help achieve the desired outcome.

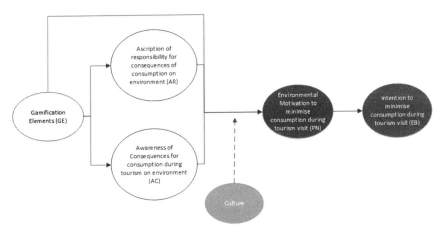

Figure 2   The proposed Gamification on eco-behaviour model

In this research context, based on Figure 2, gamification elements consist of purpose, relatedness and feedback elements which will be tested incorporating with AR and AC for intention towards eco-behaviour in tourism environment.

Game or game mechanic is used for many purposes, for instance, training, learning, health, psychology, entertainment and etcetera. The 'Purpose' in the proposed model is segregated by gifting, knowledge sharing and altruistic purpose. With a solid intention, objective of the game design is significantly focused. It fosters the user to demonstrate and influence the behaviour as will affect their duty for the prophecy consequences, especially in backing up the eco-behaviour, particularly if altruism is being put up as reward in relation to the eco-behaviour for tourism. While, knowledge sharing can be collaborative or competitive actions. However, both are frequently having an end-goal or win the state. Owing to the motivation of eco-behaviour during tourism is looked as a dynamic metric to reach the important knowledge about environmental issue and how they would react based on their exposure in any gamification settings. Important to realize, from points, scores, life spares, badges, leaderboard, timers and many more, are considered as a well-designed gamification application. It falls under 'Feedback', whereby its response and answering the question for the game environment. In rationale to this model, how it can be realised from the score which will be obtained by the users eventually will result either bad or good consequences at the end of the game.

Altogether, culture will be moderating determinant as to determine if the culture would affect and give significant contribution in how gamification can influence motivation towards eco-behaviour intention. With all things considered above, therefore, the corresponding research questions and hypotheses alternative are proposed in this paper as follows:

Research Question:

RQ1: How do gamification elements influence the awareness of consequences and the ascription of responsibility that predict personal norms concerning motivation to minimise consumption during tourism?

RQ2: How do personal norms predict motivation to minimise consumption during tourism?

RQ3: Does culture have moderated effect to influence the desired motivation?

RQ4: Do the dimensions and antecedents fit the model of gamification design influences motivation for eco-behaviour during tourism in multicultural Malaysia?

Hypothesis:

H1: The gamification for eco-behaviour model significantly predicts the motivation to minimise consumption during tourism.

H2: Gamification elements have significant influence on the awareness of consequences that foster environmental motivation to minimise consumption during tourism.

H3: Gamification elements has significant influence on the ascription of responsibilities that foster environmental motivation to minimise consumption during tourism.

H4: Culture has significant interaction effect to influence on the ascription of responsibilities that foster environmental motivation to minimise consumption during tourism.

H5: The dimensions fit the model of gamification design influences motivation for eco-behaviour during tourism in multicultural Malaysia?

4 Methodology

In order to suggest and propose an appropriate gamification for eco-behaviour model in tourism environment, Structural Equation Modelling (SEM) will be used. SEM is to observe the inter-relationships among variables in a model. Once the model's parameters in the proposed framework have been analyzed, a cross-sectional statistical modelling technique for the framework will be confirmed in terms of modelling fitness. This model fitness will be used in AMOS software, it has five refinement model validation steps: 1) model specification, 2) model identification, 3) model estimation, 4) model testing, 5) model modification. These steps are designed to obtain a fit for the model according to all the dimensions proposed earlier for the tourism environment. The proposed model will be thoroughly tested for suitability in tackling different issues for eco-behaviour in a tourism context.

5 Conclusion

This paper proposed a model to examine the effect of using gamification design on NAM and TPB in shaping tourists' eco-behaviour in the multicultural context of Malaysia. It is anticipated that the implementation of gamification design could foster the motivation of tourists' eco-behaviour during their tourism visit.

In a nutshell, the power to offer a steady "state" awareness of the user's behaviour is one of the primary objectives in eco-behaviour in gamification design pillars. Through gamification elements, a model is proposed to elevate the motivation and influence the intention towards eco-behaviour in environmental atmosphere. With the suggested model, research findings will assist practitioners, academia and policy makers better in initiating the gamification elements to stimulate the motivation particularly in reducing negative environmental impact through eco-behaviour within tourism field.

(Amalia Rosmadi, International Centre for Innovation and Design, School of Design, Shanghai Jiao Tong University; Siti Salmi Jamali (Ph.D.), School of Creative Industry, Management and Performing Arts, Universiti Utara Malaysia; Zhou Wuzhong(Ph.D.), International Centre for Innovation and Design, School of Design, Shanghai Jiao Tong University)

References

［1］ Miller D, Merrilees B, Coghlan A. Sustainable urban tourism: understanding and developing visitor pro-environmental behaviours ［J］. Journal of Sustainable Tourism, 2015, 23(1), 26–46.

［2］ Gössling S, Hall C M, Peeters P, et al. The future of tourism: Can tourism growth and climate policy be reconciled? A mitigation perspective ［J］. Tourism Recreation Research, 2010, 35(2): 119–130.

［3］ Budeanu A, Miller G, Moscardo G, et al. Special Volume: Sustainable Tourism: Progress, Challenges and Opportunities ［J］. Journal of Cleaner Production, No. Part B, 2016, 111:285–540.

［4］ Juvan E, Dolnicar S. Drivers of pro-environmental tourist behaviours are not universal ［J］. Journal of Cleaner Production 2017, 166(10) : 879–890.

［5］ Stern P. Toward a Coherent Theory of Environmentally Significant Behavior ［J］. Journal of Social Issues, 2000, 56(3) : 407–424.

［6］ McGonigal J E. Gaming can make a better world ［EB/OL］. ［2017–10–12］. http://www.ted.com/talks/jane_mcgonigal_gaming_can_make_a_better_world.html.

［7］ Deterding S, Dixon D, Khaled R, et al. From Game Design Elements to Gamefulness: Defining " Gamification ." ［C］//In MindTrek '11 Proceedings of the 15th International Academic MindTrek Conference: Envisioning Future Media Environments, 2011.

［8］ Gössling S, Peeters P. Assessing tourism's global environmental impact 1900–2050 ［J］. Journal of Sustainable Tourism, 2015, 23(5):1–21.

［9］ Gössling S. Tourism, information technologies and sustainability: An exploratory review ［J］. Journal of Sustainable Tourism, 2016, 25(7).

［10］ Oklevik O, Gössling S, Hall C M, et al. Overtourism, optimisation, and destination performance indicators: a case study of activities in Fjord Norway ［J］. Journal of Sustainable Tourism 2019, 27(12) : 1804–1824.

［11］ Bardhan R, Bahuman C, Pathan I, et al. Designing a game based persuasive technology to promote pro-environmental behaviour (PEB) ［C］// IEEE Region 10 Humanitarian Technology Conference, R10–HTC 2015 – Co–Located with 8th International Conference on Humanoid, Nanotechnology, Information Technology, Communication and Control, Environment and Management, HNICEM 2015.

［12］ Ajzen I. From intentions to actions: A theory of planned behavior. ［M］. Germany: Springer Bedin Heidelberg, 1985.

［13］ Stern P, Dietz T, Abel T, et al. A Value-Belief-Norm Theory of Support for Social Movements: The Case of Environmentalism ［J］. Human Ecology Review, 1999, 6(2) : 81–97.

［14］ Schwartz G H. Normative explanations of helping behavior: A critique,proposal,and empiricaltest

［J］. Journal of Experimental Social Psychology,1973, 9(4): 349–364.

［15］ Steg L, Vlek C. Encouraging pro-environmental behaviour: AN integrative review and research agenda［J］. Journal of Environmental Psychology , 2009, 29(3) : 309–311.

［16］ Ajzen J, Fishbein M. Understanding attitudes and predicting social behavior［M］. Englewood Cliffs, NJ: Prentice Hall, 1980.

［17］ Chen Y. Understanding how educational gamification impacts users' behavior: a theoretical analysis ［C］// the 6th International Conference on Information and Education Technology, 2018.

［18］ Ajzen I. Perceived behavioral control, self efficacy, locus of control, and the theory of planned behavior［J］. Journal of Applied Social Psychology, 2002, 32(4): 665–683.

［19］ Ajzen I. The theory of planned behaviour［M］. New York: Lawrence Erlbaum Associates, 2012.

［20］ Goldstein N J, Cialdini R B, Griskevicius V. A Room with a Viewpoint: Using Social Norms to Motivate Environmental Conservation in Hotels［J］. Journal of Consumer Research, 2008, 35(3) : 472–482.

［21］ Baca-Motes K, Brown A, Gneezy A, et al. Commitment and behavior change: evidence from the field［J］. Journal of Consumer Research, 2013, 39 : 1070e1084.

［22］ Schultz P W, Nolan J M, Cialdini R B, et al. The Constructive, Destructive, and Reconstructive Power of Social Norms［J］. Psychological Science, 2007, 18(5) : 429–434.

［23］ Wayne W L. Limitations of the Theory of Planned Behavior. In MPH (Ed.), The Theory of Planned Behavior. Retrieved from http://sphweb.bumc.bu.edu/otlt/MPH-Modules/SB/BehavioralChangeTheories/ BehavioralChangeTheories3.htmläheadingtaglink_1.

［24］ Liu Y, Sheng H, Mundorf N, et al. Integrating norm activation model and theory of planned behavior to understand sustainable transport behavior: Evidence from China［J］. International journal of environmental research and public health, 2017, 14(12): 1593.

［25］ Schwartz G H. Awareness of consequences and the influence of moral norms on interpersonal behavior［J］. Sociometry, 1968, 31: 355–369.

［26］ Schwartz S, Howard J A. Normative decision-making model of altruism. In Altruism and Helping Behavior; Rushton J P, Sorrentino R M, Eds; Erlbaum: Hillsdale, MI, USA.

［27］ Schwartz G H. Elicitation of moral obligation and self-sacrificing behavior: An experimental study of volunteering to be a bone marrow donor［J］. Journal of Personality and Social Psychology, 1970, 15(4) : 283–293.

［28］ Hamari J, Koivisto J. Social Motivations To Use Gamification: An Empirical Study Of Gamifying Exercise. In Proceedings of the 21st European Conference on Information Systems SOCIAL, 1–12.

［29］ Huotari K, Hamari J. Defining Gamification - A Service Marketing Perspective. In Proceeding of the 16th International Academic MindTrek Conference,17–22.

［30］ Oinas-kukkonen H, Harjumaa M. Communications of the Association for Information Systems Persuasive Systems Design: Key Issues , Process Model , and System Features Persuasive Systems ［J］. Communications of the Association for Information Systems, 2009, 24(28) : 485–500.

［31］ Tondello G F, Nacke L E, Kappen D L. Gameful Design Heuristics: A Gamification Inspection Tool. Proceedings of HCI International 2019, Springer, 2019 (pre-print).

［32］ Mesároš P, Mandič á T, Mesárošová A, et al. Use of Augmented Reality and Gamification techniques in tourism ［J］. e-Review of Tourism Research (eRTR), 2016, 13(1/2).

［33］ Yoo C, Kwon S, Na H, et al. Factors Affecting the Adoption of Gamified Smart Tourism Applications: An Integrative Approach. Journal of Sustainability 2017, 9(12) : 2162.

［34］ Nakashima R, Sato T, Maruyama T. Gamification Approach to Smartphone-app-based Mobility Management ［J］. Transportation Research Procedia, 2017, 25 : 2344–2355.

［35］ Morganti L, Pallavicini F, Cadel E, et al. Gaming for Earth: Serious games and gamification to engage consumers in pro-environmental behaviours for energy efficiency ［J］. Energy Research & Social Science, 2017, 29 : 95–102.

［36］ Xu FF, Buhalis D, Weber J. Serious games and the gamification of tourism ［J］. Tourism Management, 2017, 60: 244–256.

Towards the Open City, An Overview of City GML Used in Brazil

Marcus Vinicius Sant'Anna, Ekaterina Tarasenko

Abstract: Under the contemporary process, the generalization of the digital paradigm overlaps with social relationships previously established by direct contact or analog technologies. This view is critical to explain our understanding of smart city and much of what is understood today in much of the literature on cities and ICTs, where their utilitarian value lies not in their architectural elements or urban structure, but in the image that these elements are able to communicate. The aim of this paper is to present preliminary results about how recent academic production in Brazil has approached the smart city theme and paradigms such as City Information Modeling and CityGML in particular, in their various fields of application.

Keywords: ICT; smart city; CityGML; CIM

1 Introduction

The perspective adopted in this paper starts from the notorious principle that both space and time, the main material dimensions of our experience, go through a profound process of transformation, resulting from the evolution and use of information technologies in various areas of life. The advancement of technology, especially microelectronics and telecommunications, has enabled corporate command centers to settle in remote parts of the globe, no longer requiring physical proximity to production or distribution units, and creating a network structure characterized by dispersion, and at the same time concentration of higher functions in specific locations of developed economies.

Under this new process, the generalization of the digital paradigm overlaps with social relationships previously established by direct contact or analog technologies. In many respects, one could suppose that the territoriality of the city would disappear in the face of the new communicational substratum based on the 'immateriality' of bits. However, despite all the daily impact caused by these technologies, the concrete spatiality in which life takes place remains used as a means of socialization.

If in the context of the industrialist and modernist city, it was physical contact that defined a community, now, in the midst of the informational society, in which the space of flows imposes itself as the dominant urban form[1], the community sense is defined by other forms of communication, which are in essence mediated by electronic devices. Thus we can consider Information and Communication Technologies (ICTs) as means to establish social relations in the context of a society in which the dominant flows permeate all dimensions of life.

In part, this process is underpinned by the role that various types of media play in contemporary society. By mediating our social relations and extending the potential of technique, ICTs enable on the one hand the emergence of another mediated or cyberspace dimension[2], which overlaps with concrete spatiality, resulting in a third, hybrid space[3]. On the other hand, the tools themselves incorporate capabilities to collect, process and visualize information in real time, while new demands, discourses and representations of the city emerge and overlap with existing ones. Among these, we consider in this work the idea of Smart City and therefore its related technologies.

The aim of this paper is to present preliminary results about how recent academic production in Brazil has approached the Smart City theme and paradigms such as City Information Modeling and CityGML in particular, in their various fields of application. The path taken here first addresses the characterization of what is called the flow space[1] in an attempt to contextualize the dominant spatial form of the information society. This characterization also works to establish the theoretical assumption under which the work is anchored, demonstrating that the spatial form of the contemporary city is not free from the interests of groups, and results from a particular worldview. Therefore, the need to study in which fields and cases the idea of Smart City has been associated in recent academic production in Brazil, using for this analysis not only keywords such as City Information Modeling but also CityGML. For this we must briefly define paradigms related to this field, such as Geographic Information System (GIS) and Building Information Modeling (BIM). The second part of this paper will present a summary table of all entries obtained from a search for the terms CityGML in Brazil, between 2014 and 2019. Finally, considerations will be made about what was presented, in order to contribute to the idea of open city models.

2 Characterizing the Space of flows and the Smart City

The development and adoption of computerized technologies in everyday business have a direct impact on the spatial organization of cities, mainly due to the increased interaction and exchange of information between distant places, headquarters, R&D centers, production and distribution centers in emerging markets. In this sense, Ref. [1] states that the flow space is the hegemonic spatial form and a direct result of the informational nature of contemporary society, based on the predominance of knowledge exchange and network-based organization[1]. This is the new structuring configuration of urban forms and has a complex intertwining with the dominant spatial practices carried out by various corporate sectors.

Such relationship can be better understood through the works of Ref. [4], for whom the city acts as a communicational support, allowing interactions and sociability in the daily life plan, and the urban structure not only communicates something, but also allows processes communicative viable through it. It is precisely the most superficial feature of the city, the conformational architectural and urbanistic aspect of its materiality that transforms the environment into media, so that the image of the city becomes more important than itself, relegating the sensible experience and the relationships it contains that occur in the background, while their ability to communicate as a symbol becomes prominent[4]. This view is critical to explain our understanding of Smart city and much of what is sought today in much of the literature on cities and ICTs, where their utilitarian value lies not in their architectural elements or urban structure, but in the image that these elements are able to communicate.

Recently, the idea of Smart City has gained strength, especially after the new processes that restructured capitalism with the emergence of control and command centers of flows located at strategic points of the globe, and connected to production centers through communication technologies. More than that, the idea of Smart City is also closely linked not only with centers of political and economic control, but also centers for research and education, services and quality of life[5]. It should be emphasized, however, that in some cases Smart City does not go beyond old planning models, conforming much more as new conventional centralities, plus high-tech architecture, marketing and advertising as a means of attracting investment and labor. In this sense, Smart Cities are much more like a late deployment of what they mean by a strategic city model than any kind of paradigm shift[6]. It is correct to state that, in this new city model, not only do public administrations seek to promote themselves by relying on the supposed progress that such technologies are capable of bringing to society, but also IT-related corporations chorus in unison as the administrative staff must use their technologies to achieve their goals[7].

This conception assumes that the city is more than just a built artifact, being both a product and a producer that enables the various processes of sociability and interactivity to occur at the level of everyday life. Information being a productive force and the urban space crisscrossed with all kinds of information, it is not surprising that the idea of Smart City not only communicates consumption, but also efficient and rapid management achieved only through the use of proprietary technologies. Therefore, a city focused on the consumption of technologies offered to public agents, which in turn present it as a model in the market of competing cities.

3 Widening the Space of Flows

From what has been exposed so far, and despite the perverse sense that the notion of flow space assumes, one can think of it from another perspective, from which it is taken as a system capable of directing and being directed by actions. Such a system, according to Ref. [8] is formed by the set of channels that make information viable, such as radio, television, newspaper, internet and configures a process that leads life through the information media. Considered as "mediatization", this process can be considered as a prosthesis (medium) that amplifies reality[8]. The sense of prosthesis is related to everything that extends the possibilities of the body, and can be a technological apparatus that optimizes or replaces the functions performed by an organ or limb, so the vision of prosthesis adopted by Reyes acquires a broader connotation, being linked to the new relationships that develop from them, referring to a new ambience, "a new world"[8] with its own codes and rules of conduct, based essentially on so-called digital media. It is capable of traversing the entire social context because of its ability to aggregate from other media, and in a decentralized way, reconfiguring the experience of time and space in today's society. This new reality, or this new context parallel to physical reality, is often called cyberspace, and is an element that permeates living space, altering and amplifying the complexity of banal reality, as Ref. [2] well explained. Thus we increasingly perceive the consolidation of a new layer on the relations between individuals, or a digital dimension of our reality, capable of accelerating the processes of information consumption, making it important today to discuss reality from the logic of flows as formative and mediating element of social relations.

We consider that among these technologies that permeate everyday life, there are increasingly present in non-technical circles such as GIS, CityGML and possibly the City Information Building (CIM). Much on this topic has already been discussed in web mapping. Collaborative GIS and eGovernment are in a broader way. In this paper we will focus on the cases and ways in which CityGML and CIM have been associated with recent Brazilian production. To better understand these two concepts, a concise definition of GIS and BIM is required.

3.1 GIS

For some decades now, the urban space planning and design process in its various scales have been supported by computational tools of the most varied types. Among the characteristics of GIS systems are the georeferenced data storage, access, manipulation and visualization capabilities, forming an integrated decision support and resolution system.

Traditionally, GIS systems allow the assignment of information to two-dimensional cartographic databases to constitute multiple layers of data that can be checked. GIS systems present the possibility of aggregating multiple categories of information and overlapping them with cartographic data as mappings to be used in urban planning, cartographic engineering, demographic and tourism studies, among many other disciplines.

In recent years, with the popularization of software and environments based on three-dimensional visualization, GIS programs have incorporated this feature by adding data to three-dimensional models and enabling the analysis and visualization of data on three-dimensional models. 3DGIS, as it may be called this variant, is based on programmatic routines that automate the generation of 3D objects based on their geographic information attributes using industry standard Class (IFC) formats, allowing interoperability between GIS and BIM.

Geography Markut Language (GML) is a XML-based coding standard that enables the storage of data and spatial, geometric and geographic properties in digital format. CityGML is considered as a GML Application Schemas, specific for the modeling of objects related to the urban context in its various scales. It was established as a non-proprietary standard in 2008, developed by Open Geospatial Consortuim (OGC) and currently in version 2.0, consisting of an open format for data modeling and information exchange based on three-dimensional models. Similar to IFC in the case of BIM, it allows interoperability between different applications using geospatial information and 3D visualizations.

Being an implementation of Geography Markup Language 3 (GML3), it establishes norms to represent information of three-dimensional urban models, composed of objects that represent physical entities. Therefore, CityGML defines not only the geometric characteristics of the model, but also its topology, semantics and the appearance of these objects. The CityGML standard organizes objects into different modules such as Core, Relief, Building, Tunnel, Bridge, Transportation, Water Body, Vegetation, City Furniture, Land Use, Group and Generics.

In the CityGML standard, objects are represented at different Levels of Detail (LdO, Figure 1), which are intended to make data visualization and analysis more user-friendly and facilitate interoperability between models. The levels of detail (LoD) defined by CityGML are defined as follows[9]:

LoD 0 - City or region scale representation, poorly detailed and representing only the outer perimeter of the terrain.

LoD 1 - City scale representation, where buildings are represented by the polygons that contain them, corresponding to the extrusion of the outer perimeter of the building to its highest point.

LoD 2 - City scale representation, where buildings are represented with their basic volume, including inclined plane surfaces and other features, as well as texture.

LoD 3 - Representation on the scale of the building, covering the projections and significant details.

LoD 4 - Representation on the scale of the building, presenting internal details such as different space and furniture and important details.

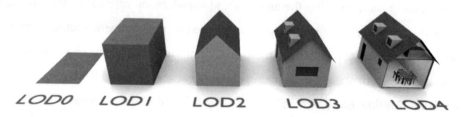

Figure 1　OGC[9]

3.2　BIM

For a better understanding of what Building Information Modeling is, it is better to review the meaning of another concept widely used in architecture and design practice, which is Computer Aided Design (CAD). CAD software for architecture emerged in the late 1970s as a resource to primarily assist in building design and modeling. CAD tools are most often used for creating technical documents, three-dimensional models, perspectives, and photorealistic renders of both buildings and urban scale projects. Although the introduction of CAD modeling has increased productivity, practicality and especially the possibility of shared work, the CAD paradigm still to some extent bears many similarities to the process of manual clipboard work, where each object represented is actually a grouping of geometric entities (lines) represented under a three-dimensional plane.

The idea of Building Information Modeling (BIM) in turn represents a different paradigm in which the three-dimensional representation of the object is surpassed and incorporates other characteristics or "dimensions", especially those related to time. While CAD software is essentially based on two-dimensional constructions (planes, sections, and elevations), models represented under BIM have three-dimensional (3D) characteristics and further implement the time dimension (4D), building costs (5D), and sustainable analysis capabilities (6D). We can therefore consider that the BIM paradigm covers the entire lifetime of the object, from object modeling, construction, management and simulation. Therefore the representation of the building life cycle, from the conception process to the demolition, including all kinds of information linked to the various objects that compose this process.

Although the concept of BIM was coined in the early 1990s, the massive use of technology was only achieved in the mid-2000s with the maturing of technology and offerings from a variety of proprietary software and consequent consolidation of various formats.

To enable the various software based on the BIM paradigm to be compatible, it was necessary to create a common, open and constantly revised format. IFC is a format in development since the 1990s and currently maintained by the buildingSMART Alliance, and currently in IFC version 4. This is a format that stipulates such as geometry information, standard quantities for measurements, structural and energy analysis, among others. Others must be stored in the file.

3.3 CIM

We can consider that at least nowadays, what is meant by City Information Modeling (CIM) has not yet become an effective practice, but is already an important paradigm for space production, as this concept incorporates so much the characteristics of BIM, as well as GIS, especially CityGML.

With the development of GIS-based applications such as 3D GIS and spatial analysis systems, the software's own data processing capabilities and increased hardware performance, there is a convergence of technologies where the end result is the creation of new paradigms. New work paradigms are created not because of the need of professionals, because these needs are met by the available software, but it is the tools that are developing and merging or converging, creating new work frameworks and facilitating or enriching the old ones.

The term City Information Modeling was first coined by Lachin Khemlami[10], and although its first appearance dates from 2003, there is still no consensus on a single conceptualization.

Reference[11] conceptualizes the idea of CIM as a set of systems that operate at the design, construction and management level of the city and their respective physical artifacts, being mostly operated by the body of technicians involved in this process. This system primarily serves as support for another system set that would conform to Smart City itself and would be made up of software and applications intended for end users and administrators in general.

According to Refs. [10-11] ownership of a common database would be the main feature of CIM-based urban models. Similarly, Ref. [12] points out that interoperability as the first challenge to enable CIM as a practice and as a concept, as is well defined in Figure 2.

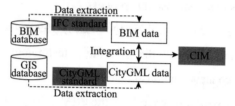

Figure 2 [12]

CIM can be considered as a unique database where agents operating in the urban area can act in a coordinated manner in the design, construction, monitoring and requalification of urban space. Thus, the issue of collaborative work seems to be one of the central features of any CIM platform. For this to be effectively a reality, it is essential that interoperability standards be adopted between the various constituent applications of the CIM ecosystem. CIM has been considered to be a platform capable of integrating the various city design and management systems into their areas and specializations, including those where they are not yet fully developed.

4 Methods

To obtain data in this study we used the Google Scholar tool where we initially searched for the terms "CityGML" and (+) "Brazil", since it is understood that the search for this term includes part of the CIM searches by "this is a fundamental concept" in this topic. The range for this survey was adjusted from 2014 to September 2019. A total of 47 results were returned by Google Scholar. Of these, 15 entries were excluded because they refer to papers from Portugal,

Spain, repeated results and other results with different content from the searched but that by some element in the metadata were returned by the search. Of the remaining 32 papers, they were individually analyzed for a second selection. In this case, all papers were excluded where their contents did not directly address issues concerning CityGML or CIM. Thus, those results from studies related to the use of BIM in architecture, traditional GIS and other works with no direct relationship with the theme under study were excluded. The selection of the first work group then consists of 15 papers.

A second survey was conducted, this time using the terms "CityGML" and (+) "Cities", covering the same timeframe between 2014 and the present date. A result of 65 results was returned, which after being selected in two steps as in the first search, resulted in a second group with 8 articles. Therefore, the entire group of papers are 23 papers, presented in the Table 1.

5 Results: Brazilian Experience with CityGML

Table 1 presents an analytical framework on the part of recent academic production in Brazil, which addresses the topic of City Information Modeling, CityGML, or both. Most of the work focuses on general discussion areas on the idea of MIC, followed by very specific cases such as the use of the CityGML standard for urban registration, visualization of urban data, or new methods for heritage conservation.

Regarding the framework adopted by these works, stand out the theoretical discussions, exploratory studies on the subject and case studies, where the applications of technologies related to CIM could be very well applied.

Table 1   Papers returned by google scholar with keywords "CityGML",
"Brasil" and "Cidades"

Translation	Authors	Year	Paper Type	Discipline	Topic	Framework
Towards City Information Modeling	Correa, F. R. & Santos, E. T.	2015	Conference paper	Civil engineering	General	Theory discussion
CityGML and Digital Photogrammetry for Architectural Heritage Documentation: Potential and Limitations	Bastian, A. V.	2015	Conference paper	Architecture	Architectural heritage	New method

Translation	Authors	Year	Paper Type	Discipline	Topic	Framework
Discussing City Information Modeling (CIM) and Correlated concepts	Amorim, A. L.	2015	Journal paper	Urban planning	General	Theory discussion
Integration Between Bim and CIM as Urban Management Tool	Almeida, F. & Andrade, M.	2015	Conference paper	Urban planning	NO	Exploratory revision
The Use of CIM and Ideas Diffusion in the Field of Public Policies on Urban Management Sector	Cavalcanti, A. & De Souza, F.	2015	Conference paper	Urban Planning	Urban management	Case overview
Establishing Requirements for City Information Modeling	Amorim, A. L.	2016	Conference paper	Architecture	General	Theory discussion
Smart Cities and City Information Modeling	Amorim, A. L.	2016	Conference paper	Architecture	General	Theory discussion
CIM or Not? Considerations about City Information Modeling	Almeida, F & Andrade, M.	2016	Conference paper	Architecture	General	Theory discussion
Modeling 3D Cadastre of Buildings Based on ISO 19.152 (LADM)	Costa, T. S. P.	2016	Master thesis	Cartographic engineering	Urban cadastre	Thesis
Analysis of the Current Situation of 3D Buildings Cadastre	Silva, R. M., Costa, T. S. P. S., Purificação, N. R. S. & Carneiro, A. F. T.	2016	Conference paper	Cartographic engineering	Urban cadastre	New method
Smart Cities and City Information Modeling	Amorim, A. L.	2016	Conference paper	Architecture	Urban planning	Theory discussion

Translation	Authors	Year	Paper Type	Discipline	Topic	Framework
The importance of CIM to Urban Infrastructure Management	Dantas, H. da Silva, Reis. S, Soares, F. L. A., Tomé, S. M. G. & Melo, H. C	2017	Conference paper	Civil engineering	Urban management	Exploratory study
CIM: a step towards the future	Arlego, R., Lima, M. & Cardoso, D.	2017	Conference paper	Architecture and Urbanism	Urban planning	Exploratory study
Modeling Cities for 3D_GIS Purposes	De Jesus, E. G. V., Amorim, A. L. L., Groetelaars, N. J. & Fernandes, V. O.	2018	Conference paper	Architecture	Urban modeling	New method
3D Building Cadastre Modeling	Costa, T. S. P. & Carneiro, A. F. T.	2018	Journal paper	Geodesics	Urban cadastre	New method
Digital Heritage: ICT Application for Documenting Immaterial Heritage in Brazil	ARAUJO, A. P. R. de.	2018	Conference paper	Architecture	Heritage	Exploratory study
Parametric Modeling as an Alternative Tool for Planning and Management of the Urban Landscape in Brazil – Case Study of BalnearioCamboriu	Castro, M. M., Moura, A. C. M., Herculano, R. N., Aguiar, T. & Oliveira, F. H	2018	Journal paper	Urban Planning	Parametric visualization	New method
Considerations About the Concept of Building Information Modeling	Almeida, F., & Andrade, M.	2018	Journal paper	Urban Planning	General	Theory discussion

Continued

Translation	Authors	Year	Paper Type	Discipline	Topic	Framework
Modeling City Information: from estate of the art to the construction of a CIM concept	Almeida, F. A. Da Silva.	2018	PhD thesis	Urban Planning	General	Theory discussion
An urban Modeling Experience Based on Point Cloud in Revit software	Moreira L., Mota, P. & Amorim A.	2019	Conference paper	Architecture	Architectural heritage	New method
Implementation of CityInformationModeling (CIM) concepts in the process of management of the sewage system in Piumhi, Brazil	Melo, H. C., Tome, S. M. G., Silva, M. H., Gonzales, M. M. & Gomes, D. B. O.	2019	Journal paper	Civil Engineering	Sewage management	New method
Integration and Management of Urban data: a proposal of application in City Information Modeling	Martins, I. P. & Junior, R. M.	2019	Journal paper	Urban Planning	Urban data management	Exploratory overview
The Contemporary Cities and its Technologies: the perspective of the City Information Modeling	Jaime, I. S.	2019	Master thesis	Architecture and Urbanism	No case	Theory discussion

6 Conclusions

The challenges for 21st century cities are posed and not simple, especially in developing countries such as Brazil, either by their size or by how their urbanization process developed. This is a complex phenomenon that is aggravated by the need for quick answers to be given to urgent housing and urban segregation issues. Thus, it is necessary to address the topic of Smart Cities and technologies that support them in a socially responsible manner and to ensure that technologies function as tools for urban and social development.

However, it should be noted that, at least as far as recent production is concerned, the theme has been approached without proper articulation with the most serious problems that permeate the Brazilian urban problem, making it necessary, on the one hand, to continue in the production of knowledge, applied to ensure increasingly open source and friendly tools and processes. On the other, case studies where smart new technologies could be applied to address housing shortages, citizen participation in urban planning, and community engagement in these processes. It is about understanding the idea of Smart City as focused on citizens rather than on technologies and the seek for a more inclusive and open model of city.

(Marcus Vinicius Sant'Anna is Architect, professor at Federal University of Viçosa, Brazil, and PhD candidate ate the School of Design, Shanghai Jiao Tong University; Ekaterina Tarasenko has a bachelor degree in History and is a PhD candidate at the School of Media and Communication at Shanghai Jiao Tong University)

References

[1]　Castells Manuel. A sociedade em rede ［M］. São Paulo: Paz e Terra, 1999.

[2]　Levy P. Cibercultura ［M］. São Paulo: Ed.34, 1999.

[3]　Lemos André. Midias Locativas: a internet móvel de lugares e coisas ［EB/OL］. ［2019-11-08］. http://www.facom.ufba.br/ciberpesquisa/andrelemos/midia_locativa.pdf.

[4]　Ferrara Lucrecia D'Alessio. Cidade: meio, mídia e mediação. MATRIZes, 2008,1 (2) : 39-53.

[5]　Etzkowitz H. The Triple Helix: University- Industry-Government Innovation in Action ［M］. New York ［C］ // Routledge, 2008.

[6]　Watson, V. African urban fantasies: dreams or nightmares? ［J］. Environment and Urbanization, 2014, 26(1) : 215-231.

[7]　Wolfram M. Deconstructing smart cities: An intertextual reading of concepts and practices for integrated urban and ICT development.［C］// Conference : REALCORP 2012 May 14-16, 2012.

[8]　Reyes Paulo. Mídias.［C］// Quando a rua vira corpo. São Leopoldo: Unisinos, 2005 : 37-61.

[9]　Gröger G, Kolbe T H, Nagel C, et al. OGC City Geography Markup Language (CityGML) En-coding Standard ［S］. Open Geospatial Consortium, 2012.

[10]　Gil J, Almeida J, Duarte J P. The backbone of a City Information Model (CIM): Implementing a spatial data model for urban design ［C］ // In proceedings of the 29th Conference on Education in Computer Aided Architectural Design in Europe. Heidelberg, 2017.

［11］ Amorim A L. Estabelecendo Requisitos para a Modelagem da Informação da Cidade［C］// IV ENANPARQ, Porto Alegre, 2016.

［12］ Xu X, Ding L Y, Luo H B, et al. From building information modeling to city information modeling ［J］. Journal of Information Technology in Construction, 2014, 19(17): 292-307.